Nichtlineare Regelungssysteme

Klaus Röbenack

Nichtlineare Regelungssysteme

Theorie und Anwendung der exakten Linearisierung

Springer Vieweg

Klaus Röbenack
TU Dresden
Dresden
Deutschland

Die Darstellung von manchen Formeln und Strukturelementen war in einigen elektronischen Ausgaben nicht korrekt, dies ist nun korrigiert. Wir bitten damit verbundene Unannehmlichkeiten zu entschuldigen und danken den Lesern für Hinweise.

ISBN 978-3-662-44090-2 ISBN 978-3-662-44091-9 (eBook)
https://doi.org/10.1007/978-3-662-44091-9

Die Deutsche Nationalbibliothek verzeichnet diese Publikation in der Deutschen Nationalbibliografie; detaillierte bibliografische Daten sind im Internet über http://dnb.d-nb.de abrufbar.

Springer Vieweg

Gedruckt auf säurefreiem und chlorfrei gebleichtem Papier

Springer Vieweg ist Teil von Springer Nature
Die eingetragene Gesellschaft ist Springer-Verlag GmbH Deutschland
Die Anschrift der Gesellschaft ist: Heidelberger Platz 3, 14197 Berlin, Germany

Vorwort

Nichtlineare Regelungs- und Steuerungsverfahren kommen überall dort zum Einsatz, wo die Leistungsfähigkeit linearer Methoden an ihre Grenzen stößt. An- und Abfahrvorgänge bzw. Arbeitspunktwechsel in chemischen Reaktoren, die hochpräzise Lageregelung von Starrkörpern im Raum (beispielsweise Effektoren von Industrierobotern oder autonome Flugkörper) oder die Regelung leistungselektronischer Baugruppen mögen als Beispiele dienen. Vor diesem Hintergrund verwundert es nicht, dass Ansätze zur nichtlinearen Regelung in der industriellen Praxis zunehmend auf Interesse stoßen, um die Ausbeute und Zuverlässigkeit der zugrundliegenden technischen Prozesse zu erhöhen. Gleichwohl ist der in der nichtlinearen Regelungstheorie verwendete mathematische Apparat gefürchtet. Genau an dieser Stelle setzt dieses Lehrbuch an: Die Darstellung ist einerseits in sich mathematisch schlüssig und nachvollziehbar, andererseits aber auch in einer für Ingenieure verständlichen Sprache formuliert. Der inhaltliche Fokus des Buches liegt dabei auf der Methode der exakten Linearisierung zum Regler- und Beobachterentwurf.

Das Buch richtet sich maßgeblich an Studierende der Elektrotechnik und Mechatronik in der Vertiefungsrichtung Automatisierungs- bzw. Regelungstechnik, die bereits über fortgeschrittene regelungstechnische Kenntnisse verfügen. Doktoranden können anhand des Buches ihr systemtheoretisches bzw. regelungstechnisches Verständnis nichtlinearer Systeme vertiefen. Für Ingenieure in der Industrie, die mit der Regelung nichtlinearer Systeme konfrontiert sind, werden verschiedene Entwurfsansätze detailliert beschrieben.

Im Teil I des Buches werden nach einigen Einführungsbeispielen die benötigten mathematischen Konzepte aus den Bereichen der linearen Algebra, der Vektoranalysis bzw. der Differentialgeometrie vermittelt. Zur Festigung der Lehrinhalte sind am Ende der ▸ Kap. 2 und 3 Übungsaufgaben vorgesehen. Die Teile II und III behandeln den Regler- bzw. Beobachterentwurf. Die jeweilige Herangehensweise bzw. Entwurfsmethodik wird an verschiedenen Beispielen veranschaulicht bzw. durch den Einsatz des Open-Source-Computeralgebrasystems MAXIMA illustriert.

Erste Skizzen zum vorliegenden Buch entstanden in Verbindung mit der Vorlesung „Mathematische Grundlagen der nichtlinearen Regelungstheorie“, die ich im Sommersemester 2006 an der Fakultät Mathematik und Naturwissenschaften der TU Dresden hielt. Diese Lehrveranstaltung führe ich seit 2007 als Wahlpflichtfach „Nichtlineare Regelungstechnik 2“ für verschiedene Ingenieurstudiengänge fort. Meine zehnjährige Lehrtätigkeit in diesem Gebiet hat das vorliegende Buch maßgeblich geprägt.

Es ist mir ein Bedürfnis, zuallererst meinem Lehrer, Herrn Prof. Kurt Reinschke, für seine langjährige Unterstützung zu danken. Besonderer Dank gilt auch Herrn Prof. Andreas Griewank für seine Anregungen zur Beschäftigung mit dem algorithmischen Differenzieren. Ebenso möchte ich Herrn Prof. Wolfgang V. Walter danken, durch den ich in den Jahren 2006 bis 2007 die Vertretung der Professur „Wissenschaftliches Rechnen und Angewandte Mathematik“ wahrnehmen konnte.

Bei der Gestaltung der dem Buch zugrundeliegenden Vorlesung und der Konzeption des Manuskripts haben mich zahlreiche Diplomanden, heutige und ehemalige Mitarbeiter und Doktoranden unterstützt. Besonderer Dank gilt Dr. Carsten Knoll, der das Buch durch zahlreiche Verbesserungsvorschläge erheblich bereichert hat. Außerdem danke ich

Dr. Jan Winkler, Dr. Matthias Franke und Prof. Frank Woittennek für die interessanten und hilfreichen Diskussionen während der Entstehung dieses Buches. Herrn M.Sc. Rick Voßwinkel danke ich für die sehr gewissenhafte Durchsicht des Manuskripts. Mein Dank gebührt auch Dr. Carsten Collon, Dipl.-Ing. Mirko Franke, Dipl.-Ing. Chenzi Huang, Dipl.-Ing. Fabian Paschke, Dipl.-Ing. Klemens Fritzsche, Dipl.-Ing. Gunter Nitzsche und Dipl.-Ing. Robert Huber.

Zahlreiche Diskussionen bei Konferenzen, Tagungen und Workshops haben mein Verständnis für nichtlineare Systeme vertieft. Für fachliche Anregungen möchte ich daher Dr. Albrecht Gensior (TU Dresden), Associate Prof. Pranay Goel (Indian Institute of Science Education and Research, Pune), PD Dr. Lutz Gröll (Karlsruher Institut für Technologie), Prof. Alan F. Lynch (University of Alberta, Kanada), Prof. Jaime A. Moreno (Universidad Nacional Autónoma de México), Prof. Joachim Rudolph (Universität des Saarlandes), Prof. Andrea Walther (Universität Paderborn) und Prof. Zeitz (Universität Stuttgart) danken.

Frau Eva Hestermann-Beyerle und Frau Birgit Kollmar-Thoni vom Springer-Verlag danke ich für die angenehme Zusammenarbeit. Mein Dank gilt auch dem De Gruyter-Verlag für die Nutzungsgenehmigung im Zusammenhang mit ▶ Kap. 7. Meiner Frau und meinen Kindern danke ich für ihre Geduld und ihr Verständnis.

Dresden, März 2017 Klaus Röbenack

Inhaltsverzeichnis

III Beobachterentwurf

Vorbereitung

Motivationsbeispiele

K. Röbenack, *Nichtlineare Regelungssysteme*,
https://doi.org/10.1007/978-3-662-44091-9_1

Dieses Kapitel befasst sich mit der Modellierungen einiger technischer Beispielsysteme, bei denen man auf nichtlineare Modellgleichungen geführt wird. Auf diese Beispielsysteme wird in den weiteren Kapiteln mehrfach zurückgegriffen.

1.1 Mobiler Roboter

Mobile Roboter spielen eine wichtige Rolle bei der automatisierten Lagerhaltung und bei flexiblen Fertigungsprozessen, finden aber auch als Inspektions- bzw. Serviceroboter Anwendung. ◘ Abb. 1.1 (links) stellt einen für Lehrzwecke entwickelten mobilen Roboter mit zwei Rädern dar [Röb15].

Für den mobilen Roboters wird nachfolgend ein kinematisches Modell hergeleitet. Dieses Modell beschreibt die Bewegung in der Ebene ohne Berücksichtigung der die Bewegung verursachenden Kräfte. Der Antrieb des Roboters erfolgt über zwei Räder mit dem Radius r. Das linke Rad habe die Winkelgeschwindigkeit ω_L, das rechte die Winkelgeschwindigkeit ω_R. An den Auflagepunkten der Räder erhält man die Tangentialgeschwindigkeiten

$$\begin{aligned} v_L &= \omega_L r, \\ v_R &= \omega_R r. \end{aligned}$$

Für unterschiedliche Winkelgeschwindigkeiten (also $\omega_L \neq \omega_R$) dreht sich der Roboter. Wir stellen uns diese Drehung als Umfahrung eines (fiktiven) Punktes P vor, der zum Mittelpunkt Q des Roboters den Abstand R habe. Linkes und rechtes Rad haben von dem Punkt P die Abstände

$$\begin{aligned} R_L &= R + \tfrac{L}{2}, \\ R_R &= R - \tfrac{L}{2}, \end{aligned}$$

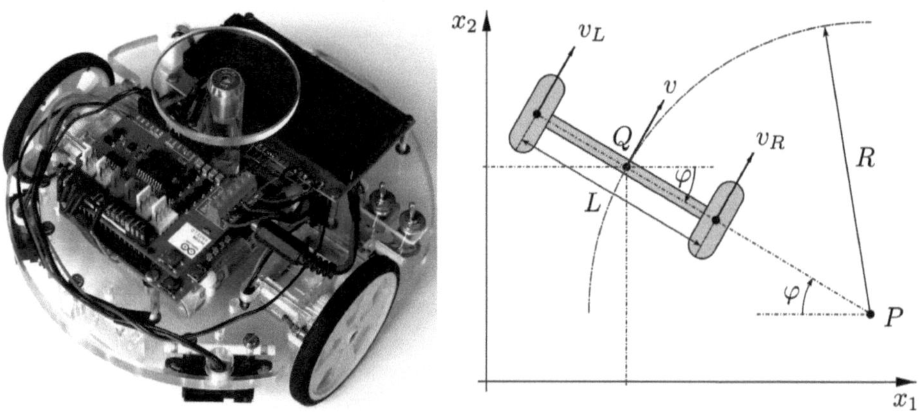

◘ **Abb. 1.1** Mobiler Roboter, Prototyp nach [Röb15] (links), Modell in der (x_1, x_2)-Ebene (rechts)

wobei L den Abstand beider Räder voneinander bezeichnet. Beschreibt man die Rotation um den Punkt P mit dem in ◘ Abb. 1.1 (rechts) eingeführten Winkel φ, so erhält man die Rotationgeschwindigkeit

$$\omega = \dot{\varphi} \tag{1.1}$$

als zeitliche Ableitung des Winkels. Zu den Tangentialgeschwindigkeiten der beiden Räder besteht dann der Zusammenhang

$$\begin{aligned} v_L &= \omega R_L, \\ v_R &= \omega R_R. \end{aligned}$$

Aus gegebenen Winkelgeschwindigkeiten ω_L und ω_R der Motoren kann man damit einerseits die Rotationsgeschwindigkeit des Roboters um die eigene Achse bestimmen

$$\omega = \frac{r}{L}\left(\omega_L - \omega_R\right),$$

andererseits auch den Abstand

$$R = \frac{L}{2}\left(\frac{\omega_L + \omega_R}{\omega_L - \omega_R}\right)$$

zwischen dem Punkt Q und dem Drehpunkt P. Damit erhält man zugleich die translatorische Geschwindigkeit

$$v = \omega R = \frac{r}{2}\left(\omega_L + \omega_R\right)$$

des Roboters. Mit dem Winkel φ und der Geschwindigkeit v lässt sich die translatorische Bewegung beschreiben:

$$\begin{aligned} \dot{x}_1 &= v \sin\varphi, \\ \dot{x}_2 &= v \cos\varphi. \end{aligned} \tag{1.2}$$

Führt man den Zustand

$$x = \begin{pmatrix} x_1 \\ x_2 \\ x_3 \end{pmatrix} = \begin{pmatrix} x_1 \\ x_2 \\ \varphi \end{pmatrix}$$

sowie die Eingänge $u_1 = v$ und $u_2 = \omega$ ein, so liefert die Kombination aus (1.1) und (1.2) das kinematische Gesamtmodell

$$\begin{pmatrix} \dot{x}_1 \\ \dot{x}_2 \\ \dot{x}_3 \end{pmatrix} = \begin{pmatrix} \sin x_3 \\ \cos x_3 \\ 0 \end{pmatrix} u_1 + \begin{pmatrix} 0 \\ 0 \\ 1 \end{pmatrix} u_2. \tag{1.3}$$

Bedingt durch die Winkelfunktionen liegt damit ein Modell als nichtlineares Differentialgleichungssystem vor. Genauer gesagt ist das Modell (1.3) nichtlinear bezüglich des Zustands x, aber linear hinsichtlich der Eingänge u_1 und u_2.

Das kinematische Robotermodell (1.3) lässt sich als einachsiges Fahrzeugmodell aufgefassen. Kinematische Fahrzeugmodelle werden auch bei aktuellen Forschungsvorhaben genutzt, beispielsweise bei der Spurregelung und beobachterbasierten Spurschätzung für mehrachsige, mehrgliedrige bzw. mehrachsgelenkte Fahrzeuge (LKWs, LKWs mit Anhänger, überlange Beförderungssysteme wie z. B. AutoTram®, siehe [HZWR12, NVR+14, RSWK16]).

1.2 Wagen mit Pendel

Verladebrücken bzw. Brückenkräne werden in Montagehallen, in Lagern und auf Güterumschlagplätzen (z. B. Güterbahnhöfen, Häfen) eingesetzt. Für eine schnelle Bewegung bzw. hochpräzise Positionierung der zu transportierenden Lasten ist eine Regelung erforderlich.

Aus physikalischer Sicht kann man eine Verladebrücke als ein horizontal bewegliches Pendel auffassen. ◘ Abb. 1.2 zeigt einen Wagen, an welchem ein Pendel der Länge ℓ angebracht ist. Zur Vereinfachung gehen wir von einer festen Seillänge ℓ aus. Der Wagen habe die Masse m_1, die Last die Masse m_2. Das Seil selber werde als masselos angenommen. Die Lage des Systems wird durch die Wagenposition q_1 und den Pendelwinkel q_2 beschrieben. Eine auf den Wagen wirkende Kraft F stellt den Eingang des Wagen-Pendel-Systems dar.

Die kinetische Energie hat die Form

$$T = \frac{m_1}{2}\dot{q}_1^2 + \frac{m_2}{2}\left(\dot{x}_s^2 + \dot{y}_s^2\right),$$

wobei die Position der Last durch die Koordinaten

$$\begin{aligned} x_s &= q_1 + \ell \sin q_2 \\ y_s &= \ell \cos q_2 \end{aligned}$$

beschrieben wird. Daraus ergibt sich unmittelbar

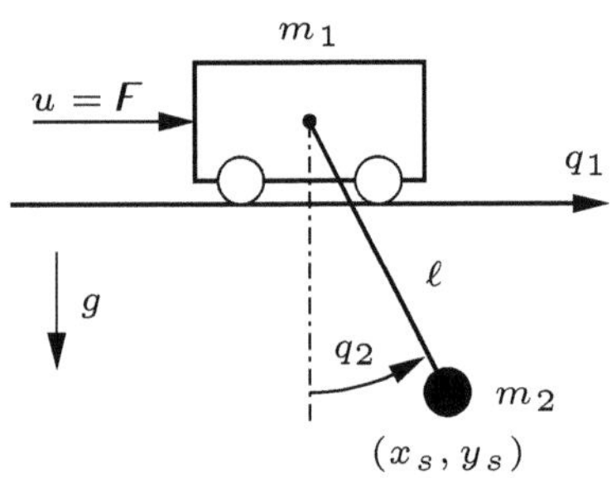

◘ **Abb. 1.2** Wagen mit Pendel

$$T = \frac{m_1 + m_2}{2}\dot{q}_1^2 + m_2\ell\dot{q}_1\dot{q}_2\cos q_2 + \frac{m_2}{2}\ell^2\dot{q}_2^2.$$

Mit der potentiellen Energie

$$V = m_2 g\ell(1 - \cos q_2)$$

erhält man die Lagrange-Funktion $L = T - V$. Die Bewegungsgleichungen haben die Form

$$M(q)\ddot{q} + C(q,\dot{q}) + K(q) = Q$$

mit der Massematrix

$$M(q) = \begin{pmatrix} m_1 + m_2 & \ell m_2 \cos q_2 \\ \ell m_2 \cos q_2 & \ell^2 m_2 \end{pmatrix}.$$

Die Vektoren C und K beinhalten die Zentrifugal- und Corioliskräfte bzw. die Potentialkräfte

$$C(q,\dot{q}) = \begin{pmatrix} -\ell m_2 \dot{q}_2^2 \sin q_2 \\ 0 \end{pmatrix}, \quad K(q) = \begin{pmatrix} 0 \\ m_2 g\ell \sin q_2 \end{pmatrix}.$$

Als äußere Kräfte wirken die Reibungskräfte (viskose Reibung mit den Koeffizienten d_1 und d_2) sowie die auf den Wagen eingeprägte Kraft F:

$$Q = \begin{pmatrix} F - d_1\dot{q}_1 \\ -d_2\dot{q}_2 \end{pmatrix}.$$

Mit dem Zustand $x = (q_1, \dot{q}_1, q_2, \dot{q}_2)^T$ und dem Eingang $u = F$ erhält man das folgende nichtlineare Modell:

$$\begin{aligned}
\dot{x}_1 &= x_2 \\
\dot{x}_2 &= \frac{m_2\ell^2 x_4^2 \sin x_3 - d_1\ell x_2 + \cos x_3 (m_2 g\ell \sin x_3 + d_2 x_4) + \ell u}{\ell\left(m_1 + m_2 \sin^2 x_3\right)} \\
\dot{x}_3 &= x_4 \\
\dot{x}_4 &= \frac{-(m_1+m_2)(m_2 g\ell \sin x_3 + d_2 x_4) - \cos x_3\left(\ell^2 m_2^2 x_4^2 \sin x_3 - d_1\ell m_2 x_2\right) - \ell m_2 u \cos x_3}{\ell^2 m_2\left(m_1 + m_2 \sin^2 x_3\right)}
\end{aligned} \tag{1.4}$$

Das Modell ist nichtlinear im Zustand x, aber affin im Eingang u.

1.3 Hochsetzsteller

Mit Spannungswandlern lassen sich verschiedene Spannungsniveaus aneinander anpassen, z. B. zwischen einer bereitgestellten Versorgungsspannung und einem Verbraucher. Gleichsspannungswandler sind beliebte Objekte für die Erprobung und den Vergleich nichtlinearer Regelungsverfahren [SRLA91, Kug00, GWRG06]. Aufgrund ihres Wirkungsgrades werden geschaltete Spannungswandler in vielen Bereichen der Leistungselektronik und der Antriebstechnik eingesetzt.

Ein **Hochsetzsteller** bzw. **Aufwärtswandler** (engl. **Boost Converter**) ist ein Gleichspannungswandler, der eine Eingangsspannung in eine höhere Ausgangsspannung überführt [EM04, BMB14]. Das Schaltbild in ◘ Abb. 1.3 zeigt die grundsätzliche Schaltungstopologie bzw. das Netzwerkmodell eines Hochsetzstellers. Der Leistungstransistor wird zusammen mit der Freilaufdiode als Umschalter modelliert, wobei $d = 1$ einem durchgesteuerten Transistor und $d = 0$ einem sperrenden Transistor entspricht.

Für den Spulenstrom I gilt aufgrund des Maschensatzes

$$L\dot{I} = E + \begin{cases} 0 \text{ für } d = 1, \\ -U \text{ für } d = 0. \end{cases}$$

Die Bilanzierung der in den Kondensator fließenden Ströme (Knotensatz) liefert

$$C\dot{U} = -\frac{U}{R} + \begin{cases} 0 \text{ für } d = 1, \\ I \text{ für } d = 0. \end{cases}$$

Mit Einführung des Vektors $x = (x_1, x_2)^T = (I, U)^T$ erhält man das Differentialgleichungssystem

$$\begin{aligned} \dot{x}_1 &= -(1-d)\tfrac{1}{L}x_2 + \tfrac{E}{L}, \\ \dot{x}_2 &= (1-d)\tfrac{1}{C}x_1 - \tfrac{1}{RC}x_2. \end{aligned} \tag{1.5}$$

Das System ist aufgrund der Produktbildung zwischen dem Eingang d und den Komponenten des Zustands x nichtlinear. Ein solches Modell nennt man auch bilinear [Sch91].

Der Eingang d beschreibt das Verhalten des als Schalter modellierten Transistors und kann zunächst nur die diskreten Werte $d \in \{0, 1\}$ annehmen. In diesem Kontext liegt mit Gl. (1.5) ein **geschaltetes Modell** (engl. **switched model**) vor. Mit einer **Pulsweitenmodulation** (kurz **PWM**, engl. **pulse width modulation**) lassen sich auch Zwischenwerte

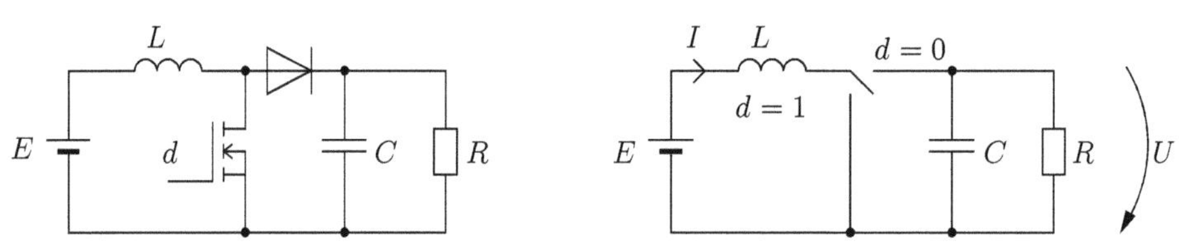

◘ **Abb. 1.3** Prinzipschaltbild (links) und Netzwerkmodell (rechts) eines Hochsetzstellers

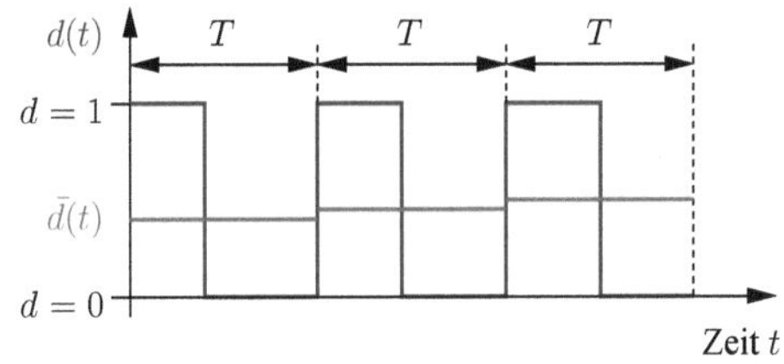

Abb. 1.4 Signalverlauf des Eingangs *d* bei Pulsweitenmodulation (PWM)

einstellen (siehe Abb. 1.4). Das Verhältnis der Einschaltzeit mit $d = 1$ gegenüber der Schaltperiode $T > 0$ bezeichnet man dabei als as **Tastverhältnis** $\bar{d}$ (engl. **duty ratio**), welches Werte aus dem Intervall $\bar{d} \in [0, 1]$ annehmen kann.

Das Tastverhältnis $\bar{d}$ gibt den Mittelwert des Schaltsignals d über eine Periode T an:

$$\bar{d}(t) = \frac{1}{T} \int_{t}^{t+T} d(\tau)\, \mathrm{d}\tau.$$

In analoger Weise kann man auch für alle anderen Systemgrößen (Ströme, Spannungen, ggf. Ladungen usw.) gemittelte Größen einführen. In diesem Sinne erhält man mit

$$\bar{x}_i(t) = \frac{1}{T} \int_{t}^{t+T} x_i(\tau)\, \mathrm{d}\tau \quad \text{für} \quad i = 1, 2$$

die gemittelten Zustandskomponenten aus dem Modell (1.5). Der zeitliche Verlauf der gemittelten Größen lässt sich wiederum durch ein Differentialgleichungssystem beschreiben. Für den Grenzübergang $T \to 0$, was aus technischer Sicht durch eine hinreichend hohe Schaltfrequenz $1/T$ angenähert wird, erhält man für die gemittelten Größen das **gemittelte Modell** (engl. **averaged model**):

$$\begin{aligned} \dot{\bar{x}}_1 &= -(1-\bar{d})\tfrac{1}{L}\bar{x}_2 + \tfrac{E}{L} \\ \dot{\bar{x}}_2 &= (1-\bar{d})\tfrac{1}{C}\bar{x}_1 - \tfrac{1}{RC}\bar{x}_2. \end{aligned} \tag{1.6}$$

Da das gemittelte Modell (1.6) in seiner Struktur vollständig mit dem Modell (1.5) übereinstimmt, wird man in der praktischen Handhabung darauf verzichten, die gemittelen Größen separat auszuweisen. Den Reglerentwurf führt man an dem (hinsichtlich des Eingangssignals wertkontunierlichen) gemittelten Modell durch, bei der Implementierung wird das Reglerausgangssignal nach einer Pulsweitenmodulation dem geschalteten System zugeführt.

Literatur

[BMB14] Bacha, S., I. Munteanu und A. I. Bratcu: **Power Electronic Converters Modeling and Control**. Springer-Verlag, London, 2014.

[EM04] Erickson, R. W. und D. Maksimović: **Fundamentals of Power Electronics**. Kluwer Academic Publishers, New York, 2. Auflage, 2004.

[GWRG06] Gensior, A., O. Woywode, J. Rudolph und H. Güldner: **On Differential Flatness, Trajectory Planning, Observers, and Stabilization for DC-DC Converts**. IEEE Trans. on Circuits and Systems I, 53(9):2000–2010, September 2006.

[HZWR12] Huber, R., S. Zipser, S. Wagner und K. Röbenack: **A high-gain observer vs. algebraic derivative methods for track estimation**. In: **Proc. Int. Multi-Conference on Systems, Signals and Devices (SSD)**, Chemnitz, März 2012.

[Kug00] Kugi, A.: **Regelung eines Cuk-Konverters**. Automatisierungstechnik, 48(3):116–123, März 2000.

[NVR+14] Nitzsche, G., B. Völz, K. Röbenack, S. Wagner und S. Zipser: **Design of a nonlinear braking-based yaw rate controller**. In: **Proc. European Control Conference (ECC)**, Seiten 1681–1686, Juni 2014.

[Röb15] Röbenack, K.: **Mobiler Eigenbauroboter mit Arduino: Aufbau und Programmierung**. CreateSpace Independent Publishing Platform, 2015.

[RSWK16] Riesmeier, M., O. Schnabel, F. Woittennek und T. Knüppel: **Zur Folgeregelung mehrachsiger Fahrzeuge**. Automatisierungstechnik, 64(8):602–123, August 2016.

[Sch91] Schwarz, H.: **Nichtlineare Regelungssysteme: Systemtheoretische Grundlagen**. Oldenbourg Verlag, München, Wien, 1991.

[SRLA91] Sira-Ramirez, H. und P. Lischinsky-Arenas: **Differential algebraic approach in nonlinear dynamical compensator design for d.c.-to-d.c. power converters**. Int. J. Control, 54(1):111–133, 1991.

Mathematische Grundlagen

K. Röbenack, *Nichtlineare Regelungssysteme*,
https://doi.org/10.1007/978-3-662-44091-9_2

Dieser Abschnitt soll dem Leser einige Grundlagen der linearen Abgebra sowie der Vektoranalysis in Erinnerung rufen. Dabei finden auch erste Begriffe und Konzepte der Differentialgeometrie Erwähnung. Zusätzlich werden ausgewählte Aspekte gewöhnlicher Differentialgleichungssysteme behandelt. In diesem Kapitel werden nur diejenigen Aussagen bewiesen, die für regelungstheoretische Anwendungen in den folgenden Abschnitten des Buches von besonderer Bedeutung sind. Zur Festigung und Vertiefung der behandelten Konzepte seien dem Leser die Lehrbücher [Arn01, KvW07] empfohlen.

2.1 Lineare Algebra

Sei $\mathbb{R}$ die Menge der reellen Zahlen. Der n-dimensionale reelle Vektorraum wird mit $\mathbb{R}^n$ bezeichnet, seine Elemente heißen **Vektoren**. Ein Vektor $x \in \mathbb{R}^n$ wird oft in der Form eines Spaltenvektors

$$x = \begin{pmatrix} x_1 \\ \vdots \\ x_n \end{pmatrix} \tag{2.1}$$

mit den Komponenten $x_1, \ldots, x_n \in \mathbb{R}$ dargestellt. Zur Unterscheidung von Zeilenvektoren spricht man hier auch von **kontravarianten Vektoren**.

Die n Einheitsvektoren

$$e_1 = \begin{pmatrix} 1 \\ 0 \\ \vdots \\ 0 \end{pmatrix}, \ldots, e_n = \begin{pmatrix} 0 \\ \vdots \\ 0 \\ 1 \end{pmatrix}$$

bilden eine Basis des $\mathbb{R}^n$, die sogenannte **kanonische Basis** oder **Standardbasis**. Jeder Vektor (2.1) lässt sich eindeutig als Linearkombination der Basisvektoren darstellen:

$$x = x_1 e_1 + \cdots + x_n e_n.$$

Die **lineare Hülle** (engl. **linear hull, linear span**) von r Vektoren $v_1, \ldots, v_r \in \mathbb{R}^n$ ist die Menge aller Linearkombinationen dieser Vektoren:

$$\text{spann}\,\{v_1, \ldots v_r\} := \{\alpha_1 v_1 + \cdots + \alpha_r v_r; \alpha_1, \ldots, \alpha_r \in \mathbb{R}\}.$$

Die lineare Hülle ist damit ein **Untervektorraum**, **Unterraum** bzw. **Teilraum** (engl. **subspace**) des $\mathbb{R}^n$, d. h. eine nichtleere Teilmenge des $\mathbb{R}^n$, welche selber ein Vektorraum ist.

Zu zwei Vektoren $x, y \in \mathbb{R}^n$ definiert man durch

$$(x, y) := \sum_{i=1}^{n} x_i y_i \tag{2.2}$$

das (**kanonische**) **Skalarprodukt**. Die Vektoren x und y sind zueinander **orthogonal** (bzw. stehen **senkrecht aufeinander**), falls

$$(x, y) = 0.$$

Jeder Unterraum $\mathbb{U}$ des $\mathbb{R}^n$ kann mit Hilfe eines geeignet gewählten weiteren Unterraums $\mathbb{V}$ zum ursprünglichen Vektorraum $\mathbb{R}^n$ ergänzt werden, so dass

$$\mathbb{R}^n = \mathbb{U} + \mathbb{V}.$$

Haben zusätzlich beide Unterräume nur den Nullvektor gemeinsam, d. h.

$$\mathbb{U} \cap \mathbb{V} = \{0\},$$

dann ist der Unterraum $\mathbb{V}$ der **Komplementärraum** (bzw. das **Komplement**) des Unterraumes $\mathbb{U}$. In diesem Fall kann man den Vektorraum $\mathbb{R}^n$ als **direkte Summe** der beiden Unterräume darstellen:

$$\mathbb{R}^n = \mathbb{U} \oplus \mathbb{V}.$$

Die Zerlegung in direkte Summen bedeutet, dass es für jeden Vektor $x \in \mathbb{R}^n$ eine eindeutige Darstellung $x = u + v$ mit $u \in \mathbb{U}$ und $v \in \mathbb{V}$ gibt.

Die Ergänzung eines Unterraumes $\mathbb{U}$ um einen Komplmentärraum $\mathbb{V}$ ist nicht eindeutig. Wählt man den Komplementärraum unter Zuhilfenahme des Skalarprodukts (2.2) derart, dass alle Vektoren $u \in \mathbb{U}$ und $v \in \mathbb{V}$ jeweils senkrecht aufeinander stehen, so erhält man das **orthogonale Komplement** $\mathbb{U}^\perp$ von $\mathbb{U}$:

$$\mathbb{U}^\perp := \{v \in \mathbb{R}^n;\ \forall u \in \mathbb{U}\colon (u, v) = 0\}. \tag{2.3}$$

Hinsichtlich der Dimensionen besteht folgender Zusammenhang (**Dimensionsformel**):

$$\dim \mathbb{U} + \dim \mathbb{U}^\perp = n. \tag{2.4}$$

Beispiel 2.1
Die Vektoren

$$u_1 = \begin{pmatrix} 1 \\ 2 \\ 3 \end{pmatrix} \quad \text{und} \quad u_2 = \begin{pmatrix} 4 \\ 5 \\ 6 \end{pmatrix}$$

spannen im Vektorraum $\mathbb{R}^3$ einen zweidimensionalen Unterraum $\mathbb{U} = \operatorname{spann}\{u_1, u_2\}$ auf. In MAXIMA [Max, Haa14] definiert man die Spaltenvektoren mit dem Befehl `columnvector` aus dem Paket `eigen`. Das orthogonale Komplement ist eindimensional und wird von dem Vektor

$$v = \begin{pmatrix} -3 \\ 6 \\ -3 \end{pmatrix}$$

aufgespannt:

```
(%i1) load(eigen)$
(%i2) u1:columnvector([1,2,3])$
(%i3) u2:columnvector([4,5,6])$
(%i4) orthogonal_complement(u1,u2);
```

$$(\%o4)\quad \text{span}\left(\begin{pmatrix}-3\\6\\-3\end{pmatrix}\right)$$

Eine $m \times n$-Matrix $A \in \mathbb{R}^{m\times n}$ besteht aus m Zeilen und n Spalten:

$$A = \begin{pmatrix} a_{11} & \cdots & a_{1n} \\ \vdots & \ddots & \vdots \\ a_{m1} & \cdots & a_{mn} \end{pmatrix}.$$

Gilt $m = n$, so spricht man von einer **quadratischen** Matrix. Die $n \times n$-**Einheitsmatrix** (engl. **identity matrix**) wird mit I_n bzw. mit I bezeichnet. Bei ihr sind die Hauptdiagonalelemente Eins, alle anderen Elemente Null.

Unter dem **Bild** (engl. **image**, **range**) einer Matrix versteht man die Menge

$$\begin{aligned} \operatorname{im} A &:= \{y \in \mathbb{R}^m; \exists x \in \mathbb{R}^n \text{ mit } y = Ax\} \\ &= \{(Ax) \in \mathbb{R}^m; x \in \mathbb{R}^n\}. \end{aligned}$$

Besteht die Matrix A spaltenweise aus den Vektoren $a_1, \ldots, a_n \in \mathbb{R}^m$, d. h.

$$A = (a_1, \ldots, a_n),$$

so gilt

$$\operatorname{im} A = \operatorname{spann}\{a_1, \ldots, a_n\}.$$

Das Bild einer Matrix ist die lineare Hülle der Spalten. Das Bild ist somit ein Untervektorraum des $\mathbb{R}^m$. Der **Rang** (engl. **rank**) der Matrix A ist die Dimension ihres Bildes:

$$\operatorname{rang} A := \dim(\operatorname{im} A). \tag{2.5}$$

Der **Kern** oder **Nullraum** (engl. **kernel, null space**) einer Matrix A ist definiert durch

$$\ker A := \{x \in \mathbb{R}^n; Ax = 0\},$$

d. h. er ist die Lösungsmenge des zur Matrix A gehörenden linearen homogenen Gleichungssystems. Der Kern ist ein Untervektorraum des $\mathbb{R}^n$. Die Dimension des Kerns heißt **Defekt** (engl. **nullity, corank**):

$$\operatorname{corang} A := \dim(\ker A) = n - \operatorname{rang} A. \tag{2.6}$$

Der Defekt gibt den **Rangabfall** einer Matrix an.

Mit Bild und Kern sind folgende Zerlegungen der Vektorräume $\mathbb{R}^m$ und $\mathbb{R}^n$ in jeweils direkte Summen zweier Untervektorräume möglich:

$$\begin{aligned} \mathbb{R}^m &= \operatorname{im} A \oplus \ker A^T, \\ \mathbb{R}^n &= \ker A \oplus \operatorname{im} A^T. \end{aligned} \tag{2.7}$$

Bei dieser Zerlegung wird der jeweilige Unterraum ($\operatorname{im} A$ bzw. $\ker A$) um sein entsprechendes orthogonales Komplement erweitert. Die sich zum Vektorraum $\mathbb{R}^n$ ergänzenden Unterräume haben nur den Nullvektor gemeinsam:

$$\operatorname{im} A \cap \ker A^T = \{0\} \quad \text{und} \quad \ker A \cap \operatorname{im} A^T = \{0\}.$$

Die Dimensionsformel (2.4) nimmt in diesem Fall die Gestalt

$$\dim(\ker A) + \dim(\operatorname{im} A) = n \tag{2.8}$$

an [Lor92, Beu01]. Der Zusammenhang (2.8) ist auch unter der Bezeichnung **Rangsatz** bekannt.

Beispiel 2.2

Man betrachte die 2×3-Matrix

$$A = \begin{pmatrix} 1 & 2 & 3 \\ 4 & 5 & 6 \end{pmatrix}.$$

Bild und Kern einer Matrix lassen sich in MAXIMA mit den Funktionen `columnspace` bzw. `nullspace` des Pakets `linearalgebra` berechnen:

```
(%i1) A:matrix([1,2,3],[4,5,6]);
```

(%o1) $\begin{pmatrix} 1 & 2 & 3 \\ 4 & 5 & 6 \end{pmatrix}$

```
(%i2) columnspace(A);
```

(%o2) $\operatorname{span}\left(\begin{pmatrix} 1 \\ 4 \end{pmatrix}, \begin{pmatrix} 2 \\ 5 \end{pmatrix}\right)$

```
(%i3) nullspace(A);
```

(%o3) $\operatorname{span}\left(\begin{pmatrix} -3 \\ 6 \\ -3 \end{pmatrix}\right)$

Mit `rank` und `nullity` kann man sich zusätzlich die Dimensionen (2.5) und (2.6) von Bild und Nullraum angeben lassen. Die Dimensionsformel (2.8) ist bei diesem Beispiel offensichtlich erfüllt.

Die Matrix $A \in \mathbb{R}^{m \times n}$ wird mitunter synonym zur linearen Abbildung bzw. zum linearen Operator

$$A : \mathbb{R}^n \to \mathbb{R}^m \quad \text{mit} \quad x \mapsto Ax$$

behandelt. Dabei verwendet man die Notation $\mathcal{A} \in L(\mathbb{R}^n, \mathbb{R}^m)$, wobei $L(\mathbb{R}^n, \mathbb{R}^m)$ die Menge der linearen Abbildungen vom $\mathbb{R}^n$ in den $\mathbb{R}^m$ bezeichnet. Diese Menge besitzt auch die Struktur eines Vektorraumes der Dimension $n \cdot m$.

Der **Dualraum** (engl. **dual space**) $(\mathbb{R}^n)^*$ des $\mathbb{R}^n$ besteht aus den auf $\mathbb{R}^n$ definierten **linearen Funktionalen (Linearformen)**, d. h. aus linearen Abbildungen $\mathbb{R}^n \to \mathbb{R}$. Der Dualraum lässt sich daher auch durch $(\mathbb{R}^n)^* = L(\mathbb{R}^n, \mathbb{R})$ angeben. Die Elemente $\omega \in (\mathbb{R}^n)^*$ des Dualraums, die man auch **Kovektoren** oder **kovariante Vektoren** nennt, kann man als Zeilenvektoren

$$\omega = (\omega_1, \ldots, \omega_n)$$

darstellen. Der Dualraum $(\mathbb{R}^n)^*$ ist selber ein n-dimensionaler reeller Vektorraum mit der kanonischen Basis

$$\begin{aligned} e_1^* &= (1, 0, \ldots, 0), \\ &\vdots \\ e_n^* &= (0, \ldots, 0, 1). \end{aligned}$$

Im Zusammenhang mit dem Dualraum nennt man den ursprünglichen Vektorraum manchmal auch **Primalraum**.

Anmerkung 2.3 Bei den hier betrachteten endlichdimensionalen Vektorräumen sind Primal- und Dualraum zueinander **isomorph**, d. h. es existiert eine lineare invertierbare (bijektive) Abbildung zwischen beiden Räumen. Mit einer solchen Abbildung, die man **Isomorphismus** nennt, kann jeder Vektor des Primalraumes eindeutig einem Kovektor des Dualraumes zugeordnet werden und umgekehrt. Bei der Darstellung der Vektoren und Kovektoren als Spalten- und Zeilenvektoren wird dieser Isomorphismus für beide Abbildungsrichtungen durch die **Transposition** beschrieben, d. h.

$$x \in \mathbb{R}^n \;\Rightarrow\; x^T \in (\mathbb{R}^n)^* \quad \text{und} \quad \omega \in (\mathbb{R}^n)^* \;\Rightarrow\; \omega^T \in \mathbb{R}^n.$$

Die Transposition kann in beide Richtungen angewandt werden. In der Differentialgeometrie sind je nach Zuordnungsrichtung die Abbildungen

$$\flat : \mathbb{R}^n \to (\mathbb{R}^n)^* \quad \text{und} \quad \sharp : (\mathbb{R}^n)^* \to \mathbb{R}^n,$$

die aufgrund der verwendeten Symbole mitunter auch als **musikalische Isomorphismen** bezeichnet werden, üblich [MR01, BL04, Jän05]. Dabei gilt:

$$x \in \mathbb{R}^n \;\Rightarrow\; x^\flat \in (\mathbb{R}^n)^* \quad \text{und} \quad \omega \in (\mathbb{R}^n)^* \;\Rightarrow\; \omega^\sharp \in \mathbb{R}^n.$$

Durch Verknüpfung von Elementen aus Primal- und Dualraum erhält man mit

$$\langle \omega, x \rangle = \omega \cdot x = (\omega_1, \ldots, \omega_n) \begin{pmatrix} x_1 \\ \vdots \\ x_n \end{pmatrix} = \sum_{i=1}^{n} \omega_i x_i \tag{2.9}$$

eine **natürliche Paarung** $\langle\cdot,\cdot\rangle : (\mathbb{R}^n)^* \times \mathbb{R}^n \to \mathbb{R}$, die man auch als **duale Paarung**, **inneres Produkt** oder **Kontraktion** zwischen Kovektoren und Vektoren auffasst. Die Basis $\{e_1^*, \ldots, e_n^*\}$ ist die zu $\{e_1, \ldots, e_n\}$ **duale Basis**, d. h. es gilt

$$\langle e_i^*, e_j \rangle = \delta_{ij} \quad \text{für} \quad 1 \le i,j \le n$$

mit dem **Kroneckersymbol**

$$\delta_{ij} = \begin{cases} 1 \text{ für } i = j, \\ 0 \text{ sonst.} \end{cases}$$

Die natürliche Paarung (2.9) entspricht im Wesentlichen dem Skalarprodukt (2.2), nur dass anstelle von zwei Vektoren wie beim Skalarprodukt jetzt ein aus Kovektor und Vektor bestehendes Paar als Argumente übergeben werden. Daher wird mitunter für (2.9) auch die Bezeichnung Skalarprodukt verwendet [BG80]. In der gleichen Weise, wie mit dem Skalarprodukt zu einem gegebenen Unterraum $\mathbb{U} \subset \mathbb{R}^n$ das orthogonale Komplement (2.3) konstruiert wird, kann man mit der natürlichen Paarung den **Annihilatorraum**

$$\mathbb{U}^\perp := \{\omega \in (\mathbb{R}^n)^*;\ \forall x \in \mathbb{U}: \langle \omega, x \rangle = 0\} \tag{2.10}$$

erzeugen. Für einen gegebenen Unterraum sind sein orthogonales Komplement und sein Annihilatorraum zueinander isomorph, so dass wir ohne Probleme in (2.3) und (2.10) die gleiche Bezeichnung verwenden können. Die Dimensionsformel (2.4) gilt daher auch in gleiche Weise für den Annihilatorraum (2.10).

2.2 Felder und Ableitungen

Im vorangegangenen Abschnitt wurden konstante Größen, insbesondere Zeilen- und Spaltenvektoren, betrachtet. Hängen diese Größen von einem Vektor ab (z. B. der Position im Raum), dann wird man auf den Begriff des Feldes und damit in den Bereich der Differentialgeometrie geführt.

Sei $\mathcal{M} \subseteq \mathbb{R}^n$ eine offene Teilmenge des Vektorraums $\mathbb{R}^n$. Abbildungen der Form $h{:}\mathcal{M} \to \mathbb{R}$ bzw. $f{:}\mathcal{M} \to \mathbb{R}^n$ nennt man **Skalarfeld** bzw. **Vektorfeld**. Eine Abbildung $\omega{:}\mathcal{M} \to (\mathbb{R}^n)^*$ heißt **Kovektorfeld**, **Differentialform ersten Grades** (kurz **1-Form**) oder **Pfaffsche Form**. Bei den betreffenden Feldern können weitere Abhängigkeiten auftreten, z. B. von der Zeit oder von Parametern. Dann würde man von **zeit-** bzw. **parameterabhängigen Feldern** sprechen.

Neben der Darstellung eines Vektorfeldes

$$f(x) = \begin{pmatrix} f_1(x) \\ \vdots \\ f_n(x) \end{pmatrix}$$

als Spaltenvektor mit den Komponenten $f_1(x), \ldots, f_n(x)$ wird häufig auch die Notation

$$f(x) = f_1(x)\frac{\partial}{\partial x_1} + \cdots + f_n(x)\frac{\partial}{\partial x_n} \tag{2.11}$$

verwendet. Dabei symbolisiert

$$\left\{\frac{\partial}{\partial x_1}, \ldots, \frac{\partial}{\partial x_n}\right\} \tag{2.12}$$

die kanonische Basis, die im Punkt $x \in \mathcal{M}$ den sogenannten **Tangentialraum** $T_x\mathcal{M}$ aufspannt (siehe Anmerkungen 2.4 und 2.6). Die zugehörige duale Basis wird mit $\{\mathrm{d}x_1, \ldots, \mathrm{d}x_n\}$ bezeichnet, d. h.

$$\left\langle \mathrm{d}x_i, \frac{\partial}{\partial x_j} \right\rangle = \delta_{ij} \quad \text{für} \quad 1 \le i, j \le n.$$

Von der dualen Basis wird im Punkt x der **Kotangentialraum** $T_x^*\mathcal{M}$, d. h. der Dualraum des Tangentialraumes, aufgespannt. Ein Kovektorfeld ω kann dann als Zeilenvektor

$$\omega(x) = (\omega_1(x), \ldots, \omega_n(x))$$

oder in der Form

$$\omega(x) = \omega_1(x)\mathrm{d}x_1 + \cdots + \omega_n(x)\mathrm{d}x_n \tag{2.13}$$

angegeben werden.

Anmerkung 2.4 (Tangentialraum) Der Begriff Tangentialraum ist im Zusammenhang mit differenzierbaren Mannigfaltigkeiten verbreitet [AMR83, Jän05, Lee06]. Für die hier betrachtete offene Teilmenge $\mathcal{M} \subseteq \mathbb{R}^n$ kann man den im Punkt $p \in \mathcal{M}$ aufgespannten Tangentialraum $T_p\mathcal{M}$ durch

$$T_p\mathcal{M} := \{(p, v); v \in \mathbb{R}^n\}$$

definieren. Zusammen mit den Operationen $(p, v) + (p, w) := (p, v + w)$ und $\alpha \cdot (p, v) := (p, \alpha v)$ für $v, w \in \mathbb{R}^n$ und $\alpha \in \mathbb{R}$ erhält man einen n-dimensionalen reellen Vektorraum, der von den Basisvektorfeldern

$$\frac{\partial}{\partial x_i}(p) : p \mapsto (p, e_i) \tag{2.14}$$

für $i = 1, \ldots, n$ aufgespannt wird (siehe ◘ Abb. 2.1). Für verschiedene Punkte $p, q \in \mathcal{M}$ erhält man formal unterschiedliche Tangentialräume $T_p\mathcal{M}$ und $T_q\mathcal{M}$, die aber jeweils isomorph (gleichwertig) zum Vektorraum $\mathbb{R}^n$ sind. Daher dürfen wir statt der Tangentialräume einfach den Vektorraum $\mathbb{R}^n$ verwenden und können bei den Basisvektorfeldern (2.14) den Bezugspunkt p weglassen.

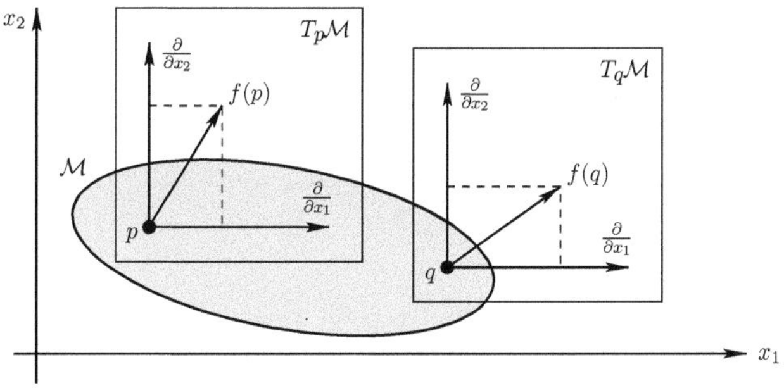

Abb. 2.1 Tangentialräume $T_p\mathcal{M}$ und $T_q\mathcal{M}$ von $\mathcal{M}$ in den Punkten p und q

Die Ableitung einer differenzierbaren vektoriellen Funktion $F: \mathcal{M} \to \mathbb{R}^m$ ist die $m \times n$-Matrix

$$F'(x) = \mathrm{d}F(x) = \frac{\partial F}{\partial x}(x) := \begin{pmatrix} \frac{\partial F_1}{\partial x_1}(x) & \cdots & \frac{\partial F_1}{\partial x_n}(x) \\ \vdots & \ddots & \vdots \\ \frac{\partial F_m}{\partial x_1}(x) & \cdots & \frac{\partial F_m}{\partial x_n}(x) \end{pmatrix}, \tag{2.15}$$

die **Jacobimatrix** bzw. **Differential** genannt wird. Die Jacobimatrix eines Vektorfeldes $f: \mathcal{M} \to \mathbb{R}^n$ ist eine quadratische $n \times n$-Matrix. Bei einem Skalarfeld $h: \mathcal{M} \to \mathbb{R}$ nennt man die Ableitung

$$h'(x) = \mathrm{d}h(x) = \frac{\partial h}{\partial x}(x) := \left(\frac{\partial h}{\partial x_1}(x), \ldots, \frac{\partial h}{\partial x_n}(x)\right) \tag{2.16}$$

Gradient bzw. **totales Differential.** In Anlehnung an Gl. (2.13) ist auch die Notation

$$\mathrm{d}h(x) = \frac{\partial h(x)}{\partial x_1}\mathrm{d}x_1 + \cdots + \frac{\partial h(x)}{\partial x_n}\mathrm{d}x_n$$

gebräuchlich. Der in Gl. (2.16) definierte Gradient ist ein von x abhängiger Zeilenvektor, also ein Kovektorfeld. Diese Darstellung ist konsistent mit der in Gl. (2.15) definierten Jacobimatrix für $m = 1$.

Anmerkung 2.5 (Gradientenfeld) In einigen anderen Fachgebieten (u. a. der Vektoranalysis und der Optimierung) fasst man den Gradienten nicht als Zeilenvektor, sondern als Spaltenvektor und damit als Vektorfeld auf:

$$\nabla h(x) := (\mathrm{d}h)^\sharp(x) = (\mathrm{d}h)^T(x)$$

Ein solches Vektorfeld nennt man **Gradientenfeld** [Kön04, Kna12].

Anmerkung 2.6 (Notation der Basisvektorfelder) Die in Anmerkung 2.4 verwendete Notation (2.11) bzw. (2.14) der Basisvektorfelder erscheint auf den ersten Blick willkürlich und in keinerlei Verbindung mit einer Ableitung zu stehen. Zur Veranschaulichung betrachten wir die Richtungsableitung eines Skalarfeldes h im Punkt $p \in \mathcal{M}$ in Richtung $v \in \mathbb{R}^n$:

$$\frac{\mathrm{d}}{\mathrm{d}t}\, h(p+vt)|_{t=0} = \langle h'(p), v\rangle = \sum_{j=1}^{n} v_j \frac{\partial h}{\partial x_j}(p).$$

Setzt man für v den Einheitsvektor e_i ein, so erhält man

$$\frac{\mathrm{d}}{\mathrm{d}t}\, h(p+e_i t)|_{t=0} = \langle h'(p), e_i\rangle = \frac{\partial}{\partial x_i} h(p),$$

d. h. $\frac{\partial}{\partial x_i}$ erzeugt die Richtungsableitung in Richtung des Einheitsvektors e_i.

Mitunter benötigt man auch Ableitungen verschiedener Produkte von Feldern:

Proposition 2.7 *Die Vektorfelder $f, g{:}\mathcal{M} \to \mathbb{R}^n$, das Skalarfeld $h{:}\mathcal{M} \to \mathbb{R}$ und das Kovektorfeld $\omega{:}\mathcal{M} \to (\mathbb{R}^n)^*$ seien differenzierbar. Dann gilt*

$$\frac{\partial}{\partial x}\,(h(x)f(x)) = h(x)f'(x) + f(x)h'(x), \tag{2.17a}$$

$$\frac{\partial}{\partial x}\,\left(g^T(x)f(x)\right) = g^T(x)f'(x) + f^T(x)g'(x), \tag{2.17b}$$

$$\frac{\partial}{\partial x}\,\langle \omega, f\rangle\,(x) = \omega(x)f'(x) + f^T(x)\frac{\partial \omega^T(x)}{\partial x}. \tag{2.17c}$$

Die Gl. (2.17a)–(2.17c) ergeben sich unmittelbar aus der klassischen Produktregel (Leibniz-Formel), vgl. Übungsaufgabe 2.2.

Die $n \times n$-Matrix

$$h''(x) = \begin{pmatrix} \frac{\partial^2 h}{\partial x_1^2}(x) & \cdots & \frac{\partial^2 h}{\partial x_1 \partial x_n}(x) \\ \vdots & \ddots & \vdots \\ \frac{\partial^2 h}{\partial x_n \partial x_1}(x) & \cdots & \frac{\partial^2 h}{\partial x_n^2}(x) \end{pmatrix}$$

der zweiten partiellen Ableitungen des Skalarfeldes h heißt **Hessematrix**.

Beispiel 2.8

Zu dem gegebenen Skalarfeld $h(x) = x_1^2 x_2^3 + 1$ sind der Gradient und die Hessematrix zu berechnen. Für die Berechnung mit MAXIMA fassen wir den Gradienten als Spezialfall einer Jacobimatrix auf und nutzen die Funktion `jacobian`. Die Berechnung der Hessematrix erfolgt mit `hessian`:

```
(%i1) h:(x1^2)*(x2^3)+1;
(%o1) x1^2 x2^3 + 1
```

```
(%i2) jacobian([h],[x1,x2]);
```
(%o2) $\begin{pmatrix} 2\,x1\,x2^3 & 3\,x1^2\,x2^2 \end{pmatrix}$

```
(%i3) hessian(h, [x1,x2]);
```
(%o3) $\begin{pmatrix} 2\,x2^3 & 6\,x1\,x2^2 \\ 6\,x1\,x2^2 & 6\,x1^2\,x2 \end{pmatrix}$

Sind die Elemente der Hessematrix wie in Beispiel 2.8 auch stetig, dann ist die Matrix symmetrisch [Kön04]:

Lemma 2.9 (Satz/Lemma von Schwarz) *Das Skalarfeld $h: \mathcal{M} \to \mathbb{R}$ sei im Punkt $p \in \mathcal{M}$ zweimal stetig differenzierbar. Dann gilt*

$$\frac{\partial^2 h}{\partial x_i \partial x_j}(p) = \frac{\partial^2 h}{\partial x_j \partial x_i}(p) \quad \textit{für} \quad i,j = 1, \ldots, n. \tag{2.18}$$

Der Gradient ist selber ein Kovektorfeld. Lässt sich umgekehrt ein Kovektorfeld als Gradient eines Skalarfeldes darstellen, so nennt man es **exaktes Differential** bzw. **exakte Differentialform**. Das zugehörige Skalarfeld heißt **Potential**. Das Lemma von Schwarz führt auf eine Existenzbedingung eines solchen Potentials für ein gegebenes Kovektorfeld. Man spricht dabei auch von einer Integrabilitätsbedingung für Differentialformen:

Lemma 2.10 (Poincarésches Lemma) *Sei $\omega: \mathcal{M} \to (\mathbb{R}^n)^*$ ein stetig differenzierbares Kovektorfeld und $\mathcal{U} \subseteq \mathcal{M}$ eine offene Kugel mit Zentrum $p \in \mathcal{M}$, d. h.*

$$\mathcal{U} = \{x \in \mathcal{M};\ \|x - p\| < r\} \quad \textit{für ein} \quad r > 0.$$

Die Differentialform ω ist auf $\mathcal{U}$ genau dann exakt, wenn

$$\forall x \in \mathcal{U}\ \forall i,j \in \{1, \ldots, n\}: \quad \frac{\partial \omega_i}{\partial x_j}(x) = \frac{\partial \omega_j}{\partial x_i}(x). \tag{2.19}$$

Eine Differentialform ω, die Gl. (2.19) erfüllt, heißt **geschlossene** Differentialform. Nach dem Poincaréschen Lemma ist eine Differentialform also genau dann (lokal) exakt, wenn sie geschlossen ist.

Beweis „⇒" Das Kovektorfeld ω sei exakt, d. h. es gibt ein Skalarfeld $h: \mathcal{U} \to \mathbb{R}$ mit $\mathrm{d}h = \omega$ bzw. $\omega_i = \partial h / \partial x_i$. Wegen Lemma 2.9 gilt

$$\frac{\partial \omega_i}{\partial x_j} = \frac{\partial^2 h}{\partial x_j \partial x_i} = \frac{\partial^2 h}{\partial x_i \partial x_j} = \frac{\partial \omega_j}{\partial x_i}.$$

„⇐" Sei $x \in \mathcal{U}$. Die Verbindungsstrecke $\{(1-t)p + tx; 0 \le t \le 1\}$ liegt ganz in $\mathcal{U}$. Ohne Einschränkung sei $p = 0$ (andernfalls Verschiebung des Koordinatensystems). Für $\omega(x) = (\omega_1(x), \ldots, \omega_n(x))$ definiert man das Skalarfeld h durch

$$h(x) := \int_0^1 \left(\sum_{i=1}^{n} \omega_i(tx)x_i \right) \mathrm{d}t. \tag{2.20}$$

Da die Komponenten ω_i stetig differenzierbar sind, ergibt die Differentiation unter dem Integral bei Berücksichtung von Gl. (2.19) und der Produktregel

$$\begin{aligned}
\frac{\partial h}{\partial x_k}(x) &= \int_0^1 \frac{\partial}{\partial x_k} \left(\sum_{i=1}^n \omega_i(tx)x_i\right) \mathrm{d}t \\
&= \int_0^1 \left(\sum_{i=1}^n \frac{\partial \omega_i}{\partial x_k}(tx)tx_i + \omega_k(tx)\right) \mathrm{d}t \\
&\overset{(2.19)}{=} \int_0^1 \left(t\left(\sum_{i=1}^n \frac{\partial \omega_k}{\partial x_i}(tx)x_i\right) + \omega_k(tx)\right) \mathrm{d}t \\
&= \int_0^1 \left(t\frac{\mathrm{d}}{\mathrm{d}t}\omega_k(tx) + \omega_k(tx)\right) \mathrm{d}t \\
&= \int_0^1 \frac{\mathrm{d}}{\mathrm{d}t}\left(t\omega_k(tx)\right) \mathrm{d}t \\
&= t\omega_k(tx)\big|_{t=0}^{t=1} \\
&= \omega_k(x).
\end{aligned}$$

Damit ist ω eine exakte Differentialform. □

In Gl. (2.19) durchlaufen die Indizes i und j die natürlichen Zahlen von 1 bis n, d. h. für das Überprüfen einer Differentialform auf Geschlossenheit würde man zunächst von n^2 Bedingungen ausgehen. Die Bedingung (2.19) ist für $i = j$ erfüllt und muss daher nur für $i \neq j$ überprüft werden. Aufgrund der Symmetrie beider Seiten von (2.19) reicht es aus, diese Gleichungen für $i < j$ zu verifizieren. Die Überprüfung der Integrabilitätsbedingung (2.19) reduziert sich damit auf $\frac{n(n-1)}{2}$ Gleichungen.

Beispiel 2.11
Die Differentialform $\omega(x) = 2x_1x_2^3\mathrm{d}x_1 + 3x_1^2x_2^2\mathrm{d}x_2$ ist wegen

$$\frac{\partial \omega_1(x)}{\partial x_2} = 6x_1x_2^2 = \frac{\partial \omega_2(x)}{\partial x_1}$$

geschlossen. Nach Lemma 2.10 ist die Differentialform auch exakt. Das zugehörige Potential $h(x) = x_1^2x_2^3$, welches bis auf die frei wählbare Integrationskonstante mit dem Potential aus Beispiel 2.8 überein stimmt, erhält man beispielsweise mit der MAXIMA-Funktion `potential` des `vect`-Pakets:

```
(%i1) load(vect)$
(%i2) w:[2*x1*(x2^3),3*(x1^2)*(x2^2)];
(%o2) [2 x1 x2^3, 3 x1^2 x2^2]

(%i3) h:potential(w,[x1,x2]);
(%o3) x1^2 x2^3
```

2.3 Vektorfelder und Flüsse

Dieser Abschnitt vermittelt dem Leser einige qualitative Grundlagen aus der Theorie der gewöhnlichen Differentialgleichungen [Arn01].

Sei $\mathcal{M} \subseteq \mathbb{R}^n$ offen und $\mathcal{I} \subseteq \mathbb{R}$ ein offenes Intervall. Die Abbildung $F:\mathcal{M} \times \mathcal{I} \to \mathbb{R}^n$ ist dann ein zeitvariantes Vektorfeld, welches sich unmittelbar mit dem System gewöhnlicher Differentialgleichungen erster Ordnung

$$\dot{x} = F(x, t) \tag{2.21}$$

assoziieren lässt. Eine auf einem Teilintervall $\tilde{\mathcal{I}} \subseteq \mathcal{I}$ definierte Kurve $\phi:\tilde{\mathcal{I}} \to \mathcal{M}$, die die Differentialgleichung (2.21) erfüllt, d. h.

$$\forall t \in \tilde{\mathcal{I}}: \quad \dot{\phi}(t) = F(\phi(t), t),$$

heißt **(lokale) Lösung**, **Integralkurve** oder **Trajektorie** von (2.21). Die zu (2.21) gehörige Anfangswertaufgabe mit dem Anfangszeitpunkt $t = t_0 \in \mathcal{I}$ und einem Anfangswert $p \in \mathcal{M}$ lautet

$$\dot{x} = F(x, t), \quad x(t_0) = p. \tag{2.22}$$

Eine Lösung ϕ von (2.21) ist Lösung der Anfangswertaufgabe (2.22), wenn zusätzlich $\phi(t_0) = p$ gilt. Die Lösung ϕ der Anfangswertaufgabe (2.22) heißt **eindeutig**, wenn sie mit jeder weiteren Lösung $\bar{\phi}:\bar{\mathcal{I}} \subseteq \mathcal{I} \to \mathcal{M}$ auf dem gemeinsamen Existenzintervall übereinstimmt, d. h.

$$\forall t \in \bar{\mathcal{I}} \cap \mathcal{I}: \quad \phi(t) = \bar{\phi}(t).$$

Eine konstante Lösung, also $\phi(t) = p$ für alle $t \in \mathcal{I}$, nennt man **Ruhelage**, **Gleichgewichtslage** oder **Arbeitspunkt** (engl. **equilibrium point**, **operating point**). Dabei assoziiert man die Ruhelage als Lösung bzw. Zeitfunktion unmittelbar mit dem zugehörigen Punkt (Vektor) $p \in \mathcal{M}$. Die Ruhelagen $x \in \mathcal{M}$ der Differentialgleichung (2.21) lässt sich aus der Bestimmungsgleichung

$$\forall t \in \mathcal{I}: \quad 0 = F(x, t)$$

ermitteln.

Satz 2.12 (Existenz- und Eindeutigkeitssatz von Picard-Lindelöff) *Das zeitvariante Vektorfeld F sei stetig und genüge zusätzlich einer* ***Lipschitz-Bedingung***[1] *bezüglich des ersten Arguments, d. h. es existiert eine sogenannte* ***Lipschitz-Konstante*** $L > 0$ *mit*

$$\forall x, \hat{x} \in \mathcal{M}\ \forall t \in \mathcal{I}: \quad \left\|F(x,t) - F(\hat{x},t)\right\| \leq L \left\|x - \hat{x}\right\|. \tag{2.23}$$

1 Eine Funktion, die einer Lipschitz-Bedingung genügt, nennt man **Lipschitz-stetig**.

Für jeden Punkt $p \in \mathcal{M}$ existieren dann ein offenes Intervall $\mathcal{I}_p \subseteq \mathbb{R}$ mit $t_0 \in \mathcal{I}_p$ und eine stetig differenzierbare Abbildung $\phi: \mathcal{I}_p \to \mathcal{M}$, welche eine eindeutige Lösung der Anfangswertaufgabe (2.22) ist.

Beweisskizze Die Anfangswertaufgabe (2.22) der Differentialgleichung (2.21) ist äquivalent zur Integralgleichung

$$x(t) = p + \int_{t_0}^{t} F(x(\tau), \tau)\,\mathrm{d}\tau. \tag{2.24}$$

Es ist zu zeigen, dass eine auf einem geeigneten Intervall $\tilde{\mathcal{I}} \subseteq \mathcal{I}$ mit $t, t_0 \in \tilde{\mathcal{I}}$ definierte Funktion $\phi: \tilde{\mathcal{I}} \to \mathcal{M}$ existiert, welche die Integralgleichung (2.24) erfüllt. Dazu geht man von der Integralgleichung (2.24) zu der **Picard-Iteration**

$$\phi_{k+1}(t) = p + \int_{t_0}^{t} F(\phi_k(\tau), \tau)\,\mathrm{d}\tau \tag{2.25}$$

mit der Startfunktion $\phi_0(t) \equiv p$ über. Unter Ausnutzung der Lipschitz-Eigenschaft von F kann die Konvergenz dieser Iteration mit dem Banachschen Fixpunkt-Satz gezeigt werden [Arn01, § 31]. □

Eine direkte Überprüfung der Lipschitz-Bedingung (2.23) ist oft nicht praktikabel, entsprechend der nachfolgenden Aussage in vielen Fällen auch nicht nötig [Kön04, Abschn. 4.2]:

Korollar 2.13 (Folgerung aus dem Mittelwertsatz der Differentialrechnung). *Sei $F: \mathcal{M} \times \mathcal{I} \to \mathbb{R}^n$ stetig differenzierbar. Dann genügt F auf jeder kompakten konvexen Teilmenge $\mathcal{K} \subset \mathcal{M} \times \mathcal{I}$ einer Lipschitz-Bedingung mit der Lipschitz-Konstanten*

$$L := \max_{(x,t)\in\mathcal{K}} \left\| \frac{\partial F(x,t)}{\partial x} \right\|.$$

Aus dem Korollar geht hervor, dass jedes stetig differenzierbares Vektorfeld F einer lokalen Lipschitz-Bedingung der Form (2.23) genügt. Damit sind Existenz und Eindeutigkeit einer lokalen Lösung der Anfangswertaufgabe (2.22) entsprechend Satz 2.12 gewährleistet.

Anmerkung 2.14 Die Lipschitz-Bedingung (2.23) in Satz 2.12 sichert die Eindeutigkeit der Lösung. Dazu betrachte man die Anfangswertaufgabe

$$\dot{x} = \sqrt{x}, \quad x(0) = 0, \tag{2.26}$$

bei welcher die rechte Seite der Differentialgleichung für $x \geq 0$ stetig, im Punkt $x = 0$ aber nicht Lipschitz-stetig ist. Durch direktes Nachrechnen überprüft man, dass sowohl die Nullfunktion (d. h. $\phi(t) = 0$ für alle $t \in \mathbb{R}$) als auch $\bar{\phi}(t) = t^2/4$ für $t \geq 0$ die Anfangswertaufgabe erfüllen (siehe ◘ Abb. 2.2). Tatsächlich sichert der Existenzsatz von Peano bereits bei einer stetigen rechten Seite die Existenz einer Lösung, nicht aber deren Eindeutigkeit [Ama95].

Existiert für alle $(x, t) \in \mathcal{M} \times I$ eine Integralkurve, die zum Zeitpunkt t durch x verläuft, dann kann man die Gesamtheit der Lösungen durch eine zweiparametrige Abbildung $\varphi: \mathcal{M} \times \mathcal{I} \times \mathcal{I} \to \mathcal{M}$ erfassen, die **Evolution** oder **zeitvarianter** bzw. **zeitabhängiger Fluss** (engl. **time-dependent flow** [BBCM03]) von (2.21) genannt wird. Dabei ist $\varphi_{t,t_0}(p) := \varphi(p, t, t_0)$ der Funktionswert der Lösung der Anfangswertaufgabe (2.22) zum Zeitpunkt t. Für alle $x \in \mathcal{M}$ gelten folgende Beziehungen:

1. $\varphi_{t_0,t_0}(x) = x$,
2. $\varphi_{t_2,t_1} \circ \varphi_{t_1,t_0}(x) = \varphi_{t_2,t_0}(x)$.

Dabei bezeichnet $\circ$ die Hintereinanderausführung von Abbildungen, die für zwei Abbildungen φ und ψ als $\varphi \circ \psi(x) := \varphi(\psi(x))$ zu verstehen ist.

Beispiel 2.15
Wir betrachten ein lineares homogenes zeitvariantes Differentialgleichungssystem

$$\dot{x} = A(t)x \tag{2.27}$$

mit einer stetigen Matrixfunktion $A: \mathbb{R} \to \mathbb{R}^{n \times n}$. Das zugehörige Vektorfeld ist linear: $F(x, t) = A(t)x$. Mit Hilfe der Picard-Iteration (2.25) erhält man den zeitvarianten Fluss

$$\varphi_{t,t_0}(x) = \underbrace{\left[I + \int_{t_0}^{t} A(\tau_1)\mathrm{d}\tau_1 + \int_{t_0}^{t} A(\tau_1) \int_{t_0}^{\tau_1} A(\tau_2)\mathrm{d}\tau_2\mathrm{d}\tau_1 + \cdots \right]}_{\Phi(t,t_0)} x. \tag{2.28}$$

Aufgrund der Linearität von (2.27) ist auch der Fluss linear im Anfangswertargument. Die zu dieser linearen Abbildung gehörende $n \times n$-Matrix $\Phi(t, t_0)$ nennt man **Transitions-** oder **Übergangsmatrix.** Die in Gl. (2.28) angegebene Berechnungsvorschrift für die Matrix $\Phi(t, t_0)$ heißt **Peano-Baker-Formel** (siehe [Gan86, Abschnitt 15.5], [Son98, S. 489]).

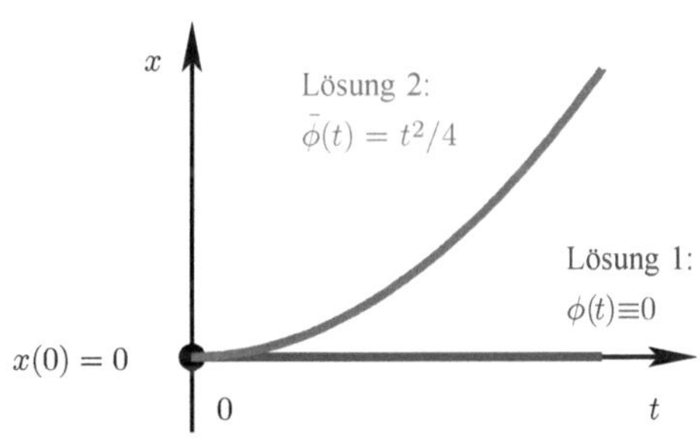

◘ **Abb. 2.2** Zwei verschiedene Lösungen der Anfangswertaufgabe (2.26) aus Anmerkung 2.14

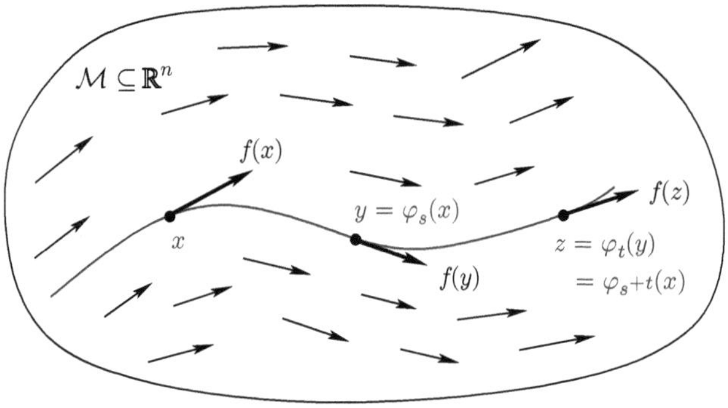

Abb. 2.3 Vektorfeld f und Fluss φ_t

Bei vielen Problemstellungen hängt das Vektorfeld $f{:}\mathcal{M} \to \mathbb{R}^n$ nicht explizit von der Zeit ab und lässt sich daher einer autonomen bzw. zeitinvarianten Differentialgleichung

$$\dot{x} = f(x) \tag{2.29}$$

zuordnen. Die Lösung von (2.29) hängt dann nicht mehr von der absoluten Zeit t ab, sondern von der Zeitdifferenz zum Anfangszeitpunkt. Ohne Einschränkungen kann man daher bei der Formulierung der Anfangswertaufgabe vom Anfangszeitpunkt $t_0 = 0$ ausgehen:

$$\dot{x} = f(x), \quad x(0) = p. \tag{2.30}$$

Der zeitvariante Fluss als zweiparametrige Abbildung geht dann durch Bildung der Zeitdifferenz zum Anfangszeitpunkt $\varphi_{t-t_0}(\cdot) := \varphi_{t,t_0}(\cdot)$ in eine einparametrige Abbildung der Form $\varphi{:}\mathcal{M} \times \mathcal{I} \to \mathbb{R}^n$ mit $\varphi_t(p) := \varphi(p, t)$ über, die man **Fluss** (engl. **flow**) oder **Phasenfluss** nennt. Der Fluss φ_t fasst die Lösungen der Differentialgleichung (2.29) zusammen. Für alle $x \in \mathcal{M}$ sowie s und t entsprechend des zeitlichen Existenzintervalls gilt:
1. $\varphi_0(x) = x$,
2. $\varphi_t \circ \varphi_s(x) = \varphi_{s+t}(x)$.

Diese Beziehungen nennt man **Gruppeneigenschaft** des Flusses (siehe Anmerkung 2.27 sowie [Arn01, § 4] bzw. [FK14]). Löst man eine Anfangswertaufgabe für eine Zeit s und setzt die Lösung um eine Zeit t fort, dann stimmt das Ergebnis mit der Lösung der Anfangswertaufgabe für den Zeitpunkt $s + t$ überein (siehe Abb. 2.3).

Bei der gleichzeitigen Verwendung mehrerer Vektorfelder ist es sinnvoll, die Zuordnung zwischen den Vektorfeldern und den Flüssen hervorzuheben. Der zu einem Vektorfeld f gehörende Fluss zum Zeitpunkt t wird dann mit φ_t^f bezeichnet, die Lösung der Anfangswertaufgabe (2.30) mit $\varphi_t^f(p)$.

Zu jedem Anfangswert $p \in \mathcal{M}$ existiert ein maximales Existenzintervall $\mathcal{I}_p$, über welches die Lösung der Dgl. (2.21) nicht mehr fortgesetzt werden kann. Ein Fluss, der auf $\mathbb{R} \times \mathcal{M}$ definiert ist, heißt **globaler Fluss**. Das zugehörige Vektorfeld nennt man **vollständig**.

Beispiel 2.16 (Endliche Fluchtzeit)
Die Anfangswertaufgabe

$$\dot{x} = x^2, \quad x(0) = p > 0 \tag{2.31}$$

lässt sich durch Trennung der Variablen lösen:

$$\varphi_t(p) = \frac{p}{1 - tp} \quad \text{für} \quad p > 0. \tag{2.32}$$

Die Differentialgleichung (2.31) kann man auch mit MAXIMA-Befehl `ode2` lösen. Die Anpassung der allgemeinen Lösung an die Anfangsbedingung erfolgt mit `ic1`:

```
(%i1) dgl:'diff(x,t)=x^2;
(%o1) d/dt x = x^2
(%i2) lsg:ode2(dgl,x,t);
(%o2) - 1/x = t+%c
(%i3) solve(ic1(lsg,x=p,t=0),x);
(%o3) [x = - p/(pt-1)]
```

Der Fluss (2.32) hat das rechtsseitig beschränkte Existenzintervall $\mathcal{I}_p = (-\infty, \frac{1}{p})$, d. h. die Lösung der Anfangswertaufgabe lässt sich nicht über $t = \frac{1}{p}$ hinaus fortsetzen, da der Fluss (2.32) dort eine Polstelle aufweist (siehe ◘ Abb. 2.4). Das Vektorfeld (2.31) ist demnach nicht vollständig.

Zum besseren Verständnis soll das Konzept des Flusses einer Differentialgleichung mit bekannten Aussagen der linearen System- bzw. Regelungstheorie verknüpft werden. Wir betrachten ein lineares Zustandsraummodell

$$\dot{x} = A\,x + b\,u, \quad x(0) = p \tag{2.33}$$

mit dem Zustand x, dem Eingang u, der quadratischen Matrix $A \in \mathbb{R}^{n \times n}$, dem Vektor $b \in \mathbb{R}^n$ und dem Anfangswert $x(0) = p \in \mathbb{R}^n$. Die allgemeine Lösung dieses Systems hat die Form

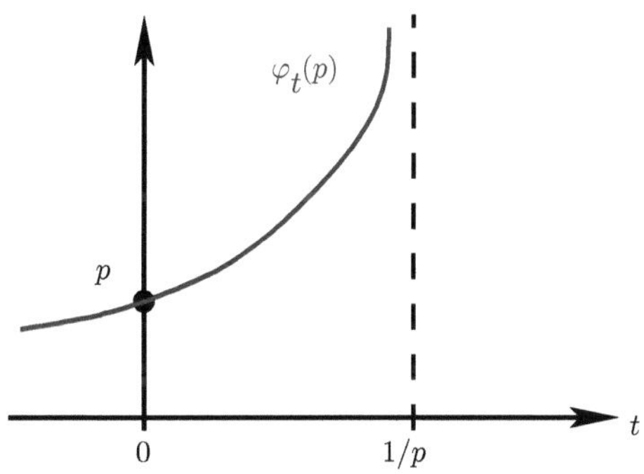

◘ **Abb. 2.4** Lösung mit endlicher Fluchtzeit (Beispiel 2.16)

$$x(t) = e^{At}x(0) + \int_0^t e^{A(t-\tau)}bu(\tau)\,d\tau, \tag{2.34}$$

siehe [Lun07, Rei14]. Dabei ist die durch

$$\exp(A) = e^A := \sum_{k=0}^{\infty} \frac{1}{k!}A^k \tag{2.35}$$

definierte **Matrixexponentialfunktion** absolut konvergent [MvL79, Arn01, GJ09, Küh11]. Die auftretenden Matrixpotenzen

$$A^k = \underbrace{A \cdot A \cdots A}_{k \text{ mal}}$$

sind in Sinne der Matrizenmultiplikation (d. h. nicht elementweise) zu verstehen.

Die nachfolgenden Beispiele illustrieren das Konzept des Flusses auf Basis der Lösung (2.34) des Zustandsraummodells (2.33).

Beispiel 2.17 (Konstantes Vektorfeld und Gruppeneigenschaft)
Gegeben sei ein konstantes Vektorfeld $f(x) \equiv b$ mit $b \in \mathbb{R}^n$. Die zugehörige Anfangswertaufgabe

$$\dot{x}(t) = b, \quad x(0) = p \tag{2.36}$$

mit $p \in \mathbb{R}^n$ lässt sich als Spezialfall von System (2.33) mit der $n \times n$-Nullmatrix $A = 0$ und dem konstanten Eingang $u \equiv 1$ auffassen. Aus der allgemeinen Lösungsformel (2.34) ergibt sich mit

$$\left. e^{At} \right|_{A=0} = e^0 = I \tag{2.37}$$

die spezielle Lösung

$$x(t) = x(0) + \int_0^t b\,d\tau = p + b\,t,$$

die für alle Anfangswerte $p \in \mathbb{R}^n$ und alle Zeitpunkte $t \in \mathbb{R}$ definiert ist. M.a.W.: Für (2.36) erhält man den globalen Fluss $\varphi_t(p) = p + b\,t$. Mit $\varphi_0(p) = p$ und

$$\begin{aligned} \varphi_t \circ \varphi_s(p) &= \varphi_t(p + b\,s) \\ &= (p + b\,s) + b\,t \\ &= p + b(t + s) \\ &= \varphi_{t+s}(p) \end{aligned}$$

für alle $p \in \mathbb{R}^n$ und alle $t, s \in \mathbb{R}$ liegt die Gruppeneigenschaft vor.

Beispiel 2.18 (**Lineares Vektorfeld und Gruppeneigenschaft**)
Man betrachte ein lineares Vektorfeld $f{:}\mathbb{R}^n \to \mathbb{R}^n$ mit $f(x) = Ax$ und $A \in \mathbb{R}^{n\times n}$. Auch dieses Vektorfeld ist ein Spezialfall von Gl. (2.33), jetzt mit dem Nullvektor $b = 0$ oder mit $u(t) \equiv 0$. Aus (2.34) kann man unmittelbar den globalen Fluss

$$\varphi_t(x) = \mathrm{e}^{At}x \tag{2.38}$$

ablesen. Die erste Gruppeneigenschaft des Flusses (2.38) ergibt sich direkt aus (2.37):

$$\varphi_0(x) = \mathrm{e}^{At}\Big|_{t=0} = \mathrm{e}^{A0}x = Ix = x.$$

Die zweite Gruppeneigenschaft lässt sich mit dem Cauchy-Produkt unendlicher Reihen und dem binomischen Satz zeigen:

$$\begin{aligned}
\varphi_t(\varphi_s(x)) &= \mathrm{e}^{tA}\mathrm{e}^{sA}x \\
&= \sum_{k=0}^{\infty}\frac{1}{k!}(tA)^k \cdot \sum_{k=0}^{\infty}\frac{1}{k!}(sA)^k \cdot x \\
&= \sum_{k=0}^{\infty}\left(\sum_{i+j=k}\frac{(tA)^i(sA)^j}{i!\,j!}\right)x \\
&= \sum_{k=0}^{\infty}\frac{1}{k!}\left(\sum_{i=0}^{k}\frac{k!}{i!\,(k-i)!}(tA)^i(sA)^{k-i}\right)x \\
&= \sum_{k=0}^{\infty}\frac{1}{k!}(t+s)^k A^k x \\
&= \varphi_{t+s}(x).
\end{aligned}$$

Die sich für das lineare Vektorfeld ergebende Flussverknüpfung ist in ■ Abb. 2.5 (anlehnend an ■ Abb. 2.3) wiedergegeben.

Beispiel 2.19
Man betrachte einen Massepunkt der Masse m im Schwerefeld der Erde (siehe ■ Abb. 2.6). Die vertikale Richtung wird durch die Koordinate z beschrieben. Die Bewegungsgleichung lautet

$$m\ddot{z} = -mg \quad \text{bzw.} \quad \ddot{z} = -g.$$

Durch Einführung des Zustands $x = (z, \dot{z})^T$ kann man diese Differentialgleichung zweiter Ordnung als System gewöhnlicher Differentialgleichungen erster Ordnung angeben:

$$\left.\begin{aligned}\dot{x}_1 &= x_2\\ \dot{x}_2 &= -g\end{aligned}\right\} \quad \dot{x} = f(x) = Ax + b \quad \text{mit} \quad A = \begin{pmatrix}0&1\\0&0\end{pmatrix}, \quad b = \begin{pmatrix}0\\-g\end{pmatrix}. \tag{2.39}$$

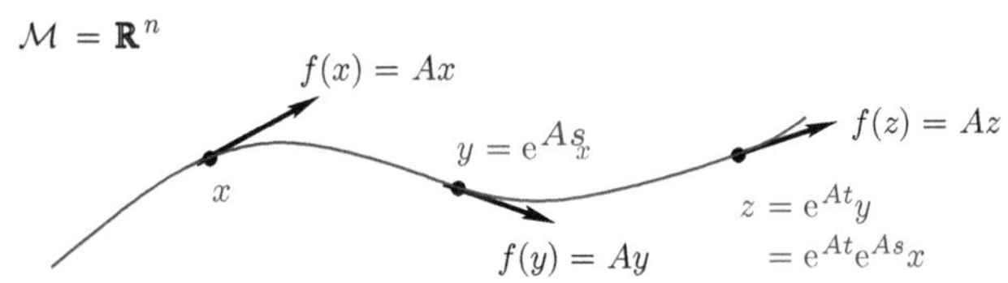

■ **Abb. 2.5** Flussverknüpfung bei einem linearen Vektorfeld

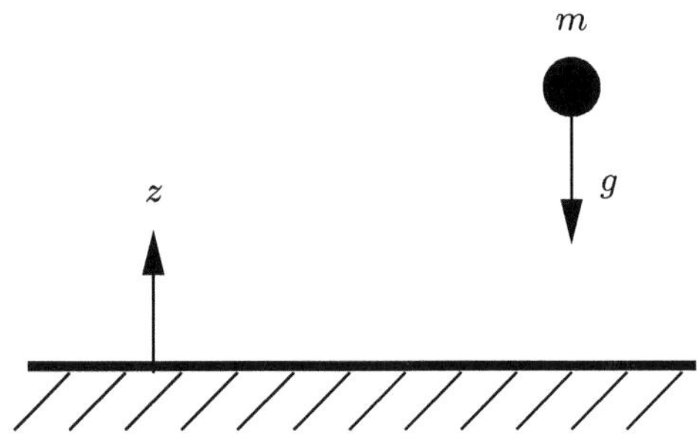

Abb. 2.6 Massepunkt im Schwerefeld

Dieses System ist wiederum ein Spezialfall von Gl. (2.33) mit $u \equiv 1$. Bei der gegebenen Matrix A bricht die Reihenentwicklung (2.35) nach endlich vielen Termen ab und man erhält die Matrixexponentialfunktion

$$e^{At} = I + At = \begin{pmatrix} 1 & t \\ 0 & 1 \end{pmatrix}.$$

Die Lösung von (2.39) lässt sich nach Gl. (2.34) bestimmen. Für das in Gl. (2.39) angegebene Vektorfeld f erhält man dabei den Fluss

$$\varphi_t(x) = \begin{pmatrix} x_1 + x_2 t - \frac{g}{2}t^2 \\ x_2 - gt \end{pmatrix}.$$

Zur Lösung gewöhnlicher Differentialgleichungen gibt es zwar etliche Ansätze (z. B. Trennung der Variablen für Differentialgleichungen erster Ordnung, Variation der Konstanten für lineare Differentialgleichungen), aber keinen allgemeinen Lösungsweg. Bekannte Lösungen und Lösungsverfahren sind u. a. in [Kam83, PZ02] aufgeführt. Die Lösung einer nichtlinearen Differentialgleichung wird man jedoch nur in Ausnahmefällen explizit als symbolischen Ausdruck angeben können. Um eine Approximation mittels Taylorentwicklung zu rechtfertigen muss sichergestellt sein, dass die Lösung bzw. der Fluss ausreichend oft differenzierbar sind.

Satz 2.20 (Differenzierbarkeit des Flusses) *Sei $f : \mathcal{M} \to \mathbb{R}^n$ ein r-mal stetig differenzierbares Vektorfeld, welches im Falle $r = 0$ einer lokalen Lipschitz-Bedingung genüge. Dann existiert ein lokaler Fluss φ, der r-mal stetig nach dem Anfangswert und $(r+1)$-mal stetig nach der Zeit differenzierbar ist.*

Existenz und Eindeutigkeit des lokalen Flusses sind durch Satz 2.12 bzw. Korollar 2.13 sichergestellt. Der detaillierte Beweis von Satz 2.20 ist beispielsweise in [Brö92, Arn01, FK14] zu finden. Eine Funktion nennt man **hinreichend glatt**, wenn sie für die jeweilige Überlegung bzw. Berechnung ausreichend oft stetig differenzierbar ist. Eine unendlich oft differenzierbare Funktion nennt man **glatt**. Bei einem glatten bzw. analytischem Vektorfeld ist auch der Fluss glatt bzw. analytisch. Eine Funktion heißt dabei **analytisch** oder genauer **reell-analytisch**, wenn sie lokal durch eine konvergente Taylorreihe dargestellt werden kann [Kön04]. Eine analytische Funktion ist unendlich oft differenzierbar, unendlich oft differenzierbare Funktionen müssen nicht unbedingt analytisch sein.

Ist das Vektorfeld $f:\mathcal{M} \to \mathbb{R}^n$ hinreichend glatt, so ist auch der Fluss φ_t ausreichend oft differenzierbar. Dann ist für den Fluss der Reihenansatz

$$\varphi_t(x) = v_0(x) + v_1(x)t + v_2(x)t^2 + \mathcal{O}(t^3) \tag{2.40}$$

mit den Vektorfeldern $v_0, v_1, v_2:\mathcal{M} \to \mathbb{R}^n$ möglich. Hierbei beschreibt das Landau-Symbol $\mathcal{O}(t^k)$ die Größenordnung des Restglieds [Zei03, Abschn. 1.3.1.4]. Diese Darstellung ist bei einer Taylorentwicklung durch die Lagrange- bzw. Cauchy-Form des Restglieds gerechtfertigt [Kab00]. Aus $\varphi_0(x) \equiv x$ folgt $v_0(x) \equiv x$, d. h. $\varphi_t(x) = x + v_1(x)t + v_2(x)t^2 + \mathcal{O}(t^3)$. Einerseits gilt

$$f(\varphi_t(x)) = f(x + v_1(x)t + \cdots) = f(x) + f'(x)v_1(x)t + \cdots,$$

andererseits erhält man durch Differenzieren von (2.40) den Ausdruck

$$\dot{\varphi}_t(x) = v_1(x) + 2v_2(x)t + \cdots.$$

Ein Koeffizientenvergleich bezüglich t liefert

$$\begin{aligned} v_1(x) &= f(x) \\ v_2(x) &= \tfrac{1}{2}f'(x)v_1(x) = \tfrac{1}{2}f'(x)f(x) \end{aligned}$$

und damit auch

$$\varphi_t(x) = x + f(x)t + \tfrac{1}{2}f'(x)f(x)t^2 + \mathcal{O}(t^3). \tag{2.41}$$

Bei der Reihenentwicklung (2.41) wird insbesondere deutlich, dass das Vektorfeld f tangential zum Fluss angeordnet ist (siehe ◘ Abb. 2.7). Damit kann man auch umgekehrt aus einem gegebenen Fluss das erzeugende Vektorfeld rückgewinnen:

$$f(x) = \frac{\mathrm{d}}{\mathrm{d}t}\,\varphi_t(x)\big|_{t=0}. \tag{2.42}$$

Anmerkung 2.21 Die autonome Differentialgleichung (2.29) habe einen globalen Fluss φ, so dass $x(t) = \varphi_t(p)$ für alle $p \in \mathcal{M}$ und alle $t \geq 0$ eine Lösung der Anfangswertaufgabe (2.30) ist. Bei einer **Abtastung** (engl. **sampling**) werden dem durch die Differentialgleichung (2.29) beschriebenen zeitkontinuierlichen System zu diskreten Zeitpunkten t_k Werte entnommen. Wir betrachten den Fall einer äquidistanten Abtastung mit der Abtastperiode $T > 0$, d. h. $t_k = kT$ für $k \in \mathbb{N}_0$. Notiert man die diskreten Werte der abhängigen Variablen x mit $x[k] := x(kT)$, so erhält man durch die Abtastung von (2.30) ein zeitdiskretes System, welches mit Hilfe des Flusses durch die Differenzengleichung

$$x[k+1] = \varphi_T(x[k]), \quad x[0] = p \tag{2.43}$$

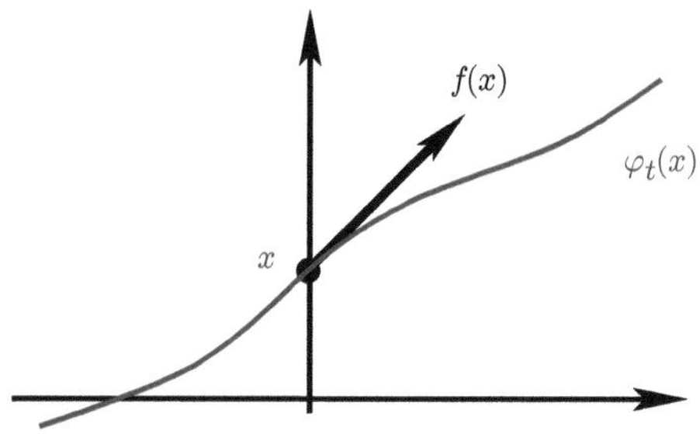

Abb. 2.7 Vektorfeld f ist tangential zum Fluss φ_t

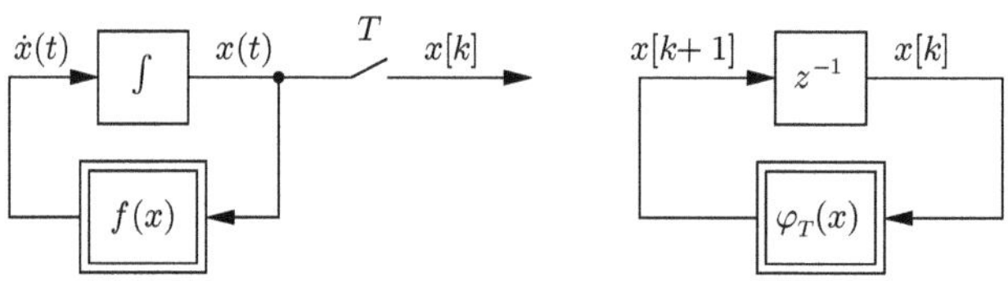

Abb. 2.8 Zeitkontinuierliches System mit T-periodischer Abtastung (links), zeitdiskretes System (2.43) (rechts)

beschrieben wird (siehe Abb. 2.8). Approximiert man den (meist nicht symbolisch berechenbaren) Fluss durch eine Taylorentwicklung erster Ordnung, also $\varphi_t(x) \approx x + f(x)t$, so ergibt sich aus (2.43) die leichter auszuwertende Differenzengleichung

$$x[k+1] = x[k] + f(x[k]) \cdot T, \quad x[0] = p.$$

Diese Zeitdiskretisierung entspricht dem **expliziten Euler-Verfahren** bzw. dem **eulerschen Polygonzugverfahren** [BSMM00, Bär06], welches zur numerischen Lösung des Anfangswertproblems (2.30) der gewöhnlichen Differentialgleichungen (2.29) verwendet werden kann.

Anmerkung 2.22 Über die Verkettung von Flüsse kann man auch den Zeitverlauf für **schaltende Systeme** beschreiben. Bei dieser Systemklasse schaltet man zu diskreten Zeitpunkten $0 < t_1 < t_2 < \cdots$ zwischen verschiedenen Differentialgleichungen (2.29) bzw. verschiedenen Vektorfeldern $f_1, f_2, \ldots : \mathcal{M} \to \mathbb{R}^n$ um (siehe [Lib03] bzw. Abb. 2.9). Wirkt im Zeitintervall $[0, t_1]$ das Vektorfeld f_1 mit dem Fluss φ^{f_1}, im Zeitintervall $[t_1, t_2]$ das Vektorfeld f_2 mit dem Fluss φ^{f_2} usw., so kann man für das schaltende System die Lösung x zum Zeitpunkt t_k mit dem Anfangswert $p \in \mathcal{M}$ zum Anfangszeitpunkt $t = 0$ durch die Verkettung der beteiligten Flüsse

$$x(t_k) = \varphi^{f_k}_{\tau_k} \circ \cdots \circ \varphi^{f_2}_{\tau_2} \circ \varphi^{f_1}_{\tau_1}(p) \tag{2.44}$$

mit den Zeitdifferenzen $\tau_1 = t_1, \tau_2 = t_2 - t_1, \ldots \tau_k = t_k - t_{k-1}$ beschreiben.

Die Reihenentwicklung (2.41) lässt sich in Verbindung mit (2.42) und (2.44) nutzen, um geschaltete Systeme zu approximieren. Diese Approximation ist bei Konverterschaltungen üblich und wird am Beispiel des Hochsetzstellers illustriert [SR89]. Weitere Anwendungen dieses Ansatzes werden in ► Abschn. 3.2 vertieft.

Beispiel 2.23
Man betrachte das geschaltete Modell des Hochsetzstellers

$$\begin{aligned} \dot{x}_1 &= -(1-d)\tfrac{1}{L}x_2 + \tfrac{E}{L}, \\ \dot{x}_2 &= (1-d)\tfrac{1}{C}x_1 - \tfrac{1}{RC}x_2, \end{aligned} \tag{2.45}$$

aus ► Abschn. 1.3, bei dem die Stellgröße d nur die diskreten Werte $\{0, 1\}$ annehmen kann. Das Signal d wird typischerweise über eine Pulsweitenmodulation (PWM) angesteuert. Bei einer festen Periodendauer $T > 0$ betrachten wir dazu das Zeitintervall $[0, T]$. (Die nachfolgenden Überlegungen können analog auf die weiteren Zeitintervalle $[T, 2T], [2T, 3T], \ldots$ übertragen werden.) Für einen Wert $u \in [0, 1]$ wird d folgendermaßen gewählt:

$$d(t) = \begin{cases} 1 \text{ für } 0 \leq t < uT, \\ 0 \text{ für } uT \leq t < T. \end{cases} \tag{2.46}$$

Dabei entspricht das Tastverhältnis u dem zeitlichen Mittelwert von d (vgl. ► Abschn. 1.3). Für die zwei Schalterstellungen $d = 1$ und $d = 0$ liest man aus der rechten Seite von (2.45) unmittelbar die zwei Vektorfelder

$$f_1(x) = \begin{pmatrix} \frac{E}{L} \\ -\frac{x_2}{RC} \end{pmatrix} \quad \text{und} \quad f_2(x) = \begin{pmatrix} \frac{E-x_2}{L} \\ \frac{Rx_1-x_2}{RC} \end{pmatrix}$$

ab. Das Schaltschema (2.46) lässt sich durch die Flussverknüpfung

$$x(T) = \varphi^{f_2}_{(1-u)T} \circ \varphi^{f_1}_{uT}(x(0))$$

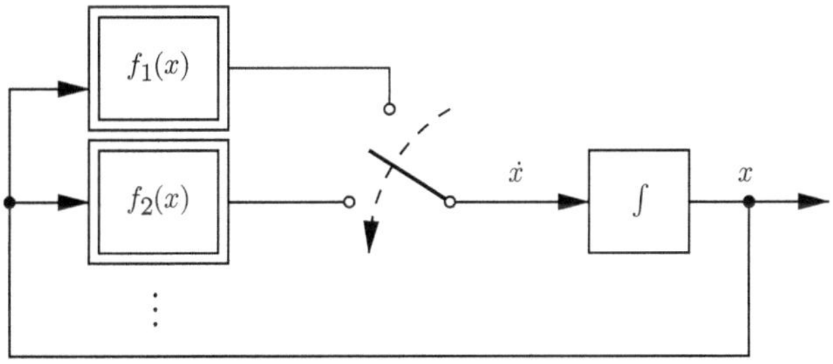

■ **Abb. 2.9** Struktur eines schaltenden Systems

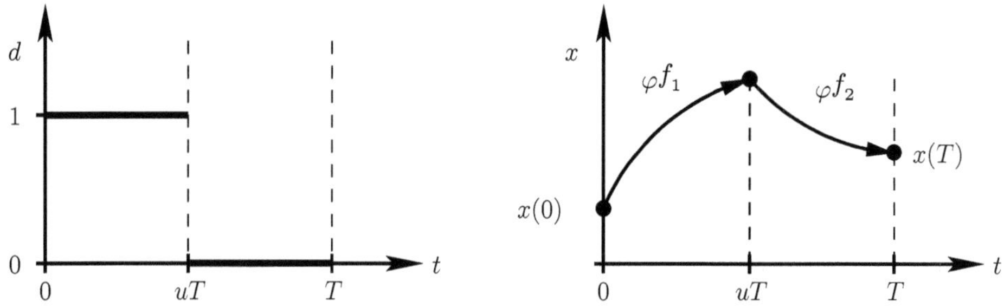

Abb. 2.10 Pulsweitenmodulation des Hochsetzstellers (2.45)

dieser zwei Vektorfelder beschreiben (siehe **Abb. 2.10**). Für den Anfangswert $x(0) = p$ ergibt sich mit der Taylorentwicklung (2.41) folgende Reihenentwicklung der Flussverknüpfung

$$
\begin{aligned}
x(T) &= \varphi^{f_2}_{(1-u)T} \circ \varphi^{f_1}_{uT}(p) \\
&\approx \varphi^{f_2}_{(1-u)T}(p + f_1(p)uT + \cdots) \\
&\approx p + f_1(p)uT + f_2(p + f_1(p)uT + \cdots)(1-u)T + \cdots \\
&\approx p + f_1(p)uT + f_2(p)(1-u)T + \cdots \\
&\approx p + (f_1(p)u + f_2(p)(1-u))\,T + \cdots ,
\end{aligned}
$$

die wegen (2.42) als Approximation des geschalteten Systems durch das eingangsabhängige Vektorfeld F aufgefasst werden kann:

$$F(x,u) = f_1(x)u + f_2(x)(1-u).$$

Dieses Vektorfeld beschreibt das **gemittelte Modell** des Hochsetzstellers

$$
\begin{aligned}
\dot{x}_1 &= -(1-u)\tfrac{1}{L}x_2 + \tfrac{E}{L}, \\
\dot{x}_2 &= (1-u)\tfrac{1}{C}x_1 - \tfrac{1}{RC}x_2,
\end{aligned}
\tag{2.47}
$$

welches in unserem Fall die gleiche Struktur wie das geschaltete Modell (2.45) aufweist, nur dass die Stellgröße u kontinuierliche Werte zwischen 0 und 1 annehmen kann.

Anmerkung 2.24 An dieser Stelle sollen einige generelle Begriffe und Aussagen zu Funktionen bzw. Abbildungen in Erinnerung gerufen werden. Sei $\psi:\mathcal{M} \to \mathcal{N}$ eine Abbildung von der Menge $\mathcal{M}$, die man **Definitionsbereich** nennt, in die Menge $\mathcal{N}$, den **Bildbereich**. Die Abbildung heißt **surjektiv**, falls $\psi(\mathcal{M}) = \mathcal{N}$, also der gesamte Bildbereich auch ausgeschöpft wird. Das bedeutet, dass für jedes $y \in \mathcal{N}$ aus dem Bildbereich die Gleichung $y = \psi(x)$ mindestens eine Lösung $x \in \mathcal{M}$ hat. Besitzt diese Gleichung höchstens eine Lösung, dann heißt die Abbildung **injektiv**. In diesem Fall würde aus $x_1, x_2 \in \mathcal{M}$ mit $x_1 \neq x_2$ immer $\psi(x_1) \neq \psi(x_1)$ folgen. Eine Abbildung, die sowohl injektiv als auch surjektiv ist, heißt **bijektiv**. In diesem Fall hat die Gleichung $y = \psi(x)$ für jedes $y \in \mathcal{N}$

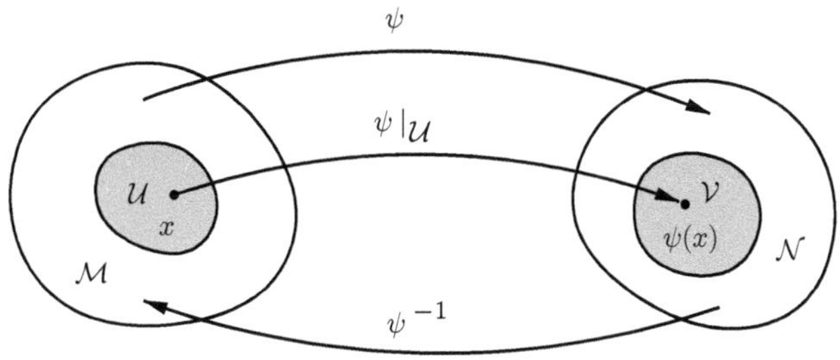

Abb. 2.11 Abbildung $\psi:\mathcal{M} \to \mathcal{N}$ mit Umkehrabbildung $\psi^{-1}:\mathcal{M} \to \mathcal{N}$ und Einschränkung $\psi|_{\mathcal{U}}:\mathcal{U} \to \mathcal{V}$

genau eine Lösung $x \in \mathcal{M}$, d. h. die Abbildung ist eindeutig umkehrbar. Die **inverse Abbildung** oder **Umkehrabbildung** $\psi^{-1}:\mathcal{N} \to \mathcal{M}$ erfüllt dann die Gleichung $x = \psi^{-1}(y)$, siehe [Zei03]. Eine bijektive Abbildung $\psi:\mathcal{M} \to \mathcal{N}$ zwischen offenen Mengen $\mathcal{M}$ und $\mathcal{N}$ heißt **Diffeomorphismus**, wenn sowohl ψ als auch ψ^{-1} stetig differenzierbar sind. Eine Abbildung ψ heißt **lokaler Diffeomorphismus** im Punkt $x \in \mathcal{M}$, wenn offene Umgebungen $\mathcal{U} \subset \mathcal{M}$ von x und $\mathcal{V} \subset \mathcal{N}$ von $\psi(x)$ existieren, so dass die **Einschränkung** von ψ auf $\mathcal{U}$, also $\psi|_{\mathcal{U}}:\mathcal{U} \to \mathcal{V}$, ein Diffeomorphismus ist (vgl. Abb. 2.11).

Die Existenz eines lokalen Diffeomorphismus lässt sich leicht mit dem Satz über die Umkehrabbildung bzw. -funktion gewährleisten [Hil03, KvW07]:

Satz 2.25 (Satz über die Umkehrabbildung) *Sei $\mathcal{M} \subseteq \mathbb{R}^n$ offen und $\psi:\mathcal{M} \to \mathbb{R}^n$ stetig differenzierbar. Für ein $p \in \mathcal{M}$ sei die Jacobimatrix $\psi'(p)$ regulär, d. h. es gelte*

$$\det \psi'(p) \neq 0.$$

Dann ist ψ im Punkt p ein lokaler Diffeomorphismus.

Der Fluss wird an verschiedenen Stellen dieses Buches für nichtlineare Koordinatentransformationen eingesetzt. Die Rechtfertigung für dieses Vorgehen liefert die folgende Proposition:

Proposition 2.26 (Lokale Invertierbarkeit des Flusses) *Sei $f:\mathcal{M} \to \mathbb{R}^n$ stetig differenzierbar und $p \in \mathcal{M}$. Dann ist der Fluss φ_t ein lokaler Diffeomorphismus.*

Beweis Aufgrund der stetigen Differenzierbarkeit von f existiert der lokale Fluss $\varphi:\mathcal{I}_p \times \mathcal{U}_p$ und ist selber stetig differenzierbar. Aus $\varphi_0(x) \equiv x$ folgt

$$\varphi_0'(x) = \frac{\partial \varphi_0(x)}{\partial x} = I,$$

d. h. im Zeitpunkt $t = 0$ ist die Ableitung des Flusses nach dem Anfangswert die Einheitsmatrix und damit regulär. Da φ' außerdem stetig ist, ist für kleine $|t|$ auch φ_t' regulär. Nach dem Satz über die Umkehrabbildung (Satz 2.25) ist φ_t im Punkt p somit ein lokaler

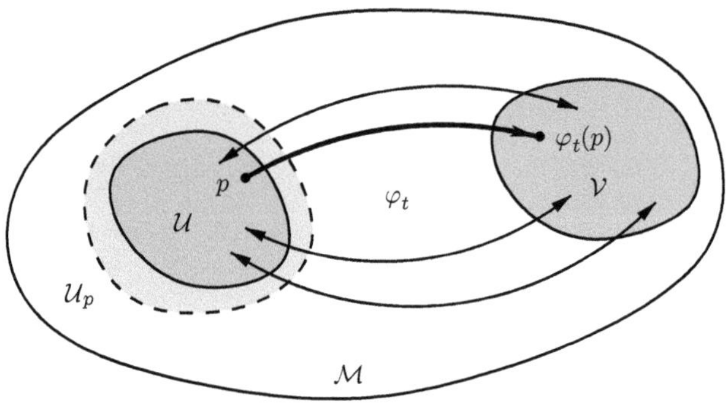

Abb. 2.12 Lokale Invertierbarkeit des Flusses

Diffeomorphismus, d. h. es existieren offene Umgebungen $\mathcal{U} \subseteq \mathcal{U}_p$ von p und $\mathcal{V}$ von $\varphi_t(p)$, so dass die Einschränkung von $\varphi_t|_\mathcal{U}$ auf $\mathcal{U}$ ein Diffeomorphismus ist (vgl. Abb. 2.12). □

Auf Basis der Gruppeneigenschaft

$$\varphi_t \circ \varphi_s(x) = \varphi_{s+t}(x) \tag{2.48}$$

erhält man für $s = -t$ die Beziehung

$$x = \varphi_0(x) = \varphi_{t-t}(x) = \varphi_{-t}(\varphi_t(x)),$$

womit sich die Umkehrabbildung φ_t^{-1} des Flusses φ_t direkt darstellen lässt:

$$\forall x \in \mathcal{U}_p\colon \quad \varphi_t^{-1}(x) = \varphi_{-t}(x). \tag{2.49}$$

Die Umkehrabbildung des Flusses erhält man also durch Umkehrung der Zeitrichtung.

Mit Proposition 2.26 wurde nur die lokale Invertiertbarkeit des Flusses gezeigt. Tatsächlich ist der Fluss auf seinem gesamten Existenzbereich invertierbar. Im Falle eines globalen Flusses ist der bereits verwendete Begriff der Gruppeneigenschaft auch im Sinne der Algebra gerechtfertigt:

Anmerkung 2.27 Eine Menge $\mathcal{G}$ mit einer binären Operation $\circ{:}\mathcal{G} \times \mathcal{G} \to \mathcal{G}$ heißt **Gruppe**, wenn die Operation $\circ$ assoziativ ist, ein neutrales Element besitzt und zu jedem Element der Gruppe ein inverses Element existiert [vdW93, BSMM00, Zei03]. Das Vektorfeld $f{:}\mathcal{M} \to \mathbb{R}$ habe den globalen Fluss φ_t. Für beliebige $t \in \mathbb{R}$ ist die Abbildung $x \mapsto \varphi_t(x)$ ein Diffeomorphismus auf $\mathcal{M}$. Die Menge der Diffeomorphismen ist zusammen mit der durch die Hintereinanderausführung der Flüsse nach Eigenschaft (2.48) definierten Operation $\circ$ eine Gruppe, die man auch als **einparametrige Transformationsgruppe** bezeichnet [Ste94, Arn01, Küh11].

Zur Untersuchung des nichtlinearen Systems (2.29) greift man mitunter auf die Linearisierung entlang einer Trajektorie des Systems zurück. Dabei wird man auf die Variationsgleichung geführt [Arn01, Kap. 32]:

Proposition 2.28 (Variationsgleichung) *Sei φ_t der Fluss der Dgl. (2.29) mit einem zweimal stetig differenzierbaren Vektorfeld $f : \mathcal{M} \to \mathbb{R}^n$. Für $p \in \mathcal{M}$ ist*

$$X(t) := \varphi_t'(p) \tag{2.50}$$

die Lösung der matrixwertigen Anfangswertaufgabe

$$\dot{X} = f'(\varphi_t(p)) \cdot X, \quad X(0) = I. \tag{2.51}$$

Gl. (2.51) heißt **Variationsgleichung** von (2.30). Ihre Lösung ist die Ableitung des Flusses der ursprünglichen Differentialgleichung (2.29) nach dem Anfangswert.

Beweis Sei X entsprechend Gl. (2.50) definiert. Mit Lemma 2.9 gilt

$$\begin{aligned}
\dot{X}(t) &= \tfrac{\partial}{\partial t} X(t) \\
&= \frac{\partial}{\partial t}\frac{\partial}{\partial x}\, \varphi_t(x)|_{x=p} \\
&\overset{(2.18)}{=} \frac{\partial}{\partial x}\frac{\partial}{\partial t}\, \varphi_t(x)|_{x=p} \\
&= \frac{\partial}{\partial x}\, \dot{\varphi}_t(x)|_{x=p} \\
&= \frac{\partial}{\partial x}\, f(\varphi_t(x))|_{x=p} \\
&= f'(\varphi_t(x)) \cdot \varphi_t'(x)\big|_{x=p} \\
&= f'(\varphi_t(p)) \cdot X(t),
\end{aligned}$$

d. h. X erfüllt die Anfangswertaufgabe (2.51). Satz 2.12 garantiert die Eindeutigkeit der Lösung. Damit hat jede Lösung von (2.51) die Form $X(t) = \varphi_t'(p)$. □

Die Verwendung einer matrixwertigen Linearisierung mag zunächst verwundern. Man würde nach der Linearisierung von (2.29) ein System der gleichen Dimension erwarten, nämlich ein (lineares) System im Vektorraum $\mathbb{R}^n$. Der Anfangswert des linearisierten Systems beschreibt die Anfangsabweichung gegenüber der Referenztrajektorie $\varphi_t(p)$ des zugrundeliegenden nichtlinearen Systems. Als Anfangsabweichungen kommen beliebige Richtungen im Vektorraum $\mathbb{R}^n$ in Frage, so dass der Anfangswert der Linearisierung immer als Linearkombinationen der Basisvektoren $e_1, \ldots, e_n \in \mathbb{R}^n$ dargestellt werden kann. Mit dem matrixwertigen Anfangswert $X(0) = I = (e_1, \ldots, e_n)$ betrachtet man simultan die Anfangsabweichungen in Richtung der n Einheitsvektoren (siehe ■ Abb. 2.13).

Bei verschiedenen Aufgabenstellungen (z. B. Empfindlichkeitsuntersuchungen und Probleme der optimalen Steuerung) benötigt man neben der eigentlichen Variationsgleichung (2.51) auch die **adjungierte Variationsgleichung** [Son98, Lemma 4.4.4]:

Proposition 2.29 (Adjungierte Variationsgleichung) *Sei φ_t der Fluss der Dgl. (2.29) mit einem zweimal stetig differenzierbaren Vektorfeld $f : \mathcal{M} \to \mathbb{R}^n$. Für $p \in \mathcal{M}$ ist*

$$Z(t) := \varphi_{-t}'(\varphi_t(p)) \tag{2.52}$$

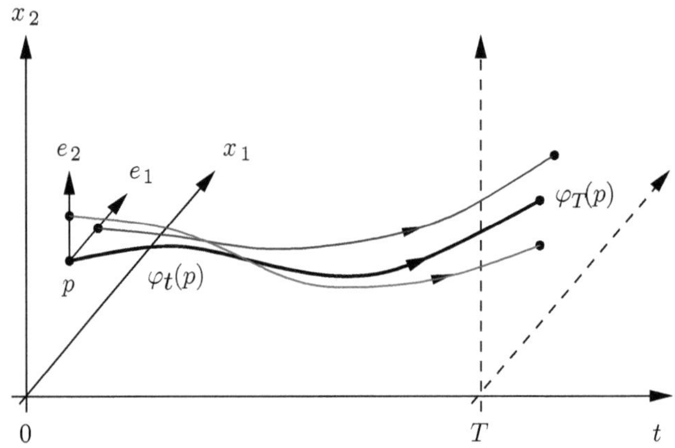

Abb. 2.13 Referenztrajektorie $\varphi_t(p)$ eines nichtlinearen Systemens und Trajektorien von Linearisierungen mit Anfangswerten in Richtung der Einheitsvektoren

die Lösung der matrixwertigen Anfangswertaufgabe

$$\dot{Z} = -Z \cdot f'(\varphi_t(p)), \quad Z(0) = I. \tag{2.53}$$

Beweis Der Fluss φ_t ist ein lokaler Diffeomorphismus. Daher gilt $\varphi_{-t}(\varphi_t(x)) = x$ für alle x in der Umgebung des Anfangswertes p. Differentiation nach x liefert

$$\varphi'_{-t}(\varphi_t(x)) \cdot \varphi'_t(x) = I. \tag{2.54}$$

Eine weitere Differentiation nach t und das Einsetzen $x = p$ führen auf

$$\frac{\partial}{\partial t}\left(\varphi'_{-t}(\varphi_t(p))\right) \cdot \varphi'_t(p) + \varphi'_{-t}(\varphi_t(p) \cdot \underbrace{\frac{\partial}{\partial t}\left(\varphi'_t(p)\right)}_{(\,*\,)} = 0.$$

Der Term $(\,*\,)$ kann durch die rechte Seite der Variationsgleichung (2.51) ersetzt werden. Mit $Z(t)$ entsprechend Gl. (2.52) erhält man

$$\dot{Z}(t) \cdot \varphi'_t(p) + Z(t) \cdot f'(\varphi_t(p)) \cdot \varphi'_t(p) = 0.$$

Multipliziert man diese Gleichung von rechts mit $(\varphi'_t(p))^{-1}$, so erhält man die gewünschte Differentialgleichung (2.53). □

Die Berechnung der Lösung (2.52) der adjungierten Variationsgleichung (2.53) erscheint auf den ersten Blick aufwendiger als im Fall der Variationsgleichung (2.51). Die im Beweis verwendete Gl. (2.54) kann man in Verbindung mit den Lösungen (2.50) und (2.52) in der Form

$$Z(t)X(t) = I \tag{2.55}$$

angeben. Damit stehen die Zeilen von $Z(t)$ entlang der Lösung senkrecht auf den Spalten von $X(t)$. Dieser Zusammenhang erlaubt die unmittelbare Berechnung der Lösung (2.52) der adjungierten Variationsgleichung (2.53) mit Hilfe der Lösung (2.50):

$$Z(t) = X^{-1}(t). \tag{2.56}$$

2.4 Übungsaufgaben

Aufgabe 2.1 *Stellen Sie das lineare Vektorfeld*

$$f(x) = Ax \quad \textit{mit} \quad A = \begin{pmatrix} a_{11} & a_{12} \\ a_{21} & a_{22} \end{pmatrix}$$

entsprechend Gl. (2.11) bezüglich das Basis $\{\frac{\partial}{\partial x_1}, \frac{\partial}{\partial x_2}\}$ *dar.*

Aufgabe 2.2 *Beweisen Sie die Aussagen (2.17) von Proposition 2.7.*

Aufgabe 2.3 *Prüfen Sie, ob die Differentialform*

$$\omega(x) = (2x_1 - x_2)x_3\, dx_1 - x_1x_3\, dx_2 + x_1(x_1 - x_2)\, dx_3$$

exakt ist. Berechnen Sie ggf. das zugehörige Potential.

Aufgabe 2.4 *Zu dem Vektorfeld*

$$f(x) = \sin(x_3)\frac{\partial}{\partial x_1} + \cos x_3 \frac{\partial}{\partial x_2}$$

des mobilen Roboters bestimme man den Fluss φ_t. *Geben Sie dazu einen frei wählbaren Anfangswert* $p \in \mathbb{R}^3$ *vor.*

Aufgabe 2.5 *Zu dem Vektorfeld* f *aus Aufgabe 2.4 löse man die matrixwertige Variationsgleichung (2.51) sowie die adjungierte Variationsgleichung (2.53).*

2.5 Lösungen

Lösung zu Aufgabe 2.1 *Die Basisdarstellung lautet*

$$f(x) = (a_{11}x_1 + a_{12}x_2)\,\frac{\partial}{\partial x_1} + (a_{21}x_1 + a_{22}x_2)\,\frac{\partial}{\partial x_1}.$$

Lösung zu Aufgabe 2.2 *In Gl. (2.17a) betrachtet man die Ableitung des mit dem Skalarfeld h skalierten Vektorfeldes f. Die Ableitung des i-ten Elements nach x_j ergibt sich aus der Produktregel:*

$$\frac{\partial\,(h(x)f_i(x))}{\partial x_j} = \frac{\partial h(x)}{\partial x_j} f_i(x) + h(x)\frac{\partial f_i(x)}{\partial x_j}.$$

Diese elementweise berechnete Ableitung lässt sich mit

$$\frac{\partial\,(h(x)f(x))}{\partial x} = f(x)\,h'(x) + h(x)f'(x)$$

in Matrix-Notation angeben. Gl. (2.17b) und (2.17c) lassen sich in ähnlicher Weise verifizieren.

Lösung zu Aufgabe 2.3 *Die Differentialform ist wegen*

$$\begin{aligned} \tfrac{\partial\omega_1}{\partial x_2} &= \quad -x_3 \quad = \tfrac{\partial\omega_2}{\partial x_1} \\ \tfrac{\partial\omega_1}{\partial x_3} &= 2x_1 - x_2 = \tfrac{\partial\omega_3}{\partial x_1} \\ \tfrac{\partial\omega_2}{\partial x_3} &= \quad -x_1 \quad = \tfrac{\partial\omega_3}{\partial x_2} \end{aligned}$$

geschlossen. Nach dem Poincaréschen Lemma (Lemma 2.10) ist sie dann auch exakt. Das Potential $h(x) = (x_1 - x_2)x_1x_3$ erhält man durch Integration entsprechend Gl. (2.20).

Lösung zu Aufgabe 2.4 *Das Vektorfeld f kann der nichtlinearen Differentialgleichung $\dot{x} = f(x)$ zugeordnet werden. Zusammen mit der Anfangsbedingung $x(0) = p$ erhält man die Anfangswertaufgabe*

$$\begin{aligned} \dot{x}_1 &= \sin x_3, & x_1(0) &= p_1, \\ \dot{x}_2 &= \cos x_3, & x_2(0) &= p_2, \\ \dot{x}_3 &= 0, & x_3(0) &= p_3. \end{aligned}$$

Die letzte Differentialgleichung hat die konstante Lösung $x_3(t) \equiv p_3$. Dadurch haben die ersten zwei Differentialgleichungen eine konstante rechte Seite und somit die Lösungen

$$\begin{aligned} x_1(t) &= p_1 + t\sin p_3, \\ x_2(t) &= p_2 + t\cos p_3. \end{aligned}$$

Insgesamt erhält man damit den Fluss

$$\varphi_t(p) = \begin{pmatrix} p_1 + t\sin p_3 \\ p_2 + t\cos p_3 \\ p_3 \end{pmatrix}. \tag{2.57}$$

Lösung zu Aufgabe 2.5 *Die Lösung der matrixwertigen Variationsgleichung (2.51) erhält man entsprechend Proposition 2.28 aus der Ableitung des dem Vektorfeld f zugehörigen Flusses (2.57) nach dem Anfangswert:*

$$X(t) = \varphi_t'(p) = \begin{pmatrix} 1 & 0 & t\cos p_3 \\ 0 & 1 & -t\sin p_3 \\ 0 & 0 & 1 \end{pmatrix}. \tag{2.58}$$

Die Lösung (2.52) der adjungierten Variationsgleichung (2.53) erhält man entsprechend Gl. (2.56) aus der Inversen von (2.58):

$$Z(t) = X^{-1}(t) = \begin{pmatrix} 1 & 0 & -t\cos p_3 \\ 0 & 1 & t\sin p_3 \\ 0 & 0 & 1 \end{pmatrix}.$$

Literatur

[Ama95] Amann, H.: **Gewöhnliche Differentialgleichungen**. Walter de Gruyter, Berlin, New York, 2. Auflage, 1995.

[AMR83] Abraham, R., J. E. Marsden und T. Ratiu: **Manifolds, Tensor Analysis, and Applications**. Springer, New York, 2. Auflage, 1983.

[Arn01] Arnold, V. I.: **Gewöhnliche Differentialgleichungen**. Springer-Verlag, Berlin, Heidelberg, 2. Auflage, 2001.

[Bär06] Bärwolff, G.: **Höhere Mathematik**. Spektrum Akad. Verlag, 2. Auflage, 2006.

[BBCM03] Bloch, A. M., J. Baillieul, P. Crouch und J. Marsden: **onholonomic Mechanics and Control**. Springer, New York, 2003.

[Beu01] Beutelspacher, A.: **Lineare Algebra**. Vieweg, Braunschweig, Wiesbaden, 5. Auflage, 2001.

[BG80] Bishop, R. L. und S. I. Goldberg: **Tensor Analysis on Manifolds**. Dover Publications, New York, 1980.

[BL04] Bullo, F. und A. D. Lewis: **Geometric Control of Mechanical Systems**. Springer, New York, 2004.

[Brö92] Bröcker, Th.: **Analysis III**. BI-Wissenschaftsverlag, Mannheim, Leipzig, Wien, Zürich, 1992.

[BSMM00] Bronstein, I. N., K. A. Semendjajew, G. Musiol und H. Mühlig: **Taschenbuch der Mathematik**. Harri Deutsch, Thun, Frankfurt am Main, 5. Auflage, 2000.

[FK14] Fischer, H. und H. Kaul: **Mathematik für Physiker Band 2: Gewöhnliche und partielle Differentialgleichungen, mathematische Grundlagen der Quantenmechanik**. Springer Spektrum, Wiesbaden, 4. Auflage, 2014.

[Gan86] Gantmacher, F. R.: **Matrizentheorie**. Springer-Verlag, Berlin, 1986.

[GJ09] Grüne, L. und O. Junge: **Gewöhnliche Differentialgleichungen: Eine Einführung aus der Perspektive der dynamischen Systeme**. Vieweg+Teubner, Wiesbaden, 2009.

[Haa14] Haager, W.: **Computeralgebra mit Maxima: Grundlagen der Anwendung und Programmierung**. Fachbuchverlag Leipzig im Carl Hanser Verlag, München, 2014.

[Hil03] Hildebrandt, S.: **Analysis 2**. Springer-Verlag, Berlin, Heidelberg, 2003.

[Jän05] Jänich, K.: **Vektoranalysis**. Springer-Verlag, Berlin, Heidelberg, 5. Auflage, 2005.

[Kab00] Kaballo, W.: **Einführung in die Analysis 1**. Spektrum Akad. Verlag, Heidelberg, Berlin, Oxford, 2. Auflage, 2000.

[Kam83] Kamke, E.: **Gewöhnliche Differentialgleichungen**. Teubner, Stuttgart, 10. Auflage, 1983.

[Kna12] Knauf, A.: **Mathematische Physik: Klassische Mechanik**. Springer-Verlag, Berlin, Heidelberg, 2012.

[Kön04] Königsberger, K.: **Analysis 2**. Springer-Verlag, Berlin, Heidelberg, New York, 4. Auflage, 2004.

[Küh11] Kühnel, W.: **Matrizen und Lie-Gruppen, Eine geometrische Einführung**. Vieweg+Teubner, Wiesbaden, 2011.

[KvW07] Kerner, H. und W. von Wahl: **Mathematik für Physiker**. Springer-Verlag, Berlin, Heidelberg, 2, 2007.

[Lee06] Lee, J. M.: **Introduction to Smooth Manifolds**, Band 218 der Reihe **Graduate Texts in Mathematics**. Springer, New York, 2006.

[Lib03] Liberzon, D.: **Switching in Systems and Control**. Birkhäuser, 2003.

[Lor92] Lorenz, F.: **Lineare Algebra I**. BI Wissenschaftsverlag, Mannheim, Leipzig, Wien, Zürich, 3. Auflage, 1992.

[Lun07] Lunze, J.: **Regelungstechnik 1, Systemtheoretische Grundlagen, Analyse und Entwurf einschleifiger Regelungen**. Springer-Verlag, Berlin, Heidelberg, 6, 2007.

[Max] **Maxima, a Computer Algebra System. http://maxima.sourceforge.net**

[MR01] Marsden, J. E. und T. S. Ratiu: **Einführung in die Mechanik und Symmetrie: Eine grundlegende Darstellung klassischer mechanischer Systeme**. Springer-Verlag, Berlin, Heidelberg, 2001.

[MvL79] Moler, C. B. und C. F. van Loan: **Nineteen Dubious Ways to Compute the Exponential of a Matrix**. SIAM Rev., 20(4):801–836, 1979.

[PZ02] Polianin, A. D. und V. F. Zaitsev: **Handbook of Exact Solutions for Ordinary Differential Equations**. Chapman & Hall, 2. Auflage, 2002.

[Rei14] Reinschke, K.: **Lineare Regelungs- und Steuerungstheorie**. Springer-Verlag, Berlin, Heidelberg, 2. Auflage, 2014.

[Son98] Sontag, E. D.: **Mathematical Control Theory**, Band 6 der Reihe **Texts in Applied Mathematics**. Springer-Verlag, 2. Auflage, 1998.

[SR89] Sira-Ramirez, H.: **A geometric approach to pulse-width modulated control in nonlinear dynamical systems**. IEEE Trans. on Automatic Control, 34(2):184–187, Februar 1989.

[Ste94] Stephani, Hans: **Differentialgleichungen, Symmetrien und Lösungsmethoden**. Spektrum Akademischer Verlag, Heidelberg, Berlin, Oxford, 1994.

[vdW93] Waerden, B. L. van der: **Algebra I**. Springer Verlag, 9. Auflage, 1993.

[Zei03] Zeidler, E. (Herausgeber): **Teubner-Taschenbuch der Mathematik**. B. G. Teubner, Wiesbaden, 2. Auflage, 2003.

Differentialgeometrische Begriffe

K. Röbenack, *Nichtlineare Regelungssysteme*,
https://doi.org/10.1007/978-3-662-44091-9_3

Dieses Kapitel vermittelt Begriffe und Konzepte der Differentialgeometrie, welche für regelungstechnische Belange von besonderem Interesse sind. Dabei wird großer Wert auf eine für Ingenieure verständliche Darstellung gelegt. Das Kapitel orientiert sich hinsichtliche seiner Struktur an [Isi95, Kap. 1] und [Jak01]. Darüber hinaus wurde ein Abschnitt über Differentialformen angefügt.

3.1 Differentialoperatoren

Dieser Abschnitt widmet sich Lie-Ableitungen und den darauf aufbauenden Reihenentwicklungen. Die hier betrachteten Lie-Ableitungen sind Spezialfälle der Lie-Ableitungen von Tensorfeldern (siehe [Olo04, Kapitel 12] und [Lee06]). Die angegebenen Reihenentwicklungen kann man beispielsweise in [Kre85] und [Son98, Abschnitt 4.4] finden.

3.1.1 Lie-Ableitung eines Skalarfeldes

Auf einer offenen Teilmenge $\mathcal{M} \subseteq \mathbb{R}^n$ betrachte man ein Vektorfeld $f:\mathcal{M} \to \mathbb{R}^n$ und das Skalarfeld $h:\mathcal{M} \to \mathbb{R}$. Beide Felder seien hinreichend glatt. Das Vektorfeld f beschreibt die Differentialgleichung

$$\dot{x} = f(x), \tag{3.1}$$

das Skalarfeld h die Zuordnung

$$y = h(x). \tag{3.2}$$

Aus systemtheoretischer bzw. regelungstechnischer Sicht bilden die Gl. (3.1) und (3.2) ein **(automones) System in Zustandsdarstellung**. Die Variable x nennt man **Zustand**. Die **Ausgangsabbildung** h überführt den Zustand x in den **Ausgang** y (siehe ◘ Abb. 3.1).

Im Folgenden bezeichne φ_t den Fluss des Vektorfeldes f, d. h. φ_t ist die allgemeine Lösung der Differentialgleichung (3.1). Die **Lie-Ableitung** (engl. **Lie derivative**) **des Skalarfeldes** h entlang des Vektorfeldes f ist definiert durch

$$L_f h(x) := \left. \frac{\mathrm{d}}{\mathrm{d}t} h(\varphi_t(x)) \right|_{t=0}. \tag{3.3}$$

Geometrisch gesehen ist die Lie-Ableitung die Tangente der Kurve

$$y(t) = h(\varphi_t(x)) \tag{3.4}$$

zum Zeitpunkt $t = 0$ (siehe ◘ Abb. 3.2). Dabei beschreibt die Kurve (3.4) den Zeitverlauf des Ausgangs (3.2).

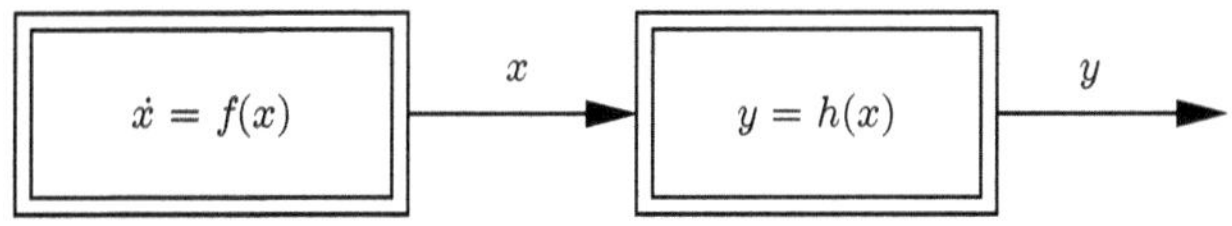

Abb. 3.1 Autonomes System (3.1),(3.2) in Zustandsraumdarstellung

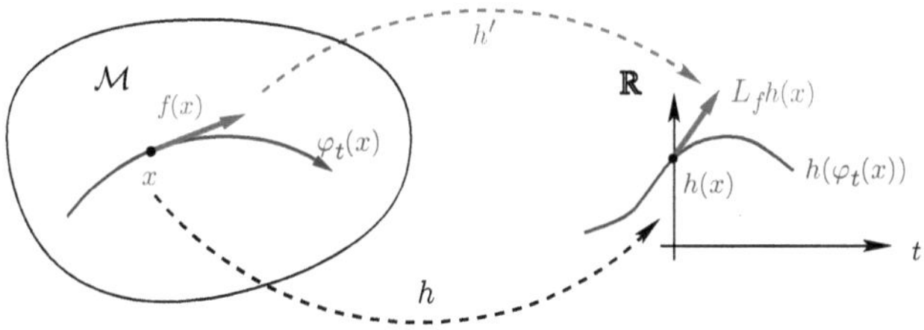

Abb. 3.2 Lie-Ableitung des Skalarfeldes *h*

Mit Hilfe der in ► Kap. 2 angegebenen Reihenentwicklung des Flusses

$$\varphi_t(x) = x + f(x)t + \mathcal{O}(t^2)$$

lässt sich die in Gl. (3.3) definierte Lie-Ableitung wie folgt berechnen:

$$\begin{aligned} L_f h(x) &= \tfrac{\mathrm{d}}{\mathrm{d}t} h(\varphi_t(x))\big|_{t=0} \\ &= \lim_{t\to 0} \tfrac{h(\varphi_t(x)) - h(\varphi_0(x))}{t} \\ &= \lim_{t\to 0} \tfrac{h(\varphi_t(x)) - h(x)}{t} \\ &= \lim_{t\to 0} \tfrac{h(x+f(x)t+\mathcal{O}(t^2)) - h(x)}{t} \\ &= \lim_{t\to 0} \tfrac{h(x)+h'(x)f(x)t-h(x)+\mathcal{O}(t^2)}{t} \\ &= \lim_{t\to 0} (h'(x)f(x) + \mathcal{O}(t)) \\ &= h'(x)f(x). \end{aligned}$$

Dieses Ergebnis kann man auch folgendermaßen ausdrücken:

$$L_f h(x) = h'(x)f(x) = \langle \mathrm{d}h, f\rangle (x) = \sum_{i=1}^{n} \frac{\partial h}{\partial x_i} f_i(x). \tag{3.5}$$

Die Lie-Ableitung eines Skalarfeldes ist wiederum ein Skalarfeld. Mehrfache (iterierte) Lie-Ableitungen entlang des gleichen Vektorfeldes sind rekursiv durch

$$L_f^{k+1} h(x) := L_f \left(L_f^k h \right)(x) = \frac{\partial L_f^k h(x)}{\partial x} f(x) \quad \text{mit} \quad L_f^0 h(x) = h(x) \tag{3.6}$$

definiert.

Beispiel 3.1
Das lineare System

$$\dot{x} = A\,x, \quad y = c^T x \tag{3.7}$$

wird durch das Vektorfeld $f(x) = A\,x$ mit $A \in \mathbb{R}^{n\times n}$ und das Skalarfeld $h(x) = c^T x$ mit $c \in \mathbb{R}^n$ beschrieben. Nach Gl. (3.5) ergibt sich die Lie-Ableitung

$$L_f h(x) = \frac{\partial c^T x}{\partial x} A\,x = c^T A\,x.$$

Mittels vollständiger Induktion kann man zeigen, dass

$$L_f^k h(x) = c^T A^k x$$

für $k \in \mathbb{N}_0$ gilt.

Anmerkung 3.2 Für die kommerziellen Computer-Algebra-Systeme MATHEMATICA und MAPLE wurden schon vor etlichen Jahren Pakete zum Reglerentwurf für nichtlineare Systeme und dabei insbesondere zur Berechnung von Lie-Ableitungen erstellt (siehe [PGB94, RZ95, KB00] bzw. [LWJ95, KSN99]). Mittlerweile ist die Berechnung von Lie-Ableitungen in die o. g. Programme integriert. Die Berechnung von Lie-Ableitungen ist auch im quelloffenen Computer-Algebra-System MAXIMA vorgesehen, erfolgt dort aber über die nur spärlich dokumentierte `cartan`-Toolbox oder die nicht leicht zu handhabende Tensor-Toolbox [Tot05]. Diese Toolboxen sind allerdings im Zusammenhang mit Differentialformen nützlich (siehe ▶ Abschn. 3.5).

Für die hier anvisierten regelungstechnischen Anwendungen wurden leicht zu handhabende Routinen für die Berechnung von Lie-Ableitungen implementiert, bei denen nur die benötigten Spezialfälle von Tensorfeldern, nämlich Skalar-, Vektor- und Kovektorfelder, Berücksichtigung finden. Alg. 3.1 zeigt eine einfache Implementierung der MAXIMA-Funktion `LieScalar`, die mit drei oder vier Argumenten aufzurufen ist. Beim Aufruf der Form `LieScalar(f,h,x)` erhält man die (erste) Lie-Ableitung $L_f h(x)$ entsprechend Gl. (3.5). Der Aufruf `LieScalar(f,h,x,k)` ermöglicht die Berechnung mehrfacher Lie-Ableitungen nach Gl. (3.6) mit Hilfe rekursiver Programmierung. Die Ordnung k muss dabei eine natürliche Zahl ab der Null sein. Die vektoriellen Größen f und x sind als Listen gleicher Länge zu übergeben, was bei der in Alg. 3.1 angegebenen Prototypimplementierung allerdings nicht überprüft wird.

Beispiel 3.3
Man betrachte die auf $\mathcal{M} = \mathbb{R}^3$ definierten Felder

$$f(x) = \sin x_3 \frac{\partial}{\partial x_1} + \cos x_3 \frac{\partial}{\partial x_2} \quad \text{und} \quad h(x) = x_1^2 + x_2^2, \tag{3.8}$$

wobei f ein Vektorfeld der Basisdarstellung nach Gl. (2.11) und h ein Skalarfeld ist. Aus Gl. (3.5) erhält man die erste Lie-Ableitung

$$L_f h(x) = (2x_1, 2x_2, 0) \begin{pmatrix} \sin x_3 \\ \cos x_3 \\ 0 \end{pmatrix} = 2x_1 \sin x_3 + 2x_2 \cos x_3.$$

Algorithmus 3.1 Berechnung von Lie-Ableitungen eines Skalarfeldes mit MAXIMA

```
LieScalar([l]):=block([f,h,x,k,Lfh],
    if (length(l)<3) or (length(l)>4) then
       error ("Aufruf mit 3 oder 4 Argumenten."),
    f:l[1], /* Vektorfeld */
    h:l[2], /* Skalarfeld */
    x:l[3], /* Variable   */
    if length(l)=3 then k:1 else k:l[4],
    if not(nonnegintegerp(k)) then
       error ("Ordnung k muss natürliche Zahl sein."),
    if k=0 then return(h)
    else
        Lfh:jacobian([h],x).f,
        return(LieScalar(f,Lfh,x,k-1))
)$
```

Entsprechend Gl. (3.6) bestimmt man die zweite Lie-Ableitung

$$
\begin{aligned}
L_f^2 h(x) &= (2\sin x_3, 2\cos x_3, 2x_1\cos x_3 - 2x_2\sin x_3)\begin{pmatrix}\sin x_3\\ \cos x_3\\ 0\end{pmatrix}\\
&= 2\sin^2 x_3 + 2\cos^2 x_3\\
&= 2,
\end{aligned}
$$

die in diesem Fall konstant ist, woraus unmittelbar $L_f^k h(x) \equiv 0$ für $k \geq 3$ folgt. Zum Vergleich kann man die berechneten Lie-Ableitungen auch mit der in Alg. 3.1 angegebenen MAXIMA-Funktion `LieScalar` ermitteln. Die zweite Lie-Ableitung lässt sich mit `trigsimp` vereinfachen:

```
(%i2) f:[sin(x3),cos(x3),0]$
      h:x1^2+x2^2$
      x:[x1,x2,x3]$
(%i5) LieScalar(f,h,x);
(%o5) 2 x1 sin(x3) + 2 x2 cos(x3)

(%i6) LieScalar(f,h,x,2);
      trigsimp(%);
(%o6) 2 sin(x3)^2 + 2 cos(x3)^2
(%o7) 2

(%i8) LieScalar(f,h,x,3);
(%o7) 0
```

Sind die Abbildungen f und h unendlich oft differenzierbar, dann ist auch die in (3.4) definierte Kurve y unendlich oft differenzierbar und es gilt

$$y^{(k)}(t) = L_f^k h(\varphi_t(x)) \tag{3.9}$$

für alle $k \in \mathbb{N}_0$. Im Fall $k = 0$ ist (3.9) wahr wegen (3.4) und $L_f^0 h = h = y$. Gilt die Beziehung (3.9) bis zu einem bestimmten k, dann gilt die Aussage auch für $k + 1$:

$$\begin{aligned}
y^{(k+1)}(t) &= \tfrac{\mathrm{d}}{\mathrm{d}t} y^{(k)}(t) \\
&= \tfrac{\mathrm{d}}{\mathrm{d}t} L_f^k h(\varphi_t(x)) \\
&= \mathrm{d}L_f^k h(\varphi_t(x)) \cdot \tfrac{\mathrm{d}}{\mathrm{d}t}\varphi_t(x) \\
&= \mathrm{d}L_f^k h(\varphi_t(x)) \cdot \dot{\varphi}_t(x) \\
&= \mathrm{d}L_f^k h(\varphi_t(x)) \cdot f(\varphi_t(x)) \\
&= L_f L_f^k h(\varphi_t(x)) \\
&= L_f^{k+1} h(\varphi_t(x)).
\end{aligned}$$

Sind f und h sogar analytisch, dann kann basierend auf (3.9) die Kurve (3.4) um den Entwicklungspunkt $t = 0$ als Taylorreihe dargestellt werden:

$$y(t) = \sum_{k=0}^{\infty} L_f^k h(x) \frac{t^k}{k!}. \tag{3.10}$$

Die unendliche Reihe (3.10) nennt man auch **Lie-Reihe** [Grö67].

Der mit Gl. (3.9) gegebene Bezug von Lie-Ableitungen zu Zeitableitungen lässt sich zur effizienten Berechnung der Funktionswerte von Lie-Ableitungen nutzen [RR00, Röb05]. Zusätzlich ermöglicht Gl. (3.9) auch die einfache Berechnung von Lie-Ableitungen per Hand:

Beispiel 3.4

Für das lineare System (3.7) aus Beispiel 3.1 erhält man als erste Zeitableitung des Ausgangs

$$\dot{y} = c^T \dot{x} = c^T A\, x.$$

Analog ergeben sich die weiteren Ableitungen

$$\ddot{y} = c^T A\, \dot{x} = c^T A\, A\, x = c^T A^2 x, \ldots, y^{(k)} = c^T A^k x,$$

die mit den bereits in Beispiel 3.1 berechneten Lie-Ableitungen übereinstimmen.

Beispiel 3.5

Man betrachte die in Beispiel 3.3 angegebenen Felder, wobei das Vektorfeld f als rechte Seite der nichtlinearen Differentialgleichung

$$\dot{x}_1 = \sin x_3, \quad \dot{x}_2 = \cos x_3, \quad \dot{x}_3 = 0 \tag{3.11}$$

und das Skalarfeld h als Ausgangsabbildung wie in Gl. (3.2) betrachtet wird:

$$y = h(x) = x_1^2 + x_2^2. \tag{3.12}$$

Die Lie-Ableitung erhält man als (totale) Zeitableitung des Ausgangs (3.12) entlang (3.11):

$$\dot{y} = L_f h(x) = 2x_1\dot{x}_1 + 2x_2\dot{x}_2 = 2x_1 \sin x_3 + 2x_2 \cos x_3. \tag{3.13}$$

Lie-Ableitungen höherer Ordnung erhält man durch weiteres Ableiten von (3.13).

Mehrfache Lie-Ableitungen können auch entlang verschiedener Vektorfelder gebildet werden. Mit einem weiteren Vektorfeld $g: \mathcal{M} \to \mathbb{R}^n$ erhält man beispielsweise die gemischte Lie-Ableitung

$$L_g L_f h(x) = \frac{\partial L_f h(x)}{\partial x} g(x). \tag{3.14}$$

Formal würde man zur Bildung dieser gemischten Lie-Ableitung Gl. (3.3) zweimal anwenden und erhält damit folgende Darstellung als Grenzwert:

$$L_g L_f h(x) = \left. \frac{\mathrm{d}^2}{\mathrm{d}t\,\mathrm{d}s} h(\varphi_t^f(\varphi_s^g(x))) \right|_{t=s=0}.$$

Anstelle der Grenzwertbildung in zwei Variablen (nämlich t und s) kann man die gemischte Lie-Ableitung auch als Grenzwertbildung in einer Variablen darstellen [Röb08, Röb10]:

$$L_g L_f h(x) = \left. \frac{1}{5!} \frac{\mathrm{d}^5}{\mathrm{d}t^5} h(\varphi_{t^3}^f(\varphi_{t^2}^g(x))) \right|_{t=0}.$$

In der Regel wird man jedoch gemischte Lie-Ableitungen durch wiederholte Anwendung von Gl. (3.5) berechnen.

Beispiel 3.6

Die linearen Felder $f(x) = A\,x$ und $h(x) = c^T x$ aus den Beispielen 3.1 bzw. 3.4 ergänzen wir zunächst um ein konstantes Vektorfeld $g(x) = b$ mit $b \in \mathbb{R}^n$. Die gemischte Lie-Ableitung (3.14) lautet

$$L_g L_f h(x) = \frac{\partial c^T A\,x}{\partial x}\, b = c^T A\, b.$$

Verwendet man anstelle des o. g. konstanten Vektorfelds das lineare Vektorfeld $g(x) = B\,x$ mit $B \in \mathbb{R}^{n \times n}$, so erhält man

$$L_g L_f h(x) = \frac{\partial c^T A\,x}{\partial x}\, B\,x = c^T A B\,x.$$

Die Lie-Ableitungen von Skalarfeldern genügen den folgenden Rechenregeln:

Proposition 3.7 *Seien $f,g{:}\mathcal{M} \to \mathbb{R}^n$ Vektorfelder und $\alpha,\beta{:}\mathcal{M} \to \mathbb{R}$ differenzierbare Skalarfelder. Dann gilt:*

$$L_{\alpha f}\beta(x) = \alpha(x)L_f\beta(x) \tag{3.15a}$$
$$L_f(\alpha + \beta)(x) = L_f\alpha(x) + L_f\beta(x) \tag{3.15b}$$
$$L_f(\alpha\beta)(x) = \alpha(x)L_f\beta(x) + \beta(x)L_f\alpha(x) \tag{3.15c}$$
$$L_{f+g}\alpha(x) = L_f\alpha(x) + L_g\alpha(x). \tag{3.15d}$$

Beweis Gl. (3.15a), (3.15b) und (3.15d) folgen unmittelbar aus der Bilinearität des inneren Produktes in (3.5). Gl. (3.15c) ergibt sich aus der Produktregel:

$$\begin{aligned} L_f(\alpha\beta)(x) &= \left(\frac{\partial}{\partial x}(\alpha(x)\beta(x))\right)f(x) \\ &= \big(\alpha(x)\beta'(x) + \beta(x)\alpha'(x)\big)f(x) \\ &= \alpha(x)\left(\beta'(x)f(x)\right) + \beta(x)\left(\alpha'(x)f(x)\right) \\ &= \alpha(x)L_f\beta(x) + \beta(x)L_f\alpha(x). \end{aligned}$$

Damit ist Proposition 3.7 bewiesen. □

3.1.2 Pushforward und Pullback eines Vektorfeldes

Die Modellierung und Untersuchung vieler physiklischer und technischer Probleme lässt sich vereinfachen, wenn man ein an die jeweilige Problemstellung angepasstes Koordinatensystem wählt. So kann es bei einem rotierenden System beispielsweise hilfreich sein, von kartesischen Koordinaten zu Zylinder- oder Kugelkoordinaten zu wechseln. Geht man bei einem mechanischen System von der Langrange- zur Hamilton-Formulierung über, so werden die verallgemeinerten Geschwindigkeiten unter der Legendre-Transformation durch verallgemeinerte Impulse ersetzt [Nol04b]. In diesem Abschnitt wird untersucht, wie sich eine Koordinatentransformation auf ein Vektorfeld auswirkt.

Zwischen zwei offenen Mengen $\mathcal{M} \subseteq \mathbb{R}^n$ und $\mathcal{N} \subseteq \mathbb{R}^m$ betrachten wir eine glatte Abbildung $\psi{:}\mathcal{M} \to \mathcal{N}$, die jeden Punkt $x \in \mathcal{M}$ in einen zugehörigen Bildpunkt $z \in \mathcal{N}$ überführt:

$$\psi{:}\quad x \mapsto z = \psi(x). \tag{3.16}$$

Von besonderem Interesse sind solche Abbildungen ψ mit $\mathcal{N} \subseteq \mathbb{R}^n$, die eine Koordinatentransformation darstellen, also aus mathematischer Sicht ein Diffeomorphismus sind (siehe Anmerkung 2.24). In diesen Fällen gibt es auch eine glatte Umkehrabbildung $\psi^{-1}{:}\mathcal{N} \to \mathcal{M}$ mit

$$\psi^{-1}{:}z \mapsto x = \psi^{-1}(z), \tag{3.17}$$

die von der Menge $\mathcal{N}$ wieder in die Menge $\mathcal{M}$ abbildet.

Auf der Menge $\mathcal{M}$ sei eine Differentialgleichung

$$\dot{x} = g(x) \tag{3.18}$$

gegeben, die durch das hinreichend glatte Vektorfeld $g{:}\mathcal{M} \to \mathbb{R}^n$ beschrieben wird. Die Transformation (3.16) überführt die Dgl. (3.18) in die neue Form

$$\dot{z} = q(z) \tag{3.19}$$

mit dem auf der Menge $\mathcal{N}$ definierten, hinreichend glatten Vektorfeld $q{:}\mathcal{N} \to \mathbb{R}^n$. Die Hintransformation der Differentialgleichung (3.18) in (3.19) lässt sich folgendermaßen beschreiben:

$$\begin{aligned} \dot{z} &= \tfrac{\mathrm{d}}{\mathrm{d}t}\, z \\ &= \tfrac{\mathrm{d}}{\mathrm{d}t}\, \psi(x) \\ &= \psi'(x)\,\dot{x} \\ &= \psi'(x)\, g(x)\big|_{x=\psi^{-1}(z)} \\ &=:\, q(z). \end{aligned} \tag{3.20}$$

Bei der Hintransformation (3.20) wird das Vektorfeld g mit der Jakobimatrix ψ' der Transformation (3.16) multipliziert. Für diese Operation führt man die Notation

$$\psi_* g(x) :=\, \psi'(x) g(x) \tag{3.21}$$

ein, wobei $\psi_* g$ **Vorwärtstransport** oder **Pushforward des Vektorfeldes** g heißt [MR01]. Mit Pushforward wird der im Punkt x angeheftete Tangentialvektor $g(x) \in T_x\mathcal{M}$ in einen Tangentialvektor am Punkt z überführt. Zu der (in der Regel nichtlinearen) Koordinatentransformation $\psi{:}\mathcal{M} \to \mathcal{N}$ beschreibt Pushforward $\psi_*{:}T_x\mathcal{M} \to T_z\mathcal{N}$ die sich daraus ergebende lineare Koordinatentransformation zwischen den an den festen Punkten $x \in \mathcal{M}$ und $z \in \mathcal{N}$ angehefteten Tangentialräumen $T_x\mathcal{M}$ und $T_z\mathcal{N}$. Das Zusammenwirken der Koordinatentransformation ψ mit Pushforward ψ_* ist in ◘ Abb. 3.3 skizziert.

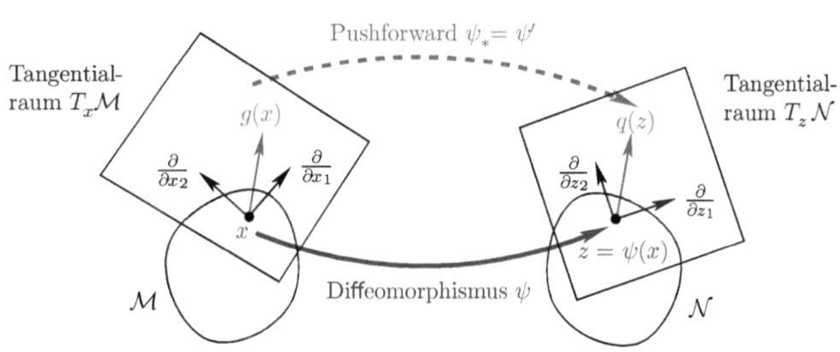

◘ **Abb. 3.3** Zusammenhang zwischen Transformation und Pushforward eines Vektorfeldes

Komponentenweise kann die Transformation $q(z) = \psi_* g(x)$ nach Gl. (3.20) in der Form

$$q_j(z) = \sum_{i=1}^{n} \frac{\partial \psi_j}{\partial x_i} g_i(x) \quad \text{für} \quad j = 1, \ldots, n$$

angegeben werden. Verwendet man die in ► Kap. 2 angegebene Basisdarstellung (2.11) für die Vektorfelder g und q, so erhält man

$$\begin{aligned} q(z) &= \sum_{j=1}^{n} q_j(z) \frac{\partial}{\partial z_j} \\ &= \sum_{j=1}^{n} \sum_{i=1}^{n} \frac{\partial \psi_j}{\partial x_i} g_i(x) \frac{\partial}{\partial z_j} \\ &= \sum_{i=1}^{n} g_i(x) \sum_{j=1}^{n} \frac{\partial \psi_j}{\partial x_i} \frac{\partial}{\partial z_j} \\ &= \sum_{i=1}^{n} g_i(x) \psi_* \frac{\partial}{\partial z_i} \\ &= \sum_{i=1}^{n} g_i(x) \frac{\partial}{\partial x_i} = g(x), \end{aligned}$$

denn in beiden Fällen handelt es sich gewissermaßen um das gleiche Vektorfeld, welches nur in unterschiedlichen Koordinaten angegeben ist [Ish01, Abschnitt 3.1.1]. Für den Koordinatenwechsel zwischen den Basisvektorfeldern $\frac{\partial}{\partial x_1}, \ldots, \frac{\partial}{\partial x_n}$ und $\frac{\partial}{\partial z_1}, \ldots, \frac{\partial}{\partial z_n}$ ergibt sich damit der Zusammenhang

$$\frac{\partial}{\partial x_i} = \psi_* \frac{\partial}{\partial z_i} \quad \text{für} \quad i = 1, \ldots, n.$$

Beispiel 3.8

Im Falle linearer Vektorfelder $g(x) = Ax$ und $q(z) = \bar{A}z$ mit $A, \bar{A} \in \mathbb{R}^{n \times n}$ sowie einer linearen Transformation $z = Tx$ mit regulärer Matrix $T \in \mathbb{R}^{n \times n}$ ergibt sich

$$\dot{z} = T\dot{x} = TAx = TAT^{-1}z = : \bar{A}z,$$

d. h. die Transformation (3.20) der Differentialgleichung entspricht dann einer **Ähnlichkeitstransformation**

$$A \mapsto TAT^{-1} = : \bar{A}$$

der Systemmatrix [Lun97].

Bei der Rücktransformation von (3.19) zu (3.18) geht man im Prinzip wie bei der Hintransformation (3.20) vor, nur dass man die Abbildung (3.16) durch ihre Umkehrabbildung (3.17) ersetzt:

$$\begin{aligned}\dot{x} &= \tfrac{\mathrm{d}}{\mathrm{d}t}\,x \\ &= \tfrac{\mathrm{d}}{\mathrm{d}t}\,\psi^{-1}(z) \\ &= \tfrac{\partial\psi^{-1}(z)}{\partial z}\,\dot{z} \\ &= (\psi^{-1})'(z)\,q(z)\big|_{z=\psi(x)} \\ &= (\psi'(x))^{-1}\,q(\psi(x)) \\ &= g(x).\end{aligned} \tag{3.22}$$

Dabei tritt die Jacobimatrix der Umkehrabbildung (3.17) auf, die gerade die inverse Jacobimatrix der ursprünglichen Transformation (3.16) ist. Die durch

$$\begin{aligned}\psi^{*}q(z) :&= \psi_{*}^{-1}(z)\,q(z) \\ &= (\psi'(x))^{-1}\,q(\psi(x))\end{aligned} \tag{3.23}$$

beschriebene Abbildung $\psi^{*}:T_z\mathcal{N} \to T_x\mathcal{M}$ heißt **Rücktransport** oder **Pullback eines Vektorfeldes** [MR01]. Der Zusammenhang zwischen Hintransformation im Definitionsbereich der Vektorfelder g bzw. q und der Rücktransformation im Bildbereich mittels Pullback ist in ◘ Abb. 3.4 skizziert.

Anmerkung 3.9 Mit dem Koordinatenwechsel (3.16) transformiert man nicht nur die Differentialgleichungen (3.18) und (3.19), sondern auch die entsprechenden Flüsse. Gibt es umgekehrt zu zwei vorgegebenen Vektorfeldern g und q einen Diffeomorphismus ψ, der die zugehörigen Flüsse φ_t^g und φ_t^q ineinander überführt, d. h. gilt

$$\psi(\varphi_t^g(x)) = \varphi_t^q(\psi(x)), \tag{3.24}$$

dann heißen die Vektorfelder g und q **topologisch konjugiert** [GH83, AP90] oder **zustandsäquivalent** [DBE85]. Gl. (3.24) bedeutet, dass das Diagramm

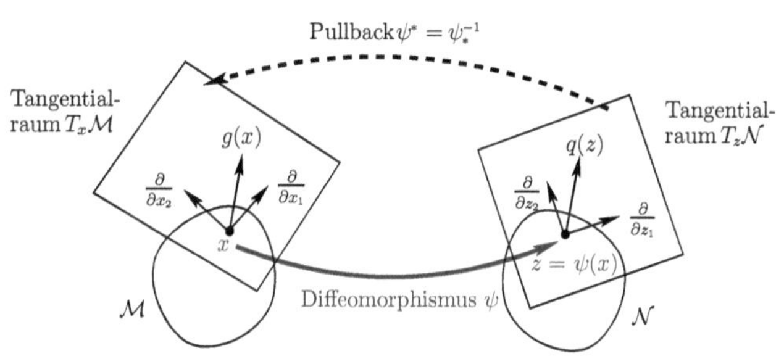

◘ **Abb. 3.4** Zusammenhang zwischen Transformation und Pullback eines Vektorfeldes

$$\begin{array}{ccc} x & \xrightarrow{\psi} & \psi(x) \\ \varphi_t^g \big\downarrow & & \big\downarrow \varphi_t^q \\ \varphi_t^g(x) & \xrightarrow[\psi]{} & \bullet \end{array}$$

kommutiert.[1] Differenziert man (3.24) nach t und ersetzt die zeitlichen Ableitungen der Flüsse durch die Vektorfelder, so erhält man

$$\psi_* g(x) = q(\psi(x)). \tag{3.25}$$

Integriert man umgekehrt (3.25) nach der Zeit (im Sinne der Lösung einer Differentialgleichung), so erhält man (3.24), d. h. Gl. (3.24) und (3.25) sind gleichwertig. Zwei Vektorfelder g und q, die Gl. (3.25) erfüllen, nennt man auch **ψ-zugeordnet** (engl. **ψ-related**), siehe [Lee06].

Wird das Vektorfeld g durch die Koordinatentransformation ψ in sich selbst überführt, d. h. gilt

$$\psi_* g(x) = g(\psi(x)), \tag{3.26}$$

dann nennt man das Vektorfeld g **invariant** unter ψ. Man kann auch sagen, dass ψ eine **Symmetrie** von g ist [HSS09].

Ein besonders wichtiger Spezialfall einer Koordinatentransformation ist $\psi = \varphi_t$, d. h. der Diffeomorphismus ist der Fluss des Vektorfeldes f zum Zeitpunkt t (siehe ◘ Abb. 3.5). In diesem Fall bildet der Diffeomorphismus φ_t die Menge $\mathcal{M}$ (oder eine offene Teilmenge von $\mathcal{M}$) in sich ab (vgl. Proposition 2.26). Dieser Spezialfall wird im nächsten

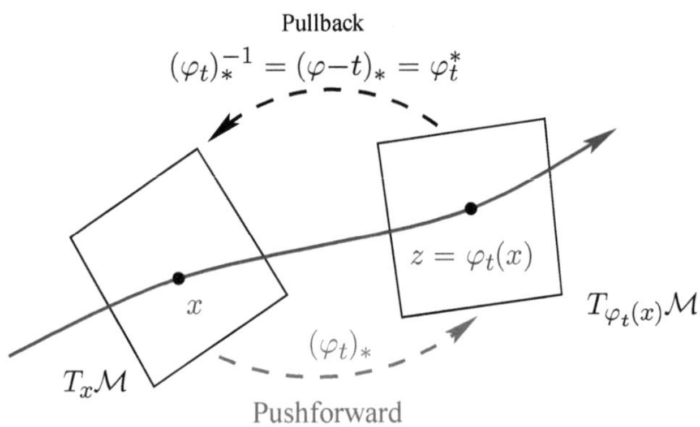

◘ **Abb. 3.5** Pushforward und Pullback für den Fluss eines Vektorfeldes

1 Ein **Diagramm** stellt die Verkettung von Abbildungen bzw. Operationen grafisch durch Pfeile dar. Ein Diagramm **kommutiert**, wenn auf verschiedenen Wegen in Pfeilrichtung die zugehörigen Verknüpfungen von Abbildung zum gleichen Ergebnis führen.

Abschnitt benötigt, um die Lie-Ableitung eines Vektorfeldes einzuführen. Basierend auf der in ▶ Kap. 2 angegebenen Reihenentwicklung des Flusses

$$\varphi_t(x) = x + f(x)t + \mathcal{O}(t^2) \tag{3.27}$$

kann man für Pushforward und Pullback die folgenden Reihenentwicklungen angeben:

$$\begin{aligned} \varphi_{t*}(x) &= I + f'(x)t + \mathcal{O}(t^2), \\ \varphi_{-t*}(z) &= I - f'(z)t + \mathcal{O}(t^2). \end{aligned} \tag{3.28}$$

3.1.3 Lie-Ableitung eines Vektorfeldes

Die **Lie-Ableitung** oder **Lie-Klammer** (engl. **Lie bracket**) **eines Vektorfeldes** $g{:}\mathcal{M} \to \mathbb{R}^n$ entlang des Vektorfeldes f ist definiert durch

$$L_f g(x) := [f, g](x) := \frac{\mathrm{d}}{\mathrm{d}t}\, \varphi_{-t*} g(\varphi_t(x))|_{t=0} \quad . \tag{3.29}$$

Basierend auf der Reihenentwicklung des Flusses φ erhält man für die Lie-Klammer (3.29) folgende Darstellung:

$$\begin{aligned} [f, g](x) &= \tfrac{\mathrm{d}}{\mathrm{d}t}\, \varphi_{-t*} g(\varphi_t(x))|_{t=0} \\ &= \lim_{t\to 0} \tfrac{\varphi_{-t*} g(\varphi_t(x)) - \varphi_{-0*} g(\varphi_0(x))}{t} \\ &= \lim_{t\to 0} \tfrac{\varphi_{-t*} g(\varphi_t(x)) - g(x)}{t} \\ &\overset{(3.28)}{=} \lim_{t\to 0} \tfrac{\left(I - f'(z)t + \mathcal{O}(t^2)\right) g(z) - g(x)}{t}\Big|_{z = x + f(x)t + \mathcal{O}(t^2)} \\ &= \lim_{t\to 0} \tfrac{\left(I - f'(x)t + \mathcal{O}(t^2)\right)\left(g(x + f(x)t + \mathcal{O}(t^2))\right) - g(x)}{t} \\ &= \lim_{t\to 0} \tfrac{\left(I - f'(x)t + \mathcal{O}(t^2)\right)\left(g(x) + g'(x)f(x)t + \mathcal{O}(t^2)\right) - g(x)}{t} \\ &= \lim_{t\to 0} \tfrac{g'(x)f(x)t - f'(x)g(x)t + \mathcal{O}(t^2)}{t} \\ &= g'(x)f(x) - f'(x)g(x). \end{aligned} \tag{3.30}$$

Die Lie-Klammer ist selber ein Vektorfeld. Für mehrfache Lie-Klammern entlang des gleichen Vektorfeldes wird die Notation

$$\mathrm{ad}_f^{k+1} g(x) := [f, \mathrm{ad}_f^k g](x) \quad \text{mit} \quad \mathrm{ad}_f^0 g(x) = g(x) \tag{3.31}$$

verwendet, wobei $\mathrm{ad}_f g$ die **Adjungierte** von g bezeichnet. Mit (3.31) kann man Schreibweisen der Form

$$\underbrace{[f, [f, \ldots, [f, g] \cdots]]}_{k \text{ mal}} = \mathrm{ad}_f^k g$$

vereinfachen.

Beispiel 3.10

Gegeben seien ein lineares Vektorfeld $f(x) = Ax$ mit $A \in \mathbb{R}^{n \times n}$ und ein konstantes Vektorfeld $g(x) = b$ mit $b \in \mathbb{R}^n$. Mit $f'(x) = A$ und $g'(x) = 0$ erhält man die Lie-Klammer

$$[f, g] = -Ab.$$

Mehrfache Lie-Klammern entlang des Vektorfelds f haben für $k \in \mathbb{N}_0$ die Form

$$\mathrm{ad}_f^k g(x) = (-1)^k A^k b$$

und stimmen bis auf das alternierende Vorzeichen mit den Spalten der Steuerbarkeitsmatrix überein [Lun97].

▪▪ Algorithmus 3.2 Berechnung von Lie-Klammern mit MAXIMA

```
LieBracket([l]):=block([f,g,x,k,Df,Dg,ad],
    if (length(l)<3) or (length(l)>4) then
       error ("Aufruf mit 3 oder 4 Argumenten."),
    f:l[1],
    g:l[2],
    x:l[3],
    if length(l)=3 then k:1 else k:l[4],
    if not(nonnegintegerp(k)) then
       error ("Ordnung k muss natürliche Zahl sein."),
    if k=0 then return(g)
    else
        Df:jacobian(f,x),
        Dg:jacobian(g,x),
        ad:list_matrix_entries(Dg.f-Df.g),
        return(LieBracket(f,ad,x,k-1))
)$
```

Alg. 3.2 zeigt eine einfache MAXIMA-Implementierung zur Berechnung von Lie-Klammern. Der Aufruf mit drei Argumenten liefert die Lie-Klammer nach Gl. (3.30), wobei f, g und x als Listen zu übergeben sind. Ein Aufruf mit vier Argumenten ermöglicht die Berechnung mehrfacher Lie-Klammern nach Gl. (3.31).

Beispiel 3.11

Wir betrachten die Vektorfelder

$$f(x) = \sin x_3 \frac{\partial}{\partial x_1} + \cos x_3 \frac{\partial}{\partial x_2} \quad \text{und} \quad g(x) = \frac{\partial}{\partial x_3}$$

des mobilen Roboters. Die Lie-Klammer der Vektorfelder f und g lautet:

$$[f, g](x) = g'(x)f(x) - f'(x)g(x)$$

$$
\begin{aligned}
&= \begin{pmatrix} 0 & 0 & 0 \\ 0 & 0 & 0 \\ 0 & 0 & 0 \end{pmatrix} \begin{pmatrix} \sin x_3 \\ \cos x_3 \\ 0 \end{pmatrix} - \begin{pmatrix} 0 & 0 & \cos x_3 \\ 0 & 0 & -\sin x_3 \\ 0 & 0 & 0 \end{pmatrix} \begin{pmatrix} 0 \\ 0 \\ 1 \end{pmatrix} \\
&= \begin{pmatrix} -\cos x_3 \\ \sin x_3 \\ 0 \end{pmatrix}.
\end{aligned} \tag{3.32}
$$

Die zweite Lie-Klammer

$$
\begin{aligned}
\mathrm{ad}_f^2 g(x) &= [f, \mathrm{ad}_f g](x) \\
&= [f, [f, g]](x) \\
&= [f, g]'(x) f(x) - f'(x) [f, g](x) \\
&= \begin{pmatrix} 0 & 0 & \sin x_3 \\ 0 & 0 & \cos x_3 \\ 0 & 0 & 0 \end{pmatrix} \begin{pmatrix} \sin x_3 \\ \cos x_3 \\ 0 \end{pmatrix} - \begin{pmatrix} 0 & 0 & \cos x_3 \\ 0 & 0 & -\sin x_3 \\ 0 & 0 & 0 \end{pmatrix} \begin{pmatrix} -\cos x_3 \\ \sin x_3 \\ 0 \end{pmatrix} \\
&= 0
\end{aligned}
$$

ist das Nullvektorfeld. Dieses Ergebnis lässt sich unmittelbar mit einer MAXIMA-Vergleichsrechnung bestätigen:

```
(%i2)  f:[sin(x3),cos(x3),0];
       g:[0,0,1];
       x:[x1,x2,x3];
(%o2)  [sin(x3),cos(x3),0]
(%o3)  [0,0,1]
(%o4)  [x1,x2,x3]

(%i5)  LieBracket(f,g,x);
(%o5)  [-cos(x3),sin(x3),0]

(%i6)  LieBracket(f,g,x,2);
(%o6)  [0,0,0]
```

Betrachtet man den mobilen Roboter im Ursprung des Koordinatensystems, also für $x = 0 \in \mathbb{R}^3$, so zeigt das Vektorfeld f in die Richtung der x_2-Achse, das Vektorfeld g in die Richtung der x_3-Achse und das durch die Lie-Klammer (3.32) definierte Vektorfeld $[f, g]$ in die entgegengesetzte Richtung der x_1-Achse (siehe ◘ Abb. 3.6).

Das bei der Grenzwertbildung in Gl. (3.29) auftretende zeitvariante Vektorfeld

$$
\mathrm{Ad}_{t,f} g(x) := \varphi_{-t*} g(\varphi_t(x)) \tag{3.33}
$$

definiert den Operator Ad, der **adjungierte Wirkung** heißt und bei verschiedenen regelungstheoretischen Fragestellungen auftritt (siehe [Kre85] und [Son98, Abschnitt 4.4]). Für den Anfangszeitpunkt $t = 0$ gilt

$$
\mathrm{Ad}_{0,f} g(x) = \varphi_{-0*} g(\varphi_0(x)) = g(x). \tag{3.34}
$$

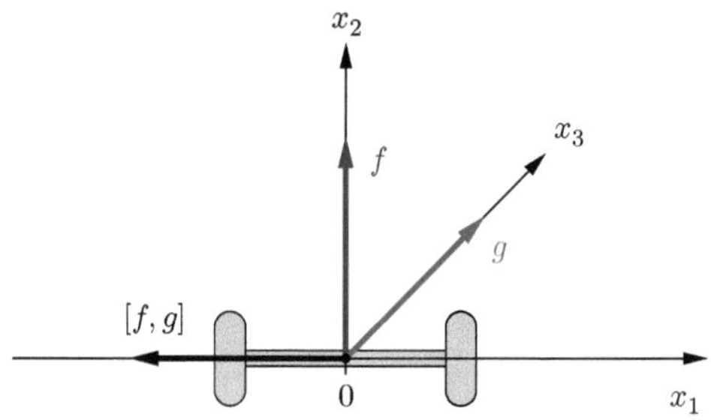

Abb. 3.6 Lie-Klammer beim Roboter-Beispiel

Unter Nutzung der adjungierten Variationsgleichung (2.53) kann man die Zeitableitung bestimmen:

$$
\begin{aligned}
\tfrac{\mathrm{d}}{\mathrm{d}t} Ad_{t,f} g(x) &= \tfrac{\mathrm{d}}{\mathrm{d}t} \varphi_{-t*} g(\varphi_t(x)) \\
&= \tfrac{\mathrm{d}}{\mathrm{d}t} \left(\varphi_{-t*}(\varphi_t(x)) \cdot g(\varphi_t(x))\right) \\
&= \left(\tfrac{\mathrm{d}}{\mathrm{d}t} \varphi_{-t*}(\varphi_t(x))\right) \cdot g(\varphi_t(x)) + \varphi_{-t*}(\varphi_t(x)) \cdot \tfrac{\mathrm{d}}{\mathrm{d}t} g(\varphi_t(x)) \\
&\overset{(2.53)}{=} -\varphi_{-t*}(\varphi_t(x)) \cdot f'(\varphi_t(x)) \cdot g(\varphi_t(x)) \\
&\quad + \varphi_{-t*}(\varphi_t(x)) \cdot g'(\varphi_t(x)) \cdot f(\varphi_t(x)) \\
&= \varphi_{-t*}(\varphi_t(x)) \cdot [f, g](\varphi_t(x)) \\
&= \varphi_{-t*} [f, g](\varphi_t(x)) \\
&= \mathrm{Ad}_{t,f} [f, g](x).
\end{aligned}
\tag{3.35}
$$

Mit Gl. (3.34) und (3.35) ist eine geometrische Interpretation der Lie-Klammer (3.29) auf der Basis von (3.33) möglich. Zum Anfangszeitpunkt $t = 0$ fällt (3.33) mit dem Vektorfeld g zusammen. Mit zunehmender Zeit $t > 0$ wird das Vektorfeld g deformiert, und zwar im Definitionsbereich durch den Fluss φ_t und im Bildbereich durch Pullback. Die Lie-Klammer ist die Tangente der im Bildbereich von (3.33) generierten Kurve für $t = 0$ (siehe **Abb. 3.7**).

In Analogie zu der in ▶ Abschn. 3.1.1 durch Gl. (3.10) eingeführten Lie-Reihe für Lie-Ableitungen von Skalarfeldern wird nachfolgend eine ähnliche Reihenentwicklung mit Lie-Klammern angegeben. Basierend auf Gl. (3.35) kann man mit vollständiger Induktion

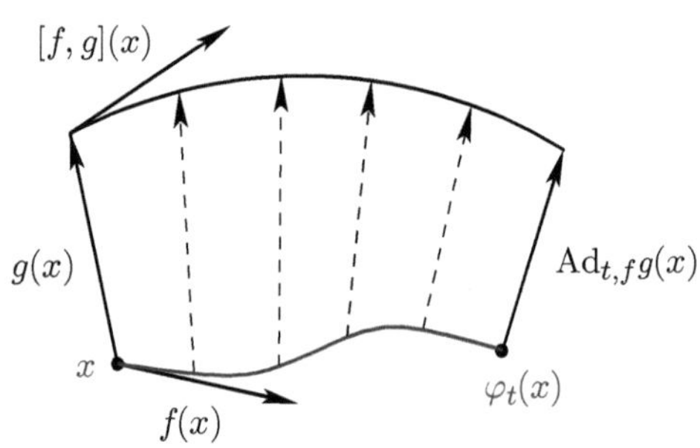

Abb. 3.7 Operator Ad und Lie-Klammer

die Gleichung

$$\frac{\mathrm{d}^k}{\mathrm{d}t^k}\mathrm{Ad}_{t,f}g(x) = \mathrm{Ad}_{t,f}\mathrm{ad}_f^k g(x)$$

für $k \in \mathbb{N}_0$ beweisen. Damit gilt insbesondere auch

$$\frac{\mathrm{d}^k}{\mathrm{d}t^k}\left.\mathrm{Ad}_{t,f}g(x)\right|_{t=0} = \mathrm{Ad}_{0,f}\mathrm{ad}_f^k g(x) = \mathrm{ad}_f^k g(x),$$

vgl. Gl. (3.34). Sind f und g analytisch, dann liefert die Taylorreihenentwicklung von (3.33) einen Zusammenhang zwischen dem zeitvarianten Vektorfeld $\mathrm{Ad}_{t,f}g$ und den autonomen Vektorfeldern $\mathrm{ad}_f^k g$ (vgl. auch [Kre85]):

$$\mathrm{Ad}_{t,f}g(x) = \sum_{k=0}^{\infty} \mathrm{ad}_f^k g(x)\frac{t^k}{k!}. \tag{3.36}$$

Der Operator Ad lässt sich äquivalent zu (3.33) durch

$$\mathrm{Ad}_{t,f}g(x) = \frac{\mathrm{d}}{\mathrm{d}s}\left.\varphi_{-t}^f \circ \varphi_s^g \circ \varphi_t^f(x)\right|_{s=0} \tag{3.37}$$

ausdrücken. Bei festem t ist $\mathrm{Ad}_{t,f}g(x)$ die Tangente an der durch die Flussverknüpfung $s \mapsto \varphi_{-t}^f \circ \varphi_s^g \circ \varphi_t^f(x)$ definierten Kurve im Punkt x (siehe ◘ Abb. 3.8). Die sich aus den Gl. (3.36) und (3.37) ergebende Darstellung

$$\frac{\mathrm{d}}{\mathrm{d}s}\left.\varphi_{-t}^f \circ \varphi_s^g \circ \varphi_t^f(x)\right|_{s=0} = \sum_{k=0}^{\infty} \mathrm{ad}_f^k g(x)\frac{t^k}{k!} \tag{3.38}$$

der Flussverknüpfung als Reihenentwicklung stellt eine spezielle Form der **Campbell-Baker-Hausdorff-Formel** dar [Isi95, S. 500], die mitunter auch als **Liesche Entwicklungsformel** bezeichnet wird.

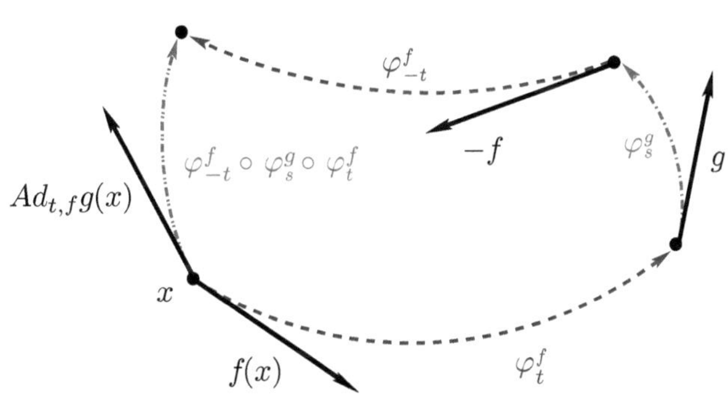

◘ **Abb. 3.8** Geometrische Interpretation von Gl. (3.37)

Nachfolgend werden einige charakteristische Eigenschaften von Lie-Klammern herausgearbeitet.

Proposition 3.12 *Seien $f, g, v: \mathcal{M} \to \mathbb{R}^n$ stetig differenzierbare Vektorfelder und $\alpha, \beta \in \mathbb{R}$. Die Lie-Klammer ist bilinear*

$$[f+g, v] = [f, v] + [g, v] \tag{3.39a}$$
$$[f, g+v] = [f, g] + [f, v] \tag{3.39b}$$
$$[\alpha f, \beta g] = \alpha\beta[f, g], \tag{3.39c}$$

und schiefsymmetrisch

$$[f, g] = -[g, f]. \tag{3.40}$$

Die Eigenschaften (3.39)–(3.40) lassen sich unmittelbar mit der Berechnungsformel (3.30) für Lie-Klammern überprüfen. Ferner gilt

$$[f, f] = f'f - f'f = 0 \tag{3.41}$$

für jedes differenzierbare Vektorfeld. Gl. (3.39c) gilt nur für Zahlen α und β, nicht für Skalarfelder. Man sagt auch, die Lie-Klammer ist $\mathbb{R}$-bilinear. Die Skalierung der Vektorfelder mit Skalarfeldern wird in Proposition 3.13 behandelt. Zusätzlich zu den Gl. (3.39)–(3.40) unterliegen Lie-Klammern den folgenden Rechenregeln:

Proposition 3.13 *Seien $f, g: \mathcal{M} \to \mathbb{R}^n$ Vektorfelder und $\alpha, \beta: \mathcal{M} \to \mathbb{R}$ Skalarfelder. Die Felder seien hinreichend oft differenzierbar. Dann gilt*

$$L_{[f,g]}\alpha = L_f L_g \alpha - L_g L_f \alpha \tag{3.42a}$$
$$[\alpha f, \beta g] = \alpha\beta[f, g] + \alpha L_f \beta \cdot g - \beta L_g \alpha \cdot f. \tag{3.42b}$$

Beweis Zunächst gilt

$$\begin{aligned} L_g L_f \alpha(x) &= \mathrm{d}L_f \alpha(x) \cdot g(x) \\ &= \left(\alpha'(x) f'(x) + f^T(x)\alpha''(x)\right) g(x) \\ &= \alpha'(x) f'(x) g(x) + f^T(x)\alpha''(x) g(x). \end{aligned}$$

Vertauscht man die Reihenfolge der Vektorfelder, dann erhält man

$$L_f L_g \alpha(x) = \alpha'(x) g'(x) f(x) + g^T(x)\alpha''(x) f(x).$$

Durch die Symmetrie der Hessematrix α'' vereinfacht sich die Differenz zu

$$\begin{aligned} L_f L_g \alpha(x) - L_g L_f \alpha(x) &= \alpha'(x)\left(g'(x) f(x) - f'(x) g(x)\right) \\ &= \alpha'(x)\,[f, g](x) \\ &= L_{[f,g]}\alpha(x). \end{aligned}$$

Damit ist Gl. (3.42a) gezeigt. Um (3.42b) zu zeigen ist Gl. (2.17a) hilfreich:

$$\begin{aligned}(\alpha(x)f(x))' &= \alpha(x)f'(x) + f(x)\alpha'(x)\\ (\beta(x)g(x))' &= \beta(x)g'(x) + g(x)\beta'(x).\end{aligned}$$

Damit gilt

$$\begin{aligned}[\alpha f, \beta g] &= (\beta g)'\,\alpha f - (\alpha f)'\,\beta g\\ &= \beta g'\alpha f + g\beta'\alpha f - \alpha f'\beta g - f\alpha'\beta g\\ &= \alpha\beta(g'f - f'g) + \alpha\langle \mathrm{d}\beta, f\rangle g - \beta\langle \mathrm{d}\alpha, g\rangle f\\ &= \alpha\beta[f,g] + \alpha L_f\beta\cdot g - \beta L_g\alpha\cdot f,\end{aligned}$$

womit Proposition 3.13 bewiesen ist. □

Die in Gl. (3.42a) auftretenden gemischten Lie-Ableitungen $L_fL_g\alpha$ und $L_gL_f\alpha$ enthalten Ableitungsterme zweiter Ordnung, die durch die Hessematrix α'' repräsentiert werden. Auf der rechten Seite von Gl. (3.42a) heben sich aber die Ableitungen zweiter Ordnung gegenseitig auf, so dass die Differenz $L_fL_g\alpha - L_gL_f\alpha$ einen Differentialoperator erster Ordnung beschreibt.

Die nächste Proposition beschreibt eine weitere wesentliche Eigenschaft der Lie-Klammer:

Proposition 3.14 *Die Vektorfelder $f, g, v\colon \mathcal{M} \to \mathbb{R}^n$ seien zweimal stetig differenzierbar. Dann erfüllt die Lie-Klammer die* ***Jacobi-Identität****:*

$$[[f,g],v] + [[g,v],f] + [[v,f],g] = 0. \tag{3.43}$$

Beweis Die Identität (3.43) beweisen wir komponentenweise. Dazu werden die Skalarfelder $h_i(x) = x_i$ für $i = 1,\ldots,n$ definiert, die jeweils die i-te Komponente x_i des Vektors x herausgreifen. Die i-te Komponente $[f,g]_i$ des durch die Lie-Klammer definierten Vektorfeldes $[f,g]$ lässt sich dadurch als Lie-Ableitung des Skalarfelder h_i darstellen:

$$\begin{aligned}[f,g]_i &= e_i^T\,[f,g]\\ &= \mathrm{d}h_i\,[f,g]\\ &= L_{[f,g]}h_i.\end{aligned}$$

Für die erste doppelte Lie-Klammer aus Gl. (3.43) erhält man unter mehrfacher Anwendung von Gl. (3.42a) aus Proposition 3.13 den Zusammenhang

$$\begin{aligned}[[f,g],v]_i &= L_{[[f,g],v]}h_i\\ &= L_{[f,g]}L_vh_i - L_vL_{[f,g]}h_i\\ &= L_fL_gL_vh_i - L_gL_fL_vh_i - L_vL_fL_gh_i + L_vL_gL_fh_i.\end{aligned}$$

Führt man diese Berechnung auch für die anderen beiden doppelten Lie-Klammen in Gl. (3.43) durch, so heben sich durch das zyklische Vertauschen der Vektorfelder f, g, v alle Terme gegenseitig auf. Die Jacobi-Identität (3.43) ist damit immer erfüllt. □

Anmerkung 3.15 Ein Vektorraum $\mathbb{V}$ mit einer binären Operation $[\cdot,\cdot]\colon \mathbb{V} \times \mathbb{V} \to \mathbb{V}$, welche den Gl. (3.39), (3.40) und (3.43) genügt, heißt **Lie-Algebra** (vgl. [Arn89, Abschnitt 39], [HN91]). Im Fall linearer Vektorfelder $f(x) = Ax$ und $g(x) = Bx$ mit $A, B \in \mathbb{R}^{n\times n}$ gilt

$$[f,g](x) = \left(g'f - f'g\right)(x) = (BA - AB)\,x.$$

Man kann die Operation $[\cdot,\cdot]$ in diesem Sinne auch direkt für Matrizen (bzw. lineare Operatoren) definieren

$$[A,B] := BA - AB. \tag{3.44}$$

Diesen linearen Operator nennt man **Kommutator**.

Die Lie-Klammer ist in dem Sinne eine „natürliche" Operation, dass die Berechnung der Lie-Klammer mit einer Koordinatentransformation vertauschbar ist, d. h. es ist egal, ob man erst die Vektorfelder transformiert und dann deren Lie-Klammer berechnet oder die Lie-Klammer in den Originalkoordinaten ermittelt und dann transformiert:

Proposition 3.16 *Seien $f, g\colon \mathcal{M} \to \mathbb{R}^n$ Vektorfelder und $\psi\colon \mathcal{M} \to \mathcal{N}$ ein Diffeomorphismus. Dann gilt*

$$\psi_*[f,g] = [\psi_* f, \psi_* g]. \tag{3.45}$$

Die Vertauschbarkeit von Koordiantentransformation ψ und der Lie-Klammer wird in Proposition 3.16 über Pushforward ψ_* ausgedrückt und kann durch folgendes Diagramm veranschaulicht werden:

$$\begin{array}{ccc} f,g & \xrightarrow{\;\psi\;} & \psi_* f, \psi_* g \\ {\scriptstyle[\cdot,\cdot]}\big\downarrow & & \big\downarrow{\scriptstyle[\cdot,\cdot]} \\ [f,g] & \xrightarrow[\;\psi\;]{} & \psi_*[f,g] \end{array}$$

Beweis Die Vektorfelder $f, g\colon \mathcal{M} \to \mathbb{R}^n$ seien über den Diffeomorphismus $\psi\colon \mathcal{M} \to \mathcal{N}$ den Vektorfeldern $\bar{f}, \bar{g}\colon \mathcal{N} \to \mathbb{R}^n$ zugeordnet (siehe Gl. (3.25)), d. h. es gilt

$$\bar{f}(z) = \psi_* f(x)$$
$$\bar{g}(z) = \psi_* g(x)$$

für $z = \psi(x)$. Für die i-te Komponente der rechten Seite von (3.45) gilt

$$\begin{aligned}
[\psi_* f, \psi_* g]_i(x) &= \left\langle \mathrm{d}z_i, [\bar{f}, \bar{g}](z) \right\rangle \\
&= \left\langle \mathrm{d}z_i, \left(\bar{g}'(z)\bar{f}(z) - \bar{f}'(z)\bar{g}(z) \right) \right\rangle \\
&= \bar{g}_i'(z)\bar{f}(z) - \bar{f}_i'(z)\bar{g}(z) \\
&= \bar{g}_i'(z)\psi_* f(x) - \bar{f}_i'(z)\psi_* g(x).
\end{aligned}$$

Die i-te Komponente des Vektorfeldes $\bar{f}$ hat die Form

$$\bar{f}_i(z) = \left\langle \mathrm{d}z_i, \bar{f}(z) \right\rangle = \langle \mathrm{d}z_i, \psi_* f(x) \rangle = \left\langle \psi_i'(x), f(x) \right\rangle = L_f \psi_i(x)$$

mit dem Gradienten

$$\bar{f}_i'(z) = \frac{\partial}{\partial z} L_f \psi_i(x) = \frac{\partial}{\partial x} L_f \psi_i(x) \frac{\partial x}{\partial z} = \mathrm{d}L_f \psi_i(x) \left(\psi'(x) \right)^{-1}.$$

Analoge Aussagen gelten für das Vektorfeld g. Damit erhält man

$$\begin{aligned}
[\psi_* f, \psi_* g]_i(x) &= \bar{g}_i'(z)\, \psi'(x) f(x) - \bar{f}_i'(z)\, \psi'(x)\, g(x) \\
&= \quad \mathrm{d}L_g \psi_i(x) \left(\psi'(x) \right)^{-1} \psi'(x) f(x) \\
&\quad - \mathrm{d}L_f \psi_i(x) \left(\psi'(x) \right)^{-1} \psi'(x)\, g(x) \\
&= \mathrm{d}L_g \psi_i(x) \cdot f(x) - \mathrm{d}L_f \psi_i(x) \cdot g(x) \\
&= L_f L_g \psi_i(x) - L_g L_f \psi_i(x) \\
&= L_{[f,g]} \psi_i(x) \\
&= \psi_i'(x)\, [f, x](x)
\end{aligned}$$

für $i = 1, \ldots, n$. Damit ist (3.45) zeilenweise bewiesen. □

3.1.4 Pullback und Lie-Ableitung eines Kovektorfeldes

Wie im Fall der Vektorfelder gibt es auch für Kovektorfelder eine Pullback-Abbildung. Sei $\psi{:}\mathcal{M} \to \mathcal{N}$ ein Diffeomorphismus zwischen offenen Mengen $\mathcal{M}, \mathcal{N} \subseteq \mathbb{R}^n$, ψ_* die Pushforward-Abbildung für ein Vektorfeld (z. B. $f{:}\mathcal{M} \to \mathbb{R}^n$) und $\omega{:}\mathcal{M} \to (\mathbb{R}^n)^*$ ein Kovektorfeld. Die zu ψ_* gehörende **duale** oder **adjungierte** Abbildung ψ^* ist durch

$$\left\langle \psi^* \omega, f \right\rangle = \langle \omega, \psi_* f \rangle$$

definiert und heißt **Pullback** oder **Rücktransport** des Kovektorfeldes ω.

Anmerkung 3.17 Zur geometrischen Veranschaulichung wird die Wirkung der Abbildung $z = \psi(x)$ auf Kovektoren $\bar{x}$ und $\bar{z}$ betrachtet, d. h. auf konstante Kovektorfelder. In diesem Zusammenhang werden x und z als Raumkurven mit den Tangentialvektoren $\dot{x}$ bzw. $\dot{z}$ aufgefasst. Die Kettenregel liefert $\dot{z} = \psi'(x)\,\dot{x}$. Die Kovektoren seien so gewählt, dass

$$\bar{x} = \bar{z}\, \psi'(x).$$

Man betrachte das Urbild von $\bar{z}\, \psi(x) = \alpha$ für festes $\alpha \in \mathbb{R}$. Differentiation nach dem Kurvenparamter t liefert

Algorithmus 3.3 Berechnung von Lie-Ableitungen eines Kovektorfeldes mit MAXIMA

```
LieCovector([l]):=block([f,w,x,k,Df,Dw,Lfw],
    if (length(l)<3) or (length(l)>4) then
       error ("Aufruf mit 3 oder 4 Argumenten."),
    f:l[1],
    w:l[2],
    x:l[3],
    if length(l)=3 then k:1 else k:l[4],
    if not(nonnegintegerp(k)) then
       error ("Ordnung k muss natürliche Zahl sein."),
    if k=0 then return(w)
    else
        Df:jacobian(f,x),
        Dw:jacobian(w,x),
        Lfw:list_matrix_entries(w.Df+f.transpose(Dw)),
        return(LieCovector(f,Lfw,x,k-1))
)$
```

$$0 = \frac{\mathrm{d}\bar{z}\psi(x)}{\mathrm{d}t} = \sum_{i=1}^{n} \frac{\partial \bar{z}\psi(x)}{\partial x_i} \cdot \dot{x}_i = \langle \bar{z}\,\psi'(x), \dot{x}\rangle = \langle \bar{x}, \dot{x}\rangle\,.$$

Der Kovektor $\bar{x}$ steht folglich senkrecht auf dem Tangentialvektor $\dot{x}$, d. h. $\bar{x}$ ist ein **Normalenvektor** [GW08, Abschnitt 3.2]. Außerdem gilt

$$0 = \langle \bar{z}\,\psi'(x), \dot{x}\rangle = \langle \bar{z}, \psi'(x)\dot{x}\rangle = \langle \bar{z}, \dot{z}\rangle\,.$$

Daher ist auch $\bar{z}$ ein Normalenvektor. Pullback bildet den Normalenvektor $\bar{z}$ auf den Normalenvektor $\bar{x}$ ab: $\bar{x} = \psi^*\bar{z} = \bar{z}\,\psi_*$ (siehe ◘ Abb. 3.9).

Von besonderem Interesse ist wieder der Spezialfall $\psi = \varphi_t$, bei dem als Diffeomorphismus der Fluss des Vektorfeldes f verwendet wird. Basierend auf der Reihenentwicklung des Flusses (3.27) gilt für Pullback folgende Reihenentwicklung

$$\varphi_t^*\omega(x) = \omega(x)\varphi_{t*}(x) = \omega(x) \cdot \left(I + f'(x)t + \mathcal{O}(t^2)\right). \tag{3.46}$$

Die **Lie-Ableitung eines Kovektorfeldes** $\omega\colon \mathcal{M} \to (\mathbb{R}^n)^*$ entlang des Vektorfeldes f ist definiert durch

$$L_f\omega(x) := \frac{\mathrm{d}}{\mathrm{d}t}\,\varphi_t^*\omega(\varphi_t(x))\Big|_{t=0}. \tag{3.47}$$

Zur konkreten Berechnung ist folgende Darstellung hilfreich (vgl. Gl. (3.46)):

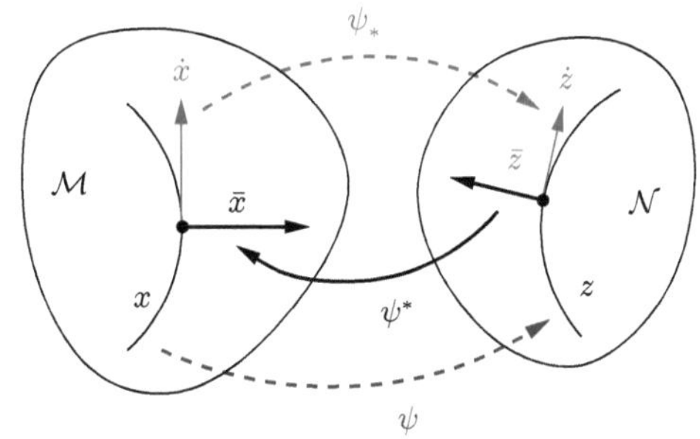

Abb. 3.9 Pullback als Abbildung zwischen Normalenvektoren

$$\begin{aligned} L_f\omega(x) &= \tfrac{\mathrm{d}}{\mathrm{d}t}\, \varphi_t^*\omega(\varphi_t(x))\big|_{t=0} \\ &= \tfrac{\mathrm{d}}{\mathrm{d}t}\, \omega(\varphi_t(x)) \cdot \varphi_t'(\varphi_t(x))\big|_{t=0} \\ &= \lim_{t\to 0} \frac{\omega\big(x+f(x)t+\mathcal{O}(t^2)\big)\cdot\big(I+f'(x)t+\mathcal{O}(t^2)\big)-\omega(x)}{t} \\ &= \lim_{t\to 0} \frac{\Big(\omega(x)+f^T(x)\Big(\frac{\partial\omega^T}{\partial x}\Big)^T t+\mathcal{O}(t^2)\Big)\cdot\big(I+f'(x)t+\mathcal{O}(t^2)\big)-\omega(x)}{t} \\ &= \lim_{t\to 0} \frac{\omega(x)f'(x)t+f^T(x)\Big(\frac{\partial\omega^T}{\partial x}\Big)^T t+\mathcal{O}(t^2)}{t} \\ &= \omega(x)f'(x) + f^T(x)\left(\frac{\partial\omega^T(x)}{\partial x}\right)^T . \end{aligned} \tag{3.48}$$

Der Term $\varphi_t'(\varphi_t(x))$ ist dabei die Lösung (2.50) der Variationsgleichung (2.51), siehe Proposition 2.28.

Die Lie-Ableitung eines Kovektorfeldes ist wiederum ein Kovektorfeld. Wie bei Skalarfeldern werden mehrfache Lie-Ableitungen in der Form

$$L_f^{k+1}\omega(x) = L_f\left(L_f^k\omega\right)(x) \quad \text{mit} \quad L_f^0\omega(x) = \omega(x) \tag{3.49}$$

notiert. Alg. 3.3 zeigt eine einfache MAXIMA-Implementierung auf Basis der Gln. (3.48) und (3.49).

Beispiel 3.18

In Fortsetzung der Beispiele 3.1 und 3.4 betrachten wir das lineare Vektorfeld $f(x) = Ax$ mit $A \in \mathbb{R}^{n\times n}$ zusammen mit dem Kovektorfeld $\omega(x) = c^T$ mit $c \in \mathbb{R}^n$. Da das Kovektorfeld ω konstant ist, vereinfacht sich die Berechnung nach Gl. (3.48) zu

$$L_f\omega(x) = \omega(x)f'(x) = c^T A.$$

Mehrfache Lie-Ableitungen besitzen die Gestalt

$$L_f^k\omega(x) = c^T A^k \quad \text{für} \quad k \in \mathbb{N}_0$$

und bilden die Zeilen der Beobachtbarkeitsmatrix des linearen Systems (3.7), vgl. [Lun97].

Für ein Kovektorfeld ω definiert

$$\mathrm{Ad}_{t,f}\omega(x) := \varphi_t^*\omega(\varphi_t(x)) \tag{3.50}$$

den Operator Ad. Aus (3.47) und (3.50) folgt unmittelbar

$$\begin{aligned} \mathrm{Ad}_{t,f}\,\omega(x)\big|_{t=0} &= \omega(x) \\ \tfrac{\mathrm{d}}{\mathrm{d}t}\,\mathrm{Ad}_{t,f}\,\omega(x)\big|_{t=0} &= L_f\omega(x) \ . \end{aligned}$$

Sind f und ω analytisch, dann gilt die Reihenentwicklung

$$\mathrm{Ad}_{t,f}\,\omega(x) = \sum_{k=0}^{\infty} L_f^k\omega(x)\frac{t^k}{k!} \ .$$

In Verbindung mit Kovektorfeldern gelten folgende Regeln:

Proposition 3.19 *Die Vektorfelder $f, g{:}\mathcal{M} \to \mathbb{R}^n$ und das Kovektorfeld $\omega{:}\mathcal{M} \to (\mathbb{R}^n)^*$ seien differenzierbar, das Skalarfeld $\alpha{:}\mathcal{M} \to \mathbb{R}$ sei zweimal stetig differenzierbar. Dann gilt*

$$L_f\mathrm{d}\alpha(x) = \mathrm{d}L_f\alpha(x) \tag{3.51a}$$

$$L_f\,\langle\omega, g\rangle\,(x) = \big\langle L_f\omega, g\big\rangle\,(x) + \langle\omega, [f,g]\rangle\,(x) \ . \tag{3.51b}$$

Beweis Gl. (3.51a) gilt wegen

$$\begin{aligned} \mathrm{d}L_f\alpha(x) &= \frac{\partial}{\partial x}L_f\alpha(x) \\ &= \frac{\partial}{\partial x}\left(\alpha'(x)f(x)\right) \\ &= \alpha'(x)f'(x) + f^T(x)\alpha''(x) \\ &= \alpha'(x)f'(x) + f^T(x)\left(\frac{\partial(\alpha'(x))^T}{\partial x}\right)^T \\ &= L_f\mathrm{d}\alpha(x) \ . \end{aligned}$$

Dabei ist zu beachten, dass $L_f\alpha$ die Lie-Ableitung des Skalarfeldes α ist, während $L_f\mathrm{d}\alpha$ die Lie-Ableitung des Kovektorfeldes $\mathrm{d}\alpha$ darstellt.

In Gl. (3.51b) betrachte man zunächst den ersten Summanden auf der rechten Seite:

$$\begin{aligned} \big\langle L_f\omega, g\big\rangle\,(x) &= \left(\omega(x)f'(x) + f^T(x)\left(\frac{\partial\omega^T(x)}{\partial x}\right)^T\right)g(x) \\ &= \omega(x)f'(x)g(x) + f^T(x)\left(\frac{\partial\omega^T(x)}{\partial x}\right)^T g(x) \ . \end{aligned}$$

Für den zweiten Summanden gilt

$$\langle\omega, [f,g]\rangle\,(x) = \omega(x)\left(g'(x)f(x) - f'(x)g(x)\right) = \omega(x)g'(x)f(x) - \omega(x)f'(x)g(x) \ .$$

Die Summe dieser Ausdrücke vereinfacht sich zu

$$\big\langle L_f\omega, g\big\rangle\,(x) + \langle\omega, [f,g]\rangle\,(x) = f^T(x)\left(\frac{\partial\omega^T(x)}{\partial x}\right)^T g(x) + \omega(x)g'(x)f(x) \ .$$

Diese Summanden sind skalarwertig und können daher transponiert werden, ohne dabei den Funktionswert zu verändern. Mit Gl. (2.17c) gilt:

$$
\begin{aligned}
\left\langle L_f\omega, g\right\rangle(x) + \langle \omega, [f,g]\rangle(x) &= g^T(x)\frac{\partial \omega^T(x)}{\partial x}f(x) + \omega(x)g'(x)f(x)\\
&= \left(g^T(x)\frac{\partial \omega^T(x)}{\partial x} + \omega(x)g'(x)\right)f(x)\\
&= \frac{\partial\,\langle \omega, g\rangle(x)}{\partial x}f(x)\\
&= L_f\,\langle \omega, g\rangle(x).
\end{aligned}
$$

Somit ist auch Gl. (3.51b) korrekt. □

Gl. (3.51a) aus Proposition 3.19 besagt, dass für ein Skalarfeld α die Hintereinanderausführung von der Lie-Ableitung und der äußeren Ableitung d (Gradientenbildung) in ihrer Reihenfolge vertauschbar sind:

$$
\begin{array}{ccc}
\alpha & \xrightarrow{\ \mathrm{d}\ } & \mathrm{d}\alpha\\
L_f\big\downarrow & & \big\downarrow L_f\\
L_f\alpha & \xrightarrow[\ \mathrm{d}\ ]{} & \bullet
\end{array}
$$

Gl (3.51b) kann man als Variante der Produktregel auffassen: Für die Lie-Ableitung des Skalarproduktes $\langle \omega, g\rangle$ bildet man einerseits die Lie-Ableitung des Kovektorfeldes ω und andererseits die Lie-Ableitung (in Form der Lie-Klammer) des Vektorfeldes g.

Beispiel 3.20

Bei dem linearen System aus den Beispielen 3.1 und 3.4 wurde für das Skalarfeld $h(x) = c^T x$ entlang dem Vektorfeld $f(x) = A\,x$ die Lie-Ableitungen $L_f^k h(x) = c^T A^k x$ für $k \in \mathbb{N}_0$ berechnet. Die zugehörigen Gradienten

$$
\mathrm{d}L_f h(x) = \frac{\partial}{\partial x}\left(c^T A^k x\right) = c^T A^k
$$

stimmen mit den Lie-Ableitungen $L_f^k\omega(x)$ des Kovektorfelds $\omega(x) = \mathrm{d}h(x) = c^T$ aus Beispiel 3.18 überein.

Beispiel 3.21

Man betrachte das Vektorfeld f und das Skalarfeld h aus Beispiel 3.3. Der Gradient des Skalarfeldes h ist ein Kovektorfeld

$$
\omega(x) := \mathrm{d}h(x) = (2x_1, 2x_2, 0)\,,
$$

das nach Gl. (3.48) die Lie-Ableitung

$$
\begin{aligned}
L_f \mathrm{d}h(x) &= L_f \omega(x) \\
&= \omega(x) f'(x) + f^T(x) \left(\frac{\partial \omega^T(x)}{\partial x} \right)^T \\
&= (2x_1, 2x_2, 0) \begin{pmatrix} 0 & 0 & \cos x_3 \\ 0 & 0 & -\sin x_3 \\ 0 & 0 & 0 \end{pmatrix} + (\sin x_3, \cos x_3, 0) \begin{pmatrix} 2 & 0 & 0 \\ 0 & 2 & 0 \\ 0 & 0 & 0 \end{pmatrix} \\
&= (2 \sin x_3, 2 \cos x_3, 2x_1 \cos x_3 - 2x_2 \sin x_3)
\end{aligned}
$$

besitzt. Dieses Ergebnis wird durch eine Kontrollrechnung mit MAXIMA bestätigt:

```
(%i3) f:[sin(x3),cos(x3),0];
      h:x1^2+x2^2;
      x:[x1,x2,x3];
(%o3) [sin(x3),cos(x3),0]
(%o4) x2^2+x1^2
(%o5) [x1,x2,x3]

(%i6) dh:list_matrix_entries(jacobian([h],x));
(%o6) [2 x1,2 x2,0]

(%i7) LieCovector(f,dh,x);
(%o7) [2 sin(x3),2 cos(x3),2 x1 cos(x3)-2 x2 sin(x3)]
```

Entsprechend Gl. (3.51a) aus Proposition 3.19 hätte man diese Lie-Ableitung auch erhalten können, indem man den Gradienten der in Beispiel 3.3 berechneten Lie-Ableitung $L_f h$ des Skalarfeldes h bildet:

$$
\begin{aligned}
\mathrm{d}L_f h(x) &= \frac{\partial}{\partial x} L_f h(x) \\
&= \frac{\partial}{\partial x} (2x_1 \sin x_3 + 2x_2 \cos x_3) \\
&= (2 \sin x_3, 2 \cos x_3, 2x_1 \cos x_3 - 2x_2 \sin x_3) .
\end{aligned}
$$

3.2 Lie-Klammern und dynamische Systeme

Beeinflusst man ein nichtlineares zeitkontinuierliches System mit einer digitalen Steuerung oder Regelung, so wird das betreffende System in jedem Abtastschritt mit einem neuen Stellsignal beaufschlagt. Innerhalb jedes Abtastintervalls hat man (für sich genommen) ein autonomes System der Form (3.1) vorliegen. Da in jedem Abtastschritt typischerweise ein anderes Stellsignal in das System eingeprägt wird, ergibt sich die Dynamik des Gesamtsystems durch die Kombination verschiedener autonomer Systeme, so dass das zu beeinflussende System mathematisch durch eine Familie von Vektorfeldern beschrieben wird. Dieser Abschnitt befasst sich mit der Kombination zweier Vektorfelder, deren Wirkung auf die Systemdynamik durch Lie-Klammern beschrieben bzw. approximiert werden kann.

Man betrachte zwei hinreichend glatte Vektorfelder $f, g: \mathcal{M} \to \mathbb{R}^n$ mit den Flüssen φ^f und φ^g. Folgt man von einem vorgegebenen Anfangswert x zunächst dem Fluss des Vektorfeldes f für t Zeiteinheiten und anschließend dem Fluss des Vektorfeldes g für s Zeiteinheiten, so entspricht das der Flussverkettung $\varphi_s^g \circ \varphi_t^f(x)$. Vertauscht man die Reihenfolge der Flüsse bei dieser Verkettung (also $\varphi_t^f \circ \varphi_s^g(x)$), so gelangt man typischerweise an einen anderem Punkt in der Menge $\mathcal{M}$. M.a.W.: Die Verkettung der Flüsse ist in der Regel nicht kommutativ. Die Ausnahme von dieser Regel wird durch das folgende Lemma charakterisiert:

Lemma 3.22 *Seien φ^f und φ^g die Flüsse der Vektorfelder f und g. Die Flüsse kommutieren genau dann, wenn die Lie-Klammer der Vektorfelder identisch Null ist, d. h.*

$$\varphi_t^f \circ \varphi_s^g = \varphi_s^g \circ \varphi_t^f \quad \Longleftrightarrow \quad [f, g] = 0. \tag{3.52}$$

Beweis „$\Rightarrow$" Angenommen, die Flüsse kommutieren, d. h. $\varphi_t^f \circ \varphi_s^g = \varphi_s^g \circ \varphi_t^f$. Für die Verkettung der Flüsse erhält man die Reihenentwicklung

$$\begin{aligned}
\varphi_s^g(\varphi_t^f(x)) &= \varphi_s^g(x + f(x)t + \cdots) \\
&= x + f(x)t + g(x + f(x)t + \cdots)s + \cdots \\
&= x + f(x)t + g(x)s + g'(x)f(x)ts + \cdots .
\end{aligned}$$

Andererseits gilt

$$\varphi_t^f(\varphi_s^g(x)) = x + g(x)s + f(x)t + f'(x)g(x)ts + \cdots .$$

Die Differenz

$$\varphi_s^g(\varphi_t^f(x)) - \varphi_t^f(\varphi_s^g(x)) = \underbrace{(g'(x)f(x) - f'(x)g(x))}_{[f,g](x)} st + \cdots \tag{3.53}$$

ist laut Annahme die Nullfunktion. Damit sind auch die Koeffizienten der Reihenentwicklung identisch Null, insbesondere $[f, g] = 0$.

„$\Leftarrow$" Sei $[f, g] = 0$. Aus Gl. (3.35) ergibt sich

$$\frac{\mathrm{d}}{\mathrm{d}t} Ad_{t,f}\, g(x) = Ad_{t,f} \underbrace{[f, g]}_{=0} (x) = 0$$

für beliebige t, d. h. das Vektorfeld $Ad_{t,f}\, g$ ist zeitinvariant. Bei der Potenzreihe (3.36) tritt nur das Absolutglied auf, d. h. $Ad_{t,f}\, g = g$. Andererseits ist $Ad_{t,f}\, g$ definiert durch $Ad_{t,f}\, g(x) = \varphi_{-t*}^f g(\varphi_t^f(x))$. Daraus folgt

$$g(x) = \varphi_{-t*}^f g(\varphi_t^f(x)) \quad \text{bzw.} \quad \varphi_{t*}^f g(x) = g(\varphi_t^f(x)),$$

womit das Vektorfeld g invariant unter dem Diffeomorphismus φ_t^f ist (vgl. Gl. (3.26)). Unter Einbeziehung des Flusses φ_s^g des Vektorfeldes g zum Zeitpunkt s gilt dann $\varphi_t^f(\varphi_s^g(x)) = \varphi_s^g(\varphi_t^f(x))$ (siehe Gl. (3.24) und (3.25)), d. h. die Flüsse kommutieren. □

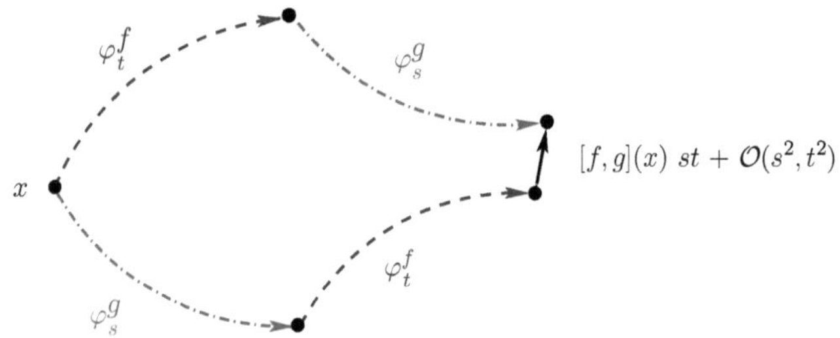

Abb. 3.10 Verkettung der Flüsse und Lie-Klammer zweier Vektorfelder *f* und *g*

Tab. 3.1 Umschaltschema für System (3.54)

Zeitschritt	u_1	u_2	$u_1 f + u_2 g$
1	1	0	f
2	0	1	g
3	−1	0	$-f$
4	0	−1	$-g$

Der Zusammenhang zwischen der Differenz (3.53) der Flüsse und der Lie-Klammer ist für den Fall nichtkommutierenden Flüsse in Abb. 3.10 skizziert.

Beispiel 3.23

Bei linearen Vektorfeldern $f(x) = Ax$ und $g(x) = Bx$ mit $A, B \in \mathbb{R}^{n\times n}$ wird der Fluss (2.38) mit der Matrixexponentialfunktion (2.35) dargestellt. Lemma 3.22 liefert zunächst unmittelbar den Zusammenhang

$$\forall x \in \mathbb{R}^n\colon \mathrm{e}^A \mathrm{e}^B x = \mathrm{e}^B \mathrm{e}^A x \quad \Longleftrightarrow \quad \forall x \in \mathbb{R}^n\colon [Ax, Bx] = 0.$$

Da beide Beziehungen für alle $x \in \mathbb{R}^n$ erfüllt sein müssen, lässt sich die entsprechende Aussage auch auf Matrixebene übertragen, wobei man dann für die Lie-Klammer direkt den Kommutator (3.44) verwendet:

$$\mathrm{e}^A \mathrm{e}^B = \mathrm{e}^B \mathrm{e}^A \quad \Longleftrightarrow \quad [A, B] = 0 \quad \Longleftrightarrow \quad BA = AB.$$

Die Lie-Klammer zweier Vektorfelder $f, g\colon \mathcal{M} \to \mathbb{R}^n$ tritt beispielsweise bei schaltenden Systemen (siehe Anmerkung 2.22 in ▶ Abschn. 2.3) in Erscheinung. Zu den Vektorfeldern f und g mit den Flüssen φ^f und φ^g betrachten wir ein System der Form

$$\dot{x} = u_1(t) f(x) + u_2(t) g(x). \tag{3.54}$$

Zwischen den Vektorfeldern f und g wird über die Eingänge u_1 und u_2 nach einem Zeitschritt der Länge t entsprechend des in Tab. 3.1 angegebenen Schemas umgeschaltet.

Die Lösung von (3.54) ergibt sich aus den Verknüpfungen

$$\alpha_t(x) := \varphi_t^g \circ \varphi_t^f(x) \quad \text{und} \quad \gamma_t(x) := \alpha_{-t} \circ \alpha_t(x) \tag{3.55}$$

der betreffenden Flüsse:

$$\gamma_t(x) = \varphi_t^{-g} \circ \varphi_t^{-f} \circ \varphi_t^{g} \circ \varphi_t^{f}(x). \tag{3.56}$$

Durch mehrfaches Einsetzen der Reihenentwicklung (2.41) der Flüsse erhält man für γ folgende Reihenentwicklung:

$$\gamma_t(x) = x + \underbrace{\left(g'(x)f(x) - f'(x)g(x)\right)}_{[f,g](x)} t^2 + \mathcal{O}(t^3). \tag{3.57}$$

Durch Umskalierung $t \mapsto \sqrt{t}$ der Zeit kann man (3.57) als Approximation des vom Vektorfeld $[f,g]$ erzeugten Flusses auffassen:

$$\gamma_{\sqrt{t}}(x) = x + [f,g](x)t + O(t^{3/2}) = \varphi_t^{[f,g]}(x) + O(t^{3/2}). \tag{3.58}$$

Dieser Zusammenhang wird in ◘ Abb. 3.11 skizziert. Die Beziehung (3.58) kann alternativ auch genutzt werden, um die Lie-Klammer zu definieren [Olv93, S. 35]:

$$[f,g](x) = \frac{\mathrm{d}}{\mathrm{d}t}\gamma_{\sqrt{t}}(x)\bigg|_{t=0}.$$

Flüsse sind selber Diffeomorphismen (vgl. Proposition 2.26). Wendet man die Flüsse φ^g und φ^f von links auf Gl. (3.56) an, so erhält man unter Berücksichtigung von (3.57) die Beziehung

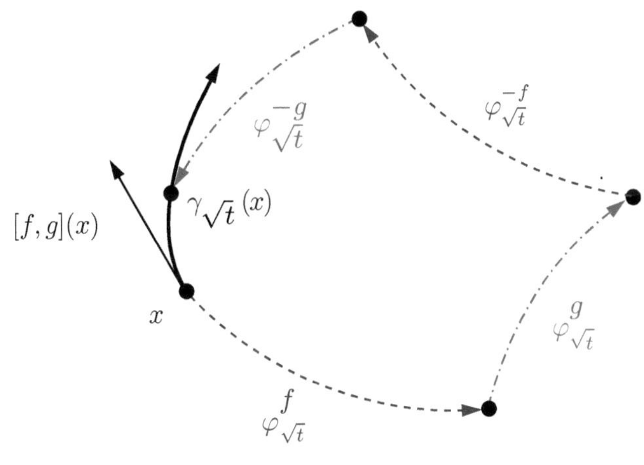

◘ **Abb. 3.11** Verkettung der Flüsse nach Gl. (3.56) bzw. (3.58)

$$\begin{aligned}\varphi_t^g \circ \varphi_t^f(x) &= \varphi_t^f \circ \varphi_t^g \circ \gamma_t(x)\\ &= \varphi_t^f \circ \varphi_t^g \left(x + [f,g](x)t^2 + \mathcal{O}(t^3)\right).\end{aligned}$$

Fasst man wie beim Übergang von (3.57) zu (3.58) den Term $x + [f,g](x)s + \cdots$ als Approximation des Flusses der Lie-Klammer $[f,g]$ mit $s = t^2$ auf, dann ergibt sich die Näherungsformel

$$\varphi_t^g \circ \varphi_t^f(x) = \varphi_t^f \circ \varphi_t^g \circ \varphi_{t^2}^{[f,g]}(x) + \mathcal{O}(t^3). \tag{3.59}$$

Die Approximation (3.59) kann man sich durch einen Vergleich zwischen ◘ Abb. 3.10 und 3.11 veranschaulichen: Der in ◘ Abb. 3.10 dargestellte Abweichung zwischen den Flussverknüpfungen $\varphi^g \circ \varphi^f$ und $\varphi^f \circ \varphi^g$ kann man (näherungsweise) korrigieren, indem man vor der Anwendung von $\varphi^f \circ \varphi^g$ den Startwert entlang des zeitlich auf t^2 umskalierten Flusses $\varphi^{[f,g]}$ der Lie-Klammer verschiebt (siehe ◘ Abb. 3.11).

Mit einer Reihenentwicklung der Flüsse kann man ähnlich wie in Gl. (3.59) die folgende Reihenentwicklung verifizieren:

$$\varphi_t^g \circ \varphi_t^f(x) = \varphi_t^{f+g} \circ \varphi_{t^2}^{\frac{1}{2}[f,g]}(x) + \mathcal{O}(t^3). \tag{3.60}$$

Diese Entwicklung kann auch fortgesetzt werden. Sie ist als eine Variante der bereits erwähnten Campbell-Baker-Hausdorff-Formel (3.38) aufzufassen [Var84, Theorem 2.12.4].

Mitunter ist es hilfreich, für die Summe von Vektorfeldern den Fluss durch Hintereinanderausführung approximieren zu können. Eine Reihenentwicklung erster Ordnung des Flusses (2.41) führt unmittelbar auf

$$\begin{aligned}\varphi_t^{f+g}(x) &= \varphi_t^f \circ \varphi_t^g(x) + \mathcal{O}(t^2)\\ &= \varphi_t^g \circ \varphi_t^f(x) + \mathcal{O}(t^2)\\ &= \alpha_t(x) + \mathcal{O}(t^2).\end{aligned} \tag{3.61}$$

Auffallend ist, dass bei dieser Approximationsordnung die Reihenfolge der Hintereinanderausführung der Flüsse von f und g keine Rolle spielt. Mit Erhöhung der Approximationsordnung treten auch Lie-Klammern auf

$$\begin{aligned}\varphi_t^{f+g}(x) &= \varphi_t^f \circ \varphi_t^g(x) \circ \varphi_{t^2}^{+\frac{1}{2}[f,g]}(x) + \mathcal{O}(t^3)\\ &= \varphi_t^g \circ \varphi_t^f(x) \circ \varphi_{t^2}^{-\frac{1}{2}[f,g]}(x) + \mathcal{O}(t^3).\end{aligned} \tag{3.62}$$

Setzt man die in den Gl. (3.61) und (3.62) angedeutete Reihenentwicklung fort, so kommt man auf die **Zassenhaus-Formel** [Mag54, Suz77]. Für kommutierende Vektorfelder ist die Appoximation (3.61) bereits exakt, d. h. aus $[f,g] = 0$ folgt $\varphi_t^{f+g} = \varphi_t^f \circ \varphi_t^g = \varphi_t^g \circ \varphi_t^f$, vgl. [Var84, Corollary 2.13.3]. In ähnlicher Weise gehen für $[f,[f,g]] = 0$ und $[g,[f,g]] = 0$ die Näherungsformeln (3.60) und (3.62) in

$$\varphi_t^g \circ \varphi_t^f(x) = \varphi_t^{f+g} \circ \varphi_{t^2}^{\frac{1}{2}[f,g]}(x)$$

und

$$\begin{aligned}\varphi_t^{f+g}(x) &= \varphi_t^f \circ \varphi_t^g(x) \circ \varphi_{t^2}^{+\frac{1}{2}[f,g]}(x)\\ &= \varphi_t^g \circ \varphi_t^f(x) \circ \varphi_{t^2}^{-\frac{1}{2}[f,g]}(x)\end{aligned}$$

über.

Die Approximationen (3.57) und (3.61) lassen sich folgendermaßen asymptotisch fortsetzen (siehe [Var84, Corollary 2.12.5] und [Jak01, Proposition 1.9]):

Proposition 3.24 *Seien $f, g: \mathcal{M} \to \mathbb{R}^n$ stetig differenzierbare Vektorfelder und $x \in \mathcal{M}$. Dann gilt:*

$$\begin{aligned}\varphi_t^{f+g}(x) &= \lim_{n\to\infty} \underbrace{\alpha_{t/n} \circ \cdots \circ \alpha_{t/n}}_{n\ mal}(x),\\ \varphi_{t^2}^{[f,g]}(x) &= \lim_{n\to\infty} \underbrace{\gamma_{t/n} \circ \cdots \circ \gamma_{t/n}}_{n^2\ mal}(x).\end{aligned}$$

Lie-Klammern treten nicht nur bei geschalteten, sondern auch bei hochfrequent harmonisch angeregten Systemen auf [SL93]. Wir betrachten das System (3.54) mit der harmonischen Erregung

$$u_1(t) = \sqrt{\omega}\cos(\omega t), \quad u_2(t) = \sqrt{\omega}\sin(\omega t) \tag{3.63}$$

für $\omega > 0$. Durch Integration beider Seiten der Differentialgleichung (3.54) mit dem Anfangswert $x(0) \in \mathcal{M}$ kommt man zu der gleichwertigen Integralgleichung

$$x(t) = x(0) + \underbrace{\int_0^t u_1(\tau) f(x(\tau))\mathrm{d}\tau}_{I_1} + \underbrace{\int_0^t u_2(\tau) g(x(\tau))\mathrm{d}\tau}_{I_2}, \tag{3.64}$$

vgl. Beweisskizze zum Satz von Picard-Lindelöff (Satz 2.12 in ▶ Abschn. 2.3). Durch partielle Integration kann das Integral I_1 in folgender Weise dargestellt werden:

$$\begin{aligned}I_1 &= \int_0^t \sqrt{w}\cos(\omega\tau) f(x(\tau))\mathrm{d}\tau\\ &= \frac{1}{\sqrt{\omega}}\sin(\omega\tau) f(x(\tau))\Big|_{\tau=0}^{\tau=t} - \frac{1}{\sqrt{\omega}}\int_0^t \sin(\omega\tau) f'(x(\tau))\dot{x}(\tau))\mathrm{d}\tau.\end{aligned}$$

Bei Integration über eine Periode $t = 2\pi/\omega$ (bzw. ein ganzzahliges Vielfaches der Periodendauer) verschwindet der erste Term. Das oben angegebene Integral nimmt dann die Form

$$I_1 = -\frac{1}{\sqrt{\omega}}\int_0^t \sin(\omega\tau) f'(x(\tau))\dot{x}(\tau))\mathrm{d}\tau$$

$$= -\frac{1}{\sqrt{\omega}} \int_0^t \sin(\omega\tau) f'(x(\tau)) \left(\sqrt{\omega}\cos(\omega t) f(x(\tau)) + \sqrt{\omega}\sin(\omega t) g(x(\tau))\right) \mathrm{d}\tau$$

$$= -\int_0^t \sin(\omega\tau)\cos(\omega\tau) f'(x(\tau)) f(x(\tau)) \mathrm{d}\tau - \int_0^t \sin^2(\omega\tau) f'(x(\tau)) g(x(\tau)) \mathrm{d}\tau$$

an. Durch Anwendung des verallgemeinerten Mittelwertsatzes der Integralrechnung [Bär06, Satz 2.35] über eine Periode lässt sich zeigen, dass der erste Term des Integrals für einen geeigneten Zwischenwert $\delta \in [0, t]$ verschwindet:

$$\int_0^t \sin(\omega\tau)\cos(\omega\tau) f'(x(\tau)) f(x(\tau)) \mathrm{d}\tau = f'(x(\delta)) f(x(\delta)) \underbrace{\int_0^t \sin(\omega\tau)\cos(\omega\tau) \mathrm{d}\tau}_{=0}$$

Für den zweiten Term erhält man

$$\begin{aligned} \int_0^t \sin^2(\omega\tau) f'(x(\tau)) g(x(\tau)) \mathrm{d}\tau &= f'(x(\delta_1)) g(x(\delta_1)) \cdot \int_0^{2\pi/\omega} \sin^2(\omega\tau) \mathrm{d}\tau \\ &= f'(x(\delta_1)) g(x(\delta_1)) \cdot \frac{\pi}{\omega} \end{aligned} \tag{3.65}$$

mit einem geeigneten Zwischenwert $\delta_1 \in [0, 2\pi/\omega]$. Streicht man den Term $\sin^2(\omega t)$ aus dem Integranden, so erhält man

$$\begin{aligned} \int_0^t f'(x(\tau)) g(x(\tau)) \mathrm{d}\tau &= f'(x(\delta_2)) g(x(\delta_2)) \cdot \int_0^{2\pi/\omega} \mathrm{d}\tau \\ &= f'(x(\delta_2)) g(x(\delta_2)) \cdot \frac{2\pi}{\omega} \end{aligned} \tag{3.66}$$

für einen weiteren Zwischenwert $\delta_2 \in [0, 2\pi/\omega]$. Für $\omega \to \infty$ (also für eine sehr hochfrequente Erregung) geht die Breite des Intervalls $[0, 2\pi/\omega]$ gegen Null, so dass auch die Zwischenwerte δ_1 und δ_2 gegeneinander konvergieren. Im Grenzfall (also $\delta_1 = \delta_2$) stimmen die beiden Integrale (3.65) und (3.66) bis auf den Faktor 2 überein. Der Term $\sin^2(\omega t)$ im Integranden kann also durch den Faktor $\frac{1}{2}$ ersetzt werden:

$$I_1 \to -\frac{1}{2} \int_0^t f'(x(\tau)) g(x(\tau)) \mathrm{d}\tau \quad \text{für} \quad \omega \to \infty.$$

In ähnlicher Weise erhält man für das Integral I_2 den Grenzwert

$$I_2 \to +\frac{1}{2} \int_0^t g'(x(\tau)) f(x(\tau)) \mathrm{d}\tau \quad \text{für} \quad \omega \to \infty.$$

Insgesamt vereinfacht sich für $\omega \to \infty$ die Integralgleichung (3.64) zu

$$\begin{aligned}
x(t) &= x(0) - \frac{1}{2}\int_0^t f'(x(\tau))g(x(\tau))\mathrm{d}\tau + \frac{1}{2}\int_0^t g'(x(\tau))f(x(\tau))\mathrm{d}\tau \\
&= x(0) + \frac{1}{2}\int_0^t \left(g'(x(\tau))f(x(\tau)) - f'(x(\tau))g(x(\tau))\right)\mathrm{d}\tau \\
&= x(0) + \frac{1}{2}\int_0^t [f,g](x(\tau))\mathrm{d}\tau.
\end{aligned}$$

Durch Differentiation beider Seiten geht man von der angegebenen Integralgleichung zur der autonomen Differentialgleichung

$$\dot{x} = \tfrac{1}{2}[f,g](x) \tag{3.67}$$

über.

Beispiel 3.25
Für das System (3.54) verwenden wir die Vektorfelder f und g des mobilen Roboters aus Beispiel 3.11. Die Simulation erfolgt mit dem Anfangswert $x(0) = 0 \in \mathbb{R}^3$ in Verbindung mit der harmonischen Erregnung (3.63) für verschiedene Kreisfrequenzen. ◘ Abb. 3.12 zeigt die Projektion der Trajektorien in die (x_1, x_2)-Ebene. Aus der Simulation wird deutlich, dass sich die Trajektorien des Systems mit zunehmender Kreisfrequenz immer stärker in Richtung der Lie-Klammer $[f,g]$ entwickeln.

Der Übergang von System (3.54) mit den Vektorfeldern f und g unter der Erregung (3.63) zu dem System (3.67) mit der Lie-Klammer $[f,g]$ lässt sich zur Steuerung bzw. Planung von Bewegungsabläufen verwenden [SL91, LS93, KŽO99], kommt aber auch in der Extremwertregelung zum Einsatz [DSEJ13]. Der Ansatz zur Bewegungsplanung soll für das System (3.54) kurz erläutert werden. Durch passende Wahl der Eingänge u_1 und u_2 kann sich die Bahn des System (3.54) in Richtung des Vektorfeldes f (mit $u_1 = 1, u_2 = 0$), des Vektorfeldes g (mit $u_1 = 0, u_2 = 1$) oder mit (3.63) in Richtung der Lie-Klammer $[f,g]$ bewegen. Prinzipiell sind auch entsprechende Linearkombinationen der beteiligten Vektorfelder möglich. Diese Betrachtung rechtfertigt den Übergang von dem gegebenen System (3.54) zu dem erweiterten System (engl. **Lie bracket extension**)

$$\dot{x} = v_1(t)f(x) + v_2(t)g(x) + v_3(t)[f,g](x)$$

mit den neuen Eingängen v_1, v_2, v_3 (vgl. [SL93]). Die Bewegungsplanung auf Basis dieses Ansatzes wird beispielsweise in [Dul99] für das Model des mobilen Roboters erläutert. Außerdem lässt sich dieses Mittelungsverfahren auch zur Extremalregelung nutzen [DSEJ13].

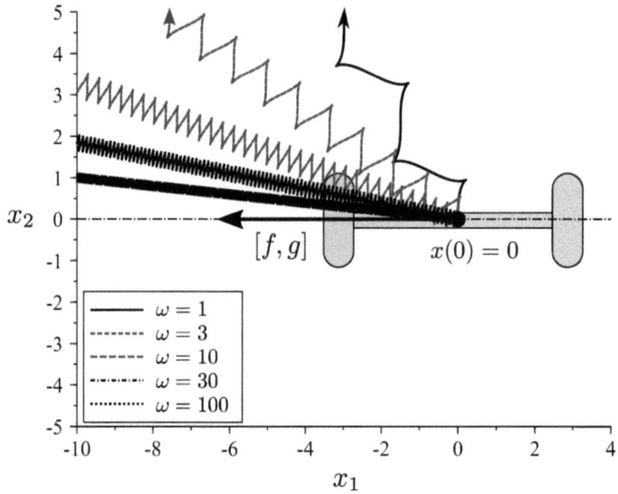

Abb. 3.12 Trajektorien des Robotermodells mit harmonischer Erregung (3.63) in der (x_1, x_2)-Ebene

3.3 Distributionen und Kodistributionen

Oft wird ein System durch mehrere gleichzeitig wirkende Vektorfelder beschrieben, z. B. bei mehreren Eingängen, so dass sich das resultierende Vektorfeld aus einer Linearkombination der beteiligten Vektorfelder ergibt. In solchen Fällen bietet es sich an, von den einzelnen Vektorfeldern zu dem von ihnen erzeugten geometrischen Objekt überzugehen. Dieser Übergang führt auf das Konzept der Distribution. Die in diesem Abschnitt enthaltene Einführung in Distributionen orientiert sich an [Isi95, Abschnitt 1.3].

Sei $\mathcal{M} \subseteq \mathbb{R}^n$ offen und $f_1, \ldots, f_k : \mathcal{M} \to \mathbb{R}^n$ seien (hinreichend glatte) Vektorfelder. Diese Vektorfelder spannen in jedem Punkt $x \in \mathcal{M}$ einen Untervektorraum des $\mathbb{R}^n$ auf

$$\operatorname{span}\{f_1(x), \ldots, f_k(x)\}, \tag{3.68}$$

wobei die beteiligten Vektorfelder nicht zwangsläufig linear unabhängig sein müssen. Die Zuordnung eines Punktes $x \in \mathcal{M}$ zu einem Untervektorraum des $\mathbb{R}^n$ nennt man **Distribution**:

$$\mathcal{M} \ni x \mapsto \Delta(x) = \operatorname{span}\{f_1(x), \ldots, f_k(x)\} \subseteq \mathbb{R}^n.$$

Ein Vektorfeld $f : \mathcal{M} \to \mathbb{R}^n$ liegt in der Distribution Δ, wenn der Vektor $f(x)$ immer im Unterraum $\Delta(x)$ liegt, d. h. $f \in \Delta$ bedeutet $f(x) \in \Delta(x)$ für alle $x \in \mathcal{M}$.

Wird die Distribution von glatten Vektorfeldern aufgespannt, so spricht man von einer **glatten Distribution**. Die Dimension einer Distribution Δ im Punkt $x \in \mathcal{M}$ ist die Dimension des Untervektorraumes $\Delta(x)$. Eine Distribution Δ heißt **regulär** (im Punkt $p \in \mathcal{M}$), falls es eine Zahl $r \in \{0, \ldots, n\}$ gibt, so dass

$$\dim\ \Delta(x) = r$$

für alle x aus einer Umgebung von p. Eine reguläre Distribution hat also in der Umgebung des betreffenden Punktes eine konstante Dimension.

Ist umgekehrt eine glatte Distribution Δ gegeben, die im Punkt $p \in \mathcal{M}$ regulär mit der Dimension r ist, dann gibt es eine lokale Basisdarstellung der Distribution durch r glatte Vektorfelder [Lee06, Lemma 19.1]. Genauer gesagt: Es gibt eine Umgebung $\mathcal{U} \subseteq \mathcal{M}$ von p und r glatte Vektorfelder $f_1, \ldots, f_r : \mathcal{U} \to \mathbb{R}^n$ derart, dass für alle $x \in \mathcal{U}$ gilt:
1. Die Vektoren $f_1(x), \ldots, f_r(x)$ sind linear unabhängig für alle $x \in \mathcal{U}$,
2. $\Delta(x) = \operatorname{span}\{f_1(x), \ldots, f_r(x)\}$ auf $\mathcal{U}$.

Damit kann auf $\mathcal{U}$ jedes Vektorfeld $f \in \Delta$ in der Form

$$f(x) = \sum_{i=1}^{r} \alpha_i(x) f_i(x) \tag{3.69}$$

dargestellt werden, wobei $\alpha_1, \ldots, \alpha_r : \mathcal{U} \to \mathbb{R}$ glatte Skalarfelder sind. Gl. (3.69) lässt sich als lineares Gleichungssystem

$$(f_1(x), \ldots, f_r(x)) \begin{pmatrix} \alpha_1(x) \\ \vdots \\ \alpha_r(x) \end{pmatrix} = f(x)$$

schreiben. Die Annahme $f \in \Delta$ besagt, dass das Vektorfeld f für alle $x \in \mathcal{U}$ in der linearen Hülle der Vektorfelder $f_1, \ldots, f_r$ liegt. Damit ist das lineare Gleichungssystem lösbar.

Die Vektorfelder $f_1, \ldots, f_k$ aus Gl. (3.68) lassen sich spaltenweise zu einer $n \times k$-Matrix zusammenfassen:

$$F(x) = (f_1(x), \ldots, f_k(x))\,.$$

Dann gilt

$$\Delta(x) = \operatorname{im} F(x),$$

so dass die Distribution von den Spalten von F aufgespannt wird. Die Dimension der Distribution stimmt dann mit dem Rang der Matrix F überein:

$$\dim\ \Delta(x) = \operatorname{rang} F(x).$$

Beispiel 3.26

Wir betrachten die von den Vektorfeldern

$$f_1(x) = \sin x_3 \frac{\partial}{\partial x_1} + \cos x_3 \frac{\partial}{\partial x_2} \quad \text{und} \quad f_2(x) = -\cos x_3 \frac{\partial}{\partial x_1} + \sin x_3 \frac{\partial}{\partial x_2}$$

im $\mathbb{R}^3$ aufgespannte Distribution $\Delta = \operatorname{span}\{f_1, f_2\}$. Die Vektorfelder f_1 und f_2 hängen von x_3 ab, die Distribution Δ ist aber für ganz $\mathbb{R}^3$ regulär mit $\dim\ \Delta(x) = 2$ und spannt für alle $x \in \mathbb{R}^3$ die (x_1, x_2)-Ebene auf. Fasst man die Vektorfelder zu

$$F(x) = (f_1(x), f_2(x)) = \begin{pmatrix} \sin x_3 & -\cos x_3 \\ \cos x_3 & \sin x_3 \\ 0 & 0 \end{pmatrix}$$

zusammen, so beschreibt diese Matrix eine Rotation in der (x_1, x_2)-Ebene (vgl. ■ Abb. 3.13). Daher kann die Beschreibung der Distribution (über die Auswahl einer Basis) zu $\Delta = \mathrm{span}\{\frac{\partial}{\partial x_1}, \frac{\partial}{\partial x_2}\}$ vereinfacht werden. Die Distribution hängt damit nicht von x ab, in jedem Punkt $x \in \mathcal{M}$ liefert $\Delta(x)$ den gleichen Unterraum.

Im Bildbereich ist der Wert $\Delta(x)$ einer Distribution ein Untervektorraum, d. h. $\Delta(x) \subseteq \mathbb{R}^n$. **Summe** und **Durchschnitt** von Untervektorräumen lassen sich daher punktweise auf Distributionen übertragen:

$$\begin{aligned} (\Delta_1 + \Delta_2)(x) &:= \Delta_1(x) + \Delta_2(x), \\ (\Delta_1 \cap \Delta_2)(x) &:= \Delta_1(x) \cap \Delta_2(x). \end{aligned}$$

Für glatte Distributionen in der Umgebung eines regulären Punktes sind auch Durchschnitt und Summe glatte Distributionen. Über die betreffenden Untervektorräume im Bildbereich lassen sich auch die üblichen Teilmengen- bzw. Unterraumrelationen für Distributionen definieren, z. B.

$$\begin{aligned} \Delta_1 \subseteq \Delta_2 &:\Longleftrightarrow \forall x \in \mathcal{M}\colon \Delta_1(x) \subseteq \Delta_2(x), \\ \Delta_1 \subset \Delta_2 &:\Longleftrightarrow \forall x \in \mathcal{M}\colon \Delta_1(x) \subset \Delta_2(x). \end{aligned}$$

Seien $\omega_1, \dots, \omega_k\colon \mathcal{M} \to (\mathbb{R}^n)^*$ Kovektorfelder. Diese spannen im Dualraum $(\mathbb{R}^n)^*$ des $\mathbb{R}^n$ eine **Kodistribution** auf:

$$\Omega = \mathrm{span}\{\omega_1, \dots, \omega_k\}.$$

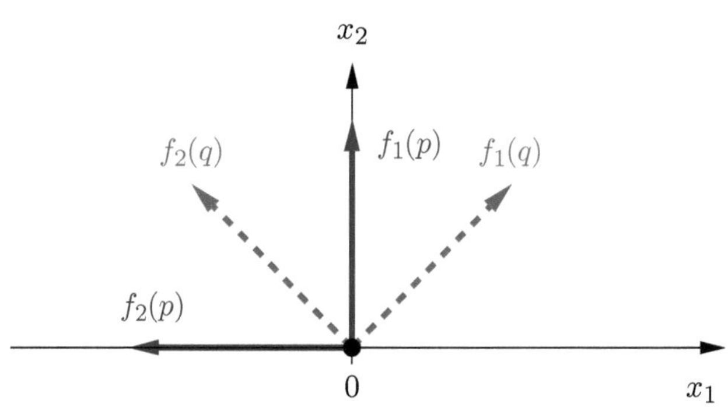

■ **Abb. 3.13** Vektorfelder f_1 und f_2 aus Beispiel 3.26 für $p = 0$ und $q = (0, 0, \pi/4)^T$

Dabei wird jedem Punkt x mit

$$\mathcal{M} \ni x \mapsto \Omega(x) = \operatorname{span}\{\omega_1(x), \ldots, \omega_k(x)\} \subseteq (\mathbb{R}^n)^*$$

ein Untervektorraum des Dualraums zugeordnet. Bei Kodistributionen sind Dimension, Summe, Durchschnitt usw. analog zu Distributionen definiert.

Für eine gegebene Distribution Δ ist der **Annihilator** (auch **Annulator** genannt) $\Delta^\perp$ durch

$$\Delta^\perp(x) = \{\omega \in (\mathbb{R}^n)^*;\ \langle \omega, f\rangle = 0 \text{ für alle } f \in \Delta(x)\}$$

definiert, d. h. $\Delta^\perp$ ist eine Kodistribution. Der Annihilator $\Omega^\perp$ einer Kodistribution Ω ist die durch

$$\Omega^\perp(x) = \{f \in \mathbb{R}^n;\ \langle \omega, f\rangle = 0 \text{ für alle } \omega \in \Omega(x)\}$$

definierte Distribution. Mit dem Annihilator wird der von der jeweiligen Distribution bzw. Kodistribution erzeugte Untervektorraum um sein orthogonales Komplement im Sinne der natürlichen Paarung ergänzt (vgl. ▶ Abschn. 2.1).

Beispiel 3.27

Man betrachte die von den Vektorfeldern

$$f_1(x) = \sin x_3 \frac{\partial}{\partial x_1} + \cos x_3 \frac{\partial}{\partial x_2} \quad \text{und} \quad f_2(x) = \frac{\partial}{\partial x_3}$$

des mobilen Roboters aufgespannte Distribution $\Delta = \operatorname{span}\{f_1, f_2\}$. In MAXIMA steht für die Berechnung des orthogonalen Komplements die Routine `orthogonal_complement` zur Verfügung, wobei die betreffenden Vektoren bzw. Vektorfelder als Spaltenvektoren zu übergeben sind (vgl. Beispiel 2.1). Dabei liest man den Annihilator

$$\Delta^\perp(x) = \operatorname{span}\{-\cos x_3\, \mathrm{d}x_1 + \sin x_3\, \mathrm{d}x_2\}$$

ab, der zwar von Maxima als Spaltenvektor geliefert wird, hier aber als Zeilenvektor bzw. Kovektorfeld zu verstehen ist. Die vom Programm getroffene Zusatzannahme $\sin x_3 \neq 0$ ist der internen Implementierung in MAXIMA geschuldet und hier nicht weiter von Bedeutung.

```
(%i1) load("eigen")$
(%i2) f1:columnvector([sin(x3),cos(x3),0]);
```

(%o2) $\begin{pmatrix} \sin(x3) \\ -\cos(x3) \\ 0 \end{pmatrix}$

```
(%i3) f2:columnvector([0,0,1]);
```

(%o3) $\begin{pmatrix} 0 \\ 0 \\ 1 \end{pmatrix}$

```
(%i4) Ann:orthogonal_complement(f1,f2);
```

Proviso: notequal (sin (x3) , 0) $\wedge$ notequal (sin (x3) , 0)

$$\text{(\%o4)} \quad \operatorname{span}\left(\begin{pmatrix} -\cos(x3) \\ \sin(x3) \\ 0 \end{pmatrix}\right)$$

Den Annihilator kann man direkt über Matrizen darstellen bzw. berechnen. Dazu fasst man die Vektorfelder $f_1, \dots, f_k{:}\mathcal{M} \to \mathbb{R}^n$, welche die Distribution Δ aufspannen, bzw. jene Kovektorfelder $\omega_1, \dots, \omega_k{:}\mathcal{M} \to (\mathbb{R}^n)^*$, die die Kodistribution Ω bilden, zusammen:

$$F(x) = (f_1(x), \dots, f_k(x)) \quad \text{und} \quad W(x) = \begin{pmatrix} \omega_1(x) \\ \vdots \\ \omega_k(x) \end{pmatrix}.$$

Der Annihilator $\Delta^\perp$ wird von denjenigen Kovektoren ω aufgespannt, welche die Bedingung $\omega F(x) = 0$ erfüllen. Ähnlich wird der Annihilator $\Omega^\perp$ von Vektoren f mit $W(x)f = 0$ aufgespannt. Das ist der Kern der Matrix W, d. h.

$$\Omega^\perp(x) = \ker W(x). \tag{3.70}$$

Den Annihilator der Distribution Δ erhält man mittels

$$\Delta^\perp(x) \cong \ker F^T(x). \tag{3.71}$$

Da der Kern einer Matrix in ► Abschn. 2.1 als lineare Hülle von Spaltenvektoren eingeführt wurde, der Annihilator einer Distribution aber von Kovektorfeldern aufgespannt wird, wären die auf der rechten Seite von (3.71) berechneten Basisvektorfelder durch Transposition noch in den Dualraum zu übertragen. Dabei nutzt man die Isomorphie zwischen dem Primalraum $\mathbb{R}^n$ und seinem Dualraum $(\mathbb{R}^n)^*$ aus. In (3.71) wird diese Beziehung durch das Symbol „$\cong$" anstelle des Gleichheitszeichens ausgedrückt.

Beispiel 3.28

Wir betrachten die von den Vektorfeldern f_1, f_2 aufgespannte Distribution Δ aus Beispiel 3.27. Entsprechend Gl. (3.71) lässt sich der Annihilator über den Kern der Matrix

$$F^T(x) = \begin{pmatrix} f_1^T(x) \\ f_2^T(x) \end{pmatrix} = \begin{pmatrix} \sin x_3 & \cos x_3 & 0 \\ 0 & 0 & 1 \end{pmatrix}$$

berechnen. Die Vektorfelder werden als Listen angelegt und zeilenweise zur Matrix F^T zusammengefügt. Der berechnete Annihilator stimmt mit dem Ergebnis aus Beispiel 3.27 überein:

```
(%i1) f1:[sin(x3),cos(x3),0];
      f2:[0,0,1];
(%o1) [sin(x3),cos(x3),0]
(%o2) [0,0,1]
```

```
(%i3) FT:matrix(f1,f2);
```
$$\text{(\%o3)}\quad \begin{pmatrix} \sin(x3) & \cos(x3) & 0 \\ 0 & 0 & 1 \end{pmatrix}$$
```
(%i4) Ann:nullspace(FT);
```
Proviso: notequal (sin (x3) , 0) ∧ notequal (sin (x3) , 0)

$$\text{(\%o4)}\quad \text{span}\left(\begin{pmatrix} -\cos(x3) \\ \sin(x3) \\ 0 \end{pmatrix}\right)$$

Beispiel 3.29
Bei der in den Beispielen 3.27 und 3.28 betrachteten Berechnung des Annihilators liegt eine sehr spezielle Situation vor, nämlich eine von zwei (linear unabhängigen) Vektorfeldern aufgespannte Distribution im Vektorraum $\mathbb{R}^3$. In diesem Sonderfall lässt sich über das Kreuzprodukt

$$f_1(x) \times f_2(x) = \begin{pmatrix} \cos x_3 \\ -\sin x_3 \\ 0 \end{pmatrix}$$

eine Basis für den Annihilator angeben. Das Kreuzprodukt steht senkrecht auf der von $f_1(x)$ und $f_2(x)$ aufgespannten Ebene:

$$\begin{aligned} \Delta^{\perp}(x) &= \text{span}\left\{(f_1(x) \times f_2(x))^T\right\} \\ &= \text{span}\left\{(\cos x_3, -\sin x_3, 0)\right\}. \end{aligned}$$

Das gegenüber den Beispielen 3.27 und 3.28 abweichende Vorzeichen des den Annihilator aufspannenden Kovektorfeldes ändert nichts am Annihilator selbst. Zur Berechnung des Kreuzprodukts steht in dem MAXIMA-Paket `vect` die binäre Operation „~" zur Verfügung, die mit der Funktion `express` ausgewertet wird:

```
(%i1) load("vect")$
(%i2) f1:[sin(x3),cos(x3),0];
      f2:[0,0,1];
(%o2) [sin(x3),cos(x3),0]
(%o3) [0,0,1]
(%i4) express(f1~f2);
(%o4) [cos(x3),-sin(x3),0]
```

Beispiel 3.30
Man betrachtet das auf der Menge $\mathcal{M} = \mathbb{R}^3 \setminus \{0\}$ definierte Skalarfeld $h(x) = x_1^2 + x_2^2$, welches bereits in den Beispielen 3.3 und 3.21 Verwendung fand. Der Gradient $\mathrm{d}h(x) = (2x_1, 2x_2, 0)$ ist

ein Kovektorfeld, welches die eindimensionale Kodistribution $\Omega := \mathrm{span}\{\mathrm{d}h\}$ aufspannt. Der Annihilator $\Omega^\perp$ ist eine zweidimensionale Distribution

$$\Omega^\perp = \mathrm{span}\left\{-2x_2\frac{\partial}{\partial x_3}, -2x_2\frac{\partial}{\partial x_1} + 2x_1\frac{\partial}{\partial x_2}\right\},$$

die man auf Basis von Gl. (3.70) mit MAXIMA berechnen kann:

```
(%i1) h:x1^2+x2^2$
      dh:jacobian([h],[x1,x2,x3]);
```

$$\text{(\%o2)}\quad \begin{pmatrix} 2\,x1 & 2\,x2 & 0 \end{pmatrix}$$

```
(%i3) D:nullspace(dh);
```

Proviso:notequal $(2\,x1, 0)$

$$\text{(\%o3)}\quad \mathrm{span}\left(\begin{pmatrix} 0 \\ 0 \\ -2\,x2 \end{pmatrix}, \begin{pmatrix} -2\,x2 \\ 2\,x1 \\ 0 \end{pmatrix}\right)$$

Im Bildbereich sind Distributionen Untervektorräume. Dadurch lassen sich gängige Eigenschaften von Unterräumen unmittelbar auf Distributionen übertragen.

Proposition 3.31 *Seien Δ, Δ_1 und Δ_2 auf $\mathcal{M} \subseteq \mathbb{R}^n$ definierte Distributionen. Zwischen den Distributionen und ihren Annihilatoren gelten folgende Beziehungen:*

$$\dim(\Delta) + \dim(\Delta^\perp) = n \tag{3.72a}$$

$$\Delta_1 \subseteq \Delta_2 \quad \Longleftrightarrow \quad \Delta_1^\perp \supseteq \Delta_2^\perp \tag{3.72b}$$

$$\Delta_1 \subset \Delta_2 \quad \Longleftrightarrow \quad \Delta_1^\perp \supset \Delta_2^\perp \tag{3.72c}$$

$$(\Delta_1 \cap \Delta_2)^\perp = \Delta_1^\perp + \Delta_2^\perp \tag{3.72d}$$

$$(\Delta_1 + \Delta_2)^\perp = \Delta_1^\perp \cap \Delta_2^\perp \tag{3.72e}$$

Gl. (3.72a) ist eine unmittelbare Folgerung aus der Dimensionsformel (2.4). Gl. (3.72b) bis (3.72e) ergeben sich aus den entsprechenden Aussagen für Untervektorräume (siehe Übungsaufgabe 3.2).

Bei einer glatten Distribution ist es nicht ausgeschlossen, dass es einen lokalen Abfall der Dimension gibt, d. h. die Dimension in einigen Punkten kleiner ist als in deren Umgebung. An den betreffenden Punkten des Definitionsbereichs $\mathcal{M}$ müsste sich nach Gl. (3.72a) die Dimension des Annihilators entsprechend erhöhen. In solchen Fällen wäre der Annihilator nicht mehr glatt. Umgekehrt kann eine nicht glatte Distribution durchaus einen glatten Annihilator besitzen. Derartige pathologische Fälle sind allerdings in der Nähe eines regulären Punktes ausgeschlossen [Isi95, Lemma 1.3.6]:

Lemma 3.32 *Sei Δ eine glatte Distribution, die im Punkt $p \in \mathcal{M}$ regulär ist. Dann ist der Annihilator $\Delta^\perp$ ebenfalls im Punkt p regulär. Außerdem gibt es eine offene Umgebung $\mathcal{U} \subseteq \mathcal{M}$ von p, so dass $\Delta^\perp$ auf $\mathcal{U}$ eine glatte Kodistribution ist.*

3.4 Involutive Distributionen

Jedes glatte Vektorfeld besitzt einen eindeutigen lokalen Fluss. Fasst man dagegen mehrere Vektorfelder in einer Distribution zusammen, so kann die Verknüpfung der Flüsse dieser Vektorfelder möglicherweise in eine (neue) Richtung zeigen, die nicht von den beteiligten Vektorfeldern selber, sondern von deren Lie-Klammern aufgespannt wird (vgl. ► Abschn. 3.2). Dieser Abschnitt befasst sich mit den damit verbundenen Fragestellungen, z. B. unter welchen Bedingungen eine Distribution schon alle möglichen Richtungen erfasst oder welche Konsequenzen diese Eigenschaft für den Annihilator hat.

Alle in diesem Abschnitt betrachteten Felder und Distributionen seien auf einer offenen Teilmenge $\mathcal{M} \subseteq \mathbb{R}^n$ definiert und hinreichend glatt. Sei $f{:}\mathcal{M} \to \mathbb{R}^n$ ein Vektorfeld. Eine Distribution Δ heißt **invariant** unter dem Vektorfeld f (kurz f-**invariant**), wenn gilt

$$\forall g \in \Delta: \quad [f,g] \in \Delta. \tag{3.73}$$

Eine Distribution ist involutiv, wenn sie für jedes ihrer Vektorfelder invariant ist. Genauer: Eine Distribution Δ heißt **involutiv**, wenn gilt

$$\forall f,g \in \Delta: \quad [f,g] \in \Delta. \tag{3.74}$$

Da bei einer involutiven Distribution nach Gl. (3.74) auch alle Lie-Klammern der beteiligten Vektorfelder in der Distribution liegen, ist eine involutive Distribution zugleich eine Lie-Algebra (vgl. Anmerkung 3.15).

Im ► Abschn. 3.2 wurde gezeigt, dass die Verkettung der Flüsse zweier Vektorfelder auch eine neue Trajektorie generieren kann. Diese zusätzliche Bewegungsrichtung lässt sich als Fluss der Lie-Klammern der beteiligten Vektorfelder darstellen. Schließt umgekehrt die betreffende Distribution entsprechend Gl. (3.74) die Lie-Klammern aller beteiligten Vektorfelder mit ein, so kann jede durch Flussverkettung dieser Vektorfelder erzeugte Lösungsrichtung auch direkt von einem Vektorfeld der Distribution erzeugt werden.

Gl. (3.74) wäre (außer im Fall einer Distribution der Dimension Null) für unendlich viele Vektorfelder zu prüfen, nämlich für alle Linearkombinationen der Basisvektorfelder. Glücklicherweise reicht es aus, die Eigenschaft (3.74) nur für jene Vektorfelder, welche die Distribution aufspannen, zu verifizieren:

Lemma 3.33 *Sei $\Delta = \operatorname{span}\{f_1,\ldots,f_r\}$ mit glatten Vektorfeldern $f_1,\ldots,f_r{:}\mathcal{M} \to \mathbb{R}^n$. Die Distribution Δ ist genau dann involutiv, wenn*

$$[f_i,f_j] \in \Delta \quad \text{für} \quad 1 \le i,j \le r. \tag{3.75}$$

Beweis „$\Leftarrow$" Wenn (3.74) für alle Vektorfelder der Distribution gilt, dann muss es auch für die Basisvektorfelder $f_1,\ldots,f_r$ gelten, d. h. Bedingung (3.75) ist erfüllt.

„⇒" Wegen $f, g \in \Delta$ gibt es Skalarfelder $\alpha_1, \ldots, \alpha_r$ und $\beta_1, \ldots, \beta_r$ mit

$$\begin{aligned} f(x) &= \sum_{i=1}^{r} \alpha_i(x) f_i(x) \\ g(x) &= \sum_{i=1}^{r} \beta_i(x) f_i(x). \end{aligned}$$

Gl. (3.42b) liefert

$$\begin{aligned} [f, g] &= [\sum_{i=1}^{r} \alpha_i f_i, \sum_{i=1}^{r} \beta_i f_i] \\ &= \sum_{i=1}^{r} \sum_{j=1}^{r} \left(\alpha_i \beta_j [f_i, f_j] + \alpha_i (L_{f_i} \beta_j) f_j - \beta_j (L_{f_j} \alpha_i) f_i \right), \end{aligned}$$

d. h.

$$[f, g] \in \underbrace{\operatorname{span}\{f_1, \ldots, f_r\}}_{= \Delta} + \underbrace{\operatorname{span}\left\{[f_i, f_j],\ 1 \le i, j \le r\right\}}_{\subseteq \Delta \text{ wegen } (3.75)} = \Delta,$$

also gilt (3.74). □

Die Involutivitätsbedingung aus Lemma 3.33 lässt sich leicht implementieren (siehe Alg. 3.4). Der MAXIMA-Funktion `Involutivep` wird die zu prüfende Distribution als eine Liste von Vektorfeldern $f_1, \ldots, f_r$ übergeben und in eine Matrix umgewandelt. Bei Hinzunahme von Lie-Klammern $[f_i, f_j]$ darf sich im Falle einer involutiven Distribution der Rang nicht erhöhen. Aufgrund der Schiefsymmetrie der Lie-Klammer (siehe Proposition 3.12) genügt es, die Lie-Klammern $[f_i, f_j]$ für $i = 1, \ldots, r$ und $j = i + 1, \ldots, r$ zu prüfen.

▪▪ Algorithmus 3.4 Test eines Distribution auf Involutivität

```
Involutivep(L,x):=block([F,G,i,j,r],
    r:length(L),
    F:apply('matrix,L),
    F:transpose(F),
    G:copy(F),
    for i:1 thru r do
        for j:i+1 thru r do block([f1,f2],
            f1:list_matrix_entries(col(F,i)),
            f2:list_matrix_entries(col(F,j)),
            G:addcol(G,LieBracket(f1,f2,x))
    ),
    is(rank(F)=rank(G))
)$
```

Beispiel 3.34
Die von den Vektorfeldern

$$f_1(x) = \sin x_3 \frac{\partial}{\partial x_1} + \cos x_3 \frac{\partial}{\partial x_2} \quad \text{und} \quad f_2(x) = \frac{\partial}{\partial x_3}$$

des mobilen Roboters aufgespannte Distribution $\Delta = \text{span}\{f_1, f_2\}$ ist auf Involutitvität zu untersuchen. Die Lie-Klammer der die Distribution aufspannenden Vektorfelder f_1 und f_2 wurde bereits in Beispiel 3.11 berechnet:

$$[f_1, f_2] = -\cos x_3 \frac{\partial}{\partial x_1} + \sin x_3 \frac{\partial}{\partial x_2}$$

Wir fassen die drei Vektorfelder zu einer Matrix zusammen:

$$F(x) = (f_1(x), f_2(x), [f_1, f_2](x)) = \begin{pmatrix} \sin x_3 & 0 & -\cos x_3 \\ \cos x_3 & 0 & \sin x_3 \\ 0 & 1 & 0 \end{pmatrix}.$$

Wegen $\det F(x) \equiv -1$ sind die beteiligten Vektorfelder linear unabhängig. Daher lässt sich die Lie-Klammer $[f_1, f_2]$ nicht als Linearkombination der Vektorfelder f_1, f_2 darstellen, also gilt $[f_1, f_2] \notin \Delta$. Die Distribution Δ ist daher nicht involutiv.

Für die Überprüfung mit MAXIMA definiert man die Vektorfelder f_1, f_2 sowie x als Listen. Die Distribution $\Delta = \text{span}\{f_1, f_2\}$, die als Liste der Vektorfelder f_1 und f_2 an die in Alg. 3.4 definierte MAXIMA-Funktion `Involtuivep` übergeben wird, ist (wie bereits festegestellt wurde) nicht involutiv. Ergänzt man die Distribution Δ um die Lie-Klammer $[f_1, f_2]$, so erhält man eine involutive Distribution:

```
(%i5) f1:[sin(x3),cos(x3),0];
      f2:[0,0,1];
      x:[x1,x2,x3];
(%o3) [sin(x3), cos(x3), 0]
(%o4) [0, 0, 1]
(%o5) [x1, x2, x3]
(%i7) D:[f1,f2];
      Involutivep(D,x);
(%o6) [[sin(x3), cos(x3), 0], [0, 0, 1]]
(%o7) false
(%i9) I:endcons(LieBracket(f1,f2,x),D);
      Involutivep(I,x);
(%o8) [[sin(x3), cos(x3), 0], [0, 0, 1], [-cos(x3), sin(x3), 0]]
(%o9) true
```

Involutive Distributionen können immer von kommutierenden Vektorfeldern aufgespannt werden:

Lemma 3.35 *Die Distribution Δ sei involutiv und im Punkt $p \in \mathcal{M}$ regulär mit der Dimension r. Dann existieren eine Umgebung $\mathcal{U} \subseteq \mathcal{M}$ von p und Vektorfelder $g_1, \ldots, g_r : \mathcal{U} \to \mathbb{R}^n$ derart, dass auf $\mathcal{U}$ gilt $\Delta = \mathrm{span}\,\{g_1, \ldots, g_r\}$ und*

$$\forall x \in \mathcal{U}: \quad [g_i, g_j] = 0 \quad \text{für} \quad 1 \leq i,j \leq r.$$

Die Beweisidee entstammt [Jak01, S. 131–132].

Beweis Sei $r = \dim \Delta(p)$. Dann gibt es r linear unabhängige Vektorfelder $f_1, \ldots, f_r$, die lokal (d. h. auf einer Umgebung $\mathcal{U}$ von p) die Distribution Δ aufspannen. Für die $n \times r$-Matrix

$$F(x) = (f_1(x), \ldots, f_r(x))$$

gilt $\Delta(x) = \mathrm{im}\, F(x)$ und $\mathrm{rang}\, F(x) = r$. Folglich gibt es eine reguläre $r \times r$-Teilmatrix $B(x)$ von $F(x)$. Ohne Einschränkung setze sich $B(x)$ aus den ersten r Zeilen von $F(x)$ zusammen (andernfalls Umnumerierung der Koordinaten im Bildbereich). Über die Rechtsmultiplikation mit $B^{-1}(x)$

$$F(x)B^{-1}(x) = \begin{pmatrix} & B(x) & \\ * & \cdots & * \\ \vdots & \ddots & \vdots \\ * & \cdots & * \end{pmatrix} B^{-1}(x) = \begin{pmatrix} & I_r & \\ * & \cdots & * \\ \vdots & \ddots & \vdots \\ * & \cdots & * \end{pmatrix} =: (g_1(x), \ldots, g_r(x))$$

definiert man die neuen Vektorfelder $g_1, \ldots, g_r$, lässt aber den aufgespannten Raum unverändert. Andererseits ist Δ involutiv, d. h. für jedes Paar (i,j) gibt es Skalarfelder $\alpha_1, \ldots, \alpha_r$ mit

$$[g_i, g_j](x) = \alpha_1(x)g_1(x) + \cdots + \alpha_r(x)g_r(x).$$

Dieses Gleichungssystem hat die Form

$$\begin{pmatrix} 0 \\ \vdots \\ \vdots \\ 0 \\ * \\ \vdots \\ * \end{pmatrix} = \alpha_1(x) \begin{pmatrix} 1 \\ 0 \\ \vdots \\ 0 \\ * \\ \vdots \\ * \end{pmatrix} + \cdots + \alpha_r(x) \begin{pmatrix} 0 \\ \vdots \\ 0 \\ 1 \\ * \\ \vdots \\ * \end{pmatrix}.$$

Da die Vektorfelder $g_1, \ldots, g_r$ in den ersten r Zeilen konstant sind, enthält die Lie-Klammer $[g_i, g_j]$, die die linke Seite des Gleichungssystems bildet, in diesen Zeilen immer die Nullfunktion. Der Vergleich der ersten r Zeilen des Gleichungssystems liefert $\alpha_1 = \cdots = \alpha_r = 0$ auf $\mathcal{U}$ und damit insgesamt $[g_i, g_j] = 0$. □

Satz 3.36 (Simultane Begradigung von Vektorfeldern) *Sei $p \in \mathcal{M}$. Für die Vektorfelder $f_1,\ldots,f_r{:}\mathcal{M} \to \mathbb{R}^n$ gelte*
1. *$f_1(x),\ldots,f_r(x)$ sind linear unabhängig und*
2. *$[f_i,f_j](x) = 0,\ 1 \le i,j \le r$*

für alle x aus einer Umgebung von p. Dann existiert ein lokaler Diffeomorphismus $z = T(x)$ mit $T(p) = 0$, so dass gilt

$$T_* f_i(x)|_{x=T^{-1}(z)} = \frac{\partial}{\partial z_i}, \qquad 1 \le i \le r$$

für alle z aus einer Umgebung von Null.

Beweis Zu den linear unabhängigen Vektorfeldern $f_1,\ldots,f_r$ gibt es $n-r$ weitere Vektorfelder $f_{r+1},\ldots,f_n{:}\mathcal{U} \to \mathbb{R}^n$, so dass $f_1,\ldots,f_n$ in einer Umgebung von p linear unabhängig sind. Wir definieren eine Abbildung S durch die Verkettung der Flüsse dieser Vektorfelder:

$$x = S(z) := \varphi_{z_1}^{f_1} \circ \cdots \circ \varphi_{z_n}^{f_n}(p). \tag{3.76}$$

Eine Reihentwicklung nach z liefert

$$x = p + f_1(p)z_1 + \cdots + f_n(p)z_n + \mathcal{O}(\|z\|^2).$$

Wegen der linearen Unabhängigkeit von $f_1(p),\ldots,f_n(p)$ (Annahme 1) ist die Jacobimatrix

$$S'(0) = (f_1(p),\ldots,f_n(p))$$

regulär. Daher ist S ein lokaler Diffeomorphismus, dessen Umkehrabbildung im Folgenden mit $z = T(x)$ bezeichnet wird. Wegen Annahme 2 und Lemma 3.22 gilt für $i = 1,\ldots,r$:

$$\begin{aligned}
S'(z)\tfrac{\partial}{\partial z_i} &= \tfrac{\partial}{\partial z_i} S(z) \\
&= \tfrac{\partial}{\partial z_i} \varphi_{z_1}^{f_1} \circ \cdots \circ \varphi_{z_i}^{f_i} \circ \cdots \circ \varphi_{z_n}^{f_n}(p) \\
&= \tfrac{\partial}{\partial z_i} \varphi_{z_i}^{f_i} \circ \varphi_{z_1}^{f_1} \circ \cdots \circ \varphi_{z_{i-1}}^{f_{i-1}} \circ \varphi_{z_{i+1}}^{f_{i+1}} \circ \cdots \circ \varphi_{z_n}^{f_n}(p) \\
&= f_i\left(\varphi_{z_i}^{f_i} \circ \varphi_{z_1}^{f_1} \circ \cdots \circ \varphi_{z_{i-1}}^{f_{i-1}} \circ \varphi_{z_{i+1}}^{f_{i+1}} \circ \cdots \circ \varphi_{z_n}^{f_n}(p)\right) \\
&= f_i\left(\varphi_{z_1}^{f_1} \circ \cdots \circ \varphi_{z_i}^{f_i} \circ \cdots \circ \varphi_{z_n}^{f_n}(p)\right) \\
&= f_i(S(z)) \\
&= f_i(x)|_{x=S(z)}\,.
\end{aligned}$$

Dann gilt

$$S'(z)\frac{\partial}{\partial z_i} = f_i(x)|_{x=S(z)}$$

bzw. die wegen $S = T^{-1}$ gleichwertige Aussage

$$\frac{\partial}{\partial z_i} = T'(x)f_i(x)\big|_{x=T^{-1}(z)}$$

für $i = 1,\ldots,r$. □

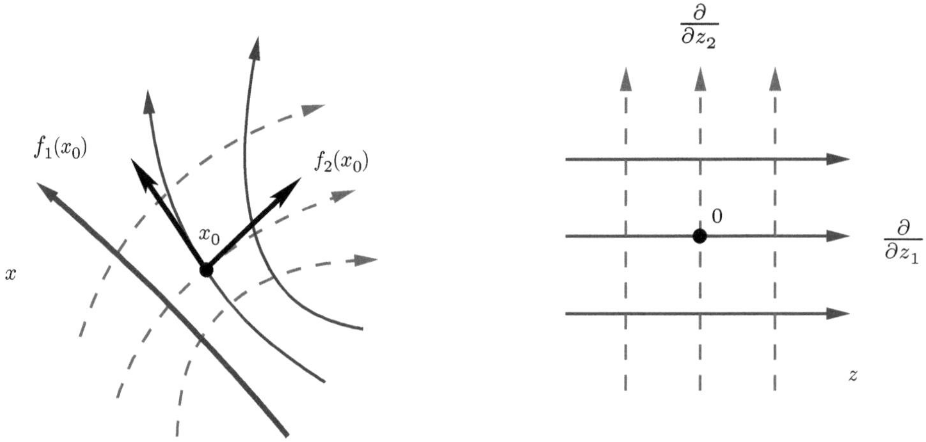

Abb. 3.14 Simultane Begragigung zweier Vektorfelder im $\mathbb{R}^2$

Die im Satz 3.36 beschriebene simultane Begradigung wird für den Fall $n = r = 2$ in Abb. 3.14 illustriert.

Korollar 3.37 (Begradigung einer Nichtruhelage). *Seien $f: \mathcal{M} \to \mathbb{R}^n$ und $p \in \mathcal{M}$ mit $f(p) \neq 0$. Dann gibt es in der Umgebung von p einen lokalen Diffeomorphismus $z = T(x)$ mit*

$$T'(x)f(x)\big|_{x=T^{-1}(z)} = \frac{\partial}{\partial z_1}.$$

Beweis Der Vektor $f(p) \neq 0$ ist linear unabhängig. Außerdem gilt $[f,f] = 0$ für jedes differenzierbare Vektorfeld f. Damit kann Satz 3.36 mit $r = 1$ angewendet werden.

In der Umgebung einer Nichtruhelage ist die Differentialgleichung $\dot{x} = f(x)$ somit topologisch konjugiert zur Differentialgleichung

$$\dot{z}_1 = 1,\ \dot{z}_2 = 0,\ \ldots,\ \dot{z}_n = 0,$$

deren rechte Seite ein Einheitsvektor ist. □

Beispiel 3.38
Die Begradigung einer Nichtruhelage wird am Beispiel des folgenden linearen Vektorfeldes bzw. des Differentialgleichungssystems

$$\dot{x} = f(x) = \begin{pmatrix} x_1 \\ -x_2 \end{pmatrix} \tag{3.77}$$

verdeutlicht. Das Phasenportrait ist in Abb. 3.15 (links) zu sehen. Das System (3.77) hat im Ursprung $x = 0$ eine Ruhelage. Die Begradigung soll im Punkt $p = (1,1)^T$ erfolgen, wo $f(p) \neq 0$ gilt (Nichtruhelage). Die Berechnung der Koordinatentransformation erfolgt mit Gl. (3.76) (vgl. Beweis von Satz 3.36). Dazu wird das gegebene Vektorfeld $f_1 := f$ durch ein

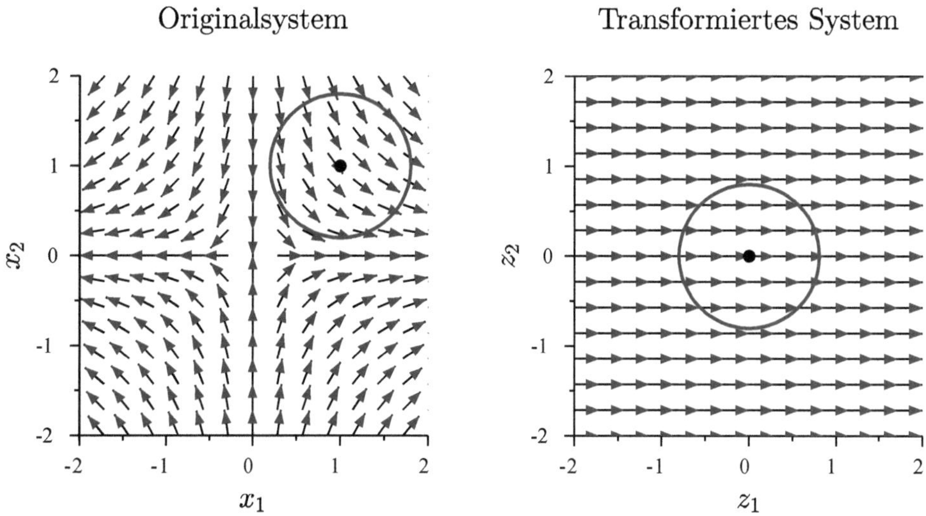

Abb. 3.15 Phasenportraits von System (3.77) und dem transformierten System

weiteres Vektorfeld f_2 ergänzt, so dass beide Vektorfelder im Punkt p linear unabhängig sind. Zur Ergänzung wählen wir das sehr einfache Vektorfeld $f_2(x) = (0, 1)^T$. Die Flüsse der beiden Vektorfelder lauten

$$\varphi_t^{f_1}(x) = \begin{pmatrix} e^t x_1 \\ e^{-t} x_2 \end{pmatrix} \quad \text{und} \quad \phi_t^{f_2}(x) = \begin{pmatrix} x_1 \\ x_2 + t \end{pmatrix},$$

womit man durch die Flussverkettung nach Gl. (3.76) die Rücktransformation

$$x = S(z) = \varphi_{z_1}^{f_1} \circ \varphi_{z_2}^{f_2}(p) = \varphi_{z_1}^{f_1} \circ \begin{pmatrix} 1 \\ 1 + z_2 \end{pmatrix} = \begin{pmatrix} e^{z_1} \\ e^{-z_1}(1 + z_2) \end{pmatrix}$$

erhält. Durch Auflösen dieser Gleichung nach z ergibt sich die Hintransformation

$$z = T(x) = \begin{pmatrix} \ln x_1 \\ x_1 x_2 - 1 \end{pmatrix} \quad \text{mit} \quad T'(x) = \begin{pmatrix} \frac{1}{x_1} & 0 \\ x_2 & x_1 \end{pmatrix}, \tag{3.78}$$

mit der das Vektorfeld f bzw. System (3.77) um den Punkt p in die Form

$$\begin{aligned} \dot{z} &= T_* f(S(z)) \\ &= T'(x) f(x)\big|_{x=S(z)} \\ &= \begin{pmatrix} \frac{1}{x_1} & 0 \\ x_2 & x_1 \end{pmatrix} \begin{pmatrix} x_1 \\ -x_2 \end{pmatrix}\Bigg|_{x=S(z)} \\ &= \begin{pmatrix} 1 \\ 0 \end{pmatrix} \end{aligned}$$

des ersten Einheitsvektors überführt wird (vgl. Abb. 3.15 (rechts)).

Die Vektorfelder $\frac{\partial}{\partial z_1}, \ldots, \frac{\partial}{\partial z_r}$ aus Satz 3.36 können mit den weiteren Vektorfeldern $\frac{\partial}{\partial z_{r+1}}, \ldots, \frac{\partial}{\partial z_n}$ (als orthogonales Komplement, siehe ► Abschn. 2.1) zu einer Basis des Tangentialraums ergänzt werden. Diese Tatsache führt zu folgender Erkenntnis:

Korollar 3.39 *Die Distribution Δ sei involutiv und im Punkt $p \in \mathcal{M}$ regulär mit* $\dim \Delta = r$. *Dann existieren eine Umgebung $\mathcal{U} \subseteq M$ von p und $n-r$ Vektorfelder $f_{r+1}, \ldots, f_n: \mathcal{U} \to \mathbb{R}^n$, so dass*

$$\Delta(x) \oplus \operatorname{span}\{f_{r+1}(x), \ldots, f_n(x)\} = \mathbb{R}^n$$

für alle $x \in \mathcal{U}$.

Beweis Auf Basis von Satz 3.36 können die r Vektorfelder, welche die involutive Distribution Δ aufspannen, mit einer Transformation T in die Form $\frac{\partial}{\partial z_1}, \ldots, \frac{\partial}{\partial z_r}$ überführt werden. Die von den zusätzlichen Vektorfeldern $\frac{\partial}{\partial z_{r+1}}, \ldots, \frac{\partial}{\partial z_n}$ aufgespannte Distribution ist involutiv, weil die Vektorfelder konstant sind. Die Involutivität bleibt wegen Proposition 3.16 unter Rücktransformation S erhalten, wobei die Vektorfelder $\frac{\partial}{\partial z_j}$ dann die Form

$$f_j(x) := S'(z) \frac{\partial}{\partial z_j}\bigg|_{z=T(x)}$$

für $j = r+1, \ldots, n$ annehmen. □

Nachfolgend geht es um die Frage, welche Auswirkungen die Involutivität einer Distribution auf den Annihilator hat.

Definition 3.40

Eine reguläre Distribution Δ mit $\dim \Delta = r$ heißt **integrierbar**, wenn es Skalarfelder $\lambda_1, \ldots, \lambda_{n-r}$ gibt, so dass

$$\Delta^{\perp} = \operatorname{span}\{d\lambda_1, \ldots, d\lambda_{n-r}\}. \tag{3.79}$$

Die Besonderheit einer integrierbaren Distribution besteht also demnach darin, dass der Annihilator nicht von beliebigen Kovektorfeldern aufgespannt wird, sondern von exakten Differentialen (d. h. von Gradienten).

Satz 3.41 (Satz von Frobenius) *Die Distribution Δ sei im Punkt $p \in \mathcal{M}$ regulär. In einer geeigneten Umgebung $\mathcal{U}$ von p gilt dann:*

$$\Delta \text{ ist involutiv} \quad \Longleftrightarrow \quad \Delta \text{ ist integrierbar.}$$

Beweis Da die Distribution regulär ist, gibt es $r = \dim \Delta$ linear unabhängige Vektorfelder $f_1, \ldots, f_r: \mathcal{U} \to \mathbb{R}^n$ mit $\Delta = \operatorname{span}\{f_1, \ldots, f_r\}$.

„⇒" Nach Lemma 3.35 können die Vektorfelder so gewählt werden, dass

$$[f_i,f_j] \equiv 0 \quad \text{für} \quad 1 \leq i,j \leq r.$$

Nach dem Begradigungssatz 3.36 existiert ein lokaler Diffeomorphismus $z = T(x)$ mit $T = (t_1, \ldots, t_n)^T$, so dass

$$T'(x)f_i(x)\big|_{x=T^{-1}(z)} = \frac{\partial}{\partial z_i} \quad \text{für} \quad i = 1, \ldots, r.$$

Dadurch werden die Vektorfelder in Richtung der Einheisvektoren $\frac{\partial}{\partial z_1}, \ldots, \frac{\partial}{\partial z_r}$ ausgerichtet. Die Kovektoren $\mathrm{d}z_{r+1}, \ldots, \mathrm{d}z_n$ der dualen Basis sind dazu orthogonal, d. h.

$$\left\langle \mathrm{d}z_j, \frac{\partial}{\partial z_i} \right\rangle = 0 \quad \text{für} \quad \begin{matrix} i = 1, \ldots, r, \\ j = r+1, \ldots, n. \end{matrix}$$

Dann gilt

$$\begin{aligned} 0 &= \left\langle \mathrm{d}z_j, \tfrac{\partial}{\partial z_i} \right\rangle \\ &= \left\langle \mathrm{d}z_j, T'(x)f_i(x) \right\rangle \\ &= \left\langle \mathrm{d}z_j T'(x), f_i(x) \right\rangle \\ &= \left\langle \mathrm{d}t_j(x), f_i(x) \right\rangle \end{aligned}$$

für $i = 1, \ldots, r$ und $j = r+1, \ldots, n$, wobei $\mathrm{d}t_j$ die j-te Zeile der Jacobimatrix T' darstellt. Die Kovektorfelder $\mathrm{d}t_{r+1}, \ldots, \mathrm{d}t_n$ sind also orthogonal zu den die Distribution aufspannenden Vektorfeldern $f_1, \ldots, f_r$ und damit Elemente des Annihilators $\Delta^\perp$. Aufgrund des Begradigungssatzes ist T ein Diffeomorphismus, insbesondere ist $T'(p)$ regulär. Damit sind die Zeilen $\mathrm{d}t_{r+1}, \ldots, \mathrm{d}t_n$ in der Umgebung von p linear unabhängig. Die Differentiale $\mathrm{d}\lambda_k$ mit $\lambda_k = t_{r+k}$ für $k = 1, \ldots, n-r$ spannen folglich $\Delta^\perp$ auf, d. h. es gilt (3.79). Damit ist Δ integrierbar.

„⇐" Die Distribution Δ sei integrierbar, d. h. es gibt Skalarfelder $\lambda_1, \ldots, \lambda_{n-r}$ mit (3.79). Daher gilt

$$L_{f_i}\lambda_j = \left\langle \mathrm{d}\lambda_j, f_i \right\rangle = 0 \quad \text{für} \quad \begin{matrix} i = 1, \ldots, r, \\ j = r+1, \ldots, n. \end{matrix}$$

Weitere Lie-Ableitungen entlang f_k sind ebenfalls Null:

$$L_{f_k}L_{f_i}\lambda = \langle \underbrace{\mathrm{d}L_{f_i}\lambda_j}_{=0}, f_k \rangle = 0 \quad \text{für} \quad 1 \leq i,k \leq r.$$

Daher gilt

$$L_{[f_i,f_k]}\lambda_j = L_{f_i}L_{f_k}\lambda_j - L_{f_k}L_{f_i}\lambda_j = 0.$$

Für $j = 1, \ldots, n-r$ erhält man

$$\begin{pmatrix} L_{[f_i,f_k]}\lambda_1 \\ \vdots \\ L_{[f_i,f_k]}\lambda_{n-r} \end{pmatrix} = \begin{pmatrix} \mathrm{d}\lambda_1 \\ \vdots \\ \mathrm{d}\lambda_{n-r} \end{pmatrix} [f_i,f_k] = 0.$$

Die Kovektorfelder $\mathrm{d}\lambda_1, \ldots, \mathrm{d}\lambda_{n-r}$ spannen laut Annahme den Annihilator von Δ auf. Die Lie-Klammern $[f_i,f_k]$ stehen senkrecht auf der Basis von $\Delta^\perp$ und gehören damit zu Δ, d. h. $[f_i,f_k] \in \Delta$. Also ist Δ involutiv. □

Beispiel 3.42

Man betrachte die von den Vektorfeldern

$$f_1(x) = -2x_2\frac{\partial}{\partial x_3} \quad \text{und} \quad f_2(x) = -2x_2\frac{\partial}{\partial x_1} + 2x_1\frac{\partial}{\partial x_2}$$

auf der Menge $\mathcal{M} = \{x \in \mathbb{R}^3;\, x_1 \neq 0 \wedge x_2 \neq 0\}$ aufgespannte Distribution $\Delta = \operatorname{span}\{f_1,f_2\}$. Diese Distribution Δ kann man auch in der Form

$$\Delta(x) = \operatorname{im} F(x) \quad \text{mit} \quad F(x) = (f_1(x), f_2(x)) = \begin{pmatrix} 0 & -2x_2 \\ 0 & 2x_1 \\ -2x_2 & 0 \end{pmatrix}$$

beschreiben, wobei die Matrix $F(x)$ für alle $x \in \mathcal{M}$ den Rang 2 aufweist. Folglich ist die Distribution regulär mit $\dim \Delta = 2$. Außerdem ist die Distribution wegen

$$[f_1,f_2](x) = 4x_1\frac{\partial}{\partial x_3} = -2\frac{x_1}{x_2}(-2x_2)\frac{\partial}{\partial x_3} = -2\frac{x_1}{x_2}f_1(x) \in \Delta(x)$$

involutiv (vgl. Lemma 3.33), so dass die Voraussetzung von Satz 3.41 erfüllt sind. Eine mögliche Basis des Annihilators lässt sich mit MAXIMA berechnen:

```
(%i1) load(eigen)$
(%i2) f1:columnvector([0,0,-2*x2])$
      f2:columnvector([-2*x2,2*x1,0])$
      F:addcol(f1,f2);
```

$$(\%o4) \quad \begin{pmatrix} 0 & -2\,x2 \\ 0 & 2\,x1 \\ -2\,x2 & 0 \end{pmatrix}$$

```
(%i5) A:nullspace(transpose(F));
```

Proviso: $\text{notequal}(-2\,x2, 0) \wedge \text{notequal}\left(4\,x2^2, 0\right)$

$$(\%o5) \quad \operatorname{span}\left(\begin{pmatrix} 4\,x1\,x2 \\ 4\,x2^2 \\ 0 \end{pmatrix}\right)$$

Das Kovektorfeld $\omega(x) = 4x_1x_2\mathrm{d}x_1 + 4x_2^2\mathrm{d}x_2$ spannt folglich den Annihilator auf: $\Delta^\perp = \mathrm{span}\{\omega\}$. Aus dem Poincaréschen Lemma (Lemma 2.10) folgt wegen

$$\frac{\partial\omega_1}{\partial x_2} = 4x_1 \neq \frac{\partial\omega_2}{\partial x_1} = 0$$

die Aussage, dass ω nicht exakt ist. Allerdings kann man mit dem **integrierenden Faktor** $\mu(x) = 1/(4x_2)$ das Kovektorfeld ω in das exakte Kovektorfeld

$$\mathrm{d}\hbar(x) = \varpi(x) := \mu(x) \cdot \omega(x) = x_1\mathrm{d}x_1 + x_2\mathrm{d}x_2$$

mit dem Potential $\hbar(x) = \frac{1}{2}x_1^2 + \frac{1}{2}x_2^2$ überführen. Der Annihilator $\Delta^\perp = \mathrm{span}\{\mathrm{d}\hbar\}$ wird also von dem Gradienten $\mathrm{d}\hbar$ aufgespannt.

In Analogie zu Korollar 3.39 ist auf Basis von Satz 3.41 folgende Aussage möglich:

Korollar 3.43 *Gegeben seien die Skalarfelder $\lambda_1, \ldots, \lambda_{n-r}: \mathcal{M} \to \mathbb{R}$, so dass die Kodistribution*

$$\Omega = \mathrm{span}\,\{\mathrm{d}\lambda_1, \ldots, \mathrm{d}\lambda_{n-r}\}$$

im Punkt $p \in \mathcal{M}$ regulär ist mit $\dim \Omega = n - r$. Dann existieren eine Umgebung $\mathcal{U} \subseteq \mathcal{M}$ und r weitere Skalarfelder $\lambda_{n-r+1}, \ldots, \lambda_n: \mathcal{U} \to \mathbb{R}$, so dass

$$\Omega(x) \oplus \mathrm{span}\,\{\mathrm{d}\lambda_{n-r+1}, \ldots, \mathrm{d}\lambda_n\} = (\mathbb{R}^n)^*$$

für alle $x \in \mathcal{U}$ gilt und die Abbildung $\Lambda(x) = (\lambda_1(x), \ldots, \lambda_n(x))^T$ in einer Umgebung von p ein lokaler Diffeomeorphismus ist.

Beweis Der Annihilator $\Delta := \Omega^\perp$ ist eine involutive Distribution (Satz 3.41). Die Konstruktion der Skalarfelder $\lambda_1, \ldots, \lambda_{n-r}$ erfolgt im Beweis von Satz 3.41 über die Koordinatentransformation des Begradigungssatzes (Satz 3.36). Die Kovektorfelder $\mathrm{d}\lambda_1, \ldots, \mathrm{d}\lambda_{n-r}$ entsprechen in den transformierten Koordinaten den Elementen $\mathrm{d}z_{r+1}, \ldots, \mathrm{d}z_n$. Mit $\mathrm{d}z_1, \ldots, \mathrm{d}z_r$ erfolgt die Ergänzung zu einer Basis des Dualraums $(\mathbb{R}^n)^*$. Die Basisergänzung nutzt die Gradienten der linearen Abbildungen $z \mapsto z_j$ für $j = 1, \ldots, r$. Die Anwendung der Transformation T liefert die gesuchten Skalarfelder $\lambda_{n-r+1} = t_1, \ldots, \lambda_n = t_r$. □

Ist eine Distribution nicht involutiv, so kann man sie durch Hinzunahme weiterer Vektorfelder zu einer involutiven Distribution vervollständigen. Der **involutiver Abschluss** $\mathrm{inv}(\Delta)$ einer Distribution Δ ist die kleinste involutive Distribution, die Δ enthält, d. h. $\Delta \subseteq \mathrm{inv}(\Delta)$. Den involutiven Abschluss bildet man, indem man zu einer gegebenen Distribution Δ solange Lie-Klammern der beteiligten Vektorfelder hinzufügt (d. h. für alle $f, g \in \Delta$ bildet man $\Delta + \mathrm{span}\{[f, g]\}$ usw.), bis die resultierende Distribution involutiv ist. Eine einfache Prototypimplementierung in Maxima ist Alg. 3.5 zu entnehmen, wobei die Nutzung nachfolgend an einem Beispiel illustriert wird. Ist die Distribution Δ selber bereits involutiv, so gilt $\Delta = \mathrm{inv}(\Delta)$.

■■ Algorithmus 3.5 Berechnung des involutiven Abschlusses einer Distribution

```
InvolutiveClosure(L,x):=block([flag,F,G,i,j,r,n],
    F:apply('matrix,L),
    F:transpose(F),
    flag:true,
    while flag do (
        flag:false,
        [n,r]:matrix_size(F),
        for i:1 thru r do
            for j:i+1 thru r do block([f1,f2],
                f1:list_matrix_entries(col(F,i)),
                f2:list_matrix_entries(col(F,j)),
                G:addcol(F,LieBracket(f1,f2,x)),
                if rank(F)<rank(G) then (
                    F:copy(G),
                    flag:true
                )
        )
    ),
    makelist(makelist(F[i,j],i,1,n),j,1,r)
)$
```

Beispiel 3.44

Die von den Vektorfeldern f_1 und f_2 des mobilen Roboters aus den Beispielen 3.11 und 3.34 aufgespannte Distribution $\Delta = \mathrm{span}\{f_1, f_2\}$ ist nicht involutiv. Für den involutiven Abschluss ist mindestens die Lie-Klammer $[f_1, f_2]$ einzubeziehen. Die Vektorfelder $f_1, f_2, [f_1, f_2]$ sind linear unabhängig und spannen den gesamten Vektorraum auf, d. h.

$$\Delta(x) + \mathrm{span}\,\{[f,g](x)\} = \mathrm{span}\,\{f(x), g(x), [f,g](x)\} = \mathbb{R}^3, \tag{3.80}$$

siehe Beispiel 3.34. Damit ist (3.80) involutiv, d. h. $\mathrm{inv}(\Delta) = \mathrm{span}\{f_1, f_2, [f_1, f_2]\}$. Dieses Resultat erhält man auch mit MAXIMA:

```
(%i6) f1:[sin(x3),cos(x3),0];
      f2:[0,0,1];
      x:[x1,x2,x3];
(%o4) [sin(x3),cos(x3),0]
(%o5) [0,0,1]
(%o6) [x1,x2,x3]

(%i7) InvolutiveClosure([f1,f2],x);
(%o7) [[sin(x3),cos(x3),0],[0,0,1],[-cos(x3),sin(x3),0]]
```

3.5 Differentialformen

Dieser Abschnitt gibt eine kurze Einführung in das Gebiet der Differentialformen. Ähnliche Kurzdarstellungen findet der Leser auch in [Zei13] und [Tas15, Kapitel 1]. Detailliertere Einführungen sind beispielsweise in [Arn89, Kapitel 7], [KvW07] oder [Kna12, Anhang B] zu finden. Für weiterführende Aussagen sei auf [AF01, Jän05, Lee06] sowie [Sas99, Kapitel 12] verwiesen.

In ▶ Abschn. 2.2 wurden Differentialformen ersten Grades als auf einer offenen Menge $\mathcal{M} \subseteq \mathbb{R}^n$ definierte Kovektorfelder in der Form

$$\omega(x) = \omega_1(x)\mathrm{d}x_1 + \cdots + \omega_n(x)\mathrm{d}x_n$$

mit den Skalarfeldern $\omega_i{:}\mathcal{M} \to \mathbb{R}$ als Komponenten und den Basiselementen $\mathrm{d}x_i$ für die eindimensionale Indexmenge $i = 1, \ldots n$ eingeführt. Unter einer **Differentialform k-ten Grades** (kurz **k-Form**) versteht man einen Ausdruck der Gestalt

$$\omega(x) = \sum \omega_{i_1\cdots i_k}(x)\, \mathrm{d}x_{i_1} \wedge \ldots \wedge \mathrm{d}x_{i_k} \tag{3.81}$$

mit Komponenten $\omega_{i_1\cdots i_k}{:}\mathcal{M} \to \mathbb{R}$ und (zunächst formalen) Elementen

$$\mathrm{d}x_{i_1} \wedge \ldots \wedge \mathrm{d}x_{i_k}, \tag{3.82}$$

die jeweils über k Indizes $i_1, \ldots, i_k$ adressiert werden. Jedes Element (3.82) kann man als spezielle k-Form (3.81) auffassen, bei der die Komponente zu den Indizes $i_1, \ldots, i_k$ den Wert Eins und alle sonstigen Komponenten den Wert Null annehmen. Differentialformen sind **alternierend** (**schiefsymmetrisch** oder **antisymmetrisch**), d. h. beim Vertauschen von genau zwei Indizes i_j und i_ℓ in (3.82) wechselt auch das Vorzeichen:

$$\begin{aligned} &\mathrm{d}x_{i_1} \wedge \ldots \wedge \mathrm{d}x_{i_j} \wedge \ldots \wedge \mathrm{d}x_{i_\ell} \wedge \ldots \wedge \mathrm{d}x_{i_k} \\ &= -\mathrm{d}x_{i_1} \wedge \ldots \wedge \mathrm{d}x_{i_\ell} \wedge \ldots \wedge \mathrm{d}x_{i_j} \wedge \ldots \wedge \mathrm{d}x_{i_k}. \end{aligned} \tag{3.83}$$

Daraus folgt zusätzlich, dass bei zwei übereinstimmenden Indizes der entsprechende Term verschwindet:

$$\mathrm{d}x_{i_1} \wedge \ldots \wedge \mathrm{d}x_{i_j} \wedge \ldots \wedge \mathrm{d}x_{i_j} \wedge \ldots \wedge \mathrm{d}x_{i_k} = 0. \tag{3.84}$$

Wegen (3.83) und (3.84) genügt es, für die Darstellung einer k-Form nach Gl. (3.81) über die sortierten Indizes

$$1 \leq i_1 < \cdots < i_j < \cdots < i_k \leq n \tag{3.85}$$

zu summieren.

Eine k-Form (3.81) heißt **differenzierbar**, wenn alle Komponenten $\omega_{i_1\cdots i_k}:\mathcal{M} \to \mathbb{R}$ differenzierbar sind. In analoger Weise übertragen wir die Begriffe **hinreichend glatt**, **glatt** und **analytisch** auf Differentialformen (vgl. ► Abschn. 2.3). Wir gehen nachfolgend davon aus, dass die betrachteten Differentialformen hinreichend glatt sind. Die Menge der auf $\mathcal{M}$ definierten k-Formen bildet einen Vektorraum[2], den wir im Folgenden mit $\Omega^k(\mathcal{M})$ bezeichnen. Dabei fassen wir $\Omega^0(\mathcal{M})$ als die Menge der Skalarfelder und $\Omega^1(\mathcal{M})$ als die Menge der Kovektorfelder mit dem Definitionsbereich $\mathcal{M}$ auf. Die Elemente (3.82), welche der Ungleichung (3.85) genügen, sind eine Basis dieses Vektorraums. Für $k \in \{0,\ldots,n\}$ besteht diese Basis aus $\binom{n}{k} = \frac{n!}{k!\,(n-k)!}$ Elementen. Im Fall $k = n$ erhält man genau ein Basiselement $\mathrm{d}x_1 \wedge \ldots \wedge \mathrm{d}x_n$. Der zugehörige Vektorraum besitzt daher die Dimension $\binom{n}{n} = 1$, weshalb man die Elemente von $\Omega^n(\mathcal{M})$ mitunter auch als **Pseudoskalare** bezeichnet [Hes99]. Für $k > n$ stimmen mindestens zwei der bei (3.82) auftretenden Indizes $i_1,\ldots,i_k$ überein, so dass dann wegen Gl. (3.84) jede k-Form Null ist, womit der zugehörige Vektorraum die Dimension Null aufweist. Die direkte Summe aller k-Formen für $k = 0,\ldots,n$ bildet die **äußere Algebra** oder **Graßmann-Algebra** $\Omega(\mathcal{M}) := \Omega^0(\mathcal{M}) \oplus \cdots \oplus \Omega^n(\mathcal{M})$, welche die Dimension $\sum_{k=0}^{n}\binom{n}{k} = 2^n$ besitzt.

Beispiel 3.45
Für $\mathcal{M} = \mathbb{R}^3$ sind k-Formen nur für $k = 0,\ldots,3$ relevant. Diese haben folgende Form:

0-Formen:	$\omega(x)$
1-Formen:	$\omega_1(x)\,\mathrm{d}x_1 + \omega_2(x)\,\mathrm{d}x_2 + \omega_3(x)\,\mathrm{d}x_3$
2-Formen:	$\omega_{12}(x)\,\mathrm{d}x_1 \wedge \mathrm{d}x_2 + \omega_{13}(x)\,\mathrm{d}x_1 \wedge \mathrm{d}x_3 + \omega_{23}(x)\,\mathrm{d}x_2 \wedge \mathrm{d}x_3$
3-Formen:	$\omega_{123}(x)\,\mathrm{d}x_1 \wedge \mathrm{d}x_2 \wedge \mathrm{d}x_3$

Nachfolgend werden die wichtigsten Operationen für das Rechnen mit Differentialformen eingeführt. Die angegebenen Berechnungen können im Computer-Algebra-System MAXIMA mit der `cartan`-Toolbox von F. B. Estabrook and H. D. Wahlquist durchgeführt werden. Alternativ kann man die deutlich umfangreicheren Tensor-Toolboxen (`itensor`, `ctensor`, `atensor`) von Viktor T. Toth einsetzen [Tot05].

Die Addition ist nur zwischen Differentialformen gleichen Grades zugelassen. Für zwei Differentialformen $\omega, \eta \in \Omega^k(\mathcal{M})$ mit

$$\omega(x) = \sum_{i_1<\cdots<i_k} \omega_{i_1\cdots i_k}(x)\,\mathrm{d}x_{i_1} \wedge \ldots \wedge \mathrm{d}x_{i_k} \tag{3.86}$$

$$\eta(x) = \sum_{i_1<\cdots<i_k} \eta_{i_1\cdots i_k}(x)\,\mathrm{d}x_{i_1} \wedge \ldots \wedge \mathrm{d}x_{i_k} \tag{3.87}$$

vom Grad k ist die Summe komponentenweise durch

$$(\omega+\eta)(x) = \sum_{i_1<\cdots<i_k} \big(\omega_{i_1\cdots i_k}(x) + \eta_{i_1\cdots i_k}(x)\big)\,\mathrm{d}x_{i_1} \wedge \ldots \wedge \mathrm{d}x_{i_k} \tag{3.88}$$

2 Die Menge der k-Formen bildet einerseits einen reellen Vektorraum, der aufgrund der funktionswertigen Koeffizienten für $k \in \{0,\ldots,n\}$ unendlichdimensional ist. Für die nachfolgenden Dimensionsangaben betrachten wir die k-Formen als Vektorraum über den meromorphen Funktionen. Das bedeutet, dass die Koeffizientenfunktionen mit Ausnahme von isolierten Singularitäten analytisch sind.

definiert. Für die Multiplikation steht das **Keilprodukt** (**Dachprodukt**, **äußere Produkt**, engl. **wegde product**) zur Verfügung, welches zwischen zwei Differentialformen beliebigen Grades möglich ist. Das Produkt einer k-Form (3.86) mit einer ℓ-Form

$$\eta(x) = \sum_{j_1<\cdots<j_\ell} \eta_{j_1\cdots j_\ell}(x)\,\mathrm{d}x_{j_1} \wedge \ldots \wedge \mathrm{d}x_{j_\ell}$$

ist eine $(k+\ell)$-Form, die sich komponentenweise durch

$$(\omega \wedge \eta)(x) = \sum_{\substack{i_1<\cdots<i_k \\ j_1<\cdots<j_\ell}} \omega_{i_1\cdots i_k}(x) \cdot \eta_{j_1\cdots j_\ell}(x)\,\mathrm{d}x_{i_1} \wedge \ldots \wedge \mathrm{d}x_{i_k} \wedge \mathrm{d}x_{j_1} \wedge \ldots \wedge \mathrm{d}x_{j_\ell} \tag{3.89}$$

ergibt. Durch Anwendung von (3.83) und (3.84) überführt man das Produkt (3.89) in die Form mit sortierten Indizes. Das Produkt einer k-Form mit einer 0-Form $h \in \Omega^0(\mathcal{M})$ (also mit einem Skalarfeld $h{:}\mathcal{M} \to \mathbb{R}$) entspricht der skalaren Multiplikation, so dass das Skalarfeld in alle Komponenten hineingezogen wird:

$$(h \wedge \omega)(x) = \sum_{i_1<\cdots<i_k} h(x) \cdot \omega_{i_1\cdots i_k}(x)\,\mathrm{d}x_{i_1} \wedge \ldots \wedge \mathrm{d}x_{i_k}. \tag{3.90}$$

Beispiel 3.46
Auf $\mathcal{M} = \mathbb{R}^3$ betrachte man die drei 1-Formen

$$\begin{aligned}
\omega &= \omega_1\,\mathrm{d}x_1 + \omega_2\,\mathrm{d}x_2 + \omega_3\,\mathrm{d}x_3 \\
\eta &= \eta_1\,\mathrm{d}x_1 + \eta_2\,\mathrm{d}x_2 + \eta_3\,\mathrm{d}x_3 \\
\sigma &= \sigma_1\,\mathrm{d}x_1 + \sigma_2\,\mathrm{d}x_2 + \sigma_3\,\mathrm{d}x_3.
\end{aligned}$$

Das äußere Produkt der 1-Formen ω und η ist die 2-Form

$$\begin{aligned}
\omega \wedge \eta =\ & \omega_1\eta_1\,\cancel{\mathrm{d}x_1 \wedge \mathrm{d}x_1} + \omega_1\eta_2\,\mathrm{d}x_1 \wedge \mathrm{d}x_2 + \omega_1\eta_3\,\mathrm{d}x_1 \wedge \mathrm{d}x_3 \\
+\ & \omega_2\eta_1\,\mathrm{d}x_2 \wedge \mathrm{d}x_1 + \omega_2\eta_2\,\cancel{\mathrm{d}x_2 \wedge \mathrm{d}x_2} + \omega_2\eta_3\,\mathrm{d}x_2 \wedge \mathrm{d}x_3 \\
+\ & \omega_3\eta_1\,\mathrm{d}x_3 \wedge \mathrm{d}x_1 + \omega_3\eta_2\,\mathrm{d}x_3 \wedge \mathrm{d}x_2 + \omega_3\eta_3\,\cancel{\mathrm{d}x_3 \wedge \mathrm{d}x_3} \\
=\ & (\omega_1\eta_2 - \omega_2\eta_1)\,\mathrm{d}x_1 \wedge \mathrm{d}x_2 + (\omega_1\eta_3 - \omega_3\eta_1)\,\mathrm{d}x_1 \wedge \mathrm{d}x_3 \\
+\ & (\omega_2\eta_3 - \omega_3\eta_2)\,\mathrm{d}x_2 \wedge \mathrm{d}x_3.
\end{aligned} \tag{3.91}$$

Multipliziert man dieses Ergebnis zusätzlich von rechts mit der dritten 1-Form σ, so erhält man die 3-Form

$$\begin{aligned}
\omega \wedge \eta \wedge \sigma =\ & (\omega_1\eta_2\sigma_3 - \omega_1\eta_3\sigma_2 + \omega_2\eta_3\sigma_1 - \omega_2\eta_1\sigma_3 \\
+\ & \omega_3\eta_1\sigma_2 - \omega_3\eta_2\sigma_1)\,\mathrm{d}x_1 \wedge \mathrm{d}x_2 \wedge \mathrm{d}x_3.
\end{aligned} \tag{3.92}$$

Diese Resultate lassen sich mit der `cartan`-Toolbox von MAXIMA verifizieren. Mit `init_cartan` wird die Basis des Kotangentialraums angelegt. Für das Keilprodukt steht der Operator „~" zur Verfügung.

```
(%i2) load(basic)$
      if get('cartan,'version)=false then load(cartan)$
(%i3) init_cartan([x1,x2,x3]);
(%o3) [dx1, dx2, dx3]

(%i6) ω:ω1*dx1+ω2*dx2+ω3*dx3;
      η:η1*dx1+η2*dx2+η3*dx3;
      σ:σ1*dx1+σ2*dx2+σ3*dx3;
(%o4) dx3 ω3 + dx2 ω2 + dx1 ω1
(%o5) dx3 η3 + dx2 η2 + dx1 η1
(%o6) dx3 σ3 + dx2 σ2 + dx1 σ1

(%i7) facsum(ω ~ η,dx1,dx2,dx3);
(%o7) - dx2dx3(η2ω3 - η3ω2) - dx1dx3(η1ω3 - η3ω1) - dx1dx2(η1ω2 - η2ω1)

(%i8) factor(ω ~ η ~ σ);
(%o8) dx1dx2dx3(η1σ2ω3 - η2σ1ω3 - η1σ3ω2 + η3σ1ω2 + η2σ3ω1 - η3σ2ω1)
```

Das Keilprodukt unterliegt folgenden Rechenregeln:

Proposition 3.47 *Gegeben seien die Differentialformen* $\omega, \omega_1, \omega_2 \in \Omega^k(\mathcal{M})$, $\eta, \eta_1, \eta_2 \in \Omega^\ell(\mathcal{M})$ *und* $\sigma \in \Omega^m(\mathcal{M})$. *Dann gilt:*

$$(\omega_1 + \omega_2) \wedge \eta = \omega_1 \wedge \eta + \omega_2 \wedge \eta \tag{3.93a}$$

$$\omega \wedge (\eta_1 + \eta_2) = \omega \wedge \eta_1 + \omega \wedge \eta_2 \tag{3.93b}$$

$$(\omega \wedge \eta) \wedge \sigma = \omega \wedge (\eta \wedge \sigma) \tag{3.93c}$$

$$\omega \wedge \eta = (-1)^{k\ell} \eta \wedge \omega \tag{3.93d}$$

$$\omega = 1 \wedge \omega = \omega \wedge 1 \tag{3.93e}$$

Diese Rechenregeln lassen sich unmittelbar auf Basis der komponentenweisen Definitionen (3.88) und (3.89) beweisen. Mit den Gl. (3.93a) und (3.93b) ist das Produkt bilinear. Diese zwei Regeln kann man als Distributivgesetze auffassen. Nach Gl. (3.93c) ist das Keilprodukt assoziativ, so dass bei reinen Multiplikationen die Klammern entfallen können und man $\omega \wedge \eta \wedge \sigma$ schreibt (siehe Gl. (3.92) in Beispiel 3.46). Zusätzlich ist das Keilprodukt nach Gl. (3.93d) antikommutativ oder graduiert kommutativ. Die Zahl 1, die zugleich ein spezielles (nämlich konstantes) Skalarfeld und damit eine 0-Form ist, bildet entsprechend Gl. (3.93e) das neutrale Element (siehe auch Gl. (3.90)).

Ein häufig anzutreffender Spezialfall ist die Produktbildung mehrerer 1-Formen. Man betrachte k Kovektorfelder $\omega_1, \ldots, \omega_k \in \Omega^1(\mathcal{M})$ der Form $\omega_j = \omega_{j1}\mathrm{d}x_1 + \cdots + \omega_{jn}\mathrm{d}x_n$ für $j = 1, \ldots, k$. Das Produkt dieser 1-Formen ist eine k-Form, die sich mit

$$\omega_1 \wedge \ldots \wedge \omega_k = \sum_{i_1 < \cdots < i_k} \det \begin{pmatrix} \omega_{1i_1} & \cdots & \omega_{1i_k} \\ \vdots & \ddots & \vdots \\ \omega_{ki_1} & \cdots & \omega_{ki_k} \end{pmatrix} \mathrm{d}x_{i_1} \wedge \ldots \wedge \mathrm{d}x_{i_k} \tag{3.94}$$

berechnen lässt. Mit Gl. (3.94) kann man ausgehend von der Basis $\{dx_1, \ldots, dx_n\}$ des Kotangentialraums die Basen (3.82) der k-Formen für $k = 2, \ldots, n$ generieren, wodurch dann auch das Keilprodukt in der Basisdarstellung (3.82) gerechtfertigt wird. Für den Spezialfall einer n-Form vereinfacht sich Gl. (3.94) zu

$$\omega_1 \wedge \ldots \wedge \omega_n = \det \begin{pmatrix} \omega_{11} & \cdots & \omega_{1n} \\ \vdots & \ddots & \vdots \\ \omega_{n1} & \cdots & \omega_{nn} \end{pmatrix} dx_1 \wedge \ldots \wedge dx_n. \tag{3.95}$$

Beispiel 3.48
Man betrachte die auf $\mathcal{M} = \mathbb{R}^3$ definierten 1-Formen ω, η, σ aus Beispiel 3.46. Die Komponenten des Produkts $\omega \wedge \eta$ lassen sich nach Gl. (3.94) in Übereinstimmung mit Gl. (3.91) ermitteln:

$$\begin{aligned} dx_1 \wedge dx_2 &: \det \begin{pmatrix} \omega_1 & \omega_2 \\ \eta_1 & \eta_2 \end{pmatrix} = \omega_1\eta_2 - \omega_2\eta_1, \\ dx_1 \wedge dx_3 &: \det \begin{pmatrix} \omega_1 & \omega_3 \\ \eta_1 & \eta_3 \end{pmatrix} = \omega_1\eta_3 - \omega_3\eta_1, \\ dx_2 \wedge dx_3 &: \det \begin{pmatrix} \omega_2 & \omega_3 \\ \eta_2 & \eta_3 \end{pmatrix} = \omega_2\eta_3 - \omega_3\eta_2. \end{aligned}$$

Die Komponente des Produkts $\omega \wedge \eta \wedge \sigma$ zur Basis $dx_1 \wedge dx_2 \wedge dx_3$ ergibt sich nach Gl. (3.95) aus der Determinante

$$\det \begin{pmatrix} \omega_1 & \omega_2 & \omega_3 \\ \eta_1 & \eta_2 & \eta_3 \\ \sigma_1 & \sigma_2 & \sigma_3 \end{pmatrix} = \omega_1\eta_2\sigma_3 + \omega_2\eta_3\sigma_1 + \omega_3\eta_1\sigma_2 - \omega_1\eta_3\sigma_2 - \omega_2\eta_1\sigma_3 - \omega_3\eta_2\sigma_1.$$

Dieses Ergebnis stimmt mit Gl. (3.92) aus Beispiel 3.46 überein.

Aus der Darstellung (3.94) ergibt sich unmittelbar folgende Aussage [Sas99, Theorem 12.16]:

Proposition 3.49 *Die Kovektorfelder $\omega_1, \ldots, \omega_k \in \Omega^1(\mathcal{M})$ sind in einem Punkt $p \in \mathcal{M}$ genau dann linear unabhängig, wenn*

$$(\omega_1 \wedge \ldots \wedge \omega_k)(p) \neq 0. \tag{3.96}$$

Beweis Die Kovektoren $\omega_1(p), \ldots, \omega_k(p) \in (\mathbb{R}^n)^*$ sind genau dann linear unabhängig, wenn die Matrix

$$W = \begin{pmatrix} \omega_1(p) \\ \vdots \\ \omega_k(p) \end{pmatrix} = \begin{pmatrix} \omega_{11}(p) & \cdots & \omega_{1n}(p) \\ \vdots & \ddots & \vdots \\ \omega_{k1}(p) & \cdots & \omega_{kn}(p) \end{pmatrix} \in \mathbb{R}^{k \times n}$$

den Rank k, also vollen Zeilenrang, besitzt. Das ist wiederum genau dann der Fall, wenn es eine $k \times k$-Teilmatrix gibt, deren Determinante nicht Null ist. Gibt es eine solche Teilmatrix mit Rang k, dann ist mindestens ein Term der k-Form (3.94) nicht Null. Ist dagegen die Determinante aller $k \times k$-Teilmatrizen Null, dann ist auch die k-Form (3.94) Null. □

Auf der Algebra $\Omega(\mathcal{M})$ ist die **äußere Ableitung** bzw. das **äußere Differential**

$$\mathrm{d}{:}\Omega^k(\mathcal{M}) \to \Omega^{k+1}(\mathcal{M})$$

definiert, welche eine k-Form in eine $(k+1)$-Form überführt. Für eine 0-Form $h \in \Omega^0(\mathcal{M})$ bzw. ein Skalarfeld $h{:}\mathcal{M} \to \mathbb{R}$ ist die äußere Ableitung der Gradient (vgl. ▶ Abschn. 2.2):

$$\mathrm{d}h(x) = \sum_{i=1}^{n} \frac{\partial h(x)}{\partial x_i}\,\mathrm{d}x_i. \tag{3.97}$$

Für eine k-Form $\omega \in \Omega^k(\mathcal{M})$ nach Gl. (3.86) ergibt sich die äußere Ableitung komponentenweise aus

$$\begin{aligned}\mathrm{d}\omega &= \sum_{i_1<\cdots<i_k} \mathrm{d}\omega_{i_1\cdots i_k}(x) \wedge \mathrm{d}x_{i_1} \wedge \ldots \wedge \mathrm{d}x_{i_k} \\ &= \sum_{i_1<\cdots<i_k} \sum_{i=1}^{n} \frac{\partial \omega_{i_1\cdots i_k}(x)}{\partial x_i}\,\mathrm{d}x_i \wedge \mathrm{d}x_{i_1} \wedge \ldots \wedge \mathrm{d}x_{i_k}.\end{aligned} \tag{3.98}$$

Beispiel 3.50
Auf $\mathcal{M} = \mathbb{R}^3$ sei die 1-Form

$$\omega(x) = \omega_1(x)\,\mathrm{d}x_1 + \omega_2(x)\,\mathrm{d}x_2 + \omega_3(x)\,\mathrm{d}x_3 \tag{3.99}$$

gegeben. Als äußere Ableitung erhält man die 2-Form

$$\begin{aligned}\mathrm{d}\omega(x) &= \left(\frac{\partial\omega_1(x)}{\partial x_1}\mathrm{d}x_1 + \frac{\partial\omega_1(x)}{\partial x_2}\mathrm{d}x_2 + \frac{\partial\omega_1(x)}{\partial x_3}\mathrm{d}x_3\right) \wedge \mathrm{d}x_1 \\ &\quad + \left(\frac{\partial\omega_2(x)}{\partial x_1}\mathrm{d}x_1 + \frac{\partial\omega_2(x)}{\partial x_2}\mathrm{d}x_2 + \frac{\partial\omega_3(x)}{\partial x_3}\mathrm{d}x_3\right) \wedge \mathrm{d}x_2 \\ &\quad + \left(\frac{\partial\omega_3(x)}{\partial x_1}\mathrm{d}x_1 + \frac{\partial\omega_3(x)}{\partial x_2}\mathrm{d}x_2 + \frac{\partial\omega_3(x)}{\partial x_3}\mathrm{d}x_3\right) \wedge \mathrm{d}x_3 \\ &= \left(\frac{\partial\omega_2(x)}{\partial x_1} - \frac{\partial\omega_1(x)}{\partial x_2}\right)\mathrm{d}x_1 \wedge \mathrm{d}x_2 + \left(\frac{\partial\omega_3(x)}{\partial x_1} - \frac{\partial\omega_1(x)}{\partial x_3}\right)\mathrm{d}x_1 \wedge \mathrm{d}x_3 \\ &\quad + \left(\frac{\partial\omega_3(x)}{\partial x_2} - \frac{\partial\omega_2(x)}{\partial x_3}\right)\mathrm{d}x_2 \wedge \mathrm{d}x_3,\end{aligned} \tag{3.100}$$

wobei die auftretenden Terme entsprechend Gl. (3.83) und (3.84) vereinfacht wurden. Die Ableitung der 2-Form

$$\eta(x) = \eta_{12}(x)\,\mathrm{d}x_1 \wedge \mathrm{d}x_2 + \eta_{13}\,\mathrm{d}x_1 \wedge \mathrm{d}x_3 + \eta_{23}\,\mathrm{d}x_2 \wedge \mathrm{d}x_3$$

ist die 3-Form

$$d\eta(x) = \left(\frac{\partial \eta_{23}(x)}{\partial x_1} - \frac{\partial \eta_{13}(x)}{\partial x_2} + \frac{\partial \eta_{12}(x)}{\partial x_3} \right) dx_1 \wedge dx_2 \wedge dx_3 .$$

Diese Ergebnisse lassen sich mit MAXIMA reproduzieren:

```
(%i2) load(basic)$
      if get('cartan,'version)=false then load(cartan)$
(%i4) x:[x1,x2,x3];
      dx:init_cartan(x);
(%o3) [x1,x2,x3]
(%o4) [dx1,dx2,dx3]

(%i7) ω:[ω1,ω2,ω3];
      depends(ω,x);
      ω:ω . dx;
(%o5) [ω1,ω2,ω3]
(%o6) [ω1(x1,x2,x3),ω2(x1,x2,x3),ω3(x1,x2,x3)]
(%o7) dx3 ω3 + dx2 ω2 + dx1 ω1

(%i9) dω:ext_diff(ω)$
      facsum(%,dx1,dx2,dx3);
```

$$\text{(\%o9)}\quad dx2\,dx3\left(\frac{d}{d\,x2}\,\omega 3-\frac{d}{d\,x3}\,\omega 2\right)+dx1\,dx3\left(\frac{d}{d\,x1}\,\omega 3-\frac{d}{d\,x3}\,\omega 1\right)+ dx1\,dx2\left(\frac{d}{d\,x1}\,\omega 2-\frac{d}{d\,x2}\,\omega 1\right)$$

```
(%i11) depends([η12,η13,η23],x);
       η:η12*dx1~dx2+η13*dx1~dx3+η23*dx2~dx3;
(%o10) [η12(x1,x2,x3),η13(x1,x2,x3),η23(x1,x2,x3)]
(%o11) dx2 dx3 η23 + dx1 dx3 η13 + dx1 dx2 η12

(%i13) dη:ext_diff(η)$
       factor(%);
```

$$\text{(\%o13)}\quad dx1\,dx2\,dx3\left(\frac{d}{d\,x1}\,\eta 23-\frac{d}{d\,x2}\,\eta 13+\frac{d}{d\,x3}\,\eta 12\right)$$

Für die äußere Ableitung gelten folgende Rechenregeln:

Proposition 3.51 *Gegeben seien die Differentialformen $\omega, \eta \in \Omega^k(\mathcal{M})$ und $\sigma \in \Omega^\ell(\mathcal{M})$. Dann gilt:*

$$d(\omega + \eta) = d\omega + d\eta \tag{3.101a}$$

$$d(\omega \wedge \sigma) = (d\omega) \wedge \sigma + (-1)^k \omega \wedge (d\sigma) \tag{3.101b}$$

$$d\,d\omega = 0. \tag{3.101c}$$

Gl. (3.101a) und (3.101b) lassen sich unmittelbar auf Basis von (3.98) beweisen. Gl. (3.101c) beruht auf dem Satz/Lemma von Schwarz (Lemma 2.9) und wird oft in Operatornotation mit $d \circ d = 0$ angegeben.

Anmerkung 3.52 Der Ableitungsoperator d rechtfertigt nachträglich die Notation $\{dx_1, \ldots, dx_n\}$ der Basiselemente des Kotangentialraums bzw. des Raumes $\Omega^1(\mathcal{M})$ der 1-Formen. Dazu betrachte man die 0-Form $h(x) = x_i$ für $i = 1, \ldots, n$. Die äußere Ableitung ergibt sich nach Gl. (3.97) zu $dh(x) = dx_i$, womit man die o. g. Basiselemente erhält (vgl. auch Anmerkung 2.4).

Eine k-Form $\omega \in \Omega^k(\mathcal{M})$ heißt **geschlossen**, wenn $d\omega = 0$. Gibt es zu einer k-Form ω eine $(k-1)$-Form $\eta \in \Omega^{k-1}(\mathcal{M})$ mit $d\eta = \omega$, dann heißt die Differentialform ω **exakt**. Die Differentialform η kann man gewissermaßen als Stammfunktion der Differentialform ω auffassen. Jede exakte Differentialform ω ist wegen Gl. (3.101c) und $d\omega = dd\eta = 0$ auch geschlossen. Der Umkehrschluss ist Gegenstand des Poincaréschen Lemmas. Die in ▶ Abschn. 2.2 angegebene Fassung dieses Lemmas für Differentialformen ersten Grades (vgl. Lemma 2.10) lässt sich folgendermaßen auf k-Formen verallgemeinern:

Lemma 3.53 (Poincarésches Lemma) *Sei $\mathcal{M} \subseteq \mathbb{R}^n$ offen und $\mathcal{U} \subseteq \mathcal{M}$ eine offene Kugel mit Zentrum $p \in \mathcal{M}$. Eine geschlossene k-Form $\omega \in \Omega^k(\mathcal{U})$ auf $\mathcal{U}$ mit $k = 1, \ldots, n$ ist auch exakt.*

Der Beweis ist beispielsweise in [AF01, KvW07] angegeben.

Beispiel 3.54

Man betrachte die 1-Form ω nach Gl. (3.99) aus Beispiel 3.50. Die äußere Ableitung $d\omega$ verschwindet nach Gl. (3.100) genau dann, wenn

$$\left(\frac{\partial \omega_2(x)}{\partial x_1} - \frac{\partial \omega_1(x)}{\partial x_2}\right) = \left(\frac{\partial \omega_3(x)}{\partial x_1} - \frac{\partial \omega_1(x)}{\partial x_3}\right) = \left(\frac{\partial \omega_3(x)}{\partial x_2} - \frac{\partial \omega_2(x)}{\partial x_3}\right) = 0.$$

Das sind genau die Bedingungen (2.19) des Poincaréschen Lemmas aus ▶ Abschn. 2.2.

Für eine geschlossene k-Form ω sichert das Poincarésche Lemma (lokal) die Existenz einer $(k-1)$-Form η mit $d\eta = \omega$, trifft aber keine Aussage hinsichtlich der Eindeutigkeit der Stammfunktion η. Seien $\eta_1, \eta_2 \in \Omega^{k-1}(\mathcal{U})$ zwei $(k-1)$-Formen mit $d\eta_1 = d\eta_2 = \omega$. Die Differenz $\eta_2 - \eta_1$ ist wiederum eine $(k-1)$-Form, die wegen $d(\eta_2 - \eta_1) = d\eta_2 - d\eta_1 = 0 - 0 = 0$ geschlossen und folglich auch exakt ist. Daher gibt es eine $(k-2)$-Form $\sigma \in \Omega^{k-2}(\mathcal{U})$ mit $d\sigma = \eta_2 - \eta_1$ bzw. $\eta_2 = \eta_1 + d\sigma$. Die beiden Stammfunktionen η_1 und η_2 können sich also um die äußere Ableitung einer $(k-2)$-Form unterscheiden. Eine solche Zuordnung $\eta_1 \mapsto \eta_1 + d\sigma$ nennt man **Eichtransformation**.

Nach Definition 3.40 nennen wir eine Distrubution integrierbar, wenn ihr Annihilator von Gradienten aufgespannt werden kann. Der Satz von Frobenius (Satz 3.41) charakterisiert diese Distributionen als involutive Distributionen, wobei die Involutivität über die Lie-Klammern der die Distribution aufspannenden Vektorfelder überprüft werden kann. Mit Hilfe von Differentialformen ist folgende gleichwertige Charakterisierung möglich [AF01, CMP07]:

Satz 3.55 (Satz von Frobenius für Formen) *Die glatte Distribution Δ sei im Punkt $p \in \mathcal{M}$ der offenen Teilmenge $\mathcal{M} \subseteq \mathbb{R}^n$ regulär mit $\dim(\Delta) = k$. Ferner seien die 1-Formen*

$\omega_1, \ldots, \omega_{n-k} \in \Omega^1(\mathcal{M})$ *eine Basis des Annihilators* $\Delta^\perp$, *d. h.* $\Delta^\perp = \operatorname{span}\{\omega_1, \ldots, \omega_{n-k}\}$. *Die Distribution ist in einer geeigenten Umgebung* $\mathcal{U} \subseteq \mathcal{M}$ *von* p *genau dann integrierbar, wenn gilt*

$$\mathrm{d}\omega_j \wedge \omega_1 \wedge \cdots \wedge \omega_{n-k} = 0 \quad \textit{für} \quad j = 1, \ldots, n-k.$$

Im Spezialfall $k = n - 1$ ist der Annihilator der Distrubution Δ eindimenional, wird also von einer einzigen 1-Form $\omega \in \Omega^1(\mathcal{M})$ aufgespannt. Dann geht es um die Existenz eines integrierenden Faktors $\mu \in \Omega^0(\mathcal{M})$ (siehe Beispiel 3.42 in ▶ Abschn. 3.4), so dass die resultierende 1-Form $(\mu\omega) \in \Omega^1(\mathcal{M})$ geschlosssen und damit exakt ist.

Korollar 3.56 *Sei* $\mathcal{M} \subseteq \mathbb{R}^n$ *offen,* $p \in \mathcal{M}$ *und* $\omega \in \Omega^1(\mathcal{M})$ *eine auf* $\mathcal{M}$ *nirgends verschwindende 1-Form. Auf einer geeigneten Umgebung* $\mathcal{U} \subseteq \mathcal{M}$ *von* p *gibt es genau dann einen integrierenden Faktor, wenn*

$$\mathrm{d}\omega \wedge \omega = 0. \tag{3.102}$$

Beweis Angenommen, es gibt einen integrierenden Faktor μ, d. h.

$$\begin{aligned} 0 &= \mathrm{d}(\mu\omega) \\ &= \mathrm{d}(\mu \wedge \omega) \\ &= \mathrm{d}\mu \wedge \omega + (-1)^0 \mu \wedge \mathrm{d}\omega. \end{aligned}$$

Multipliziert man beide Seiten von rechts im Sinne des Keilprodukts mit ω, so erhält man

$$0 = \mathrm{d}\mu \wedge \underbrace{\omega \wedge \omega}_{=0} + \mu \wedge \mathrm{d}\omega \wedge \omega.$$

Der Term $\omega \wedge \omega$ verschwindet wegen Proposition 3.49. Da der integrierende Faktor μ ein nirgends verschwindendes Skalarfeld ist, folgt aus $0 = \mu \wedge \mathrm{d}\omega \wedge \omega = \mu \cdot \mathrm{d}\omega \wedge \omega$ unmittelbar $0 = \mathrm{d}\omega \wedge \omega$. Der Umkehrschluss ergibt sich direkt aus Satz 3.55. □

Beispiel 3.57
Die auf $\mathcal{M} = \mathbb{R}^3$ definierte 1-Form

$$\omega(x) = 4x_1x_2\mathrm{d}x_1 + 4x_2^2\mathrm{d}x_2$$

ist nicht exakt, da die äußere Ableitung

$$\mathrm{d}\omega(x) = -4x_1\mathrm{d}x_1 \wedge \mathrm{d}x_2$$

nicht identisch Null ist. Wegen $\mathrm{d}\omega \wedge \omega \equiv 0$ gibt es jedoch einen integrierenden Faktor (vgl. Beispiel 3.42). Die oben angegebenen lassen Ergebnisse sich leicht mit MAXIMA verifizieren:

```
(%i1) if get('cartan,'version)=false then load(cartan)$
(%i2) init_cartan([x1,x2,x3]);
(%o2) [dx1, dx2, dx3]
(%i3) ω:4*x1*x2*dx1+4*(x2^2)*dx2;
(%o3) 4 x2^2 dx2 + 4 x1 x2 dx1
(%i4) dω:ext_diff(ω);
(%o4) -4 x1 dx1 dx2
(%i5) dω~ω;
(%o5) 0
```

Für $n = 2$ ist die Bedingung (3.102) von Korollar 3.56 stets erfüllt, d. h. im Zweidimensionalen gibt es immer einen integrierenden Faktor:

Korollar 3.58 *Sei $\mathcal{M} \subseteq \mathbb{R}^2$ offen, $p \in \mathcal{M}$ und $\omega \in \Omega^1(\mathcal{M})$ eine auf $\mathcal{M}$ nirgends verschwindende 1-Form. Auf einer geeigneten Umgebung $\mathcal{U} \subseteq \mathcal{M}$ von p gibt es dann stets einen integrierenden Faktor.*

Beweis Mit $\omega \in \Omega^1(\mathcal{M})$ gilt $\mathrm{d}\omega \in \Omega^2(\mathcal{M})$, so dass $\mathrm{d}\omega \wedge \omega \in \Omega^3(\mathcal{M})$. Der Vektorraum der 3-Formen enthält für $n = 2$ jedoch nur den Nullvektor, so dass die Bedingung (3.102) immer erfüllt ist. □

3.6 Übungsaufgaben

Aufgabe 3.1 *Zu den Vektorfeldern*

$$f(x) = \sin x_3 \frac{\partial}{\partial x_1} + \cos x_3 \frac{\partial}{\partial x_2} \quad \textit{und} \quad g(x) = \frac{\partial}{\partial x_3} \tag{3.103}$$

des mobilen Roboters bestimme man für das Skalarfeld $h(x) = x_1$ (Projektion auf x_1-Achse) die Lie-Ableitungen $L_f h$, $L_f^2 h$, $L_g h$, $L_f L_g h$ und $L_g L_f h$!

Aufgabe 3.2 *Beweisen Sie die Aussagen (3.72b)–(3.72e) von Proposition 3.31.*

Aufgabe 3.3 *Man betrachte die Distribution Δ, die von den Vektorfeldern $f_1, f_2 : \mathbb{R}^3 \to \mathbb{R}^3$ aufgespannt wird:*

$$\Delta = \operatorname{span}\{f_1, f_2\}, \quad f_1(x) = \frac{\partial}{\partial x_1} + \frac{\partial}{\partial x_2}, \quad f_2(x) = -x_1^2 \frac{\partial}{\partial x_1} + \frac{\partial}{\partial x_2}.$$

1. *Bestimmen Sie die Dimension dieser Distribution. Ist die Distribution regulär?*

2. *Gegeben sei ein weiteres Vektorfeld*

$$f(x) = \frac{\partial}{\partial x_1} + x_2 \frac{\partial}{\partial x_2}.$$

Gilt $f \in \Delta$*? Falls ja, stellen Sie* f *in Abhängigkeit der die Distribution aufspannenden Vektorfelder dar.*
3. *Bestimmen Sie den Annihilator* $\Delta^{\perp}$ *der Distribution* Δ*!*

Aufgabe 3.4 *Gegeben seien die auf* $M = \mathbb{R}^3$ *definierten eindimensionalen Kodistributionen*

$$\Omega_1(x) = span\,\{\mathrm{d}x_1 + \mathrm{e}^{x_2}\mathrm{d}x_2\}\,,$$
$$\Omega_2(x) = span\,\{\mathrm{d}x_1 - \mathrm{e}^{x_2}\mathrm{d}x_2\}\,.$$

Geben Sie die Kodistributionen $\Omega_1 \cap \Omega_2$ *und* $\Omega := \Omega_1 + \Omega_2$ *an! Bestimmen Sie zusätzlich den Annihilator* $\Omega^{\perp}(x)$*!*

Aufgabe 3.5 *Auf* $\mathcal{M} = \mathbb{R}^5$ *betrachte man das lineare Vektorfeld* f_1 *und das konstante Vektorfeld* f_2*:*

$$f_1(x) = x_2 \frac{\partial}{\partial x_1} + x_3 \frac{\partial}{\partial x_2} + x_4 \frac{\partial}{\partial x_3}, \quad f_2(x) = \frac{\partial}{\partial x_4}.$$

Geben Sie den involutiven Abschluss $\mathrm{inv}(\Delta)$ *der von den Vektorfeldern* f_1 *und* f_2 *aufgespannten Distribution* $\Delta = \mathrm{span}\{f_1, f_2\}$ *an!*

Aufgabe 3.6 *Im Zusammenhang mit dem Robotermodell trat die Differentialform*

$$\omega(x) = -\cos x_3 \mathrm{d}x_1 + \sin x_3 \mathrm{d}x_2$$

in Erscheinung (vgl. Beispiele 3.27, 3.28 und 3.29). Ist diese Differentialform (ggf. mit integrierendem Faktor) geschlossen bzw. exakt?

3.7 Lösungen

Lösung zu Aufgabe 3.1 *Für die Lie-Ableitungen von h entlang f erhält man*

$$L_f h(x) = dh(x) \cdot f(x) = (1, 0, 0) \cdot \begin{pmatrix} \sin x_3 \\ \cos x_3 \\ 0 \end{pmatrix} = \sin x_3$$

und

$$L_f^2 h(x) = dL_f h(x) \cdot f(x) = (0, 0, \cos x_3) \cdot \begin{pmatrix} \sin x_3 \\ \cos x_3 \\ 0 \end{pmatrix} = 0.$$

Aus

$$L_g h(x) = dh(x) \cdot g(x) = (1, 0, 0) \cdot \begin{pmatrix} 0 \\ 0 \\ 1 \end{pmatrix} = 0$$

folgt unmittelbar $dL_g h(x) = (0, 0, 0)$ *und somit* $L_f L_g h(x) = dL_g h(x) \cdot f(x) = 0$. *Aus* $L_f h$ *bestimmt man die andere gemischte Lie-Ableitung:*

$$L_g L_f h(x) = dL_f h(x) \cdot g(x) = (0, 0, \cos x_3) \cdot \begin{pmatrix} 0 \\ 0 \\ 1 \end{pmatrix} = \cos x_3.$$

Lösung zu Aufgabe 3.2 *Wir zeigen den Beweis von Gl. (3.72e), d. h.* $(\Delta_1 + \Delta_2)^\perp = \Delta_1^\perp \cap \Delta_2^\perp$. *Gl. (3.72b)–(3.72d) lassen sich in ähnlicher Weise verifizieren.*

„$\Rightarrow$“ *Sei* $\omega \in (\Delta_1 + \Delta_2)^\perp$, *d. h. für alle* $f = f_1 + f_2$ *mit* $f_1 \in \Delta_1$ *und* $f_2 \in \Delta_2$ *gilt* $\langle \omega, f \rangle = \langle \omega, f_1 + f_2 \rangle = 0$. *Da der Nullvektor in jedem Vektorraum vorhanden sein muss, folgt für* $f_1 = 0$ *sofort* $\langle \omega, f_2 \rangle = 0$ *bzw.* $\omega \in \Delta_2^\perp$ *und für* $f_2 = 0$ *in gleicher Weise* $\langle \omega, f_1 \rangle = 0$ *bzw.* $\omega \in \Delta_1^\perp$. *Mit* $\omega \in \Delta_1^\perp$ *und* $\omega \in \Delta_2^\perp$ *gilt* $\omega \in \Delta_1^\perp \cap \Delta_2^\perp$.

„$\Leftarrow$“ *Sei* $\omega \in \Delta_1^\perp \cap \Delta_2^\perp$, *also* $\omega \in \Delta_1^\perp$ *und* $\omega \in \Delta_2^\perp$. *Für* $f_1 \in \Delta_1$ *und* $f_2 \in \Delta_2$ *gilt somit* $\langle \omega, f_1 \rangle = 0$ *und* $\langle \omega, f_2 \rangle = 0$. *Ein beliebiges Vektorfeld* $f \in \Delta_1 + \Delta_2$ *kann zerlegt werden in* $f = f_1 + f_2$ *mit* $f_1 \in \Delta_1$ *und* $f_2 \in \Delta_2$. *Dann gilt*

$$\langle \omega, f \rangle = \langle \omega, f_1 + f_2 \rangle = \langle \omega, f_1 \rangle + \langle \omega, f_2 \rangle = 0 + 0 = 0,$$

also $\omega \in (\Delta_1 + \Delta_2)^\perp$.

Lösung zu Aufgabe 3.3 *Die Distribution kann folgendermaßen dargestellt werden:*

$$\Delta(x) = \mathrm{span}\,\{f_1(x), f_2(x)\} = \mathrm{im} \begin{pmatrix} 1 & -x_1^2 \\ 1 & 1 \\ 0 & 0 \end{pmatrix} \tag{3.104}$$

1. *Die* 2×2*-Teilmatrix ist wegen*

   $$\det \begin{pmatrix} 1 & -x_1^2 \\ 1 & 1 \end{pmatrix} = 1 + x_1^2 > 0$$

   regulär. Damit gilt $\dim \Delta(x) = 2$ *für alle* $x \in \mathbb{R}^3$, *so dass die Distribution auch regulär ist.*

2. *Wir fassen die Vektorfelder spaltenweise zu einer Matrix*

$$F(x) = (f_1(x), f_2(x), f(x)) = \begin{pmatrix} 1 & -x_1^2 & 1 \\ 1 & 1 & x_2 \\ 0 & 0 & 0 \end{pmatrix}$$

zusammen. Aus $\operatorname{rang} F(x) = 2$ *folgt, dass das Vektorfeld* f *in der linearen Hülle der Vektorfelder* f_1, f_2 *liegt, d. h.* $f \in \Delta$. *Zur Bestimmung der Koeffizienten* $\alpha_1, \alpha_2 \colon \mathbb{R}^3 \to \mathbb{R}$ *(Skalarfelder), die das Vektorfeldes* f *bezüglich der die Distribution aufspannenden Vektorfelder* f_1, f_2 *beschreiben, ist das lineare Gleichungssystem*

$$f(x) = \alpha_1(x) f_1(x) + \alpha_2(x) f_2(x)$$

zu lösen. Man erhält $\alpha_1(x) = \frac{x_1^2 x_2 + 1}{1 + x_1^2}$ *und* $\alpha_2(x) = \frac{x_2 + 1}{1 + x_1^2}$.

3. *Die Nullzeile in der in Gl. (3.104) angegebenen Matrix impliziert* $\Delta^{\perp}(x) = \operatorname{span}\{(0, 0, 1)\} = \operatorname{span}\{dx_3\}$.

Lösung zu Aufgabe 3.4 *Die die Kodistributionen* Ω_1 *und* Ω_2 *aufspannenden Kovektorfelder sind linear unabhängig. Die dabei aufgespannten Teilräume haben somit nur den Null(ko)vektor gemeinsam, d. h.* $\Omega_1 \cap \Omega_2 = \operatorname{span}\{0\}$. *Da in der Beschreibung von* Ω_1 *und* Ω_2 *nur die ersten zwei Elemente der kanonischen Basis auftreten, kann die Summe zu* $\Omega = \Omega_1 + \Omega_2 = \operatorname{span}\{\mathrm{d}x_1, \mathrm{d}x_2\}$ *vereinfacht werden. Annihilator* $\Omega^{\perp} = \operatorname{span}\{\frac{\partial}{\partial x_3}\}$ *ist eine Distribution, die von dem dritten Basiselement des Primalraums* $\mathbb{R}^3$ *aufgespannt wird.*

Lösung zu Aufgabe 3.5 *Die von den Vektorfeldern* f_1 *und* f_2 *aufgespannte Distribution* $\Delta = \operatorname{span}\{f_1, f_2\}$ *ist nicht involutiv. Mit der Lie-Klammer* $f_3 := [f_1, f_2] = -\frac{\partial}{\partial x_3}$ *aufgespannte Distribution* $\operatorname{span}\{f_1, f_2, f_3\}$ *ist ebenfalls noch nicht involutiv. Erst durch Hinzunahme von* $f_4 := [f_1, f_3] = \frac{\partial}{\partial x_4}$ *erhält man eine 4-dimensionale involutive Distribution, d. h.* $\operatorname{inv}(\Delta) = \operatorname{span}\{f_1, f_2, f_3, f_4\}$:

```
(%i6) f1:[x2,x3,x4,0,0];
      f2:[0,0,0,1,0];
      x:[x1,x2,x3,x4,x5];
(%o4) [x2,x3,x4,0,0]
(%o5) [0,0,0,1,0]
(%o6) [x1,x2,x3,x4,x5]

(%i7) InvolutiveClosure([f1,f2],x);
(%o7) [[x2,x3,x4,0,0],[0,0,0,1,0],[0,0,-1,0,0],[0,1,0,0,0]]

(%i8) Involutivep(%,x);
(%o8) true
```

Lösung zu Aufgabe 3.6 *Zunächst überprüfen wir, ob die Differentialform ω selber geschlossen ist. Dazu bildet man die äußere Ableitung:*

$$
\begin{aligned}
\mathrm{d}\omega(x) &= -\frac{\partial \cos x_3}{\partial x_3}\mathrm{d}x_3 \wedge \mathrm{d}x_1 + \frac{\partial \sin x_3}{\partial x_3}\mathrm{d}x_3 \wedge \mathrm{d}x_2 \\
&= \sin x_3 \mathrm{d}x_3 \wedge \mathrm{d}x_1 + \cos x_3 \mathrm{d}x_3 \wedge \mathrm{d}x_2 \\
&= -\sin x_3 \mathrm{d}x_1 \wedge \mathrm{d}x_3 - \cos x_3 \mathrm{d}x_2 \wedge \mathrm{d}x_3 .
\end{aligned}
$$

Wegen $\mathrm{d}\omega \neq 0$ *ist die Differentialform* ω *nicht geschlossen und damit nicht exakt. Die Existenz eines integrierenden Faktors prüfen wir auf Basis von Korollar 3.56. Wegen*

$$
\begin{aligned}
\mathrm{d}\omega \wedge \omega &= (-\sin x_3 \mathrm{d}x_1 \wedge \mathrm{d}x_3 - \cos x_3 \mathrm{d}x_2 \wedge \mathrm{d}x_3) \wedge (-\cos x_3 \mathrm{d}x_1 + \sin x_3 \mathrm{d}x_2) \\
&= -\sin x_3 \mathrm{d}x_1 \wedge \mathrm{d}x_3 \wedge \sin x_3 \mathrm{d}x_2 - \cos x_3 \mathrm{d}x_2 \wedge \mathrm{d}x_3 \wedge (-\cos x_3 \mathrm{d}x_1) \\
&= -\sin^2 x_3 \mathrm{d}x_1 \wedge \mathrm{d}x_3 \wedge \mathrm{d}x_2 + \cos^2 x_3 \mathrm{d}x_2 \wedge \mathrm{d}x_3 \wedge \mathrm{d}x_1 \\
&= \sin^2 x_3 \mathrm{d}x_1 \wedge \mathrm{d}x_2 \wedge \mathrm{d}x_3 + \cos^2 x_3 \mathrm{d}x_1 \wedge \mathrm{d}x_2 \wedge \mathrm{d}x_3 \\
&= \mathrm{d}x_1 \wedge \mathrm{d}x_2 \wedge \mathrm{d}x_3 \neq 0
\end{aligned}
$$

existiert auch kein integrierender Faktor.

Literatur

[AF01] Agricola, I. und T. Friedrich: **Global Analysis: Differentialformen in Analysis, Geometrie und Physik**. Vieweg, Braunschweig, Wiesbaden, 2001.

[AP90] Arrowsmith, D. K. und C. M. Place: **An Introduction to Dynamical Systems**. Cambridge University Press, Cambridge, 1990.

[Arn89] Arnold, V. I.: **Mathemaical Methods of Classical Mechanics**. Springer, New York, 2. Auflage, 1989.

[Bär06] Bärwolff, G.: **Höhere Mathematik**. Spektrum Akad. Verlag, 2. Auflage, 2006.

[CMP07] Conte, G., C. H. Moog und A. M. Perdon: **Algebraic Methods for Nonlinear Control Systems**. Springer-Verlag, London, 2. Auflage, 2007.

[DBE85] Dayawansa, W., W. M. Boothby und D. L. Elliott: **Global state and feedback equivalence of nonlinear systems**. Systems & Control Letters, 6:229–234, 1985.

[DSEJ13] Duerr, H. B., M. S. Stanković, C. Ebenbauer und K. H. Johansson: **Lie bracket approximation of extremum seeking systems**. Automatica, 49(6):1538 – 1552, 2013.

[Dul99] Duleba, I.: **On use of Campbell-Baker-Hausdorff-Dynkin formulas in nonholonomicmotion planning**. In: **Proc. of the First Workshop on Robot Motion and Control (RoMoCo '99)**, Seiten 177–182, Kiekrz, Poland, 1999.

[GH83] Guckenheimer, J. und P. Holmes: **Nonlinear Oscillations, Dynamical Systems, and Bifurcations of Vector Fields**. Springer-Verlag, New York, 1983.

[Grö67] Gröbner, W.: **Die Lie-Reihen und ihre Anwendung**. Deutscher Verlag der Wissenschaften, Berlin, 1967.

[GW08] Griewank, A. und A. Walther: **Evaluating Derivatives: Principles and Techniques of Algorithmic Differentiation**. SIAM, Philadelphia, 2. Auflage, 2008.

[Hes99] Hestenes, D.: **New foundations for classical mechanics**. Kluwer, New York, 2. Auflage, 1999.

[HN91] Hilgert, J. und K. H. Neeb: **Lie-Gruppen und Lie-Algebren**. Vieweg, Wiesbaden, 1991.

[HSS09] Holm, D. D., T. Schmah und C. Stoica: **Geometric Mechanicas and Symmetry: From Finite to Infinite Dimensions**. Oxford University Press, 2009.

[Ish01] Isham, C. J.: **Modern Differential Geometry for Physicists**. World Scientific, 2. Auflage, 2001.

[Isi95] Isidori, A.: **Nonlinear Control Systems: An Introduction**. Springer-Verlag, London, 3. Auflage, 1995.

[Jak01] Jakubczyk, B.: **Introduction to Geometric Nonlinear Control; Controllability and Lie Brackets**. Lectures given at the Summer School on Mathematical Control Theory, Trieste, September 2001.

[Jän05] Jänich, K.: **Vektoranalysis**. Springer-Verlag, Berlin, Heidelberg, 5. Auflage, 2005.

[KB00] Kwatny, H. G. und G. L. Blankenship: **Nonlinear Control and Analytical Mechanics: A Computational Approach**. Birkhäuser, Boston, 2000.

[Kna12] Knauf, A.: **Mathematische Physik: Klassische Mechanik**. Springer-Verlag, Berlin, Heidelberg, 2012.

[Kre85] Krener, A. J.: $(Ad_{f,g})$ $(ad_{f,g})$ **and locally** $(ad_{f,g})$ **invariant and controllability distributions**. SIAM J. Control and Optimization, 23(4):523–524, 1985.

[KSN99] Kugi, A., K. Schlacher und R. Novaki: **Symbolic Computation for the Analysis and Synthesis of Nonlinear Control Systems**. In: Konrad, A. und C. A. Brebbia (Herausgeber): **Software for Electrical Engineering, Analysis and Design IV**, Band 2 der Reihe **Software Studies**, Seiten 255–264. WIT-Press, Southampton, 1999.

[KvW07] Kerner, H. und W. von Wahl: **Mathematik für Physiker**. Springer-Verlag, Berlin, Heidelberg, 2. Auflage, 2007.

[KŽO99] Kumar, V., M. Žefran und J. P. Ostrowski: **Motion planning and control of robots**. In: Nof, S. Y. [Nof99], Kapitel 15, Seiten 295–315.

[Lee06] Lee, J. M.: **Introduction to Smooth Manifolds**, Band 218 der Reihe **Graduate Texts in Mathematics**. Springer, New York, 2006.

[LS93] Lafferriere, G. und H. J. Sussmann: **A Differential Geometric Approach to Motion Planning**. In: Li, Zexiang und J.F. Canny (Herausgeber): **Nonholonomic Motion Planning**, Band 192 der Reihe **The Springer International Series in Engineering and Computer Science**, Seiten 235–270. Springer, 1993.

[Lun97] Lunze, J.: **Regelungstechnik 2, Mehrgrößensysteme, Digitale Regelung**. Springer-Verlag, Berlin, Heidelberg, 4. Auflage, 1997.

[LWJ95] Lemmen, M., T. Wey und M. Jelali: **NSAS – ein Computer-Algebra-Packet zur Analyse und Synthese nichtlinearer Systeme**. Forschungsbericht Nr. 20/95, Gerhard-Mercator-Universität-GH Duisburg, Meß-, Steuer- und Regelungstechnik, 1995.

[Mag54] Magnus, W.: **On the Exponential Solution of Diferential Equations for a Linear Operator**. Communications on Pure and Applied Mathematics, VII:649–673, 1954.

[MR01] Marsden, J. E. und T. S. Ratiu: **Einführung in die Mechanik und Symmetrie: Eine grundlegende Darstellung klassischer mechanischer Systeme**. Springer-Verlag, Berlin, Heidelberg, 2001.

[Nof99] Nof, S. Y. (Herausgeber): **Handbook of Industrial Robotics**. John Wiley & Sons, New York, 2. Auflage, 1999.

[Nol04b] Nolting, W.: **Grundkurs Theoretische Physik 2, Analytische Mechanik**. Springer-Verlag, Berlin, 4. Auflage, 2004.

[Olo04] Oloff, R.: **Geometrie der Raumzeit**. Vieweg Verlag, Wiesbaden, 3. Auflage, 2004.

[Olv93] Olver, P. J.: **Application of Lie Groups to Differential Equations.** Springer-Verlag, 2. Auflage, 1993.

[PGB94] Polyakov, V., R. Ghanadan und G. L. Blankenship: **Symbolic Numerical Computational Tools for Nonlinear and Adaptive Control**. In: **Proc. IEEE/IFAC Joint Symposium on Computer-Aided Control System Design**, Seiten 117–122, Tucson, Arizona, 1994.

[Röb05] Röbenack, K.: **Computation of Lie Derivatives of Tensor Fields Required for Nonlinear Controller and Observer Design Employing Automatic Differentiation**. Proc. in Applied Mathematics and Mechanics, 5(1):181–184, 2005.

[Röb08] Röbenack, K.: **Computation of multiple Lie derivatives by algorithmic differentiation**. J. of Computational and Applied Mathematics, 213(2):454–464, 2008.

[Röb10] Röbenack, K.: **Computation of mixed Lie derivatives in nonlinear control**. Proc. in Applied Mathematics and Mechanics, 10(1):627–628, Dezember 2010.

[RR00] Röbenack, K. und K. J. Reinschke: **Reglerentwurf mit Hilfe des Automatischen Differenzierens**. Automatisierungstechnik, 48(2):60–66, Februar 2000.

[RZ95] Rothfuss, R. und M. Zeitz: **Einführung in die Analyse nichtlinearer Systeme**. In: Engell, S. (Herausgeber): **Entwurf nichtlinearer Regelungen**, Seiten 3–22. Oldenbourg-Verlag, München, 1995.

[Sas99] Sastry, S.: **Nonlinear systems: Analysis, Stability, and Control**. Springer-Verlag, New York, 1999.

[SL91] Sussmann, H. J. und W. Liu: **Limits of highly oscillatory controls and the approximation of general paths by admissible trajectories**. In: **Proc. of the 30th IEEE Conference on Decision and Control**, Band 1, Seiten 437–442, Dezember 1991.

[SL93] Sussmann, H. J. und W. Liu: **Lie Bracket Extensions and Averaging: The Single-Bracket Case**. In: Li, Z. und J. Canny (Herausgeber): **Nonholonomic Motion Planing**, Seiten 109–148. Kluwer, Boston, 1993.

[Son98] Sontag, E. D.: **Mathematical Control Theory**, Band 6 der Reihe **Texts in Applied Mathematics**. Springer-Verlag, 2. Auflage, 1998.

[Suz77] Suzuki, M.: **On the Convergence of Exponential Operators – the Zasenhaus Formula, BCH Formula and Systematic Approximants**. Communications in Mathematical Physics, 57:193–200, 1977.

[Tas15] Taschner: **Anwendungsorientierte Mathematik für ingenieurwissenschaftliche Fachrichtungen. Band 3: Geometrie und Räume von Funktionen**. Fachbuchverlag Leipzig im Carl Hanser Verlag, München, 2015.

[Tot05] Toth, V.: **Tensor manipulation in GPL Maxima**, 2005. **http://arxiv.org/abs/cs/0503073.**

[Var84] Varadarajan, V. S.: **Lie Groups, Lie Algebras, and Their Representation**. Springer-Verlag, 1984.

[Zei13] Zeidler, E. (Herausgeber): **Springer-Handbuch der Mathematik IV**. Springer Spektrum, Wiesbaden, 2013.

Reglerentwurf

Reglerentwurf mittels exakter Linearisierung

K. Röbenack, *Nichtlineare Regelungssysteme*,
https://doi.org/10.1007/978-3-662-44091-9_4

Dieses Kapitel legt die Grundlagen für den Reglerentwurf mittels exakter Linearisierung. Behandelt werden zunächst der relative Grad und die damit in Verbindung stehenden Normalformen nichtlinearer Systeme. Auf Basis dieser Normalformen lässt sich die jeweilige Systemdynamik durch eine Rückführung teilweise oder in bestimmten Fällen sogar vollständig linearisieren. Das sich daraus ergebende lineare System ist mit einer linearen Rückführung zu stabilisieren. Dieser Ansatz wird zunächst für eine spezielle Form von Eingrößensystemen behandelt und anschließend auf allgemeine nichtlineare Systeme und Mehrgrößensysteme übertragen. Zusätzlich wird die Verbindung zu flachen Systemen hergestellt.

4.1 Exakte Eingangs-Ausgangs-Linearisierung für eingangsaffine Systeme

4.1.1 Relativer Grad und grundsätzliches Vorgehen

Gegeben sei ein System

$$\dot{x} = f(x) + g(x)u, \quad y = h(x) \tag{4.1}$$

mit hinreichend glatten Vektorfeldern $f, g{:}\mathcal{M} \to \mathbb{R}^n$ und einem hinreichend glatten Skalarfeld $h{:}\mathcal{M} \to \mathbb{R}$, die auf einer offenen Teilmenge $\mathcal{M} \subseteq \mathbb{R}^n$ definiert sind. Außerdem besitzt das System den Zustand x, den Eingang u und den Ausgang y (siehe ◘ Abb. 4.1). Wir beschränken uns vorerst auf Eingrößensysteme, so dass u und y skalarwertig sind. Bedingt durch die Vektorfelder f und g ist das System hinsichtlich der Zustands x oft nichtlinear. Aus Sicht der Variablen u enthält die rechte Seite des Differentialgleichungssystems (4.1) den konstanten Anteil $f(x)$ und einen linearen Anteil mit dem Verstärkungsfaktor $g(x)$. Es besteht also eine affine Abhängigkeit bezüglich des Eingangs u. Daher nennt man das nichtlineare System (4.1) **affin**, **affinlinear** oder **eingangsaffin**. Viele praxisrelevante nichtlineare Systeme weisen diese Struktur auf.

Eine zentrale Kenngröße des Systems (4.1) ist der relative Grad [Isi95, NvdS90]. Zum Verständnis des relativen Grades betrachte man die Zeitableitung Ausgangs y entlang der Systemtrajektorie x von System (4.1). Diese Zeitableitung lässt sich durch die Lie-Ableitungen des Skalarfeldes h entlang der Vektorfelder f und g beschreiben:

$$\begin{aligned}\dot{y}(t) &= \tfrac{\mathrm{d}}{\mathrm{d}t}y(t)\\ &= \tfrac{\mathrm{d}}{\mathrm{d}t}h(x(t))\\ &= h'(x(t)) \cdot \tfrac{\mathrm{d}}{\mathrm{d}t}x(t)\\ &= h'(x(t)) \cdot (f(x) + g(x)u)\\ &= h'(x(t))f(x(t)) + h'(x(t))\,g(x(t))u\\ &= L_f h(x(t)) + L_g h(x(t))u.\end{aligned} \tag{4.2}$$

Gilt $L_g h(p) \neq 0$, so hat System (4.1) im Punkt p den relativen Grad $r = 1$. In diesem Fall wird die erste Zeitableitung $\dot{y}$ des Ausgangs direkt durch den Eingang u beeinflusst.

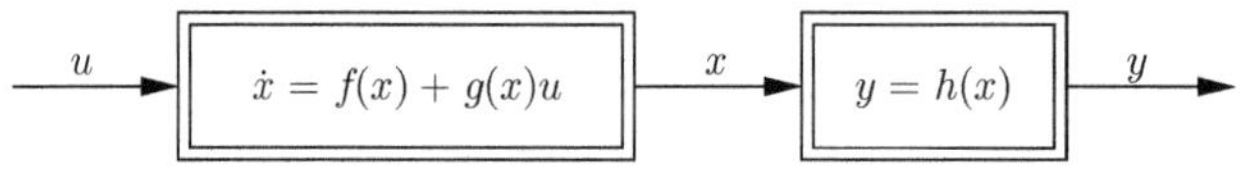

Abb. 4.1 Eingangsaffines System (4.1) in Zustandsraumdarstellung

Ist dagegen $L_g h(x) = 0$ in einer Umgebung des Punktes p, so hängt (lokal) die Zeitableitung $\dot{y}$ nicht explizit vom Eingang u ab, d. h. Gl. (4.2) vereinfacht sich dann zu

$$\dot{y}(t) = L_f h(x(t)).$$

In diesem Fall würde man als nächstes die zweite Zeitableitungen $\ddot{y}$ des Ausgangs in die Betrachtungen einbeziehen:

$$\begin{aligned} \ddot{y}(t) &= \tfrac{\mathrm{d}}{\mathrm{d}t}\dot{y}(t) \\ &= \tfrac{\mathrm{d}}{\mathrm{d}t} L_f h(x(t)) \\ &= \mathrm{d}L_f h(x(t)) \cdot \tfrac{\mathrm{d}}{\mathrm{d}t} x(t) \\ &= \mathrm{d}L_f h(x(t)) \cdot (f(x) + g(x)u) \\ &= \mathrm{d}L_f h(x(t)) f(x(t)) + \mathrm{d}L_f h\, g(x(t))u \\ &= L_f^2 h(x(t)) + L_g L_f h(x(t))u. \end{aligned} \tag{4.3}$$

Gilt $L_g L_f h(p) \neq 0$, so hat das System im Punkt p den relativen Grad $r = 2$. Dann wird $\ddot{y}$ direkt von u beeinflusst.

▪▪ Algorithmus 4.6 Berechnung des relativen Grades nach Def. 4.1

```
RelativeDegree(f,g,h,x):=block([n,r:inf,lie],
    n:length(x),
    for k:1 thru n do (
        lie:ratsimp(LieScalar(g,h,x)),
        if not (lie=0)
        then (r:k, return(r)),
        h:LieScalar(f,h,x)
    ),
    r
)$
```

Gilt $L_g L_f h(p) = 0$ in einer Umgebung des Punktes p, so würde man diesen Prozess der Ableitungsbildung fortsetzen. Der relative Grad r ist die niedrigste Ordnung einer Zeitableitung des Ausgangs, die explizit vom Eingang abhängt, d. h. die Zeitableitung

$$y^{(r-1)}(t) = L_f^{r-1} h(x(t)) \tag{4.4}$$

der Ordnung $r-1$ hängt nicht vom Eingang ab, wohl aber die der Ordnung r:

$$y^{(r)}(t) = L_f^r h(x(t)) + L_g L_f^{r-1} h(x(t))u. \tag{4.5}$$

Diese direkte Abhängigkeit der r-ten Zeitableitung $y^{(r)}$ vom Eingang u ist anhand von $L_g L_f^{r-1} h(p) \neq 0$ zu erkennen. Formal ist der relative Grad auf Basis der gemischten Lie-Ableitungen $L_g h, L_g L_f h, \dots$ definiert [Isi95]:

Definition 4.1

Das System (4.1) hat an der Stelle $p \in \mathcal{M}$ den **relativen Grad** r (engl. **relative degree**), falls

1. $L_g L_f^k h(x) = 0$ für alle x aus einer Umgebung von p und für alle $k \in \{0, \dots, r-2\}$, und
2. $L_g L_f^{r-1} h(p) \neq 0$.

Bei der Berechnung des relativen Grades mittels Computer-Algebra-Software greift man unmittelbar auf Definition 4.1 zurück [KB00]. Alg. 4.6 zeigt eine einfache Implementierung in MAXIMA. Dabei wird vorausgestzt, dass die in ▶ Abschn. 3.1.1 beschriebene Funktion `LieScalar` zur Berechnung der auftretenden Lie-Ableitungen bereits definiert ist. Je nach Anwendung kann es notwendig sein, die hier verwendete MAXIMA-Funktion `ratsimp` durch eine andere Funktion zur Vereinfachung von Ausdrücken zu ersetzen, z. B. durch `trigsimp` [Haa14]. Zur Bestimmung des relativen Grades von Hand wird man in der Regel den vorher beschriebenen Weg über Zeitableitungen des Ausgangs wählen.

Anmerkung 4.2 Das lineare System

$$\dot{x} = Ax + bu, \quad y = c^T x \tag{4.6}$$

mit $A \in \mathbb{R}^{n\times n}$ und $b, c \in \mathbb{R}^n$ ist ein Spezialfall von System (4.1) mit $f(x) = Ax$, $g(x) = b$ und $h(x) = c^T x$. Dann gilt $L_f^k h(x) = c^T A^k x$ (siehe Beispiele 3.1 und 3.4) und $L_g L_f^k h(x) = c^T A^k b$ (vgl. Beispiel 3.6). System (4.6) besitzt den relativen Grad r falls

$$c^T b = 0,\ c^T Ab = 0,\ \dots, c^T A^{r-2} b = 0,\ c^T A^{r-1} b \neq 0. \tag{4.7}$$

Die Zahlen $c^T b$, $c^T Ab$, $c^T A^2 b, , \dots$ heißen **Markovparameter** [Ise92, Lun97].

Anmerkung 4.3 Bei einem linearen System (4.6) lässt sich der relative Grad auch unmittelbar aus der Übertragungsfunktion ablesen. Die Übertragungsfunktion zwischen den Laplace-Transformierten U und Y der Signale u und y besitzt die Form

$$G(s) = \frac{Y(s)}{U(s)} = \frac{b_m s^m + \dots + b_1 s + b_0}{s^n + a_{n-1} s^{n-1} + \dots + a_1 s + a_0}, \tag{4.8}$$

wobei das Nennerpolynom in Übereinstimmung mit der Systemordnung von (4.6) den Grad n besitzt. Das Zählerpolynom habe den Grad $m < n$. Die Übertragungsfunktion kann man aus der Systemmatrix A zusammen mit den Vektoren b sowie c^T berechnen und mit Hilfe der Neumannschen Reihe als den Hauptteil einer Laurent-Reihe entwickeln:

$$\begin{aligned}G(s) &= c^T\,(sI-A)^{-1}\,b\\ &= s^{-1}c^T\left(I-s^{-1}A\right)^{-1}b\\ &= s^{-1}c^T\left(\sum_{k=0}^{\infty}s^{-k}A^k\right)b\\ &= \sum_{k=1}^{\infty}c^TA^{k-1}b\,s^{-k}.\end{aligned}$$

Wegen Gl. (4.7) beginnt diese Reihenentwicklung erst mit der Potenz s^{-r}, d. h.

$$G(s) = c^TA^{r-1}b\,s^{-r} + c^TA^rb\,s^{-(r+1)} + \dots .$$

Eine direkte Laurent-Entwicklung von Ansatz (4.8) liefert

$$G(s) = b_m\frac{s^m+\dots}{s^n+\dots} = b_ms^{n-m}+\dots ,$$

so dass der Vergleich dieser Reihenentwicklungen unmittelbar in $n-m=r$ bzw. $m=n-r$ mündet. Der relative Grad tritt in der Übertragungsfunktion (4.8) des Systems (4.6) als Graddifferenz zwischen Nenner- und Zählerpolynom auf.

Beispiel 4.4

Der in ► Abschn. 1.1 vorgestellte mobile Roboter fahre mit konstanter (translatorischer) Geschwindigkeit. Zur Beeinflussung stehe nur der Lenkwinkel $u = u_2$ zur Verfügung. Das sich daraus ergebende Modell

$$\dot{x} = \begin{pmatrix}\sin x_3\\ \cos x_3\\ 0\end{pmatrix} + \begin{pmatrix}0\\0\\1\end{pmatrix}u \tag{4.9}$$

mit der Position (x_1, x_2) in der Ebene und dem Winkel x_3 ist dann ein Eingrößensystem der Form (4.1). Als Ausgang verwenden wir

$$y = h(x) = c_1x_1 + c_2x_2, \tag{4.10}$$

wobei mindestens einer der zwei Koeffizienten c_1, c_2 ungleich Null ist. Die Menge der Punkte mit $y = 0$ bildet in der (x_1, x_2)-Ebene eine Gerade, die durch den Ursprung verläuft und den Anstieg bzw. Richtungskoeffizienten $-c_1/c_2$ besitzt. Trägt man den Anstiegswinkel α dieser Geraden (entgegen der üblichen Konvention) in mathematisch negativem Drehsinn auf (also im Uhrzeigersinn), so entfällt das negative Vorzeichen und es gilt $\tan\alpha = c_1/c_2$ (siehe ■ Abb. 4.2).

Zur Bestimmung des relativen Grades differenziert man den Ausgang (4.10) entlang der Systemdynamik (4.9) nach der Zeit:

$$\begin{aligned}\dot{y} &= c_1\dot{x}_1 + c_2\dot{x}_2\\ &= c_1\,\sin x_3 + c_2\cos x_3 = L_fh(x).\end{aligned}$$

Diese Ableitung hängt nicht unmittelbar vom Eingang u ab. Die zweite Zeitableitung

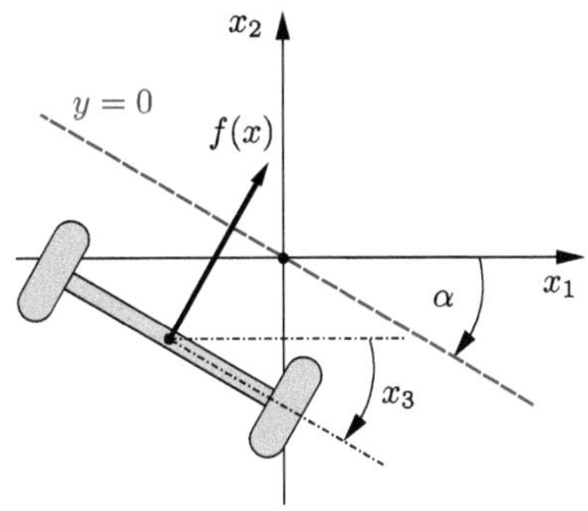

■ **Abb. 4.2** Roboter mit einem nicht überall wohldefinierten relativen Grad

$$\begin{aligned}\ddot{y} &= c_1\dot{x}_3 \cos x_3 - c_2\dot{x}_3 \sin x_3\\ &= c_1 u \cos x_3 - c_2 u \sin x_3\\ &= (c_1 \cos x_3 - c_2 \sin x_3)\, u\end{aligned}$$

hängt dagegen von u ab, so dass man $r = 2$ schlussfolgern kann. Zu diesem Ergebnis kommt man auch mit der in Alg. 4.6 angegebenen Funktion zur Berechnung des relativen Grades mit MAXIMA:

```
(%i4) f:[sin(x3),cos(x3),0];
      g:[0,0,1];
      h:c1*x1+c2*x2;
      x:[x1,x2,x3];
(%o4) [sin(x3), cos(x3), 0]
(%o5) [0, 0, 1]
(%o6) c2 x2 + c1 x1
(%o7) [x1, x2, x3]

(%i8) RelativeDegree(f,g,h,x);
(%o8) 2
```

Ein Vergleich der zweiten Zeitableitung des Ausgangs mit (4.3) liefert die Lie-Ableitungen $L_f^2 h(x) \equiv 0$ und $L_g L_f h(x) = c_1 \cos x_3 - c_2 \sin x_3$. Die gemischte Lie-Ableitung $L_g L_f h(x)$ wird Null, wenn

$$c_1 \cos x_3 = c_2 \sin x_3 \quad \text{bzw.} \quad \tan x_3 = c_1/c_2.$$

Der relative Grad ist also nur für $\tan x_3 \neq c_1/c_2$ wohldefiniert. Er ist nicht wohldefiniert, wenn die Antriebsachse des Roboters parallel zu der durch die Ausgangsgleichung (4.10) mit $y = 0$ definierten Geraden verläuft. Das ist genau dann der Fall, wenn die Fahrtrichtung, die durch das Vektorfeld f beschrieben wird, senkrecht zu dieser Geraden ist (siehe ■ Abb. 4.2).

Ist die Bedingung 1 aus Definition 4.1 für alle $k \in \mathbb{N}_0$ erfüllt, dann definieren etliche Autoren einen relativen Grad $r = \infty$, z. B. [KB00, Def. 6.177]. Dieser Fall ist so zu verstehen, dass sich der Ausgang y in keiner Weise durch den Eingang u beeinflussen lässt, also im System keine „interne“ Verbindung zwischen Eingang und Ausgang besteht. Das trifft beispielsweise auf ein autonomes System $\dot{x} = f(x)$ zu. Zusätzlich wird im nächsten Beispiel (wieder) der Spezialfall eines linearen Systems behandelt.

Beispiel 4.5

Das lineare System (4.6) aus Anmerkung 4.2 liege in einer **Kalman-Zerlegung**

$$\begin{pmatrix} \dot{x}_1 \\ \dot{x}_2 \\ \dot{x}_3 \\ \dot{x}_4 \end{pmatrix} = \begin{pmatrix} A_{11} & A_{12} & A_{13} & A_{14} \\ 0 & A_{22} & 0 & A_{24} \\ 0 & 0 & A_{33} & A_{34} \\ 0 & 0 & 0 & A_{44} \end{pmatrix} \begin{pmatrix} x_1 \\ x_2 \\ x_3 \\ x_3 \end{pmatrix} + \begin{pmatrix} b_1 \\ b_2 \\ 0 \\ 0 \end{pmatrix} u$$

$$y = \begin{pmatrix} 0 & c_2^T & 0 & c_4^T \end{pmatrix} x$$

mit geeigneten Matrizen $A_{11}, A_{12}, \ldots, A_{44}$ und passenden Vektoren $b_1, b_{2,} c_2, c_4$ vor [Lun97]. Dabei sind das erste und zweite Teilsystem steuerbar sowie das zweite und vierte Teilsystem beobachtbar. Das Eingangs-Ausgangs-Verhalten, welches sich beispielsweise durch die Übertragungsfunktion beschreiben lässt, hängt nur vom zweiten Teilsystem, das sowohl steuer- als auch beobachtbar ist, ab [Kal62, Lun97]. Das ist auch anhand der gemischten Lie-Ableitungen bzw. der Markovparameter zu erkennen:

$$L_g L_f^k h(x) = c^T A^k b = c_2^T A_{22}^k b_2 .$$

Die gemischte Lie-Ableitung des linearen Systems nimmt nur dann einen von Null verschiedenen Wert an, wenn es ein gleichzeitig steuer- als auch beobachtbares Teilsystem gibt. Andernfalls würde man im o. g. Sinne $r = \infty$ erhalten.

Das allgemeine Vorgehen beim Reglerentwurf für ein System (4.1) mit relativem Grad r lässt sich auf Basis von Gl. (4.5) beschreiben. Der Reglerentwurf erfolgt in zwei Schritten:

1. Linearisierung durch Rückführung,
2. Stabilisierung des linearisierten Systems.

Im ersten Schritt setzt man die rechte Seite von Gl. (4.5) einer neuen Systemgröße v gleich, d. h.

$$L_f^r h(x) + L_g L_f^{r-1} h(x) u \stackrel{!}{=} v, \tag{4.11}$$

so kann man die Gleichung wegen $L_g L_f^{r-1} h(p) \neq 0$ in einer Umgebung von p nach u umstellen:

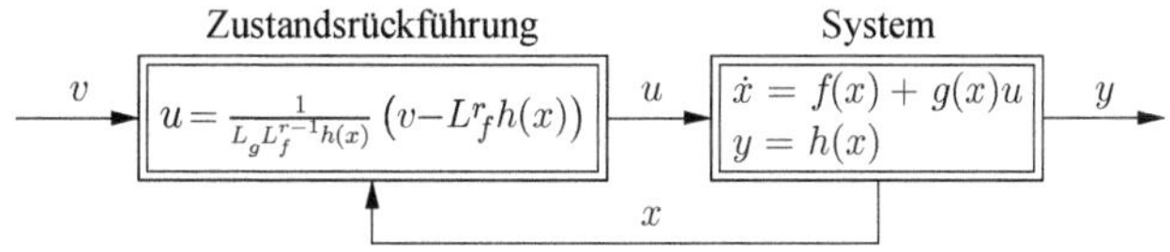

Abb. 4.3 Linearisierende Zustandsrückführung (4.12)

$$u = \frac{1}{L_g L_f^{r-1} h(x)} \left(v - L_f^r h(x) \right). \tag{4.12}$$

Die Systemgröße v lässt sich als neuer (virtueller) Eingang interpretieren. Gl. (4.12) beschreibt dann eine Zustandsrückführung (siehe Abb. 4.3), mit der Gl. (4.5) die Form einer Integratorkette annimmt:

$$y^{(r)} = v. \tag{4.13}$$

Durch die Rückführung (4.12) werden die in Gl. (4.5) auftretenden Nichtlinearitäten kompensiert, so dass man das lineare System (4.13) und damit ein lineares Eingangs-Ausgangs-Verhalten erhält. Man spricht daher von einer **Eingangs-Ausgangs-Linearisierung**. Die Rückführung (4.12) nennt man auch **linearisierende Rückführung**.

Anmerkung 4.6 Das System (4.1) liefert das Ausgangssignal y als Antwort auf die Erregung durch das Eingangssignal u. Gibt man umgekehrt einen gewünschten Verlauf des Ausgangssignals in Form einer r-mal stetig differenzierbaren Funktion y vor, so kann man bei einem bekannten Verlauf des Zustands x durch Einsetzen von (4.13) in (4.12) den zugehörigen Verlauf des Eingangssignals u ermitteln:

$$u = \frac{1}{L_g L_f^{r-1} h(x)} \left(y^{(r)} - L_f^r h(x) \right). \tag{4.14}$$

Mit Gl. (4.14) wird (bei konsistenten Anfangswerten) die Systemdynamik von (4.1) invertiert. Bei genauerer Betrachtung handelt es sich bei (4.14) um eine **Rechtsinverse** des Systems (4.1), vgl. Abb. 4.4. Die Inverse (4.14) bzw. Gl. (4.12) nennt man auch **Hirschorn-Inverse** [Hir79, DK91, HS97].

Das durch Gl. (4.13) beschriebene Übertragungsglied ist linear, aber instabil [Rei14]. Die zusätzliche Rückführung

$$v = -\sum_{k=0}^{r-1} a_k y^{(k)} \tag{4.15}$$

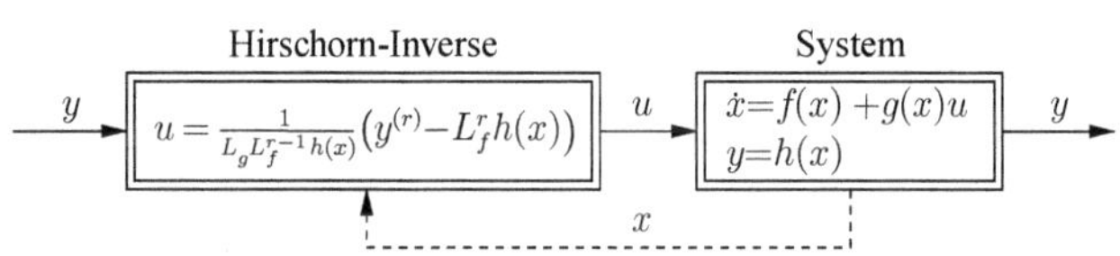

Abb. 4.4 Rechtsinverse (4.14) des Systems (4.1)

führt auf die lineare zeitinvariante Differentialgleichung

$$y^{(r)} + a_{r-1}y^{(r-1)} + \cdots + a_1\dot{y} + a_0 y = 0. \tag{4.16}$$

Die Koeffizienten $a_0, \ldots, a_{r-1} \in \mathbb{R}$ kann man so wählen, dass alle Lösungen der zugehörigen charakteristischen Gleichung

$$s^r + a_{r-1}s^{r-1} + \cdots + a_1 s + a_0 = 0 \tag{4.17}$$

negativen Realteil aufweisen. Ein solches charakteristisches Polynom nennt man **stabiles Polynom** oder **Hurwitz-Polynom**. Dazu gibt man r Nullstellen $s_1, \ldots, s_r$ mit negativem Realteil vor, wobei die Nullstellen reell sind oder in konjugiert komplexen Paaren auftreten. Die Koeffizienten $a_0, \ldots, a_{r-1}$ ergeben sich aus einem Koeffizientenvergleich:

$$(s - s_1) \cdots (s - s_r) \stackrel{!}{=} s^r + a_{r-1}s^{r-1} + \cdots + a_1 s + a_0.$$

Die Rückführung (4.15) stabilisiert in diesem Fall das System und wird daher auch **stabilisierende Rückführung** genannt.

Die beiden Entwurfsschritte lassen sich einerseits zusammenfassen, andererseits kann man Gl. (4.15) auch über den Zustand x ausdrücken. Die Kombination von Gl. (4.12) und (4.15) in Verbindung mit $y^{(k)} = L_f^k h(x)$ für $k = 0, \ldots, r-1$ liefert die Zustandsrückführung

$$u = -\frac{1}{L_g L_f^{r-1} h(x)} \sum_{k=0}^{r} a_k L_f^k h(x) \quad \text{mit} \quad a_r := 1. \tag{4.18}$$

Die Rückführung (4.18) stabilisiert die Ruhelage $y = 0$ der Differentialgleichung (4.16). Möchte man stattdessen für die Regelgröße y einen gewünschten Sollwert vorgeben, so erweitert man die stabilisierende Rückführung (4.15) um die Führungsgröße w zu

$$v = a_0 w - \sum_{k=0}^{r-1} a_k y^{(k)}. \tag{4.19}$$

Ersetzt man die Zeitableitungen des Ausgangs durch die entsprechenden Lie-Ableitungen, so lässt sich das Regelgesetz (4.19) analog zu (4.18) als Zustandsrückführung

$$u = \frac{1}{L_g L_f^{r-1} h(x)} \left(a_0 w - \sum_{k=0}^{r} a_k L_f^k h(x) \right) \tag{4.20}$$

angeben. Mit der Rückführung (4.19) bzw. (4.20) erhält man die lineare Differentialgleichung

$$y^{(r)} + a_{r-1}y^{(r-1)} + \cdots + a_1\dot{y} + a_0 y = a_0 w, \tag{4.21}$$

siehe ◘ Abb. 4.5. Der Faktor vor der Führungsgröße w wurde so gewählt, dass bei konstantem w die Differentialgleichung (4.21) die Ruhelage $y = w$ besitzt. Der gewünschte Sollwert w stellt sich damit am Ausgang (asymptotisch) ein. Der Faktor a_0 agiert in diesem

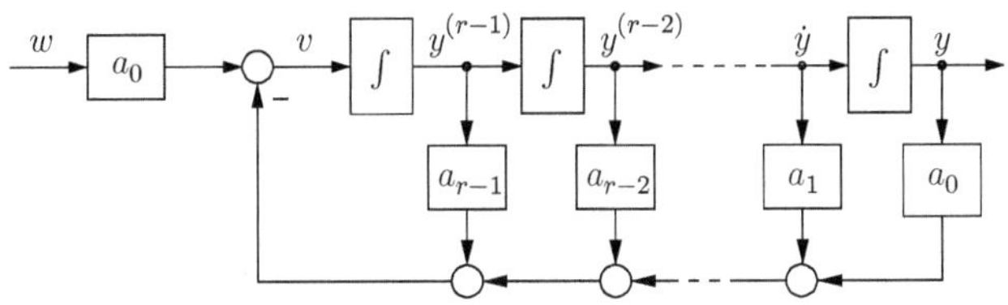

Abb. 4.5 Stabilisiertes Regelungssystem (4.21)

Zusammenhang als (statisches) Vorfilter zur Sicherung des jeweils gegebenen Sollwertes (siehe [Lun97, Abschnitt 4.4.2]). Zwischen der Führungsgröße w und der Regel- bzw. Ausgangsgröße y wirkt im Frequenzbereich (also zwischen den Laplace-Transformierten W und Y der Signale w und y) die Übertragungsfunktion

$$G_W^Y(s) = \frac{Y(s)}{W(s)} = \frac{a_0}{s^r + a_{r-1}s^{r-1} + \ldots + a_1 s + a_0}. \tag{4.22}$$

Die Stabilität dieses Übertragungsgliedes lässt sich durch die Wahl der Koeffizienten $a_0, \ldots, a_{n-1}$ sicherstellen.

Beispiel 4.7

Man betrachte den mobilen Roboter aus Beispiel 4.4. Für den Ausgang (4.10) setzen wir $c_1 = 1$ und $c_2 = 0$. Der Ausgang $y = h(x) = x_1$ gibt in diesem Fall die x_1-Position des Roboters an. Die gemischte Lie-Ableitung besitzt dann die Form $L_g L_f h(x) = \cos x_3$, so dass der relative Grad $r = 2$ für $x_3 \notin \{\pi/2 + k\pi,\ k \in \mathbb{Z}\}$ wohldefiniert ist. Zu entwerfen ist ein Regelgesetz, welches den Roboter auf eine durch die Führungsgröße w vorgegebene x_1-Position führt und diese Lage stabilisert. Aus Gl. (4.20) ergibt sich die nichtlineare Zustandsrückführung

$$\begin{aligned} u &= \frac{1}{L_g L_f h(x)} \left(a_0 \left(w - h(x)\right) - a_1 L_f h(x) - L_f^2 h(x) \right) \\ &= \frac{1}{\cos x_3} \left(a_0 (w - x_1) - a_1 \sin x_3 \right) \end{aligned}$$

mit den Koeffizienten a_0 und a_1. Für die Führungsübertragungsfunktion geben wir eine doppelte Polstelle bei $s_{1,2} = -1$ vor, so dass man aus $(s+1)^2 = s^2 + 2s + 1$ für die charakteristische Gl. (4.17) die Koeffizienten $a_0 = 1$ und $a_1 = 2$ abliest. Abb. 4.6 zeigt die Simulationsergebnisse des geregelten Robotermodells für die Anfangswerte $x_1(0) = 2, x_2(0) = 1, x_3(0) = \pi/4$ ($\widehat{=}\, 45°$) und die Führungsgröße $w = 1$. Die Konvergenz $y(t) = x_1(t) \to w = 1$ für $t \to \infty$ ist visuell zu erkennen. Allerdings strebt der Roboter nicht gegen eine Ruhelage, da er seine Fahrt (wegen der Annahme einer konstanten Geschwindigkeit) parallel zur x_2-Achse fortsetzt.

Den bisherigen Stabilitätsüberlegungen lagen die linearen Differentialgleichungen (4.16) bzw. (4.21) zugrunde. Wenn der relative Grad kleiner ist als die Systemordnung, also für $r < n$, erfassen diese Gleichungen nicht die komplette Systemdynamik. Daher spricht man bei der Eingangs-Ausgangs-Linearisierung auch von einer **partiellen Linearisierung**. Die Betrachtung der gesamten Systemdynamik im Zustandsraum erfolgt in ▶ Abschn. 4.1.2. Bei $r = n$ erzielt man eine vollständige Linearisierung, die sog. **Eingangs-Zustands-Linearisierung**, die in ▶ Abschn. 4.2 behandelt wird.

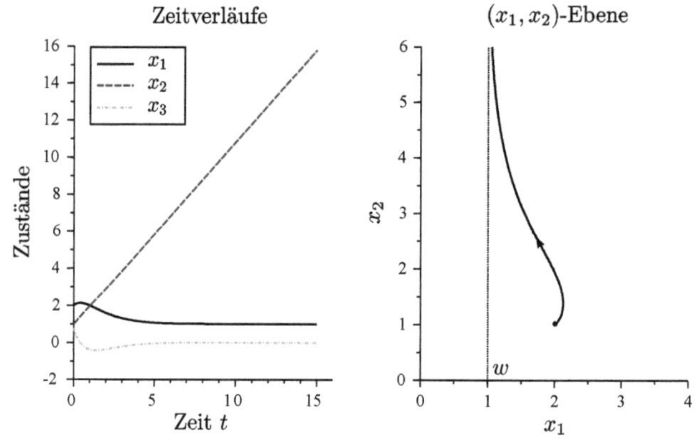

Abb. 4.6 Trajektorien des geregelten mobiler Robotermodells aus Beispiel 4.7

Bei einer partiellen Linearisierung erhält man gerade bei mechanischen Systemen oft deutlich einfache Differentialgleichungen, so dass dieser Zugang auch für andere (z. B. energiebasierte) Regelungsansätze hilfreich ist [Spo96].

Beispiel 4.8

Das in ▶ Abschn. 1.2 vorgestellte Wagen-Pendel-System wird durch die nicht ganz einfachen Zustandsgleichungen

$$\begin{aligned}
\dot{x}_1 &= x_2 \\
\dot{x}_2 &= \frac{m_2\ell^2 x_4^2 \sin x_3 - d_1 \ell x_2 + \cos x_3 \left(m_2 g \ell \sin x_3 + d_2 x_4\right) + \ell u}{\ell\left(m_1 + m_2 \sin^2 x_3\right)} \\
\dot{x}_3 &= x_4 \\
\dot{x}_4 &= \frac{-(m_1 + m_2)(m_2 g \ell \sin x_3 + d_2 x_4) - \cos x_3 \left(\ell^2 m_2^2 x_4^2 \sin x_3 - d_1 \ell m_2 x_2\right) - \ell m_2 u \cos x_3}{\ell^2 m_2 \left(m_1 + m_2 \sin^2 x_3\right)}
\end{aligned} \tag{4.23}$$

beschrieben. Verwendet man als Ausgang die Position des Wagens, so tritt der Eingang u erst in der zweiten Zeitableitung auf:

$$\begin{aligned}
y &= x_1 \\
\dot{y} &= \dot{x}_1 = x_2 \\
\ddot{y} &= \dot{x}_2 = \frac{m_2\ell^2 x_4^2 \sin x_3 - d_1 \ell x_2 + \cos x_3 \left(m_2 g \ell \sin x_3 + d_2 x_4\right) + \ell u}{\ell\left(m_1 + m_2 \sin^2 x_3\right)} \stackrel{!}{=} v.
\end{aligned} \tag{4.24}$$

Eine partielle Linearisierung erzielt man, indem man die letzte Gleichung nach dem Eingang u umstellt:

$$u = v\left(m_1 + m_2 \sin^2 x_3\right) - m_2 \sin x_3 \left(\ell x_4^2 + g \cos x_3\right) + d_1 x_2 - \frac{d_2}{\ell} x_4 \cos x_3. \tag{4.25}$$

Das entspricht formal dem Übergang von (4.11) zu (4.12). Setzt man (4.25) in Gl. (4.23) ein, so vereinfacht sich nicht nur die zweite, sondern auch die vierte Gleichung von (4.23). Insgesamt erhält man das folgende partiell linearisierte System:

$$\begin{aligned} \dot{x}_1 &= x_2 \\ \dot{x}_2 &= v \\ \dot{x}_3 &= x_4 \\ \dot{x}_4 &= -\frac{d_2}{\ell^2 m_2} x_4 - \tfrac{g}{\ell} \sin x_3 - \frac{1}{\ell} v \cos x_3 \\ y &= x_1 . \end{aligned} \tag{4.26}$$

Wenn bei der Eingangs-Ausgangs-Linearisierung eines mechanischen Systems Eingang und Ausgang die gleiche Konfigurationskoordinate (bzw. das gleiche Gelenk) betreffen, dann spricht man von einer **kollokierten**, andernfalls von einer **nicht-kollokierten** partiellen Linearisierung [Spo94, Spo98]. In Beispiel 4.8 wird bezüglich der Koordinate q_1 eine kollokierte Linearisierung vorgenommen. Hätte man stattdessen $q_2 = x_3$ als Ausgang verwendet, so würde eine nicht-kollokierte Linearisierung vorliegen.

4.1.2 Byrnes-Isidori-Normalform

Dieser Abschnitt befasst sich mit der Transformation eines gegebenen Systems (4.1) in eine Form, die sowohl zur Untersuchung des Eingangs-Ausgangs-Verhaltens als auch für die Beschreibung des geregelten Systems sinnvoll ist. Bei der herzuleitenden Transformation kommt dem relativen Grad eine besondere Bedeutung zu. In diesem Abschnitt gehen wir davon aus, dass das System (4.1) im Punkt $p \in \mathcal{M}$ den wohldefinierten relativen Grad r besitzt.

Bei den in der Definition des relativen Grades auftretenden gemischten Lie-Ableitungen $L_g L_f^i h$ wird von dem Skalarfeld h eine Lie-Ableitung der Ordnung $i + 1$ gebildet, nämlich i mal in Richtung des Vektorfeldes f und einmal in Richtung des Vektorfeldes g. Das folgende Lemma besagt, dass man die Ableitungsordnung für das Skalarfeldes h reduzieren kann, wenn man statt dessen entsprechende Lie-Ableitungen des Vektorfeldes g (also Lie-Klammern) bildet. Diese Hilfsaussage wird auch für die Eingangs-Zustands-Linearisierung benötigt (siehe ▶ Abschn. 4.2).

Lemma 4.9 *In einer Umgebung von p gilt*

$$\left\langle \mathrm{d}L_f^j h, \mathrm{ad}_{-f}^i g \right\rangle = \begin{cases} 0 & \text{für } i+j < r-1, \\ L_g L_f^{r-1} h & \text{für } i+j = r-1. \end{cases} \tag{4.27}$$

Beweis Wir beweisen die Aussage mit Induktion über i bei festem j. Induktionsanfang $(i = 0)$: Es gilt

$$\left\langle \mathrm{d}L_f^j h, g \right\rangle = L_g L_f^j h = \begin{cases} 0 & \text{für } j < r-1, \\ L_g L_f^{r-1} h & \text{für } j = r-1, \end{cases}$$

da das System (4.1) den relativen Grad r besitzt.

Gl. (4.27) gelte für $i = 0, \ldots, k-1$ (Induktionsannahme). Der Induktionsschritt für $k + j \leq r - 1$ liefert

$$\begin{aligned}
\left\langle \mathrm{d}L_f^j h, \mathrm{ad}_{-f}^k g \right\rangle &= \mathrm{d}L_f^j h \cdot \mathrm{ad}_{-f}^k g \\
&= L_{\mathrm{ad}_{-f}^k g} L_f^j h \\
&= L_{[-f, \mathrm{ad}_{-f}^{k-1} g]} L_f^j h \\
&= \underbrace{-L_f L_{\mathrm{ad}_{-f}^{k-1} g} L_f^j h}_{=0} + L_{\mathrm{ad}_{-f}^k g} L_f L_f^j h,
\end{aligned}$$

wobei der erste Summand nach Induktionsannahme Null ist. Damit gilt weiter

$$\begin{aligned}
\left\langle \mathrm{d}L_f^j h, \mathrm{ad}_{-f}^k g \right\rangle &= L_{\mathrm{ad}_{-f}^k g} L_f L_f^j h \\
&= L_{\mathrm{ad}_{-f}^k g} L_f^{j+1} h \\
&= \left\langle \mathrm{d}L_f^{j+1} h, \mathrm{ad}_{-f}^{k-1} g \right\rangle .
\end{aligned}$$

An dieser Stelle bietet sich eine Fallunterscheidung an:

1. $k + j < r - 1$. Das impliziert $(k-1) + (j+1) < r$, d. h. nach Induktionsannahme gilt

$$\left\langle \mathrm{d}L_f^j h, \mathrm{ad}_{-f}^k g \right\rangle = \left\langle \mathrm{d}L_f^{j+1} h, \mathrm{ad}_{-f}^{k-1} g \right\rangle = 0.$$

2. $k + j = r - 1$. Die Induktionsannahme liefert

$$\begin{aligned}
\left\langle \mathrm{d}L_f^j h, \mathrm{ad}_{-f}^k g \right\rangle &= \left\langle \mathrm{d}L_f^{j+1} h, \mathrm{ad}_{-f}^{k-1} g \right\rangle \\
&\ \ \vdots \\
&= \left\langle \mathrm{d}L_f^{r-1} h, \mathrm{ad}_{-f}^0 g \right\rangle \\
&= \left\langle \mathrm{d}L_f^{r-1} h, g \right\rangle \\
&= L_g L_f^{r-1} h.
\end{aligned}$$

Damit ist Lemma 4.9 bewiesen. □

Die nächste Hilfsaussage bildet die Grundlage für die Konstruktion eines r-dimensionalen ersten Teilsystems.

Lemma 4.10 *Die Kovektoren*

$$\mathrm{d}h(p),\ \mathrm{d}L_f h(p),\ \ldots,\ \mathrm{d}L_f^{r-1} h(p)$$

sind linear unabhängig.

Beweis Wegen Lemma 4.9 gilt

$$\begin{pmatrix} \mathrm{d}h(p) \\ \mathrm{d}L_f h(p) \\ \vdots \\ \mathrm{d}L_f^{r-1} h(p) \end{pmatrix} \left(g(p), \mathrm{ad}_{-f} g(p), \ldots, \mathrm{ad}_{-f}^{r-1} g(p)\right) =$$
$$= \begin{pmatrix} 0 & \cdots & 0 & \langle \mathrm{d}h, \mathrm{ad}_f^{r-1} g\rangle(p) \\ \vdots & \iddots & & * \\ 0 & \iddots & & \vdots \\ \langle \mathrm{d}L_f^{r-1} h, g\rangle(p) & * & \cdots & * \end{pmatrix} \tag{4.28}$$
$$= \begin{pmatrix} 0 & \cdots & 0 & L_g L_f^{r-1} h(p) \\ \vdots & \iddots & & * \\ 0 & \iddots & & \vdots \\ L_g L_f^{r-1} h(p) & * & \cdots & * \end{pmatrix}.$$

Wegen $L_g L_f^{r-1} h(p) \neq 0$ ist die rechte Seite regulär mit Rang r. Daher müssen die Zeilen der Matrix

$$\begin{pmatrix} \mathrm{d}h(p) \\ \vdots \\ \mathrm{d}L_f^{r-1} h(p) \end{pmatrix} \tag{4.29}$$

linear unabhängig sein. □

Anmerkung 4.11 Aus Lemma 4.10 folgt zusätzlich, dass der relative Grad r nicht die Systemdimension n übersteigen kann, also mit einem wohldefinierten relativen Grad r auch $r \leq n$ gilt: Angenommen, die Bedingungen aus Def. 4.1 seien für eine natürliche Zahl $r > n$ erfüllt. Die rechte Seite von Gl. (4.28) müsste dann den Rang $r > n$ haben. Das steht im Widerspruch zu der Aussage, dass die auf der linken Seite von Gl. (4.28) als Faktor auftretende $r \times n$-Matrix (4.29) höchsten den Rang n besitzen kann.

Auf Basis von Lemma 4.10 lassen sich die ersten r Koordinaten einer neuen Zustandsraumdarstellung des Systems (4.1) angeben. Durch eine standardmäßige Basisergänzung um $n - r$ weitere Koordinaten wird man auf die nachfolgend angegebene Zwischenform geführt [CP96, DCP96]:

Satz 4.12 *Wir setzen*

$$\begin{aligned} \phi_1(x) &= h(x) \\ \phi_2(x) &= L_f h(x) \\ &\vdots \\ \phi_r(x) &= L_f^{r-1} h(x). \end{aligned} \tag{4.30}$$

Für $r < n$ gibt es $n - r$ weitere glatte Funktionen $\phi_{r+1}, \ldots, \phi_n$, so dass

$$z = \Phi(x) = \begin{pmatrix} \phi_1(x) \\ \vdots \\ \phi_n(x) \end{pmatrix} \tag{4.31}$$

in der Umgebung des Punktes p ein lokaler Diffeomorphismus ist, der das System (4.1) in die ***Eingangs-Ausgangs-Normalform***[1]

$$\begin{aligned} \dot{z}_1 &= z_2 \\ &\vdots \\ \dot{z}_{r-1} &= z_r \\ \dot{z}_r &= \alpha(z) + \beta(z)u \\ \dot{z}_{r+1} &= q_1(z) + d_1(z)u \\ &\vdots \\ \dot{z}_n &= q_{n-r}(z) + d_{n-r}(z)u \\ y &= z_1 \end{aligned} \tag{4.32}$$

überführt.

Beweis Nach Lemma 4.10 sind die Zeilenvektoren $\mathrm{d}h(p), \ldots, \mathrm{d}L_f^{r-1}h(p) \in (\mathbb{R}^n)^*$ linear unabhängig. Diese Kovektoren spannen einen r-dimensionalen Unterraum $\mathbb{U}$ im Dualraum $(\mathbb{R}^n)^*$ auf. Der zugehörige Annihilatorraum $\mathbb{U}^\perp$ ist ein $(n-r)$-dimensionaler Unterraum des $\mathbb{R}^n$ und habe die Basis $b_1, \ldots, b_{n-r} \in \mathbb{R}^n$, d. h. $\mathbb{U}^\perp = \operatorname{span}\{b_1, \ldots, b_{n-r}\}$. Die Funktionen (4.30) ergänzen wir durch die linearen Funktionen

$$\begin{aligned} \phi_{r+1}(x) &= b_1^T x, \\ &\vdots \\ \phi_n(x) &= b_{n-r}^T x. \end{aligned} \tag{4.33}$$

Die Jacobimatrix

$$\Phi'(p) = \begin{pmatrix} \mathrm{d}h(p) \\ \vdots \\ \mathrm{d}L_f^{r-1}h(p) \\ b_1^T \\ \vdots \\ b_{n-r}^T \end{pmatrix} \in \mathbb{R}^{n \times n}$$

1 Unter einer **Normalform** wird in diesem Buch die Darstellung eines mathematischen Objektes mit vorgegebenen Eigenschaften verstanden. Im Unterschied zu anderen Autoren wird hier keine Eindeutigkeit dieser Darstellung gefordert.

der Abbildung Φ ist im Punkt p aufgrund des Dimensionssatzes regulär (vgl. ▶ Abschn. 2.1). Nach dem Satz über die Umkehrfunktion ist $z = \Phi(x)$ ein lokaler Diffeomorphismus.[2]

Nun ist zu zeigen, dass das transformierte System die Form (4.32) besitzt. Zunächst betrachten wir die Koordinaten $z_i = \phi_i(x) = L_f^{i-1} h(x)$ mit $i = 1, \dots, r$ des ersten Teilsystems von (4.32). Für $i = 1, \dots, r-1$ gilt

$$\begin{aligned}
\dot{z}_i &= \frac{\mathrm{d}}{\mathrm{d}t}\phi_i(x) \\
&= \mathrm{d}\phi_i(x) \cdot \dot{x} \\
&= \mathrm{d}L_f^{i-1} h(x) \cdot (f(x) + g(x)u) \\
&= L_f^i h(x) + \underbrace{L_g L_f^{i-1} h(x)}_{\equiv 0 \text{ da } i < r} u \\
&= \phi_{i+1}(x) \\
&= z_{i+1} .
\end{aligned}$$

Bei $i = r$ gilt

$$\begin{aligned}
\dot{z}_r &= \frac{\mathrm{d}}{\mathrm{d}t}\phi_r(x) \\
&= \mathrm{d}\phi_r(x) \cdot \dot{x} \\
&= \mathrm{d}L_f^{r-1} h(x) \cdot (f(x) + g(x)u) \\
&= L_f^r h(x) + \underbrace{L_g L_f^{r-1} h(x)}_{\neq 0} u .
\end{aligned}$$

Ein Vergleich mit Zeile r des Systems (4.32) liefert

$$\begin{aligned}
\alpha(z) &= L_f^r h(x)\Big|_{x=\Phi^{-1}(z)} \\
\beta(z) &= L_g L_f^{r-1} h(x)\Big|_{x=\Phi^{-1}(z)} .
\end{aligned} \tag{4.34}$$

Anschließend betrachten wir die Koordinaten $z_i = \phi_i(x)$ mit $i = r+1, \dots, n$ des zweiten Teilsystems von (4.32). Es gilt

$$\begin{aligned}
\dot{z}_i &= \frac{\mathrm{d}}{\mathrm{d}t}\phi_i(x) \\
&= \mathrm{d}\phi_i(x) \cdot \dot{x} \\
&= \mathrm{d}\phi_i(x) \cdot (f(x) + g(x)u) \\
&= L_f \phi_i(x) + L_g \phi_i(x) u .
\end{aligned}$$

2 Mit der linearen Unabhängigkeit der Gradienten $\mathrm{d}h(p), \dots, \mathrm{d}L_f^{r-1} h(p)$ wäre die Existenz eines lokalen Diffeomorphismus bereits nach Korollar 3.43 gesichert. Das hier beschriebene Vorgehen ist jedoch in Hinblick auf die Berechnung der Koordinatentransformation einfacher.

Die Funktionen $q_1, \ldots, q_{n-r}$ und $d_1, \ldots, d_{n-r}$ auf der rechten Seite der letzten $n-r$ Zeilen des Systems sind dementsprechend durch

$$\begin{aligned} q_i(z) &= L_f \phi_{r+i}(x)\big|_{x=\Phi^{-1}(z)} \\ d_i(z) &= L_g \phi_{r+i}(x)\big|_{x=\Phi^{-1}(z)} \end{aligned}$$

für $i = 1, \ldots, n-r$ definiert. □

Anmerkung 4.13 Im Beweis wurde der von den Kovektoren $\mathrm{d}h(p), \ldots, \mathrm{d}L_f^{r-1}h(p)$ aufgespannte Unterraum $\mathbb{U} \subset (\mathbb{R}^n)^*$ letztlich durch sein orthogonales Komplement ergänzt. Alternativ ist auch die Ergänzung durch eine geeignete Auswahl $\mathrm{d}x_{i_1}, \ldots, \mathrm{d}x_{i_{n-r}}$ der kanonischen Basisvektoren möglich (Basisaustauschsatz bzw. Austauschsatz von Steinitz [KvW07]), woraus sich die zusätzlichen Funktionen $\phi_{r+1}(x) = x_{i_1}, \ldots, \phi_n(x) = x_{i_{n-r}}$ ergeben. Bei diesem Zugang sind für das zweite Teilsystem keine neuen Koordinaten festzulegen, sondern nur bestehende Koordinaten auszuwählen.

Die im ersten Teilsystem der Eingangs-Ausgangs-Normalform (4.32) auftretenden Funktionen α und β sind oft vergleichsweise komplizierte Funktionen, die durch umfangreiche Ausdrücke beschrieben werden. Da diese Nichtlinearitäten ohnehin kompensiert werden sollen bietet es sich an, die Eingangs-Ausgangs-Linearisierung bereits *vor* der Berechnung der Normalform (4.32) durchzuführen. Nach einer solchen partiellen Linearisierung gilt $\alpha = 0$ und $\beta = 1$.

Beispiel 4.14

Man betrachte das Wagen-Pendel-System (4.23) aus Beispiel 4.8. Die partielle Linearisierung mit relativem Grad $r = 2$ führt auf das deutlich einfachere System (4.26), welches bereits in der Eingangs-Ausgangs-Normalform vorliegt. Dabei wird das erste Teilsystem durch die Koordinaten x_1, x_2 und das zweite Teilsystem durch x_3, x_4 beschrieben.

Mit der Eingangs-Ausgangs-Normalform zerfällt das System (4.1) in ein r-dimensionales erstes Teilsystem und ein $(n-r)$-dimensionales zweites Teilsystem. Mit dem nächsten Lemma wird die Elimination des Eingangs im zweiten Teilsystem ermöglicht [Isi95, Prop. 4.1.3].

Lemma 4.15 *Die ersten Koordinaten (4.30) können durch zusätzliche Funktionen $\phi_{r+1}, \ldots, \phi_n$ derart ergänzt werden, dass die Abbildung (4.31) im Punkt $p \in \mathcal{M}$ eine reguläre Jacobimatrix besitzt und außerdem*

$$L_g \phi_i(x) = 0 \quad \textit{für} \quad i = r+1, \ldots, n \tag{4.35}$$

und alle x aus einer Umgebung von p gilt.

Beweis Aufgrund des wohldefinierten relativen Grades gilt $g(p) \neq 0$. Dann ist die Distribution $\Delta = \mathrm{span}\{g\}$ regulär, und da sie eindimensional ist auch involutiv: $[g, g] = 0$. Der Satz von Frobenius (Satz 3.41) garantiert die Existenz von $n-1$ Skalarfeldern $\lambda_1, \ldots, \lambda_{n-1}$ mit

$$\Delta^\perp = \mathrm{span}\{\mathrm{d}\lambda_1, \ldots, \mathrm{d}\lambda_{n-1}\} \quad \text{und} \quad \dim(\Delta^\perp)(p) = n-1. \tag{4.36}$$

Diese Skalarfelder erfüllen damit einerseits die Gleichung

$$L_g\lambda_i(x) = 0$$

für $i = 1, \ldots, n-1$ und alle x aus einer Umgebung von p, andererseits sind die Gradienten $\mathrm{d}\lambda_i$ im Punkt p linear unabhängig (Dimensionsformel (3.72a) in Proposition 3.31). Wegen

$$\left\langle \mathrm{d}L_f^k h, g\right\rangle = L_g L_f^k h = 0, \quad k = 0, \ldots, r-2$$

entsprechend Def. 4.1 sind bereits $r-1$ derartige Funktionen bekannt: $\lambda_1(x) = \phi_1(x) = h(x), \ldots, \lambda_{r-1} = \phi_{r-1}(x) = L_f^{r-2}h(x)$. Die zugehörigen Gradienten sind zudem im Punkt p linear unabhängig (Lemma 4.10). Damit existieren $(n-1)-(r-1) = n-r$ weitere (unabhängige) Funktionen $\phi_{r+1}(x) = \lambda_r(x), \ldots, \phi_n(x) = \lambda_{n-1}(x)$, für welche Gl. (4.36) erfüllt ist. Außerdem gilt aber auch

$$\left\langle \mathrm{d}L_f^{r-1} h, g\right\rangle = L_g L_f^{r-1} h(p) \neq 0,$$

so dass $\mathrm{d}L_f^{r-1}h$ nicht zum Annihiltor $\Delta^\perp$ gehört. Damit gilt

$$\Delta^\perp(p) \oplus \operatorname{span}\{\mathrm{d}L_f^{r-1}h(p)\} = (\mathbb{R}^n)^*,$$

so dass mit $\phi_r(x) = L_f^{r-1}h(x)$ die Abbildung Φ im Punkt p eine reguläre Jacobimatrix besitzt. □

Wählt man die Funktionen $\phi_{r+1}, \ldots, \phi_n$ der Koordinatentransformation (4.31) entsprechend Lemma 4.15, dann geht die Eingangs-Ausgangs-Normalform in die Byrnes-Isidori-Normalform über:

Satz 4.16 *Die in Lemma 4.15 definierte Abbildung Φ ist ein lokaler Diffeomorphismus, mit dem System (4.1) in die* ***Byrnes-Isidori-Normalform***

$$\begin{aligned}
\dot z_1 &= z_2\\
&\ \vdots\\
\dot z_{r-1} &= z_r\\
\dot z_r &= \alpha(z) + \beta(z)u\\
\dot z_{r+1} &= q_1(z)\\
&\ \vdots\\
\dot z_n &= q_{n-r}(z)\\
y &= z_1
\end{aligned} \tag{4.37}$$

überführt wird.

Beweis Bei wohldefiniertem relativen Grad r existiert nach Satz 4.12 die Eingangs-Ausgangs-Normalform (4.32). Die ersten r Koordinaten sind durch Gl. (4.30) gegeben. Die zusätzlichen Koordinaten können entsprechend Gl. (4.35) gewählt werden (Lemma 4.15). Für die Koordinaten $z_i = \phi_i(x)$ mit $i = r+1, \ldots, n$ des zweiten Teilsystems von (4.37) gilt folglich

$$\begin{aligned}\dot{z}_i &= \frac{\mathrm{d}}{\mathrm{d}t}\phi_i(x) \\ &= \mathrm{d}\phi_i(x) \cdot \dot{x} \\ &= \mathrm{d}\phi_i(x) \cdot (f(x) + g(x)u) \\ &= L_f\phi_i(x) + \underbrace{L_g\phi_i(x)}_{\equiv 0} u \\ &= L_f\phi_i(x).\end{aligned}$$

Damit geht (4.32) in Gl. (4.37) über, wobei das zweite Teilsystem nicht mehr direkt vom Eingang abhängt. Die Funktionen $q_1, \ldots, q_{n-r}$ auf der rechten Seite des zweiten Teilsystems sind durch

$$q_i(z) = L_f\phi_{r+i}(x)\big|_{x=\Phi^{-1}(z)}$$

definiert. □

Anmerkung 4.17 Für die Bestimmung der zusätzlichen Funktionen $\phi_{r+1}, \ldots, \phi_n$ kann man ausnutzen, dass Lemma 4.15 mit dem Satz von Frobenius (Satz 3.41) bewiesen wurde, dessen Beweis konstruktiv mit Hilfe des Begradigungssatzes (Satz 3.36) geführt wurde. Zur Berechnung der gesuchten Funktionen ergänzt man das Eingangsvektorfeld $g_1 := g$ um $n-1$ weitere (möglichst einfache) Vektorfelder $g_2, \ldots, g_n$, so dass alle Vektorfelder im Punkt p linear unabhängig sind. Dazu kann man konstante Vektorfelder, insbesondere auch Einheitsvektorfelder $\frac{\partial}{\partial x_i}$ verwenden. Die von diesen n Vektorfeldern aufgespannte Distribution ist regulär und (da sie den gesamten Raum aufspannt) involutiv. Wie in Gl. (3.76) des Beweises von Satz 3.36 definiert man über die Verkettung der Flüsse dieser Vektorfelder eine Abbildung

$$x = S(\tilde{z}) = \varphi_{\tilde{z}_1}^{g_1} \circ \cdots \circ \varphi_{\tilde{z}_n}^{g_n}(p). \tag{4.38}$$

Zu der Umkehrfunktion $\tilde{z} = T(x)$ betrachte man die Komponenten $t_2, \ldots, t_n$. Die zugehörigen Gradienten $\mathrm{d}t_2, \ldots, \mathrm{d}t_n$ spannen in einer Umgebung des Punktes p den Annihilator von $\operatorname{span}\{g\}$ auf (vgl. Beweis von Satz 3.41). Da die Gradienten $\mathrm{d}h, \ldots, \mathrm{d}L_f^{r-2}h$ eine r-dimensionale Kodistribution aufspannen, die im Annihilator enthalten ist, kann man von den Gradienten $\mathrm{d}t_2, \ldots, \mathrm{d}t_n$ genau $n-r$ Elemente zur Ergänzung der Basis auswählen (Basisaustauschsatz bzw. Austauschsatz von Steinitz [KvW07]).

Anmerkung 4.18 Formal stellt Gl. (4.35) eine *partielle* Differentialgleichung dar, für die in Ergänzung zu den bekannten Lösungen $h, L_f h, \ldots, L_f^{r-1}h$ (vgl. Punkt 1 aus Def. 4.1) noch $n-r$ weitere (unabhängige) Lösungen $\phi_{r+1}, \ldots, \phi_n$ gesucht sind. Grundsätzlich bietet sich zur Lösung der partiellen Differentialgleichung (4.35) die Methode der Charakteristiken an [Joh71]. Die symbolische Lösung ist mit Computer-Algebra-Systemen nicht immer möglich [dJ91, dJ95].

Allerdings lassen sich in vielen Fällen die zusätzlichen Koordinaten der Byrnes-Isidori-Normalform direkt angeben:

Beispiel 4.19

Man betrachte den mobilen Roboter aus Beispiel 4.4 mit dem in Beispiel 4.7 verwendeten Ausgang $y = x_1$. Der relative Grad $r = 2$ ist für $x_3 \notin \{\pi/2 + k\pi,\ k \in \mathbb{Z}\}$ wohldefiniert. Die ersten r Koordinaten der Byrnes-Isidori-Normalform ergeben sich aus den Lie-Ableitungen

$$\begin{aligned} z_1 &= \phi_1(x) = \quad h(x) \quad = x_1 \\ z_2 &= \phi_2(x) = L_f h(x) = \sin x_3 . \end{aligned} \tag{4.39}$$

Die dritte Koordinate muss von x_2 abhängen, andernfalls kann die zur Koordinatentransformation gehörende Jacobimatrix nicht regulär sein. Die lineare Funktion

$$z_3 = \phi_3(x) = x_2 \tag{4.40}$$

erfüllt zudem noch die partielle Differentialgleichung (4.35). Für $x_3 \in (-\pi/2, +\pi/2)$ beschreiben die Gl. (4.39) und (4.40) einen Diffeomorphismus, dessen Umkehrabbildung $z = \Phi^{-1}(x)$ durch

$$\begin{aligned} x_1 &= z_1 \\ x_2 &= z_3 \\ x_3 &= \arcsin z_2 \end{aligned}$$

gegeben ist. Die Nichtlinearitäten α und β des ersten Teilsystems haben dann die Form

$$\alpha(z) = L_f^2 h(x)\Big|_{x=\Phi^{-1}(z)} \equiv 0$$

und

$$\beta(z) = L_g L_f h(x)\big|_{x=\Phi^{-1}(z)} = \cos x_3\big|_{x_3=\arcsin z_2} = \sqrt{1-z_2^2}\ .$$

Für die Nichtlinearität des zweiten Teilsystems errechnet man

$$q_1(z) = L_f \phi_3(x)\big|_{x=\Phi^{-1}(z)} = \cos x_3\big|_{x_3=\arcsin z_2} = \sqrt{1-z_2^2}\ ,$$

so dass man insgesamt die Byrnes-Isidori-Normalform

$$\begin{aligned} \dot z_1 &= z_2 \\ \dot z_2 &= \sqrt{1-z_2^2}\, u \\ \dot z_3 &= \sqrt{1-z_2^2} \\ y &= z_1 \end{aligned} \tag{4.41}$$

mit einem zweidimensionalen ersten und einem eindimensionalen zweiten Teilsystem erhält.

Beispiel 4.20
Wir betrachten das partiell linearisierte Wagen-Pendel-System (4.26) aus Beispiel 4.8. Das System soll in die Byrnes-Isidori-Normalform transformiert werden. Die ersten $r = 2$ Koordinaten sind durch $z_1 = h(x) = x_1$ und $z_2 = L_f h(x) = x_2$ gegeben. Die zusätzlichen Koordinaten $z_3 = \phi_3(x)$ und $z_4 = \phi_4(x)$, die die Bedingung (4.35) aus Lemma 4.15 für das Eingangsvektorfeld

$$g(x) = \frac{\partial}{\partial x_2} - \frac{1}{\ell}\cos x_3 \frac{\partial}{\partial x_4} \tag{4.42}$$

des Systems (4.26) erfüllen, werden systematisch entsprechend Anmerkung 4.17 bestimmt. Dazu ergänzen wir (4.42) um die linear unabhängigen Basisvektorfelder $g_2 = \frac{\partial}{\partial x_1}$, $g_3 = \frac{\partial}{\partial x_3}$ und $g_4 = \frac{\partial}{\partial x_4}$, deren Flüsse entsprechend Beispiel 2.17 angegeben werden können. Die Verknüpfung der Flüsse nach Gl. (4.38) mit $p = 0$ liefert

$$\left.\begin{aligned} x_1 &= \tilde{z}_2 \\ x_2 &= \tilde{z}_1 \\ x_3 &= \tilde{z}_3 \\ x_4 &= \tilde{z}_4 - \tfrac{\tilde{z}_1}{\ell}\cos\tilde{z}_3 \end{aligned}\right\} \quad x = S(\tilde{z})$$

mit der Umkehrabbildung

$$\left.\begin{aligned} \tilde{z}_1 &= x_2 \\ \tilde{z}_2 &= x_1 \\ \tilde{z}_3 &= x_3 \\ \tilde{z}_4 &= x_4 + \tfrac{x_2}{\ell}\cos x_3 \end{aligned}\right\} \quad \tilde{z} = T(x).$$

Die erste Komponente liefert nach Konstruktion kein Element für den Annihilator. Die zweite Komponente wird bereits im ersten Teilsystem genutzt. Die zusätzlichen Koordinaten ϕ_3 und ϕ_4 ergeben sich daher aus den letzten zwei Komponenten t_3 und t_4. Mit $z_3 = \phi_3(x) = x_3$ und $z_4 = \phi_4(x) = x_4 + \frac{1}{\ell}x_2\cos x_3$ erhält man insgesamt die folgende Hin- bzw. Rücktransformation:

$$z = \Phi(x) = \begin{pmatrix} x_1 \\ x_2 \\ x_3 \\ x_4 + \frac{1}{\ell}x_2\cos x_3 \end{pmatrix}, \quad x = \Phi^{-1}(z) = \begin{pmatrix} z_1 \\ z_2 \\ z_3 \\ z_4 - \frac{1}{\ell}z_2\cos z_3 \end{pmatrix}.$$

Durch Anwendung dieser Transformation wird das System (4.26) in die Byrnes-Isidori-Normalform

$$\begin{aligned} \dot{z}_1 &= z_2 \\ \dot{z}_2 &= v \\ \dot{z}_3 &= \tfrac{z_4 - z_2\cos z_3}{\ell} \\ \dot{z}_4 &= \frac{(d_2 + \ell m_2 z_2 \sin z_3)\ell z_4 + \left(g\ell - z_2^2\cos z_3\right)\ell m_2 \sin z_3 - d_2 z_2 \cos z_3}{\ell^3 m_2} \end{aligned} \tag{4.43}$$

überführt. Im Unterschied zu der Eingangs-Ausgangs-Form (4.26) tritt in dem durch die Koordinaten z_3 und z_4 beschriebenen zweiten Teilsystem der Eingang v nicht mehr in Erscheinung.

Anmerkung 4.21 Bei mechanischen Systemen führt eine kollokierte partielle Linearisierung auf die Eingangs-Ausgangs-Normalform (4.32). Auf Basis der Bewegungsgleichungen lässt sich dann ein globaler Diffeomorphismus angeben, der (4.32) in die Byrnes-Isidori-Normalform (4.37) überführt [KR15, Kno16].

4.1.3 Reglerentwurf zur Stabilisierung einer Ruhelage

Ein Punkt (x^0, u^0) mit $x^0 \in \mathcal{M}$ und $u^0 \in \mathbb{R}$, der die Gleichung

$$0 = f(x^0) + g(x^0)u^0$$

erfüllt, ist eine Ruhelage bzw. ein Arbeitspunkt des Systems (4.1). Zur Vereinfachung gehen wir im Folgenden davon aus, dass die Ruhelage bei $x^0 = p$ und $u^0 = 0$ liegt. In diesem Fall würden wir einfach von der Ruhelage $p \in \mathcal{M}$ (ohne Erwähnung von u^0) sprechen. Im Punkt $p \in \mathcal{M}$ gelte somit

$$f(p) = 0, \tag{4.44}$$
$$h(p) = 0. \tag{4.45}$$

Der Ausgang sei dabei so gewählt, dass er in der Ruhelage auch den Wert Null annimmt. Hat System (4.1) im Punkt p den relativen Grad r, dann kann die Transformation Φ in die Eingangs-Ausgangs- sowie Byrnes-Isidori-Normalform so gewählt werden, dass zusätzlich $\Phi(p) = 0$ gilt. Für $u = 0$ ist dann $z = 0$ die Ruhelage des transformierten Systems.

Die Eingangs-Ausgangs-Normalform (4.32) besteht aus zwei Teilsystemen. Dazu führen wir die Koordinaten

$$\begin{aligned} \xi &= (\xi_1, \dots, \xi_r)^T &&= (z_1, \dots, z_r)^T \\ \eta &= (\eta_1, \dots, \eta_{n-r})^T &&= (z_{r+1}, \dots, z_n)^T \end{aligned}$$

ein. Formal würde der Vektor z aus den übereinander anzuordnenden Spaltenvektoren ξ und η bestehen. Im Sinne einer gut lesbaren Notation werden wir aber den Zustandsvektor des Gesamtsystems als geordnetes Paar $z = (\xi, \eta)$ angeben, was durch den Isomorphismus $\mathbb{R}^r \times \mathbb{R}^{n-r} \cong \mathbb{R}^n$ gerechtfertigt ist. Diese Notation ist sinngemäß auf die beteiligten Abbildungen zu übertragen. Die Eingangs-Ausgangs-Normalform (4.37) lässt sich dann in der kompakten Form

$$\begin{aligned} \dot{\xi} &= A\xi + b(\alpha(\xi, \eta) + \beta(\xi, \eta)u) \\ \dot{\eta} &= q(\xi, \eta) + d(\xi, \eta)u \\ y &= c^T\xi \end{aligned} \tag{4.46}$$

mit

$$A = \begin{pmatrix} 0 & 1 & \cdots & 0 \\ 0 & 0 & \ddots & \vdots \\ \vdots & \ddots & \ddots & 1 \\ 0 & \cdots & 0 & 0 \end{pmatrix}, \ b = \begin{pmatrix} 0 \\ \vdots \\ 0 \\ 1 \end{pmatrix}, \ c^T = \begin{pmatrix} 1 & 0 & \cdots & 0 \end{pmatrix} \tag{4.47}$$

angeben. Das Triple (A, b, c^T) mit $A = \mathbb{R}^{r\times r}$ und $b, c \in \mathbb{R}^r$ liegt in **Brunovský-Normalform** vor [Bru70]. Für $d \equiv 0$ geht die Eingangs-Ausgangs-Normalform (4.46) in die Byrnes-Isidori-Normalform

$$\begin{aligned} \dot{\xi} &= A\xi + b(\alpha(\xi,\eta) + \beta(\xi,\eta)u) \\ \dot{\eta} &= q(\xi,\eta) \\ y &= c^T\xi \end{aligned} \tag{4.48}$$

über, welche nachfolgend genutzt wird.

Das Vorgehen aus ▶ Abschn. 4.1.1 kann jetzt im Zustandsraum des transformierten Systems (4.48) erläutert werden. Die linearisierende Rückführung

$$u = \frac{1}{\beta(\xi,\eta)}(v - \alpha(\xi,\eta)) = \frac{1}{L_g L_f^{r-1} h(x)}\left(v - L_f^r h(x)\right) \tag{4.49}$$

für das erste Teilsystem überführt die zugehörige Byrnes-Isidori-Normalform (4.48) in das **eingangs-ausgangs-linearisierte** oder **partiell linearisierte** System

$$\begin{aligned} \dot{\xi} &= A\xi + bv \text{ (lineares Teilsystem)} \\ \dot{\eta} &= q(\xi,\eta) \text{ (interne Dynamik)} \\ y &= c^T\xi. \end{aligned} \tag{4.50}$$

mit einem linearen ersten Teilsystem und einem in der Regel nichtlinearen zweiten Teilsystem, der sogenannten **internen Dynamik**. Die interne Dynamik beeinflusst dann weder das erste Teilsystem noch den Ausgang (◘ Abb. 4.7).

Das Eingangs-Ausgangs-Verhalten von System (4.50) wird ausschließlich vom ersten Teilsystem bestimmt und lässt sich durch die Übertragungsfunktion

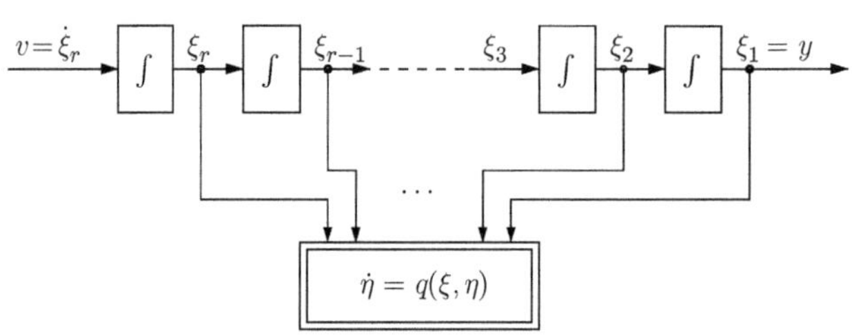

◘ **Abb. 4.7** Eingangs-ausgangs-linearisiertes System (4.50)

$$G_V^Y(s) = \frac{Y(s)}{V(s)} = c^T(sI - A)^{-1}b = \frac{1}{s^r}$$

in Form eines r-fachen Integrators angeben. Im nächsten Schritt soll das erste Teilsystem stabilisiert werden. Dazu setzt man die Zustandsrückführung

$$v = -k^T\xi \quad \text{mit} \quad k = (a_0, a_1, \ldots, a_{r-1})^T \in \mathbb{R}^r \tag{4.51}$$

an, welche System (4.50) in das autonome System

$$\dot{\xi} = \left(A - bk^T\right)\xi, \tag{4.52a}$$
$$\dot{\eta} = q(\xi, \eta), \tag{4.52b}$$

welches eine Kaskadenstruktur aufweist, überführt (siehe ◘ Abb. 4.8). Die Systemmatrix des Teilsystems (4.52a) nimmt dann die Gestalt einer **Frobenius-Begleitmatrix** (engl. **companion matrix**)

$$A - bk^T = \begin{pmatrix} 0 & 1 & \cdots & 0 \\ 0 & 0 & \ddots & \vdots \\ \vdots & \ddots & \ddots & 1 \\ -a_0 & \cdots & -a_{r-2} & -a_{r-1} \end{pmatrix} \tag{4.53}$$

an, aus der man unmittelbar das charakteristische Polynom

$$\det\left(sI - (A - bk^T)\right) = s^r + a_{r-1}s^{r-1} + \cdots + a_1 s + a_0, \tag{4.54}$$

welches bereits in Gl. (4.17) angegeben wurde, abliest [Gan86]. Die Koeffizienten $a_0, \ldots, a_{r-1}$ sind dabei so zu wählen, dass dieses Polynom ein Hurwitz-Polynom ist, also alle Nullstellen negativen Realteil besitzen. Mit $\xi_1 = h(x), \xi_2 = L_f h(x), \ldots, \xi_r = L_f^{r-1}h(x)$ und Gl. (4.34) lässt sich die Rückführung (4.49) mit (4.51) direkt als Zustandsrückführung in den Originalkoordinaten angeben:

$$u = -\frac{1}{L_g L_f^{r-1}h(x)} \sum_{k=0}^{r} a_k L_f^k h(x), \qquad a_r := 1. \tag{4.55}$$

Mit einer geeigneten Zustandsrückführung (4.51) wird die Ruhelage $\xi = 0$ des ersten Teilsystems (4.52a) asymptotisch stabil, so dass alle Trajektorien dieses Teilsystems gegen den Ursprung konvergieren, d. h. $\xi(t) \to 0$ für $t \to \infty$. Im Grenzfall $\xi = 0$ geht die interne Dynamik aus Gl. (4.52b) in die **Nulldynamik** (engl. **zero dynamics**)

$$\dot{\eta} = q(0, \eta) \tag{4.56}$$

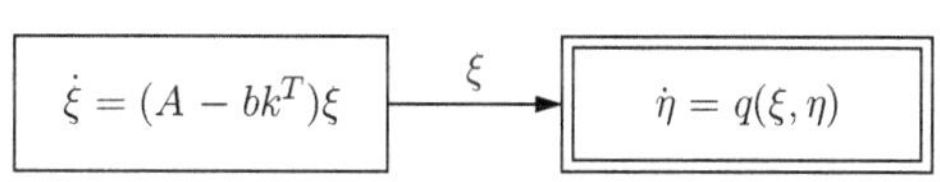

◘ **Abb. 4.8** Kaskadenstruktur des Systems (4.52)

über, die das Systemverhalten für den Fall $y(t) = 0$ für $t \geq 0$ beschreibt. Das resultierende $(n-r)$-dimensionale System (4.56) ist autonom. Das Gesamtsystem (4.1) bzw. (4.48) heißt **minimalphasig** (engl. **minimum phase**), wenn die Ruhelage $\eta = 0$ von (4.56) asymptotisch stabil ist [BI88, BI91, BIW91, Sva06, Zei14].

Anmerkung 4.22 Bei einem linearen zeitinvarianten System kann man die Nulldynamik in der Form

$$\dot{\eta} = A_{22}\eta$$

mit einer quadratischen Matrix $A_{22} \in \mathbb{R}^{(n-r)\times(n-r)}$ angeben (siehe Anmerkung 4.31). Das System ist genau dann minimalphasig, wenn alle Eigenwerte der Matrix A_{22} negativen Realteil besitzen.

Beispiel 4.23

Mit den Koordinaten $\xi_1 = z_1, \xi_2 = z_2$ und $\eta_1 = z_3$ nimmt die Byrnes-Isidori-Normalform (4.41) des mobilen Roboters aus Beispiels 4.19 die Gestalt

$$\begin{aligned}
\dot{\xi}_1 &= \xi_2 \\
\dot{\xi}_2 &= \sqrt{1-\xi_2^2}u \\
\dot{\eta}_1 &= \sqrt{1-\xi_2^2} \\
y &= \xi_1
\end{aligned}$$

an. Die interne Dynamik, die durch die Koordinate η_1 beschrieben wird, geht für $\xi = 0$ in die Nulldynamik

$$\dot{\eta}_1 = 1$$

über. Die Nulldynamik besitzt keine Ruhelage. Jede Lösung $\eta_1(t) = \eta_1(0) + t$ strebt für $t \to \infty$ gegen Unendlich. (Das entspricht der kontinuierlichen Bewegung parallel zur x_2-Achse, siehe Beispiel 4.7.) Das System ist damit nicht minimalphasig.

Beispiel 4.24

In Beispiel 4.20 wurde für das Wagen-Pendel-System die interne Dynamik (4.43) berechnet. Für $z_1 = z_2 = 0$ und $\eta_1 = z_3, \eta_2 = z_4$ erhält man aus den Gleichungen des zweiten Teilsystems die Nulldynamik

$$\begin{aligned}
\dot{\eta}_1 &= \eta_2 \\
\dot{\eta}_2 &= -\frac{d_2}{\ell^2 m_2}\eta_2 - \frac{g}{\ell}\sin\eta_1 .
\end{aligned} \tag{4.57}$$

Dieses Differentialgleichungssystem beschreibt ein gedämpftes mathematisches Pendel, welches bekanntermaßen abzählbar unendlich viele Ruhelagen ($\eta_1 = k\pi$ mit $k \in \mathbb{Z}$ und $\eta_2 = 0$) besitzt. Für die Ruhelage $\eta = 0$ im Ursprung setzen wir

$$V(\eta) = \frac{g}{\ell}(1 - \cos\eta_1) + \frac{1}{2}\eta_2^2$$

als mögliche Ljapunov-Funktion an (vgl. ▶ Abschn. A.1). Die Funktion V ist (lokal) positiv definit. Die Zeitableitung entlang der Nulldynamik (4.57) ist für physikalisch sinnvolle Parameter $(g, l, d_2, m_2 > 0)$ negativ semidefinit:

$$\dot{V}(\eta) = \frac{g}{\ell}\dot{\eta}_1 \sin\eta_1 + \eta_2\dot{\eta}_2 = -\frac{d_2}{\ell^2 m_2}\eta_2^2 \leq 0$$

Der Fall $\dot{V} = 0$ tritt nur bei $\eta_2 = 0$ auf. Nach dem Invarianzprinzip von LaSalle ist die Ruhelage $\eta = 0$ (lokal) asymptotisch stabil (siehe Anhang A.1). Das System ist somit minimalphasig.

Bei einem minimalphasigen System stabilisiert die Rückführung (4.55) nicht nur das erste Teilsystem, sondern das gesamte System:

Satz 4.25 *Das System (4.1) habe in einem Arbeitspunkt $p \in \mathcal{M}$ den relativen Grad $r \leq n$. Außerdem werde angenommen, dass das System minimalphasig ist und die Reglerverstärkung $k \in \mathbb{R}^r$ entsprechend Gl. (4.51) bzw. (4.55) so gewählt wurde, dass das charakteristische Polynom (4.54) ein Hurwitz-Polynom ist. Verwendet man die Zustandsrückführung (4.55), dann ist die Ruhelage p des resultierenden Systems lokal asymptotisch stabil.*

Beweis Da System (4.1) den wohldefinierten relativen Grad $r \leq n$ besitzt, existiert ein lokaler Diffeomorphismus Φ mit $\Phi(p) = 0$, der das System in die Byrnes-Isidori-Normalform (4.48) überführt. Durch die Zustandsrückführung (4.49) mit (4.51) bzw. (4.55) erhält man das geregelte System (4.52) mit einer Kaskadenstruktur nach ◘ Abb. 4.8. Die Systemmatrix (4.53) des Teilsystems (4.52a) besitzt nach Annahme (durch die Wahl der Verstärkung k) ausschließlich Eigenwerte mit negativem Realteil. Damit hat die Ljapunov-Gleichung

$$(A - bk^T)^T P + P(A - bk^T) = -I \tag{4.58}$$

eine positive definite Lösung $P \in \mathbb{R}^{r \times r}$ (vgl. Anhang A.1). Die Funktion $V_1(\xi) := \xi^T P \xi$ ist somit auch positiv definit. Wegen

$$\begin{aligned}\dot{V}_1(\xi) &= \xi^T \left((A - bk^T)^T P + P(A - bk^T)\right)\xi \\ &= -\xi^T\xi = -\|\xi\|_2^2 < 0 \quad \text{für alle} \quad \xi \neq 0\end{aligned}$$

ist V_1 eine strenge Ljapunov-Funktion von Teilsystem (4.52a).

Da das System als minimalphasig angenommen wurde, ist die Ruhelage $\eta = 0$ von Teilsystem (4.52b) lokal asymptotisch stabil. Nach Satz A.5 existiert dann eine strenge Ljapunov-Funktion $V_2 : \mathcal{U}_2 \to \mathbb{R}$, wobei $\mathcal{U}_2 \subset \mathbb{R}^{n-r}$ eine geeignete Umgebung der Null ist. Für System (4.56) gilt daher

$$\dot{V}_2(\eta) = V_2'(\eta) \cdot q(0, \eta) < 0 \quad \forall \eta \in \mathcal{U}_2 \setminus \{0\}.$$

Bedingt durch die Stetigkeit von q existiert eine offene Umgebung $\mathcal{U}_1 \subset \mathbb{R}^r$ der Null, so dass für Teilsystem (4.52b) gilt

$$\dot{V}_2(\eta) = V_2'(\eta) \cdot q(\xi, \eta) < 0 \quad \forall \xi \in \mathcal{U}_1 \, \forall \eta \in \mathcal{U}_2 \setminus \{0\}.$$

Die zusammengesetzte Funktion $V(\xi,\eta) := V_1(\xi) + V_2(\eta)$ ist einerseits (lokal) positiv definit, andererseits gilt

$$\dot{V}(\xi,\eta) = -\|\xi\|_2^2 + V_2'(\eta)\cdot q(\xi,\eta) < 0 \quad \forall(\xi,\eta) \in \mathcal{U}\setminus\{0\}$$

mit $\mathcal{U} = \mathcal{U}_1 \times \mathcal{U}_2$. Damit ist V eine strenge Ljapunov-Funktion für das gesamte System (4.52). Die betrachtete Ruhelage ist daher (lokal) asymptotisch stabil. □

Beispiel 4.26

In Beispiel 4.24 wurde gezeigt, dass das Wagen-Pendel-Modell bezogen auf die Ruhelage $\eta = 0$ minimalphasig ist. Daher kann das System mit der Zustandsrückführung (4.55) stabilisiert werden. Aus (4.24) liest man die benötigten Lie-Ableitungen

$$\begin{aligned}
h(x) &= x_1\\
L_f h(x) &= x_2\\
L_f^2 h(x) &= \frac{m_2\ell^2 x_4^2 \sin x_3 - d_1 \ell x_2 + \cos x_3 (m_2 g\ell \sin x_3 + d_2 x_4)}{\ell\left(m_1 + m_2 \sin^2 x_3\right)}\\
L_g L_f h(x) &= \frac{1}{m_1 + m_2 \sin^2 x_3}
\end{aligned}$$

ab und erhält damit die nichtlineare Rückführung

$$\begin{aligned}
u = -\Big[&m_2 \ell x_4^2 \sin x_3 - d_1 x_2 + \cos x_3 \left(m_2 g \sin x_3 + \tfrac{d_2}{\ell} x_4\right)\\
&+ \left(m_1 + m_2 \sin^2 x_3\right)(a_0 x_1 + a_1 x_2)\Big].
\end{aligned}$$

Für die Simulation werden die normierten Parameterwerte $m_1 = 10$, $m_2 = 0{,}2$, $g = 9{,}81$, $l = 0{,}7$ und $d_1 = d_2 = 0{,}1$ verwendet. Mit der Eigenwertvorgabe $s_1 = -2$ und $s_2 = -3$ erhält man für das charakteristische Polynom die Koeffizienten $a_0 = 6$ und $a_1 = 5$, die auch in der Zustandsrückführung (4.55) zur Geltung kommen. ◘ Abb. 4.9 zeigt die simulierten Trajektorien des mit Gl. (4.55) stabilisierten Wagen-Pendel-Systems. Ausgehend von dem Anfangswert $x(0) = (2,0,0,0)^T$, der eine reine Lageabweichung beschreibt, streben die Lösungen des geregelten Systems gegen Null.

Anmerkung 4.27 In der Rückführung (4.55) können bei hohem relativen Grad umfangreiche symbolische Ausdrücke auftreten. Bei der Implementierung des Reglers benötigt man nicht zwangsläufig eine symbolische Darstellung, sondern nur eine Routine, die den Ausdruck (4.55) in jedem Abtastschritt numerisch auswertet. Diese Funktionswertberechnung lässt sich sehr effizient mit Hilfe des algorithmischen Differenzierens implementieren [RR00, Röb05, Röb07].

4.1.4 Nulldynamik

Die Nulldynamik (4.56) wurde im vorangegangenen Abschnitt auf Basis der Byrnes-Isidori-Normalform (4.48) definiert. Da die Berechnung dieser Normalform mitunter schwierig ist, die Stabilitätsaussage der Nulldynamik (Minimalphasigkeit) aber für die

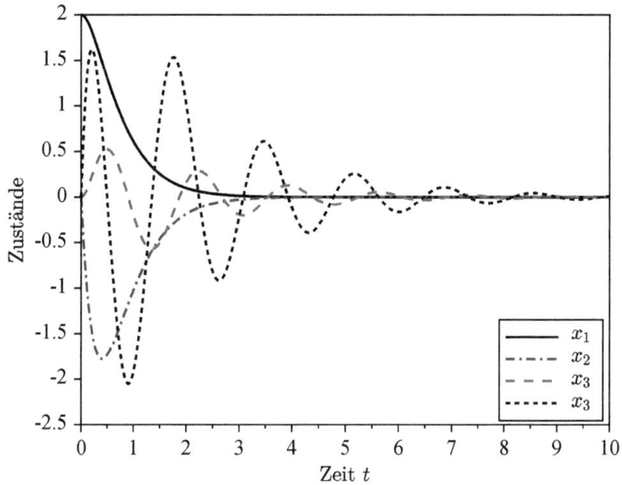

Abb. 4.9 Simulationsergebnis des geregelten Wagen-Pendel-Systems

Stabilisierung des Gesamtsystems relevant ist, wird im Folgenden ein alternativer Weg zur Berechnung der Nulldynamik angegeben [Isi95, Abschnitt 4.3].

Die Nulldynamik erhält man aus der internen Dynamik in Gl. (4.48) durch Nullsetzen des Zustands des ersten Teilsystems, also mit $\xi = 0$. Entsprechend der Definition der Koordinaten $\xi_1 = h(x), \xi_2 = L_f h(x), \ldots, \xi_n = L_f^{r-1} h(x)$ des ersten Teilsystems führt die Bedingung $\xi = 0$ in Originalkoordinaten auf die gleichungsdefinierte Untermannigfaltigkeit

$$\mathcal{Z}^* = \left\{ x \in \mathcal{M} \subseteq \mathbb{R}^n;\, h(x) = 0,\; L_f h(x) = 0,\; \ldots,\; L_f^{r-1} h(x) = 0 \right\} \tag{4.59}$$

des Vektorraums $\mathbb{R}^n$ der Dimension $n - r$. Mit $y = h(x) = 0, \ldots, y^{(r-1)} = L_f^{r-1} h(x) = 0$ ist zwar der Ausgang in einem Punkt Null, könnte aber durch ungünstige Wahl des Eingangs aus dem Nullpunkt herausbewegt werden. Um $y(t) = 0$ für alle $t \geq 0$ sicherzustellen muss zusätzlich für die letzte Differentialgleichung des ersten Teilsystems gelten:

$$\dot{\xi}_r = \alpha(\xi, \eta) + \beta(\xi, \eta) u \stackrel{!}{=} 0.$$

Daraus leitet sich unmittelbar die zusätzliche Bedingung

$$u = -\frac{\alpha(\xi, \eta)}{\beta(\xi, \eta)} = -\frac{L_f^r h(x)}{L_g L_f^{r-1} h(x)} \tag{4.60}$$

ab. Für das erste Teilsystem gilt somit

$$\xi(0) = 0 \;\wedge\; \forall t \geq 0\colon \dot{\xi}(t) = 0 \quad \Longrightarrow \quad \forall t \geq 0\colon \xi(t) = 0, \tag{4.61}$$

woraus auch $y(t) = \xi_1(t) = 0$ für alle $t \geq 0$ folgt.

Mit der Zwangsbedingung (4.60) kann man im zweiten Teilsystem der Eingangs-Ausgangs-Normalform (4.46) den Eingangs u eliminieren

$$\begin{aligned}\dot{\eta} =& \; q(\xi,\eta) + d(\xi,\eta)u \\ =& \; q(\xi,\eta) - d(\xi,\eta)\tfrac{\alpha(\xi,\eta)}{\beta(\xi,\eta)} \\ =:& \; \tilde{q}(\xi,\eta)\end{aligned}$$

und erhält damit die durch $\tilde{q}$ beschriebene interne Dynamik der Byrnes-Isidori-Normalform (4.48). Zusammen mit Gl. (4.61) ergibt sich daraus die Nulldynamik

$$\dot{\eta} = \tilde{q}(0,\eta). \tag{4.62}$$

In den Originalkoordinaten geht das zu regelnde System (4.1) mit der Bedingung (4.60) in das autonome System

$$\dot{x} = f(x) + g(x)u = f(x) - \frac{L_f^r h(x)}{L_g L_f^{r-1} h(x)} g(x) =: f^*(x) \tag{4.63}$$

mit dem Vektorfeld f^* über. In den transformierten Koordinaten entspricht dieses Vektorfeld der Nulldynamik (4.62). Zusammen mit (4.61) ist die Nulldynamik (bezogen auf den gesamten Zustandsraum $\mathbb{R}^n \cong \mathbb{R}^r \times \mathbb{R}^{n-r}$ bzw. eine offenen Teilmenge davon) des Systems (4.46) invariant bezüglich des durch $\xi = 0$ definierten Teilraums $(\xi,\eta) \in 0 \times \mathbb{R}^{n-r}$. In den Originalkoordinaten entspricht dieser Teilraum der in Gl. (4.59) definierten Untermannigfaltigkeit $\mathcal{Z}^*$ (siehe ◼ Abb. 4.10).

Der Zusammenhang zwischen der Untermannigfaltigkeit $\mathcal{Z}^*$ und dem Vektorfeld f^* wird zunächst an einem rein mathematischen Beispiel illustriert. Der Stabilitätsaspekt spielt dabei keine Rolle, da das System nicht in einer Ruhelage betrachtet wird.

Beispiel 4.28

Das auf $\mathcal{M} = \mathbb{R}^2$ definierte System

$$\begin{aligned}\dot{x}_1 &= -x_2 + x_1(1 - x1^2 - x_2^2) + x_1 u \\ \dot{x}_2 &= \;\; x_1 + x_2(1 - x1^2 - x_2^2) + x_2 u \\ y &= x_1^2 + x_2^2 - 1\end{aligned}$$

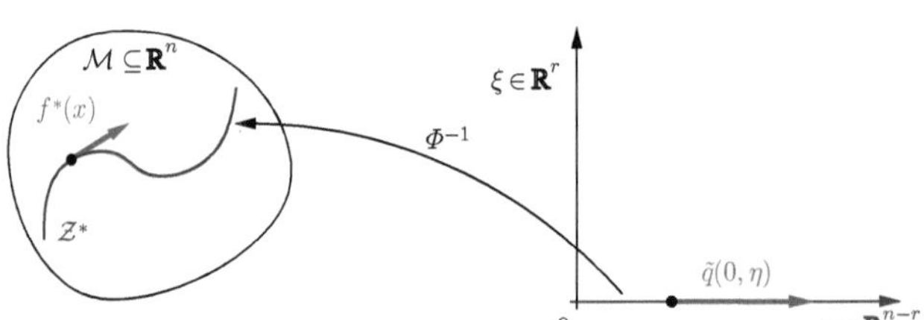

◼ **Abb. 4.10** Darstellung der Nulldynamik als Vektorfeld f^* auf der Untermannigfaltigkeit $\mathcal{Z}^*$

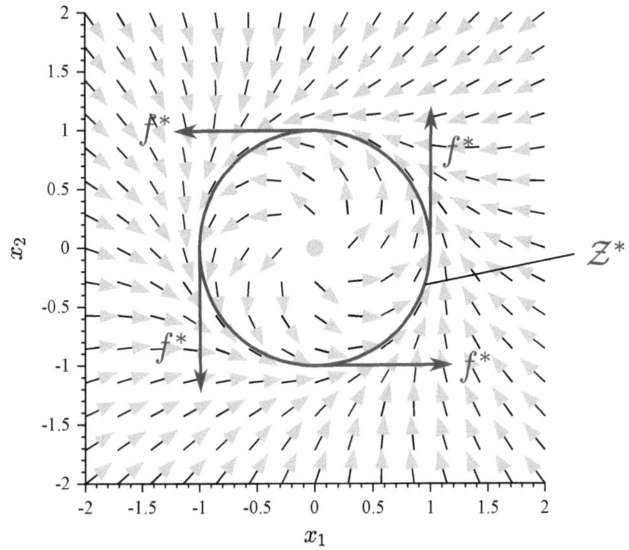

Abb. 4.11 Phasenebene zu Beispiel 4.28: Vektorfeld $f{:}\mathcal{M} \rightarrow \mathbb{R}^2$, Untermannigfaltigkeit $\mathcal{Z}^*$, Vektorfeld $f^*{:}\mathcal{Z}^* \rightarrow \mathbb{R}^2$

hat die Form (4.1) und wegen $L_g h(x) = 2(x_1^2 + x_2^2)$ den relativen Grad $r = 1$. Die Menge $\mathcal{Z}^* = \{x \in \mathbb{R}^2;\, h(x) = x_1^2+x_2^2-1 = 0\}$ nach Gl. (4.59) ist der Einheitskreis. Die Nulldynamik wird durch die Abbildung $f^*(x) = -x_2 \frac{\partial}{\partial x_1} + x_1 \frac{\partial}{\partial x_2}$ nach Gl. (4.63) beschrieben. Abb. 4.11 verdeutlicht, dass $f^*{:}\mathcal{Z}^* \rightarrow \mathbb{R}^2$ tangential zu $\mathcal{Z}^*$ liegt, also wirklich ein Vektorfeld ist. Die Nulldynamik entspricht offensichtlich einer kontinuierlichen Zunahme des Winkels in der (x_1, x_2)-Ebene. Das lässt sich durch Berechnung der Byrnes-Isidori-Normalform

$$\begin{aligned} \dot{\xi} &= -2\xi(\xi+1) + 2(\xi+1)u \\ \dot{\eta} &= 1 \\ y &= \xi \end{aligned}$$

verifizieren, wobei für die Hintransformation $\xi = h(x) = x_1^2 + x_2^2 - 1$, $\eta = \arctan(x_2, x_1)$ und für die Rücktransformation $x_1 = \sqrt{\xi+1}\,\cos\eta$, $x_2 = \sqrt{\xi+1}\,\sin\eta$ verwendet werden.[3]

Bei den nächsten Beispielen wurde die Nulldynamik bereits über die Byrnes-Isidori-Normalform berechnet. Die nachfolgenden Überlegungen sind als Kontrollrechnung zu verstehen.

Beispiel 4.29

Für das Modell (4.9) des mobilen Roboters aus Beispiel 4.4 mit dem Ausgang aus Beispiel 4.7 wurde der relative Grad $r = 2$ ermittelt. Zur Berechnung der Nulldynamik setzt man die ersten $r = 2$ Lie-Ableitungen (siehe Gl. (4.39) aus Beispiel 4.19) zu Null, d. h. $x_1 = 0$ und $\sin x_3 = 0$.

---

3 Der Arkustangens $\arctan(x_2, x_1)$ mit zwei Argumenten ermöglicht die Ermittlung des Winkels für alle vier Quadranten (mit Ausnahme des Nullpunkts). Im ersten Quadranten stimmt diese Funktion mit $\arctan(x_2/x_1)$ überein.

Wegen $L_f^2 h(x) \equiv 0$ vereinfacht sich die Bedingung (4.60) zu $u = 0$. Aus Gl. (4.9) erhält man damit folgendes autonomes System:

$$\begin{aligned}
\dot{x}_1 &= 0 \\
\dot{x}_2 &= \cos(\arcsin(0)) = \pm 1 \\
\dot{x}_3 &= 0
\end{aligned}$$

Die resultierende Nullynamik $\dot{x}_2 = \pm 1$ beschreibt eine Bewegung des Roboters parallel zur x_2-Achse. Die zwei Lösungen ergeben sich entsprechend der Orientierung des Roboters, d. h. aus der Koordinate x_3. Für $x_3 \in (-\pi/2, +\pi/2)$ erhält man in Übereinstimmung mit den Beispielen 4.19 bzw. 4.23 die Nulldynamik $\dot{x}_2 = 1$.

Beispiel 4.30

Man betrachte das Wagen-Pendel-System aus Beispiel 4.8. Die Bedingung (4.60) erfüllt man im partiell linearisierten System durch $v = 0$. Damit geht Gl. (4.26) in das System

$$\begin{aligned}
\dot{x}_1 &= 0 \\
\dot{x}_2 &= 0 \\
\dot{x}_3 &= x_4 \\
\dot{x}_4 &= -\frac{d_2}{\ell^2 m_2} x_4 - \frac{g}{\ell} \sin x_3
\end{aligned} \tag{4.64}$$

über. Die letzten zwei Differentialgleichungen stimmen mit der in Beispiel 4.24 berechneten Nulldynamik überein.

Anmerkung 4.31 Die Nulldynamik spiegelt sich bei einem linearen System auch in der Übertragungsfunktion wider. Man betrachte das geregelte System (4.52) mit der Systemmatrix $A_{11} := A - bk^T$ des ersten Teilsystems (4.52a) und einem linearen zweiten Teilsystem (4.52b), welches durch $q(\xi, \eta) = A_{21}\xi + A_{22}\eta$ mit $A_{21} \in \mathbb{R}^{(n-r)\times r}$ und $A_{22} \in \mathbb{R}^{(n-r)\times(n-r)}$ gegeben sei. Das Gesamtsystem lautet dann

$$\begin{aligned}
\begin{pmatrix} \dot{\xi} \\ \dot{\eta} \end{pmatrix} &= \overbrace{\begin{pmatrix} A_{11} & 0 \\ A_{21} & A_{22} \end{pmatrix}}^{\bar{A}} \begin{pmatrix} \xi \\ \eta \end{pmatrix} + \overbrace{\begin{pmatrix} b \\ 0 \end{pmatrix}}^{\bar{b}} u \\
y &= \underbrace{\begin{pmatrix} c^T & 0 \end{pmatrix}}_{\bar{c}^T} \begin{pmatrix} \xi \\ \eta \end{pmatrix}.
\end{aligned} \tag{4.65}$$

Die Übertragungsfunktion kann einerseits in der Form

$$\begin{aligned}
G(s) &= \frac{b_{n-r}s^{n-r} + \cdots + b_1 s + b_0}{\det\left(sI_n - \bar{A}\right)} \\
&= \frac{b_{n-r}s^{n-r} + \cdots + b_1 s + b_0}{\det(sI_r - A_{11}) \cdot \det(sI_{n-r} - A_{22})}
\end{aligned} \tag{4.66}$$

angesetzt werden. Der Nenner besteht aus dem charakteristischen Polynom der Systemmatrix $\bar{A}$. Wegen der Blockdreiecksstruktur von $\bar{A}$ zerfällt das charakteristische Polynom in das Produkt der charakteristischen Polynome der Matrizen A_{11} und A_{22}. Bei einem relativen Grad r und einem Nennerpolynom vom Grad n weist das Zählerpolynom den Grad $n - r$ auf (siehe Anmerkung 4.3). Andererseits kann man die Übertragungsfunktion unter Beachtung der Blockdreiecksstruktur von $\bar{A}$ direkt ausgerechnet werden:

$$\begin{aligned} G(s) &= \bar{c}^T \left(sI_n - \bar{A}\right)^{-1} \bar{b} \\ &= \begin{pmatrix} c^T & 0 \end{pmatrix} \begin{pmatrix} sI_r - A_{11} & 0 \\ -A_{21} & sI_{n-r} - A_{22} \end{pmatrix}^{-1} \begin{pmatrix} b \\ 0 \end{pmatrix} \\ &= \begin{pmatrix} c^T & 0 \end{pmatrix} \begin{pmatrix} (sI_r - A_{11})^{-1} & 0 \\ * & (sI_{n-r} - A_{22})^{-1} \end{pmatrix} \begin{pmatrix} b \\ 0 \end{pmatrix} \\ &= c^T (sI_r - A_{11})^{-1} b \\ &= \frac{c^T \operatorname{adj}(sI_r - A_{11})\, b}{\det(sI_r - A_{11})}. \end{aligned} \tag{4.67}$$

Das Zählerpolynom wird mit der Matrix der Adjunkten bzw. Kofaktoren gebildet [Rei88]. Das Nennerpolynom ist das charakteristische Polynom der Matrix A_{11} und hat damit den Grad r. Nach Anmerkung 4.3 muss auch bei Gl. (4.67) zwischen Zähler- und Nennergrad die Differenz r auftreten, so dass der Nenner in Gl. (4.67) konstant sein muss. Ohne Einschränkungen sei der Nenner Eins. Die unterschiedlichen Nennergrade von (4.66) und (4.67) lassen sich dadurch erklären, dass das zweite Teilsystem nicht beobachtbar ist und daher in der Übertragungsfunktion zwischen Zähler und Nenner gekürzt werden kann (siehe auch Beispiel 4.5). Der Vergleich zwischen (4.66) und (4.67) führt damit unmittelbar auf

$$b_{n-r}s^{n-r} + \cdots + b_1 s + b_0 = \det(sI_{n-r} - A_{22}),$$

so dass das Zählerpolynom von (4.66) das charakteristische Polynom der Matrix A_{22} ist. Die Eigenwerte der Systemmatrix A_{22} der Nulldynamik von (4.65) fallen folglich mit den Nullstellen der Übertragungsfunktion (4.66) zusammen.

Bei komplizierten Systemen kann man versuchen, die Stabilität der Nulldynamik durch Taylor-Linearisierung in den Originalkoordinaten zu untersuchen. Die zur Berechnung der Nulldynamik angegebene Bedingung (4.60) kann man dabei auch als eine Vorgabe von r Eigenwerten bei Null verstehen. Nach einer Taylor-Linearisierung des resultierenden Systems (4.63) in der betreffenden Ruhelage sind die verbleibenden $n - r$ Eigenwerte der Jacobimatrix der Nulldynamik zuzuordnen. Besitzen alle Eigenwerte der Nulldynamik einen nichtverschwindenden Realteil, so liegt für die Nulldynamik eine **hyperbolische Ruhelage** vor. Nach dem Satz von Hartman-Grobman ist bei einer hyperbolischen Ruhelage das nichtlineare System in einer Umgebung der betreffenden Ruhelage topologisch konjugiert bzw. zustandsäquivalent zu seiner Taylor-Linearisierung [GH83, AP90]. Besitzen alle der Nulldynamik zugeordneten $n-r$ Eigenwerte einen negativen Realteil, so ist die Ruhelage (lokal) asymptotisch stabil. Gibt es einen Eigenwert mit positivem Realteil, dann ist die Ruhelage instabil. Weist die Linearisierung der Nulldynamik dagegen einen Eigenwert mit Realteil Null auf, dann ist die Ruhelage nicht hyperbolisch.

(Bezogen auf die Linearisierung des Gesamtsystems bedeutet das, dass es mehr als r Eigenwerte bei Null gibt oder ein rein imaginäres Eigenwertpaar auftritt.) Selbst wenn alle anderen Eigenwerte einen negativen Realteil besitzen ist in diesem Fall keine Stabilitätsaussage auf Basis der Linearisierung möglich. Die Stabilität der Ruhelage könnte man dann mit Hilfe des Satzes über die Zentrumsmannigfaltigkeit untersuchen [GH83, AP90].

Beispiel 4.32
Die Taylor-Linearisierung von (4.64) im Ursprung $x = 0$ führt auf das System

$$\begin{pmatrix} \dot{x}_1 \\ \dot{x}_2 \\ \dot{x}_3 \\ \dot{x}_4 \end{pmatrix} = \begin{pmatrix} 0 & 0 & 0 & 0 \\ 0 & 0 & 0 & 0 \\ 0 & 0 & 0 & 1 \\ 0 & 0 & -\frac{g}{l} & -\frac{d_2}{l^2 m_2} \end{pmatrix} \begin{pmatrix} x_1 \\ x_2 \\ x_3 \\ x_4 \end{pmatrix}$$

mit dem charakteristischen Polynom

$$s^2 \cdot \left(s^2 + \frac{d_2}{l^2 m_2} s + \frac{g}{l} \right).$$

Die doppelte Nullstelle bei $s = 0$ resultiert unmittelbar aus der Bedingung (4.61). Das verbleibende Polynom zweiter Ordnung ist nach der Stodola-Bedingung (siehe [Rei14]) für die relevanten Parameterwerte $g, l, d_2, m_2 > 0$ ein Hurwitz-Polynom. Alle Eigenwerte der Nulldynamik besitzen somit einen negativen Realteil. Die Ruhelage $\eta = 0$ ist daher (lokal) asymptotisch stabil.

4.1.5 Äquivalenz von Systemen und globale Stabilisierung

Setzt man die linearisierende Rückführung (4.49) in die Systemgleichungen (4.1) ein, so erhält man das System

$$\begin{aligned} \dot{x} &= f(x) + g(x)u \\ &= f(x) + g(x)\frac{1}{L_g L_f^{r-1} h(x)} \left(v - L_f^r h(x) \right) \\ &= \underbrace{f(x) - \frac{L_f^r h(x)}{L_g L_f^{r-1} h(x)} g(x)}_{f^*(x)} + \underbrace{\frac{1}{L_g L_f^{r-1} h(x)} g(x)}_{g^*(x)} \, v \end{aligned} \qquad (4.68)$$

mit den Vektorfeldern f^* und g^*. Das System (4.68) wird in einer Umgebung des Punktes p durch den (lokalen) Diffeomorphismus Φ in das System (4.50) überführt. Diese Systeme sind dann **zustandsäquivalent** (engl. **state equivalent**), siehe [DBE85]. (Damit wird der in ► Kap. 3 eingeführte Begriff der Zustandsäquivalenz auf Systeme mit Eingang erweitert.) Ist die Zustandstransformation Φ ein globaler Diffeomorphismus, so nennt man die Systeme **global zustandsäquivalent**. Im Allgemeinen sind die Existenzbedingungen für eine globale Transformation sehr restriktiv. Für den Fall, dass man die Transformation explizit ausrechnen kann und $\mathcal{M} = \mathbb{R}^n$ gilt, sind in [WD72] überprüfbare Bedingungen angegeben.

Bei einem im Punkt $p \in \mathcal{M}$ wohldefinierten relativen Grad r ist das System (4.1) in einer Umgebung von p zustandsäquivalent zu einem System der Bynres-Isidori-Normalform (4.48). Eine notwendige Bedingung für eine globale Zustandsäquivalenz ist ein konstanter relativer Grad:

Definition 4.33

System (4.1) hat einen **gleichmäßigen relativen Grad** (engl. **uniform relative degree**), falls es den relativen Grad r nach Definition 4.1 für alle $p \in \mathcal{M}$ besitzt.

Basierend auf [BI91] und [Isi95, Kapitel 9] lässt sich folgende Existenzaussage treffen:

Satz 4.34 *Wir betrachten System (4.1) auf einer offenen und zusammenhängenden Menge $\mathcal{M} \subseteq \mathbb{R}^n$. Das System habe einen gleichmäßigen relativen Grad r. Ferner gelte (4.44) und (4.45). Sind die Vektorfelder*

$$g^*, \mathrm{ad}_{-f^*} g^*, \ldots, \mathrm{ad}_{-f^*}^{r-1} g^* : \mathcal{M} \to \mathbb{R}^n \tag{4.69}$$

vollständig[4], *so ist das System (4.68) global zustandsäquivalent zu einem System der Form (4.50).*

Mit Gl. (4.44) und (4.45) ist die Menge $\mathcal{Z}^*$ nicht leer. Dann ist sie auch zusammenhängend. Die Koordinatentransformation wird über die Flussverkettung der Vektorfelder (4.69) konstruiert. Allerdings ist es in der Regel nicht leicht zu überprüfen, ob ein gegebenes Vektorfeld vollständig ist. Eine Möglichkeit dazu bietet der Satz von Wintner und Conti [Rei96].

Der Übergang vom gegebenen System (4.1) zu der Form (4.68) erfolgt durch die Rückführung (4.49). Zwei Systeme heißen **äquivalent unter statischer Zustandsrückführung**, (kurz **rückführäquivalent** (engl. **feedback equivalent**), wenn es eine statische Zustandsrückführung gibt, so dass die Systeme zustandsäquivalent sind. Die Systeme heißen **global rückführäquivalent**, falls die betrachteten Systeme unter einer auf ganz $\mathcal{M}$ definierten Zustandsrückführung global zustandsäquivalent sind. Durch die Kombination aus Zustandstransformation und Zustandsrückführung kann man die Systeme ineinander überführen. In diesem Sinne sind die Systeme (4.1) und (4.68) rückführäquivalent, wobei die Rückführung durch Gl. (4.49) gegeben ist. Das folgende Diagramm illustriert die Äquivalenzen einiger der bisher betrachteten Systeme:

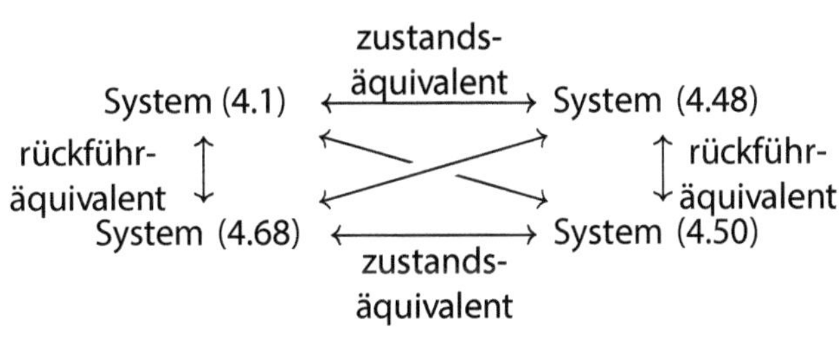

Die lokale Stabilisierung des Systems (4.1) mittels Eingangs-Ausgangs-Linearisierung setzt nach Satz 4.25 die lokale asymptotische Stabilität der Nulldynamik (4.56) voraus.

4 Ein Vektorfeld heißt *vollständig*, wenn es einen globalen Fluss besitzt (vgl. ▶ Abschn. 2.3).

Für eine globale Stabilisierung nach dem gleichen Schema (also mit einer linearen Rückführung im eingangs-ausgangs-linearisierten ersten Teilsystem) ist selbst die globale asymptotische Stabilität der Nulldynamik (4.56) nicht hinreichend [Sus90]. Das nachfolgende Beispiel wurde [SJK97, Example 4.2] entnommen:

Beispiel 4.35
Das System

$$\begin{aligned}\dot{\xi} &= u\\ \dot{\eta} &= -\eta + \eta^2\xi\end{aligned}$$

liegt bereits in der partiell linearisierten Form (4.50) vor. Die Rückführung $u = -k\xi$ mit $k > 0$ sichert die globale asymptotische Stabilität der Ruhelage $\xi = 0$ des ersten Teilsystems. Die Nulldynamik $\dot{\eta} = -\eta$ ist ebenfalls global asymptotisch stabil. Damit ist die Ruhelage $(\xi, \eta) = (0, 0)$ lokal asmptotisch stabil, aber nicht global: Der Anfangswert $\xi(0) = 1$ liefert für das rückgeführte erste Teilsystem die Lösung $\xi(t) = \mathrm{e}^{-t}$. Setzt man diese Lösung in das zweite Teilsystem ein, so ergibt sich für den Anfangswert $\eta(0) = p$ die Lösung

$$\eta(t) = \frac{(k+1)p\mathrm{e}^{-t}}{p\mathrm{e}^{-(k+1)t} - p + k + 1}.$$

Geht man von $p > 0$ aus, so hat die Lösung für $p > k+1$ eine Polstelle und damit eine endliche Fluchtzeit (vgl. auch Beispiel 2.16).

Ein aussagekräftiges Konzept für eine globale Stabilitätsaussage ist die **Eingangs-Zustands-Stabilität** (engl. **input-state stability**, kurz **ISS**), siehe [Son95, Son00] und Anhang A.2. Wir nennen ein System **stark minimalphasig** (engl. **strongly minimum phase**), wenn die interne Dynamik nach Gl. (4.52b) eingangs-zustands-stabil bezüglich ξ (als Eingang) ist [LMS00, Isi13].

Satz 4.36 *Das System (4.1) habe den Arbeitspunkt $p \in \mathcal{M}$ (für $u = 0$) und den gleichmäßigen relativen Grad $r < n$. Zusätzlich sei das System global rückführäquivalent zu der Form (4.52) mit der Ruhelage $(\xi, \eta) = (0, 0)$. Die Reglerverstärkung $k \in \mathbb{R}^r$ sei so gewählt, dass das charakteristische Polynom (4.54) ein Hurwitz-Polynom ist. Ist das System stark minimalphasig, dann ist die Ruhelage p des resultierenden Systems global asymptotisch stabil.*

Beweis Durch die Wahl der Reglerverstärkung k besitzt die Matrix $A - bk^T$ nur Eigenwerte mit negativem Realteil. Die Ljapunov-Funktion V_1 für das erste Teilsystem (4.52a) lässt sich daher wie im Beweis von Satz 4.25 über die Ljapunov-Gleichung (4.58) konstruieren. Außerdem wurde angenommen, dass das zweite Teilsystem (4.52b) eingangs-zustands-stabil bezüglich ξ ist. Damit liegt eine Kaskadenstruktur entsprechend ◘ Abb. 4.8 vor. Entsprechend Anhang A.2 ist damit die Ruhelage $(\xi, \eta) = (0, 0)$ global asymptotisch stabil. □

Erweitert man die Rückführung (4.51) wie in Gl. (4.19) mit um einen Eintrag hinsichtlich der Führungsgröße w, so erhält man für das Eingangs-Ausgangs-Verhalten des ersten

Teilsystems

$$\begin{aligned} \dot{\xi} &= \left(A - bk^T\right)\xi + a_0 bw \\ y &= c^T\xi \end{aligned} \tag{4.70}$$

die Übertragungsfunktion (4.22). Die Rückführung kann in Originalkoordinaten durch Gl. (4.20) ausgedrückt werden. Für den Fall eines sich zeitlich veränderlichen Verlauf der Führungsgröße w liegt keine Ruhelage vor. Daher ist auch die asymptotische Stabilität nicht sehr hilfreich. Im Falle eines eingangs-zustands-stabilen Systems hat man die Gewissheit, dass bei einem beschränkten Eingangs- bzw. Führungssignal w der Zustand ebenfalls beschränkt bleibt.

Satz 4.37 *Das System (4.1) habe den Arbeitspunkt $p \in \mathcal{M}$ (für $u = 0$) und den gleichmäßigen relativen Grad $r < n$. Zusätzlich sei das System global rückführäquivalent zu der Form (4.70), (4.52b) mit der Ruhelage $(\xi, \eta) = (0, 0)$. Die Reglerverstärkung $k \in \mathbb{R}^r$ sei so gewählt, dass das charakteristische Polynom (4.54) ein Hurwitz-Polynom ist. Ist das System stark minimalphasig, dann ist das resultierende Gesamtsystem eingangs-zustands-stabil.*

Beweis Laut Annahme hat die Matrix $A - bk^T$ nur Eigenwerte mit negativem Realteil. Das lineare Teilsystem (4.70) ist daher eingangs-zustands-stabil. Das zweite Teilsystem (4.52b) ist ebenfalls eingangs-zustands-stabil. Damit ist auch das Gesamtsystem eingangs-zustands-stabil (siehe Anhang A.2). □

In den Sätzen 4.36 und 4.37 wurde die Annahme der Minimalphasigkeit, d. h. der asymptotischen Stabilität der Nulldynamik (4.56), durch die Eigenschaft der Eingangs-Zustands-Stabilität ersetzt. Andere Möglichkeiten zur Charakterisierung der Stabilität der internen Dynamik sind beispielsweise in [KSW99, LMS00] angegeben.

4.2 Exakte Eingangs-Zustands-Linearisierung

4.2.1 Problemformulierung

Bei der Eingangs-Ausgangs-Linearisierung eines Systems (4.1) mit relativem Grad r erhält man ein lineares erstes Teilsystem der Dimension r. Für $r < n$ verbleibt im Gesamtsystem ein nicht zu beeinflussendes und in der Regel nichtlineares zweites Teilsystem der Dimension $n - r$. Es stellt sich folgende Frage: Wann kann ein System

$$\dot{x} = f(x) + g(x)u \tag{4.71}$$

mit glatten Vektorfeldern $f, g: \mathcal{M} \to \mathbb{R}^n$ in einer Umgebung eines Punktes $p \in \mathcal{M}$ *vollständig* in ein lineares steuerbares System überführt werden, so dass kein zweites Teilsystem übrigbleibt? Dieses Problem der **(exakten) Eingangs-Zustands-Linearisierung** ist lösbar, wenn es eine Ausgangsabbildung $h: \mathcal{M} \to \mathbb{R}$ gibt (d. h. ein Skalarfeld), so dass das System (4.71) den relativen Grad n besitzt. Ein solches System nennt man **eingangs-zustands-linearisierbar**.

Bei vielen Systemen ist aus Sicht des Anwender bereits ein Ausgang als Regel- oder Messgröße vorgegeben, für den das System im Sinne der Eingangs-Ausgangs-Linearisierung einen (festen) relativen Grad r besitzt. Bei der Eingangs-Zustands-Linearisierung sucht man einen (zunächst als reine Hilfsgröße eingeführten) Ausgang mit relativem Grad n, auf dessen Basis eine Zustandsrückführung entworfen wird.

Bei einem eingangs-zustands-linearisierbaren System gehen sowohl die Eingangs-Ausgangs-Normalform (4.32) als auch die Byrnes-Isidori-Normaform (4.37) in die **Regelungsnormalform** (engl. **controller canonical form**)

$$\begin{aligned} \dot{z}_1 &= z_2 \\ &\vdots \\ \dot{z}_{n-1} &= z_n \\ \dot{z}_n &= \alpha(z) + \beta(z)u \\ y &= z_1 \end{aligned} \tag{4.72}$$

über (siehe ▪ Abb. 4.12 sowie [Zei85, Zei89]). Entsprechend Gl. (4.34) ergeben sich die Skalarfelder α und β aus

$$\begin{aligned} \alpha(z) &= L_f^n h(x)\Big|_{x=\Phi^{-1}(z)} \\ \beta(z) &= L_g L_f^{n-1} h(x)\Big|_{x=\Phi^{-1}(z)} \end{aligned} \tag{4.73}$$

mit $\beta(\Phi(p)) \neq 0$. Mit der Zustandsrückführung

$$u = \frac{1}{\beta(z)}(v - \alpha(z)) \tag{4.74}$$

erhält man aus dem (bedingt durch die Skalarfelder α und β typischerweise nichtlinearen) System (4.72) ein lineares steuerbares System in Brunovský-Normalform [Bru70]

$$\left.\begin{aligned} \dot{z}_1 &= z_2 \\ &\vdots \\ \dot{z}_{n-1} &= z_n \\ \dot{z}_n &= v \\ y &= z_1 \end{aligned}\right\} \quad \begin{aligned} \dot{x} &= Ax + bv \\ y &= c^T v \end{aligned} \tag{4.75}$$

mit der Matrix $A \in \mathbb{R}^{n\times n}$ und dem Vektor $b \in \mathbb{R}^n$ entspr. Gl. (4.47). Ein System (4.71) ist genau dann eingangs-zustands-linearisierbar, wenn es zustandsäquivalent zu (4.72) bzw. rückführäquivalent zu (4.75) ist.

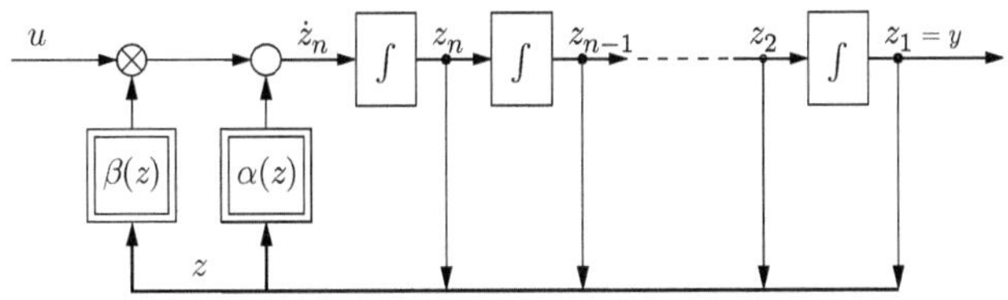

Abb. 4.12 Regelungsnormalform (4.72) eines eingangsaffinen Systems (4.1)

4.2.2 Problemlösung über Distributionen

System (4.71) ist genau dann in einem Punkt $p \in \mathcal{M}$ eingangs-zustands-linearisierbar, wenn es eine Ausgangsabbildung $h{:}\mathcal{M} \to \mathbb{R}$ (also ein Skalarfeld) gibt, so dass das System in dem betreffenden Punkt den relativen Grad n besitzt. Nach der Definition des relativen Grades muss in diesem Fall

$$\begin{aligned} L_g L_f^i h(x) &= 0 \text{ für } 0 \le i \le n-2, \\ L_g L_f^{n-1} h(p) &\neq 0 \end{aligned} \tag{4.76}$$

für alle x aus einer Umgebung von p gelten. Entsprechend Lemma 4.9 gilt daher auch

$$L_{\mathrm{ad}^i_{-f} g} L_f^j h = \left\langle \mathrm{d}L_f^j h, \mathrm{ad}^i_{-f} g \right\rangle = \begin{cases} 0 & \text{für } i+j < n-1, \\ L_g L_f^{n-1} h & \text{für } i+j = n-1. \end{cases}$$

Für $j = 0$ erhält man

$$L_{\mathrm{ad}^i_{-f} g} h(x) = 0 \quad \text{für} \quad 0 \le i \le n-2 \tag{4.77}$$

$$L_{\mathrm{ad}^{n-1}_{-f} g} h(p) \neq 0. \tag{4.78}$$

Wegen $L_{\mathrm{ad}^i_{-f} g} h = \langle \mathrm{d}h, \mathrm{ad}^i_{-f} g \rangle$ kann man die $n-1$ Gln. (4.77) auch in der Form

$$\mathrm{d}h(x) \cdot \left(g(x), \mathrm{ad}_{-f} g(x), \ldots, \mathrm{ad}^{n-2}_{-f} g(x) \right) = (0, 0, \ldots, 0) \tag{4.79}$$

angeben. Damit erhält man eine (vektorwertige) partielle Differentialgleichung erster Ordnung für die Unbekannte h. Zur Untersuchung der Lösbarkeit wird die Folge

$$\Delta_i(x) = \mathrm{span} \left\{ g(x), \mathrm{ad}_{-f} g(x), \ldots, \mathrm{ad}^{i-1}_{-f} g(x) \right\} \tag{4.80}$$

von Distributionen definiert. Der nachfolgende Satz gibt die genauen Existenzbedingungen für eine Ausgangsabbildung mit vollem relativen Grad an [Su82], [Isi95, Theorem 4.2.3]:

Satz 4.38 *Das System (4.71) besitzt im Punkt $p \in \mathcal{M}$ genau dann eine Ausgangsabbildung h mit relativem Grad n, wenn gilt:*
1. *$\dim \Delta_n(p) = n$ und*
2. *Δ_{n-1} ist involutiv in einer Umgebung von p.*

Beweis „⇒" Das System (4.71) habe im Punkt $p \in \mathcal{M}$ den relativen Grad n für eine Ausgangsabbildung h. Wegen Lemma 4.9 gilt

$$\begin{aligned}&\begin{pmatrix} \mathrm{d}h(p) \\ \mathrm{d}L_f h(p) \\ \vdots \\ \mathrm{d}L_f^{n-1} h(p) \end{pmatrix} \Big(g(p), \mathrm{ad}_{-f} g(p), \ldots, \mathrm{ad}_{-f}^{n-1} g(p)\Big) = \\ &= \begin{pmatrix} 0 & \cdots & 0 & L_g L_f^{n-1} h(p) \\ \vdots & & \cdot^{\cdot^{\cdot}} & * \\ 0 & \cdot^{\cdot^{\cdot}} & & \vdots \\ L_g L_f^{n-1} h(p) & * & \cdots & * \end{pmatrix}.\end{aligned} \tag{4.81}$$

Daraus folgt $\dim \Delta_n(p) = n$. Außerdem folgt aus der linearen Unabhängigkeit der Vektoren $g(p), \ldots, \mathrm{ad}_{-f}^{n-1} g(p)$ auch $\dim \Delta_{n-1} = n-1$. Damit ist die Distribution Δ_{n-1} im Punkt p regulär. Aufgrund des relativen Grades n gilt (4.79) (siehe Vorbetrachtungen zum Satz), d. h. der Gradient $\mathrm{d}h$ spannt den Annihilator von Δ_{n-1} auf. Nach dem Satz von Frobenius (Satz 3.41) ist Δ_{n-1} involutiv.

„⇐" Laut Voraussetzung gilt $\dim \Delta_n(p) = n$, so dass diese Distrubution den vollen Vektorraum $\mathbb{R}^n$ aufspannt. Aus Stetigkeitsgründen gilt dann auch $\dim \Delta_n(x) = n$ für eine Umgebung von p, so dass die Distribution Δ_n im Punkt p regulär ist. Durch die Wegnahme des Vektorfeldes $\mathrm{ad}_{-f}^{n-1} g$ erhält man die reguläre Distribution Δ_{n-1} mit $\dim \Delta_{n-1} = n-1$. Außerdem wurde angenommen, dass Δ_{n-1} involutiv ist. Nach dem Satz von Frobenius existiert ein Skalarfeld h, dessen Gradient die Vektorfelder von Δ_{n-1} annihiliert, d. h.

$$0 = \left\langle \mathrm{d}h, \mathrm{ad}_{-f}^{i} g \right\rangle = L_{\mathrm{ad}_{-f}^{i} g} h \quad \text{für} \quad i = 0, \ldots, n-2.$$

Damit ist Gl. (4.77) erfüllt. Außerdem gilt (4.78), d. h.

$$0 \neq \left\langle \mathrm{d}h, \mathrm{ad}_{-f}^{n-1} g \right\rangle (p) = L_{\mathrm{ad}_{-f}^{n-1} g} h(p), \tag{4.82}$$

denn andernfalls würde $\mathrm{d}h$ den Annihilator von n linear unabhängigen Vektorfeldern aufspannen (Widerspruch zur Dimensionsformel (3.72a) aus Proposition 3.31). Wegen Gl. (4.77) und (4.78) hat das System (4.71) mit dem Ausgang h den relativen Grad n. □

Anmerkung 4.39 Die Bedingung 1 von Satz 4.38 bedeutet, dass die **Steuerbarkeitsmatrix** bzw. **Erreichbarkeitsmatrix** (engl. **controllability matrix, reachability matrix**)

$$Q_S(x) = \Big(g(x), \mathrm{ad}_{-f} g(x), \ldots, \mathrm{ad}_{-f}^{n-1} g(x)\Big) \tag{4.83}$$

im Punkt p regulär ist, d. h. $\operatorname{rang} Q_S(p) = n$. Daher spricht man auch von der **Rang-** bzw. **Steuerbarkeitsbedingung**. Die Distribution Δ_n ist unmittelbar das Bild der Steuerbarkeitsmatrix, d. h. $\Delta_n = \operatorname{im} Q_S$. Alg. 4.7 zeigt eine einfache MAXIMA-Implementierung

■■ Algorithmus 4.7 Berechnung der Steuerbarkeitsmatrix mit MAXIMA

```
ControllabilityMatrix(f,g,x):=block([i,n,L],
    n:length(x),
    L:makelist(LieBracket(-f,g,x,i),i,0,n-1),
    transpose(apply(matrix,L))
    )$
```

zur Berechnung der Steuerbarkeitsmatrix auf Basis der in Alg. 3.2 angegebenen Routine `LieBracket`.

Beispiel 4.40

Gegeben seien ein lineares Vektorfeld $f(x) = Ax$ mit $A \in \mathbb{R}^{n\times n}$ und ein konstantes Vektorfeld $g(x) = b$ mit $b \in \mathbb{R}^n$. Diese Vektorfelder beschreiben ein lineares System $\dot{x} = Ax + bu$. In Beispiel 3.10 wurden die Lie-Klammern $[f,g] = -Ab$ bzw. $\mathrm{ad}_f^k g = (-1)^k A^k b$ berechnet, woraus man $\mathrm{ad}_{-f} g = [-f,g] = Ab$ bzw. $\mathrm{ad}_{-f}^k g = A^k b$ erhält. Aus Gl. (4.83) ergibt sich dann die Steuerbarkeitsmatrix

$$Q_S = \left(b, Ab, \ldots, A^{n-1}b\right)$$

nach Kalman [Lun97].

Die Bedingung 2 von Satz 4.38 nennt man auch **Involutivitäts-** bzw. **Integrabilitätsbedingung.** Diese Bedingung ist oft nicht erfüllt.[5] Im zweidimensionalen Fall ($n = 2$) ist die betrachtete Distribution $\Delta_{n-1} = \Delta_1$ allerdings eindimensional und damit immer involutiv. Dann ist nur die Rangbedingung zu prüfen:

Korollar 4.41 *Für ein System (4.71) der Dimension $n = 2$ existiert in einer Umgebung des Punktes $p \in \mathcal{M}$ genau dann ein Ausgang mit relativem Grad n, wenn die Steuerbarkeitsmatrix $Q(p) = (g(p), \mathrm{ad}_{-f} g(p))$ regulär ist.*

Anders formuliert: Bei $n = 2$ müssen für die Eingangs-Zustands-Linearisierbarkeit lediglich die Vektorfelder g und $[f,g]$ linear unabhängig sein.

Bei der Anwendung von Satz 4.38 würde man im Allgemeinen folgendermaßen vorgehen:

1. Berechnung der Vektorfelder $g(x), \mathrm{ad}_{-f} g(x), \ldots, \mathrm{ad}_{-f}^{n-1} g(x)$ für Δ_{n-1} und Δ_n.
2. Überprüfung der Existenzbedingungen nach Satz 4.38.
3. Berechnung eines Kovektorfeldes ω, welches den Annihilator von Δ_{n-1} aufspannt, d. h. $\mathrm{span}\{\omega(x)\} = \Delta_{n-1}^{\perp}(x)$.
4. Suche eines Skalarfeldes h mit $\mathrm{d}h \in \mathrm{span}\{\omega(x)\}$.

Der Gradient $\mathrm{d}h$ muss nicht zwangsläufig mit dem Kovektorfeld ω übereinstimmen, aber in dessen linearer Hülle liegen, d. h. $\mathrm{d}h$ und ω können sich um einen (zustandsabhängigen) Faktor, nämlich einen integrierenden Faktor, unterscheiden (vgl. ▶ Abschn. 3.5).

Die beschriebene Herangehensweise wird anfolgend an einigen Beispielen verdeutlicht:

5 Falls eine (vollständige) Eingangs-Zustands-Linearisierung nicht möglich ist, kann man alternativ einen Ausgang mit maximalem relativen Grad suchen (siehe ▶ Abschn. 4.2.4).

Beispiel 4.42
Man betrachte das nur über den Winkel beeinflusste Robotermodell (4.9) aus Beispiel 4.4. Die Lie-Ableitungen der Vektorfelder f und g wurden in Beispiel 3.11 berechnet. Die zugehörige Steuerbarkeitsmatrix

$$Q_S(x) = \left(g(x), \mathrm{ad}_{-f} g(x), \mathrm{ad}^2_{-f} g(x)\right) = \begin{pmatrix} 0 & \cos x_3 & 0 \\ 0 & -\sin x_3 & 0 \\ 1 & 0 & 0 \end{pmatrix}$$

hat wegen $\mathrm{ad}^2_{-f} g = 0$ einen Rangabfall, so dass die Rangbedingung aus Satz 4.38 nicht erfüllt ist. Für diesen Spezialfall des mobilen Roboters mit nur einem Eingang gibt es also keinen Ausgang mit relativem Grad $r = 3$. Die Steuerbarkeitsmatrix lässt sich in MAXIMA mit der in Alg. 4.7 angegebenen Routine bestimmen:

```
(%i5)  f:[sin(x3),cos(x3),0]$
       g:[0,0,1]$
       x:[x1,x2,x3]$
(%i6)  ControllabilityMatrix(f,g,x);
```

$$(\%o6)\quad \begin{pmatrix} 0 & \cos(x3) & 0 \\ 0 & -\sin(x3) & 0 \\ 1 & 0 & 0 \end{pmatrix}$$

Zur Vereinfachung der bei Satz 4.38 durchzuführenden Berechnungen ist es oft hilfreich, vorher eine partielle Linearisierung durchzuführen.

Beispiel 4.43
Das partiell linearisierte Modell des Wagen-Pendels-Systems (4.26) aus Beispiel 4.8 wird für den ungedämpften Fall ($d_2 = 0$) betrachtet. Die Systemgleichungen (4.26) vereinfachen sich dabei zu

$$\begin{aligned} \dot{x}_1 &= x_2 \\ \dot{x}_2 &= v \\ \dot{x}_3 &= x_4 \\ \dot{x}_4 &= -\tfrac{g}{\ell} \sin x_3 - \tfrac{1}{\ell} v \cos x_3 . \end{aligned} \tag{4.84}$$

Die zugehörige Steuerbarkeitsmatrix (4.83) hat die Form

$$Q_S(x) = \begin{pmatrix} 0 & 1 & 0 & 0 \\ 1 & 0 & 0 & 0 \\ 0 & -\frac{1}{\ell}\cos x_3 & -\frac{2}{\ell} x_4 \sin x_4 & * \\ -\frac{1}{\ell}\cos x_3 & -\frac{1}{\ell} x_4 \sin x_4 & * & * \end{pmatrix},$$

wobei einige umfangreiche Ausdrücke nur mit „$*$" angedeutet werden. Die Determinante dieser Matrix ist ein noch umfangreicherer Ausdruck. Wegen $\det(Q_S(0)) = g^2/\ell^4$ ist die

Steuerbarkeitsmatrix im Punkt $p = 0$ (und damit auch in einer Umgebung von p) regulär, so dass die Rangbedingung aus Satz 4.38 erfüllt ist. Mit

$$[g, \mathrm{ad}_{-f} g] = \begin{pmatrix} 0 \\ 0 \\ 0 \\ \frac{2}{\ell^2} \sin x_3 \cos x_3 \end{pmatrix} \tag{4.85}$$

ist allerdings die Involutivitätsbedingung verletzt, denn mit

$$\det\left(g, \mathrm{ad}_{-f} g, \mathrm{ad}^2_{-f} g, [g, \mathrm{ad}_{-f} g]\right) = \frac{4}{\ell^3} x_4 \sin^2 x_3 \cos x_3 \not\equiv 0 \tag{4.86}$$

ist die Lie-Klammer $[g, \mathrm{ad}_{-f} g]$ linear unabhängig von den Vektorfeldern $g, \mathrm{ad}_{-f} g, \mathrm{ad}^2_{-f} g$, welche die Distribution Δ_{n-1} aufspannen. Folglich gilt $[g, \mathrm{ad}_{-f} g] \notin \Delta_{n-1}$, so dass das System (4.84) nicht eingangs-zustands-linearisierbar ist. Die Verletzung der Involutivitätsbedingung lässt sich in MAXIMA mit der Routine `Involutivep` aus Alg. 3.4 verifizieren:

```
(%i6) f:[x2,0,x4,-(G*sin(x3))/l]$
      g:[0,1,0,-cos(x3)/l]$
      x:[x1,x2,x3,x4]$
      n:length(x)$
(%i8) D:makelist(LieBracket(-f,g,x,i),i,0,n-2)$
      Involutivep(D,x);
(%o8) false
```

Beispiel 4.44

Man betrachte das in ◘ Abb. 4.13 dargestelle inverse Pendel, welches über einen Gleichstrommotor angetrieben wird. Das mechanische Teilsystem lässt sich durch die Newton-Bewegungsgleichung

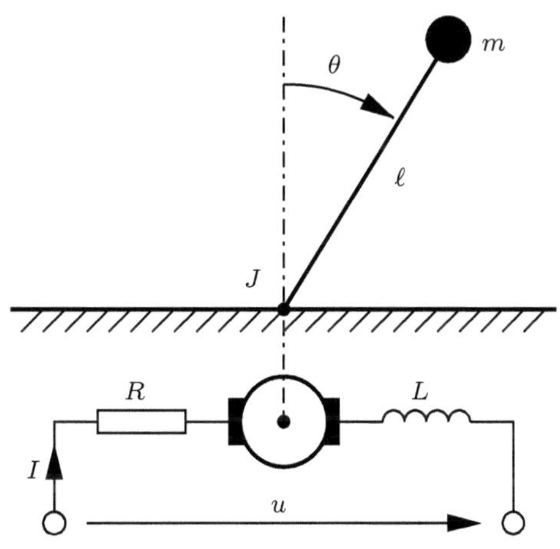

◘ **Abb. 4.13** Inverses Pendel mit Gleichstrommotor

$$J\ddot{\theta} + d\dot{\theta} - mg\ell \sin\theta = KI$$

mit dem Winkel θ, dem Trägheitsmoment J des Rotors mit Pendelarm, dem Reibungskoeffizienten d sowie der Masse m und der Länge ℓ des Pendels beschreiben. Der Strom I durch die Motorwicklung genügt der Differentialgleichung

$$L\dot{I} + RI + K\dot{\theta} = u$$

mit dem Wicklungswiderstand R, der Wicklungsinduktivität L und der angelegten Spannung u. Beide Teilsysteme sind über die Motorkonstante K miteinander verkoppelt. Mit dem Zustandsvektor $x = (x_1, x_2, x_3)^T = (\theta, \dot{\theta}, I)^T$ erhält man ein System

$$\begin{aligned} \dot{x}_1 &= x_2 \\ \dot{x}_2 &= \tfrac{mg\ell}{J} \sin x_1 - \tfrac{d}{J} x_2 + \tfrac{K}{J} x_3 \\ \dot{x}_3 &= -\tfrac{K}{L} x_2 - \tfrac{R}{L} x_3 + \tfrac{1}{L} u \end{aligned} \tag{4.87}$$

der Form (4.71), vgl. [ŻM86, Góm94].

Die exakte Eingangs-Zustands-Linearisierung des Systems (4.87) wurde schon in [ŻM86] behandel und soll hier nachvollzogen werden. Die Steuerbarkeitsmatrix

$$Q_S(x) = \begin{pmatrix} 0 & 0 & \frac{K}{JL} \\ 0 & \frac{K}{JL} & -\frac{K(dL+JR)}{J^2L^2} \\ \frac{1}{L} & -\frac{R}{L^2} & \frac{JR^2-LK^2}{JL^3} \end{pmatrix} \tag{4.88}$$

besitzt die Determinante $\det Q_S(x) = -\frac{K^2}{J^2L^3}$, so dass die Rangbedingung aus Satz 4.38 erfüllt ist. Die Distribution $\Delta_{n-1}(x) = \Delta_2(x)$ wird von den ersten zwei Spalten der Steuerbarkeitsmatrix aufgespannt. Da die Vektorfelder g und $\mathrm{ad}_{-f} g$ nur Einträge in den letzten zwei Zeilen aufweisen, kann die Darstellung der Distribution vereinfacht werden:

$$\Delta_{n-1}(x) = \mathrm{im} \begin{pmatrix} 0 & 0 \\ 0 & \frac{K}{JL} \\ \frac{1}{L} & -\frac{R}{L^2} \end{pmatrix} = \mathrm{span} \left\{ \frac{\partial}{\partial x_2}, \frac{\partial}{\partial x_3} \right\}.$$

Weil die Distribution von konstanten Vektorfeldern aufgespannt wird, ist sie auch involutiv. Aufgrund der einfachen Darstellung mit Einheitsvektorfeldern lässt sich die Basis des Annihilators sofort angeben: $\Delta_{n-1}^{\perp} = \mathrm{span}\{\mathrm{d}x_1\}$. Das zugehörige Potential (Skalarfeld) lautet $h(x) = x_1$. Für den Ausgang $y = h(x) = x_1$ hat das System (4.87) den relativen Grad $r = n = 3$.

Beispiel 4.45

◘ Abb. 4.14 zeigt ein inverses Pendel, an dessen Ende ein Trägheitsrad angebracht ist. Die Lage des Systems wird im Konfigurationsraum durch den Pendelwinkel q_1 und den Radwinkel q_2 beschrieben. Das Pendel habe die Länge ℓ, die Masse m_1 und das Trägheitsmoment I_1. Der Schwerpunkt des Pendels besitze den Abstand s vom Aufhängepunkt. Das Trägheitsrad habe die Masse m_2 und das Trägheitsmoment I_2. Das Rad werde über einen Motor angetrieben, der das Drehmoment τ einprägt. Die Stabilisierung des Pendels in der aufrechten Lage ist Gegenstand zahlreicher Veröffentlichungen, siehe z. B. [SCL01, OS01].

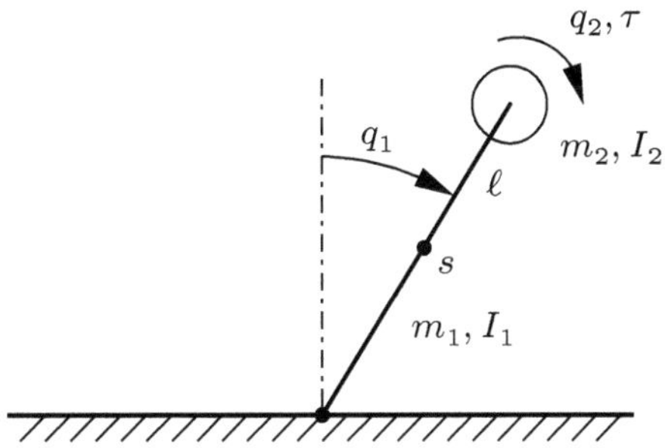

Abb. 4.14 Inverses Pendel mit Trägkeitsrad

Das System hat die kinetische Energie

$$T = \frac{1}{2}\left(m_1 s^2 + m_2\ell^2 + I_1 + I_2\right)\dot{q}_1^2 + I_2\dot{q}_1\dot{q}_2 + \frac{1}{2}I_2\dot{q}_2^2$$

und die potentielle Energie

$$V = (m_1 s + m_2\ell)\, g\,(\cos q_1 - 1)\,.$$

Mit Einführung der Konstanten $J_1 := m_1 s^2 + m_2\ell^2 + I_1 + I_2$ und $m_0 := (m_1 s + m_2\ell)\, g$ erhält man die Bewegungsgleichungen

$$\begin{pmatrix} J_1 & I_2 \\ I_2 & I_2 \end{pmatrix}\begin{pmatrix} \ddot{q}_1 \\ \ddot{q}_2 \end{pmatrix} + \begin{pmatrix} -m_0 \sin q_1 \\ 0 \end{pmatrix} = \begin{pmatrix} 0 \\ \tau \end{pmatrix}.$$

Die Position q_2 des Trägheitsrads dürfte für eine mögliche Anwendung kaum eine Rolle spielen. Zudem ist q_2 eine sog. *zyklische Variable*, d. h. sie tritt nicht in der Lagrange-Funktion auf [Nol04b]. Daher wird bei der Zustandsraumdarstellung auf diese Variable verzichtet. Mit $x = (q_1, \dot{q}_1, \dot{q}_2)^T$ und $u = \tau$ erhält man das nichtlineare Zustandsraummodell

$$\dot{x} = \underbrace{\begin{pmatrix} x_2 \\ \frac{m_0}{J_1 - I_2}\sin x_1 \\ -\frac{m_0}{J_1 - I_2}\sin x_1 \end{pmatrix}}_{f(x)} + \underbrace{\begin{pmatrix} 0 \\ -\frac{1}{J_1 - I_2} \\ \frac{J_1}{I_2(J_1 - I_2)} \end{pmatrix}}_{g(x)} u. \tag{4.89}$$

Nachfolgend wird gezeigt, dass das System (4.89) auf Basis einer Eingangs-Zustands-Lineariserung zu regeln ist. Dazu sind die Bedingungen aus Satz 4.38 zu prüfen. Aus den Lie-Klammern

$$\mathrm{ad}_{-f}\, g(x) = \begin{pmatrix} -\frac{1}{J_1 - I_2} \\ 0 \\ 0 \end{pmatrix} \quad \text{und} \quad \mathrm{ad}^2_{-f}\, g(x) = \begin{pmatrix} 0 \\ -\frac{m_0}{(J_1 - I_2)^2}\cos x_1 \\ \frac{m_0}{(J_1 - I_2)^2}\cos x_1 \end{pmatrix}$$

erhält man die Steuerbarkeitsmatrix

$$Q_S(x) = \begin{pmatrix} 0 & -\frac{1}{J_1-I_2} & 0 \\ -\frac{1}{J_1-I_2} & 0 & -\frac{m_0}{(J_1-I_2)^2}\cos x_1 \\ \frac{J_1}{I_2(J_1-I_2)} & 0 & \frac{m_0}{(J_1-I_2)^2}\cos x_1 \end{pmatrix}. \tag{4.90}$$

Wegen $\det Q_S(x) = \frac{m_0}{I_2(J_1-I_2)^3}\cos x_1$ ist die Steuerbarkeitsmatrix für Winkel x_1 mit $|x_1| < \frac{\pi}{2}$ regulär, womit die Rangbedingung aus Satz 4.38 erfüllt ist. Mit $[g, \mathrm{ad}_{f} g] \equiv 0$ ist zusätzlich die Involutivitätsbedingung erfüllt, so dass das System (4.89) eingangs-zustands-linearisierbar ist. Zur Berechnung des entsprechenden Ausgangs benötigt man von der Distribution $\Delta_2 = \mathrm{span}\{g, \mathrm{ad}_{f} g\}$ den Annihilator[6]:

$$\Delta_2^{\perp} = \mathrm{span}\left\{(0, J_1, I_2)\right\}.$$

Da der Annihilator von einem konstanten Kovektorfeld aufgespannt wird, ist das zugehörige Potential linear:

$$y = h(x) = J_1 x_2 + I_2 x_3. \tag{4.91}$$

Anhand der Definition 4.1 lässt sich unmittelbar überprüfen, dass das System (4.89) mit dem Ausgang (4.91) den relativen Grad $r = 3$ besitzt. Mit der Zustandsrückführung (4.55) kann man dem System (4.89) eine beliebige stabile lineare Dynamik einprägen.

Die o. g. Berechnungen lassen sich leicht mit MAXIMA nachvollziehen. Dabei wird die in Alg. 4.7 definierte Funktion zur Berechnung der Steuerbarkeitsmatrix benötigt. Der gemeinsame Faktor $(J_1 - I_2)$ der beiden Einträge des Annihilators spielen für den aufgespannten Unterraum keine Rolle.

```
(%i5) f:[x2,(m0*sin(x1))/(J1-I2),-(m0*sin(x1))/(J1-I2)];
      g:[0,-1/(J1-I2),J1/(I2*(J1-I2))];
      x:[x1,x2,x3];
```

(%o3) $[x2, \frac{m0 \cdot \sin(x1)}{J1-I2}, -\frac{m0\cdot\sin(x1)}{J1-I2}]$

(%o4) $[0, -\frac{1}{J1-I2}, \frac{J1}{I2\cdot(J1-I2)}]$

(%o5) $[x1, x2, x3]$

```
(%i6) Qs:ControllabilityMatrix(f,g,x);
```

(%o6) $\begin{pmatrix} 0 & -\frac{1}{J1-I2} & 0 \\ -\frac{1}{J1-I2} & 0 & -\frac{m0\cdot\cos(x1)}{(J1-I2)^2} \\ \frac{J1}{I2\cdot(J1-I2)} & 0 & \frac{m0\cdot\cos(x1)}{(J1-I2)^2} \end{pmatrix}$

```
(%i8) orthogonal_complement(col(Qs,1),col(Qs,2))$
      factor(%);
```

6 Die praktische Berechnung eines Annihilators wird in den Beispielen 3.27 bis 3.29 vorgeführt.

$$\text{(\%o8)}\quad \operatorname{span}\left(\left(\begin{array}{c} 0 \\ J1\cdot(J1-l2) \\ l2\cdot(J1-l2) \end{array}\right)\right)$$

4.2.3 Problemlösung über Differentialformen

Im vorangegangenen Abschnitt wurden die Existenzbedingungen für eine Ausgangsabbildung h, die in Verbindung mit System (4.71) den relativen Grad $r = n$ liefert, auf Basis der Formeln (4.76) bzw. (4.77) und (4.78) formuliert. Beim Übergang zu der partiellen Differentialgleichung (4.79) berücksicht man zwar die $n-1$ Gl. (4.77), aber nicht unmittelbar die Ungleichung (4.78). (Die Ungleichung (4.78) kommt in Satz 4.38 über die Rangbedingung zur Geltung, vgl. Formel (4.82) im Beweis.) Mit der Festlegung

$$L_gL_f^{n-1}h(x) = L_{\mathrm{ad}_{-f}^{n-1}g}h(x) = \left\langle \mathrm{d}h, \mathrm{ad}_{-f}^{n-1}g\right\rangle(x) := 1 \tag{4.92}$$

für alle x aus einer Umgebung des Punktes $p \in \mathcal{M}$ geht die Ungleichung (4.78) in eine Gleichung über. Dadurch vereinfacht sich die Regelungsnormalform (4.72) zu

$$\begin{aligned} \dot{z}_1 &= z_2 \\ &\vdots \\ \dot{z}_{n-1} &= z_n \\ \dot{z}_n &= \alpha(z) + u \\ y &= z_1, \end{aligned} \tag{4.93}$$

vgl. ◘ Abb. 4.15. Der Übergang von (4.72) zu (4.93) lässt sich durch eine zustandsabhängige Eingangstransformation

$$u \mapsto \frac{1}{\beta(z)}u, \tag{4.94}$$

die eine spezielle Zustandsrückführung darstellt, beschreiben. Die Systeme (4.72) zu (4.93) sind folglich rückführäquivalent. Somit ist jedes eingangs-zustands-linearisierbare Systeme durch eine Koordinatentransformation in Verbindung mit der Eingangstransformation (4.94) in die Form (4.93) überführbar.

Erweitert man die partielle Differentialgleichung (4.79) um (4.92), so erhält man

$$\mathrm{d}h(x)\cdot\underbrace{\left(g(x),\ldots,\mathrm{ad}_{-f}^{n-2}g(x),\mathrm{ad}_{-f}^{n-1}g(x)\right)}_{Q_S(x)} = \underbrace{(0,\ldots,0,1)}_{dx_n = e_n^T}. \tag{4.95}$$

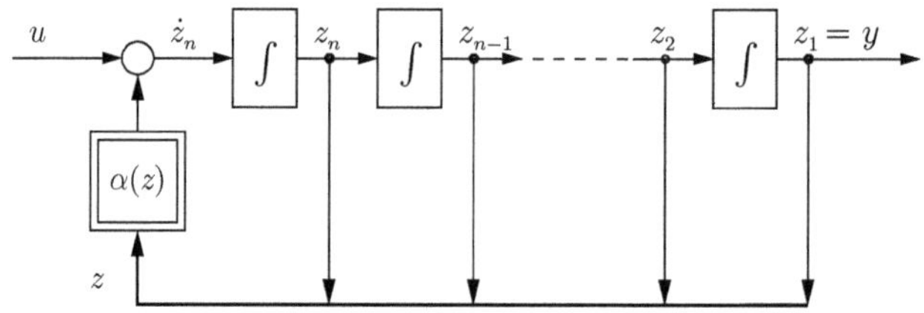

Abb. 4.15 Spezielle Variante (4.93) der Regelungsnormalform eines eingangsaffinen Systems (4.1)

Der Gradient dh der gesuchten Ausgangsabbildung h muss folglich mit der letzten Zeile der inversen Steuerbarkeitsmatrix übereinstimmen:

$$\mathrm{d}h(x) = e_n^T\, Q_S^{-1}(x).$$

Zur Berechnung der gewünschten Ausgangsabbildung würde man folgendermaßen vorgehen:

1. Berechnung der Steuerbarkeitsmatrix Q_S nach Gl. (4.83).
2. Überprüfung der Rangbedingung durch $\det Q_S(p) \neq 0$.
3. Berechnung der letzten Zeile der inversen Steuerbarkeitsmatrix:

$$\omega(x) := e_n^T\, Q_S^{-1}(x) \tag{4.96}$$

4. Berechnung des Potentials h zur 1-Form ω, d. h.

$$\mathrm{d}h = \omega. \tag{4.97}$$

Diese Überlegungen münden in folgenden Satz [DBE85, Theorem 3]:

Satz 4.46 *Das System (4.71) ist im Punkt $p \in \mathcal{M}$ genau dann zustandsäquivalent zur Form (4.93), wenn*

1. $\operatorname{rang} Q_S(p) = n$ *und*
2. $\mathrm{d}\omega = 0$ *in einer Umgebung von p.*

Beweis „$\Leftarrow$" Mit $\operatorname{rang} Q_S(p) = n$ ist die Steuerbarkeitsmatrix Q_S im Punkt p regulär. Für hinreichend glatte Vektorfelder f und g sind die Elemente von Q_S stetig differenzierbar, so dass die Steuerbarkeitsmatrix auch in einer Umgebung $\mathcal{U} \subseteq \mathcal{M}$ von p regulär ist. Damit ist die Differentialform ω nach Gl. (4.96) auf $\mathcal{U}$ wohldefiniert und stetig differenzierbar. Mit $\mathrm{d}\omega = 0$ ist ω geschlossen und nach dem Lemma von Poincaré (Lemma 3.53) auch (lokal) exakt, d. h. es gibt ein auf einer Umgebung $\mathcal{U} \subseteq \mathcal{M}$ von p definiertes Skalarfeld $h{:}\mathcal{U} \to \mathbb{R}$ mit (4.97). Das Skalarfeld h erfüllt (4.95) bzw. die Gl. (4.79) und (4.92), so dass das System den relativen Grad n besitzt und in die Form (4.93) transformiert werden kann.

„$\Rightarrow$" System (4.71) habe für ein Skalarfeld h den relativen Grad n. Dann ist nach Gl. (4.81) die Bedingung 1 des Satzes erfüllt. Aus den Gl. (4.77) und (4.92) ergibt sich (4.95), was wegen der erfüllten Rangbedingung gleichbedeutend zu (4.96) mit (4.97) ist. Aus (4.97) folgt $\mathrm{d}\omega = 0$ nach dem Lemma von Poincaré. □

Beispiel 4.47

Für das in Beispiel 4.44 behandelte inverse Pendel mit Gleichstrommotor ist die Steuerbarkeitsmatrix (4.88) regulär. Die letzte Zeile ihrer Inversen lautet

$$\omega(x) := e_n^T Q_S^{-1}(x) = \left(\frac{\mathrm{JL}}{\mathrm{K}}, 0, 0\right) = \frac{JL}{K}\,\mathrm{d}x_1.$$

Weil die Differentialform ω konstant ist, gilt $\mathrm{d}\omega \equiv 0$. System (4.87) ist nach Satz 4.46 zustandsäquivalent zur speziellen Form (4.94) und damit natürlich auch exakt eingangs-zustands-linearisierbar. Durch Integration von ω erhält man den Ausgang $h(x) = \frac{JL}{K}x_1$. Dieser stimmt bis auf einen konstanten Faktor mit dem Ausgang aus Beispiel 4.44 überein. Bei der nachfolgende MAXIMA-Implementierung wird davon ausgegangen, dass die Routine zur Berechnung der Steuerbarkeitsmatrix nach Alg. 4.7 und das `vect`-Paket eingebunden sind:

```
(%i6) f:[x2,(m*G*l*sin(x1)-d*x2+K*x3)/J,-(K*x2+R*x3)/L]$
      g:[0,0,(1/L)]$
      x:[x1,x2,x3]$
      n:length(x)$
(%i9) Qs:ControllabilityMatrix(f,g,x)$
      QI:invert(Qs)$
      ω:list_matrix_entries(row(QI,n));
(%o9) [J·L/K, 0, 0]
(%i10) h:potential(ω,x);
(%o10) x1·J·L/K
```

Die Bedingung (4.92) stellt als Spezialfall von (4.78) eine sehr willkürliche Festlegung dar, die dementsprechend auf die spezielle Form (4.93) und nicht die allgemeine Regelungsnormalform (4.72) führt. Alternativ ersetzen wir jetzt die Bedingung (4.92) durch

$$L_g L_f^{n-1} h(x) = :\mu(x) \quad \text{mit} \quad \mu(p) \neq 0 \tag{4.98}$$

mit einer (vorerst) unbekannten Funktion μ. Bezogen auf die Regelungsnormalform (4.72) besteht dabei der Zusammenhang $\beta(z) = \mu(\Phi^{-1}(z))$.

Die Bedingungen (4.77) bzw. (4.79) und (4.98) führen ähnlich wie bei Gl. (4.95) auf die partielle Differentialgleichung

$$\begin{aligned} \mathrm{d}h(x) \cdot \left(g(x), \ldots, \mathrm{ad}_{-f}^{n-2} g(x), \mathrm{ad}_{-f}^{n-1} g(x)\right) &= (0, \ldots, 0, \mu(x)) \\ &= \mu(x) \cdot e_n^T. \end{aligned} \tag{4.99}$$

Entsprechend Gl. (4.96) besteht zwischen dem Gradienten $\mathrm{d}h$ und der letzten Zeile ω der inversen Steuerbarkeitsmatrix der Zusammenhang

$$\mathrm{d}h(x) = \mu(x) \cdot e_n^T \cdot Q_S^{-1}(x) = \mu(x) \cdot \omega(x),$$

so dass das Skalarfeld μ als integrierender Faktor aufzufassen ist. In Analogie zu Satz 4.46 ist damit eine Aussage zur Eingangs-Zustands-Linearisierbarkeit möglich [FR12]:

Satz 4.48 *Das System (4.71) ist im Punkt $p \in \mathcal{M}$ genau dann zustandsäquivalent zur Regelungsnormalform (4.72), wenn*
1. $\operatorname{rang} Q_S(p) = n$ *und*
2. $\mathrm{d}\omega \wedge \omega = 0$ *in einer Umgebung von* p.

Beweis Der Beweis erfolgt wie bei Satz 4.46, nur dass das Lemma von Poincaré durch den Satz von Frobenius in der Fassung von Korollar 3.56 zu ersetzen ist. □

Beispiel 4.49

Beim inversen Pendel mit Trägheitsrad aus Beispiel 4.45 ist die Steuerbarkeitsmatrix (4.90) für $|x_1| < \frac{\pi}{2}$ regulär und damit invertiertbar. Die letzte Zeile der inversen Steuerbarkeitsmatrix führt gemäß Gl. (4.96) auf das Kovektorfeld bzw. die Differentialform

$$\begin{aligned} \omega(x) &= \left(0, -\tfrac{J_1(J_1-I_2)}{m_0 \cos x_1}, -\tfrac{I_2(J_1-I_2)}{m_0 \cos x_1}\right) \\ &= -\tfrac{J_1(J_1-I_2)}{m_0 \cos x_1}\,\mathrm{d}x_2 - \tfrac{I_2(J_1-I_2)}{m_0 \cos x_1}\,\mathrm{d}x_3. \end{aligned} \tag{4.100}$$

Die äußere Ableitung

$$\mathrm{d}\omega = -(J_1 - I_2)\,\frac{\sin x_1}{\cos^2 x_1}\,(J_1\,\mathrm{d}x_1 \wedge \mathrm{d}x_2 + I_2\,\mathrm{d}x_1 \wedge \mathrm{d}x_3) \tag{4.101}$$

ist nicht identisch null. Nach Satz 4.46 ist das System folglich nicht zustandsäquivalent zu der Form (4.93), wegen $\mathrm{d}\omega \wedge \omega \equiv 0$ aber nach Satz 4.48 eingangs-zustands-linearisierbar. Mit dem Ergebnis aus Beispiel 4.45 kann man diese Aussagen direkt verifizieren. Aus dem Ausgang (4.91) und den entsprechenden Lie-Ableitungen bestimmt man die Transformation

$$\begin{aligned} z_1 &= h(x) &&= J_1 x_2 + I_2 x_3, \\ z_2 &= L_f h(x) &&= m_0 \sin x_1, \\ z_2 &= L_f^2 h(x) &&= m_0 x_2 \cos x_1. \end{aligned}$$

Zusammen mit der Umkehrtransformation

$$x_1 = \arcsin \frac{z_2}{m_0}, \quad x_2 = \frac{z_3}{\sqrt{m_0^2 - z_2^2}}, \quad x_3 = \frac{z_1\sqrt{m_0^2 - z_2^2} - z_3 J_1}{I_2\sqrt{m_0^2 - z_2^2}}$$

erhält man die Regelungsnormalform

$$\begin{aligned} \dot{z}_1 &= z_2 \\ \dot{z}_2 &= z_3 \\ \dot{z}_3 &= \frac{z_2\left(\left(m_0^2 - z_2^2\right)^{3/2} + z_3^2(J_1 - I_2)\right)}{\left(m_0^2 - z_2^2\right)(J_1 - I_2)} - \frac{\sqrt{m_0^2 - z_2^2}}{J_1 - I_2}\,u \\ y &= z_1. \end{aligned}$$

Damit ist das System einerseits eingangs-zustands-linearisierbar, wobei die Bedingung $m_0^2 > z_0^2$ für $|x_1| < \frac{\pi}{2}$ erfüllt ist. Da andererseits das transformierte Eingangsvektorfeld nicht konstant ist, liegt nicht die spezielle Form (4.93) vor.

Die Sätze 4.38, 4.46 und 4.48 geben lokale Bedingungen für die Äquivalenz eines nichtlinearen Systems zu einem steuerbaren linearen System an. Globale Existenzaussagen sind u. a. in [HSM83, Boo84, DBE85, Res86] zu finden, praktisch aber schwer zu überprüfen.

4.2.4 Maximaler relativer Grad

Wenn für ein gegebenes nichtlineares System eine vollständige Linearisierung (im Sinne der exakten Eingangs-Zustands-Linearisierung) nicht möglich ist, kann man versuchen, einen möglichst großen Teil der Systemdynamik zu linearisieren. Anstelle eines (nicht existierenden) Ausgangs mit dem relativen Grad n sucht man jetzt einen Ausgang mit möglichst großem relativen Grad. Vergrößert man dabei im Vergleich zu einer Eingangs-Ausgangs-Linearisierung mit gegebenem (technisch relevanten) Ausgang den relativen Grad, so verkleinert man gleichzeitig die Dimension des internen Teilsystems. Der nachfolgende Satz entstammt [Isi95, Theorem 4.8.2]. Ein ähnlicher Ansatz, allerdings auf Basis differentialalgebraischer Überlegungen, wird in [ZM06, CMP07, MMAL11] diskutiert.

Satz 4.50 *Man betrachte System (4.71) im Punkt $p \in \mathcal{M}$. Angenommen, es gibt eine natürliche Zahl $r \in \{1, \ldots, n\}$ mit*
1. $\dim \operatorname{inv}(\Delta_r(p)) = n$ *und*
2. $\dim \operatorname{inv}(\Delta_{r-1}(x)) < n$ *für alle x aus einer Umgebung von p.*

In einer Umgebung von p existiert dann eine Ausgangsabbildung h, für die das System (4.71) den relativen Grad r besitzt.

Satz 4.38 kann als Spezialfall von Satz 4.50 für $r = n$ aufgefasst werden. Der Beweis erfolgt in ähnlicher Weise:

Beweis Nach Annahme 2 ist die Distribution $\operatorname{inv}(\Delta_{r-1}(x))$ regulär und als involutiver Abschluss auch involutiv. Nach dem Satz von Frobenius (Satz 3.41) gibt es mindestens ein (nicht verschwindendes) Skalarfeld h, dessen Gradient $\mathrm{d}h$ im Annihilator liegt, d. h. $\mathrm{d}h \in (\operatorname{inv}(\Delta_{r-1}))^\perp$. Nach Gl. (3.72b) aus Proposition 3.31 gilt

$$\Delta_{r-1} \subseteq \operatorname{inv}(\Delta_{r-1}) \quad \Longrightarrow \quad (\operatorname{inv}(\Delta_{r-1}))^\perp \subseteq \Delta_{r-1}^\perp,$$

so dass der Gradient $\mathrm{d}h$ auch im Annihilator von Δ_{r-1} liegt, d. h. $\mathrm{d}h \in \Delta_{r-1}^\perp$. Damit gilt

$$0 = \left\langle \mathrm{d}h, \mathrm{ad}_{-f}^i g \right\rangle = L_{\mathrm{ad}_{-f}^i g} h \quad \text{für} \quad i = 0, \ldots, r-2 \tag{4.102}$$

für alle x aus einer Umgebung von p. Mit Annahme 1 besitzt der Annihilator von $\operatorname{inv}(\Delta_r)$ die Dimension Null, so dass gilt

$$\left\langle \mathrm{d}h, \mathrm{ad}_{-f}^{r-1} g \right\rangle (p) = L_{\mathrm{ad}_{-f}^{r-1} g} h(p) \neq 0. \tag{4.103}$$

Mit (4.102) und (4.103) besitzt das System den relativen Grad r (vgl. ▶ Abschn. 4.2.2). □

Für die in Satz 4.50 angegebene Ausgangsabblidung besitzt das System den maximalen relativen Grad:

Satz 4.51 *Man betrachte System (4.71) im Punkt $p \in \mathcal{M}$. Die Voraussetzungen von Satz 4.50 seien erfüllt, d. h. in einer Umgebung von p existiert eine Ausgangsabbildung h, für die das System (4.71) den relativen Grad r besitzt. Angenommen, in dieser Umgebung existiert eine weitere Ausgangsabbildung $\tilde{h}$, für die das System (4.71) den relativen Grad $\tilde{r}$ besitzt. Dann gilt $\tilde{r} \leq r$.*

Beweis Wir beweisen den Satz indirekt. Angenommen, es gilt $\tilde{r} > r$. Ohne Einschränkungen sei $\tilde{r} = r + 1$. (Wenn $\tilde{h}$ beispielsweise den relativen Grad $\tilde{r} = r + 2$ besitzt, dann erhält man mit der Lie-Ableitung $L_f \tilde{h}$ eine Ausgangsabbildung, für die das System den relativen Grad $r + 1$ besitzt.) Dann müsste $\mathrm{d}\tilde{h}$ im Annihilator der Distribution $\mathrm{inv}(\Delta_{\tilde{r}-1}) = \mathrm{inv}(\Delta_r)$ liegen. Nach Annahme 1 von Satz 4.50 gilt aber $\dim \mathrm{inv}(\Delta_r) = n$, woraus $\dim(\mathrm{inv}(\Delta_r)^\perp) = 0$ folgt (Dimensionsformel, Proposition 3.31), d. h. $\mathrm{d}\tilde{h} \notin (\mathrm{inv}(\Delta_r))^\perp$ (Widerspruch). Also muss doch $\tilde{r} \leq r$ gelten. □

Die Berechnung von Ausgängen mit maximalem relativen Grad wird an zwei Beispielen vorgeführt.

Beispiel 4.52

Wir betrachten das Wagen-Pendel-System aus Beispiel 4.8. Mit dem Ausgang $y = x_1$ (Position des Wagens) hat das System den relativen Grad $r = 2$. Die zugehörige Eingangs-Ausgangs-Linearisierung führt auf das System (4.26). In Beispiel 4.43 wurde gezeigt, dass das ungedämpfte System (4.84) nicht eingangs-zustands-linearisierbar ist, so dass kein Ausgang mit dem relativen Grad $r = 4$ existiert. Es stellt sich die Frage, ob ein Ausgang mit relativem Grad $r = 3$ existiert.

Die Distribution $\Delta_r = \Delta_3$ ist nicht involutiv. Zur Bildung des involutiven Abschlusses nehmen wir die Lie-Klammer (4.85) hinzu und erhalten eine Distribution, die unter der Bedingung (4.86) die Dimension $n = 4$ besitzt. Damit wäre die Bedingung 1 aus Satz 4.50 erfüllt. Zur Überprüfung der Bedingung 2 betrachtet man die Distribution $\Delta_{r-1} = \Delta_2 = \mathrm{span}\{g, \mathrm{ad}_{-f} g\}$. Auch diese Distribution wird erst durch Hinzunahme von (4.85) involutiv. Man erhält dabei den involutiven Abschluss

$$\begin{aligned} \mathrm{inv}(\Delta_2) &= \mathrm{span}\left\{g, \mathrm{ad}_{-f} g, [g, \mathrm{ad}_{-f} g]\right\} \\ &= \mathrm{im} \underbrace{\begin{pmatrix} 0 & 1 & 0 \\ 1 & 0 & 0 \\ 0 & -\frac{1}{\ell}\cos x_3 & 0 \\ -\frac{1}{\ell}\cos x_3 & -\frac{2}{\ell} x_4 \sin x_4 & \frac{2}{\ell^2}\sin x_3 \cos x_3 \end{pmatrix}}_{F(x)} \end{aligned} \tag{4.104}$$

mit der Dimension $k = 3$. Damit sind die Existenzbedingungen für einen Ausgang mit dem relativen Grad $r = 3$ erfüllt.

Zur Berechnung des gesuchten Ausgangs bestimmt man zunächst eine Basis des Annihilators von (4.104). Der Annihilator besitzt die Dimension $n - k = 1$ und wird daher von einem Kovektorfeld aufgespannt, welches entspr. Gl. (3.71) symbolisch berechnet werden kann:

$$\operatorname{span}\{\omega\} = (\operatorname{inv}(\Delta_2))^{\perp} \cong \ker F^T \quad \text{mit} \quad \omega(x) = (\cos x_3\,,\, 0\,,\, \ell\,,\, 0)\,.$$

Das Kovektorfeld ω ist nicht geschlossen und damit nicht exakt. Daher führen wir einen integrierenden Faktor μ ein, der (wie die 1-Form ω) nur von x_3 abhängt. Die durch $\widetilde{\omega}(x) = \mu(x_3) \cdot \omega(x)$ definierte Differentialform ist geschlossen, wenn

$$\frac{\partial \widetilde{\omega}_3(x)}{\partial x_1} = 0 \quad \Longrightarrow \quad \frac{\partial \widetilde{\omega}_1(x)}{\partial x_3} = \mu'(x_3)\cos x_3 - \mu(x_3)\sin x_3 \stackrel{!}{=} 0.$$

Diese Bedingung führt hinsichtlich des integrierenden Faktors μ auf die Differentialgleichung $\mu'(x_3) = \tan x_3\, \mu(x_3)$. Mit der Lösung $\mu(x_3) = 1/\cos x_3$ ergibt sich das Kovektorfeld $\widetilde{\omega}(x) = (1, 0, \ell/\cos x_3, 0)$, aus dem man durch Intergration nach Gl. (2.20) den Ausgang

$$h(x) = x_1 + \frac{\ell}{2}\ln\left(\frac{1+\sin x_3}{1-\sin x_3}\right) = x_1 + \ell\,\ln\left(\frac{1+\tan\frac{x_3}{2}}{1-\tan\frac{x_3}{2}}\right)$$

erhält [ZM06]. Direktes Nachrechnen liefert $L_g h(x) = L_g L_f h(x) = 0$ und $L_g L_f^2 h(x) = -2x_4 \tan x_3$, so dass unter der Bedingung (4.86) das System den relativen Grad $r = 3$ besitzt.

Beispiel 4.53

Unter dem sog. **Acrobot** [HM90, Spo95] versteht man ein Doppelpendel unter dem Einfluss der Schwerkraft, wobei nur das zweite Gelenk angetrieben wird (siehe ◘ Abb. 4.16). Die kinetische Energie besitzt einen rotatorischen Anteil

$$T_{\text{rot}} = \frac{I_1}{2}\dot{q}_1^2 + \frac{I_2}{2}(\dot{q}_1 + \dot{q}_2)^2$$

mit den Trägheitsmomenten I_1 und I_2 zur Beschreibung der Drehung um die Schwerpunkte. Der translatorische Anteil

$$T_{\text{trans}} = \frac{m_1}{2}\left(\dot{x}_{s1}^2 + \dot{y}_{s1}^2\right) + \frac{m_2}{2}\left(\dot{x}_{s2}^2 + \dot{y}_{s2}^2\right)$$

mit den Massen m_1 und m_2 erfasst die Verschiebung der Schwerpunkte S_1 und S_2, welche durch die Koordinaten

$$\begin{aligned} x_{s1} &= r_1 \cos q_1, \quad x_{s2} = l_1 \cos q_1 + r_2 \cos(q_1 + q_2) \\ y_{s1} &= r_1 \sin q_1, \quad y_{s2} = l_1 \sin q_1 + r_2 \sin(q_1 + q_2) \end{aligned}$$

Abb. 4.16 Acrobot

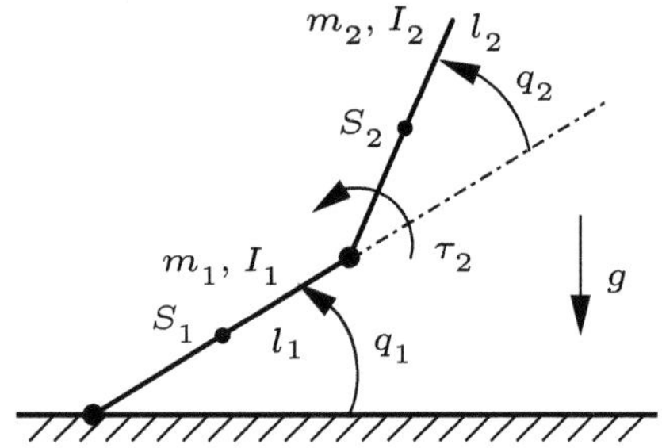

mit den Gliedlängen l_1 und l_2 sowie den Achsabständen r_1 und r_2 beschrieben werden. Unter Nutzung der Rechenregeln trigonometrischer Funktionen lassen sich die quadratischen Terme zu

$$\begin{aligned}(\dot{x}_{s1}^2 + \dot{y}_{s1}^2) &= r_1^2\dot{q}_1^2 \\ (\dot{x}_{s2}^2 + \dot{y}_{s2}^2) &= l_1^2\dot{q}_1^2 + 2l_1\dot{q}_1(\dot{q}_1 + \dot{q}_2)\cos q_2 + r_2^2(\dot{q}_1 + \dot{q}_2)^2\end{aligned}$$

vereinfachen. Damit erhält man insgesamt die kinetische Energie

$$T = \frac{1}{2}\left(a_1\dot{q} + a_{21}^2(\dot{q}_1 + \dot{q}_2)^2 + 2a_3\dot{q}_1(\dot{q}_1 + \dot{q}_2)\cos q_2\right)$$

mit den Paramtern $a_1 = I_1 + m_1r_1^2 + m_2l_1^2$, $a_2 = I_2 + m_2r_2^2$ und $a_3 = m_2l_1r_2$. Aus der Lage der Schwerpunkte ergibt sich die potentielle Energie

$$V = a_4 \sin q_1 + a_5 \sin(q_1 + q_2)$$

mit $a_4 = g(m_1r_1 + m_2l_1)$ und $a_5 = gm_2s_2$. Mit der Lagrange-Funktion $L = T - V$ erhält man die Bewegungsgleichungen

$$M(q)\ddot{q} + C(q, \dot{q}) + K(q) = \tau$$

mit der Massenmatrix

$$M(q) = \begin{pmatrix} a_1 + a_2 + 2a_3\cos q_2 & a_2 + a_3\cos q_2 \\ a_3\cos q_2 & q_2 \end{pmatrix} \tag{4.105}$$

und dem Vektor

$$C(q, \dot{q}) = a_3 \sin q_2 \begin{pmatrix} -(2\dot{q}_1\dot{q}_2 + \dot{q}_2^2) \\ \dot{q}_1^2 \end{pmatrix}, \tag{4.106}$$

der die Wirkung der Zentrifugal- und Corioliskräfte beinhaltet. Der Vektor

$$K(q) = \begin{pmatrix} a_4\cos q_1 + a_5\cos(q_1 + q_2) \\ a_5\cos(q_1 + q_2) \end{pmatrix}$$

erfasst die Potentialkräfte. Da nur das zweite Gelenk aktuiert ist, hat der Vektor der eingeprägten Kräfte die Form $\tau = (0, \tau_2)^T$.

Mit dem Zustand $x = (q_1, q_2, \dot{q}_1, \dot{q}_2)^T$ und einer kollokierten[7] partiellen Linearisierung erhält man die Systemdarstellung (4.71) mit den Vektorfeldern

$$f(x) = \begin{pmatrix} x_3 \\ x_4 \\ \frac{-a_4 \cos x_1 - a_5 \cos(x_1+x_2) + a_3 x_4 (2x_3+x_4) \sin x_2}{2a_3 \cos x_2 + a_2 + a_1} \\ 0 \end{pmatrix} \tag{4.107}$$

und

$$g(x) = \begin{pmatrix} 0 \\ 0 \\ -\frac{a_2+a_3 \cos x_2}{2a_3 \cos x_2 + a_2 + a_1} \\ 1 \end{pmatrix}. \tag{4.108}$$

Die von diesen Vektorfeldern nach Gl. (4.80) generierte Distribution $\Delta_{n-1} = \Delta_3$ ist nicht involutiv. Nach Satz 4.38 gibt es daher keinen Ausgang mit dem relativen Grad $r = 4$. Auf der Suche nach einem Ausgang mit relativem Grad $r = 3$ betrachten wir die Distribution $\Delta_{r-1} = \Delta_2$ mit

$$\begin{aligned} \Delta_2(x) &= \operatorname{span}\{g(x), \operatorname{ad}_{-f} g(x)\} \\ &= \operatorname{im} \begin{pmatrix} 0 & -\frac{a_2+a_3 \cos x_2}{2a_3 \cos x_2 + a_2 + a_1} \\ 0 & 1 \\ -\frac{a_2+a_3 \cos x_2}{2a_3 \cos x_2 + a_2 + a_1} & \frac{a_3 (2x_3+x_4) \sin x_2}{2a_3 \cos x_2 + a_2 + a_1} \\ 1 & 0 \end{pmatrix}. \end{aligned}$$

Diese Distribution ist bereits involutiv, so dass $\Delta_2 = \operatorname{inv}(\Delta_2)$. Im Unterschied zu Beispiel 4.52 ist der Annihilator von $\operatorname{inv}(\Delta_2)$ zweidimensional und wird von den Kovektorfeldern

$$\begin{aligned} \omega_1(x) &= -a_3(2x_3 + x_4) \sin x_4 \mathrm{d}x_2 + (2a_3 \cos x_2 + a_2 + a_1) \mathrm{d}x_2 \\ &\quad + (a_2 + a_3 \cos x_2) \mathrm{d}x_3 \\ \omega_2(x) &= \mathrm{d}x_1 + \frac{a_2+a_3 \cos x_2}{2a_3 \cos x_2 + a_2 + a_1} \mathrm{d}x_2 \end{aligned}$$

aufgespannt. Beide Differentialformen sind geschlossen. Durch Integration erhält man die zugehörigen Potentiale

---

7 Das eingeprägte Drehmoment τ_2 wirkt auf $q_2 = x_2$, so dass für eine kollokierte partielle Linearisierung der Ausgang $y = x_2$ zu verwenden ist. Für diese Eingangs-Ausgangs-Kombination hat das System den relativen Grad $r = 2$.

$$h_1(x) = (2a_3 \cos x_2 + a_2 + a_1)x_3 + (a_2 + a_3 \cos x_2)x_4$$
$$h_2(x) = x_1 + \int \frac{a_2+a_3 \cos x_2}{2a_3 \cos x_2+a_2+a_1} \mathrm{d}x_2,$$

wobei das Integral in h_2 zwar symbolisch lösbar ist, aber einen sehr umfangreichen Ausdruck liefert, auf dessen Wiedergabe aus Platzgründen verzichtet wurde. Direktes Nachrechnen bestätigt, dass für beide Ausgänge das System (mit Ausnahme von Singularitäten) den relativen Grad $r = 3$ besitzt. Durch eine passende Linearkombination beider Ausgänge kann man eine asymptotisch stabile Nulldynamik erzielen [ZM06, ČZM08, MMAL11].

Für den Ausgang h aus Beispiel 4.52 und den Ausgang h_2 aus Beispiel 4.53 ist der relative Grad nicht überall wohldefiniert. In diesen Fällen kann man versuchen, auf Basis der in [HM90, HSK92, Agu02] vorgestellten Verfahren eine approximative Eingangs-Zustands-Linearisierung zu erzielen (siehe ► Abschn. 5.4).

4.3 Exakte Linearisierung für nicht eingangsaffine Systeme

4.3.1 Relativer Grad und Eingangs-Ausgangs-Normalform

Gegeben sei ein System

$$\dot{x} = F(x,u), \quad y = h(x) \tag{4.109}$$

mit dem eingangsabhängigen, aber nicht notwendigerweise eingangsaffinen Vektorfeld $F: \mathcal{M} \times \mathcal{U} \to \mathbb{R}^n$, einem glatten Skalarfeld $h: \mathcal{M} \to \mathbb{R}$, einer offenen Teilmenge $\mathcal{M} \subseteq \mathbb{R}^n$ und einer zweiten Teilmenge $\mathcal{U} \subseteq \mathbb{R}$. Derartige Systeme treten beispielsweise in der chemischen Verfahrenstechnik auf [HS90]. Eine aus differentialgeometrischer Sicht sinnvolle Beschreibung dieser Systemklasse wird in [vdS84] angegeben.

Das Konzept des relativen Grades lässt sich auch auf diese gegenüber Gl. (4.1) allgemeinere Systembeschreibung übertragen [TK83, HS90], [NvdS90, Kapitel 13]:

Definition 4.54

Das System (4.109) hat an der Stelle $(p, u_0) \in \mathcal{M} \times \mathcal{U}$ den **(verallgemeinerten) relativen Grad** r, falls

1. $\frac{\partial L_F^k h(x,u)}{\partial u} = 0$ für alle x und u aus einer Umgebung von p bzw. u_0 und für $k \in \{0, \ldots, r-1\}$,
2. $\frac{\partial L_F^r h(p,u)}{\partial u} \neq 0$ für $u = u_0$.

Definition 4.54 verallgemeinert den in Def. 4.1 angegebenen relativen Grad auf nicht eingangsaffine Systeme der Form (4.109). Für die Berechnung der beteiligten Lie-Ableitungen wird der Eingang u wie ein zusätzlicher Parameter[8] aufgefasst, d. h.

8 Im Unterschied zu anderen Autoren [BZ83], die die Lie-Ableitung als totale Zeitableitung verstehen und dann auch Ableitungen $\dot{u}, \ddot{u}, \ldots$ des Eingangs u einbeziehen, bilden wir die Lie-Ableitung nur in Richtung des Zustands x.

$$L_F^{k+1} h(x,u) = \frac{\partial L_F^k h(x,u)}{\partial x} \cdot F(x,u).$$

Zum Verständnis des relativen Grades betrachten wir wieder Zeitableitungen des Ausgangs. Die erste Zeitableitung des Ausgangs von System (4.109) lautet

$$\begin{aligned} \dot{y}(t) &= \tfrac{\mathrm{d}}{\mathrm{d}t} h(x(t)) \\ &= h'(x(t)) \cdot \dot{x}(t) \\ &= h'(x(t)) \cdot F(x(t), u(t)) \\ &= L_F h(x(t), u(t)). \end{aligned}$$

Ist die partielle Ableitung dieser Lie-Ableitung nach dem Eingang u nicht Null, so besitzt das System im entsprechenden Punkt den relativen Grad $r = 1$. Ist anderfalls die partielle Ableitung nach dem Eingang u identisch Null, so hängt die Lie-Ableitung nicht explizit vom Eingang ab. In diesem Fall schreiben wir verkürzt $L_F h(x,u) = L_F h(x)$ und bilden solange weitere Zeitabeitungen, bis eine explizite Abhängigkeit vom Eingang u auftritt:

$$\begin{aligned} \ddot{y} &= \tfrac{\mathrm{d}}{\mathrm{d}t} L_F h(x) \\ &= \mathrm{d}L_F h(x) \cdot F(x,u) \\ &= L_F^2 h(x,u) = L_F^2 h(x) \\ &\vdots \\ y^{(r-1)} &= L_F^{r-1} h(x,u) = L_F^{r-1} h(x) \\ y^{(r)} &= L_F^r h(x,u). \end{aligned}$$

Wie im eingangsaffinen Fall gibt der relative Grad die kleinste Ordnung einer Zeitableitung des Ausgangs an, die unmittelbar vom Eingang abhängt. Wenn der relative Grad im Punkt $p \in \mathcal{M}$ wohldefiniert ist, gilt:

$$r = \arg\min_k \left\{ \left. \frac{\partial L_F^k h(p,u)}{\partial u} \right|_{u=u_0} \neq 0 \right\}.$$

Im Folgenden sei der relative Grad r an der Stelle $(p, u_0) \in \mathcal{M} \times \mathcal{U}$ wohldefiniert. Die nächste Hilfsaussage verallgemeinert Lemma 4.10 für den nichtaffinen Fall:

Lemma 4.55 *Die Kovektoren*

$$\mathrm{d}h(p),\ \mathrm{d}L_F h(p),\ \ldots,\ \mathrm{d}L_F^{r-1} h(p)$$

sind linear unabhängig.

Die Beweisidee beruht auf [SJK97, Anhang A2].

Beweis Wir beweisen die Aussage indirekt. Angenommen, der Kovektor $\mathrm{d}L_F^{r-1} h(p)$ wäre von den Kovektoren $\mathrm{d}h(p)$, $\mathrm{d}L_F h(p)$, $\ldots$, $\mathrm{d}L_F^{r-2} h(p)$ linear abhängig, d. h. es gibt Konstanten $c_k \in \mathbb{R}$, so dass

$$\mathrm{d}L_F^{r-1}h(p) = \sum_{k=0}^{r-2} c_k \cdot \mathrm{d}L_F^k h(p).$$

Diese Gleichung bleibt gültig, wenn beide Seiten von rechts mit dem Vektorfeld F im Punkt p multipliziert werden:

$$\mathrm{d}L_F^{r-1}h(p) \cdot F(p,u) = \sum_{k=0}^{r-2} c_k \cdot \mathrm{d}L_F^k h(p) \cdot F(p,u).$$

Damit erhält man einen Ausdruck für die Lie-Ableitungen der nächsthöheren Ordnung:

$$L_F^r h(p,u) = \sum_{k=0}^{r-2} c_k \cdot L_F^{k+1} h(p).$$

Differenziert man beide Seiten der Gleichung nach dem Eingang u, so erhält man bei wohldefiniertem relativen Grad den Widerspruch

$$\underbrace{\frac{\partial}{\partial u} L_F^r h(p,u)}_{\neq 0} = \sum_{k=0}^{r-2} c_k \cdot \underbrace{\frac{\partial}{\partial u} L_F^{k+1} h(p)}_{\equiv 0}.$$

Der Kovektor $\mathrm{d}L_F^{r-1}h(p)$ ist also nicht als Linearkombination der Kovektoren $\mathrm{d}h(p), \mathrm{d}L_F h(p), \ldots, \mathrm{d}L_F^{r-2}h(p)$ darstellbar. Durch Bildung weiterer Lie-Ableitungen geht man in ähnlicher Weise bei den Kovektoren $\mathrm{d}L_F^{r-2}h(p), \mathrm{d}L_F^{r-3}h(p), \ldots$ vor. □

Auf Basis von Lemma 4.55 lässt sich auch für das nichtaffine System (4.109) eine Eingangs-Ausgangs-Normalform angeben:

Satz 4.56 *System (4.109) habe im Punkt $(p, u_0) \in \mathcal{M} \times \mathcal{U}$ den relativen Grad r. Dann existiert in einer Umgebung von p ein lokaler Diffeomorphismus $z = (\xi, \eta) = \Phi(x)$, der das System (4.109) in die Eingangs-Ausgangs-Normalform*

$$\begin{aligned}
\dot{\xi}_1 &= \xi_2 \\
&\ \vdots \\
\dot{\xi}_{r-1} &= \xi_r \\
\dot{\xi}_r &= a(\xi,\eta,u), \quad \textit{mit} \quad \tfrac{\partial}{\partial u} a(\xi,\eta,u) \neq 0 \\
\dot{\eta}_{r+1} &= q_1(\xi,\eta,u) \\
&\ \vdots \\
\dot{\eta}_n &= q_{n-r}(\xi,\eta,u) \\
y &= \xi_1
\end{aligned} \tag{4.110}$$

überführt.

Beweis Wir setzen $\xi_1 = \phi_1(x) = h(x), \xi_2 = \phi_2(x) = L_F h(x), \ldots, \xi_r = \phi_r(x) = L_F^{r-1}h(x)$. Nach Definition 4.54 hängen diese Lie-Ableitungen nicht von u ab, nach Lemma 4.55 sind die Gradienten $\mathrm{d}\phi_1, \ldots, \mathrm{d}\phi_r$ in $p \in \mathcal{M}$ linear unabhängig. Analog zum Beweis von

Lemma 4.10 gibt es $n-r$ weitere glatte Funktionen, so dass die Kovektoren $\mathrm{d}\phi_1, \ldots, \mathrm{d}\phi_n$ in $p \in \mathcal{M}$ linear unabhängig sind. Die zugehörige Abbildung Φ ist dann ein lokaler Diffeomorphismus. Für das erste Teilsystem gilt

$$\begin{aligned}
\dot{\xi}_i &= \tfrac{\mathrm{d}}{\mathrm{d}t}\xi_i \\
&= \tfrac{\mathrm{d}}{\mathrm{d}t}\phi_i(x) \\
&= \tfrac{\mathrm{d}}{\mathrm{d}t}L_F^{i-1}h(x) \\
&= \mathrm{d}L_F^{i-1}h(x)\cdot\dot{x} \\
&= \mathrm{d}L_F^{i-1}h(x)\cdot F(x,u) \\
&= L_F^i h(x,u) \\
&= \begin{cases} \xi_{i+1} & \text{für } i = 1,\ldots,r-1 \\ a(\xi,\eta,u) & \text{für } i = r \end{cases}
\end{aligned}$$

mit $a(\xi,\eta,u) := L_F^r h(\Phi^{-1}(\xi,\eta),u)$. Bei dem zweiten Teilsystem erhält man

$$\begin{aligned}
\dot{\eta}_j &= \tfrac{\mathrm{d}}{\mathrm{d}t}\eta_j \\
&= \tfrac{\mathrm{d}}{\mathrm{d}t}\phi_{r+j}(x) \\
&= \mathrm{d}\phi_{r+j}(x)\cdot\dot{x} \\
&= \mathrm{d}\phi_{r+j}(x)\cdot F(x,u) \\
&= L_F\phi_{r+j}(x,u) \\
&= q_j(\xi,\eta,u)
\end{aligned}$$

mit $q_j(\xi,\eta,u) = L_F\phi_{r+j}(\Phi^{-1}(\xi,\eta),u)$ für $j = 1,\ldots,n-r$. □

Im eingangsaffinen Fall konnten die im ersten Teilsystem auftretenden Nichtlinearitäten unmittelbar kompensiert werden. Zur Kompensation der Nichtlinearitäten im Eingangs-Ausgangs-Verhalten eines nicht eingangsaffinen Systems greift man auf den Satz über die Umkehrfunktion zurück:

Anmerkung 4.57 Man betrachte die Eingangs-Ausgangs-Normalform (4.110). Die Abbildung a sei im Punkt (ξ_0,η_0,u_0) mit $(\xi_0,\eta_0) = \Phi(p)$ und $u_0 \in \mathbb{R}$ stetig differenzierbar. Ferner sei $v_0 := a(\xi_0,\eta_0,u_0)$. Wegen

$$\left.\frac{\partial a(\xi_0,\eta_0,u)}{\partial u}\right|_{u=u_0} \neq 0$$

existiert eine stetig differenzierbare Abbildung a^{-1} mit

$$a(\xi,\eta,a^{-1}(\xi,\eta,v)) = v$$

für alle ξ,η,v aus einer Umgebung von (ξ_0,η_0,v_0). Damit gilt lokal der Zusammenhang

$$v = a(\xi,\eta,u) \quad \Leftrightarrow \quad u = a^{-1}(\xi,\eta,v),$$

wobei a^{-1} die Umkehrfunktion von a bezüglich des letzten Arguments ist.

In Originalkoordinaten kompensiert man die Nichtlinearität, indem man die Gleichung

$$L_F^r h(x,u) \overset{!}{=} v \tag{4.111}$$

nach u auflöst und das Ergebnis in das Originalsystem einsetzt. Mit der Kompensation der Nichtlinearität geht das erste Teilsystem der Eingangs-Ausgangs-Normalform (4.110) in eine Kette von r Integratoren über:

$$\begin{aligned}
\dot{\xi}_1 &= \xi_2 \\
&\vdots \\
\dot{\xi}_{r-1} &= \xi_r \\
\dot{\xi}_r &= v \\
y &= \xi_1 .
\end{aligned}$$

Mit der Matrix A und den Vektoren b, c aus (4.47) lässt sich das resultiernde System kompakt in der Form

$$\begin{aligned}
\dot{\xi} &= A\xi + bv && \text{(lineares Teilsystem)} \\
\dot{\eta} &= q(\xi, \eta, \alpha^{-1}(\xi, \eta, v)) && \text{(interne Dynamik)} \\
y &= c^T \xi .
\end{aligned} \tag{4.112}$$

angeben. Das erste Teilsystem hat hier die gleiche Form wie im eingangsaffinen Fall (siehe Gl. (4.50)), so dass die Stabilisierung dieses Teilsystems auch in gleicher Weise erfolgen kann (vgl. ▶ Abschn. 4.1.3).

Beispiel 4.58

Wir betrachten eine unter Einwirkung der Schwerkraft stehende Kugel der Masse m aus einem ferromagnetischen Material. Die Kugel soll mit Hilfe eines Elektromagneten in der Schwebe gehalten werden (◘ Abb. 4.17). Die vertikale Position der Kugel wird durch die Koordinate z erfasst. Die Bewegungsgleichung lautet

$$m\ddot{z} = mg - F$$

mit der vom Elektromagneten erzeugten Kraft

$$F = \rho \frac{I^2}{(z + s_0)^2},$$

vgl. [LLP96, vLR03]. Hierbei bezeichnet I den in die Spule eingeprägten Strom und s_0 den vorgesehenen Luftspalt. Der Parameter ρ hängt u. a. von der Spulengeometrie und dem verwendeten ferromagnetischen Material ab.

Mit Einführung des Zustands $x = (x_1, x_2)^T = (z, \dot{z})^T$ erhält man das Zustandsraummodell

$$\begin{pmatrix} \dot{x}_1 \\ \dot{x}_2 \end{pmatrix} = \begin{pmatrix} x_2 \\ g - \frac{\rho}{m} \frac{I^2}{(x_1 + s_0)^2} \end{pmatrix} =: F(x, I), \quad y = h(x) = x_1 \tag{4.113}$$

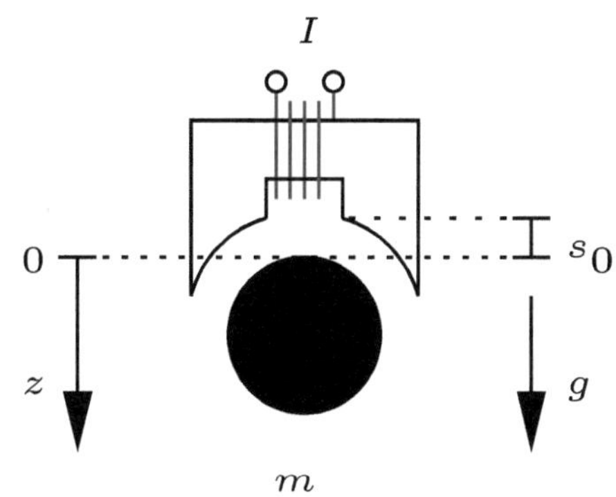

Abb. 4.17 Schwebende Kugel im Magnetfeld

mit dem Strom I als Eingang und der Position x_1 der Kugel als Ausgang. Aus den Zeitableitungen des Ausgangs

$$\begin{aligned} \dot{y} = \dot{x}_1 &= x_2 \\ &= L_F h(x) \\ \ddot{y} = \dot{x}_2 &= g - \tfrac{\rho}{m} \tfrac{I^2}{(x_1+s_0)^2} \\ &= L_F^2 h(x, I) \end{aligned}$$

liest man den relativen Grad $r = 2$ ab: Die Lie-Ableitung $L_F^2 h(x, I)$ ist für $x_1 > -s_0$ definiert und hängt direkt vom Eingang I ab. Formal ist diese Abhängigkeit entsprechend Definition 4.54 durch

$$\frac{\partial L_F^2 h(x, I)}{\partial I} = \frac{2\rho I}{m(x_1 + s_0)^2} \neq 0 \quad \text{für} \quad I \neq 0$$

zu erkennen. Die linearisierende Rückführung ergibt sich nach Gl. (4.111). Aus dem Zwischenergebnis

$$I^2 = \frac{m}{\rho}(x_1 + s_0)^2 (g - v)$$

erhält man

$$I = \begin{cases} \pm(x_1 + s_0)\sqrt{\frac{m}{\rho}(g - v)} & \text{für } g \geq v, \\ 0 & \text{für } g < v. \end{cases} \tag{4.114}$$

Dabei wurde der physikalischen Tatsache Rechnung getragen, dass der Elektromagnet bei einem ferromagnetischen Material nur anziehende und keine abstoßenden Kräfte erzeugen kann. Das Vorzeichen des Stroms spielt dabei keine Rolle. Die linearisierende Rückführung kombiniert man mit einer stabilisierenden Rückführung

$$v = -a_0(h(x) - w) - a_1 L_F h(x) = -a_0(x_1 - w) - a_1 x_2 \tag{4.115}$$

analog zu (4.19) unter Beachtung der Führungsgröße $w > 0$. Die Simulation erfolgt in Beispiel 4.60.

Durch Erweiterung um einen Integrator am Eingang kann man ein System der Form (4.109) immer in ein eingangsaffines System überführen. Das erweiterte System

$$\begin{aligned}\dot{x} &= F(x,u)\\ \dot{u} &= \tilde{u}\\ y &= h(x)\end{aligned} \tag{4.116}$$

besitzt den neuen Eingang $\tilde{u}$ (siehe ■ Abb. 4.18). Die Vektorfelder $\tilde{f}, \tilde{g}: \mathcal{M} \times \mathcal{U} \to \mathbb{R}^{n+1}$ einer affinen Darstellung sind für den erweiterten Zustandsvektor $\tilde{x} = (x^T, u)^T$ definiert:

$$\dot{\tilde{x}} = \begin{pmatrix}\dot{x}\\ \dot{u}\end{pmatrix} = \underbrace{\begin{pmatrix}F(x,u)\\ 0\end{pmatrix}}_{\tilde{f}(\tilde{x})} + \underbrace{\begin{pmatrix}0\\ 1\end{pmatrix}}_{\tilde{g}(\tilde{x})}\tilde{u}, \quad y = \tilde{h}(\tilde{x}) = h(x). \tag{4.117}$$

Zwischen Originalsystem und dem erweiterten System besteht folgender Zusammenhang:

Proposition 4.59 *Sei $\mathcal{U} \subset R$ offen. System (4.109) hat im Punkt $(p, u_0) \in \mathcal{M} \times \mathcal{U}$ genau dann den relativen Grad r nach Definition 4.54, wenn das erweiterte System (4.117) den relativen Grad $r+1$ nach Definition 4.1 besitzt.*

Beweis System (4.109) habe im Punkt $(p, u_0) \in \mathcal{M} \times \mathcal{U}$ den relativen Grad r gemäß Definition 4.54, d. h.

$$\frac{\partial h(x)}{\partial u} \equiv 0, \quad \frac{\partial L_F h(x,u)}{\partial u} \equiv 0, \ldots, \frac{\partial L_F^{r-1} h(x,u)}{\partial u} \equiv 0, \quad \frac{\partial L_F^{r} h(x,u)}{\partial u} \neq 0. \tag{4.118}$$

Für die Lie-Ableitungen des erweiterten Systems (4.117) entlang $\tilde{f}$ gilt $L_{\tilde{f}}^k h(\tilde{x}) = L_F^k h(x,u)$ für alle $k \in \mathbb{N}_0$, was durch einen Induktionsschritt ersichtlich ist:

$$\begin{aligned}L_{\tilde{f}}^{k+1}\tilde{h}(\tilde{x}) &= \frac{\partial L_{\tilde{f}}^k \tilde{h}(\tilde{x})}{\partial \tilde{x}} \cdot \tilde{f}(\tilde{x})\\ &= \left(\frac{\partial L_F^k h(x,u)}{\partial x}, \frac{\partial L_F^k h(x,u)}{\partial u}\right) \cdot \begin{pmatrix}F(x,u)\\ 0\end{pmatrix}\\ &= \frac{\partial L_F^k h(x,u)}{\partial x} \cdot F(x,u) = L_F^{k+1} h(x,u).\end{aligned}$$

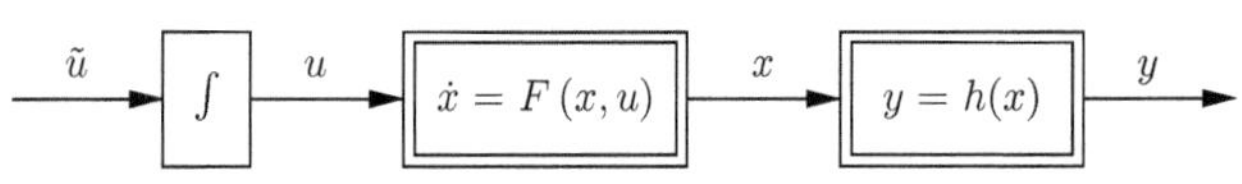

■ **Abb. 4.18** Erweitertes System (4.116)

Für die gemischten Lie-Ableitungen gilt dann:

$$\begin{aligned} L_{\tilde g} L_{\tilde f}^k \tilde h(\tilde x) &= \frac{\partial L_{\tilde f}^k \tilde h(\tilde x)}{\partial \tilde x} \cdot \tilde g(\tilde x) \\ &= \left(\frac{\partial L_F^k h(x,u)}{\partial x}, \frac{\partial L_F^k h(x,u)}{\partial u} \right) \cdot \begin{pmatrix} 0 \\ 1 \end{pmatrix} \\ &= \frac{\partial L_F^k h(x,u)}{\partial u}. \end{aligned}$$

Aus Gl. (4.118) folgt damit unmittelbar

$$L_{\tilde g} \tilde h(\tilde x) \equiv 0,\ L_{\tilde g} L_{\tilde f} \tilde h(\tilde x) \equiv 0,\ \ldots, L_{\tilde g} L_{\tilde f}^{r-1} \tilde h(\tilde x) \equiv 0,\ L_{\tilde g} L_{\tilde f}^{r} \tilde h(\tilde x_0) \neq 0$$

für den Punkt $\tilde x_0 = (p^T, u_0)^T$, so dass das erweiterte System (4.117) nach Definition 4.1 den relativen Grad $r + 1$ besitzt. Der Umkehrschluss gilt in analoger Weise. □

Beispiel 4.60

Wir betrachten die schwebende Kugel aus Beispiel 4.58. Mit dem zusätzlichen Zustand $x_3 := I$ und dem neuen Eingang $\tilde u$ erhält man aus (4.113) das erweiterte System

$$\begin{aligned} \dot x_1 &= x_2 \\ \dot x_2 &= g - \tfrac{\rho}{m} \tfrac{x_3^2}{(x_1+s_0)^2} \\ \dot x_3 &= \tilde u \\ y &= x_1 . \end{aligned} \tag{4.119}$$

Daraus ergeben sich die Lie-Ableitungen

$$L_{\tilde f} \tilde h(x) = x_2,\ L_{\tilde f}^2 \tilde h(x) = g - \frac{\rho x_3^2}{m(x_1 + s_0)^2},\ L_{\tilde f}^3 \tilde h(x) = \frac{2\rho x_2 x_3^2}{m(x_1 + s_0)^3}.$$

Die gemischten Lie-Ableitungen lauten

$$L_{\tilde g} \tilde h(x) = 0,\ L_{\tilde g} L_{\tilde f} \tilde h(x) = 0,\ L_{\tilde g} L_{\tilde f}^2 \tilde h(x) = -\frac{2\rho x_3}{m(x_1 + s_0)^2},$$

so dass das System (4.119) für $x_3 \neq 0$ den relativen Grad $r = 3$ besitzt. Das Regelgesetz ergibt sich dann aus Gl. (4.20).

Zur numerischen Simulation wurden die Parameterwerte $m = 0{,}2\,\text{kg}$, $g = 9{,}81\,\text{m/s}^2$, $\rho = 5 \cdot 10^{-6}\,\text{Nm}^2/\text{A}^2$ und $s_0 = 5 \cdot 10^{-4}\,\text{m} = 0{,}5\,\text{mm}$ aus [LLP96, vLR03] verwendet. Als Führungsgröße wurde der Abstand $w = 5 \cdot 10^{-3}\,\text{m} = 5\,\text{mm}$ vorgegeben.

Für die Rückführung (4.115) aus Beispiel 4.58 kommen die Koeffizienten $a_0 = 13200\,\text{s}^{-2}$ und $a_1 = 230\,\text{s}^{-1}$ zum Einsatz, die sich aus den Eigenwerten $-110\,\text{s}^{-1}$ und $-120\,\text{s}^{-1}$ ergeben. Die in ◼ Abb. 4.19 gezeigte Simulation beginnt mit den Anfangswerten $x_1(0) = 3 \cdot 10^{-3}\,\text{m} = 3\,\text{mm}$ und $x_2(0) = 0\,\text{m/s}$. Zunächst befindet sich die Kugel im freien Fall und die Regelung greift wegen der Fallunterscheidung in Gl. (4.114) nicht ein. Für die auf diese Weise stabiliserte Ruhelage $x_1^0 = w$ und $x_2^0 = 0$ ergibt sich aus Gl. (4.114) für $v = 0$ der Strom $I^0 = (w + s_0)\sqrt{(mg/\rho} \approx 3{,}445\,\text{A}$.

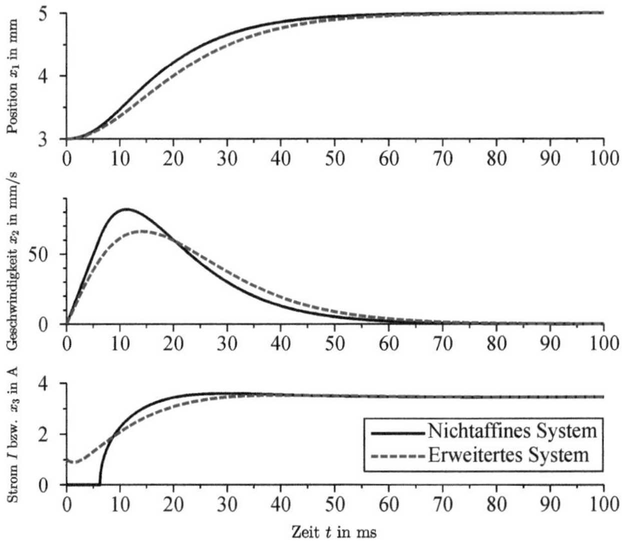

Abb. 4.19 Simulation der lagegeregelten Kugel aus den Beispielen 4.58 und 4.60

Für die Stabilisierung des erweiterten Systems (4.119) werden zusätzlich der Eigenwert $-130\,\mathrm{s}^{-1}$ und der Anfangswert $x_3(0) = 1$ A vorgegeben. Für die Rückführung ergeben sich die Koeffizienten $a_0 = 1{,}716 \cdot 10^6\,\mathrm{s}^{-3}$, $a_1 = 43100\,\mathrm{s}^{-2}$ und $a_2 = 360\,\mathrm{s}^{-1}$. Die Simulationsergebnisse sind ebenfalls in Abb. 4.19 dargestellt. Durch den angefügten Integrator ergibt sich eine zusätzliche Dynamik, für die im rückgeführten System der Eigenwert $-130\,\mathrm{s}^{-1}$ zugewiesen wurde. Dadurch verlangsamt sich das Einschwingen. Mit einer Linksverschiebung des dritten Eigenwerts würde man sich mit dem erweiterten System (4.119) nicht nur der Dynamik des nichtaffinen Systems (4.113), sondern auch der Singularität bei $x_3 = 0$ annähern.

4.3.2 Byrnes-Isidori-Normalform

Gegeben sei ein nicht eingangsaffines System (4.109). Dieses System kann immer dargestellt werden in der Form

$$\dot{x} = F(x,u) = f(x) + \sum_{i=1}^{m} g_i(x) \cdot \sigma_i(x,u) \tag{4.120}$$

mit eingangsunabhängigen Vektorfeldern $f, g_1, \ldots, g_m \colon \mathcal{M} \to \mathbb{R}^n$ und eingangsabhängigen Skalarfeldern $\sigma_1, \ldots, \sigma_m \colon \mathcal{M} \times \mathcal{U} \to \mathbb{R}$. Eine solche Darstellung erhält man beispielsweise für $m = n$, indem man das Vektorfeld F bezüglich der kanonischen Basis entwickelt:

$$F(x,u) = F_1(x,u)\frac{\partial}{\partial x_1} + \cdots + F_n(x,u)\frac{\partial}{\partial x_n}.$$

Bei den nachfolgenden Betrachtungen steht die Frage im Vordergrund, ob die Darstellung (4.120) für $m = 1$ möglich ist. In diesem Fall würde sich das System (4.109) in die Form

$$\dot{x} = F(x,u) = f(x) + g(x)\,\sigma(x,u) \tag{4.121}$$

zerlegen lassen. Diese Zerlegung ist unter folgenden Bedingungen möglich [GdR05]:

Lemma 4.61 *Ein System (4.109) kann genau dann für Werte u aus einer Umgebung von $u_0 \in \mathcal{U}$ in die Form (4.121) mit*

$$\left.\frac{\partial \sigma(x,u)}{\partial u}\right|_{u=u_0} \neq 0 \tag{4.122}$$

zerlegt werden, wenn das Gleichungssystem

$$F(x,u) - F(x,u_0) = \left.\frac{\partial F(x,u)}{\partial u}\right|_{u=u_0} \cdot \sigma(x,u) \tag{4.123}$$

bezüglich σ lösbar ist. Die Vektorfelder aus Gl. (4.121) ergeben sich dabei aus

$$f(x) = F(x,u_0) \quad \textit{und} \quad g(x) = \left.\frac{\partial F(x,u)}{\partial u}\right|_{u=u_0}. \tag{4.124}$$

Beweis „$\Leftarrow$“ Gleichungssystem (4.123) habe eine Lösung σ. Dann ergibt sich die Form (4.121) unmittelbar aus Gl. (4.124).

„$\Rightarrow$“ System (4.109) sei in die Form (4.121) zerlegbar. Dann gilt einerseits

$$F(x,u) - F(x,u_0) = g(x) \cdot (\sigma(x,u) - \sigma(x,u_0)), \tag{4.125}$$

andererseits

$$\left.\frac{\partial F(x,u)}{\partial u}\right|_{u=u_0} = \left.\frac{\partial}{\partial u}(g(x)\,\sigma(x,u))\right|_{u=u_0} = g(x)\left.\frac{\partial \sigma(x,u)}{\partial u}\right|_{u=u_0}. \tag{4.126}$$

Die Vektorfelder (4.125) und (4.126) zeigen beide in Richtung des Vektorfeldes g. Wegen $\frac{\partial \sigma(x,u)}{\partial u}|_{u=u_0} \neq 0$ gilt $(F(x,u) - F(x,u_0)) \in \operatorname{span}\{g(x)\}$, so dass das (bezüglich σ lineare) Gls. (4.123) lösbar ist. □

In Gl. (4.121) kann der Eingang nur in Richtung des von u unabhängigen Vektorfeldes g wirken. In Verbindung mit Gl. (4.126) bedeutet das, dass zwar das Vektorfeld $\frac{\partial}{\partial u}F(x,u)$ von u abhängen darf, nicht aber die davon aufgespannte Distribution $\Delta_u := \operatorname{im}\frac{\partial}{\partial u}F(x,u)$.

Beispiel 4.62

Man betrachte die im Magnetfeld schwebende Kugel aus Beispiel 4.58 mit dem Eingang $u = I$. Für eine Entwicklungsstelle $u_0 = I_0$ nimmt Gls. (4.123) die Form

$$\begin{pmatrix} 0 \\ \frac{\rho}{m}\frac{(I_0^2 - I^2)}{(x_1+s_0)^2} \end{pmatrix} = \begin{pmatrix} 0 \\ -2\frac{\rho}{m}\frac{I_0^2}{(x_1+s_0)^2} \end{pmatrix} \cdot \sigma(x,I)$$

an. Dieses Gleichungssystem ist für $I_0 \neq 0$ lösbar mit $\sigma(I) = -(I_0^2 - I^2)/(2I_0)$. Das zugehörige System (4.121) lautet damit

$$\dot{x} = \begin{pmatrix} x_2 \\ g - \frac{\rho}{m}\frac{I_0^2}{(x_1+s_0)^2} \end{pmatrix} + \begin{pmatrix} 0 \\ -2\frac{\rho}{m}\frac{I_0}{(x_1+s_0)^2} \end{pmatrix} \cdot \sigma(x, I).$$

Beispiel 4.63

Wir betrachten einen Raumflugkörper, der sich außerhalb der Atmosphäre um die Erde bewegt [NvdS90, S. 193]. Die Position des Flugkörpers sei in kartesischen Koordinaten durch $x_s = r\cos\theta$ und $y_s = r\sin\theta$ mit dem Abstand r vom Erdmittelpunkt und dem Winkel θ gegeben (◘ Abb. 4.20). Daraus ergibt sich die kinetische Energie

$$T = \frac{m}{2}\left(\dot{x}_s^2 + \dot{y}_s^2\right) = \frac{m}{2}\left(\dot{r}^2 + r^2\dot{\theta}^2\right).$$

Unter Berücksichtigung des Zentralpotentials erhält man die Lagrange-Funktion

$$L = \frac{m}{2}\left(\dot{r}^2 + r^2\dot{\theta}^2\right) + \frac{mgR^2}{r}$$

mit dem Erdradius R und der Fallbeschleunigung g an der Erdoberfläche. Der Antrieb erzeugt eine konstante Schubkraft F und ist über den Winkel u zu beeinflussen. Daraus ergibt sich folgende Bewegungsgleichung:

$$\begin{pmatrix} m & 0 \\ 0 & mr^2 \end{pmatrix}\begin{pmatrix} \ddot{r} \\ \ddot{\theta} \end{pmatrix} + \begin{pmatrix} \frac{mgR^2}{r^2} - \dot{\theta}^2 mr \\ 2mr\dot{r}\dot{\theta} \end{pmatrix} = \begin{pmatrix} F\cos u \\ Fr\sin u \end{pmatrix}.$$

Mit dem Zustand $x = (r, \theta, \dot{r}, \dot{\theta})^T$ erhält man das Modell

$$\dot{x} = \begin{pmatrix} x_3 \\ x_4 \\ -\frac{gR^2}{x_1^2} + x_1 x_4^2 + \frac{F}{m}\cos u \\ -2\frac{x_3 x_4}{x_1} + \frac{F}{mx_1}\sin u \end{pmatrix}. \tag{4.127}$$

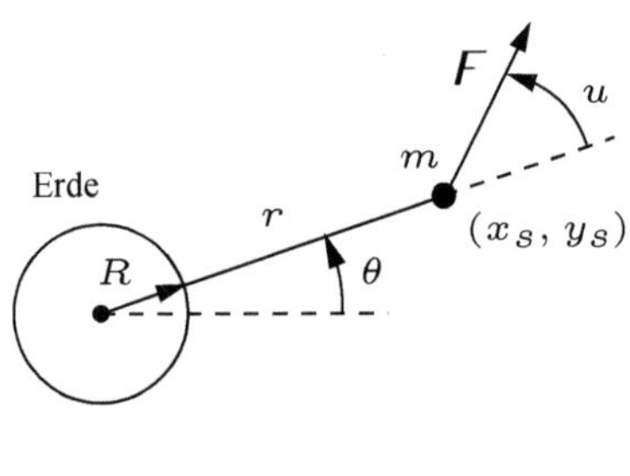

◘ **Abb. 4.20** Raumflugkörper außerhalb der Erdatmosphäre

Es ist zu untersuchen, ob das System (4.127) in die Form (4.121) zerlegt werden kann. Gl. (4.123) hat für u die Form

$$\begin{pmatrix} 0 \\ 0 \\ \frac{F}{m}(\cos u - \cos u_0) \\ \frac{F}{mx_1}(\sin u - \sin u_0) \end{pmatrix} = \begin{pmatrix} 0 \\ 0 \\ -\frac{F}{m}\sin u_0 \\ \frac{F}{mx_1}\cos u_0 \end{pmatrix} \cdot \sigma(x,u).$$

Dieses Gleichungssystem ist in einer Umgebung von u_0 nicht lösbar. Damit gibt es für dieses System keine Darstellung der Form (4.121).

Bei wohldefiniertem relativen Grad (im Sinne von Def. 4.54) lässt sich ein nicht eingangsaffines System (4.109) immer in die Eingangs-Ausgangs-Normalform (4.110) überführen (Satz 4.56). Dabei kann der Eingang auch im zweiten Teilsystem auftreten. Hängt das zweite Teilsystem dagegen nicht explizit vom Eingang ab, so geht die Eingangs-Ausgangs-Normalform (4.110) in die Byrnes-Isidori-Normalform

$$\begin{aligned} \dot{\xi}_1 &= \xi_2 \\ &\vdots \\ \dot{\xi}_{r-1} &= \xi_r \\ \dot{\xi}_r &= a(\xi,\eta,u), \quad \text{mit} \quad \tfrac{\partial}{\partial u}a(\xi,\eta,u) \neq 0 \\ \dot{\eta}_{r+1} &= q_1(\xi,\eta) \\ &\vdots \\ \dot{\eta}_n &= q_{n-r}(\xi,\eta) \\ y &= \xi_1 \end{aligned} \tag{4.128}$$

über. Der nächste Satz gibt Auskunft über die Existenzbedingungen der zugehörigen Transformation:

Satz 4.64 *System (4.109) habe an der Stelle $(p,u_0) \in \mathcal{M} \times \mathcal{U}$ den relativen Grad $r < n$. Das System kann genau dann mit einer Zustandstransformation in die Byrnes-Isidori-Normalform überführt werden, wenn es in der Form (4.121) darstellbar ist.*

Beweis „⇒" System (4.109) sei mit $(\xi,\eta) = \Phi(x)$ in die Byrnes-Isidori-Normalform (4.128) transformierbar. Der Eingang u tritt dann nur in der r-ten Differentialgleichung auf. Die Rücktransformation liefert unmittelbar die Form (4.121) mit

$$g(x) := \left(\Phi'(x)\right)^{-1} \frac{\partial}{\partial \xi_r} \quad \text{und} \quad \sigma(x,u) := \alpha(\xi,\eta,u) \quad \text{für} \quad x = \Phi^{-1}(\xi,\eta).$$

„⇐" System (4.109) sei in die Form (4.121) zerlegbar. Bei wohldefiniertem Grad r des Systems (4.109) im Sinne von Def. 4.54 gilt

$$\frac{\partial L_F^{r-1}h(x,u)}{\partial u} \equiv 0 \quad \Rightarrow \quad L_F^{r-1}h(x,u) = L_F^{r-1}h(x) = L_f^{r-1}h(x)$$

und

$$\begin{aligned} L_F^r h(x,u) &= \mathrm{d}L_F^{r-1} h(x) \cdot F(x,u) \\ &= \mathrm{d}L_f^{r-1} h(x) \cdot (f(x) + g(x) \cdot \sigma(x,u)) \\ &= L_f^r h(x) + L_g L_f^{r-1} h(x) \cdot \sigma(x,u). \end{aligned}$$

Wegen $\frac{\partial}{\partial u} L_F^r h(x,u) = L_g L_f^{r-1} h(x) \frac{\partial}{\partial u} \sigma(x,u)$ ist damit auch für das sich aus (4.121) mit dem virtuellen Eingang $\bar{u} := \sigma(x,u)$ ergebende eingangsaffine System der relative Grad r im Sinne von Def. 4.1 wohldefiniert. Dieses System kann in die Byrnes-Isidori-Normalform überführt werden (Satz 4.16). Der Eingang $\bar{u}$ tritt nur im ersten Teilsystem auf. Mit dem Einsetzen von $\sigma(x,u)$ bleibt die Struktur unverändert. □

Beispiel 4.65

Für den Raumflugkörper aus Beispiel 4.63 werde der Abstand zum Erdmittelpunkt als Ausgang gewählt, d. h. $y = h(x) = x_1$. Der Eingang tritt erstmals in der zweiten Zeitableitung des Ausgangs auf:

$$\begin{aligned} \dot{y} &= \dot{x}_1 = x_3 \\ \ddot{y} &= \dot{x}_3 = -\frac{gR^2}{x_1^2} + x_1 x_4^2 + \frac{F}{m} \cos u \end{aligned}$$

Wegen $\partial\ddot{y}/\partial u = -\frac{F}{m} \sin u$ ist der relative Grad $r = 2$ für $u \neq i\pi$ mit $i \in \mathbb{Z}$ wohldefiniert. Da das System nicht in die Form (4.121) zerlegt werden kann, kann es auch nicht in die Byrnes-Isidori-Normalform transformiert werden.

Geht man von einem nicht eingangsaffinen Originalsystem (4.109) zu dem erweiterten (eingangsaffinen) System (4.116) über, so existiert bei wohldefiniertem relativen Grad immer die Byrnes-isidori-Normalform (Satz 4.16). Die zugehörige Koordinatentransformation des erweiterten Systems (4.116) hängt aber nicht nur vom Zustand des Originalsystems (4.109), sondern auch vom Eingang ab.

Wenn der Eingang auf der rechten Seite des zweiten Teilsystems der Eingangs-Ausgangs-Normalform (4.56) nicht vollständig zu beseitigen ist kann man zumindest versuchen, den Einfluss des Eingangs auf dieses Teilsystem zu reduzieren. Durch eine geeignete Koordinatenwahl lässt sich die Anzahl der Differentialgleichungen des zweiten Teilsystems, die direkt vom Eingang abhängen, minimieren:

Proposition 4.66 *System (4.109) habe an der Stelle $(p, u_0) \in \mathcal{M} \times \mathcal{U}$ den relativen Grad $r < n$. Unter Nutzung der Darstellung (4.120) habe der involutive Abschluss der von den Eingangsvektorfeldern $g_1, \ldots, g_m$ aufgespannten Distribution in einer Umgebung des Punktes p die Dimension*

$$k := \dim \operatorname{inv}(\operatorname{span}\{g_1, \ldots, g_m\}) .$$

Dann kann die Transformation des Systems in die Eingangs-Ausgangs-Normalform so gewählt werden, dass der Eingang u nur in $k-1$ Differentialgleichungen des zweiten Teilsystems auftritt.

Beweisskizze Die Distribution $\Delta := \mathrm{inv}(\mathrm{span}\{g_1, \ldots, g_m\}$ ist laut Annahme regulär und involutiv. Dann exisitieren eine Umgebung $\mathcal{U} \subseteq \mathcal{M}$ von p und $n-k$ Skalarfelder $\lambda_1, \ldots, \lambda_{n-k}{:}\mathcal{U} \to \mathbb{R}$, so dass die zugehörigen Gradienten $\mathrm{d}\lambda_1, \ldots, \mathrm{d}\lambda_{n-k}$ den Annihilator $\Delta^\perp$ aufspannen. Die Skalarfelder $\lambda_1, \ldots, \lambda_{n-k}$ kann man durch weitere Skalarfelder $\lambda_{n-k+1}, \ldots, \lambda_n$ zu einer Koordinatentransformation $z = \lambda(x)$ mit $z_i = \lambda_i(x)$ für $i = 1, \ldots, n$ ergänzen (Korollar 3.43). Mit der Zugehörigkeit der ersten $n-k$ Funktionen zum Annihilator $\Delta^\perp$ gilt $\langle \mathrm{d}\lambda_i, g\rangle = L_g\lambda_i = 0$ für $i = 1, \ldots, n-k$ und alle $g \in \Delta$. Die verbleibenden k Funktionen gehören nicht zum Annihilator, so dass $\langle \mathrm{d}\lambda_i, g\rangle = L_g\lambda_i \neq 0$ für $i = n-k+1, \ldots, n$. Jeder Term $L_g\lambda_i \neq 0$ führt dazu, dass der Eingang u in der i-ten Gleichung der transformieten Koordinaten auftritt.

Bei einem relativen Grad r existiert die Eingangs-Ausgangs-Normalform (4.110). Der Eingang tritt im ersten Teilsystem in genau einer (nämlich der letzten) Zeile auf. Durch passende Koordinatenwahl tritt der Eingang im zweiten Teilsystem nur noch in $k-1$ Gleichungen in Erscheinung. □

Beispiel 4.67

Betrachtet werde der Raumflugkörper aus Beispiel 4.63 mit dem Ausgang aus Beispiel 4.65. Das System kann in die Form (4.120) mit

$$\dot{x} = F(x,u) = \underbrace{\begin{pmatrix} x_3 \\ x_4 \\ -\frac{gR^2}{x_1^2} + x_1 x_4^2 \\ -2\frac{x_3 x_4}{x_1} \end{pmatrix}}_{f(x)} + \underbrace{\begin{pmatrix} 0 \\ 0 \\ \frac{F}{m} \\ 0 \end{pmatrix}}_{g_1(x)} \cos u + \underbrace{\begin{pmatrix} 0 \\ 0 \\ 0 \\ \frac{F}{mx_1} \end{pmatrix}}_{g_2(x)} \sin u$$

zerlegt werden. Die Distribution $\Delta = \mathrm{span}\{g_1, g_2\}$ ist für $x_1 \neq 0$ definiert und mit $[g_1, g_2] = 0$ involutiv (d. h. $\Delta = \mathrm{inv}(\Delta)$). Damit gilt $k = 2$. Die Koordinaten lassen sich so wählen, dass der Eingang nur in $k-1 = 1$ mal im zweiten Teilsystem auftritt. Mit einer Umbenennung der Zustandskomponenten überführt man (4.127) in die Eingangs-Ausgangs-Normalform

$$\begin{aligned}
\dot{\xi}_1 &= \xi_2 \\
\dot{\xi}_2 &= -\frac{gR^2}{\xi_1^2} + \xi_1 \eta_2^2 + \frac{F}{m}\cos u \\
\dot{\eta}_1 &= \eta_2 \\
\dot{\eta}_2 &= -2\frac{\xi_2 \eta_2}{\xi_1} + \frac{F}{m\xi_1}\sin u \\
y &= \xi_1 .
\end{aligned}$$

Wie erwartet tritt der Eingang nur in einer der beiden Differentialgleichung des zweiten Teilsystems auf.

4.3.3 Eingangs-Zustands-Linearisierung und Regelungsnormalform

In Analogie zu ► Abschn. 4.2 nennen wir ein nicht eingangsaffines System

$$\dot{x} = F(x,u) \tag{4.129}$$

mit dem eingangsabhängigen Vektorfelder $F{:}\mathcal{M} \times \mathcal{U} \to \mathbb{R}^n$ **eingangs-zustands-linearisierbar**, wenn ein Skalarfeld $h{:}\mathcal{M} \to \mathbb{R}$ exisitert, mit welchem das resultierende System (4.109) den relativen Grad n besitzt. In diesem Fall ist die zugehörigen Eingangs-Ausgangs-Normalform (4.110) gleichzeitig die Regelungsnormalform

$$\begin{aligned} \dot{\xi}_1 &= \xi_2 \\ &\vdots \\ \dot{\xi}_{n-1} &= \xi_n \\ \dot{\xi}_n &= a(\xi,u), \quad \text{mit} \quad \tfrac{\partial}{\partial u}a(\xi,u) \neq 0 \\ y &= \xi_1 \end{aligned} \tag{4.130}$$

des nicht eingangsaffinen Systems (4.109).

Satz 4.68 *Wir betrachten System (4.129) in einer Umgebung von $(p,u^0) \in \mathcal{M} \times \mathcal{U}$. Dann sind folgende Aussagen äquivalent:*
1. *System (4.129) ist eingangs-zustands-linearisierbar.*
2. *System (4.129) kann in die Form (4.121) mit (4.122) zerlegt werden und das aus den Vektorfeldern f und g resultierende eingangsaffine Ersatzsystem*

$$\dot{x} = f(x) + g(x)\bar{u} \tag{4.131}$$

ist eingangs-zustands-linearisierbar.
3. *Das erweiterte System (4.117) ist eingangs-zustands-linearisierbar.*

Beweis (1) ⇒ (2): System (4.129) sei eingangs-zustands-linearisierbar, d. h. es gibt einen Diffeomorphismus $\xi = \Phi(x)$, der System (4.129) in die Regelungsnormalform (4.130) überführt. Das transformierte System (4.130) liegt bereits in der Form (4.121) vor. Die Zerlegung (4.121) ergibt sich in den Originalkoordinaten aus

$$g(x) := \left(\Phi'(x)\right)^{-1} \frac{\partial}{\partial \xi_n} \quad \text{und} \quad \sigma(x,u) := \alpha(\xi,u) \quad \text{für} \quad x = \Phi^{-1}(\xi),$$

vgl. Beweis von Satz 4.56. Mit der angegebenen Festlegung des Eingangsvektorfeldes ist zugehörige Ersatzsystem (4.131) eingangs-zustands-linearisierbar, da in den durch die Transformation Φ induzierten Koordinaten die spezielle Regelungsnormalform (4.93) vorliegt.

(2) ⇒ (1): Das System liege in der Form (4.121) vor und das zugehörige Ersatzsystem (4.131) sei eingangs-zustands-linarisierbar. Die Transformation des Ersatzsystems in die (eingangsaffine) Regelungsnormalform (4.72) und Einsetzen von $\bar{u} = \sigma(x,u)$ liefert

die Regelungsnormalform (4.130), wobei sich $\frac{\partial}{\partial u}a(\xi,u) \neq 0$ aus (4.122) ergibt. Das nicht eingangsaffine System (4.129) ist also eingangs-zustands-linearisierbar.

(1) $\Rightarrow$ (3): System (4.129) sei mit $\xi = \Phi(x)$ in die Regelungsnormalform (4.130) überführbar. Bedingt durch $\frac{\partial}{\partial u}a(\xi,u) \neq 0$ kann insbesondere auch die Nichtlinearität α (zumindest lokal) mit $\alpha(\xi,u) \stackrel{!}{=} v$ kompensiert werden (Satz über die Umkehrfunktion). Die Ableitung

$$\dot{v} = \underbrace{\frac{\partial}{\partial \xi}a(\xi,u)\dot{\xi}}_{\tilde{\alpha}(\xi,v)} + \underbrace{\frac{\partial}{\partial u}a(\xi,u)}_{\tilde{\beta}(\xi,v)}\dot{u}$$

führt mit $\dot{u} = \tilde{u}$ auf die Regelungsnormalform

$$\begin{aligned}
\dot{\xi}_1 &= \xi_2 \\
&\vdots \\
\dot{\xi}_{n-1} &= \xi_n \\
\dot{\xi}_n &= v \\
\dot{v} &= \tilde{\alpha}(\xi,v) + \tilde{\beta}(\xi,v)\tilde{u}.
\end{aligned}$$

des erweiterten Systems (4.117). Die Transformation des erweiterten Systems (4.117) wird durch

$$\tilde{\Phi}\colon \quad \tilde{x} = \begin{pmatrix} x \\ u \end{pmatrix} \mapsto \begin{pmatrix} \xi \\ v \end{pmatrix} = \begin{pmatrix} \Phi(x) \\ \alpha(\Phi(x),u) \end{pmatrix}$$

beschrieben. Die zugehörige Jacobimatrix

$$\tilde{\Phi}'(\tilde{x}) = \tilde{\Phi}'(x,u) = \begin{pmatrix} \Phi'(x) & 0 \\ * & \frac{\partial}{\partial u}a(\xi,u) \end{pmatrix}$$

ist regulär.

(3) $\Rightarrow$ (1): Das erweiterte Systems (4.117) sei eingangs-zustands-linearisierbar. Damit gibt es einen Ausgang $\tilde{h}$, für den das erweiterte System (4.117) den relativen Grad $n+1$ besitzt. Daraus erhält man einen Ausgang h des Originalsystems (4.129) mit dem relativen Grad n (vgl. Proposition 4.59). □

Die Bedingung 3 von Satz 4.68 lässt sich über Satz 4.38 bzw. Satz 4.48 überprüfen. Bei Bedingung 2 ist zusätzlich Lemma 4.61 zu beachten. Insbesondere wird man bei den Bedingungen 2 und 3 auf eingangsaffine Vergleichssysteme (4.117) und (4.121) geführt und kann damit die in ► Abschn. 4.2 beschriebenen Ansätze zur Berechnung eines Ausgangs mit vollem relativen Grad nutzen.

Beispiel 4.69

Man betrachte den Raumflugkörper aus Beispiel 4.63. Es wurde gezeigt, dass das System (4.127) nicht in die Form (4.121) zerlegt werden kann. Daher ist das System auch nicht eingangs-zustands-linearisierbar.

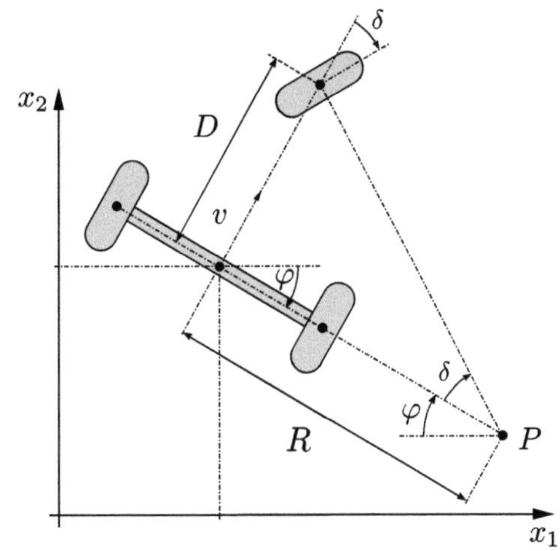

Abb. 4.21 Mobiler Roboter in der (x_1, x_2)-Ebene

Beispiel 4.70

Wir modifizieren den zweirädrigen mobilen Roboter aus ► Abschn. 1.1 zu dem in Abb. 4.21 gezeigten dreirädrigen Roboter. Der Antrieb erfolgt jetzt über die im Gleichlauf betriebenen Räder der Hinterachse und resultiert in einer in Fahrtrichtung orientierten Geschwindigkeit v. Daraus ergibt sich die translatorische Bewegung

$$\begin{aligned} \dot{x}_1 &= v \sin\varphi, \\ \dot{x}_2 &= v \cos\varphi. \end{aligned} \tag{4.132}$$

Zusätzlich kann über das erste Rad der Lenkwinkel δ eingestellt werden. Für das sich aus Hinterachsmittelpunkt, Vorderachse und dem Kreismittelpunkt P ergebende rechtwinklige Dreieck gilt

$$\tan\delta = \frac{D}{R}, \tag{4.133}$$

wobei D den Abstand zwischen Vorder- und Hinterachse bezeichnet. Für die Bewegung auf der (fiktiven) Kreisbahn besteht zwischen der translatorischen Geschwindigkeit v und der Winkelgeschwindigkeit $\dot{\varphi}$ die Beziehung $v = R\dot{\varphi}$, womit der Kreisradius R aus Gl. (4.133) eliminiert werden kann. Mit $x_3 = \varphi$ erhält man insgesamt das kinematische Modell

$$\begin{aligned} \dot{x}_1 &= v \sin x_3, \\ \dot{x}_2 &= v \cos x_3, \\ \dot{x}_3 &= \tfrac{v}{D} \tan\delta. \end{aligned} \tag{4.134}$$

Beeinflusst man den dreirädrigen Roboter nur über den Lenkwinkel δ bei konstanter Geschwindigkeit $v > 0$, so liegt mit Gl. (4.134) ein nicht eingangsaffines Eingrößensystem vor, welches sich unmittelbar in die Form (4.121) zerlegten lässt:

$$\begin{pmatrix} \dot{x}_1 \\ \dot{x}_2 \\ \dot{x}_3 \end{pmatrix} = \underbrace{\begin{pmatrix} v \sin x_3 \\ v \cos x_3 \\ 0 \end{pmatrix}}_{f(x)} + \underbrace{\begin{pmatrix} 0 \\ 0 \\ \frac{v}{D} \end{pmatrix}}_{g(x)} \cdot \tan\delta.$$

Die Vektorfelder f und g stimmen bis auf jeweils einen konstanten Faktor mit den entsprechenden Vektorfeldern des mobilen Roboters überein. In Beispiel 4.42 wurde gezeigt, dass das zugehörige System nicht eingangs-zustands-linearisierbar ist. Gemäß Satz 4.68 ist damit auch das nichtaffine Modell (4.134) in der hier betrachteten Eingangskonstellation nicht eingangs-zustands-linearisierbar.

4.4 Flache Systeme

4.4.1 Definition und Einführungsbeispiele

Mit der Formulierung des Flachheitsbegriffs im Kontext der Regelungstheorie gelang es Mitte der neunziger Jahre der Forschergruppe um Michel Fliess einen mathematischen Rahmen zu schaffen, der den systematischen Entwurf von Steuerung und Regelung für eine große Klasse nichtlinearer Systeme ermöglicht [FLMR95]. Eine zentrale Größe bei dieser Herangehensweise ist der sog. flache Ausgang, der eine integralfreie Parametrierung aller Systemgrößen ermöglicht.

Unsere Betrachtungen beschränken sich auf Zustandsraummodelle der Form

$$\dot{x} = F(x, u) \tag{4.135}$$

mit einem hinreichend glatten eingangsabhängigen Vektorfeld $F{:}\mathcal{M} \times \mathcal{U} \to \mathbb{R}^n$, das auf einer offenen Teilmenge $\mathcal{M} \subseteq \mathbb{R}^n$ und einer weiteren Teilmenge $\mathcal{U} \subseteq \mathbb{R}^m$ definiert ist. Für diese Systemklasse lässt sich der die Flachheit wie folgt definieren [Rud03]:

Definition 4.71

Das System (4.135) heißt **(differentiell) flach**, wenn es ein m-Tupel $\zeta := (\zeta_1, \ldots, \zeta_m)^T$ sowie glatte Funktionen Ψ, Θ gibt, so dass

1. $x = \Psi(\zeta, \dot{\zeta}, \ldots, \zeta^{(n_x)})$ mit $n_x < \infty$ und
2. $u = \Theta(\zeta, \dot{\zeta}, \ldots, \zeta^{(n_u)})$ mit $n_u < \infty$.

Dann heißt ζ **flacher Ausgang.**

Die Existenz eines flachen Ausgangs nach Def. 4.71 bedeutet, dass die in Gl. (4.135) auftretenden Systemgrößen, nämlich der Zustand x und der Eingang u, eindeutig aus dem Verlauf des flachen Ausgangs ζ und einer endlichen Anzahl von Zeitableitungen bestimmt werden können. Man spricht dabei auch von einer integralfreien Parametrierung aller Systemgrößen, da zur Bestimmung der Systemgrößen keine Integration im Sinne des Lösens von Differentialgleichungen erforderlich ist. Bei der Definition der Flachheit wird zusätzlich oft die differentielle Unabhängigkeit der Komponenten ζ_i des Tupels ζ gefordert. Diese Forderung ist hier nicht nötig [FLMR99]. Allerdings muss die Dimension des flachen Ausgangs ζ mit der Dimension des Eingangsvektors u übereinstimmen.

In der Regel werden die in Def. 4.71 angegebenen Abbildungen Ψ und Θ nicht global für alle Werte von $(\zeta, \dot{\zeta}, \ddot{\zeta}, \ldots)$ definiert sein. Sind diese Abbdilungen auf einer offenen und nicht leeren Teilmenge definiert, dann nennt man das System (4.135) **lokal flach** bzw.

spricht von einem **lokal flachen Ausgang** [Lév07, Lév11]. Da bei praxisrelevanten Systemen die entsprechenden Abbildungen nahezu immer Ausnahmepunkte (Singularitäten) besitzen, werden wir die Begriffe flach und lokal flach synonym verwenden.

Der flache Ausgang muss nicht notwendigerweise mit dem technischen Ausgang dieses Systems übereinstimmen. Vielmehr ist der flache Ausgang eine Hilfsgröße, die für den Entwurf einer Steuerung bzw. einer Regelung hilfreich ist. Bei Eingrößensystemen sind die Existenzbedingungen für einen flachen Ausgang bekannt (siehe ▶ Abschn. 4.4.2). Im Mehrgrößenfall ist der Test eines Systems auf Flachheit bzw. die Berechnung eines flachen Ausgangs trotz zahlreicher theoretischer Fortschritte bisher nicht abschließend gelöst [Lév11, SS12, VA13, Fra14, FFKR16].

In vielen Anwendungsfällen ergibt sich der flache Ausgang aus der Regelungsaufgabe bzw. besitzt eine physikalische Bedeutung. Diese Situation wird zunächst an einem Eingrößensystem illustriert [SR02, GWRG06]:

Beispiel 4.72
Das gemittelte Modell des in ▶ Abschn. 1.3 beschriebenen Hochsetzstellers

$$\begin{aligned} \dot{x}_1 &= -(1-u)\tfrac{1}{L}x_2 + \tfrac{E}{L} \\ \dot{x}_2 &= (1-u)\tfrac{1}{C}x_1 - \tfrac{1}{RC}x_2 \end{aligned} \tag{4.136}$$

besitzt den flachen Ausgang

$$\zeta = \frac{L}{2}x_1^2 + \frac{C}{2}x_2^2. \tag{4.137}$$

Physikalisch ist diese Größe als die in der Spule und im Kondensator gespeicherte elektrische Energie zu verstehen. Die zeitliche Ableitung des flachen Ausgangs (4.137) vereinfacht sich unter Einsetzen der Systemdynamik (4.136) zu

$$\begin{aligned} \dot{\zeta} &= Lx_1\dot{x}_1 + Cx_2\dot{x}_2 \\ &= Ex_1 - \tfrac{1}{R}x_2^2. \end{aligned} \tag{4.138}$$

Durch Eliminination der Variablen x_2 aus den Gl. (4.137) und (4.138) erhält man die erste Zustandsvariable

$$x_1 = \psi_1(\zeta, \dot{\zeta}) = \sqrt{\frac{R^2C^2E^2}{4L^2} + \frac{2}{L}\zeta + \frac{RC}{L}\dot{\zeta}} - \frac{RCE}{2L}, \tag{4.139}$$

unter Ausnutzung dieses Zwischenergebnisses in Verbindung mit (4.138) die zweite Zustandsvariable:

$$x_2 = \psi_2(\zeta, \dot{\zeta}) = \sqrt{R\left(E\psi_1(\zeta, \dot{\zeta}) - \dot{\zeta}\right)}. \tag{4.140}$$

Der Eingang tritt in der zweiten Zeitableitung des flachen Ausgangs auf:

$$\begin{aligned} \ddot{\zeta} &= E\dot{x}_1 - \tfrac{2}{R}x_2\dot{x}_2 \\ &= \tfrac{E}{L}\left(E + (u-1)x_2\right) + \tfrac{2}{RC}x_2\left((u-1)x_1 + \tfrac{1}{R}x_2\right). \end{aligned} \tag{4.141}$$

Durch Umstellen nach u und Einsetzen von (4.139) und (4.140) erhält man die Parametrierung

$$\begin{aligned} u = &\ 1-\frac{R^2C\left(E^2-L\ddot{\zeta}\right)+2Lx_2^2}{Rx_2(RCE+2Lx_1)} \\ = &\ 1-\frac{R^2C\left(E^2-L\ddot{\zeta}\right)+2L\psi_2^2(\zeta,\dot{\zeta})}{R\psi_2(\zeta,\dot{\zeta})(RCE+2L\psi_1(\zeta,\dot{\zeta}))}. \\ =: &\ \Theta(\zeta,\dot{\zeta},\ddot{\zeta}) \end{aligned}$$

des Eingangs.

Im nächsten Beispiel wird ein Mehrgrößensystem betrachtet [RRZ97, RA11]:

Beispiel 4.73
Man betrachte das kinematische Modell

$$\dot{x} = \begin{pmatrix} \sin x_3 \\ \cos x_3 \\ 0 \end{pmatrix} u_1 + \begin{pmatrix} 0 \\ 0 \\ 1 \end{pmatrix} u_2 \tag{4.142}$$

des mobilen Roboters aus ► Abschn. 1.1 mit den Eingängen u_1 und u_2. Es wird nachfolgend gezeigt, dass die Position des Roboters in der Ebene einen flachen Ausgang darstellt, also $\zeta = (\zeta_1, \zeta_2)^T = (x_1, x_2)^T$. Aus dem Quotienten der ersten beiden Differentialgleichungen (4.142) ergibt sich

$$\frac{\dot{x}_1}{\dot{x}_2} = \frac{\sin x_3}{\cos x_3} = \tan x_3 \quad \text{bzw.} \quad x_3 = \arctan\left(\frac{\dot{x}_1}{\dot{x}_2}\right).$$

Damit erhält man die Abbildung Ψ aus Bedingung 1 von Def. 4.71:

$$x = \Psi(\zeta, \dot{\zeta}) = \begin{pmatrix} \zeta_1 \\ \zeta_2 \\ \arctan\frac{\dot{\zeta}_1}{\dot{\zeta}_2} \end{pmatrix}.$$

Aus der Summe der Quadrate der ersten zwei Systemgleichungen

$$\dot{x}_1^2 + \dot{x}_2^2 = u_1^2 \sin^2 x_3 + u_1^2 \cos^2 x_3 = u_1^2$$

erhält man die Parametrierung

$$u_1 = \theta_1(\zeta, \dot{\zeta}) = \pm\sqrt{\dot{\zeta}_1^2 + \dot{\zeta}_2^2}$$

des ersten Eingangs, aus der dritten Systemgleichung ergibt sich die Parametrierung des zweiten Eingangs:

$$\begin{aligned} u_2 = &\ \dot{x}_3 \\ = &\ \frac{\mathrm{d}}{\mathrm{d}t}\arctan\frac{\dot{x}_1}{\dot{x}_2} \\ = &\ \left.\frac{\dot{z}}{1+z^2}\right|_{z=\dot{\zeta}_1/\dot{\zeta}_2} \\ = &\ \frac{\ddot{\zeta}_1\dot{\zeta}_2-\dot{\zeta}_1\ddot{\zeta}_2}{\dot{\zeta}_1^2+\dot{\zeta}_2^2} \\ =: &\ \theta_2(\zeta,\dot{\zeta},\ddot{\zeta}). \end{aligned}$$

Damit liegt eine vollständige Parametrierung aller Systemgrößen vor.

4.4.2 Zusammenhang zwischen flachem Ausgang und Systemausgang für Eingrößensysteme

Man betrachte System (4.135) mit $m = 1$, d. h. wir beschränken uns in diesem Abschnitt auf Systeme mit einem (skalarwertigen) Eingang. Die Flachheit eines derartigen Eingrößensystems lässt sich folgendermaßen charakterisieren [vNRM94]:

Satz 4.74 *Ein Eingrößensystem (4.135) ist genau dann (lokal) flach, wenn es (lokal) exakt eingangs-zustands-linearisierbar ist. Ein flacher Ausgang hat den relativen Grad n.*

Beweis „$\Leftarrow$" System (4.135) sei exakt eingangs-zustands-linearisierbar, d. h. es existiert eine Ausgangsabbildung $h{:}\mathcal{M} \to \mathbb{R}$, für die das System den relativen Grad n besitzt. Wir setzen $\zeta = h(x)$. Durch den wohldefinierten relativen Grad $r = n$ kann das System (4.135) mit einem Diffeomorphismus $\xi = \Phi(x)$ in die Regelungsnormalform (4.130) transformiert werden. Zwischen dem Ausgang ζ und den Zuständen ξ bestehen folgende Beziehungen:

$$\zeta = \xi_1,\ \dot{\zeta} = \xi_2,\ \ddot{\zeta} = \xi_3,\ \ldots, \zeta^{(n-1)} = \xi_n.$$

Da Φ ein Diffeomorphismus ist, existiert die Umkehrabbildung

$$\begin{aligned} x =&\ \Phi^{-1}(\xi) \\ =&\ \Phi^{-1}(\xi_1, \xi_2, \ldots, \xi_n) \\ =&\ \Phi^{-1}(\zeta, \dot{\zeta}, \ldots, \zeta^{(n-1)}) \\ =:&\ \Psi(\zeta, \dot{\zeta}, \ldots, \zeta^{(n-1)}), \end{aligned}$$

so dass Bedingung 1 aus Def. 4.71 erfüllt ist. Wegen $\frac{\partial}{\partial u}\alpha(\xi, u) \neq 0$ kann α bezüglich des zweiten Arguments invertiert werden, d. h. es gibt eine Umkehrabbildung α^{-1} mit

$$u = \alpha^{-1}(\xi, \dot{\xi}_n) = :\Theta(\zeta, \dot{\zeta}, \ldots, \zeta^{(n-1)}, \zeta^{(n)}).$$

Damit ist auch Bedingung 2 aus Def. 4.71 erfüllt. Der Ausgang ζ ist folglich ein flacher Ausgang von (4.135).

„$\Rightarrow$" System (4.135) sei flach, d. h. es gibt einen flachen Ausgang ζ und Abbildungen Ψ, Θ nach Def. 4.71. Sei n_u die höchste Ableitungsordnung des flachen Ausgangs, durch welche der Eingang u direkt beeinflusst wird. Dann kann man die Bedingung 1 von Def. 4.71 lokal nach $\zeta^{(n_u)}$ auflösen und erhält eine Beziehung der Form

$$\zeta^{(n_u)} = \Upsilon\left(\zeta, \dot{\zeta}, \ldots, \zeta^{(n_u-1)}, u\right). \tag{4.143}$$

Mit Gl. (4.143) bekommt man eine Eingangs-Ausgangs-Beschreibung des Systems (4.135). Mit $z_1 = \zeta, z_2 = \dot{\zeta}, \ldots, z_{n_u} = \zeta^{(n_u-1)}$ könnte man aus (4.143) eine (eventuell nicht alle Zustände des Originalsystems (4.135) erfassende) Zustandsbeschreibung erhalten. Aus der Darstellung (4.143) ergibt sich unmittelbar ein relativer Grad n_u (vgl. ► Abschn. 4.3.1).

Angenommen, es gelte $n_u < n$. Dann würde das System (4.135) eine Nulldynamik der Dimension $n - n_u$ besitzen. Für $\zeta \equiv 0$ wäre damit der Zustand nicht eindeutig festgelegt. Damit wäre Bedingung 1 von Def. 4.71 verletzt, so dass ζ kein flacher Ausgang wäre (Widerspruch zur Annahme). Der Fall $n_u > n$ ist auch für den nicht eingangsaffinen Fall analog zu Anmerkung 4.11 auszuschließen. Somit muss $n_u = n$ gelten, d. h. das System (4.135) ist eingangs-zustands-linearisierbar. □

Zur Überprüfung eines Eingrößensystems auf Flachheit kann man somit die in ▶ Abschn. 4.2 angegebenen Existenzbedingungen bzw. Berechnungsverfahren heranziehen. Basierend auf dem Beweis von Satz 4.74 lassen sich die in Def. 4.71 aufgeführten endlichen Ableitungsordnungen für Eingrößensysteme konkretisieren:

Korollar 4.75 *Für ein Eingrößensystem (4.135) gilt $n_x = n - 1$ und $n_u = n$.*

Beispiel 4.76

Wir setzen die Betrachungen zu dem inversen Pendel mit Gleichstromantrieb aus den Beispielen 4.44 und 4.47 fort. Für die Ausgangsabbildung $h(x) = x_1$ hat das System den relativen Grad n. Damit ist $\zeta = h(x) = x_1$ ein flacher Ausgang. Die Zeitableitungen des flachen Ausgangs lassen sich über Lie-Ableitungen darstellen

$$\begin{aligned}
\zeta &= h(x) &&= x_1 \\
\dot{\zeta} &= L_f h(x) &&= x_2 \\
\ddot{\zeta} &= L_f^2 h(x) &&= \tfrac{mg\ell}{J}\sin x_1 + \tfrac{d}{J}x_2 + \tfrac{K}{J}x_3
\end{aligned}$$

und liefern die Parametrierung

$$\begin{aligned}
x_1 &= \zeta \\
x_2 &= \dot{\zeta} \\
x_3 &= \tfrac{d\dot{\zeta} + J\ddot{\zeta} - mg\ell\sin\zeta}{K}
\end{aligned}$$

des Zustands x bezüglich des flachen Ausgangs ζ. Aus der dritten Zeitableitung

$$\begin{aligned}
\zeta^{(3)} &= L_f^3 h(x) + L_g L_f^2 h(x)\, u \\
&= -\frac{JK^2 x_2 + L\left(dKx_3 - Jmg\ell x_2\cos x_1 + dmg\ell\sin x_1 - d^2 x_2\right) + JKRx_3}{J^2 L} + \tfrac{K}{JL}u \\
&= \tfrac{mg\ell\dot{\zeta}\cos\zeta - d\ddot{\zeta}}{J} - \tfrac{R}{L}\ddot{\zeta} + \tfrac{Rmg\ell\sin\zeta - (dR+K^2)\dot{\zeta}}{JL} + \tfrac{K}{JL}u
\end{aligned}$$

erhält man die flache Parametrierung

$$u = \frac{K^2\dot{\zeta} + L\left(J\zeta^{(3)} - mg\ell\dot{\zeta}\cos\zeta + d\ddot{\zeta}\right) + R\left(J\ddot{\zeta} - mg\ell\sin\zeta + d\dot{\zeta}\right)}{K}$$

des Eingangs.

Auch bei einem flachen System kann es mitunter aus anwendungsspezifischen Gründen sinnvoll sein, zusätzlich einen nichtflachen Ausgang (z. B. als Mess- oder Regelgröße) in die regelungstechnischen Betrachtungen einzubeziehen. Zwischen diesen beiden Ausgängen besteht dann folgender Zusammenhang [HZ04]:

Satz 4.77 *Man betrachte System (4.135) mit einem flachen Ausgang*

$$\zeta = \lambda(x) \tag{4.144}$$

und einem nichtflachen Systemausgang

$$y = h(x), \tag{4.145}$$

für den das System einen relativen Grad $r < n$ habe. Dann kann der Systemausgang (4.145) wie folgt über den flachen Ausgang (4.144) parametriert werden:

$$y = \varrho(\zeta, \dot{\zeta}, \ldots, \zeta^{(n-r)}). \tag{4.146}$$

Beweis Mit dem flachen Ausgang (4.144) hat das System den relativen Grad n (Satz 4.74) und kann in die Regelungsnormalform (4.130) transformiert werden. Gl. (4.146) ist dann gleichbedeutend mit

$$y = \varrho(\xi_1, \xi_2, \ldots, \xi_{n-r+1}). \tag{4.147}$$

Die Regelungsnormalform (4.130) werde durch $\dot{\xi} = \bar{f}(\xi, u)$ beschrieben. Gibt man den Systemausgang in ξ-Koordinaten mit $y = \bar{h}(\xi)$ an, so hängt die Lie-Ableitung

$$L_{\bar{f}}\bar{h}(\xi, u) = \sum_{i=1}^{n} \frac{\partial \bar{h}(\xi)}{\partial \xi_i} \cdot \bar{f}_i(\xi, u) = \sum_{i=1}^{n-1} \frac{\partial \bar{h}(\xi)}{\partial \xi_i} \cdot \xi_{i+1} + \frac{\partial \bar{h}(\xi)}{\partial \xi_n}\alpha(\xi, u)$$

genau dann vom Eingang u ab (d. h. $\frac{\partial}{\partial u}L_{\bar{f}}\bar{h}(\xi, u) \neq 0$), wenn die Abbildung $\bar{h}$ von der letzten Komponente ξ_n des Zustands abhängt (d. h. $\partial\bar{h}(\xi)/\partial\xi_n \neq 0$). Dieser Fall tritt bei $r = 1$ auf.

Sei jetzt $r > 1$, d. h. $\partial\bar{h}(\xi)/\partial\xi_n \equiv 0$. Angenommen, die Ausgangsabbildung $\bar{h}$ hängt nur von den ersten j Zuständen $\xi_1, \ldots, \xi_j$ ab. Bei wohldefiniertem relativen Grad haben dann der Ausgang und seine Lie-Ableitungen die Form

$$\begin{aligned} &\bar{h}(\xi_1, \ldots, \xi_j) \\ &L_{\bar{f}}\bar{h}(\xi_1, \ldots, \xi_{j+1}) \\ &\quad\vdots \\ &L_{\bar{f}}^{r-1}\bar{h}(\xi_1, \ldots, \xi_{j+r-1}) \\ &L_{\bar{f}}^{r}\bar{h}(\xi_1, \ldots, \xi_{j+r}; u), \end{aligned} \tag{4.148}$$

so dass eine explizite Abhängigkeit vom Eingang erstmals in der r-ten Lie-Ableitung auftritt. Da das Vektorfeld $\bar{f}$ nur in der letzten Komponente vom Eingang abhängt, muss die vorherige Lie-Ableitung $L_{\bar{f}}^{r-1}\bar{h}$ explizit von der letzten Zustandskomponente ξ_n abhängen. In der vorletzten Zeile von (4.148) muss dann $\xi_{j+r-1} = \xi_n$ bzw. $j + r - 1 = n$ gelten. Damit erhält man $j = n - r + 1$, d. h. die Ausgangsabbilldung $\bar{h}$ hat dann die Form (bzw. die Abhängigkeiten) wie in Gl. (4.147) und damit wie in Gl. (4.146). □

4.4.3 Verallgemeinerte Regelungsnormalform

Ist (4.135) ein Eingrößensystem (d. h. $m = 1$), dann kann es bei Kenntnis eines flachen Ausgangs (4.145) in die Regelungsnormalform (4.130) überführt werden. In Verbindung mit einem nichtflachen Systemausgang (4.145), für den das System einen wohldefinierten relativen Grad aufweist, wäre eine Transformation in die Eingangs-Ausgangs- oder Byrnes-Isidori-Normalform möglich. Diese Normalformen beruhen auf Zustandstransformationen. Die nachfolgend eingeführte Normalform erfordert dagegen eine eingangsabhängige und damit zeitvariante Transformation.

Man betrachte ein differentiell flaches Eingrößensystem (4.135), welches mit dem Systemausgang (4.145) den relativen Grad $r < n$ besitzt. Die ersten r Komponenten der Transformation Φ werden – wie bei Eingangs-Ausgangs- oder Byrnes-Isidori-Normalform – über die ersten r Lie-Ableitungen und somit über den Ausgang y und seine Zeitableitungen bis zur Ordnung $r-1$ definiert:

$$\begin{aligned} y &= \phi_1(x) = h(x) \\ \dot{y} &= \phi_2(x) = L_f h(x) \\ &\ \vdots \qquad\quad \vdots \\ y^{(r-1)} &= \phi_r(x) = L_f^{r-1} h(x) \end{aligned} \tag{4.149}$$

Die r-te Lie-Ableitung, die mit der Zeitableitung der Ordnung r des Ausgangs übereinstimmt, hängt vom Eingang u ab:

$$y^{(r)} = L_f^r h(x, u). \tag{4.150}$$

Davon ausgehend definieren wir unter Hinzunahme weiterer Zeitableitungen die verbleibenden $n-r$ Komponenten von Φ:

$$\begin{aligned} y^{(r)} &=: \phi_r(x, u) \\ y^{(r+1)} &=: \phi_{r+1}(x, u, \dot{u}) \\ &\ \vdots \\ y^{(n-1)} &=: \phi_n(x, u, \dot{u}, \ldots, u^{(n-r-1)}). \end{aligned} \tag{4.151}$$

Mit (4.149) und (4.151) erhält man eine Abbildung

$$z = \Phi(x, u, \dot{u}, \ldots, u^{(n-r-1)}),$$

mit der man unter entsprechenden Regularitätsannahmen das System (4.135) in die **verallgemeinerte Regelungsnormalform** (engl. **generalized controller canonical form**) überführt [Fli90]:

$$\begin{aligned} \dot{z}_1 &= z_2 \\ &\ \vdots \\ \dot{z}_{n-1} &= z_n \\ \dot{z}_n &= \delta(z, u, \dot{u}, \ldots, u^{(n-r)}) \\ y &= z_1. \end{aligned} \tag{4.152}$$

Im Unterschied zur klassischen Zustandsraumdarstellung (4.135) treten neben dem Eingang u auch Zeitalbeitungen $\dot{u}, \ddot{u}, \ldots$ auf. Zur Unterscheidung spricht man dann auch von einer **verallgemeinerten Zustandsraumdarstellung** und einem **verallgemeinerten Zustand** z.

Die Linearisierung

$$\bar{a}_0 = -\frac{\partial \delta}{\partial z_1}, \ldots, \bar{a}_{n-1} = -\frac{\partial \delta}{\partial z_n}, \quad \bar{b}_0 = \frac{\partial \delta}{\partial u}, \ldots, \bar{b}_{n-r} = \frac{\partial \delta}{\partial u^{(n-r)}} \tag{4.153}$$

von (4.152) im Arbeitspunkt $z = 0,\ u = 0, \ldots, u^{(n-r)} = 0$ führt mit $y = z_1, \dot{y} = z_2, \ldots, y^{(n-1)} = z_n$ auf die Differentialgleichung

$$y^{(n)} + \bar{a}_{n-1} y^{(n-1)} + \cdots + \bar{a}_1 \dot{y} + \alpha_0 y = \bar{b}_{n-r} u^{(n-r)} + \cdots + \bar{b}_1 \dot{u} + \bar{b}_0 u$$

bzw. im Laplace-Bereich auf die Übertragungsfunktion

$$G(s) = \frac{Y(s)}{U(s)} = \frac{\bar{b}_{n-r} s^{n-r} + \cdots + \bar{b}_1 s + \bar{b}_0}{s^n + \bar{a}_{n-1} s^{n-1} + \cdots + \bar{a}_1 s + \bar{a}_0}. \tag{4.154}$$

Ein Vergleich mit der Übertragungsfunktion (4.66) aus Anmerkung 4.31 offenbart, dass das Zählerpolynom von (4.154) das charakteristisch Polynom der (linearisierten) Nulldynamik ist.

Anmerkung 4.78 Bei einem eingangsaffinen System (4.1) nimmt die r-te Zeitableitung (4.150) des Ausgangs die Form

$$y^{(r)} = L_f^r h(x) + L_g L_f^{r-1} h(x) u$$

an. Die nächste Zeitableitung ergibt sich dann zu

$$\begin{aligned} y^{(r+1)} &= \mathrm{d}L_f^r h(x)\,\dot{x} + \mathrm{d}L_g L_f^{r-1} h(x)\,\dot{x}\,u + L_g L_f^{r-1} h(x)\,\dot{u} \\ &= L_f^{r+1} h(x) + L_g L_f^r h(x) u + L_f L_g L_f^{r-1} h(x) u \\ &\quad + L_g^2 L_f^{r-1} h(x) u^2 + L_g L_f^{r-1} h(x) \dot{u}, \end{aligned} \tag{4.155}$$

siehe [LLC88, ZFR06]. Dabei tritt zwar ein nichtlinearer (nämlich quadratischer) Term in u auf, die rechte Seite ist aber affin in der höchsten Zeitableitung von u. Die Berücksichtigung von Zeitableitung des Ausgang mit einer Ordnung, die größer als der relative Grad ist, hat sich bei Systemen mit nicht wohldefiniertem relativen Grad bewährt [LL01].

Ähnlich wie bei der „klassischen" Regelungsnormalform (4.72) kann man auch bei der verallgemeinerten Regelungsnormalform (4.152) versuchen, dem System eine vorgegebene lineare Dynamik einzuprägen. Diese Wunschdynamik beschreibt man durch die Forderung

$$\delta(z, u, \dot{u}, \ldots, u^{(n-r)}) \stackrel{!}{=} -a_0 z_1 - \cdots - a_{n-1} z_n$$

an die letzte Differentialgleichung in (4.152) mit den Koeffizienten $a_0, \dots, a_{n-1} \in \mathbb{R}$. Diese Gleichung ist nach der höchsten Ableitung $u^{(n-r)}$ des Eingangs umzustellen. Dabei erhält man einen dynamischen Regler, bei dem ausgehend von $u^{(n-r)}$ über eine Integratorkette der Eingang u für die Regelstrecke erzeugt wird. Diese Herangehensweise ist bei flachen Eingrößensystemen in der Regel nicht sinnvoll, da diese Systeme auch mit einer statischen Rückführung linearisiert bzw. stabilisiert werden können (Satz 4.74). Eine Ausnahme bildet das in ► Abschn. 5.3.3 vorgestellte Verfahren zur Regelung einer bestimmten Klasse nichtminimalphasiger Systeme. Bei mehrvariablen System findet die verallgemeinerte Regelungsnormalform im Zusammenhang mit der Linearisierung durch quasi-statische Rückführungen Verwendung (vgl. ► Abschn. 4.5.3).

Beispiel 4.79

Das Modell (4.89) des inversen Pendels mit Trägheitsrad aus Beispiel 4.45 hat für den Ausgang $y = h(x) = x_3$ (Geschwindigkeit des Trägheitsrads) den relativen Grad $r = 1$. Mit $\xi_1 = x_3$, $\eta_1 = x_1$ und $\eta_2 = J_1 x_2 + I_2 x_3$ überführt man das System in die Byrnes-Isidori-Normalform

$$\begin{aligned} \dot{\xi}_1 &= -\tfrac{m_0}{J_1 - I_2} \sin \eta_1 + \tfrac{J_1}{I_2(J_1 - I_2)}\, u \\ \dot{\eta}_1 &= -\tfrac{I_2 \xi_1 - \eta_2}{J_1} \\ \dot{\eta}_2 &= m_0 \sin \eta_1 \\ y &= \xi_1 . \end{aligned}$$

Linearisiert man die Nulldynamik

$$\begin{aligned} \dot{\eta}_1 &= \tfrac{1}{J_1} \eta_2 \\ \dot{\eta}_2 &= m_0 \sin \eta_1 \end{aligned}$$

im Punkt $\eta = 0$, so hat zugehörige die Jacobimatrix die Eigenwerte $s_{1,2} = \pm\sqrt{m_0/J_1}$. Die Ruhelage $\eta = 0$ ist somit instabil, so dass das Gesamtsystem nicht minimalphasig ist.

Im Vergleich dazu wird das System nachfolgend in die verallgemeinerte Regelungsnormalform (4.152) überführt. Die Transformation

$$\left.\begin{aligned} z_1 &= x_3 \\ z_2 &= -\tfrac{m_0}{J_1 - I_2} \sin x_1 + \tfrac{J_1}{I_2(J_1 - I_2)}\, u \\ z_3 &= -\tfrac{m_0}{J_1 - I_2} x_2 \cos x_1 + \tfrac{J_1}{I_2(J_1 - I_2)}\, \dot{u} \end{aligned}\right\} \qquad z = \Phi(x, u, \dot{u})$$

führt auf ein System der Form

$$\begin{aligned} \dot{z}_1 &= z_2 \\ \dot{z}_2 &= z_3 \\ \dot{z}_3 &= \delta(z, u, \dot{u}, \ddot{u}) \\ y &= z_1 . \end{aligned}$$

Die Funktion α besteht aus einem vergleichsweise umfangreichen Ausdruck. Die Linearisierung in $z = 0$, $u = 0, \dots, \ddot{u} = 0$ liefert entsprechend Gl. (4.153) die Koeffizienten

$$\bar{b}_0 = \left.\frac{\partial \delta}{\partial u}\right|_0 = -\frac{m_0}{I_2(J_1 - I_2)}, \ \bar{b}_1 = \left.\frac{\partial \delta}{\partial \dot{u}}\right|_0 = 0, \ \bar{b}_2 = \left.\frac{\partial \delta}{\partial \ddot{u}}\right|_0 = \frac{J_1}{I_2(J_1 - I_2)}.$$

Daraus erhält man das Zählerpolynom der Übertragungsfunktion (4.154). Die Nullstellen $s_{1,2} = \pm\sqrt{m_0/J_1}$ stimmen mit den oben berechneten Eigenwerten der linearisierten Nulldynamik überein.

4.5 Mehrvariable Systeme

Die Methode der exakten Linearisierung durch Rückführung wird in diesem Abschnitt auf Mehrgrößensysteme erweitert [Isi95, Kapitel 5], [KB00, Abschnitt 6.5.2].

4.5.1 Vektorieller relativer Grad

Man betrachte ein Mehrgrößensystem mit m Ein- bzw. Ausgängen $u_1, \ldots, u_m$ und $y_1, \ldots, y_m$. Das System habe die eingangsaffine Form

$$\dot{x} = f(x) + \sum_{j=1}^{m} g_j(x)\, u_j, \quad y = h(x) \tag{4.156}$$

mit Vektorfeldern $f, g_1, \ldots, g_m: \mathcal{M} \to \mathbb{R}^n$ und einer offenen Teilmenge $\mathcal{M} \subseteq \mathbb{R}^n$. Die vektorielle Abbildung $h: \mathcal{M} \to \mathbb{R}^m$ fasst die m Skalarfelder $h_1, \ldots, h_m: \mathcal{M} \to \mathbb{R}$ mit $h = (h_1, \ldots, h_m)^T$ zusammen. Alle Felder seien hinreichend glatt.

Definition 4.80

Das System (4.156) hat an der Stelle $p \in \mathcal{M}$ den **(vektoriellen) relativen Grad** $(r_1, \ldots, r_m)$ (engl. **vector relative degree**), falls

1. $L_{g_j} L_f^k h_i(x) = 0$ für alle x aus einer Umgebung von p sowie für alle $i, j \in \{1, \ldots, m\}$ und $k \in \{0, \ldots, r-2\}$, und
2. die Matrix

$$\Lambda(x) = \begin{pmatrix} L_{g_1} L_f^{r_1-1} h_1(x) & \cdots & L_{g_m} L_f^{r_1-1} h_1(x) \\ \vdots & \ddots & \vdots \\ L_{g_1} L_f^{r_m-1} h_m(x) & \cdots & L_{g_m} L_f^{r_m-1} h_m(x) \end{pmatrix}$$

im Punkt $x = p$ regulär ist.

Zur Bestimmung der Komponente r_i des vektoriellen relativen Grads würde man vom Ausgang y_i solange Zeitableitungen bilden, bis mindestens ein Eingang explizit auftritt:

$$\begin{aligned} y_i &= h_i(x) \\ \dot{y}_i &= L_f h_i(x) \\ &\vdots \\ y_i^{(r_i-1)} &= L_f^{r_i-1} h_i(x) \\ y_i^{(r_i)} &= L_f^{r_i} h_i(x) + L_{g_1} L_f^{r_i-1} h_i(x)\, u_1 + \cdots + L_{g_m} L_f^{r_i-1} h_i(x)\, u_m. \end{aligned}$$

Führt man dieses Schema für $r_1, \ldots, r_m$ durch und fasst die jeweils letzten Zeilen zusammen, so erhält man für das (zustandsabhängige) Eingangs-Ausgangs-Verhalten die Beschreibung

$$\begin{pmatrix} y_1^{(r_1)} \\ \vdots \\ y_m^{(r_m)} \end{pmatrix} = \underbrace{\begin{pmatrix} L_f^{r_1} h_1(x) \\ \vdots \\ L_f^{r_m} h_m(x) \end{pmatrix}}_{\Gamma(x)} + \underbrace{\begin{pmatrix} L_{g_1} L_f^{r_1-1} h_1(x) & \cdots & L_{g_m} L_f^{r_1-1} h_1(x) \\ \vdots & \ddots & \vdots \\ L_{g_1} L_f^{r_m-1} h_m(x) & \cdots & L_{g_m} L_f^{r_m-1} h_m(x) \end{pmatrix}}_{\Lambda(x)} \begin{pmatrix} u_1 \\ \vdots \\ u_m \end{pmatrix}. \tag{4.157}$$

Die zwischen den Ein- und Ausgängen auftretenden nichtlinearen Verkopplungen lassen sich mit der Einführung des virtuellen Eingangsvektors $v = (v_1, \ldots, v_m)^T$ entsprechend

$$\Gamma(x) + \Lambda(x)u \stackrel{!}{=} v \quad \Longrightarrow \quad u = \Lambda^{-1}(x) \cdot (v - \Gamma(x)) \tag{4.158}$$

durch eine statische Zustandsrückführung kompensieren. Systeme mit wohldefiniertem relativen Grad nennt man daher **(statisch) eingangs-ausgangs-linearisierbar**. Die Matrix Λ heißt in diesem Zusammenhang auch **Entkopplungsmatrix**.

Das Eingangs-Ausgangs-Verhalten wird nach der Entkopplung durch m Integratorketten der Längen $r_1, \ldots, r_m$ beschrieben:

$$y_1^{(r_1)} = v_1, \ldots, y_m^{(r_m)} = v_m.$$

Damit erhält man m steuerbare lineare Teilsysteme, die durch

$$\begin{aligned} v_i &= -a_{i,0}(y_i - w_i) - a_{i,1}\dot{y}_i - \cdots - a_{i,r_i-1}y^{(r_i-1)} \\ &= -a_{i,0}(h_i(x) - w_i) - a_{i,1}L_f h_i(x) - \cdots - a_{i,r_i-1}L_f^{r_i-1} h_i(x) \end{aligned} \tag{4.159}$$

für $i = 1, \ldots, m$ bezüglich des Sollwertvektors $w = (w_1, \ldots, w_m)^T$ stabilisiert werden können. Die Koeffizienten $a_{i,j}$ sind dabei so zu wählen, dass für jedes Teilsystem i das charakteristische Polynom

$$a_{i,0} + a_{i,1}s + \cdots + a_{i,r_i-1}s^{r_i-1} + s^{r_i}$$

ein Hurwitz-Polynom ist.

Beispiel 4.81

◘ Abb. 4.22 zeigt einen Zweigelenkmanipulator. Der Vektor q enthält die die Konfiguration beschreibenden Winkel q_1 und q_2. Der Manipulator stimmt weitgehend mit dem Acrobot aus Beispiel 4.53 überein, so dass man die Massenmatrix (4.105) und der Vektor (4.106) der Zentrifugal- und Corioliskräfte übernehmen kann. Im Unterschied zum Acrobot wird der Manipulator in der horizontalen Ebene, also senkrecht zum Schwerefeld, betrieben. Dadurch treten keine Potentialkräfte auf. Zusätzlich verfügt der Manipulator über zwei Stelleingriffe, nämlich die in den Gelenken eingeprägten Drehmomente $\tau = (\tau_1, \tau_2)^T$. Die Bewegungsgleichungen haben dann die Form

$$M(q)\ddot{q} + C(q, \dot{q}) = \tau. \tag{4.160}$$

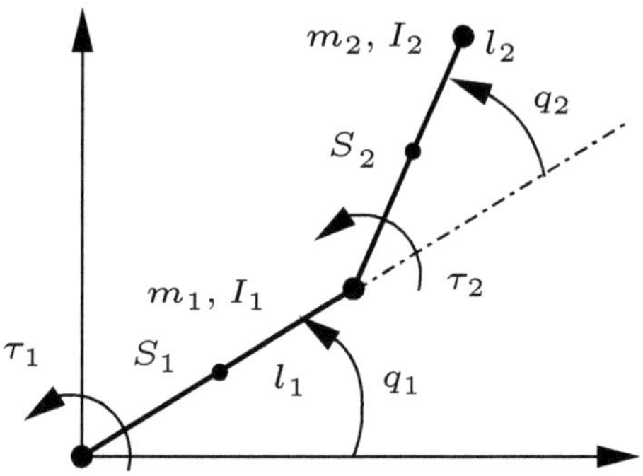

Abb. 4.22 Ebener Zweigelenkmanipulator

Definiert man die Winkelgeschwindigkeiten $v := \dot{q}$, als Hilfsgrößen, so erhält man aus der Bewegungsgleichung das Zustandsraummodell

$$\begin{pmatrix} \dot{q} \\ \dot{v} \end{pmatrix} = \begin{pmatrix} v \\ -M^{-1}(q)\,C(q,v) \end{pmatrix} + \begin{pmatrix} 0 \\ M^{-1}(q) \end{pmatrix} u \tag{4.161}$$

mit dem Zustand $x = (q^T, v^T)^T = (q_1, q_2, \dot{q}_1, \dot{q}_2)^T$ und dem Eingang $u = \tau$. Als Ausgang verwenden wir die Konfigurationsvariablen, d. h.

$$y = q = \begin{pmatrix} q_1 \\ q_2 \end{pmatrix} = \begin{pmatrix} x_1 \\ x_2 \end{pmatrix}. \tag{4.162}$$

Die erste Zeitableitung

$$\dot{y} = \dot{q} = v \tag{4.163}$$

hängt nicht direkt vom Eingang u ab. Aus der zweiten Zeitableitung

$$\ddot{y} = \dot{v} = -M^{-1}(q)\,C(q,v) + M^{-1}(q)\,u$$

liest man unmittelbar

$$\Gamma(x) = -M^{-1}(q)\,C(q,v) \quad \text{und} \quad \Lambda(x) = M^{-1}(q)$$

ab. Aufgrund der Regularität der Massenmatrix existiert die Entkopplungsmatrix Λ und ist regulär. Damit besitzt das System den relativen Grad $r = (2,2)$. Mit Gl. (4.158) kompensiert man die Nichtlinearitäten und entkoppelt gleichzeitig die zwei Teilsysteme. Das System geht dadurch in zwei Integratorketten der Länge $r_1 = r_2 = 2$ über, die mit Gl. (4.159) stabilisiert werden können. Dabei gibt man für jedes der Teilsysteme $i = 1, 2$ ein charakteristisches Polynom $a_{i,0} + a_{i,1}s + s^2$ mit den Koeffizienten $a_{i,0}, a_{i,1} > 0$ vor. Die stabilisierende Rückführung

$$\begin{aligned} u &= -\Lambda^{-1}(x) \cdot \left(\begin{pmatrix} a_{1,0}(x_1 - w_1) + a_{1,1,}x_3 \\ a_{2,0}(x_2 - w_2) + a_{2,1}x_4 \end{pmatrix} + \Gamma(x) \right) \\ &= C(q,\dot{q}) - M(q) \cdot \begin{pmatrix} a_{1,0}(q_1 - w_1) + a_{1,1,}\dot{q}_1 \\ a_{2,0}(q_2 - w_2) + a_{1,2,}\dot{q}_2 \end{pmatrix} \end{aligned}$$

für eine Sollposition $w = (w_1, w_2)^T$ stellt bezüglich des Zustandsraummodells (4.161) eine statische Rückführung dar. Andererseits erfolgt die Stabilisierung über eine Linearkombination des Ausgangs (4.162) und seiner Zeitableitung (4.163). Daher kann man die Rückführung auch als einen PD-Regler auffassen.

Anmerkung 4.82 Man betrachte ein mechanisches System, welches durch Euler-Lagrange-Gleichungen zweiter Art (wie z. B. Gl. (4.160)) beschrieben wird. Wählt man als einen Eingang eine Kraft bzw. ein Moment und als Ausgang eine davon direkt beeinflusste verallgemeinerte Position, dann führt — bedingt durch das zweite Newtonsche Axion (siehe [Nol04a]) — eine Eingangs-Ausgangs-Linearisierung zu einem relativen Grad 2. Für ein Mehrgrößensystem, bei welchem man die verallgemeinerten Koordinaten q als Ausgang wählt und für jeden mechanischen Freiheitsgrad ein unabhängiger Stelleingriff zur Verfügung steht[9], erhält man mit der gleichen Überlegung einen vektoriellen relativen Grad $(2, \ldots, 2)$.

Bezüglich der Bewegungsgleichung (4.160) kann man die durch die Gl. (4.158) und (4.159) beschriebene Rückführung in der Form

$$\tau = C(q, \dot{q}) - M(q) \cdot (K_P(q - w) + K_D\dot{q}) \tag{4.164}$$

mit der vektoriellen Führungsgröße w angeben. Die Matrizen K_P und K_D beschreiben den P- bzw. D-Anteil der Reglerverstärkung und sind üblicherweise Diagonalmatrizen

$$\begin{aligned} K_P &= \operatorname{diag}\left(a_{1,0}, \ldots, a_{m,0}\right), \\ K_D &= \operatorname{diag}\left(a_{1,1}, \ldots, a_{m,1}\right), \end{aligned}$$

vgl. Gl. (4.159). Das rückgeführte System geht bei Linksmultiplikation mit der inversen Massenmatrix in ein lineares Differentialgleichungsystem über:

$$\begin{aligned} & M(q)\,(\ddot{q} + K_D\dot{q} + K_P q) = M(q)K_P w \\ \Longleftrightarrow \quad & \ddot{q} + K_D\dot{q} + K_P q = K_P w \end{aligned}$$

Die sehr einfache Form (4.164) der Rückführung, mit der man auch den Übergang zum Zustandsraummodell (4.161) aussparen kann, ist an die Verwendung des Vektors q der verallgemeinerten Positionen als Systemausgang gebunden. Bei Verwendung eines anderen Ausgangs erhält man in der Regel eine kompliziertere Rückführung.

Beispiel 4.83

Zu dem Manipulator aus Beispiel 4.81 betrachten wir einen neuen Ausgang, der die Position des Endeffektors in kartesischen Koordinaten beschreibt:

$$y = h(x) = \begin{pmatrix} h_1(x) \\ h_2(x) \end{pmatrix} = \begin{pmatrix} l_1 \cos x_1 + l_2 \cos(x_1 + x_2) \\ l_1 \sin x_1 + l_2 \sin(x_1 + x_2) \end{pmatrix}.$$

9 Mechanische Systeme, bei denen für jeden mechanischen Freiheitsgrad ein Stelleingriff zur Verfügung steht, nennt man **vollständig direkt gesteuert** oder **vollständig aktuiert**.

Auch hierzu ist der relative Grad zu bestimmen. In der ersten Zeitableitung des Ausgangs

$$\dot{y} = \begin{pmatrix} -l_1 x_3 \sin x_1 - l_2(x_3 + x_4) \sin(x_1 + x_2) \\ l_1 x_3 \cos x_1 + l_2(x_3 + x_4) \cos(x_1 + x_2) \end{pmatrix}$$

treten die Eingänge nicht auf. Als zweite Zeitableitung erhält man einen vergleichsweise umfangreichen Ausdruck, auf dessen Wiedergabe hier verzichtet wird. Allerdings treten in dieser Ableitung beide Eingänge auf. Die Entkopplungsmatrix Λ besitzt die Determinante

$$\det \Lambda(x) = \frac{2l_1 l_2 \sin x_2}{2a_1 a_2 - a_3(1 + \cos(2x_2))^2}.$$

Die Entkoplungsmatrix ist folglich für $x_2 = 0, \pm\pi, \pm 2\pi, \ldots$ singulär, so dass an diesen Stellen der relative Grad $r = (2, 2)$ nicht wohldefiniert ist. Dabei ist zu beachten, dass jede in kartesischen Koordinaten beschriebene Position des Endeffektors im Bereich $0 < \|y\|_2 < l_1 + l_2$ durch zwei verschiedene Gelenkwinkel eingestellt werden kann. Der Übergang von einer Variante der Gelenkwinkel auf die andere würde das Durchlaufen einer der o. g. Singularitäten erfordern. Für $a_3 > a_1 a_2$ können in Abhängigkeit vom Winkel x_2 zusätzlich Singularitäten auftreten.

Bei wohldefiniertem relativen Grad kann das System (4.156) immer in die Eingangs-Ausgangs-Normalform transformiert werden:

Satz 4.84 *System (4.156) habe im Punkt $p \in \mathcal{M}$ den relativen Grad $(r_1, \ldots, r_m)$. Wir setzen*

$$\begin{aligned} z_{1,1} &= \phi_{1,1}(x) = h_1(x), & \ldots, z_{m,1} &= \phi_{m,1}(x) = h_m(x), \\ z_{1,2} &= \phi_{1,2}(x) = L_f h_1(x), & \ldots, z_{m,2} &= \phi_{m,2}(x) = L_f h_m(x), \\ &\vdots \qquad \vdots & &\vdots \qquad \vdots \\ z_{1,r_1} &= \phi_{1,r_1}(x) = L_f^{r_1-1} h_1(x), & \ldots, z_{m,r_m} &= \phi_{m,r_m}(x) = L_f^{r_m-1} h_m(x). \end{aligned} \tag{4.165}$$

Ferner sei

$$r := r_1 + \cdots + r_m. \tag{4.166}$$

Falls $r < n$, so gibt es $n - r$ weitere Funktionen

$$z_{m+1,k} = \phi_{m+1,k}(x) \quad \textit{für} \quad k = 1, \ldots, n - r, \tag{4.167}$$

so dass die durch Zusammenfassen der Gl. (4.165) und (4.167) entstandene Abbildung Φ mit $z = \Phi(x)$ in einer Umgebung von p ein lokaler Diffeomorphismus ist, der das System (4.156) in die **Eingangs-Ausgangs-Normalform** *überführt. Diese Normalform besteht aus m Teilsystemen der Form*

$$\begin{aligned} \dot{z}_{i,1} &= z_{i,2} \\ &\vdots \\ \dot{z}_{i,r_i-1} &= z_{i,r_i} \\ \dot{z}_{i,r_i} &= \alpha_i(z) + \beta_{i,1}(z)u_1 + \cdots + \beta_{i,m}(z)u_m \end{aligned} \tag{4.168}$$

mit

$$\begin{aligned}\alpha_i(z) &= L_f^{r_i} h_i(x)\\ \beta_{i,j}(z) &= L_{g_j} L_f^{r_i-1} h_i(x)\end{aligned}$$

für $i, j = 1, \ldots, m$. Für $r < n$ gibt es ein weiteres Teilsystem der Form

$$\dot{z}_{m+1,k} = q_k(z) + d_{k,1}(z)u_1 + \cdots + d_{k,m}(z)u_m \tag{4.169}$$

mit

$$\begin{aligned}q_k(z) &= L_f \phi_{m+1,k}(x)\\ d_{k,j}(z) &= L_{g_j} \phi_{m+1,k}(x)\end{aligned}$$

für $k = 1, \ldots, n - r$ und $j = 1, \ldots, m$.

Beweisskizze Ähnlich wie in Lemma 4.10 kann man zeigen, dass bei wohldefiniertem relativen Grad $(r_1, \ldots, r_m)$ die Kovektoren

$$\mathrm{d}h_1(p), \ldots, \mathrm{d}L_f^{r_1-1} h_1(p), \ldots, \mathrm{d}h_m(p), \ldots, \mathrm{d}L_f^{r_m-1} h_m(p)$$

linear unabhängig sind (siehe auch [Isi95, Lemma 5.1.1]). Diese Kovektoren spannen einen r-dimensionalen Unterraum $\mathbb{U}$ im Dualraum auf. Mit einer Basis $\{b_1, \ldots, b_{n-r}\}$ des $(n - r)$-dimensionalen Annihilatorraums $\mathbb{U}^{\perp}$ konstruiert man lineare Funktionale $\phi_{m+1,i}(x) = b_i^T x$, mit denen man die Funktionen (4.165) zu einem Diffeomorphismus ergänzt. Die Form (4.168) bzw. (4.169) des transformierten Systems ergibt sich durch direktes Nachrechnen. □

Die durch Gl. (4.168) und (4.169) beschriebene Eingangs-Ausgangs-Normalform nennt man analog zum Eingrößenfall **Byrnes-Isidori-Normalform**, wenn das Teilsystem (4.169) nicht direkt durch den Eingang beeinflusst wird, also die Form

$$\dot{z}_{m+1,k} = q_k(z) \tag{4.170}$$

besitzt. Dieser Fall tritt genau dann ein, wenn die zusätzlichen Koordinaten $\phi_{m+1,1}, \ldots, \phi_{m+1,n-r}$ so gewählt werden, dass

$$L_{g_j} \phi_{m+1,k}(x) = 0$$

für alle x aus einer Umgebung von p mit $k = 1, \ldots n - r$ und $j = 1, \ldots, m$ gilt (vgl. Lemma 4.15).

Satz 4.85 *System (4.156) habe im Punkt $p \in \mathcal{M}$ den relativen Grad $(r_1, \ldots, r_m)$ mit $r < n$. Die zusätzlichen Koordinaten (4.167) der Transformation Φ aus Satz 4.84 können genau dann so gewählt werden, dass das letzte Teilsystem die Form (4.170) besitzt (also* *das transformierte System in der Byrnes-Isidori-Normalform vorliegt), wenn die von den Eingangsvektorfeldern aufgespannte Distribution*

$$\Delta = \operatorname{span}\{g_1, \dots, g_m\} \tag{4.171}$$

involutiv ist.

Der Beweis erfolgt analog zu Lemma 4.15 bzw. Satz 4.16. Daher wird nachfolgend nur eine Beweisrichtung angegeben:

Beweisskizze Mit dem wohldefinierten relativen Grad sind die Vektorfelder $g_1, \dots, g_m$ im Punkt linear unabhängig. Die Distribution Δ ist somit regulär. Nach der im Satz getroffenen Annahme ist sie auch involutiv, so dass der Satz von Frobenius angewandt werden kann. Danach existieren $n-m$ unabhängige Skalarfelder $\lambda_1, \dots, \lambda_{n-m}$ mit $L_{g_j}\lambda_i = 0$ für $j = 1, \dots, m$ und $i = 1, \dots, n-m$. Für m Komponenten der Transformation Φ, die jeweils die letzte Zeile der Teilsysteme $1, \dots, m$ generieren, sind die Lie-Ableitungen in Richtung der Eingangsvektorfelder nicht alle Null. Alle anderen Koordinatenrichtungen können durch die o. g. Skalarfelder $\lambda_1, \dots, \lambda_{n-m}$ erzeugt werden. □

Ist die Distribution (4.171) nicht involutiv, dann wird mindestens eine Differentialgleichung des letzten Teilsystems (4.169) explizit vom Eingang abhängen. Man kann allerdings die Anzahl der direkt vom Eingang abhängigen Gleichungen reduzieren (vgl. Proposition 4.66). Dazu bildet man den involutiven Abschluss $\operatorname{inv}(\Delta)$ der Distribution (4.171) und konstruiert die Koordinaten (4.167) soweit möglich aus dem Annihilator $(\operatorname{inv}(\Delta))^\perp$ (siehe auch Anmerkung 4.17).

Tritt bei einem transformierten System das Teilsystem (4.169) nicht auf, d. h. besteht das System nur aus m Teilsystemen der Form (4.168), so liegt das System in der **Regelungsnormalform** vor. Das ist genau dann der Fall, wenn die Summe der Komponenten r_i des relatives Grades (siehe Gl. (4.166)) mit der Dimension des Zustandsraums übereinstimmt, d. h. $r = n$ gilt. In diesem Fall erhält man mit der statischen Zustandsrückführung (4.158) ein lineares steuerbares System. Gibt es zu einem Mehrgrößensystem (4.156) einen Ausgang, für den der relative Grad wohldefiniert ist und $r = n$ gilt, dann nennt man das System **(statisch) eingangs-zustands-linearisierbar**.

4.5.2 Dynamische Erweiterung

Bei Mehrgrößensystemen ist der relative Grad oft dadurch nicht wohldefiniert, dass die Entkopplungsmatrix Λ nicht regulär ist. Sei $\operatorname{rang}\Lambda = k < m$. Wir gehen zunächst davon aus, dass die $m \times m$-Entkopplungsmatrix aus k linear unabhängigen Spalten und $m-k$ Nullspalten besteht. Ohne Einschränkungen seien dabei die ersten k Spalten linear unabhängig, andernfalls muss man die Eingänge umnumerieren:

$$\Lambda(x) = \begin{pmatrix} * \cdots * & 0 \cdots 0 \\ \vdots \ddots \vdots & \vdots \ddots \vdots \\ * \cdots * & 0 \cdots 0 \end{pmatrix} \tag{4.172}$$

Die Singularität der Entkopplungsmatrix kommt dadurch zustande, dass in den Zeitableitung (4.157) der Ausgänge nicht alle Eingänge präsent sind. Ein Eingang u_j tritt in (4.157) genau dann nicht explizit auf, wenn alle zugehörigen gemischten Lie-Ableitungen Null sind, d. h. $L_{g_j}L_f^k h_i = 0$ für $i = 1, \ldots, m$. In der Entkopplungsmatrix ist die j-te Spalte dann eine Nullspalte.

Das Problem einer singulären Entkopplungsmatrix (4.172) lässt sich in vielen Fällen dadurch beheben, dass man das (frühzeitige) Auftreten der ersten Komponenten $u_1, \ldots u_k$ in der entsprechenden Ausgangsableitung unterdrückt. Dazu ergänzt man diese Eingänge um jeweils einen Integrator. Das bedeutet, dass man den Zustandsvektor x um die k Eingänge zu $\tilde{x} = (x_1, \ldots, x_n, u_1, \ldots, u_k)^T$ erweitert und dem Zustandsraummodell (4.156) die k Differentialgleichungen

$$\begin{aligned} \dot{u}_1 &= \tilde{u}_1 \\ &\vdots \\ \dot{u}_k &= \tilde{u}_k \end{aligned} \tag{4.173}$$

hinzufügt. Diese Ergänzung des bestehenden Systems nennt man **dynamische Erweiterung** (engl. **dynamic extension**), siehe [Isi95, Abschnitt 5.4], [KB00, Abschnitt 6.8]. Für das so erweiterte System prüft man erneut, ob der vektorielle relative Grad wohldefiniert ist. Gegebenenfalls ist die dynamische Erweiterung zu wiederholen.

Hat man (ggf. nach nach mehreren Erweiterungsschritten) einen wohldefinierten relativen Grad erzielt, dann kann man entsprechend ► Abschn. 4.5.1 die Nichtlinearitäten kompensieren und das resultierende lineare System stabilisieren. Für das erweiterte System erhält man mit Gl. (4.158) und (4.159) eine statische Zustandsrückführung, die aber wegen der Erweiterung (4.173) bezogen auf das Ausgangsssystem (4.156) eine dynamische Rückführung darstellt.

Das beschriebene Vorgehen wird nachfolgend an einem Beispiel illustriert (siehe [OLV02]):

Beispiel 4.86

Das Modell des mobilen Roboters aus ► Abschn. 1.1 kann bei Verwendung beider Eingänge als Mehrgrößensystem

$$\dot{x} = \begin{pmatrix} \sin x_3 \\ \cos x_3 \\ 0 \end{pmatrix} u_1 + \begin{pmatrix} 0 \\ 0 \\ 1 \end{pmatrix} u_2, \quad y = h(x) = \begin{pmatrix} x_1 \\ x_2 \end{pmatrix} \tag{4.174}$$

der Form (4.156) mit $m = 2$ und $f = 0$ aufgefasst werden. Der Ausgangsvektor gibt die Position des Roboters in der Ebene an. Bei beiden Ausgängen tritt der Eingang schon in der ersten Zeitableitung

$$\begin{aligned} \dot{y}_1 &= \dot{x}_1 = u_1 \sin x_3 \\ \dot{y}_2 &= \dot{x}_2 = u_1 \cos x_3 \end{aligned} \tag{4.175}$$

auf, so dass man einen relativen Grad $r = (1, 1)$ vermuten könnte. Aus der zugehörigen Eingangs-Ausgangs-Beschreibung

$$\begin{pmatrix} \dot{y}_1 \\ \dot{y}_2 \end{pmatrix} = \underbrace{\begin{pmatrix} \sin x_3 & 0 \\ \cos x_3 & 0 \end{pmatrix}}_{\Lambda(x)} \begin{pmatrix} u_1 \\ u_2 \end{pmatrix}$$

wird offensichtlich, dass die Entkopplungsmatrix nicht regulär und der relative Grad somit nicht definiert ist. Dieses Problem lässt sich mit der o. g. dynamischen Erweiterung beheben. Dazu wird der Eingang u_1 um einen Integrator ergänzt. In diesem Kontext wird dieser Eingang als Komponente $x_4 := u_1$ des neuen Zustands $\tilde{x} = (x_1, x_2, x_3, x_4)$ betrachtet. Das erweiterte System lautet

$$\begin{pmatrix} \dot{x}_1 \\ \dot{x}_2 \\ \dot{x}_3 \\ \dot{x}_4 \end{pmatrix} = \begin{pmatrix} x_4 \sin x_3 \\ x_4 \cos x_3 \\ 0 \\ 0 \end{pmatrix} + \begin{pmatrix} 0 \\ 0 \\ 0 \\ 1 \end{pmatrix} \tilde{u}_1 + \begin{pmatrix} 0 \\ 0 \\ 1 \\ 0 \end{pmatrix} u_2, \quad y = \begin{pmatrix} x_1 \\ x_2 \end{pmatrix} \tag{4.176}$$

mit dem neuen Eingang $\tilde{u}_1$. In der ersten Zeitableitung des Ausgangsvektor tritt kein Eingang auf

$$\begin{aligned} \dot{y}_1 &= \dot{x}_1 = x_4 \sin x_3 \\ \dot{y}_2 &= \dot{x}_2 = x_4 \cos x_3, \end{aligned} \tag{4.177}$$

so dass weiter zu differenzieren ist. Mit der nächsten Zeitableitung erhält man

$$\begin{aligned} \ddot{y}_1 &= \dot{x}_4 \sin x_3 + x_4 \dot{x}_3 \cos x_3 = \tilde{u}_1 \sin x_3 + u_2 x_4 \cos x_3 \\ \ddot{y}_2 &= \dot{x}_4 \cos x_3 - x_4 \dot{x}_3 \sin x_3 = \tilde{u}_1 \cos x_3 - u_2 x_4 \sin x_3 \end{aligned}$$

bzw.

$$\begin{pmatrix} \ddot{y}_1 \\ \ddot{y}_2 \end{pmatrix} = \underbrace{\begin{pmatrix} \sin x_3 & x_4 \cos x_3 \\ \cos x_3 & -x_4 \sin x_3 \end{pmatrix}}_{\Lambda(\tilde{x})} \begin{pmatrix} \tilde{u}_1 \\ u_2 \end{pmatrix}.$$

Die Entkopplungsmatrix ist für $\det \Lambda(\tilde{x}) = x_4 \neq 0$ regulär. Da von beiden Ausgängen die zweite Zeitableitung nötig ist, ergibt sich für $x_4 \neq 0$ der relative Grad $(2,2)$. Mit Gl. (4.158) und (4.159) erhält man in Bezug auf System (4.176) die statische Rückführung

$$\begin{pmatrix} \tilde{u}_1 \\ u_2 \end{pmatrix} = - \begin{pmatrix} \sin x_3 & x_4 \cos x_3 \\ \cos x_3 & -x_4 \sin x_3 \end{pmatrix}^{-1} \begin{pmatrix} a_{1,0}(x_1 - w_1) + a_{1,1} x_4 \sin x_3 \\ a_{2,0}(x_2 - w_2) + a_{2,1} x_4 \cos x_3 \end{pmatrix}$$

mit der Sollposition (w_1, w_2) als Führungsgröße und den Koeffizienten $a_{i,j}$ der charakteristischen Polynome für die beiden Teilsysteme. Bedingt durch den Integrator am Eingang u_1 stellt sich diese Rückführung bezogen auf System (4.174) als dynamische Rückführung

$$\begin{pmatrix} \dot{u}_1 \\ u_2 \end{pmatrix} = - \begin{pmatrix} \sin x_3 & \cos x_3 \\ \frac{\cos x_3}{u_1} & -\frac{\sin x_3}{u_1} \end{pmatrix} \begin{pmatrix} a_{1,0}(x_1 - w_1) + a_{1,1} u_1 \sin x_3 \\ a_{2,0}(x_2 - w_2) + a_{2,1} u_1 \cos x_3 \end{pmatrix} \tag{4.178}$$

dar, die nur für $u_1 \neq 0$ definiert ist. ◘ Abb. 4.23 zeigt die Struktur der durch (4.178) beschriebenen Regelung.

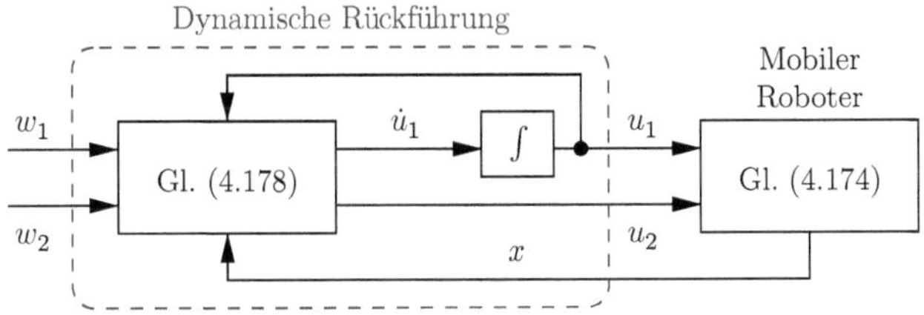

Abb. 4.23 Regelung des mobilen Roboters aus Beispiel 4.86

Im Allgemeinen hat die Entkopplungsmatrix Λ keine Nullspalten, ist aber trotzdem nicht regulär. Dieses Problem lässt sich mit einer Eingangstransformation lösen. Es gelte wieder $\text{rang}\Lambda = k < m$. Mit einer Spaltenreduktion kann man die Matrix Λ in die Form

$$\Lambda_{\text{red}}(x) = \begin{pmatrix} * & \cdots & * & 0 & \cdots & 0 \\ \vdots & \ddots & \vdots & \vdots & \ddots & \vdots \\ * & \cdots & * & 0 & \cdots & 0 \end{pmatrix} \tag{4.179}$$

mit k linear unabhängigen Spalten und $m - k$ Nullspalten überführen. Die Spaltenoperationen lassen sich durch eine Matrix E beschreiben:

$$\Lambda_{\text{red}}(x) = \Lambda(x) \cdot E(x).$$

Mit

$$\Lambda(x)\, u = \Lambda_{\text{red}}(x) \underbrace{E^{-1}(x)\, u}_{=:\bar{u}} \quad \text{bzw.} \quad u = E(x)\, \bar{u}$$

induziert die Matrix E eine Eingangstransformation. Den ersten k Komponenten des neuen Eingangs $\bar{u}$ würde man wieder Integrator vorschalten, wodurch das Zustandsraummodell um k Differentialgleichungen

$$\begin{aligned} \dot{\bar{u}}_1 &= \tilde{u}_1 \\ &\vdots \\ \dot{\bar{u}}_k &= \tilde{u}_k \end{aligned} \tag{4.180}$$

erweitert wird.

Anmerkung 4.87 Im Computer-Algebra-System MAXIMA ist keine Funktion zur Spaltenreduktion implementiert. Statt dessen kann man Routinen zur Zeilenreduktion auf Basis des Gauß-Verfahren auf die transponierte Entkopplungsmatrix anwenden. Dabei wird die vorgegebene Matrix Λ^T in ein Produkt

$$\Lambda^T(x) = P \cdot L(x) \cdot U(x)$$

mit einer Permutationsmatrix P, einer unteren Dreicksmatrix L sowie einer oberen Dreickecksmatrix U zerlegt. Diese Zerlegung nennt man **LU-Zerlegung** (siehe [Beu01]). Aus der Matrix U erhält man die spaltenreduzierte Form (4.179), aus P und L die o. g. Matrix E der Eingangstransformation:

$$\Lambda_{\text{red}}(x) = U^T(x), \quad E(x) = \left((P \cdot L(x))^T\right)^{-1}.$$

Für eine Zeilenreduktion stehen in MAXIMA alternativ die Routinen `echelon` bzw. `triangularize` zur Verfügung. Die zugehörige Transformationsmatrix erhält man dadurch, dass man die Zeilenoperationen simultan auf die Einheitsmatrix anwendet:

$$\left(\Lambda^T(x), I_m\right) \xrightarrow[\text{operationen}]{\text{Zeilen-}} \left(\Lambda^T_{\text{red}}(x), E^T(x)\right).$$

Beispiel 4.88

Wir betrachten wiederum das Robotermodell aus ► Abschn. 1.1, verwenden jetzt aber die Winkelgeschwindigkeiten ω_L und ω_R der Antriebsräder als Eingänge. Das resultierende Modell hat die Form

$$\dot{x} = \begin{pmatrix} \frac{r}{2}\sin x_3 \\ \frac{r}{2}\cos x_3 \\ \frac{r}{L} \end{pmatrix} \omega_L + \begin{pmatrix} \frac{r}{2}\sin x_3 \\ \frac{r}{2}\cos x_3 \\ -\frac{r}{L} \end{pmatrix} \omega_R, \quad y = h(x) = \begin{pmatrix} x_1 \\ x_2 \end{pmatrix}. \tag{4.181}$$

Aus der Zeitableitung des Ausgangs kann man sofort die Entkopplungsmatrix Λ ablesen:

$$\begin{pmatrix} \dot{y}_1 \\ \dot{y}_2 \end{pmatrix} = \begin{pmatrix} \dot{x}_1 \\ \dot{x}_2 \end{pmatrix} = \underbrace{\frac{r}{2}\begin{pmatrix} \sin x_3 & \sin x_3 \\ \cos x_3 & \cos x_3 \end{pmatrix}}_{\Lambda(x)} \begin{pmatrix} \omega_L \\ \omega_R \end{pmatrix}.$$

Die Spalten der Entkopplungsmatrix sind linear abhängig, so dass die Entkopplungsmatrix singulär ist. Die erforderliche Spaltenreduktion wird mit MAXIMA vorgenommen (vgl. Anmerkung 4.87):

```
(%i1) Λ:(r/2)*matrix([sin(x3),sin(x3)],[cos(x3),cos(x3)]);
```

$$(\%o1) \quad \begin{pmatrix} \frac{r\cdot\sin(x3)}{2} & \frac{r\cdot\sin(x3)}{2} \\ \frac{r\cdot\cos(x3)}{2} & \frac{r\cdot\cos(x3)}{2} \end{pmatrix}$$

```
(%i3) lu_factor(transpose(Λ))$
      [P,L,U]:get_lu_factors(%);
```

$$(\%o3) \quad \left[\begin{pmatrix} 1 & 0 \\ 0 & 1 \end{pmatrix}, \begin{pmatrix} 1 & 0 \\ 1 & 1 \end{pmatrix}, \begin{pmatrix} \frac{r\cdot\sin(x3)}{2} & \frac{r\cdot\cos(x3)}{2} \\ 0 & 0 \end{pmatrix}\right]$$

```
(%i4) Λred:transpose(U);
```
$$(\%o4)\quad \begin{pmatrix} \frac{r\cdot\sin(x3)}{2} & 0 \\ \frac{r\cdot\cos(x3)}{2} & 0 \end{pmatrix}$$
```
(%i5) E:invert(transpose(P.L));
```
$$(\%o5)\quad \begin{pmatrix} 1 & -1 \\ 0 & 1 \end{pmatrix}$$

Dabei erhält man die Matrizen

$$E(x) = \begin{pmatrix} 1 & -1 \\ 0 & 1 \end{pmatrix} \quad \text{und} \quad \Lambda_{\text{red}}(x) = \frac{r}{2} \begin{pmatrix} \sin x_3 & 0 \\ \cos x_3 & 0 \end{pmatrix}. \tag{4.182}$$

Die sich aus der Matrix E ergebende Eingangstransformation

$$\begin{pmatrix} \omega_L \\ \omega_R \end{pmatrix} = E(x) \begin{pmatrix} \bar{u}_1 \\ \bar{u}_2 \end{pmatrix} = \begin{pmatrix} \bar{u}_1 - \bar{u}_2 \\ \bar{u}_2 \end{pmatrix}$$

führt auf das neue System

$$\dot{x} = \begin{pmatrix} \frac{r}{2}\sin x_3 \\ \frac{r}{2}\cos x_3 \\ \frac{r}{L} \end{pmatrix} \bar{u}_1 + \begin{pmatrix} 0 \\ 0 \\ \frac{2r}{L} \end{pmatrix} \bar{u}_2$$

mit der in Gl. (4.182) angegebenen Matrix Λ_{red} für die erste Zeitableitung des Ausgangs. Mit einem zusätzlichen Integrator am Eingang $\bar{u}_1$ und dem zusätzlichen Zustand $x_4 = \bar{u}_1$ erhält man das erweiterte System

$$\dot{\tilde{x}} = \underbrace{\begin{pmatrix} \frac{r}{2}x_4 \sin x_3 \\ \frac{r}{2}x_4 \cos x_3 \\ \frac{r}{L}x_4 \\ 0 \end{pmatrix}}_{\tilde{f}(\tilde{x})} + \underbrace{\begin{pmatrix} 0 \\ 0 \\ 0 \\ 1 \end{pmatrix}}_{\tilde{g}_1(\tilde{x})} \tilde{u}_1 + \underbrace{\begin{pmatrix} 0 \\ 0 \\ -\frac{2r}{L} \\ 0 \end{pmatrix}}_{\tilde{g}_2(\tilde{x})} \bar{u}_2, \quad y = \tilde{h}(\tilde{x}) = \begin{pmatrix} x_1 \\ x_2 \end{pmatrix}.$$

Aus der zweiten Zeitableitung ergibt sich die Entkopplungsmatrix

$$\Lambda(x) = \begin{pmatrix} \frac{r}{2}\sin x_3 & -\frac{r^2}{L}x_4 \cos x_3 \\ \frac{r}{2}\cos x_3 & \frac{r^2}{L}x_4 \sin x_3 \end{pmatrix},$$

die für $x_4 \neq 0$ regulär ist. Somit besitzt das erweiterte System den relativen Grad $(2,2)$. Das daraus nach den Gl. (4.158) und (4.159) resultierende Regelgesetz hat unter Beachtung der dynamischen Erweiterung die Form

$$\begin{pmatrix} \dot{\bar{u}}_1 \\ \bar{u}_2 \end{pmatrix} = -\Lambda^{-1}(\tilde{x}) \cdot \left. \begin{pmatrix} a_{1,0}(x_1 - w_1) + a_{1,1}L_{\tilde{f}}\tilde{h}_1(\tilde{x}) + L_{\tilde{f}}^2\tilde{h}_1(\tilde{x}) \\ a_{2,0}(x_2 - w_2) + a_{2,1}L_{\tilde{f}}\tilde{h}_2(\tilde{x}) + L_{\tilde{f}}^2\tilde{h}_2(\tilde{x}) \end{pmatrix} \right|_{x_4 = \bar{u}_1}. \tag{4.183}$$

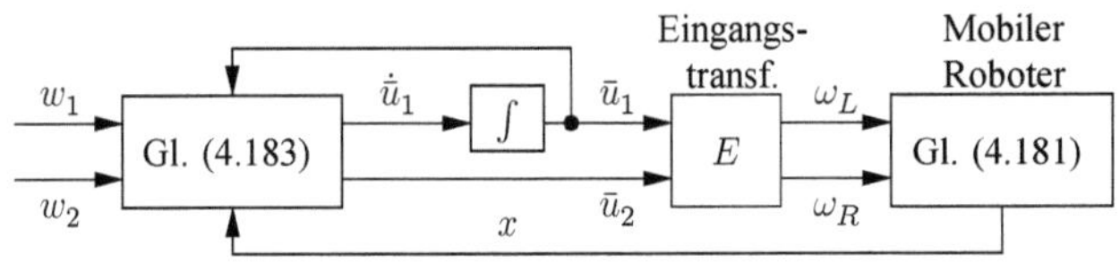

Abb. 4.24 Regelung des mobilen Roboters aus Beispiel 4.88

Die Verknüpfung der im Regelkreis auftretenden Signale ist in Abb. 4.24 dargestellt.

Erzielt man mit der dynamischen Erweiterung einen wohldefinierten vektoriellen relativen Grad, dann lässt sich das erweiterte System durch statische Zustandsrückführung linearisieren. Die mit Gl. (4.173) und (4.180) zusätzlich eingeführten Zustände sind im Regler zu realisieren. Bezogen auf das (nicht erweiterte) Originalsystem (4.156) erhält man dadurch eine dynamische Zustandsrückführung. Gilt für die Summe der relativen Grade nach Gl. (4.166) die Beziehung $r < n$, so nennt man das System **(dynamisch) eingangs-ausgangs-linearisierbar**. Gibt es einen Ausgang, für welchen $r = n$ gilt, dann heißt das System **(dynamisch) eingangs-zustands-linearisierbar**. Das Beispiel des mobilen Roboters (Beispiel 4.86) verdeutlicht, dass die Menge der dynamisch eingangs-zustands-linearisierbaren Systeme eine echte Obermenge der statisch eingangs-zustands-linearisierbaren Systeme darstellt. Die Klasse der dynamisch eingangs-zustands-linearisierbaren Systeme ist äquivalent zur Klasse der flachen Systeme [Lév07].

4.5.3 Quasi-statische Rückführungen

Ergibt sich erst durch eine dynamische Erweiterung ein wohldefinierter relativen Grad, so führt die in ▶ Abschn. 4.5.2 beschriebene Herangehensweise auf ein höherdimensionales System bzw. auf einen dynamischen Regler. Flache bzw. dynamisch eingangs-zustands-linearisierbare Systeme können alternativ auch durch eine sog. quasi-statische Rückführung linearisiert werden [DR98b, Rud05]. Dieser Ansatz beruht auf der Nutzung einer verallgemeinerten Zustandsraumbeschreibung des betreffenden Systems (siehe [Gla89, Fli90, DR98a] bzw. ▶ Abschn. 4.4.3).

Die Konstruktion einer quasi-statischen Rückführung soll nachfolgend erläutert werden. Angenommen, der Eingang u_1 tritt erstmals bei einer Zeitableitung der Ordnung r_1 eines Ausgangs auf. Ohne Einschränkung betreffe dies den Ausgang y_1, d. h. es gibt eine Beziehung der Form

$$y_1^{(r_1)} = \gamma_1(x, u_1). \tag{4.184}$$

Der Eingang u_1 trete auch in der gleichen Zeitableitung der anderen Ausgänge auf, nicht aber die Eingänge $u_2, \ldots, u_m$, so dass der relative Grad nicht wohldefiniert ist. Mit weiterem Differenzieren trete der Eingang u_2 bei der Zeitableitung der Ordnung $r_2 > r_1$ eines

Ausgang (ohne Einschränkung bei y_2) auf, d. h. es gilt

$$y_2^{(r_2)} = \gamma_2(x, u_1, \dot{u}_1, \ldots, u_1^{(r_2-r_1)}, u_2). \tag{4.185}$$

Tritt der Eingang u_3 bei einem anderen Ausgang nicht auf, so sind weitere Zeitableitungen einzubeziehen. Erscheint u_3 bei der Zeitableitung der Ordnung $r_3 > r_2$ des Ausgangs y_3, so erhält man eine Darstellung der Form

$$y_3^{(r_3)} = \gamma_3(x, u_1, \dot{u}_1, \ldots, u_2, \dot{u}_2 \ldots, u_3). \tag{4.186}$$

Dieses Verfahren setzt man solange fort, bis alle Eingänge $u_1, \ldots, u_m$ auftreten. Bei dem gestaffelten Auftreten der Eingänge spricht man auch von einer Dreiecksstruktur [Rud05].

Gilt $r_1 + \cdots + r_m = n$, dann kann man mit $z_{i,j} = y_i^{(j)}$ für $j = 0, \ldots, r_i - 1$ und $i = 1, \ldots, m$ eine verallgemeinerte Zustandsraumdarstellung einführen (siehe auch ▶ Abschn. 4.4.3). Im Unterschied zu einer klassischen Zustandsraumdarstellung treten dabei auch Zeitableitungen der Eingänge auf. Diese Struktur wird am Beispiel eines Systems mit zwei Eingängen in ◘ Abb. 4.25 illustriert.

Auf Basis der Zeitableitungen (4.184), (4.185) usw. setzt man eine Linearisierung durch Rückführung an. Dazu führt man die Hilfsgrößen $v_1, \ldots v_m$, die als neue Eingänge fungieren, ein und fordert

$$\begin{aligned} y_1^{(r_1)} &\overset{!}{=} v_1, \\ y_2^{(r_2)} &\overset{!}{=} v_2, \\ &\vdots \\ y_m^{(r_m)} &\overset{!}{=} v_m. \end{aligned} \tag{4.187}$$

Praktisch bedeutet dies, dass man die in Gl. (4.184), (4.185), … auftretenden Funktionen $\gamma_1, \gamma_2, \ldots$ nach den Systemeingängen $u_1, \ldots, u_m$ umstellt. Das ist kein Problem, da der jeweils erstmalig auftretende Eingang affin in der entsprechenden Zeitableitung des Ausgangs ist, d. h. Gl. (4.184) ist affin bezüglich u_1, Gl. (4.185) ist affin bezüglich u_2 usw. Damit

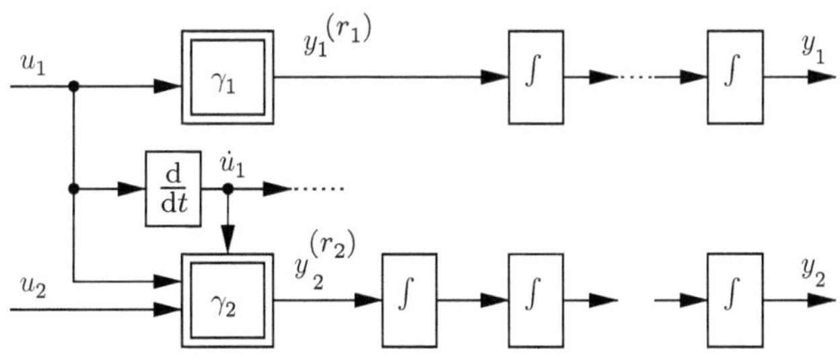

◘ **Abb. 4.25** Verallgmeinerte Zustandsdarstellung für quasi-statische Rückführung

erhält man Beziehung der Form

$$\begin{aligned} u_1 &= \vartheta_1(x, y_1^{(r_1)}; v_1), \\ u_2 &= \vartheta_2(x, y_2^{(r_2)}, u_1, \dot{u}_1, \ldots; v_2), \\ &= \\ u_m &= \vartheta_m(x, y_m^{(r_m)}, u_1, \dot{u}_1, \ldots, u_{m-1}, \dot{u}_{m-1}, \ldots; v_m). \end{aligned}$$

Die auf der rechten Seite auftretenden Eingänge ersetzt man durch sukzessives Einsetzen vorhergehenden Gleichungen (z. B. ersetzt man u_1 in ϑ_2 durch ϑ_1). In ähnlicher Weise eliminiert man die Zeitableitung der Eingänge durch Differentiation der vorangegangenen Terme entlang der Systemdynamik. Die entsprechenden Zeitableitungen können dabei durch Lie-Ableitungen angegeben bzw. berechnet werden (vgl. Anmerkung 4.78). Dabei erhält man auch Ableitungen der Hilfsgrößen $v_1, \ldots, v_m$. Insgesamt ergibt sich eine linearisierende Rückführung der Form

$$u = \vartheta(x, v, \dot{v}, \ldots). \tag{4.188}$$

Analog zu Gl. (4.159) stabilisiert man das resultierende System mit

$$v_i = -a_{i,0}\,(y_i - w_i) - a_{i,1}\,(\dot{y}_i - \dot{w}_i) - \ldots - a_{i,r_i-1}\left(y_i^{(r_i-1)} - w_i^{(r_i-1)}\right) \tag{4.189}$$

für $i = 1, \ldots, m$. Dabei bezeichnet $w = (w_1, \ldots w_m)^T$ den Vektor der Führungsgrößen, wobei im Unterschied zu Gl. (4.159) noch Zeitableitungen der Führungsgrößen hinzukommen. Die in Gl. (4.188) auftretenden Zeitableitungen erhält man durch Ableiten von (4.189) entlang der Systemdynamik, wobei die Ausgangsableitungen ggf. entsprechend Gl. (4.187) substituiert werden können. Insgesamt erhält man eine Rückführung der Form

$$u = \kappa(x, w, \dot{w}, \ldots). \tag{4.190}$$

Bei den durch Gl. (4.188) und (4.190) beschriebenen Rückführungen handelt es sich nicht um klassische Zustandsrückführungen, da neben den jeweiligen Eingängen v bzw. w auch deren Zeitableitungen benötigt werden. Zur Abgrenzung von konventionellen statischen bzw. dynamischen Rückführungen spricht man hier von **quasi-statischen Rückführungen** [Rud03, Rud05].

Beispiel 4.89

Das kinematische Modell des mobilen Roboters ist flach, wobei ein flacher Ausgang durch die Position $y = (x_1, x_2)^T$ in der Ebene gegeben ist (Beispiel 4.73). Mit einer dynamischer Erweiterung kann das System exakt linearisiert werden (Beispiel 4.86). Dabei erhöht sich allerdings die Dimension des Zustandsraums, was einer dynamischen Rückführung entspricht. Mit einer quasi-statischen Rückführung ist dagegen im Regler keine Dynamik zu implementieren.

Zunächst ist der Ausgang so oft abzuleiten, bis beide Eingänge auftreten. In der ersten Zeitableitung (4.175) tritt nur der Eingang u_1 auf. Der Eingang u_2 erscheint in der nächsten Zeitableitung:

$$\begin{aligned}\ddot{y}_1 &= \dot{u}_1 \sin x_3 + u_1 \dot{x}_3 \cos x_3 \\ &= \dot{u}_1 \sin x_3 + u_1 u_2 \cos x_3, \\ \ddot{y}_2 &= \dot{u}_1 \cos x_3 - u_1 \dot{x}_3 \sin x_3 \\ &= \dot{u}_1 \cos x_3 - u_1 u_2 \sin x_3.\end{aligned} \tag{4.191}$$

Aus Gl. (4.175) und (4.191) wählt man jetzt zwei Gleichungen derart aus, dass von beiden Ausgängen je eine Zeitableitung auftritt und auf der rechten Seite beide Eingänge explizit erscheinen. Die Linearisierung soll hinsichtlich der gewählten Ausgangsableitungen erfolgen. Dazu fordert man die Übereinstimmung dieser Zeitableitungen der Ausgänge mit zwei Hilfsgrößen v_1 und v_2:

$$\begin{aligned}\ddot{y}_1 &= \dot{u}_1 \sin x_3 + u_1 \boxed{u_2} \cos x_3 \overset{!}{=} v_1 \\ \dot{y}_2 &= \boxed{u_1} \cos x_3 \qquad\qquad\quad \overset{!}{=} v_2\end{aligned} \tag{4.192}$$

Löst man das Gleichungssystem nach den eingerahmten Symbolen auf, so ergibt sich

$$u_1 = \frac{v_2}{\cos x_3}, \tag{4.193}$$

$$u_2 = \frac{v_1 - \dot{u}_1 \sin x_3}{u_1 \cos x_3}. \tag{4.194}$$

Gl. (4.194) hängt dabei von u_1 und $\dot{u}_1$ ab. Mit der Zeitableitung

$$\dot{u}_1 = \frac{\dot{v}_2}{\cos x_3} + v_2 \dot{x}_3 \frac{\sin x_3}{\cos^2 x_3} = \frac{\dot{v}_2}{\cos x_3} + v_2 u_2 \frac{\sin x_3}{\cos^2 x_3}$$

von Gl. (4.193) erhält man

$$\begin{aligned}u_2 &= \frac{v_1 - \dot{u}_1 \sin x_3}{u_1 \cos x_3} \\ &= \frac{v_1 - \dot{u}_1 \sin x_3}{v_2} \\ &= \frac{v_1}{v_2} - \frac{\dot{v}_2}{v_2} \frac{\sin x_3}{\cos x_3} - u_2 \frac{\sin^2 x_3}{\cos^2 x_3}.\end{aligned}$$

Durch das Einsetzen von $\dot{u}_1$ tritt u_2 an zwei Stellen der Gleichung in Erscheinung. Durch Auflösen nach u_2 ergibt sich die Darstellung

$$u_2 = \frac{v_1 \cos^2 x_3 - \dot{v}_2 \sin x_3 \cos x_3}{v_2}, \tag{4.195}$$

die nicht mehr von anderen Systemeingängen abhängt. Die Stabilisierung der sich aus Gl. (4.192) ergebenden linearen Systeme erfolgt durch

$$v_1 = -a_{1,0}(y_1 - w_1) - a_{1,1}(\dot{y}_1 - \dot{w}_1) \tag{4.196}$$

$$v_2 = -a_{2,0}(y_2 - w_2) \tag{4.197}$$

mit Koeffizienten $a_{1,0}, a_{1,1}, a_{2,0} > 0$. Für Gl. (4.195) wird außerdem die Ableitung $\dot{v}_2$ benötigt:

$$\dot{v}_2 = -a_{2,0}(\dot{y}_2 - \dot{w}_2) = -a_{2,0}(v_2 - \dot{w}_2). \tag{4.198}$$

Insgesamt ergibt sich bei vorgegebenen Zuständen und Führungsgrößen folgendes Rechenschema für die Systemeingänge u_1 und u_2:

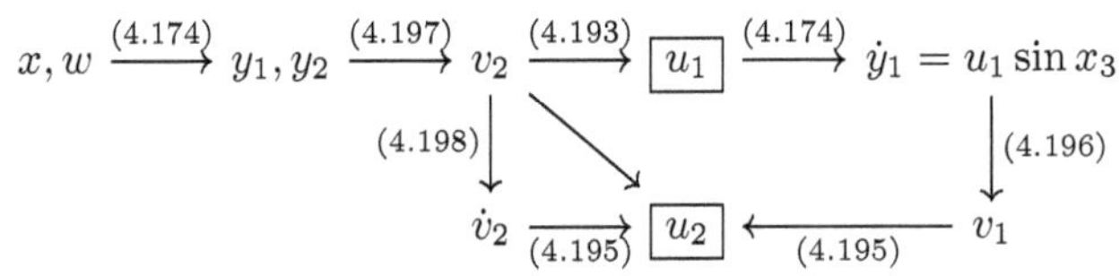

Bei einer konstanten Führungsgröße $w = (w_1, w_2)^T$ entfallen die Ableitungen $\dot{w}_1$ und $\dot{w}_2$. Andernfalls kann man mit den Gl. (4.196), (4.197) und (4.198) auch eine Trajektorienfolgeregelung realisieren (vgl. ► Abschni. 5.1 und 5.2).

Die so berechnete Zustandsrückführung setzt eine Abweichung zwischen Regel- und Führungsgröße in x_2-Richtung voraus: Mit $y_2 = w_2$ gilt $v_2 = 0$. Damit wäre (4.195) nicht definiert.

Bei der in Gl. (4.192) getroffenen Auswahl $(\ddot{y}_1, \dot{y}_2)$ ist ein Umstellen nach (u_1, u_2) für $\cos x_3 \neq 0$ möglich, insbesondere für den Winkelbereich $|x_3| < \pi/2$. Hätte man alternativ die Gleichungen für $(\dot{y}_1, \ddot{y}_2)$ ausgewählt, dann würde bei den Eingängen der Term $\sin x_3$ auftreten, womit die Fahrtrichtung $x_3 = 0$ nicht möglich gewesen wäre.

4.6 Beispiel: Hochsetzsteller

4.6.1 Gemitteltes Modell und Ruhelagen

Der Hochsetzsteller wird durch das gemittelte Modell

$$\begin{aligned} \dot{x}_1 &= -(1-u)\tfrac{1}{L}x_2 + \tfrac{E}{L} \\ \dot{x}_2 &= (1-u)\tfrac{1}{C}x_1 - \tfrac{1}{RC}x_2 \end{aligned} \tag{4.199}$$

aus ► Abschn. 1.3 beschrieben und in den Beispielen 2.23 bzw. 4.72 behandelt. Dabei ist x_1 der gemittelte Spulenstrom und x_2 die gemittelte Kondensator- bzw. Ausgangsspannung. Der Eingang u gibt das Tastverhältnis mit $0 < u < 1$ an. Zur Bestimmung der

Ruhelage x^0 setzen wir $\dot{x}_1 = 0$ und $\dot{x}_2 = 0$. Aus der ersten Systemgleichung erhält man den Zusammenhang zwischen Spanunng und Tastverhältnis:

$$x_2^0 = \frac{E}{1-u^0} \quad \text{bzw.} \quad u^0 = 1 - \frac{E}{x_2^0}. \tag{4.200}$$

Für $u^0 \to 0$ gilt $x_2^0 = E$, so dass die Ausgangsspannung mit der Eingangsspannung E übereinstimmt. Für $u^0 = 0,5$ ergibt sich $x_2^0 = 2E$, d. h. am Ausgang liegt die doppelte Eingangsspannung an. Im Fall $u^0 \to 1$ geht $x_2^0 \to \infty$, so dass man theoretisch beliebig hohe Ausgangsspannungen erzeugen könnte. Aus der zweiten Systemgleichung erhält man die Ruhelage für den Spulenstrom:

$$x_1^0 = \frac{(x_2^0)^2}{RE} = \frac{E}{(1-u^0)^2 R}. \tag{4.201}$$

Für die weiteren Berechnungen wird das Modell (4.199) unter Bezugnahme auf die Darstellung (4.1) durch die Vektorfelder

$$f(x) = \begin{pmatrix} \frac{1}{L}(E - x_2) \\ \frac{1}{C}(x_1 - \frac{1}{R}x_2) \end{pmatrix} \quad \text{und} \quad g(x) = \begin{pmatrix} \frac{x_2}{L} \\ -\frac{x_1}{C} \end{pmatrix}$$

beschrieben.

4.6.2 Eingangs-Ausgangs-Lineariserung bezüglich einer Referenzspannung

Die Eingangs-Ausgangs-Linearisierung des Hochsetzstellers wurde schon in den 1990er Jahren ausführlich behandelt [EOS+99], wird aber auch in jüngerer Zeit immer wieder aufgegriffen [SXW08, LMG10]. Als ersten Ausgang bzw. erste Regelgröße setzen wir die Abweichung der Kondensatorspannung x_2 von einer vorgegebenen Referenzspannung $x_{2,\mathrm{ref}} > E$ an:

$$y = h(x) = x_2 - x_{2,\mathrm{ref}}. \tag{4.202}$$

Die Zeitableitung

$$\begin{aligned} \dot{y} &= \dot{x}_2 \\ &= (1-u)\frac{1}{C}x_1 - \frac{1}{RC}x_2 \\ &= \underbrace{\frac{x_1}{C} - \frac{x_2}{RC}}_{L_f h(x)} \underbrace{-\frac{x_1}{C}}_{L_g h(x)} u. \end{aligned}$$

hängt unmittelbar vom Eingang u ab. Für $x_1 \neq 0$ besitzt das System (4.199) mit dem Ausgang (4.202) den relativen Grad $r = 1$. Damit erhält man die erste Koordinate der Byrnes-Idisori-Normalform:

$$z_1 = \phi_1(x) = h(x) = x_2 - x_{2,\text{ref}}.$$

Zur Ergänzung muss man eine Funktion ϕ_2 suchen, die Gl. (4.35) erfüllt. Diese Bedingung ist beispielsweise für die Funktion

$$z_2 = \phi_2(x) = Lx_1^2 + Cx_2^2 \tag{4.203}$$

erfüllt:

$$L_g\phi_2(x) = \mathrm{d}\phi_2(x)\, g(x) = \begin{pmatrix} 2Lx_1 & 2Cx_2 \end{pmatrix} \begin{pmatrix} \frac{x_2}{L} \\ -\frac{x_1}{C} \end{pmatrix} \equiv 0.$$

Die Rücktransformation $x = \Phi^{-1}(z)$ wird durch die Gleichung

$$\begin{aligned} x_1 &= \sqrt{\tfrac{z_2 - C(z_1 + x_{2,\text{ref}})^2}{L}} \\ x_2 &= z_1 + x_{2,\text{ref}} \end{aligned}$$

beschrieben. Die interne Dynamik genügt dann der nichtlinearen Differentialgleichung

$$\begin{aligned} \dot{z}_2 &= L_f\phi_2(x)\big|_{x=\Phi^{-1}(z)} \\ &= \begin{pmatrix} 2Lx_1 & 2Cx_2 \end{pmatrix} \begin{pmatrix} \frac{1}{L}(E - x_2) \\ \frac{1}{C}(x_1 - \frac{1}{R}x_2) \end{pmatrix}\Bigg|_{x=\Phi^{-1}(z)} \\ &= \left(2Ex_1 - \tfrac{2}{R}x_2^2\right)\big|_{x=\Phi^{-1}(z)} \\ &= 2E\sqrt{\tfrac{z_2 - C(z_1 + x_{2,\text{ref}})^2}{L}} - 2\tfrac{(z_1 + x_{2,\text{ref}})^2}{R}. \end{aligned}$$

Für $z_1 = 0$ erhält man die Nulldynamik

$$\dot{z}_2 = 2E\sqrt{\frac{z_2 - Cx_{2,\text{ref}}^2}{L}} - 2\frac{x_{2,\text{ref}}^2}{R}. \tag{4.204}$$

Die Nulldynamik ist hinsichtlich ihrer Stabilität zu untersuchen. Die vorgegebene Referenzspannung soll gleichzeitig eine Ruhelage bilden, d. h. $x_{2,\text{ref}} = x_2^0$. Setzt man die Beziehungen (4.200) und (4.201) in Gl. (4.203) ein, so erhält man für die Koordinate z_2 den Referenzwert

$$z_{2,\text{ref}} := Lx_{1,\text{ref}}^2 + Cx_{2,\text{ref}}^2 = L\frac{x_{2,\text{ref}}^4}{(RE)^2} + Cx_{2,\text{ref}}^2.$$

Führt man die Größe $\tilde{z}_2$ zur Beschreibung der Abweichung vom Referenzwert bzw. von der Ruhelage ein

$$\tilde{z}_2 := z_2 - z_{2,\text{ref}} \quad \text{bzw.} \quad z_2 = \tilde{z}_2 + z_{2,\text{ref}},$$

so nimmt die Nulldynamik (4.204) die Form

$$\begin{aligned}\dot{\tilde{z}}_2 &= 2E\sqrt{\frac{\tilde{z}_2 + z_2,\text{ref} - Cx_{2,\text{ref}}^2}{L}} - 2\frac{x_{2,\text{ref}}^2}{R} \\ &= 2\sqrt{\frac{E^2R^2\tilde{z}_2 + x_{2,\text{ref}}^4 L}{R^2L}} - 2\frac{x_{2,\text{ref}}^2}{R} \\ &= \underbrace{\frac{E^2R}{x_{2,\text{ref}}^2 L}}_{>0} \tilde{z}_2 + \mathcal{O}(\tilde{z}_2^2)\end{aligned}$$

an. Dem positiven Koeffizienten bei der Linearisierung ist zu entnehmen, dass die Nulldynamik instabil ist. Das System (4.199) mit dem Ausgang (4.202) ist folglich nicht minimalphasig.

4.6.3 Eingangs-Ausgangs-Linearisierung bezüglich eines Referenzstroms

Alternativ könnte man auch den Spulenstrom x_1 bzw. die Differenz zu einem Referenzstrom $x_{1,\text{ref}}$ als Ausgangs- bzw. Regelgröße wählen:

$$y = h(x) = x_1 - x_{1,\text{ref}}. \tag{4.205}$$

In diesem Fall hängt die erste Zeitableitung

$$\begin{aligned}\dot{y} &= \dot{x}_1 \\ &= -(1-u)\frac{1}{L}x_2 + \frac{E}{L} \\ &= \underbrace{\frac{E - x_2}{L}}_{L_f h(x)} + \underbrace{\frac{x_2}{L}}_{L_g h(x)} u\end{aligned}$$

wiederum vom Eingang u ab. Daraus ist ersichtlich, dass das System (4.199) mit dem Ausgang (4.205) für $x_2 \neq 0$ ebenfalls den relativen Grad $r = 1$ besitzt. Damit ergibt sich die Koordinate des ersten Teilsystems:

$$z_1 = \phi_1(x) = h(x) = x_1 - x_{1,\text{ref}}.$$

Zur Ergänzung des Koordinatensystems kann man wiederum Gl. (4.203) nutzen. Die zugehörige Rücktransformation wird durch die Gleichungen

$$\begin{aligned} x_1 &= z_1 + x_{1,\text{ref}} \\ x_2 &= \sqrt{\tfrac{z_2 - L(z_1 + x_{1,\text{ref}})^2}{C}} \end{aligned}$$

beschrieben. Daraus erhält man die interne Dynamik

$$\begin{aligned} \dot{z}_2 &= L_f \phi_2(x)\big|_{x=\Phi^{-1}(z)} \\ &= \begin{pmatrix} 2Lx_1 & 2Cx_2 \end{pmatrix} \begin{pmatrix} \frac{1}{L}(E - x_2) \\ \frac{1}{C}(x_1 - \frac{1}{R}x_2) \end{pmatrix}\Bigg|_{x=\Phi^{-1}(z)} \\ &= \left(2Ex_1 - \tfrac{2}{R}x_2^2\right)\big|_{x=\Phi^{-1}(z)} \\ &= 2E(z_1 + x_{1,\text{ref}}) - 2\tfrac{z_2 - L(z_1 + x_{1,\text{ref}})^2}{RC}, \end{aligned}$$

die für $z_1 = 0$ in die Nulldynamik übergeht:

$$\dot{z}_2 = 2Ex_{1,\text{ref}} - 2\frac{z_2 - Lx_{1,\text{ref}}^2}{RC}. \tag{4.206}$$

Verschiebt man die z_2-Koordinate durch

$$\tilde{z}_2 := z_2 - z_{2,\text{ref}} \quad \text{mit} \quad z_{2,\text{ref}} := x_{1,\text{ref}}\left(RCE + Lx_{1,\text{ref}}\right),$$

so nimmt die Nulldynamik (4.206) die Form

$$\dot{\tilde{z}}_2 = -\frac{2}{RC}\tilde{z}_2 \tag{4.207}$$

einer linearen und asymptotisch stabilen Differentialgleichung an. Mit dem Ausgang (4.205) ist das System (4.199) minimalphasig. Das Regelgesetz (4.18) hat dann die Form

$$\begin{aligned} u &= -\frac{1}{L_g h(x)}\left(L_f h(x) + a_0 h(x)\right) \\ &= \frac{x_2 - E - a_0 L(x_1 - x_{1,\text{ref}})}{x_2} \end{aligned} \tag{4.208}$$

mit der Reglerparameter $a_0 > 0$.

4.6.4 Eingangs-Zustands-Lineariserung

Zur vollständigen Beeinflussung der zweidimensionalen Systemdynamik ist eine Eingangs-Zustands-Linearisierung nötig. Die Steuerbarkeitsmatrix

$$Q_S(x) = \big(g(x), \mathrm{ad}_{-f}g(x)\big) = \begin{pmatrix} \frac{x_2}{L} & \frac{x_2}{CLR} \\ -\frac{x_1}{C} & \frac{CER+x_1L}{C^2LR} \end{pmatrix}$$

ist wegen $\det Q_S(x) = x_2(CER + 2x_1L)/(C^2L^2R)$ für $x_1, x_2 > 0$ regulär. Die Distribution $\Delta_1 = \mathrm{span}\{g\}$ ist eindimensional und daher involutiv. Nach Satz 4.38 bzw. Korollar 4.41 ist das System eingangs-zustands-linearisierbar. Der Gradient $\mathrm{d}h$ der gesuchten Ausgangsabbildung h muss den Annihilator von Δ_1 aufspannen, was der Bedingung $L_gh \equiv 0$ entspricht. Hierzu wäre beispielsweise die zur Konstruktion der Byrnes-Isidori-Normalform verwendete Funktion (4.203) geeignet. Eine Skalierung um den Faktor $\frac{1}{2}$ liefert den Ausgang

$$y = h(x) = \frac{L}{2}x_1^2 + \frac{C}{2}x_2^2, \tag{4.209}$$

welcher der elektrischen Energie des Systems entspricht [EOS+99, SR02]. Für diesen Ausgang hat das System (4.199) den relativen Grad $r = 2$. Bei vorgegebener Referenzspannung $x_{2,\mathrm{ref}}$ erhält man den Referenzwert y_{ref} aus Gl. (4.201):

$$y_{\mathrm{ref}} = h(x_{\mathrm{ref}}) = \frac{L}{2}x_{1,\mathrm{ref}}^2 + \frac{C}{2}x_{2,\mathrm{ref}}^2 = \frac{1}{2}\left(\frac{L}{RE} + C\right)x_{2,\mathrm{ref}}^2.$$

Zur Stabilisierung dieses Sollwertes verwendet man das Regelgesetz

$$u = -\frac{1}{L_gL_fh(x)}\left(L_f^2h(x) + a_1L_fh(x) + a_0(h(x) - y_{\mathrm{ref}})\right) \tag{4.210}$$

nach Gl. (4.20) mit den Lie-Ableitungen

$$\begin{aligned} L_fh(x) &= x_1E - \frac{x_2^2}{R} \\ L_f^2h(x) &= \frac{2}{RC}\left(\frac{x_2^2}{R} - x_1\right) + \frac{E}{L}(E - x_2) \\ L_gL_fh(x) &= \left(\frac{2}{RC}x_1 + \frac{E}{L}\right)x_2 \end{aligned} \tag{4.211}$$

und den Reglerparametern $a_0, a_1 > 0$.

4.6.5 Numerische Simulation

Die numerische Simulation basiert auf den in [BMB14, Abschnitt 8.6.1] verwendeten Paramtern $E = 15\,\mathrm{V}$, $L = 0{,}5\,\mathrm{mH}$, $C = 1000\,\mu\mathrm{F}$ und $R = 10\,\Omega$. Als Anfangswert wird der Arbeitspunkt $x_1(0) = 20\,\mathrm{V}$ und $x_2(0) = 2{,}\overline{6}\,\mathrm{A}$ gewählt. Die vorgegebene

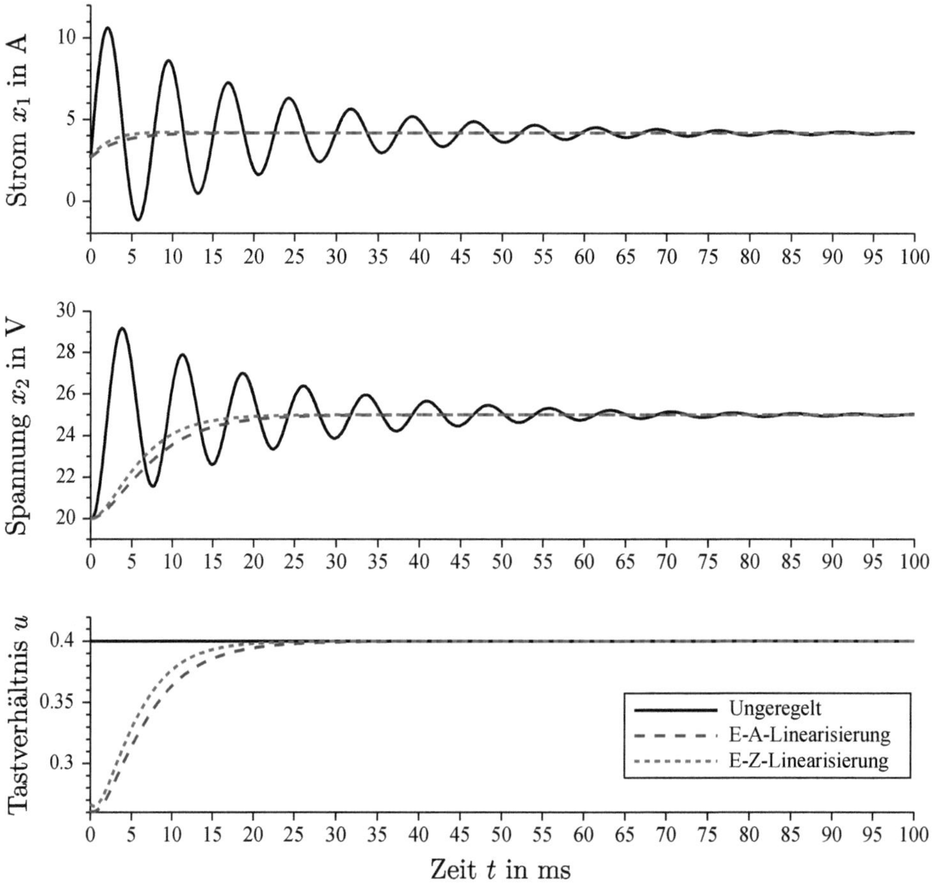

Abb. 4.26 Simulation des gemittelten Hochsetzstellers

Referenzspannung $x_{2,\mathrm{ref}} = 25\,\mathrm{V}$ entspricht nach Gl. (4.200) und (4.201) einem Tastverhältnis $u = 0,4$ bzw. einem Referenzstrom $x_{1,\mathrm{ref}} = 4,1\bar{6}\,\mathrm{A}$. Abb. 4.26 zeigt zunächst das Einschwingen des ungeregelten gemittelten Modells (4.199) mit konstantem Tastverhältnis $u = 0,4$. Dabei ist ein deutliches Überschwingen zu erkennen, welches auch die Grenzen des Modells (4.199) verdeutlicht. (Bei $t \approx 6\,\mathrm{ms}$ tritt ein negativer Strom auf.) Zusätzlich ist die Simulation des mit Gl. (4.208) eingangs-ausgangslinearisierten Systems dargestellt. Der normierte Reglerparameter $a_0 = 300$ entspricht einem vorgegebenen Eigenwert $-300\,\mathrm{s}^{-1}$ für das erste Teilsystem. Aus der Nulldynamik liest man den Eigenwert $-200\,\mathrm{s}^{-1}$ für das zweite Teilsystem ab. Außerdem wird das Einschwingen des mit der Rückführung (4.210) eingangs-zustands-linearisierten Systems dargestellt. Durch die Wahl eines doppelten Eigenwertes $-300\,\mathrm{s}^{-1}$ schwingt das System etwas schneller ein als bei der Eingangs-Ausgangs-Linearisierung. Die verwendeten Eigenwerte entsprechen den normierten Reglerparametern $a_0 = 90000$ und $a_1 = 600$.

Literatur

[Agu02] Aguilar, C: **Approximate feedback linearization and sliding mode control for the single inverted pendulum**. Technischer Bericht, Queen's University, Mathematics and Engineering, August 2002.

[AP90] Arrowsmith, D. K. und C. M. Place: **An Introduction to Dynamical Systems**. Cambridge University Press, Cambridge, 1990.

[Beu01] Beutelspacher, A.: **Lineare Algebra**. Vieweg, Braunschweig, Wiesbaden, 5. Auflage, 2001.

[BI88] Byrnes, C. I. und A. Isidori: **Local stabilization of minimum phase systems**. Systems & Control Letters, 11:9–17, 1988.

[BI91] Byrnes, C. I. und A. Isidori: **Asymptotic stabilization of minimum phase nonlinear systems**. IEEE Trans. on Automatic Control, 36(10):1122–1137, 1991.

[BIW91] Byrnes, C. I., A. Isidori und J. C. Willems: **Passivity, feedback equivalence, and global stabilization of minimum phase systems**. IEEE Trans. on Automatic Control, 36(11):1228–1240, 1991.

[BMB14] Bacha, S., I. Munteanu und A. I. Bratcu: **Power Electronic Converters Modeling and Control**. Springer-Verlag, London, 2014.

[Boo84] Boothby, W. M.: **Some comments on global linearization of nonlinear systems**. Systems & Control Letters, 4:143–147, 1984.

[Bru70] Brunovský, P.: **A classification of linear controllable systems**. Kybernetica, 6(3):173–188, 1970.

[BZ83] Bestle, D. und M. Zeitz: **Canonical form observer design for non-linear time-variable systems**. Int. J. Control, 38(2):419–431, 1983.

[CMP07] Conte, G., C. H. Moog und A. M. Perdon: **Algebraic Methods for Nonlinear Control Systems**. Springer-Verlag, London, 2. Auflage, 2007.

[CP96] Chen, D. und D. Paden: **Stable inversion of nonlinear non-minimum phase systems**. Int. J. Control, 64(1):81–97, 1996.

[ČZM08] Čelikovský, S., J. Zikmund und C. Moog: **Partial exact linearization design for the Acrobot walking**. In: **Proc. American Control Conference (ACC)**, Seiten 874–879, Juni 2008.

[DBE85] Dayawansa, W., W. M. Boothby und D. L. Elliott: **Global state and feedback equivalence of nonlinear systems**. Systems & Control Letters, 6:229–234, 1985.

[DCP96] Devasia, S., D. Chen und B. Paden: **Nonlinear inversion-based output tracking**. IEEE Trans. on Automatic Control, 41(7):930–942, Jul 1996.

[DFIL89] Descusse, J., M. Fliess, A. Isidori und D. Leborgne (Herausgeber): **New Trends in Nonlinear Control Theory, Proceedings of an International Conference on Nonlinear Systems, Nantes, France, June 13–17, 1988**. Springer-Verlag, 1989.

[dJ91] Jager, B. de: **Symbolic calculation of zero dynamics for nonlinear control systems**. In: **Proc. Int. Symposium on Symbolic and Algebraic Computation**, Seiten 321 - 322, 1991.

[dJ95] Jager, B. de: **The use of symbolic computation in nonlinear control: Is it viable?** IEEE Trans. on Automatic Control, 40(1):84–89, 1995.

[DK91] Daoutidis, P. und C. Kravaris: **Inversion and Zero Dynamics in Nonlinear Multivariable Control**. AIChE Journal, 37(4):527–538, April 1991.

[DR98a] Delaleau, E. und W. Respondek: **Lowering the orders of derivatives of controls in generalized state space systems**. Journal of Mathematical Systems Estimation and Control, 8(4):427–454, 1998.

[DR98b] Delaleau, E. und J. Rudolph: **Control of flat systems by quasi-static feedback of generalized states**. Int. J. Control, 71(5):745–765, 1998.

[EOS+99] Escobar, G., R. Ortega, H. Sira-Ramirez, J. P. Vilan und I. Zein: **An experimental comparison of several non linear controllers for power converters**. IEEE Control Systems, 19(1):66–82, 1999.

[FFKR16] Fritzsche, K., M. Franke, C. Knoll und K. Röbenack: **Über die systematische Bestimmung flacher Ausgänge nichtlinearer Mehrgrößensysteme**. Automatisierungstechnik, 64(12):948–960, Dezember 2016.

[Fli90] Fliess, M.: **Generalized controller canonical form for linear and nonlinear dynamics**. IEEE Trans. on Automatic Control, 35(9):994–1001, 1990.

[FLMR95] Fliess, M., J. Lévine, P. Martin und P. Rouchon: **Flatness and defect of non-linear systems: Introductory Theory and Examples**. Int. J. Control, 61:1327–1361, 1995.

[FLMR99] Fliess, M., J. Lévine, P. Martin und P. Rouchon: **Some open questions related to flat nonlinear systems**. In: Blondel, V. D., E. D. Sontag, M. Vidyasagar und J. C. Willems (Herausgeber): **Open Problems in Mathematical Systems and Control Theory**, Kapitel 21, Seiten 99–103. Springer, London, 1999.

[FR12] Franke, M. und K. Röbenack: **Some remarks concerning differential flatness and tangent systems**. Proc. in Applied Mathematics and Mechanics, 12(1):729–730, 2012.

[Fra14] Franke, M.: **Über die Konstruktion flacher Ausgänge für nichtlineare Systeme und zur Polzuweisung durch statische Ausgangsrückführungen**. Logos Verlag, Berlin, 2014.

[Gan86] Gantmacher, F. R.: **Matrizentheorie**. Springer-Verlag, Berlin, 1986.

[GdR05] Gruenbacher, E. und L. del Re: **Output Tracking of Non Input Affine Systems using Extended Hammerstein Models**. In: **Proc. American Control Conference (ACC)**, Seiten 4874–4879, Portland, Juni 2005.

[GH83] Guckenheimer, J. und P. Holmes: **Nonlinear Oscillations, Dynamical Systems, and Bifurcations of Vector Fields**. Springer-Verlag, New York, 1983.

[Gla89] Glad, S. T.: **Nonlinear state space and input output descriptions using differential polynomials**. In: Descusse, J. **et al.** [DFIL89], Seiten 182—189.

[Góm94] Gómez, J. C.: **Using Symbolic Computation for the Computer Aided Design of Nonlinear (Adaptive) Control Systems**. In: **IMACS World Congress on Computational and Applied Mathemathics**, Atlanta, Juli 1994.

[GWRG06] Gensior, A., O. Woywode, J. Rudolph und H. Güldner: **On Differential Flatness, Trajectory Planning, Observers, and Stabilization for DC-DC Converts**. IEEE Trans. on Circuits and Systems I, 53(9):2000–2010, September 2006.

[Haa14] Haager, W.: **Computeralgebra mit Maxima: Grundlagen der Anwendung und Programmierung**. Fachbuchverlag Leipzig im Carl Hanser Verlag, München, 2014.

[Hir79] Hirschorn, R. M.: **Invertibility of Nonlinear Control Systems**. SIAM J. on Control and Optimization, 17(2):289–297, 1979.

[HM90] Hauser, J. und R. M. Murray: **Nonlinear controllers for Non-Integrable systems: the Acrobot example**. In: **Proc. American Control Conference (ACC)**, Seiten 669–671, 1990.

[HS90] Henson, M. A. und D. E. Seborg: **Input-Output Linearization of General Nonlinear Processes**. AIChE Journal, 36(11):1753–1757, 1990.

[HS97] Henson, M. A. und D. E. Seborg: **Nonlinear Process Control**, Kapitel 3, Seiten 111–147. Prentice-Hall, Englewood Cliffs, New Jesey, 1997.

[HSK92] Hauser, J., S. Sastry und P. Kokotovic: **Nonlinear Control Via Approximate Input-Output-Linearization: The Ball and Beam Example**. IEEE Trans. on Automatic Control, 37(3):392–398, 1992.

[HSM83] Hunt, L. R., R. Su und G. Meyer: **Global Transformation of Nonlinear Systems**. IEEE Trans. on Automatic Control, 28(1):24–30, Januar 1983.

[HZ04] Hagenmeyer, V. und M. Zeitz: **Internal dynamics of flat nonlinear SISO systems with respect to a non-flat output**. Systems & Control Letters, 52:323–327, 2004.

[Ise92] Isermann, R.: **Identifikation dynamischer Systeme 2**. Springer, Berlin, Heidelberg, 2. Auflage, 1992.

[Isi95] Isidori, A.: **Nonlinear Control Systems: An Introduction**. Springer-Verlag, London, 3, 1995.

[Isi13] Isidori, A.: **The zero dynamics of a nonlinear system: From the origin to the latest progresses of a long successful story**. European Journal of Control, Seiten 369–378, 2013.

[Joh71] John, F.: **Partial Differential Equations**. Springer-Verlag, New York, 1971.

[Kal62] Kalman, R. E.: **Canonical structure of linear dynamical systems**. Proceedings of the National Academy of Sciences, 48(4):596–600, 1962.

[KB00] Kwatny, H. G. und G. L. Blankenship: **Nonlinear Control and Analytical Mechanics: A Computational Approach**. Birkhäuser, Boston, 2000.

[Kno16] Knoll, C.: **Regelungstheoretische Analyse- und Entwurfsansätze für unteraktuierte mechanische Systeme**. epubli, Berlin, 2016.

[KR15] Knoll, C. und K. Röbenack: **Maneuver-based control of the 2-degrees of freedom underactuated manipulator in normal form coordinates**. Systems Science & Control Engineering, 3(1):26–38, 2015.

[KSW99] Krichman, M., E. D. Sontag und Y. Wang: **Lyapunov characterisations of input-output-to-state stability**. In: **Proc. IEEE Conf. on Decision and Control (CDC)**, Band 3, Seiten 2070–2075, Dezember 1999.

[KvW07] Kerner, H. und W. von Wahl: **Mathematik für Physiker**. Springer-Verlag, Berlin, Heidelberg, 2. Auflage, 2007.

[Lév07] Lévine, J.: **On the equivalence between differential flatness and dynamic feedback linearizability**. IFAC Proceedings Volumes, 40(20):338–343, 2007.

[Lév11] Lévine, J.: **On necessary and sufficient conditions for differential flatness**. Applicable Algebra in Engineering, Communication and Computing, 22(1):47–90, 2011.

[LL01] Leith, D. J. und W. E. Leithead: **Input-output linearisation of nonlinear systems with ill-defined relative degree: the ball and beam revisited**. In: **Proc. American Control Conference (ACC)**, Band 4, Seiten 2811–2816, 2001.

[LLC88] Lamnabhi-Lagarrigue, F. und P. Crouch: **A formula for iterated derivatives along trajectories of nonlinear systems**. Systems & Control Letters, 11:1–7, 1988.

[LLP96] Léevine, J., J. Lottin und J. C. Ponsart: **A Nonlinear Approach to the Control of Magnetic Bearings**. IEEE Trans. on Control Systems Technology, 4(5):524–544, September 1996.

[LMG10] Liu, J., W. Ming und F. Gao: **A New Control Strategy for Improving Performance of Boost DC/DC Converter Based on Input-Output Feedback Linearization**. In: **Proc. of the 8th World Congress on Intelligent Control and Automation**, Jinan, China, Juli 2010.

[LMS00] Liberzon, D., A. S. Morsel und E. D. Sontag: **A new definition of the minimum-phase property for nonlinear systems, with an application to adaptive control**. In: **Proc. IEEE Conf. on Decision and Control (CDC)**, Sydney, Australia, Dezember 2000.

[Lun97] Lunze, J.: **Regelungstechnik 2, Mehrgrößensysteme, Digitale Regelung**. Springer-Verlag, Berlin, Heidelberg, 4. Auflage, 1997.

[MMAL11] Maalouf, D., C. Moog, Y. Aoustin und S. Li: **Maximum Feedback Linearization with Internal Stability of 2-DOF Underactuated Mechanical Systems**. In: **Preprints of the 18th IFAC World Congress**, Band 44, Seiten 8132–8137, Milano (Italy), 2011.

[Nol04a] Nolting, W.: **Grundkurs Theoretische Physik 1, Klassische Mechanik**. Springer-Verlag, Berlin, 7. Auflage, 2004.

[Nol04b] Nolting, W.: **Grundkurs Theoretische Physik 2, Analytische Mechanik.** Springer-Verlag, Berlin, 4. Auflage, 2004.

[NvdS90] Nijmeijer, H. und A. J. van der Schaft: **Nonlinear Dynamical Control systems**. Springer-Verlag, New York, 1990.

[OLV02] Oriolo, G., A. De Luca und M. Vendittelli: **WMR control via dynamic feedback linearization: Design, implementation and experimental validation**. IEEE Trans. on Control Systems Technology, 10(6):835–852, November 2002.

[OS01] Olfati-Saber, R.: **Global stabilization of a flat underactuated system: the inertia wheel pendulum**. In: **Proc. IEEE Conf. on Decision and Control (CDC)**, Band 4, Seiten 3764–3765, 2001.

[RA11] Ryu, J. C. und S. K. Agrawal: **Differential flatness-based robust control of mobile robots in the presence of slip**. Int. Journal of Robotcs Research, 30(4):463–475, 2011.

[Rei88] Reinschke, K. J.: **Multivariable Control - A Graph-theoretic Approach**, Band 108 der Reihe **Lecture Notes in Control and Information Science**. Springer-Verlag, 1988.

[Rei96] Reitmann, V.: **Reguläre und chaotische Dynamik**. Mathematik für Ingenieure und Naturwissenschaftler. Teubner, Stuttgart, Leipzig, 1996.

[Rei14] Reinschke, K.: **Lineare Regelungs- und Steuerungstheorie**. Springer-Verlag, Berlin, Heidelberg, 2. Auflage, 2014.

[Res86] Respondek, W.: **Global aspects of linearization, equivalence to polynomial forms and decomposition ofnonlinear control systems**. In: Fliess, M. und M. Hazewinkel (Herausgeber): **Algebraic and Geometric Methods in Nonlinear Control**, Seiten 257–284. Reidel, Dordrecht, 1986.

[Röb05] Röbenack, K.: **Automatic Differentiation and Nonlinear Controller Design by Exact Linearization**. Future Generation Computer Systems, 21(8):1372–1379, 2005.

[Röb07] Röbenack, K.: **Controller design for nonlinear multi-input – multi-output systems based on an algorithmic plant description**. Mathematical and Computer Modelling of Dynamical Systems, 13(2):193–209, 2007.

[RR00] Röbenack, K. und K. J. Reinschke: **Reglerentwurf mit Hilfe des Automatischen Differenzierens**. Automatisierungstechnik, 48(2):60–66, Februar 2000.

[RRZ97] Rothfuß, R., J. Rudolph und M. Zeitz: **Flachheit: Ein neuer Zugang zur Steuerung und Regelung nichtlinearer Systeme**. Automatisierungstechnik, 45:517–525, 1997.

[Rud03] Rudolph, J.: **Beiträge zur flachheitsbasierten Folgeregelung linearer und nichtlinearer Systeme endlicher und unendlicher Dimension.** Berichte aus der Steuerungs- und Regelungstechnik. Shaker Verlag, Aachen, 2003.

[Rud05] Rudolph, J.: **Rekursiver Entwurf stabiler Regelkreise durch sukzessive Berücksichtigung von Integratoren und quasi-statische Rückführungen**. Automatisierungstechnik, 53(8):389–399, 2005.

[SCL01] Spong, M. W., P. Corke und R. Lozano: **Nonlinear control of the Reaction Wheel Pendulum**. Automatica, 37(11):1845 – 1851, 2001.

[SJK97] Sepulchre, R., M. Janković und P. Kokotović: **Constructive Nonlinear Control**. Springer, London, 1997.

[Son95] Sontag, E. D.: **On the Input-to-State Stability Property**. European Journal of Control, 1(1):24–36, 1995.

[Son00] Sontag, E. D.: **The ISS philosophy as a unifying framework for stability-like behavior**. In: Isidori, A., F. Lamnabhi-Lagarrigue und W. Respondek (Herausgeber): **Nonlinear Control in the Year 2000 (Volume 2)**, Band 259 der Reihe **Lecture Notes in Control and Information Science**, Seiten 443–468. Springer, Berlin, 2000.

[Spo94] Spong, M. W.: **Partial feedback linearization ofunderactuated mechanical systems**. In: **Proc. of the IEEE/RSJ/GI International Conference on Intelligent Robots and Systems (IROS '94)**, Band 1, Seiten 314–321, September 1994.

[Spo95] Spong, M. W.: **The swing up control problem for the Acrobot**. IEEE Control Systems, 15(1):49–55, Februar 1995.

[Spo96] Spong, M. W.: **Energy based control of a class of underactuated mechanical systems**. In: **Proc. 13th IFAC World Congress, volume F**, Seiten 431–436, San Francisco, California, Juli 1996.

[Spo98] Spong, M. W.: **Underactuated Mechanical Systems**. In: Siciliano, B. und K. P. Valavanis (Herausgeber): **Control Problems in Robotics**, Band 230 der Reihe **Lecture Notes in Control and Information Science**, Seiten 135–150. Springer-Verlag, London, 1998.

[SR02] Sira-Ramirez, H.: **Sliding Modes, Passivity, and Flatness**. In: Perruquetti, W. und J. P. Barbot (Herausgeber): **Sliding Mode Control In Engineering**. CRC Press, 2002.

[SS12] Schöberl, M. und K. Schlacher: **Zur konstruktiven Berechnung flacher Ausgänge für nichtlineare Systeme**. Automatisierungstechnik, 60(8):452–461, 2012.

[Su82] Su, R.: **On the linear equivalents of nonlinear systems**. Systems & Control Letters, 2(1):48-52, 1982.

[Sus90] Sussmann, H. J.: **Limitations on the stabilizability of globally-minimum-phase systems**. IEEE Trans. on Automatic Control, 35(1):117–119, Januar 1990.

[Sva06] Svaricek, F.: **Nulldynamik linearer und nichtlinearer Systeme: Definition, Eigenschaft und Anwendungen**. Automatisierungstechnik, 54(7), 2006.

[SXW08] Shuai, D., Y. Xie und X. Wang: **The research of input-output linearization and stabilization analysis of internal dynamics on the CCM Boost converter**. In: **Int. Conference on Electrical Machines and Systems (ICEMS 2008)**, Seiten 1860–1864, Oktober 2008.

[TK83] Tsinias, J. und N. Kalouptsidis: **Invertibility of nonlinear analytic single-input systems**. IEEE Trans. on Automatic Control, 28(9):931–933, 1983.

[VA13] Verhoeven, G. und F. Antritter: **Ein Werkzeug zur automatisierten Flachheitsanalyse nichtlinearer Systeme**. Automatisierungstechnik, 61(1):60–71, Januar 2013.

[vdS84] Schaft, A. J. van der: **Linearization and input-output decoupling for general nonlinear systems**. Systems & Control Letters, 5:27–33, 1984.

[vLR03] Löwis, J. von und J. Rudolph: **Real-trajectory generation for flat systems with constraints**. In: Zinober, A. und D. Owens (Herausgeber): **Nonlinear and Adaptive Control**, Band 281 der Reihe **Lecture Notes in Control and Information Science**, Seiten 371–380. Springer, 2003.

[vNRM94] Nieuwstadt, M. van, M. Rathinam und R. M. Murray: **Differential flatness and absolute equivalence**. In: **Proc. IEEE Conf. on Decision and Control (CDC)**, Band 1, Seiten 326–332, Dezember 1994.

[WD72] Wu, F. F. und C. A. Desoer: **Global inverse function theorem**. IEEE Trans. on Circuit Theory, 19:199–201, 1972.

[Zei85] Zeitz, M.: **Canonical forms for nonlinear systems**. In: Jakubczyk, B., W. Respondek und K. Tchoń (Herausgeber): **Geometric Theory of Nonlinear Control Systems**, Seiten 255–278. Wroclaw Technical University Press, 1985.

[Zei89] Zeitz, M.: **Canonical forms for nonlinear systems**. In: **Proc. IFAC-Symposium Nonlinear Control System Design**, Capri, Italy, 1989.

[Zei14] Zeitz, M.: **Minimalphasigkeit – keine relevante Eigenschaft für die Regelungstechnik!** Automatisierungstechnik, 62(1):3–10, 2014.

[ZFR06] Zhang, F. und B. Fernandez-Rodriguez: **Feedback linearization control of systems with singularities: a ball-beam revisit**. In: **Proc. Int. Conf. on Complex Systems**, 2006.

[ŻM86] Żak, S. H. und C. A. MacCarley: **State-feedback control of non-linear systems**. Int. J. Control, 43(5):1497–1514, 1986.

[ZM06] Zikmund, J. und C. H. Moog: **The structure of 2-bodies mechanical systems**. In: **Proc. IEEE Conf. on Decision and Control (CDC)**, Seiten 6454–6459, Dezember 2006.

Erweiterte Regelungskonzepte auf Basis der exakten Linearisierung

K. Röbenack, *Nichtlineare Regelungssysteme*,
https://doi.org/10.1007/978-3-662-44091-9_5

Aufbauend auf den in ▶ Kap. 4 entwickelten Konzepten (relativer Grad und bestimmte Normalformen) lassen sich etliche verschiedene Regler realisieren und damit auch unterschiedliche regelungstechnische Aufgabenstellungen lösen [HS97]. In diesem Kapitel werden verschiedene Regelungskonzepte, die auf der exakten Linearisierung aufbauen, vorgestellt. Den nachfolgenden Betrachtungen wird ein eingangsaffines Modell für die Regelstrecke zugrunde gelegt. Während für theoretische Untersuchungen die Byrnes-Isidori-Normalform bevorzugt wird, erfolgen praktische Berechnung oft mit der Eingangs-Ausgangs-Normalform. Daher sind die vorgestellten Entwurfsverfahren auch leicht auf nicht eingangsaffine Systeme zu übertragen.

5.1 Trajektorienfolgeregelung mittels Rückführung (Feedback)

5.1.1 Ausgangsfolgeregelung

Man betrachte eine eingangsaffine Regelstrecke der Form

$$\dot{x} = f(x) + g(x)u, \quad y = h(x) \tag{5.1}$$

mit glatten Vektorfeldern $f, g, : \mathcal{M} \to \mathbb{R}^n$ und einem glatten Skalarfeld $h : \mathcal{M} \to \mathbb{R}$, wobei die Felder auf einer offenen Menge $\mathcal{M} \subseteq \mathbb{R}^n$ definiert sind. Auf Basis der Eingangs-Ausgangs-Linearisierung wird nachfolgend eine Ausgangsfolgeregelung entworfen. Der Systemausgang y soll sich dabei asymptotisch einem Referenzverlauf $y_{\text{ref}} : [0, \infty) \to \mathbb{R}$ annähern. Die Darstellung beruht auf [Isi95, Abschn. 4.5].

System (5.1) habe einen wohldefinierten relativen Grad $r \leq n$. Dann kann das System mit einer Zustandstransformation $(\xi, \eta) = \Phi(x)$ in die Byrnes-Isidori-Normalform

$$\left.\begin{aligned} \dot{\xi}_1 &= \xi_2 \\ &\vdots \\ \dot{\xi}_{r-1} &= \xi_r \\ \dot{\xi}_r &= \alpha(\xi, \eta) + \beta(\xi, \eta)u \\ \dot{\eta}_1 &= q_1(\xi, \eta) \\ &\vdots \\ \dot{\eta}_{n-r} &= q_{n-r}(\xi, \eta) \\ y &= \xi_1 \end{aligned}\right\} \quad \begin{aligned} \dot{\xi} &= A\xi + b(\alpha(\xi, \eta) + \beta(\xi, \eta)u) \\ \dot{\eta} &= q(\xi, \eta) \\ y &= c^T \xi \end{aligned} \tag{5.2}$$

transformiert werden (siehe ▶ Abschn. 4.1.2). Mit der Eingangs-Ausgangs-Linearisierung

$$u = \frac{1}{\beta(\xi, \eta)} (v - \alpha(\xi, \eta)) = \frac{1}{L_g L_f^{r-1} h(x)} \left(v - L_f^r h(x) \right) \tag{5.3}$$

kompensiert man die im ersten Teilsystem von (5.2) auftretenden Nichtlinearitäten derart, dass das Eingangs-Ausgangs-Verhalten durch die Integratorkette

$$\left.\begin{aligned} \dot{\xi}_1 &= \xi_2 \\ &\vdots \\ \dot{\xi}_{r-1} &= \xi_r \\ \dot{\xi}_r &= v \\ y &= \xi_1 \end{aligned}\right\} \quad \begin{aligned} \dot{\xi} &= A\xi + bv \\ y &= c^T\xi \end{aligned} \tag{5.4}$$

beschrieben wird.

Zur Beschreibung des Folgeverhaltens wird der Fehler

$$\varepsilon(t) := y(t) - y_{\text{ref}}(t) \quad \text{für} \quad t \geq 0 \tag{5.5}$$

als Differenz zwischen System- und Referenzausgang eingeführt. Für den Zeitverlauf des Fehlers ε geben wir eine Fehlerdynamik in Form einer linearen zeitinvarianten Differentialgleichung

$$\varepsilon^{(r)}(t) + a_{r-1}\varepsilon^{(r-1)}(t) + \cdots + a_1\dot{\varepsilon}(t) + a_0\varepsilon(t) = 0 \tag{5.6}$$

der Ordnung r vor. Die Koeffizienten $a_0, \ldots a_{r-1} \in \mathbb{R}$ sind dabei so zu wählen, dass das zu (5.6) gehörende charakteristische Polynom ein Hurwitz-Polynom ist. Dann gilt

$$\lim_{t\to\infty} \varepsilon(t) \to 0$$

für alle Anfangswerte von (5.6), wodurch das asymptotische Folgeverhalten gewährleistet ist.

Die gewünschte Fehlerdynmik (5.6) ist jetzt noch in das System einzuprägen. Der vorgegebene Referenzverlauf $y_{\text{ref}}\colon [0, \infty) \to \mathbb{R}$ des Ausgangs sei r mal stetig differenzierbar. Aus (5.5) folgt unmittelbar $\varepsilon^{(i)}(t) = y^{(i)}(t) - y_{\text{ref}}^{(i)}(t)$ für $i = 0, \ldots, r$. Für die Integratorkette (5.4) ergibt sich daraus der Eingangsverlauf

$$\begin{aligned} v(t) &= y^{(r)}(t) \\ &= y_{\text{ref}}^{(r)}(t) + \varepsilon^{(r)}(t) \\ &= y_{\text{ref}}^{(r)}(t) - a_{r-1}\varepsilon^{(r-1)}(t) - \cdots - a_1\dot{\varepsilon}(t) - a_0\varepsilon(t). \end{aligned} \tag{5.7}$$

Ersetzt man die Zeitableitungen des Systemausgangs durch Lie-Ableitungen $y^{(i)}(t) = L_f^i h(x(t))$ für $i = 1, \ldots, r-1$ und bezieht die linearisierende Zustandsrückführung (5.3) ein, so erhält man das Regelgesetz

$$u = \frac{1}{L_g L_f^{r-1} h(x)} \left(y_{\text{ref}}^{(r)}(t) - L_f^r h(x) + \sum_{i=0}^{r-1} a_i \left(y_{\text{ref}}^{(i)}(t) - L_f^i h(x) \right) \right). \tag{5.8}$$

Dieses Regelgesetz kann man als Linearkombination

$$u = u_{\text{steuer}} + u_{\text{stab}}$$

eines Anteils zur Vorsteuerung

$$u_{\text{steuer}} = \frac{1}{L_g L_f^{r-1} h(x)} \left(y_{\text{ref}}^{(r)}(t) - L_f^r h(x) \right) \tag{5.9}$$

und eines Anteils zur asymptotischen Stabilisierung

$$u_{\text{stab}} = \frac{1}{L_g L_f^{r-1} h(x)} \sum_{i=0}^{r-1} a_i \left(y_{\text{ref}}^{(i)}(t) - L_f^i h(x) \right) \tag{5.10}$$

auffassen. Man spricht dabei von einer **Struktur mit zwei Freiheitsgraden** [Hor63, Kre99]. Der Steuerungsanteil (5.9) wird unter Verwendung der Hirschorn-Inversen entlang der Systemtrajektorie x gebildet (siehe Anmerkung 4.6). Ein Trajektoriengenerator stellt die Referenztrajektorie bereit. ◘ Abb. 5.1 verdeutlicht das Zusammenwirken der verschiedenen Anteile im geschlossenen Regelkreis.

Durch die im Regelgesetz (5.8) auftretende Referenztrajektorie $t \mapsto y_{\text{ref}}(t)$ ist das rückgeführte System zeitvariant, so dass man die Stabilitätsaussagen aus den Sätzen 4.25 oder 4.36 nicht unmittelbar übernehmen kann. Allerdings lassen sich die Überlegungen von Satz 4.37 übertragen. Dazu betrachten wir das System (5.1) in der Byrnes-Isidori-Normalform (5.2). Der Zustand ξ des ersten Teilsystems von (5.2) ist durch den Ausgang und seine Zeitableitungen gegeben:

$$\xi_1 = y,\ \xi_2 = \dot{y},\ \ldots,\ \xi_r = y^{(r-1)}. \tag{5.11}$$

Der Referenzzustand ξ_{ref} lässt sich in gleicher Weise durch $\xi_{1,\text{ref}} = y_{\text{ref}}, \ldots, \xi_{r,\text{ref}} = y_{\text{ref}}^{(r-1)}$ beschreiben. Die Differenz $\tilde{\xi} = \xi - \xi_{\text{ref}}$ liefert die Koordinaten des Fehlersystems mit $\tilde{\xi}_1 = \varepsilon, \ldots, \tilde{\xi}_r = \varepsilon^{(r-1)}$. Die Fehlerdynamik (5.6) lässt sich dann als Zustandsraummodell

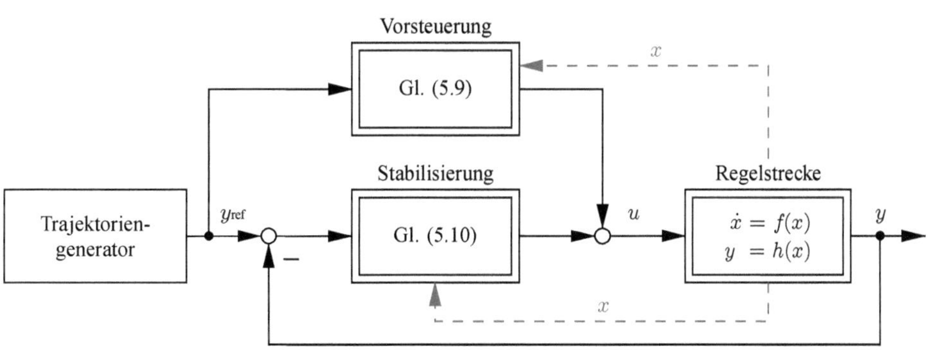

◘ **Abb. 5.1** Struktur der Trajektorienfolgeregelung mittels Rückführung

$$\left.\begin{aligned} \dot{\tilde{\xi}}_1 &= \tilde{\xi}_2 \\ &\vdots \\ \dot{\tilde{\xi}}_{r-1} &= \tilde{\xi}_r \\ \dot{\tilde{\xi}}_r &= -a_0\tilde{\xi}_1 - \cdots - a_{r-1}\tilde{\xi}_r \end{aligned}\right\} \quad \dot{\tilde{\xi}} = (A - bk^T)\,\tilde{\xi} \tag{5.12}$$

mit $k = (a_0, \ldots, a_{r-1})^T$ angeben. Mit $\xi = \xi_{\text{ref}} + \tilde{\xi}$ ergibt sich für das zweite Teilsystem die Form

$$\dot{\eta} = q(\xi_{\text{ref}} + \tilde{\xi}, \eta). \tag{5.13}$$

Nach diesen Vorüberlegungen kann folgende Aussage getroffen werden:

Satz 5.1 *Das System (5.1) habe den Arbeitspunkt $p \in \mathcal{M}$ (für $u = 0$) und den gleichmäßigen relativen Grad $r < n$. Zusätzlich sei das System global rückführäquivalent zu der Form (5.2) mit der Ruhelage $(\xi, \eta) = (0, 0)$. Die Reglerverstärkung $k \in \mathbb{R}^r$ sei so gewählt, dass das zur Fehlerdynamik (5.6) gehörende charakteristische Polynom ein Hurwitz-Polynom ist. Zusätzlich sei der Referenzverlauf y_{ref} bis zur Ableitungsordnung $r-1$ beschränkt, d. h. es gibt eine Schranke $M > 0$, so dass*

$$\left|y_{ref}^{(i)}(t)\right| < M \tag{5.14}$$

für alle $t \geq 0$ und $i = 0, \ldots, r-1$. Ist das System stark minimalphasig, dann bleiben die Systemtrajektorien beschränkt.

Beweis Da globale Rückführäquivalenz zur Form (5.2) angenommen wird, kann die Stabilitätsbetrachtung auf Basis der Gl. (5.12) und (5.13) erfolgen. Weil alle Eigenwerte der Matrix $A - bk^T$ nach Wahl der Reglerverstärkung k negative Realteile besitzen, klingt $\tilde{\xi}$ ab, d. h. $\tilde{\xi}(t) \to 0$ für $t \to \infty$. Damit ist $\tilde{\xi}$ beschränkt. Mit Gl. (5.14) ist ξ_{ref} und damit die auch Summe $\xi_{\text{ref}} + \tilde{\xi}$ beschränkt. Mit der angenommenen starken Minimalphasigkeit ist das zweite Teilsystem (5.13) eingangs-zustands-stabil, so dass η beschränkt bleibt. Da die Transformation ein globaler Diffeomorphismus ist, bleibt auch die Systemtrajektorie x beschränkt. □

Für $r = n$ tritt das zweites Teilsystem (5.13) nicht auf. In diesem Fall erhält man durch (5.12) insgesamt eine lineare zeitinvariante Fehlerdynamik.

Die dargelegten Überlegungen lassen sich unmittelbar auf Mehrgrößensysteme übertragen. Die Kompensation der Nichtlinearitäten erfolgt simultan mit der Entkopplung der Teilsysteme (siehe ▶ Abschn. 4.5). Die Trajektorienfolgeregelung wird dann für jeden einzelnen Ausgang in der beschriebenen Weise durchgeführt. Bei einem vollständig aktuierten mechanischen System lässt sich die Trajektorienfolgeregelung besonders einfach gestalten:

Anmerkung 5.2 Wir betrachten ein mechanisches System, welches durch eine Bewegungsgleichung der Form

$$M(q)\ddot{q} + C(q, \dot{q}) = \tau \tag{5.15}$$

mit den verallgemeinerten Positionen q, den verallgemeinerten Geschwindigkeiten $\dot{q}$ und der Massenmatrix $M(q)$ beschrieben wird. Der Vektor τ enthält die eingeprägten Kräfte bzw. Momente und der Vektor $C(q, \dot{q})$ alle weiteren Kräfte. Die Forderung

$$\ddot{q} \stackrel{!}{=} v$$

einer exakten Kompensation der Nichtlinearitäten führt zunächst auf das (linearisierende) Stellgesetz

$$\tau = M(q)\, v + C(q, \dot{q}), \tag{5.16}$$

vgl. Anmerkung 4.82. Die Stabilisierung entlang einer zweimal stetig differenzierbaren Referenztrajektorie q_{ref} erfolgt durch die als PD-Regler interpretierbare Rückführung

$$v = \ddot{q}_{\text{ref}} + K_D\,(\dot{q}_{\text{ref}} - \dot{q}) + K_P\,(q_{\text{ref}} - q) \tag{5.17}$$

mit passenden Diagonalmatrizen K_P und K_D. Setzt man das daraus resultierende Stellgesetz

$$\tau = M(q) \cdot [\ddot{q}_{\text{ref}} + K_D\,(\dot{q}_{\text{ref}} - \dot{q}) + K_P\,(q_{\text{ref}} - q)] + C(q, \dot{q}) \tag{5.18}$$

in die Bewegungsgleichung (5.15) ein, so erhält man eine exakt lineare zeitinvariante Fehlerdynamik

$$0 = \ddot{q}_{\text{ref}} - \ddot{q} + K_D\,(\dot{q}_{\text{ref}} - \dot{q}) + K_P\,(q_{\text{ref}} - q)\,.$$

Bei diesem Ansatz nutzt man die Bewegungsgleichung zur Berechnung der einzuprägenden Momente. Man spricht daher von der **Methode der berechneten Momente** (engl. **computed torque method**).

Anmerkung 5.3 PI- und PID-Regler sind in der industriellen Praxis die am häufigsten eingesetzten Reglertypen [Mar00, O'D09]. Mit dem I-Anteil lassen sich bleibende Regelabweichungen kompensieren und Störungen unterdrücken [DHB00]. Die Rückführung (5.8) kann man unter Bezug auf Gl. (5.7) als verallgemeinerten PD-Regler auffassen. Zur Ergänzung eines I-Anteils erweitert man die Fehlerdynamik (5.6) zu

$$\varepsilon^{(r)}(t) + a_{r-1}\varepsilon^{(r-1)}(t) + \cdots + a_1\dot{\varepsilon}(t) + a_0\varepsilon(t) + a_I \int_0^t \varepsilon(\tau)\mathrm{d}\tau = 0$$

mit dem zusätzlichen Koeffizienten $a_I > 0$. Der I-Anteil wird dabei nach der Kompensation der Nichtlinearitäten durch (5.3) eingefügt. In den Originalkoordinaten erhält man daraus die Zustandsrückführung

$$u = \frac{1}{L_g L_f^{r-1} h(x)} \left(a_I \int_0^t (y_{\text{ref}}(\tau) - h(x(\tau)))\,\mathrm{d}\tau + \sum_{i=0}^{r} a_i \left(y_{\text{ref}}^{(i)}(t) - L_f^i h(x) \right) \right)$$

mit $a_r := 1$, vgl. [KC87, HS91a]. Diese Rückführung lässt sich als verallgemeinerter PID-Regler interpretieren [Sir02]. Alternativ kann man dem (nicht eingangs-ausgangslinearisierten) Originalsystem auch einen Integrator vorschalten [ML03]. Das erweiterte System hat dann den relativen Grad $r + 1$ (vgl. ▶ Abschn. 4.3.1) und kann mit der hinsichtlich r entsprechend angepassten Rückführung (5.8) geregelt werden.

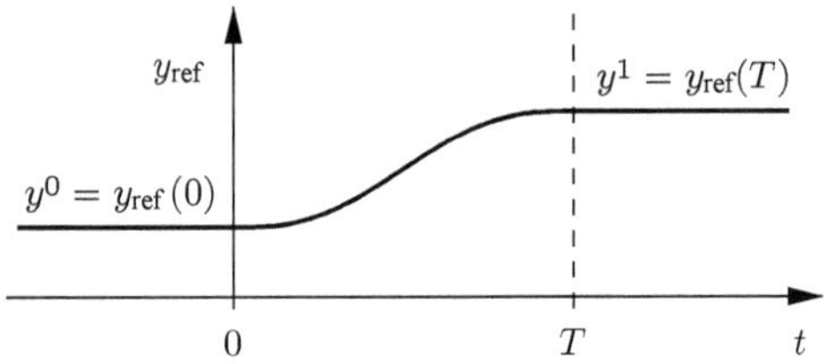

Abb. 5.2 Referenztrajektorie des Ausgangs bei einer Ruhelagenüberführung

5.1.2 Überführung zwischen Ruhelagen

Eine besonders praxisrelevante Aufgabenstellung im Rahmen der Trajektorienfolgeregelung ist die Überführung des Systems von einer Ruhelage $x^0 \in \mathcal{M}$ in eine andere Ruhelage $x^1 \in \mathcal{M}$. Hinsichtlich des Ausgangs bedeutet das einen Übergang von $y^0 = h(x^0)$ zu $y^1 = h(x^1)$. Gesucht ist ein Referenzverlauf $y_{\text{ref}} : [0, T] \to \mathbb{R}$ des Ausgangs, so dass die Ruhelage $x^0 = x(0)$ in die Ruhelage $x^1 = x(T)$ überführt wird (siehe Abb. 5.2). Die Ruhelagenüberführung erfolgt in diesem Abschnitt für das durch Rückführung linearisierte erste Teilsystem (5.4). Die Überführung des Zustands x bzw. (ξ, η) des Gesamtsystems wird in ► Abschn. 5.2 behandelt.

Der Zustand ξ des Systems (5.4) lässt sich durch den Ausgang und seine Zeitableitungen erfassen, vgl. Gl. (5.11). Die Ruhelagen vor und nach dem Überführungsvorgang sind daher durch die $2r$ Randbedingungen

$$
\begin{aligned}
y_{\text{ref}}(0) &= y^0, \; \dot{y}_{\text{ref}}(0) = 0, \; \ldots, y_{\text{ref}}^{(r-1)}(0) = 0 \\
y_{\text{ref}}(T) &= y^1, \; \dot{y}_{\text{ref}}(T) = 0, \; \ldots, y_{\text{ref}}^{(r-1)}(T) = 0
\end{aligned}
\tag{5.19}
$$

eindeutig festgelegt. Wählt man für die Überführung zwischen den Ruhelagen einen hinreichend glatten Verlauf des Referenzausgangs $y_{\text{ref}} : [0, T] \to \mathbb{R}$, so dass diese Randbedingungen erfüllt sind, dann erhält man damit auch einen stetigen Übergang des Zustands ξ. Fordert man zusätzlich

$$
y_{\text{ref}}^{(r)}(0) = y_{\text{ref}}^{(r)}(T) = 0,
\tag{5.20}
$$

dann ist wegen der letzten Differentialgleichung von (5.4) auch der für die Überführung benötigte Eingangsverlauf stetig. Mit den Gl. (5.19) und (5.20) ergeben sich insgesamt $2r+2$ Randbedingungen, die der gesuchte Referenzverlauf y_{ref} des Ausgangs erfüllen soll.

Für den Übergang von $y^0 = y_{\text{ref}}(0)$ zu $y^1 = y_{\text{ref}}(T)$ unter Beachtung der o. g. Randbedingungen könnte man aus einer großen Menge möglicher Ansatzfunktionen wählen (z. B. Splines oder Linearkombinationen trigonometrischer Funktionen). Ein besonders einfacher Ansatz ist durch ein Polynom gegeben. Um nicht in jedem Einzelfall das benötigte Polynom erneut auszurechnen bietet es sich an, ein normiertes Polynom σ zu bestimmen, welches von $\sigma(0) = 0$ auf $\sigma(1) = 1$ unter Berücksichtigung der entsprechenden Randbedingungen in den Ableitungen übergeht. Für $2r + 2$ Parameter muss das Polynom σ mindestens mit dem Grad $2r + 1$ angesetzt werden.

Beispiel 5.4
Für $r = 1$ würde man ein Polynom von Grad $2r + 1 = 3$ ansetzen:

$$\sigma(t) = \sigma_0 + \sigma_1 t + \sigma_2 t^2 + \sigma_3 t^3.$$

Die Parameter σ_0 und σ_1 erhält man aus den Bedingungen am linken Rand:

$$\sigma(0) = \sigma_0 \stackrel{!}{=} 0,$$
$$\dot{\sigma}(0) = \sigma_1 \stackrel{!}{=} 0.$$

Die Bedingungen am rechten Rand

$$\left.\begin{aligned} \sigma(1) &= \sigma_2 + \sigma_3 &\stackrel{!}{=} 1 \\ \dot{\sigma}(1) &= 2\sigma_2 + 3\sigma_3 &\stackrel{!}{=} 0 \end{aligned}\right\} \quad \Leftrightarrow \quad \begin{pmatrix} 1 & 1 \\ 2 & 3 \end{pmatrix} \begin{pmatrix} \sigma_2 \\ \sigma_3 \end{pmatrix} = \begin{pmatrix} 1 \\ 0 \end{pmatrix}$$

liefern $\sigma_2 = 3$ und $\sigma_3 = -2$ und damit $\sigma(t) = 3t^2 - 2t^3$.

Der in Beispiel 5.4 beschriebene Ansatz führt bei polynomialen Ansatzfunktionen immer auf ein lineares Gleichungssystem. Allerdings können die gesuchten Übergangspolynome auch über eine direkte Formel berechnet werden [PV01a, PV01b]:

$$\sigma(t) = \frac{(2r+1)!}{r!} \sum_{i=r+1}^{2r+1} \frac{(-1)^{i-r-1}}{(i-r-1)!\,(2r+1-i)! \cdot i}\, t^i. \tag{5.21}$$

Basierend auf dem normierten Übergangspolynom σ lässt sich jetzt der Übergang von $y^0 = y_{\mathrm{ref}}(0)$ zu $y^1 = y_{\mathrm{ref}}(T)$ durch die abschnittsweise definierte Funktion

$$y_{\mathrm{ref}}(t) = \begin{cases} y^0 & t < 0 \\ y^0 + (y^1 - y^0) \cdot \sigma\left(\frac{t}{T}\right) & \text{für } 0 \le t \le T \\ y^1 & t > T \end{cases} \tag{5.22}$$

spezifizieren (vgl. Abb. 5.2).

Beispiel 5.5
Man betrachte das gemittelte Modell des Hochsetzstellers aus ▶ Abschn. 4.6 mit den dort angegebenen Parameterwerten:

$$\begin{aligned} \dot{x}_1 &= -(1-u)\tfrac{1}{L}x_2 + \tfrac{E}{L}, \\ \dot{x}_2 &= (1-u)\tfrac{1}{C}x_1 - \tfrac{1}{RC}x_2. \end{aligned} \tag{5.23}$$

Gewünscht ist ein Übergang der Ausgangsspannung von 20 V auf 25 V in einem Zeitintervall der Länge $T = 50$ ms.

Verwendet man für den Reglerentwurf den Strom[1] als Ausgang

$$y = h(x) = x_1, \tag{5.24}$$

so hat das System den relativen Grad $r = 1$. Damit lässt sich das normierte Übergangspolynom $\sigma(t) = 3t^2 - 2t^3$ aus Beispiel 5.4 nutzen. Der Übergang zwischen den o. g. Spannungen entspricht einem Übergang des Stroms von $y^0 = x_1(0) = 2,\bar{6}$ A auf $y^1 = x_1(T) = 4,1\bar{6}$ A. Auf Basis des sich daraus ergebenden Referenzverlaufs

$$y_{\mathrm{ref}}(t) = \frac{8}{3} + 1800t^2 - 24000t^3 \tag{5.25}$$

nach Gl. (5.22) mit t in s und y_{ref} in A nimmt das Regelgesetz (5.8) die Form

$$\begin{aligned} u &= \frac{1}{L_g h(x)} \left(\dot{y}_{\mathrm{ref}}(t) - L_f h(x) + a_0(y_{\mathrm{ref}}(t) - h(x))\right) \\ &= \frac{L}{x_2} \left(\dot{y}_{\mathrm{ref}}(t) - \frac{E - x_2}{L} + a_0(y_{\mathrm{ref}}(t) - x_1)\right) \end{aligned}$$

mit einem Koeffizienten $a_0 > 0$ an.

Verwendet man alternativ die elektrische Energie als Ausgang

$$y = h(x) = \frac{L}{2}x_1^2 + \frac{C}{2}x_2^2, \tag{5.26}$$

so hat das System den relativen Grad $r = 2$, d. h. man führt eine Eingangs-Zustands-Linearisierung durch. Aus Gl. (5.21) erhält man das Übergangspolynom $\sigma(t) = 10t^3 - 15t^4 + 6t^5$. Für (5.26) wird der Übergang von $y^0 = 0,201\bar{7}$ Ws auf $y^1 = 0,3168402\bar{7}$ Ws entsprechend Gl. (5.22) geplant

$$y_{\mathrm{ref}}(t) = 0,201\bar{7} + 9205t^3 - 276150t^4 + 2209200t^5, \tag{5.27}$$

wobei t in s und y_{ref} in Ws angegeben sind. Das Regelgesetz hat die Gestalt

$$u = \frac{1}{L_g L_f h(x)} \left(\ddot{y}_{\mathrm{ref}}(t) - L_f^2 h(x) + a_1((\dot{y}_{\mathrm{ref}}(t) - L_f h(x))) + a_0(y_{\mathrm{ref}}(t) - h(x))\right)$$

mit den Lie-Ableitungen aus Gl. (4.211) und den Koeffizienten $a_0, a_1 > 0$ (Stodola-Bedingung).

◘ Abb. 5.3 zeigt die numerischen Ergebnisse für beide Fälle ($r = 1$ bzw. $r = 2$ für Eingangs-Ausgangs- bzw. Eingangs-Zustands-Linearisierung). Die Koeffizienten a_0, a_1 der Reglerverstärkung wurden entsprechend ► Abschn. 4.6 gewählt. Mit der Eingangs-Zustands-Linearisierung ist ein schnelleres Einschwingen möglich. Allerdings weist der Strom in diesem Fall auch ein leichtes Überschwingen auf (◘ Abb. 5.3 oben).

---

1 Aus Anwendungssicht wäre es wünschenswert, die Spannung direkt als Referenzgröße nutzen zu können. Mit dem hier beschriebenen Zugang ist das leider nicht möglich, da die zugehörige Nulldynamik instabil ist (vgl. ► Abschn. 4.6.2).

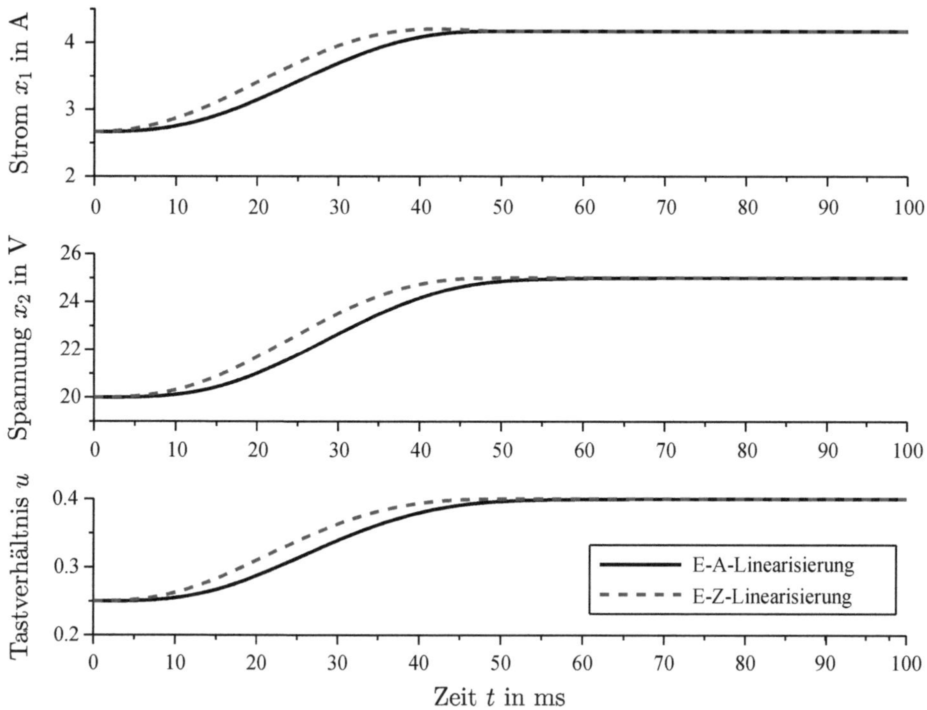

Abb. 5.3 Referenztrajektorien bzw. Simulation des ungestörten Hochsetzstellers

5.2 Trajektorienfolgeregelung mittels Aufschaltung (Feedforward)

5.2.1 Folgeregelung entlang einer bekannten Referenztrajektorie

Wir widmen uns weiterhin dem Problem der Trajektorienfolgeregelung und betrachten die in [HD03a, HD03b] vorgestellten Lösungsansätze. Dabei gehen wir jetzt von einem bekannten Referenzverlauf $x_{\text{ref}}\colon [0, T] \to \mathcal{M}$ des Zustands aus. Befindet sich der Zustand des Systems (5.1) bereits auf der Referenztrajektorie, d. h. $x = x_{\text{ref}}$, dann kann die in Gl. (5.3) durchgeführte Kompensation der Nichtlinearitäten des ersten Teilsystems von (5.2) auch auf Basis des Referenzzustands mit $(\xi_{\text{ref}}, \eta_{\text{ref}}) = \Phi(x_{\text{ref}})$ erfolgen:

$$u = \frac{1}{\beta(\xi_{\text{ref}}, \eta_{\text{ref}})} \left(v - \alpha(\xi_{\text{ref}}, \eta_{\text{ref}})\right) = \frac{1}{L_g L_f^{r-1} h(x_{\text{ref}})} \left(v - L_f^r h(x_{\text{ref}})\right). \tag{5.28}$$

Zusammen mit der aus der vorgegebenen Fehlerdynamik (5.6) hergeleiteten Rückführung (5.8) erhält man insgesamt das Regelgesetz

$$u = \frac{1}{L_g L_f^{r-1} h(x_{\mathrm{ref}}(t))} \left(y_{\mathrm{ref}}^{(r)}(t) - L_f^r h(x_{\mathrm{ref}}(t)) + \sum_{i=0}^{r-1} a_i \left(y_{\mathrm{ref}}^{(i)}(t) - L_f^i h(x) \right) \right). \tag{5.29}$$

Der Unterschied zu dem Regelgesetz (5.8) besteht lediglich darin, dass die höchsten Lie-Ableitungen $L_f^r h(x)$ und $L_g L_f^{r-1} h(x)$ entlang der Referenztrajektorie x_{ref} anstelle der Systemtrajektorie x ausgewertet werden. Bei diesem Zugang erwartet man im Vergleich zur Trajektorienfolgeregelung (5.8) mittels Rückführung eine größere Robustheit gegenüber Modellunbestimmtheiten.

Auch bei Gl. (5.29) ist eine Aufspaltung

$$u = u_{\mathrm{ref}} + u_{\mathrm{stab}} \tag{5.30}$$

in einen Anteil der Vorsteuerung

$$u_{\mathrm{ref}} = \frac{1}{L_g L_f^{r-1} h(x_{\mathrm{ref}}(t))} \left(y_{\mathrm{ref}}^{(r)}(t) - L_f^r h(x_{\mathrm{ref}}(t)) \right) \tag{5.31}$$

und einen Anteil zur asymptotischen Stabilisierung

$$u_{\mathrm{stab}} = \frac{1}{L_g L_f^{r-1} h(x_{\mathrm{ref}}(t))} \sum_{i=0}^{r-1} a_i \left(y_{\mathrm{ref}}^{(i)}(t) - L_f^i h(x) \right) \tag{5.32}$$

möglich. Die Steuerung (5.31) wird als Hirschorn-Inverse der Systemdynamik entlang der Referenztrajektorie x_{ref} gebildet und stellt damit (unabhängig vom Systemzustand x) den Referenzverlauf des Eingangssignals dar. Damit liegt hier ein inversionsbasierter Vorsteuerungsentwurf vor [GZ06]. Die sich daraus ergebende Regelkreisstruktur ist in ◘ Abb. 5.4 dargestellt.

Die beschriebene Herangehensweise lässt sich analog zur Trajektorienfolgeregelung mittels Rückführung auch auf Mehrgrößensysteme übertragen. Der Spezialfall vollständig aktuierter mechanischer Systemer wird in der folgenden Anmerkung behandelt.

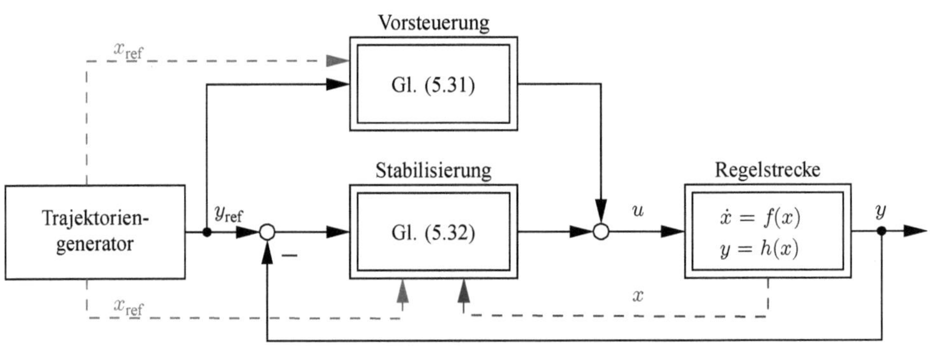

◘ **Abb. 5.4** Struktur der Trajektorienfolgeregelung mittels Aufschaltung

Anmerkung 5.6 Wir betrachten die Bewegungsgleichungen (5.15) aus Anmerkung 5.2. Die in Gl. (5.16) vorgenommene Kompensation der Nichtlinearitäten erfolgt jetzt allerdings entlang der Referenztrajektorien:

$$\tau = M(q_{\text{ref}})\, v + C(q_{\text{ref}}, \dot{q}_{\text{ref}}). \tag{5.33}$$

Zusammen mit der Stabilisierung (5.17) erhält man das Stellgesetz

$$\begin{aligned} \tau &= M(q_{\text{ref}}) \cdot [\ddot{q}_{\text{ref}} + K_D\,(\dot{q}_{\text{ref}} - \dot{q}) + K_P\,(q_{\text{ref}} - q)] + C(q_{\text{ref}}, \dot{q}_{\text{ref}}) \\ &= \underbrace{M(q_{\text{ref}})\, \ddot{q}_{\text{ref}} + C(q_{\text{ref}}, \dot{q}_{\text{ref}})}_{\tau_{\text{ref}}} + M(q_{\text{ref}})\, [K_D\,(\dot{q}_{\text{ref}} - \dot{q}) + K_P\,(q_{\text{ref}} - q)]\,, \end{aligned} \tag{5.34}$$

bei dem das aus der Bewegungsgleichung erzeugte Referenzmoment τ_{ref} zur Vorsteuerung entsprechend Gl. (5.30) verwendet wird. Für $q \equiv q_{\text{ref}}$ stimmen die Rückführungen (5.18) und (5.34) überein. Bei den in [AAGH89] durchgeführten Experimenten zeigen beide Regler ein ähnliches Verhalten.

Anmerkung 5.7 Die Kompensation der Nichtlinearitäten durch Aufschaltung entsprechend Gl. (5.28) ist nur für $x = x_{\text{ref}}$ exakt. In der Regel muss man von $x \neq x_{\text{ref}}$ ausgehen, d. h. der Systemzustand x wird praktisch nie exakt mit dem Referenzzustand x_{ref} übereinstimmen. Zur Kompensation der sich daraus ergebenden Regelabweichung bietet sich die Aufschaltung eines I-Anteils an [HD03a, HD03b]. Dabei geht das Regelgesetz Gl. (5.29) in den verallgemeinerten PID-Regler

$$u = \frac{1}{L_g L_f^{r-1} h(x_{\text{ref}}(t))} \Bigg(y_{\text{ref}}^{(r)}(t) - L_f^r h(x_{\text{ref}}(t)) + \sum_{i=0}^{r-1} a_i \left(y_{\text{ref}}^{(i)}(t) - L_f^i h(x) \right) + a_I \int_0^t (y_{\text{ref}}(\tau) - h(x(\tau)))\, \mathrm{d}\tau \Bigg)$$

über (vgl. Anmerkung 5.3).

5.2.2 Berechnung der Referenztrajektorie bei vollem relativen Grad

Hat das System (5.1) den relativen Grad $r = n$, dann existiert eine Zustandstransformation $\xi = \Phi(x)$, mit der das System in die nichtlineare Regelungsnormalform

$$\left.\begin{aligned} \dot{\xi}_1 &= \xi_2 \\ &\vdots \\ \dot{\xi}_{n-1} &= \xi_n \\ \dot{\xi}_n &= \alpha(\xi) + \beta(\xi) u \\ y &= \xi_1 \end{aligned}\right\} \quad \begin{aligned} \dot{\xi} &= A\xi + b(\alpha(\xi) + \beta(\xi) u) \\ y &= c^T \xi \end{aligned} \tag{5.35}$$

überführt wird. Bezogen auf Gl. (5.2) entspricht das dem Wegfall des zweiten Teilsystems. Wir gehen von einer bekannten Referenztrajektorie $y_{\text{ref}}\colon [0,T] \to \mathbb{R}$ aus (siehe ► Abschn. 5.1.2). Nach Gl. (5.11) lässt sich damit der Referenzzustand des transformierten System (5.35) berechnen. Über die Rücktransformation $x_{\text{ref}} = \Phi^{-1}(\xi_{\text{ref}})$ erhält man die Referenztrajektorie $x_{\text{ref}}\colon [0,T] \to \mathcal{M}$ des Originalzustands x von System (5.1). Aus der letzten Differentialgleichung

$$y^{(n)} = \dot{\xi}_n = \alpha(\xi) + \beta(\xi)u$$

der Normalform (5.35) ergibt sich zusätzlich der Referenzverlauf

$$\begin{aligned} u_{\text{ref}}(t) &= \tfrac{1}{\beta(\xi_{\text{ref}}(t))}\left(y_{\text{ref}}^{(n)}(t) - \alpha(\xi_{\text{ref}}(t))\right) \\ &= \tfrac{1}{L_g L_f^{n-1} h(x_{\text{ref}}(t))}\left(y_{\text{ref}}^{(n)}(t) - L_f^n h(x_{\text{ref}}(t))\right) \end{aligned} \tag{5.36}$$

des Eingangs als Spezialfall von Gl. (5.31) für $r = n$. Bei vollem relativen Grad ist der Ausgang y auch ein flacher Ausgang, der zusammen mit seinen Zeitableitungen die Parametrierung aller anderen Systemgrößen ermöglicht (siehe ► Abschn. 4.4).

Beispiel 5.8

Wir betrachten das Modell (5.23) des Hochsetzstellers aus Beispiel 5.5. Mit dem Ausgang (5.26) hat das System den vollen relativen Grad $r = 2$. Die Zustände der Regelungsnormalform (5.35) ergeben sich aus

$$\begin{aligned} \xi_1 &= h(x) &&= \tfrac{L}{2}x_1^2 + \tfrac{C}{2}x_2^2, \\ \xi_2 &= L_f h(x) &&= Ex_1 - \tfrac{1}{R}x_2^2. \end{aligned}$$

Dieses nichtlineare Gleichungssystem lässt sich nach x auflösen

$$\begin{aligned} x_1 &= \frac{\sqrt{C^2E^2R^2 + 4CLR\xi_2 + 8\,L\xi_1} - CER}{2L}, \\ x_2 &= \sqrt{R\,(Ex_1 - \xi_2)}, \end{aligned}$$

siehe [GWRG06] und Beispiel 4.72 aus ► Abschn. 4.4. Durch Einsetzen der Referenzverläufe $\xi_1 = y_{\text{ref}}$ und $\xi_2 = \dot{y}_{\text{ref}}$ erhält man den Referenzzustand x_{ref}. Den Referenzeingang kann man mit Gl. (5.36) in Originalkoordinaten berechnen:

$$u_{\text{ref}}(t) = \frac{-2Lx_{2,\text{ref}}^2 + 2LRx_{1,\text{ref}}x_{2,\text{ref}} + CR^2\left(L\ddot{y}_{\text{ref}}(t) - E^2 + Ex_{2,\text{ref}}\right)}{R\left(CER + 2Lx_{1,\text{ref}}\right)x_{2,\text{ref}}}.$$

Mit den Parameterwerten aus Beispiel 5.5 erhält man bei vorgegebenem Referenzverlauf (5.27) die bereits in ◘ Abb. 5.3 für die Eingangs-Zustands-Linearisierung angegebenen Verläufe.

Anmerkung 5.9 Die symbolische Berechnung der benötigten Refernzverläufe ist bei eingangs-zustands-linearisierbaren bzw. flachen Systemen immer möglich, aber mitunter aufwendig. Eine numerische Methode zur punktweisen Berechnung der Eingangs- und Zustandsreferenzverläufe bei gegebener Ausgangsreferenztrajektorie mit Hilfe des algorithmischen Differenzieren wird in [RV00, RV04, Röb05] beschrieben.

5.2.3 Berechnung der Referenztrajektorie bei nicht vollem relativen Grad

Dieser Abschnitt befasst sich mit der Berechnung einer Referenztrajektorie auf Basis des in [GHZ05, GTZ05, GZ06] vorgeschlagenen Verfahrens, mit der das System (5.1) von einer Ruhelage $x^0 \in \mathcal{M}$ in eine zweite Ruhelage $x^1 \in \mathcal{M}$ überführt wird. Nachdem der Fall $r = n$ in ▸ Abschn. 5.2.2 behandelt wurde gehen wir jetzt von einem relativen Grad $r < n$ aus. Damit existiert zwar die Byrnes-Isidori-Normalform (5.2), diese ist allerdings oft schwer zu berechnen (vgl. Anmerkung 4.17). Daher betrachten wir jetzt die leichter aufzustellende Eingangs-Ausgangs-Normalform

$$\begin{aligned} \dot{\xi} &= A\xi + b(\alpha(\xi,\eta) + \beta(\xi,\eta)u) \\ \dot{\eta} &= q(\xi,\eta) + d(\xi,\eta)u \\ y &= c^T\xi, \end{aligned} \tag{5.37}$$

bei der das zweite Teilsystem direkt vom Eingang u abhängen kann (siehe Satz 4.12).

Die Ruhelagen sind in den transformierten Koordinaten durch $(\xi^0, \eta^0) = \Phi(x^0)$ und $(\xi^1, \eta^1) = \Phi(x^1)$ gegeben. Für den Verlauf des Ausgangs sind hinsichtlich des ersten Teilsystems die $2r + 2$ Randbedingungen (5.19) und (5.20) zu erfüllen. Für das $(n-r)$-dimensionale zweite Teilsystem sind zusätzlich die (vektoriellen) Randbedingungen

$$\eta_{\text{ref}}(0) = \eta^0 \quad \text{und} \quad \eta_{\text{ref}}(T) = \eta^1 \tag{5.38}$$

gegeben. Damit ist für das zweite Teilsystem die **Randwertaufgabe** (engl. **boundary value problem**, kurz **BVP**) einer gewöhnlichen (in der Regel nichtlinearen) Differentialgleichung zu lösen. Mit den $2(n-r)$-Bedingungen (5.38) erhält man insgesamt $2(n+1)$ Randbedingungen.

Die durch das System (5.37) und die Randbedingungen (5.19), (5.20), (5.38) gegebene Randwertaufgabe könnte man rein numerisch lösen, z. B. mit der SCILAB-Funktion `bvode` [CCN06] oder dem PYTHON-Paket `PyTrajectory` [KKS17]. Alternativ dazu wird in der o. g. Literatur ein Lösungsansatz mit freien Parametern vorgeschlagen:

1. Aufstellen einer Ansatzfunktion für $y_{\text{ref}} : [0, T] \to \mathbb{R}$ mit $n + r + 2$ freien Parametern.
2. Lösen der sich aus den $2r + 2$ Randbedingungen (5.19) und (5.20) ergebenden algebraischen Gleichungen. Die Lösung hängt dann noch von $n - r$ freien Parametern ab.
3. Berechnung der Zustandsreferenztrajektorie ξ_{ref} des ersten Teilsystems aus dem Referenzausgang y_{ref} und seinen Zeitableitungen nach Gl. (5.11). Dabei wird ξ_{ref} ebenfalls von den $n - r$ freien Parametern abhängen.
4. Berechnung des Eingangs aus der letzten Zeile des ersten Teilsystems:

$$u^*(t) = \frac{1}{\beta(\xi_{\text{ref}}(t),\eta)} \left(y_{\text{ref}}^{(n)}(t) - \alpha(\xi_{\text{ref}}(t), \eta) \right). \tag{5.39}$$

Der Eingangsverlauf ist neben der Zeit auch vom (noch nicht bekannten) Zustand η des zweiten Teilsystems und den o. g. $n-r$ Parametern abhängig.

5. Einsetzen von ξ_{ref} und u^* in das zweite Teilsystem führen zusammen mit der linken Randbedingung aus Gl. (5.38) auf die Anfangswertaufgabe

$$\dot{\eta}(t) = q(\xi_{\text{ref}}(t), \eta(t)) + d(\xi_{\text{ref}}(t), \eta(t))\, u^*(t), \qquad \eta(0) = \eta^1 \tag{5.40}$$

mit einer sowohl zeitvarianten als auch parameterabhängigen Differentialgleichung, deren Lösung für $t = T$ benötigt wird.

6. Berechnung der verbleibenden $n-r$ Parameter derart, dass die rechte Randbedingung aus Gl. (5.38) erfüllt ist. Mit der Festlegung dieser Parameter sind die Referenzverläufe y_{ref}, ξ_{ref}, η_{ref} und u_{ref} eindeutig spezifiziert.

Bei Punkt 1 kann man ein Polynom von Grad $n + r + 1$ ansetzen. In diesem Fall hat man im Punkt 2 ein lineares Gleichungssystem zu lösen. Führt man die Berechnung in der Byrnes-Isidori-Normalform (5.2) durch, die einen Spezialfall der Eingangs-Ausgangs-Normalform (5.37) darstellt, so kann Punkt 4 entfallen, da der Eingang nicht im zweiten Teilsystem auftritt. Ist die Anfangswertaufgabe (5.40) symbolisch zu lösen, dann erhält man beim Einsetzen der rechten Randbedingung $\eta(T) = \eta^1$ ein algebraisches Gleichungssystem, welches nach den Parametern aufzulösen ist. Im Allgemeinen ist jedoch nicht zu erwarten, dass man dieses Gleichungssystem symbolisch lösen kann. In [GHZ05, GTZ05, GZ06] wird für die Lösung der in Punkt 6 auftretenden Randwertaufgabe die Nutzung der MATLAB-Funktion `bvp4c` vorgeschlagen.

Das beschriebene Vorgehen wird nachfolgend am Beispiel des Hochsetzstellers illustriert:

Beispiel 5.10

Man betrachte den Hochsetzsteller aus Beispiel 5.5 mit dem Strom und dem Ausgang entsprechend Gl. (5.24). Das System (5.23) hat dann den relativen Grad $r = 1$ und liegt bereits in der Eingangs-Ausgangs-Normalform mit $\xi_1 = x_1$ und $\eta_1 = x_2$ vor. Wir betrachten wieder den Übergang

$$\text{von}\quad x^0 = x(0) = \begin{pmatrix} 2,\bar{6} \\ 20 \end{pmatrix} \quad \text{in}\quad x^1 = x(T) = \begin{pmatrix} 4,1\bar{6} \\ 25 \end{pmatrix}$$

in $T = 50$ ms, wobei die jeweils erste Komponente des Zustands (d. h. der Strom) in A und die zweite (d. h. die Spannung) in V angegeben ist. Hinsichtlich des erstens Teilsystems sind nach Gl. (5.19) und (5.20) die Randbedingungen $y_{\text{ref}}(0) = y^0$, $\dot{y}_{\text{ref}}(0) = 0$, $y_{\text{ref}}(T) = y^1$ und $\dot{y}_{\text{ref}}(T) = 0$ zu erfüllen, so dass hierfür ein Polynom vom Grad 3 nötig wäre. Für das zweite Teilsystem der Dimension $n-r = 1$ benötigt man einen weiteren Freiheitsgrad für das Übergangspolynom. Wir setzen daher für das normierte Übergangspolynom ein Polynom von Grad 4 an: $\sigma(t) = \sigma_0 + \sigma_1 t + \cdots + \sigma_4 t^4$. Mit Gl. (5.22) kommt man unter Einhaltung der Randbedingungen (5.19) und (5.20) auf das Polynom

$$y_{\text{ref}}(t) = \frac{8}{3} + 600(3+\sigma_4)t^2 - 24000(1+\sigma_4)t^3 + 240000\sigma_4 t^4 \tag{5.41}$$

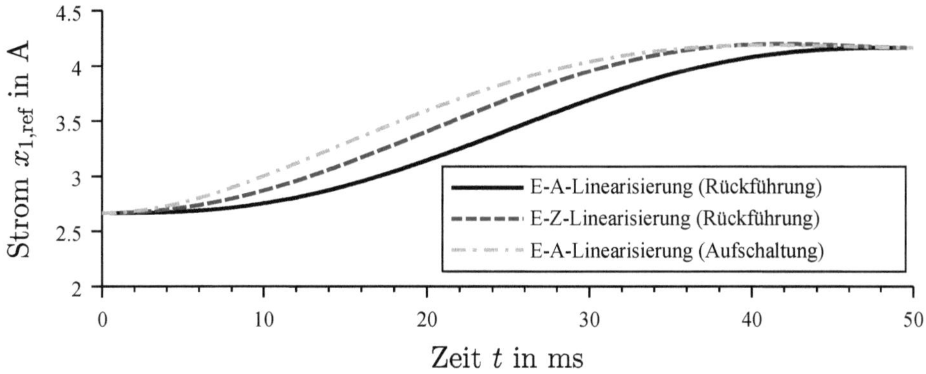

Abb. 5.5 Ausgangsreferenzverläufe des Hochsetzstellers

mit t in s, welches für $\sigma_4 = 0$ mit dem Referenzpolynom (5.25) übereinstimmt. Den Zeitverlauf setzt man entsprechend Gl. (5.24) für x_1 in die erste Differentialgleichung von (5.23) ein und stellt die Gleichung nach u um

$$u^*(t) = \frac{x_2 - E + 1200t(20t-1)(40\sigma_4 t - \sigma_4 - 3)L}{x_2},$$

vgl. Gl. (5.39). Diesen Eingangsverlauf setzt man nun zusammen mit dem Referenzverlauf (5.41) für x_1 in die zweite Differentialgleichung von (5.23) ein und erhält damit eine zeitvariante Differentialgleichung in der Zustandskomponente x_2. Die zu dieser Differentialgleichung mit $x_2(0) = 20$ gehörende Anfangswertaufgabe kann man symbolisch mit MAXIMA lösen, wobei die Lösung vom Parameter σ_4 abhängt. Für den rechten Rand fordert man $x_2(T) = 25$ und erhält dadurch ein algebraisches Gleichungssystem (in Form einer quadratischen Gleichung bezüglich σ_4). Von den zwei Lösungen $\sigma_4 \approx -6966$ und $\sigma_4 \approx 4.6156$ ist nur die letztere physikalisch sinnvoll. Abb. 5.5 zeigt den sich dafür aus Gl. (5.41) ergebenden Verlauf im Vergleich mit den Referenztrajektorien aus Beispiel 5.5. Bei der Solltrajektorie nach Gl. (5.41) (Eingangs-Ausgangs-Linearisierung mit Aufschaltung) wird im Unterschied zu der nach Gl. (5.25) (Eingangs-Ausgangs-Linearisierung mit Rückführung) die interne Dynamik, also die Dynamik des zweiten Teilsystems, berücksichtigt. Die für die Eingangs-Zustands-Linearisierung berechnete Solltrajektorie (5.27) beschreibt den Verlauf der Energie, aus welchem sich der in Abb. 5.5 gezeigte Verlauf des Stroms ergibt. Dabei wird die vollständige Dynamik von außen vorgegeben.

5.3 Modellbasierte Regelung (IMC)

Die in diesem Buch behandelten Regelungsansätze sind alle modellbasiert in dem Sinne, dass das Modell der Regelstrecke für den Reglerentwurf benötigt wird.[2] Bei der **modellbasierten Regelung** (engl. **internal model control**, kurz **IMC**) im engeren Sinne ist

2 Im Unterschied zu modellbasierten Verfahren gibt es auch Ansätze zur **modellfreien** Steuerung bzw. Regelung [FJ09]. Bei diesen Verfahren werden nur die Mess- oder Simulationsdaten genutzt.

das Modell der Regelstrecke unmittelbar im Regler enthalten. Der eigentliche Reglerentwurf ist auch bei komplizierten Modellen vergleichsweise einfach und ähnelt der Entwurf einer Steuerung. Daher ist dieser Ansatz u. a. in der chemischen Verfahrenstechnik sehr beliebt. In ▶ Abschn. 5.3.1 wird zunächst der Reglerentwurf für lineare Regelstrecken vorgestellt [GM82]. Die Verallgemeinerung auf nichtlineare Regelstrecken erfolgt in ▶ Abschn. 5.3.2.

5.3.1 Modellbasierte Regelung für lineare Systeme

Die Regelstrecke werde im Laplace-Bereich durch

$$Y(s) = G(s)\,U(s) + D(s)$$

mit einer gebrochen rationalen, properen[3] Übertragungsfunktion G, dem Eingang U, dem Ausgang Y und der Störung D beschrieben. ◘ Abb. 5.6 zeigt die bei der modellbasierten Regelung verwendete Anordnung [Lun07]. Der Gesamtregeler besteht dabei aus einem sog. **IMC-Regler** mit der Übertragungsfunktion K und einem durch die Übertragungsfunktion $\hat{G}$ beschriebenen Modell der Regelstrecke.

Bei der modellbasierten Regelung wird der Streckenausgang y mit dem Modellausgang $\hat{y}$ verglichen. Bei exakter Modellkenntnis ($G = \hat{G}$) reduziert sich im störungsfreien Fall ($d = 0$) der in ◘ Abb. 5.6 gezeigte Regelkreis wegen $y = \hat{y}$ auf eine reine Steuerung, wobei der IMC-Regler als Steuerungseinrichtung bzw. Vorfilter fungiert (siehe ◘ Abb. 5.7). Für die Stabilität des Gesamtsystems ergibt sich sofort die Forderung, dass sowohl die Regelstrecke als auch der Regler stabil sein müssen.

Bei der Steuerung in ◘ Abb. 5.7 würde man mit der Wahl

$$K(s) = G^{-1}(s) \tag{5.42}$$

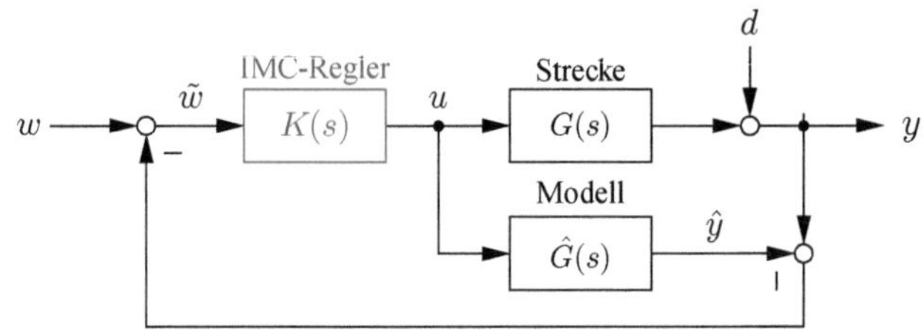

◘ **Abb. 5.6** Struktur einer modellbasierten Regelung

◘ **Abb. 5.7** Vereinfachung einer modellbasierten Regelung zur Steuerung

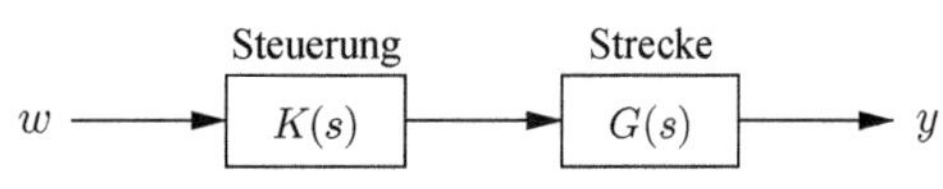

3 Eine rationale Übertragungsfunktion heißt **proper**, wenn der Grad des Zählerpolynoms nicht größer ist als der Grad des Nennerpolynoms.

die Dynamik der Regelstrecke exakt kompensieren. Der Ausgang y würde (nach dem einmaligen Einschwingen durch verschiedene Anfangswerte von Strecke und Steuerung) der Führungsgröße unmittelbar folgen. Man spricht daher von einem **perfekten IMC-Regler** [GM82]. Der perfekte Regler (5.42) ist jedoch aus folgenden Gründen meistens nicht einsetzbar:

1. Ist der Zählergrad der Streckenübertragungsfunktion G echt kleiner als der Nennergrad, dann sind die Verhältnisse bei der inversen Übertragungsfunktion G^{-1} umgekehrt, so dass der Zählergrad größer als der Nennergrad ist. Eine derartige Reglerübertragungsfunktion (5.42) wäre nicht mehr proper.
2. Bei der Inversion (5.42) gehen die Nullstellen von G in die Polstellen von G^{-1} über. Liegen Nullstellen von G in der rechten Halbebene, dann besitzt das inverse Modell G^{-1} Polstellen in der rechten Halbebene und ist daher instabil.

Das erste Problem lässt sich umgehen, wenn man den IMC-Regler zusätzlich mit einem Filter ausstattet. Sei $r > 0$ die Differenz zwischen Zähler- und Nennergrad von G, d. h. das durch die Übertragungsfunktion G beschriebene Modell hat den relativen Grad r (vgl. Anmerkung 4.3). Setzt man für das Filter die Übertragungsfunktion

$$F(s) = \frac{a_0}{a_0 + a_1 s + \cdots + a_{r-1} s^{r-1} + s^r} \tag{5.43}$$

mit einem stabilen Nennerpolynom an, so ist der neue IMC-Regler

$$K(s) = F(s) \cdot G^{-1}(s) \tag{5.44}$$

proper, d. h. der Zähler von K weist keinen Gradüberschuss mehr auf.

Eine stabile Übertragungsfunktion

$$G(s) = \frac{Z(s)}{N(s)} = \frac{\bar{b}_0 + \bar{b}_1 s + \bar{b}_2 s^2 + \cdots + \bar{b}_{n-r} s^{n-r}}{\bar{a}_0 + \bar{a}_1 s + \cdots + \bar{a}_{n-1} s^{n-1} + s^n} \tag{5.45}$$

nennt man **minimalphasig**,[4] wenn alle Nullstellen des Zählerpolynoms $Z(s)$ in der offenen linken Halbebene liegen. Für eine minimalphasige Streckenübertragungsfunktion ist der IMC-Regler (5.44) auch stabil. Andernfalls kann man die Übertragungsfunktion G in einen minimalphasigen Anteil G_{MP} und einen Allpass G_{A} zerlegen [Lun07]:

$$G(s) = G_{\mathrm{MP}}(s) \cdot G_{\mathrm{A}}(s). \tag{5.46}$$

Der IMC-Regler hat dann die Form

$$K(s) = F(s) \cdot G_{\mathrm{MP}}^{-1}(s). \tag{5.47}$$

Diesen Ansatz kann man als stabile Approximation der inversen Streckendynamik (5.42) auffassen.

Anmerkung 5.11 Bei einer nicht minimalphasigen Übertragungsfunktion G erhält man den minimalphasigen Anteil G_{MP} dadurch, dass man die in der rechten Halbebene

4 Die Verbindung zur Minimalphasigkeit in Sinne der Nulldynamik wird in Anmerkung 4.31 beschrieben.

liegenden Nullstellen an der imaginären Achse spiegelt. Da die Nullstellen entweder reell sind oder in konjugiert komplexen Paaren auftreten, kann diese Spiegelung auch am Ursprung erfolgen. Liegen *alle* Nullstellen in der rechten Halbebene, so heißt die Übertragungsfunktion **maximalphasig** [DAM96]. In diesem Fall erhält man für die Übertragungsfunktion (5.45) den minimalphasigen Anteil

$$G_{\mathrm{MP}}(s) = \frac{Z(-s)}{N(s)} = \frac{\bar{b}_0 - \bar{b}_1 s + \bar{b}_2 s^2 - \cdots + \bar{b}_{n-r}(-s)^{n-r}}{\bar{a}_0 + \bar{a}_1 s + \cdots + \bar{a}_{n-1} s^{n-1} + s^n}, \tag{5.48}$$

durch die Substitution $s \mapsto -s$ im Zählerpolynom.

Beispiel 5.12
Die Übertragungsfunktion

$$G(s) = \frac{3-s}{(s+1)(s+2)}$$

der Regelstrecke ist selber stabil, ihre Inverse G^{-1} wegen der o. g. Probleme 1 und 2 dagegen nicht. Eine Zerlegung nach Gl. (5.46) liefert

$$G(s) = \underbrace{\frac{3+s}{(s+1)(s+2)}}_{G_{\mathrm{MP}}(s)} \cdot \frac{3-s}{3+s}.$$

Der Gradunterschied zwischen Nenner- und Zählerpolynom erfordert ein Filter (5.43) der Ordnung $r = 1$. Damit erhält man für den IMC-Regler (5.47) die stabile Übertragungsfunktion

$$K(s) = \frac{a_0}{s + a_0} \cdot \frac{(s+1)(s+2)}{3+s}$$

mit einem Koeffizienten $a_0 > 0$.[5]

Die in ◘ Abb. 5.6 gezeigte Anordnung einer modellbasierten Regelung kann man in die Form eines Standardregelkreises überführen (siehe ◘ Abb. 5.8). Die gezeigte Regelkreisstruktur lässt sich in ähnlicher Weise auf nichtlineare Systeme übertragen.

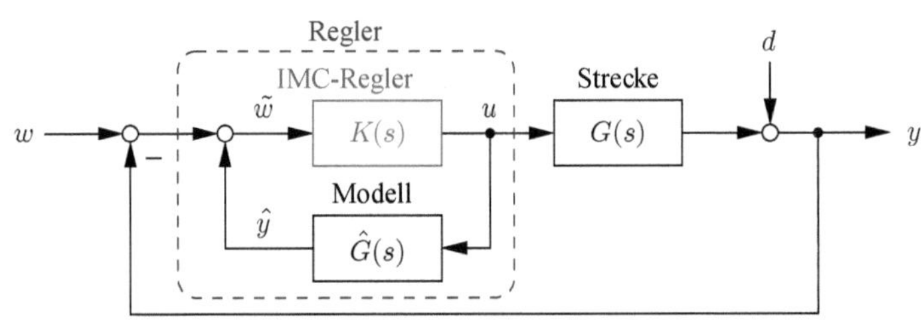

◘ **Abb. 5.8** Darstellung der modellbasierten Regelung als Standardregelkreis

5 Mit $a_0 \in \{1, 2\}$ kann man durch Pol-Nullstellen-Kürzung die Ordnung des IMC-Reglers reduzieren. Für $a_0 = 1$ erhält man beispielsweise $K(s) = \frac{s+2}{s+3}$.

5.3.2 Modellbasierte Regelung für nichtlineare minimalphasige Systeme

Das Konzept der modellbasierten Regelung lässt sich auf nichtlineare Systeme verallgemeinern [EM86, HS91b, SLN06, Sch07]. Wir betrachten ein System (5.1) mit relativem Grad r. Das System sei minimalphasig und eingangs-zustands-stabil (siehe Anhang A.2).

Bei wohldefiniertem relativen Grad kann man das inverse Systemmodell durch die Hirschorn-Inverse (4.14) realisieren (vgl. Anmerkung 4.6). Die Hirschorn-Inverse benötigt neben der r-ten Zeitableitung des Ausgangs auch den Systemzustand. Geht man zunächst von einer Systemdarstellung in der Byrnes-Isidori-Normalform (5.2) aus, so ist auch der Zustand ξ des ersten Teilsystems nach Gl. (5.11) durch die Zeitableitungen des Ausgangs y darstellbar. Da Zeitableitungen aus Messsignalen schwer zu ermitteln sind, schalten wir dem inversen Systemmodell in Anlehnung an Gl. (5.44) ein Filter vor. Die Übertragungsfunktion (5.43) wird dabei als Zustandsraummodell

$$\left.\begin{aligned} \dot{\hat{\xi}}_1 &= \hat{\xi}_2 \\ &\vdots \\ \dot{\hat{\xi}}_{r-1} &= \hat{\xi}_r \\ \dot{\hat{\xi}}_r &= -a_0\hat{\xi}_1 - \cdots - a_{r-1}\hat{\xi}_r + a_0\tilde{w} \\ \hat{y} &= \hat{\xi}_1 \end{aligned}\right\} \quad \begin{aligned} \dot{\hat{\xi}} &= \left(A - bk^T\right)\hat{\xi} + a_0 b\,\tilde{w} \\ \hat{y} &= c^T\hat{\xi} \end{aligned} \tag{5.49}$$

mit $k = (a_0, \ldots, a_{r-1})^T$ implementiert, so dass sich der Modellausgang $\hat{y}$ und seine Zeitableitungen aus

$$\hat{y} = \hat{\xi}_1,\ \dot{\hat{y}} = \hat{\xi}_2,\ \ldots,\ \hat{y}^{(r-1)} = \hat{\xi}_r,\ \hat{y}^{(r)} = -a_0\hat{\xi}_1 - \cdots - a_{r-1}\hat{\xi}_r + a_0\tilde{w}$$

ergeben. Man spricht hierbei von einem **Zustandsvariablenfilter** [Ise92]. Dabei wird aus dem Referenzsignal $\tilde{w}$ ein geglätteter Zeitverlauf $\hat{y}$ generiert, den man wie einen Referenzausgang aus ► Abschn. 5.1 behandeln kann. Den von dem Filter (5.49) bereitgestellten Zustand $\hat{\xi}$ speist man in das zweite Teilsystem der Byrnes-Isidori-Normalform

$$\dot{\hat{\eta}} = q(\hat{\xi}, \hat{\eta})$$

ein und erhält damit einen Referenzverlauf $\hat{\eta}$. Aus der letzten Zeile des ersten Teilsystems erhält man den Eingang

$$u = \frac{1}{\beta(\hat{\xi}, \hat{\eta})}\left(\hat{y}^{(r)} - \alpha(\hat{\xi}, \hat{\eta})\right). \tag{5.50}$$

Mit der Rücktransformation $\hat{x} = \Phi^{-1}(\hat{\xi}, \hat{\eta})$ kann man (5.50) auch in Originalkoordinaten darstellen und erhält dabei die Hirschorn-Inverse (4.14).

Verwendet man anstelle der Byrnes-Isidori-Normalform (5.2) die in der Regel leichter zu berechnende Eingangs-Ausgangs-Normalform (5.37), dann muss man erst den Eingang nach Gl. (5.50) berechnen und dann in das zweite Teilsystem einsetzen:

$$\dot{\hat{\eta}} = q(\hat{\xi}, \hat{\eta}) + d(\hat{\xi}, \hat{\eta})u. \tag{5.51}$$

Gleichungen (5.49), (5.50) und (5.51) bilden den IMC-Regler. Der Modellausgang $\hat{y}$ liegt dabei schon am Filter (5.49) an, so dass das Streckenmodell nicht noch separat zu implementieren ist. ◘ Abb. 5.9 zeigt den Regelkreis für das nichtlineare System (5.1) in Verallgemeinerung von ◘ Abb. 5.8.

Beispiel 5.13

Wir betrachten wieder den Hochsetzsteller (5.23) mit dem Strom als Ausgang entsprechend Gl. (5.24). Das System hat den relativen Grad $r = 1$ und liegt schon in der Eingangs-Ausgangs-Normalform (5.37) mit $\xi_1 = x_1$ und $\eta_1 = x_2$ vor. In der Implementierung bietet sich daher die Verwendung der ursprünglichen Bezeichnungen für die Zustandsvariablen an. Das Zustandsvariablenfilter (5.49) wird als Filter erster Ordnung

$$\dot{\hat{x}}_1 = a_0\left(\tilde{w} - \hat{x}_1\right), \quad \tilde{w} = w - \left(y - \hat{x}_1\right) \tag{5.52}$$

mit einem Koeffizienten $a_0 > 0$ angesetzt. Das Umstellen der ersten Systemgleichung von (5.23) liefert die Hirschorn-Inverse

$$u = \frac{\hat{x}_2 - E + L\dot{\hat{x}}_1}{\hat{x}_2} \tag{5.53}$$

nach Gl. (5.50). Das damit erzeugte Eingangssignal speist man in die zweite Systemgleichung von (5.23) ein, um den Verlauf von x_2 im Regler zu simulieren:

$$\dot{\hat{x}}_2 = (1-u)\frac{1}{C}\hat{x}_1 - \frac{1}{RC}\hat{x}_2. \tag{5.54}$$

Gleichzeitig ist (5.53) das Reglerausgangssignal, welches in die Regelstrecke (5.23) eingespeist wird.

Für die numerische Simulation wird wieder der Übergang von 20 V auf 25 V betrachtet. Dazu wird das Führungssignal

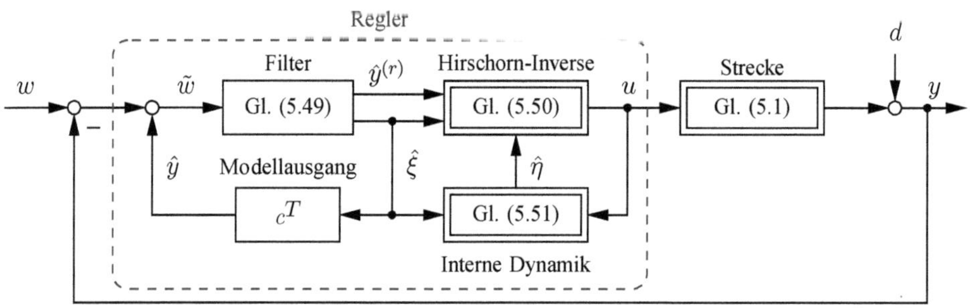

◘ **Abb. 5.9** Regelkreis mit nichtlinearem IMC-Regler für eine minimalphasige Regelstrecke

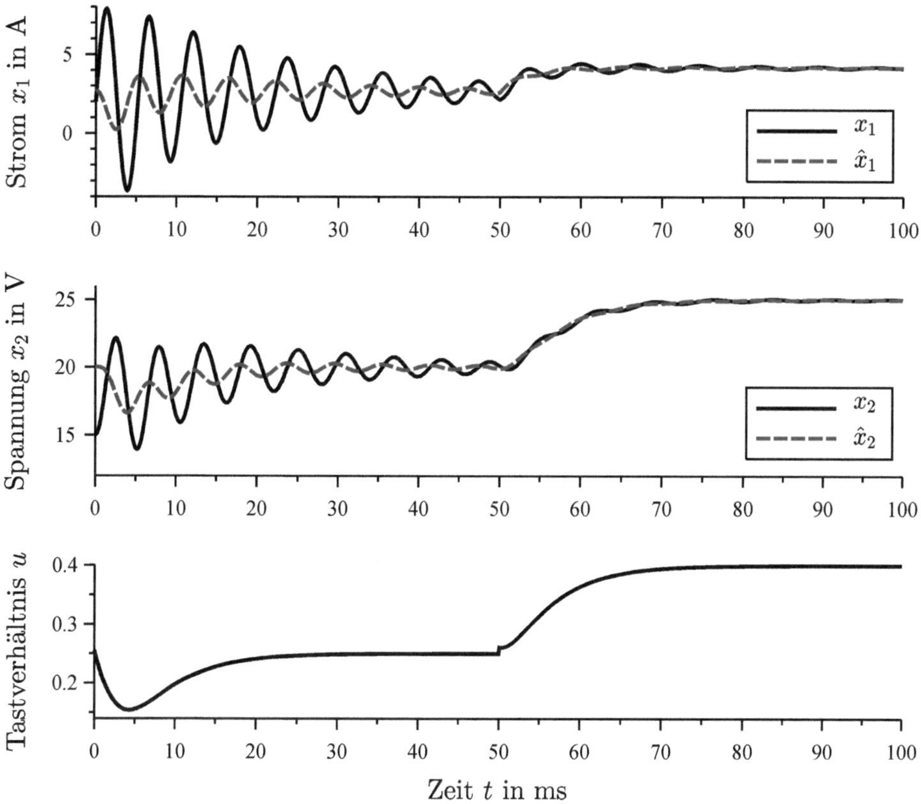

Abb. 5.10 Simulation des Hochsetzstellers mit dem IMC-Regler aus Beispiel 5.13

$$w(t) = \begin{cases} 2,\bar{6}\,\text{A für } t < 50\,\text{ms} \\ 4,1\bar{6}\,\text{A für } t \geq 50\,\text{ms} \end{cases}$$

vorgegeben. Für den Hochsetzsteller werden die von der Ruhelage abweichenden Anfangswerte $x_1(0) = 2\,\text{A}$ und $x_2(0) = 15\,\text{V}$ vorgegeben, für den aus den Differentialgleichungen (5.52) und (5.54) bestehenden IMC-Regler dagegen die Anfangswerte $\hat{x}_1(0) = 2,\bar{6}\,\text{A}$ und $\hat{x}_2(0) = 20\,\text{V}$. Wie in ▶ Abschn. 4.6.5 wird der normierte Filterparameter $a_0 = 300$ eingesetzt. ◘ Abb. 5.10 zeigt das Simulationsergebnis. Durch die unterschiedlichen Anfangswerte $x(0)$ bzw. $\hat{x}(0)$ treten zunächst Schwingungen auf, die bei dem ab $t = 50\,\text{ms}$ eingeleiteten Übergang der Ausgangsspannung weitgehend abgeklungen sind.

5.3.3 Modellbasierte Regelung für nichtlineare maximalphasige Systeme

Die zur IMC-Regelung verwendete Aufspaltung einer nicht minimalphasigen Übertragungsfunktion in einen minimalphasigen Anteil und einen Allpass lässt sich prinzipiell auch auf nichtlineare Systeme übertragen, ist in der Regel aber sehr kompliziert [BPvdS04]. In Anlehnung an [DAM96] wird in diesem Abschnitt eine Methode zur IMC-Regelung einer speziellen Klasse nicht minimalphasiger Systeme vorgestellt.

Wir betrachten ein System (5.1) mit einem wohldefinierten relativen Grad $r < n$. Damit kann das Systm in die Byrnes-Isidori-Normalform (5.2) transformiert werden. Das System ist minimalphasig, wenn die Ruhelage $\eta = 0$ der Nulldynamik

$$\eta = q(0, \eta) \tag{5.55}$$

asymptotisch stabil ist (vgl. ► Abschn. 4.1.3). Ist die Ruhelage zusätzlich hyperbolisch, dann liegen alle $n-r$ Eigenwerte der aus der Taylor-Linearisierung resultierenden Matrix

$$A_{22} := \left.\frac{\partial}{\partial \eta} q(0, \eta)\right|_{\eta=0} \tag{5.56}$$

in der offenen linken Halbebene (vgl. Anmerkungen 4.22 und 4.31).

In Anlehnung an [DAM96] nennen wir ein System **maximalphasig**, wenn die Ruhelage $\eta = 0$ des zur Nulldynamik (5.55) assoziierten Systems

$$\dot{\eta} = -q(0, \eta) \tag{5.57}$$

asymptotisch stabil ist. Im Falle einer hyperbolischen Ruhelage liegen dann alle Eigenwerte der zugehörigen Jacobimatrix

$$\left.\frac{\partial}{\partial \eta}(-q(0, \eta))\right|_{\eta=0} = -\left.\frac{\partial}{\partial \eta} q(0, \eta)\right|_{\eta=0} = -A_{22}$$

in der offenen linken Halbebene. Das bedeutet, dass alle Eigenwerte der Jacobimatrix (5.56) der ursprünglichen Nulldynamik (5.55) in der offenen rechten Halbebene liegen.

Zusätzlich zur Byrnes-Isidori-Normalform betrachten wir das System (5.1) in der verallgemeinerten Regelungsnormalform

$$\begin{aligned}
\dot{z}_1 &= z_2 \\
&\vdots \\
\dot{z}_{n-1} &= z_n \\
\dot{z}_n &= \underbrace{\alpha\left(z, u, \dot{u}, \ddot{u}, \dots, u^{(n-r-1)}\right) + \beta\left(z, u, \dot{u}, \ddot{u}, \dots, u^{(n-r-1)}\right)\right) u^{(n-r)}}_{\delta\left(u, \dot{u}, \dots, u^{(n-r)}\right)} \\
y &= z_1,
\end{aligned} \tag{5.58}$$

vgl. ► Abschn. 4.4.3. Da das Ausgangssystem (5.1) affin ist, ist die in der letzten Differentialgleichung von (5.58) auftretende Nichtlinearität δ affin bezüglich der höchsten Zeitableitung des Eingangs. Die Transformation $z = \Phi(x, u, \dot{u}, \dots, u^{(n-r-1)})$ ergibt sich aus Zeitableitungen $z_1 = y$, $z_2 = \dot{y}$, $z_3 = \ddot{y}, \dots, z_n = y^{(n-1)}$.

Die Linearierung von System (5.58) führt auf eine Übertragungsfunktion $G(s)$ der Form (5.45). Die Koeffizienten $\bar{b}_0, \dots, \bar{b}_{n-r}$ des Zählerpolynoms $Z(s)$ ergeben sich dabei aus den partiellen Ableitungen von δ nach dem Eingang und seien Zeitableitungen, d. h.

$$\bar{b}_0 = \frac{\partial \delta}{\partial u}, \ \bar{b}_1 = \frac{\partial \delta}{\partial \dot{u}}, \ \dots, \bar{b}_{n-r} = \frac{\partial \delta}{\partial u^{(n-r)}} \tag{5.59}$$

für $z = 0, u = 0, \ldots, u^{(n-r)} = 0$. Bei einem maximalphasigen System mit hyperbolischer Ruhelage liegen alle Nullstellen des Zählerpoylnoms $Z(s)$ in der rechten Halbebene. Der Übergang von $Z(s)$ zu $Z(-s)$ liefert den minimalphasigen Anteil (5.48) der Übertragungsfunktion (5.45), vgl. Anmerkung 5.11. Diesen Ansatz übertragen wir jetzt auf das nichtlineare System (5.58). Die im Zählerpolynom der Übertragungsfunktion durchgeführte Ersetzung $s \mapsto -s$ entspricht wegen (5.59) in der Nichtlinearität δ der Substitution $\frac{\mathrm{d}}{\mathrm{d}t} \mapsto -\frac{\mathrm{d}}{\mathrm{d}t}$. Im Falle eines maximalphasigen Systems (5.58) erhält man dadurch den zugehörigen minimalphasigen Anteil

$$\begin{aligned} \dot{z}_1 &= z_2 \\ &\vdots \\ \dot{z}_{n-1} &= z_n \\ \dot{z}_n &= \alpha\left(z, u, -\dot{u}, \ddot{u}, \ldots, (-1)^{n-r-1} u^{(n-r-1)}\right) \\ &\quad + (-1)^{n-r} \beta\left(z, u, -\dot{u}, \ddot{u}, \ldots, (-1)^{n-r-1} u^{(n-r-1)}\right) u^{(n-r)} \\ y &= z_1 . \end{aligned} \tag{5.60}$$

Die Lineariserung des resultierenden minimalphasigen Systems (5.60) liefert unmittelbar die Übertragungsfunktion $G_{\mathrm{MP}}(s)$ analog zu Gl. (5.48):

$$\begin{array}{ccc} \text{System (5.58)} & \xrightarrow{\text{Zerlegung}} & \text{System (5.60)} \\ \text{Linearisierung} \big\downarrow & & \big\downarrow \text{Linearisierung} \\ G(s) & \xrightarrow[\text{Zerlegung}]{} & G_{\mathrm{MP}}(s) \end{array}$$

Zur Verallgemeinerung des linearen IMC-Reglers (5.47) auf den nichtlinearen Fall lösen wir die letzte Differentialgleichung von (5.60) unter Beachtung von $\dot{z}_n = y^{(n)}$ nach der höchsten Zeitableitung des Eingangs auf:

$$u^{(n-r)} = (-1)^{n-r} \frac{y^{(n)} - \alpha\left(z, u, -\dot{u}, \ddot{u}, \ldots, (-1)^{n-r-1} u^{(n-r-1)}\right)}{\beta\left(z, u, -\dot{u}, \ddot{u}, \ldots, (-1)^{n-r-1} u^{(n-r-1)}\right) u^{(n-r)}} . \tag{5.61}$$

Der Zustand z und die Zeitableitung $y^{(n)}$ werden durch ein Zustandsvariablenfilter der Struktur (5.49), aber der Ordnung n, mit dem Zustand $\hat{z}$ geschätzt:

$$\begin{aligned} \dot{\hat{z}} &= \left(A - bk^T\right) \hat{z} + a_0 b\, \tilde{w} \\ \hat{y} &= c^T \hat{z} . \end{aligned} \tag{5.62}$$

Die so erhaltenen Schätzgrößen setzt man in Gl. (5.61) ein. Die Ableitung $u^{(n-r)}$ führt man einer Integratorkette der Länge $n-r$ zu, womit man die in Gl. (5.61) benötigten Ableitungen $u^{(n-r-1)}, \ldots, \dot{u}$ und auch den Eingang u als Stellgröße für die Regelstrecke (5.1) erhält. Das dadurch entstehende Regelungsschema ist in ◘ Abb. 5.11 dargestellt.

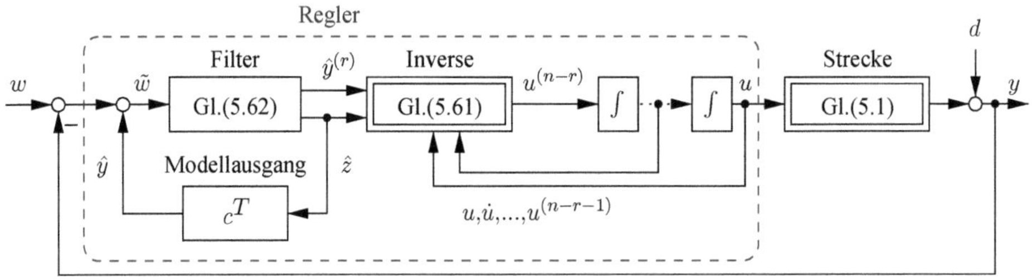

Abb. 5.11 Regelkreis mit IMC-Regler eine für maximalphasige Regelstrecke

Beispiel 5.14

Betrachtet wird wieder der Hochsetzsteller. Wir verwenden die Kondensatorspannung x_2 gleichzeitig als Ausgang wie auch als erste Koordinate des transformierten Systems:

$$z_1 = y = h(x) = x_2. \tag{5.63}$$

Die zweite Koordinate ist die Zeitableitung des Ausgangs

$$z_2 = \dot{y} = L_f h(x) + L_g h(x) u = (1-u)\frac{1}{C}x_1 - \frac{1}{RC}x_2, \tag{5.64}$$

die vom Eingang u abhängt, so dass das System den relativen Grad $r = 1$ besitzt. Gl. (5.63) und (5.64) bilden eine vom Eingang abhängige Koordinatentransformation $z = \Phi(x,u)$ mit der Rücktransformation

$$x_1 = -\frac{z_1 + RCz_2}{(u-1)R}, \quad x_2 = z_1.$$

Aus der zweiten Zeitableitung des Ausgangs

$$\begin{aligned}
\ddot{y} &= L_f^2 h(x) + \left(L_g L_f h(x) + L_f L_g h(x)\right) u + L_g^2 h(x) u^2 + L_g h(x)\dot{u} \\
&= -\frac{-Lx_2 - (u-1)x_1 LR + \left(L\dot{u}x_1 + uE - E + u^2 x_2 - 2ux_2 + x_2\right) CR^2}{C^2 LR^2} \\
&= \underbrace{-\frac{Lz_2 + (u-1)\left(E + (u-1)\, z_1\right) R}{CLR}}_{\alpha(z,u)} + \underbrace{\frac{z_1 + RCz_2}{(u-1)RC}}_{\beta(z,u)}\dot{u}
\end{aligned}$$

erhält man die letzte Zeile der verallgemeinerten Regelungsnormalform:

$$\begin{aligned}
\dot{z}_1 &= z_2 \\
\dot{z}_2 &= \alpha(z,u) + \beta(z,u)\,\dot{u} \\
y &= z_1
\end{aligned} \tag{5.65}$$

Durch Zeitumkehr in der Eingangsdynamik, d. h. $\dot{u} \mapsto -\dot{u}$, geht das nichtminimalphasige System (5.65) in die minimalphasige Approximation

$$\begin{aligned} \dot{z}_1 &= z_2 \\ \dot{z}_2 &= \alpha(z,u) - \beta(z,u)\,\dot{u} \\ y &= z_1 \end{aligned} \tag{5.66}$$

über. Stellt man die letzte Differentialgleichung in (5.66) nach $\dot{u}$ um, so erhält man

$$\dot{u} = -\frac{(u-1)\left(z_2 L + \left(\dot{z}_2 CL + uE - E + u^2 z_1 - 2u z_1 + z_1\right) R\right)}{L\,(z_2 CR + z_1)}. \tag{5.67}$$

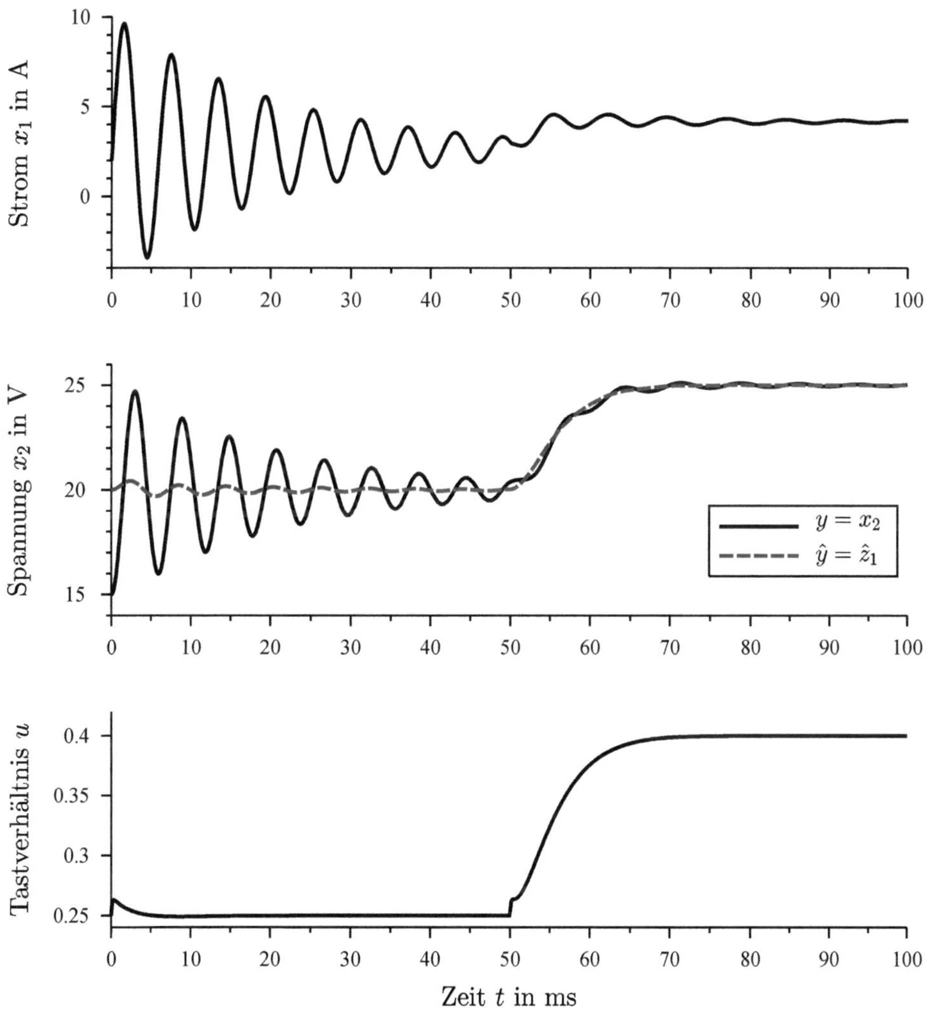

Abb. 5.12 Simulation des Hochsetzstellers mit dem IMC-Regler aus Beispiel 5.14 5.13

Die Größen $z_1, z_2, \dot{z}_2$ lassen sich durch $y, \dot{y}, \ddot{y}$ repräsentieren. Im IMC-Regler verwendet man dafür die vom Zustandsvariablenfilter

$$\begin{aligned} \dot{\hat{z}}_1 &= \hat{z}_2 \\ \dot{\hat{z}}_2 &= -a_0\hat{z}_1 - a_1\hat{z}_2 + a_0\tilde{w} \\ \hat{y} &= \hat{z}_1 \end{aligned} \tag{5.68}$$

mit $a_0, a_1 > 0$ generierten Schätzsignale $\hat{y}, \dot{\hat{y}}, \ddot{\hat{y}}$. Die Integration von $\dot{u}$ aus Gl. (5.67) liefert das Streckeneingangssignal u. Mit (5.67) und (5.68) erhält man insgesamt einen dynamischen Regler dritter Ordnung.

Für die numerische Simulation wird der Übergang von 20 V auf 25 V direkt durch das Führungssignal

$$w(t) = \begin{cases} 20\,\text{V für } t < 50\,\text{ms} \\ 25\,\text{V für } t \geq 50\,\text{ms} \end{cases}$$

vorgegeben. Wie in Beispiel 5.13 finden für den Hochsetzsteller die Anfangswerte $x_1(0) = 2$ A und $x_1(0) = 20$ V Verwendung. Die Anfangswerte des Zustandsvariablenfilters (5.68) lauten $\hat{z}_1(0) = 20$ und $\hat{z}_2(0) = 0$. Für die Differentialgleichung (5.67) des Eingangs gilt $u(0) = 0{,}25$. Zusätzlich kommen die Filterkoeffizienten $a_0 = 90000$ und $a_1 = 600$ aus ► Abschn. 4.6.5 zum Einsatz. ◘ Abb. 5.12 zeigt die simulierten Signalverläufe. Zunächst ist der Einschwingvorgang des Hochsetzstellers festzustellen. Der Übergang der Ausgangsspannung erfolgt wie gewünscht.

5.4 Approximative Linearisierung durch Modifikation

Bei den bisherigen Betrachtung wurde für das System (5.1) immer ein wohldefinierter relativer Grad vorausgesetzt. Andernfalls ist die in ► Kap. 4 beschriebene exakte Linearisierung nicht (direkt) anwendbar. Mit dem in [HSK92] vorgestellten Zugang wird bei nicht wohldefiniertem relativen Grad eine approximative Linearisierung erzielt.

Der relative Grad von System (5.1) ist im Punkt $p \in \mathcal{M}$ *nicht* wohldefiniert, wenn die erste nicht verschwindende Lie-Ableitung im Punkt p Null ist, d. h.

$$L_g L_f^{r-1} h(x) \not\equiv 0, \quad \text{aber} \quad L_g L_f^{r-1} h(p) = 0.$$

Das bedeutet, dass beim ersten Auftreten des Eingangs in den Zeitableitungen des Ausgangs

$$\begin{aligned} y &= h(x) \\ &\vdots \\ y^{(r-1)} &= L_f^{r-1} h(x) \\ y^{(r)} &= L_f^r h(x) + L_g L_f^{r-1} h(x)\, u[5pt] \end{aligned}$$

der Faktor $L_g L_f^{r-1} h(x)$ vor dem Eingang u im Punkt p verschwindet. Aus Stetigkeitsgründen ist dann $L_g L_f^{r-1} h(x)$ für alle x aus einer (hinreichend kleinen)

Umgebung von p auch betragsmäßig klein. Der in [HSK92] vorgestellte Ansatz beruht darauf, dass man den Term $L_gL_f^{r-1}h(x)u$ vernachlässigt und weiter differenziert. Diese Ableitungsbildung unter Vernachlässigung des angegebenen Terms lässt sich über Lie-Ableitungen entlang des Vektorfelds f darstellen. Unter dem sich dabei ergebenden Diffeomorphismus $\xi = \Phi(x)$ mit $\xi_1 = h(x)$, $\xi_2 = L_fh(x), \dots, \xi_n = L_f^{n-1}h(x)$ erhält man das transformierte System

$$\begin{aligned}
\dot{\xi}_1 &= \xi_2 \\
&\vdots \\
\dot{\xi}_{r-1} &= \xi_r \\
\dot{\xi}_r &= \xi_{r+1} + \beta_r(\xi)\,u \\
&\vdots \\
\dot{\xi}_{n-1} &= \xi_n + \beta_{n-1}(\xi)\,u \\
\dot{\xi}_n &= \alpha_n(\xi) + \beta_n(\xi)\,u
\end{aligned} \tag{5.69}$$

mit

$$\alpha_n(\xi) = L_f^nh(\Phi^{-1}(\xi)), \quad \beta_i(\xi) = L_gL_f^{i-1}h(\Phi^{-1}(\xi)), \quad i = r, \dots, n.$$

Für die approximative Linearisierung nehmen wir an, dass die Terme $\beta_r, \dots \beta_{n-1}$ im betreffenden Arbeitsbereich (betragsmäßig) kleine Werte annehmen, der Term β_n sich aber erheblich von der Null unterscheidet. Die Linearisierung durch Rückführung führt man in der letzten Zeile von System (5.69) mit dem fiktiven Eingang v durch:

$$v \overset{!}{=} \alpha_n(\xi) + \beta_n(\xi)\,u \quad \Longleftrightarrow \quad u = \frac{1}{\beta_n(\xi)}\,(v - \alpha_n(\xi))\,. \tag{5.70}$$

Zur Stabilisierung kombiniert man die (approximativ) linearisierende Rückführung (5.70) mit der Rückführung $v = -k^T\xi$. Die Verstärkung $k^T = (a_0, \dots, a_n)$ enthält die Koeffizienten eines vorgegebenen charakteristischen Polynoms

$$\det\left(sI - \left(A - bk^T\right)\right) = a_0 + a_1s + \cdots + a_{n-1}s^{n-1} + s^n. \tag{5.71}$$

Somit erhält man für die Originalkoordinaten in Anlehnung an ► Abschn. 4.1 das Regelgesetz

$$u = -\frac{1}{L_gL_f^{n-1}h(x)} \sum_{i=0}^{n} a_iL_f^ih(x) \quad \text{mit} \quad a_n := 1. \tag{5.72}$$

In ähnlicher Weise lassen sich auch die in den ► Abschn. 5.1 und 5.2 beschriebenen Rückführungen für Trajektorienfolgeregelungen nutzen. Die Stabilisierung des rückgeführten Systems kann man mit Überlegungen des High-Gain-Entwurfs begründen (vgl. ► Kap. 6).

Die approximative Linearisierung wird in [HSK92, Sas99] am Beispiel eines Balls auf einem Balken (engl. ball & beam example) untersucht. Dieses Beispiel wurde in etlichen weiteren Veröffentlichungen aufgegriffen [LL01, ZFR06]. In [Zim95, KS98] wird die approximtive Linearisierung eines Hubschraubermodells behandelt. Das folgende Beispiel ist an [Agu02] angelehnt:

Beispiel 5.15

Wir betrachten das partiell linearisierte Modell des Wagen-Pendel-Systems aus ▶ Abschn. 1.2 und Beispiel 4.8 unter Vernachlässigung der Reibung:

$$\begin{aligned} \dot{x}_1 &= x_2 \\ \dot{x}_2 &= v \\ \dot{x}_3 &= x_4 \\ \dot{x}_4 &= -\tfrac{g}{l}\sin x_3 - \tfrac{1}{l} v \cos x_3 \\ y &= x_1 . \end{aligned} \tag{5.73}$$

In Beispiel 4.52 wurde für dieses System der (fiktive) Ausgang

$$h(x) = x_1 + \frac{l}{2}\ln\left(\frac{1+\sin x_3}{1-\sin x_3}\right) \tag{5.74}$$

ermittelt, mit dem das System wegen $L_g h(x) = L_g L_f h(x) = 0$ und $L_g L_f^2 h(x) = -2x_4 \tan x_3$ für $x_3 \neq k\pi, k \in \mathbb{Z}$ und $x_4 \neq 0$ den (maximalen) relativen Grad $r = 3$ besitzt. Im Punkt $x = 0$ ist der relative Grad damit nicht definiert. Für die Approximation gehen wir von $x_3 \approx 0$ (kleine Auslenkung des Pendels) und $x_4 \approx 0$ (kleine Winkelgeschindigkeit) aus und bestimmen die gemischte Lie-Ableitung der nächsthöheren Ordnung:

$$L_g L_f^3 h(x) = \frac{(3l\cos(2x_3) - 9l)\,x_4^2 + (\cos(3x_3) - 3\cos x_3)\,g}{l\,(\cos(2x_3)+1)}. \tag{5.75}$$

Mit $L_g L_f^3 h(0) = -g/l$ ist dieser Term im Arbeitspunkt $x = 0$ nicht vernachlässigbar. Für die Rückführung (5.72) benötigt man neben (5.75) und dem Ausgang (5.74) noch die Lie-Ableitungen

$$\begin{aligned} L_f h(x) &= x_2 + \tfrac{l x_4}{\cos x_3} \\ L_f^2 h(x) &= \tan x_3 \left(g + \tfrac{l x_4^2}{\cos x_3}\right) \\ L_f^3 h(x) &= 2 g x_4 \tfrac{1-\cos(2x_3)}{1+\cos(2x_3)} + l x_4^3 \tfrac{1-\sin^4 x_3}{\cos^5 x_3} \\ L_f^4 h(x) &= 2 l x_4^4 \tfrac{\sin x_3}{\cos^2 x_3}\left(\tfrac{6}{\cos^2 x_3} - 1\right) + 3 g x_4^2 \sin x_3 \left(\tfrac{4}{\cos^2 x_3} - 1\right) \\ &\quad + \tfrac{g^2}{l}\sin x_3 \left(\tfrac{3}{\cos^2 x_3} - 2\right). \end{aligned}$$

Zur numerischen Simulation verwenden wir mit Ausnahme von $d_1 = 0$ und $d_2 = 0$ (Vernachlässigung der Reibung) die Parameter und Anfangswerte aus Beispiel 4.26. Die Eigenwerte

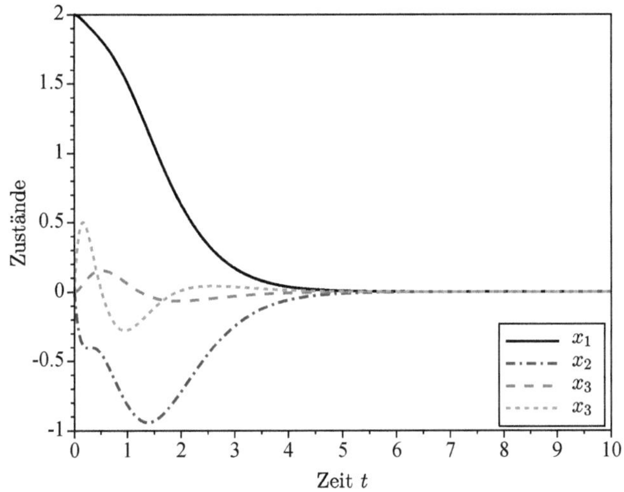

■ **Abb. 5.13** Simulationsergebnis des geregelten Wagen-Pendel-Systems

werden durch $s_{1,2} = -2$ und $s_{3,4} = -3$ vorgegeben. Das Simulationsergebnis ist ■ Abb. 5.13 zu entnehmen. Im Unterschied zur Regelung mittels Eingangs-Ausgangs-Linearisierung in Beispiel 4.26 wird jetzt die Dynamik für alle Zustände eingeprägt. Im Vergleich zu ■ Abb. 4.9 erfolgt hier ein schnelleres Einschwingen.

Anmerkung 5.16 Den Reglerentwurf führt man nach Gl. (5.72) so durch, als ob die Terme $\beta_r, \ldots, \beta_{n-1}$ in Gl. (5.69) identisch Null wären. Diese Annahme kann man auch als Modifikation des Systems interpretieren, wodurch das resultierende System eingangs-zustands-linearisierbar wird. Das Nullsetzen von $\beta_r, \ldots, \beta_{n-1}$ in Gl. (5.69) führt in Originalkoordinaten auf das modifizierte Vektorfeld

$$\tilde{g}(x) = \left[\Phi'(x)\right]^{-1} \cdot \beta_n(z) \frac{\partial}{\partial z_n}\bigg|_{z=\Phi(x)} = L_g L_f^{n-1} h(x) \cdot \left[\Phi'(x)\right]^{-1} \cdot e_n .$$

In ähnlicher Weise kann man auch durch Modifikation des Vektorfeldes f ein eingangs-zustands-linearisierbares System erzeugen [HSK92].

5.5 Approximative Linearisierung durch Reihenentwicklung

Um die einschränkenden Existenzbedingungen bzw. die schwierige Berechnung für eine exakte Eingangs-Zustands-Linearisierung zu umgehen, wurden in der Fachliteratur zahlreiche Approximationsansätze vorgeschlagen [RC84, BR86, GS01]. Etliche Veröffentlichungen basieren auf einer Transformation des betreffenden Systems in die Poincaré-Normalform [Kre84, Kre90, KHK⁺91, Dev01, Dev04]. Dabei setzt man sowohl für das

System als auch für die Transformation Φ eine mehrvariable Taylorreihe an und versucht, die von den Nichtlinearitäten herrührenden Terme höherer Ordnung schrittweise zu eliminieren. Da die Anzahl der Terme einer mehrvariablen Taylorentwicklung exponentiell mit der Entwicklungsordnung wächst, ist dieser Ansatz nur bedingt praktikabel.

Der in diesem Abschnitt vorgestellte Zugang nach [RP12, RPK13, Fra15] vermeidet die Reihenentwicklung der Koordinatentransformation und kann in gewisser Weise als das Gegenstück zum erweiterten Luenberger-Beobachter aufgefasst werden (vgl. ▶ Abschn. 7.4.2).

5.5.1 Vorüberlegungen und exakte Linearisierung

Man betrachte eine eingangsaffine Regelstrecke

$$\dot{x} = f(x) + g(x)\,u \tag{5.76}$$

mit hinreichend glatten Vektorfeldern $f, g{:}\mathcal{M} \to \mathbb{R}^n$ auf einer offenen Menge $\mathcal{M} \subseteq \mathbb{R}^n$. Das System ist in einem Punkt $p \in \mathcal{M}$ exakt eingangs-zustands-linearisierbar, wenn es eine Ausgangsabbildung $h{:}\mathcal{M} \to \mathbb{R}$ gibt, für die das System den relativen Grad n besitzt, also

$$L_g h(x) = 0,\; L_g L_f h(x) = 0,\; \ldots,\; L_g L_f^{n-2} h(x) = 0,\; L_g L_f^{n-1} h(p) \neq 0 \tag{5.77}$$

für alle x aus einer Umgebung von p gilt (vgl. ▶ Abschn. 4.2). Wir gehen im Folgenden von der etwas strengeren Bedingung

$$L_g h(x) = 0,\; L_g L_f h(x) = 0,\; \ldots,\; L_g L_f^{n-2} h(x) = 0,\; L_g L_f^{n-1} h(x) = 1 \tag{5.78}$$

für alle x aus einer Umgebung von p aus.[6] Die Ausgangsabbildung h ist die Lösung der (partiellen) Differentialgleichung

$$\mathrm{d}h(x) = \omega(x), \tag{5.79}$$

wobei sich das Kovektorfeld ω aus der Steuerbarkeitsmatrix

$$Q_S(x) = \Big(g(x), \mathrm{ad}_{-f} g(x), \ldots, \mathrm{ad}_{-f}^{n-1} g(x)\Big) \tag{5.80}$$

entsprechend

$$\omega(x) = e_n^T Q_S^{-1}(x) \tag{5.81}$$

6 Gilt (5.77), dann kann die Bedingung (5.78) immer durch eine zustandsabhängige Eingangstransformation $u \mapsto \frac{1}{L_g L_f^{n-1} h(x)} u$ erzwungen werden (vgl. ▶ Abschn. 4.2.3).

mit dem n-ten Einheitsvektor e_n ergibt. Kennt man die Abbildung h, dann lässt sich das System mit dem Diffeomorphismus

$$\xi = \Phi(x) = \begin{pmatrix} h(x) \\ L_f h(x) \\ \vdots \\ L_f^{n-1} h(x) \end{pmatrix}, \quad x = \Psi(\xi) := \Phi^{-1}(\xi) \tag{5.82}$$

in die spezielle Variante

$$\left.\begin{aligned} \dot{\xi}_1 &= \xi_2 \\ &\vdots \\ \dot{\xi}_{n-1} &= \xi_n \\ \dot{\xi}_n &= \alpha(\xi) + u \\ y &= \xi_1 \end{aligned}\right\} \quad \begin{aligned} \dot{\xi} &= A\xi + b(\alpha(\xi) + u) \\ y &= c^T \xi \end{aligned} \tag{5.83}$$

der Regelungsnormalform transformieren (vgl. ▶ Abschn. 4.2.3).

In diesem Abschnitt erfolgt der Reglerentwurf ohne explizite Kenntnis der zur exakten Eingangs-Zustands-Linearisierung benötigten Ausgangsabbildung h. Das bedeutet, dass zwar die Flachheit des Systems (5.76) vorausgesetzt wird (vgl. ▶ Abschn. 4.4.2), der flache Ausgang aber nicht unmittelbar für die Regelung benötigt wird.

Die gewünschte Dynamik von System (5.76) sei durch Referenztrajektorien $u_{\mathrm{ref}}(\cdot)$ und $x_{\mathrm{ref}}(\cdot)$ gegeben, d. h. diese Referenztrajektorien genügen der Systemgleichung

$$\dot{x}_{\mathrm{ref}} = f(x_{\mathrm{ref}}) + g(x_{\mathrm{ref}})\, u_{\mathrm{ref}}. \tag{5.84}$$

Die Berechnung dieser Trajektorien ist rein numerisch über die Lösung einer entsprechenden Randwertaufgabe möglich (vgl. ▶ Abschn. 5.2.3). Ähnlich wie in den ▶ Abschn. 5.1 und 5.2 teilen wir das Eingangssignal

$$u = u_{\mathrm{ref}} + u_{\mathrm{stab}}$$

in jeweils einen Anteil zur Vorsteuerung und zur Stabilisierung auf. Die Vorsteuerung erfolgt über die Referenztrajektorie u_{ref}. Die Referenztrajektorie x_{ref} soll über eine Rückführung $\kappa : \mathcal{M} \to \mathbb{R}$ mit

$$u_{\mathrm{stab}} = u - u_{\mathrm{ref}} = -\kappa(x) \tag{5.85}$$

stabilisiert werden. Der geschlossene Regelkreis nimmt dadurch die Form

$$\dot{x} = f(x) + g(x)\,(u_{\mathrm{ref}} - \kappa(x))$$

an.

Der eigentliche Reglerentwurf erfolgt zunächst in der Normalform (5.83). Mit dem Ansatz (5.85) erhält man

$$\begin{aligned}\dot{\xi} &= A\xi + b(\alpha(\xi) + u) \\ &= A\xi + b(\alpha(\xi) + u_{\mathrm{ref}} - \kappa(\Psi(\xi))\end{aligned}$$

für die Regelstrecke (5.83). Das transformierte Referenzsystem (5.84) nimmt die Gestalt

$$\dot{\xi}_{\mathrm{ref}} = A\xi_{\mathrm{ref}} + b\left(\alpha(\xi_{\mathrm{ref}}) + u_{\mathrm{ref}}\right)$$

an. Der Folgefehler $\tilde{\xi} = \xi - \xi_{\mathrm{ref}}$ genügt damit der Differentialgleichung

$$\begin{aligned}\dot{\tilde{\xi}} &= \dot{\xi} - \dot{\xi}_{\mathrm{ref}} \\ &= A\tilde{\xi} + b(\alpha(\xi) - \alpha(\xi_{\mathrm{ref}}) - \kappa(\Psi(\xi)).\end{aligned} \tag{5.86}$$

Mit der Rückführung

$$\kappa(x) = \kappa(\Phi^{-1}(\xi)) = \alpha(\xi) - \alpha(\xi_{\mathrm{ref}}) + k^T\tilde{\xi}, \quad k \in \mathbb{R}^n \tag{5.87}$$

erhält man eine exakt lineare Fehlerdynamik

$$\dot{\tilde{\xi}} = \left(A - bk^T\right)\tilde{\xi}. \tag{5.88}$$

Setzt man dabei die Reglerverstärkung k in der Form $k^T = (a_0, \ldots, a_{n-1})$ an, so ergibt sich (bedingt durch die Brunovský-Form des Paares (A, b)) das charakteristische Polynom (5.71). In Originalkoordinaten nimmt das Regelgesetz (5.87) die Form

$$\kappa(x) = \sum_{i=0}^{n} a_i L_f^i h(x) - \sum_{i=0}^{n} a_i \underbrace{L_f^i h(x_{\mathrm{ref}}(t))}_{y_{\mathrm{ref}}^{(i)}(t)} \tag{5.89}$$

mit der Ausgangsreferenztrajektorie $y_{\mathrm{ref}}(\,\cdot\,) = h(x_{\mathrm{ref}}(\,\cdot\,))$ und $a_n := 1$ an.[7] Dieses Regelgesetz ist eine spezielle Variante der in ▶ Abschn. 5.1 vorgestellten Rückführung (5.8).

Beispiel 5.17

Das in Beispiel 4.44 modellierte inverse Pendel mit Gleichstromantrieb lässt sich durch ein System (5.76) mit den Vektorfeldern

$$f(x) = \begin{pmatrix} x_2 \\ \frac{mg\ell}{J}\sin x_1 - \frac{d}{J}x_2 + \frac{K}{J}x_3 \\ -\frac{K}{L}x_2 - \frac{R}{L}x_3 \end{pmatrix}, \quad g(x) = \begin{pmatrix} 0 \\ 0 \\ \frac{1}{L} \end{pmatrix} \tag{5.90}$$

7 Bedingt durch die Abhängigkeit von der Referenztrajektorie ist die Rückführung κ auch von der Zeit t abhängig. Aus Gründen der Übersichtlichkeit wurde auf die explizite Angabe dieser Abhängigkeit verzichtet.

beschreiben. Im Zusammenhang mit einer exakten Eingangs-Zustands-Linearisierung wurde in Beispiel 4.47 entsprechend Gl. (5.81) das Kovektorfeld

$$\omega(x) = \left(\tfrac{\mathrm{JL}}{\mathrm{K}}, 0, 0\right) = \tfrac{JL}{K}\,\mathrm{d}x_1 \tag{5.91}$$

ermittelt. Durch Integration erhält man daraus die Ausgangsabbildung $h(x) = \frac{JL}{K} x_1$, mit der das System (5.90) die Bedingung (5.78) erfüllt und daher zustandsäquivalent zu der speziellen Regelungsnormalform (5.83) ist. Das Regelgesetz (5.89) lässt sich unmittelbar über die Lie-Ableitungen des Skalarfeldes h entlang des Vektorfeldes f berechnen.

5.5.2 Approximation nullter Ordnung

Das exakt linearisierende Regelgesetz (5.89) setzt die Kenntnis der Ausgangsabbildung h voraus. Die nachfolgenden Überlegungen führen auf ein Regelgesetz, für dessen Berechnung die nur als Hilfsgröße eingeführte Ausgangsabbildung h nicht unmittelbar benötigt wird.

Wir betrachten die Reihenentwicklung

$$\begin{aligned} \kappa(\Psi(\xi)) &= \frac{\partial \kappa}{\partial x}\frac{\partial x}{\partial \xi}\bigg|_{\xi_{\mathrm{ref}}} \cdot (\xi - \xi_{\mathrm{ref}}) + \mathcal{O}\left(\|\tilde{\xi}\|^2\right) \\ &= \mathrm{d}\kappa(x_{\mathrm{ref}}) \cdot \Psi'(\xi_{\mathrm{ref}}) \cdot \tilde{\xi} + \mathcal{O}\left(\|\tilde{\xi}\|^2\right) \end{aligned} \tag{5.92}$$

des gesuchten Regelgesetzes $\kappa(\Psi(\xi))$ entlang der Referenztrajektorie ξ_{ref}. Bei dieser Reihenentwicklung entfällt das Absolutglied, da dessen Anteil schon in der Steuerung u_{ref} Berücksichtigung findet. Setzt man die Reihenentwicklung (5.92) in die Fehlerdynamik (5.86) ein, so erhält man

$$\dot{\tilde{\xi}} = \left(A - b\,\mathrm{d}\kappa(x_{\mathrm{ref}})\Psi'(\xi_{\mathrm{ref}})\right)\tilde{\xi} + b(\alpha(\xi) - \alpha(\xi_{\mathrm{ref}})) + \mathcal{O}\left(\|\tilde{\xi}\|^2\right). \tag{5.93}$$

Den Gradienten $\mathrm{d}\kappa$ ersetzen wir durch ein allgemeines Kovektorfeld

$$\sigma(x_{\mathrm{ref}}) = \mathrm{d}\kappa(x_{\mathrm{ref}}). \tag{5.94}$$

Mit der Wahl

$$\sigma(x_{\mathrm{ref}}) = k^T \cdot \left(\Psi'(\xi_{\mathrm{ref}})\right)^{-1} \tag{5.95}$$

geht die Fehlerdynamik (5.93) in die Differentialgleichung

$$\dot{\tilde{\xi}} = \left(A - bk^T\right)\tilde{\xi} + b(\alpha(\xi) - \alpha(\xi_{\mathrm{ref}})) + \mathcal{O}\left(\|\tilde{\xi}\|^2\right) \tag{5.96}$$

über. In der Reihenentwicklung von (5.96) liefert die Differenz $\alpha(\xi) - \alpha(\xi_{\mathrm{ref}})$ den Beitrag $\mathrm{d}\alpha(\xi_{\mathrm{ref}})$ zu den Termen erster Ordnung. Dieser Anteil wird nicht exakt kompensiert, sondern soll vom linearen Teil $A - bk^T$ dominiert werden. Daher ist die Fehlerdynamik (5.96) nur als Approximation nullter Ordnung einer exakt linearen Fehlerdifferentialgleichung (5.88) aufzufassen.

Das aus der Steuerbarkeitsmatrix (5.80) nach Gl. (5.81) berechnete Kovektorfeld ω erfüllt unter der Annahme (5.78) die Bedingung (5.79). Das bedeutet, dass ω ein exaktes Differential ist. Nach Proposition 3.19 gilt somit $\mathrm{d}L_f h(x) = L_f \mathrm{d}h(x) = L_f\omega(x)$. Daher lässt sich die Jacobimatrix der Transformation (5.82) ohne explizite Kenntnis des Ausgangs h darstellen:

$$\left(\Psi'(\xi)\right)^{-1} = \Phi'(x) = \frac{\partial}{\partial x}\begin{pmatrix} h(x) \\ L_f h(x) \\ \vdots \\ L_f^{n-1} h(x) \end{pmatrix} = \begin{pmatrix} \mathrm{d}h(x) \\ \mathrm{d}L_f h(x) \\ \vdots \\ \mathrm{d}L_f^{n-1} h(x) \end{pmatrix} = \begin{pmatrix} \omega(x) \\ L_f\omega(x) \\ \vdots \\ L_f^{n-1}\omega(x) \end{pmatrix}.$$

Die vom Referenzzustand x_{ref} abhängige Verstärkung (5.95) kann dann in Originalkoordinaten

$$\sigma(x_{\mathrm{ref}}) = a_0\omega(x_{\mathrm{ref}}) + a_1 L_f\omega(x_{\mathrm{ref}}) + \cdots + a_{n-1}L_f^{n-1}\omega(x_{\mathrm{ref}}) \tag{5.97}$$

unter Verwendung der Koeffizienten des charakteristischen Polynoms (5.71) angegeben werden. Die Rückführung (5.85) nimmt unter Beachtung von (5.92) und (5.94) die Form

$$\kappa(x) = \sigma(x_{\mathrm{ref}})\,(x - x_{\mathrm{ref}}) = \sigma(x_{\mathrm{ref}})\,\tilde{x}$$

an.

Beispiel 5.18

Für das System (5.90) aus Beispiel 5.17 erhält man das in Gl. (5.91) angegebene Kovektorfeld ω. Daraus berechnet man nach Gl. (5.97) mit MAXIMA unter Zuhilfenahme der in Alg. 3.3 beschriebenen Routine `LieCovector` die folgende Reglerverstärkung:

```
(%i5) f:[x2,(m*G*l*sin(x1)-d*x2+K*x3)/J,-(K*x2+R*x3)/L]$
      ω:[J*L/K,0,0]$
      x:[x1,x2,x3]$
      n:length(x)$
(%i6) σ:sum(a[i]*LieCovector(f,ω,x,i),i,0,n-1);
```

(%o6) $\left[\frac{a_0\cdot J\cdot L}{K}+\frac{a_2\cdot l\cdot m\cdot\cos(x1)\cdot G\cdot L}{K}, \frac{a_1\cdot J\cdot L}{K}-\frac{a_2\cdot d\cdot L}{K}, a_2\cdot L\right]$

5.5.3 Approximation erster Ordnung

Das im letzten Abschnitt hergeleitete Regelgesetz (5.97) soll dahingehend verbessert werden, dass man eine näherlungsweise lineare Fehlerdynamik und damit eine Approximation erster Ordnung erhält. Dazu führen wir eine Reihenentwicklung der Nichtlinearität α entlang der Referenztrajektorie durch

$$\alpha(\xi) = \alpha(\xi_{\mathrm{ref}}) + \mathrm{d}\alpha(\xi_{\mathrm{ref}})\,\tilde{\xi} + \mathcal{O}\left(\|\tilde{\xi}\|^2\right)$$

und setzen diesen Ansatz in die Fehlerdifferentialgleichung (5.93) ein:

$$\dot{\tilde{\xi}} = \left(A - b\left(\mathrm{d}\kappa(x_{\mathrm{ref}})\Psi'(\xi_{\mathrm{ref}}) - \mathrm{d}\alpha(\xi_{\mathrm{ref}})\right)\right)\tilde{\xi} + \mathcal{O}\left(\|\tilde{\xi}\|^2\right).$$

Um eine näherungsweise lineare Fehlerdynamik

$$\dot{\tilde{\xi}} = \left(A - bk^T\right)\tilde{\xi} + \mathcal{O}\left(\|\tilde{\xi}\|^2\right) \tag{5.98}$$

zu erzeugen, muss die Reglerverstärkung (5.94) entsprechend

$$\sigma(x_{\mathrm{ref}}) = k^T\left(\Psi'(\xi_{\mathrm{ref}})\right)^{-1} + \mathrm{d}\alpha(\xi_{\mathrm{ref}})\left(\Psi'(\xi_{\mathrm{ref}})\right)^{-1} \tag{5.99}$$

gewählt werden. Der erste Summand hat in Originalkoordinaten die Form (5.97). Zur Bestimmung des zweiten Summanden betrachten wir die Nichtlinearität α in Originalkoordinaten:

$$\begin{aligned}
\alpha(\xi) &= L_f^n h(x) \\
&= \left\langle \mathrm{d}L_f^{n-1}h, f\right\rangle(x) \\
&= \left\langle L_f^{n-1}\mathrm{d}h, f\right\rangle(x) \\
&= \left\langle L_f^{n-1}\omega, f\right\rangle(x).
\end{aligned}$$

Damit lässt sich der Gradient $\mathrm{d}\alpha$ wie folgt darstellen:

$$\begin{aligned}
\mathrm{d}\alpha(\xi) &= \frac{\partial\left\langle L_f^{n-1}\omega, f\right\rangle(x)}{\partial x}\cdot\frac{\mathrm{d}x}{\mathrm{d}\xi} \\
&= \frac{\partial\left\langle L_f^{n-1}\omega, f\right\rangle(x)}{\partial x}\cdot\Psi'(\xi).
\end{aligned}$$

Die Differentiation des Skalarprodukts liefert

$$\begin{aligned}
\mathrm{d}\alpha(\xi)\left(\Psi'(\xi)\right)^{-1} &= \frac{\partial\left\langle L_f^{n-1}\omega, f\right\rangle(x)}{\partial x} \\
&= L_f^{n-1}\omega(x)f'(x) + f^T(x)\frac{\partial\left(L_f^{n-1}\omega(x)\right)^T}{\partial x} \\
&= L_f^{n-1}\omega(x)f'(x) + f^T(x)\left(\frac{\partial\left(L_f^{n-1}\omega(x)\right)^T}{\partial x}\right)^T \\
&= L_f^n\omega(x)
\end{aligned}$$

unter Beachtung von Prop. 2.7. Dabei wurde zusätzlich ausgenutzt, dass das Kovektorfeld ω der Gradient des Skalarfeldes h ist und die Ableitung von $L_f\omega$ somit eine Hessematrix darstellt (siehe Lemma 2.9). Aus (5.99) ergibt sich somit in Originalkoordinaten die

Reglerverstärkung

$$\sigma(x_{\text{ref}}) = a_0\omega(x_{\text{ref}}) + a_1 L_f\omega(x_{\text{ref}}) + \cdots + a_{n-1}L_f^{n-1}\omega(x_{\text{ref}}) + L_f^n\omega(x_{\text{ref}}). \tag{5.100}$$

Die Reglerverstärkung (5.100) kann man als Verallgemeinerung der Ackermann-Formel [Ack77a, Ack77b] für nichtlineare Systeme auffassen. Im Unterschied zur Ackermann-Formel für lineare zeitvariante Systeme [Fre71, Föl78], die sich auf das entlang der Referenztrajektorie linearisierte System anwenden lässt, kann der hier beschriebene Zugang unmittelbar auf Approximationen höherer Ordnung erweitert werden.

Beispiel 5.19

Wir betrachten wiederum das inverse Pendel aus den Beispielen 5.17 und 5.18. Zur Berechnung der Reglerverstärkung (5.100) muss man das in Beispiel 5.18 verwendete MAXIMA-Skipt nur leicht modifizieren:

```
(%i5) f:[x2,(m*G*l*sin(x1)-d*x2+K*x3)/J,-(K*x2+R*x3)/L]$
      ω:[J*L/K,0,0] $
      x:[x1,x2,x3]$ n:length(x)$
(%i7) sum(a[i]*LieCovector(f,ω,Px,i),i,0,n)$
      σ:subst([a[3]=1],%);
```

(%o7) $\left[\frac{a_0\cdot J\cdot L}{K} - \frac{d\cdot l\cdot m\cdot\cos(x1)\cdot G\cdot L}{J\cdot K} - \frac{l\cdot m\cdot\sin(x1)\cdot x2\cdot G\cdot L}{K} + \frac{a_2\cdot l\cdot m\cdot\cos(x1)\cdot G\cdot L}{K}, \frac{a_1\cdot J\cdot L}{K} + \frac{d^2\cdot L}{J\cdot K} + \frac{l\cdot m\cdot\cos(x1)\cdot G\cdot L}{K} - \frac{a_2\cdot d\cdot L}{K} - K, -R - \frac{d\cdot L}{J} + a_2\cdot L\right]$

5.5.4 Approximation zweiter Ordnung

Die Approximation erster Ordnung wurde in ► Abschn. 5.5.3 über die spezielle Variante (5.83) der Regelungsnormalform hergeleitet. In ähnlicher Weise lässt sich auch eine Approximation zweiter Ordnung erzielen. Allerdings ist auf diesem Weg die Berechnung der Reglerverstärkung vergleichsweise aufwendig [Pas11]. Daher wird nachfolgend ein alternativer Ansatz vorgestellt, bei dem man das exakt linearisierende Regelgesetz (5.89) in den Originalkoordinaten entlang der Referenztrajektorie x_{ref} in eine Reihe entwickelt [Fra15].

Zunächst betrachten wir von der Lie-Ableitung $L_f h^k(x)$ entlang x_{ref} eine Reihenentwicklung erster Ordnung

$$\begin{aligned} L_f^k h(x) &= L_f^k h(x_{\text{ref}}) + \mathrm{d}L_f^k h(x_{\text{ref}})\tilde{x} + \mathcal{O}\left(\|\tilde{x}\|^2\right) \\ &= L_f^k h(x_{\text{ref}}) + L_f^k \mathrm{d}h(x_{\text{ref}})\tilde{x} + \mathcal{O}\left(\|\tilde{x}\|^2\right) \\ &= L_f^k h(x_{\text{ref}}) + L_f^k\omega(x_{\text{ref}})\tilde{x} + \mathcal{O}\left(\|\tilde{x}\|^2\right). \end{aligned} \tag{5.101}$$

Setzt man diese Reihenentwicklung in das exakt linearisierende Regelgesetz (5.89) ein, so erhält man

$$\kappa(x) = \sum_{i=0}^{n} a_i L_f^i \omega(x_{\text{ref}})\,\tilde{x} + \mathcal{O}\left(\|\tilde{x}\|^2\right) = \sigma(x_{\text{ref}})\,\tilde{x} + \mathcal{O}\left(\|\tilde{x}\|^2\right)$$

mit $a_n = 1$. Unter Vernachlässigung des Restgliedes entspricht dieses Ergebnis der Reglerverstärkung (5.100), mit der man eine Approximation erster Ordnung erreicht. Erweitert man die Reihenentwicklung (5.101) um den nächsten Term zu

$$L_f^k h(x) = L_f^k h(x_{\text{ref}}) + L_f^k \omega(x_{\text{ref}})\,\tilde{x} + \frac{1}{2}\tilde{x}^T \frac{\partial \left(L_f^k \omega(x_{\text{ref}})\right)^T}{\partial x_{\text{ref}}}\,\tilde{x} + \mathcal{O}\left(\|\tilde{x}\|^3\right),$$

so erhält man das Regelgesetz

$$\kappa(x) = \sum_{i=0}^{n} a_i \left(L_f^i \omega(x_{\text{ref}})\,\tilde{x} + \frac{1}{2}\tilde{x}^T \frac{\partial \left(L_f^i \omega(x_{\text{ref}})\right)^T}{\partial x_{\text{ref}}}\,\tilde{x} \right) + \mathcal{O}\left(\|\tilde{x}\|^3\right), \tag{5.102}$$

mit dem eine Approximation zweiter Ordnung erzielt wird. Bei der Implementierung des Regelgesetzes entfällt das Restglied. Unter Zuhilfenahme von Gl. (5.100) lässt sich das Regelgesetz (5.102) in der Form

$$\kappa(x) = \sigma(x_{\text{ref}})\tilde{x} + \frac{1}{2}\tilde{x}^T \frac{\partial \sigma^T(x_{\text{ref}})}{\partial x_{\text{ref}}}\tilde{x}$$

angeben.

Die Herleitung der vorgestellten Regelgesetze beruht auf der speziellen Variante (5.83) der Regelungsnormalform und setzt daher die Existenzbedingungen nach Satz 4.46 voraus. Das bedeutet, dass die Steuerbarkeitsmatrix Q_S regulär sein muss und die Differentialform ω entsprechend Gl. (5.79) als exakt vorausgesetzt wird. Die Berechnung der Regelgesetze (5.97), (5.100) und (5.102) ist jedoch auch im Fall einer nicht exakten Differentialform ω möglich. In [RP12, RPK13] wird am Beispiel des nicht eingangs-zustands-linearisierbaren Wagens mit Pendel (▸ Abschn. 1.2) die erfolgreiche Erprobung der Regelgesetze (5.97) und (5.100) beschrieben.

5.6 Modifizierte optimale Regelung

Bei der exakten Linearisierung wird in ▸ Kap. 4 nach der Kompensation der Nichtlinearitäten die Dynamik des resultierenden linearen Systems durch ein gegebenes charakteristischen Polynom und damit letztlich durch Eigenwertplazierung vorgegeben. In diesem Abschnitt werden mit der exakten Eingangs-Zustands-Linearisierung bzw. der damit verbundenen Regelungsnormalform zwei alternative Rückführungen auf Basis der optimalen Regelung vorgestellt.

5.6.1 Optimale Regelung

Zunächst erfolgt eine kurze Beschreibung des Optimalsteuerproblems nach Bellman für eingangsaffine Eingrößensysteme [Son98]. Anschließend wird der Spezialfall einer linear-quadratischen Regelung behandelt und auf eingangs-zustands-linearisierbare Systeme angewandt [And89].

Wir betrachten ein nichtlineares Eingrößensystem

$$\dot{x} = f(x) + g(x)u \tag{5.103}$$

mit hinreichend glatten Vektorfeldern $f, g{:}\mathbb{R}^n \to \mathbb{R}^n$, die auf ganz $\mathbb{R}^n$ definiert sind. Das System habe für $u = 0$ eine Ruhelage im Ursprung $x = 0$, d. h. es gilt $f(0) = 0$. Gesucht ist eine Zustandsrückführung

$$u = -\kappa(x) \tag{5.104}$$

mit dem Skalarfeld $\kappa{:}\mathbb{R}^n \to \mathbb{R}$, so dass das Kostenfunktional

$$J = \int_0^\infty \left[q(x) + p(x)u^2\right] \mathrm{d}t \tag{5.105}$$

minimiert wird. Für die Funktionen $q{:}\mathbb{R}^n \to \mathbb{R}$ und $p{:}\mathbb{R}^n \to \mathbb{R}$ werden dabei die Bedingungen $q(x) \geq 0$ und $p(x) > 0$ für alle $x \in \mathbb{R}^n$ vorausgesetzt. Das Regelgesetz (5.104) ergibt sich nach dem Optimalitätsprinzip von Bellman [Son98] aus der Lösung von

$$\min_u \{\underbrace{q(x) + p(x)u^2 + V'(x)\,(f(x) + g(x)u)}_{=\,:\mu(x,u)}\} = 0. \tag{5.106}$$

Zur Bestimmung eines lokalen Extremums wird der Term μ nach dem Argument u differenziert und zu Null gesetzt:

$$\frac{\partial \mu(x,u)}{\partial u} = 2p(x)u + L_g V(x) \stackrel{!}{=} 0. \tag{5.107}$$

Wegen

$$\frac{\partial^2 \mu(x,u)}{\partial u^2} = 2p(x) > 0$$

liegt ein Minimum vor. Aus (5.107) erhält man den Eingang

$$u = -\frac{1}{2p(x)} L_g V(x). \tag{5.108}$$

Setzt man diesen Eingang in (5.106) ein, so erhält man die Gleichung

$$q(x) + L_f V(x) - \frac{1}{4p(x)} \left[L_g V(x)\right]^2 = 0, \tag{5.109}$$

die bezüglich einer stetig differenzierbaren, positiv definiten Funktion $V\colon\mathbb{R}^n \to \mathbb{R}$ zu lösen ist [Son98, Abschnitt 8.5]. Diese Gleichung stellt eine Variante der **Hamilton-Jacobi-Bellman-Gleichung** dar [SJK97]. Falls eine derartige Funktion V, die man **Bellman-Funktion** oder **Wertfunktion** (engl. **value function**) nennt, existiert, hat die Zustandsrückführung (5.104) nach Gl. (5.108) die Form

$$\kappa(x) = \frac{1}{2p(x)} L_g V(x). \tag{5.110}$$

Wird die Ruhelage $x = 0$ durch die Rückführung (5.110) asymptotisch stabil, dann minimiert das Regelgesetz (5.110) auch das Kostenfunktional (5.105), siehe [SJK97, Theorem 3.19]. Die Bellman-Funktion V ist in diesem Fall zugleich eine Ljapunov-Funktion für das rückgeführte System, also für den geschlossenen Regelkreis (siehe Anhang A.1).

Anmerkung 5.20 Die Hamilton-Jacobi-Bellman-Gleichung (5.109) ist eine partielle Differentialgleichung, deren Lösung nur in Ausnahmefällen symbolisch angegeben werden kann. Für eine numerische Lösung geht man von dem unendlichen Zeitintervall $[0, \infty)$ beim Kostenfunktional (5.105) zu einem endlichen Zeitintervall $[0, T]$ mit $T > 0$ über. Löst man zur Berechnung des Regelgesetzes für einen Zeitpunkt t jeweils ein Optimierungsproblem mit gleitendem Zeitintervall $[t, t + T]$, dann spricht man von einer **(nichtlinearen) modellprädiktiven Regelung** (engl. **nonlinear model predictive control**, kurz **NMPC**), siehe z. B. [GEK10, AZ12].

Als Spezialfall betrachte man ein lineares zeitinvariantes System

$$\dot{x} = Ax + bu \tag{5.111}$$

mit $A \in \mathbb{R}^{n\times n}$ und $b \in \mathbb{R}^n$. Gesucht ist die Reglerverstärkung $k \in \mathbb{R}^n$ einer Zustandsrückführung

$$u = -k^T x, \tag{5.112}$$

welche das quadratische Kostenfunktional

$$J = \int_0^\infty \left[x^T Q x + R u^2\right] \mathrm{d}t \tag{5.113}$$

mit einer positiv semidefiniten Matrix $Q \in \mathbb{R}^{n\times n}$ und einer positiven Zahl $R > 0$ minimiert. Für die Lösung der Hamilton-Jacobi-Bellman-Gleichung (5.109) setzen wir die Funktion V als quadratische Form

$$V(x) = x^T P x$$

mit einer (noch festzulegenden) positiv definiten Matrix $P \in \mathbb{R}^{n \times n}$ an (siehe Anhang A.1). Für das lineare System (5.111), welches durch die Vektorfelder $f(x) = Ax$ und $g(x) = b$ beschrieben wird, erhält man die Lie-Ableitungen

$$L_f V(x) = x^T \left(A^T P + PA\right) x \quad \text{und} \quad L_g V(x) = 2x^T Pb. \tag{5.114}$$

Damit lässt sich die Hamilton-Jacobi-Bellman-Gleichung (5.109) in der Form

$$x^T \left(A^T P + PA - PbR^{-1} b^T P + Q\right) x = 0 \tag{5.115}$$

angeben. Diese Gleichung ist für alle $x \in \mathbb{R}^n$ gelöst, wenn die **algebraische Riccati-Gleichung** (engl. **algebraic Riccati equation**, kurz **ARE**)

$$A^T P + PA - PbR^{-1} b^T P + Q = 0 \tag{5.116}$$

eine Lösung $P \in \mathbb{R}^{n \times n}$ besitzt. Ist das System (5.111), welches durch das Paar (A, b) beschrieben wird, steuerbar und ist für eine Zerlegung $Q = C^T C$ das Paar (A, C) beobachtbar,[8] dann existiert eine positiv definite Lösung $P \succ 0$ von Gl. (5.116), siehe [And89, Lud95, Lun97]. Für die Rückführung (5.112) ergibt sich die Reglerverstärkung aus

$$k^T = R^{-1} b^T P. \tag{5.117}$$

Mit dieser Reglerverstärkung für das lineare System (5.111) wird das quadratische Kostenfunktional (5.113) minimiert. Man spricht dabei von einem **linear-quadratischen Regler** (kurz **LQ-Regler**, engl. **linear quadratic regulator**, kurz **LQR**). Die Systemmatrix des geschlossenen Regelkreises

$$\dot{x} = \left(A - bR^{-1} b^T P\right) x$$

besitzt in diesem Fall nur Eigenwerte mit negativem Realteil, so dass die Ruhelage $x = 0$ exponentiell (und damit asymptotisch) stabil ist.

Angenommen, das nichtlineare System (5.76) ist eingangs-zustands-linearisierbar, d. h. es existiert eine Ausgangsabbildung $h:\mathbb{R}^n \to \mathbb{R}$, mit der das System den relativen Grad n besitzt. Dann existiert eine Koordinatentransformation $\xi = \Phi(x)$, die das System in die Regelungsnormalform

$$\dot{\xi} = A\xi + b\left(\alpha(\xi) + \beta(\xi)u\right) \tag{5.118}$$

überführt, siehe Gl. (5.35). Nach der Kompensation der Nichtlinearitäten durch

$$u = \frac{1}{\beta(\xi)} \left(v - \alpha(\xi)\right) = \frac{1}{L_g L_f^{n-1} h(x)} \left(v - L_f^n h(x)\right) \tag{5.119}$$

---

8 Tatsächlich besitzt die algebraische Riccati-Gleichung (5.116) auch unter der schwächeren Voraussetzung, dass (A, b) stabilisierbar und (A, C) ermittelbar ist, eine positiv definite Lösung. Im Fall einer positiv definiten Matrix Q ist (A, C) beobachtbar und damit auch ermittelbar.

erhält man das lineare steuerbare System

$$\dot{\xi} = A\xi + bv \tag{5.120}$$

mit dem Eingang v. Für dieses System kann man einen linear-quadratischen Regler entwerfen, wobei das Kostenfunktional direkt in ξ-Koordinaten angesetzt wird. Zu einer Matrix $Q \succeq 0$ und einer Zahl $R > 0$ löst man die algebraische Riccatigleichung (5.116), wobei das Paar (A, b) in der Brunovský-Normalform vorliegt. Mit der Reglerverstärkung k nach Gl. (5.117) und der stabiliserenden Rückführung $v = -k^T\xi$ erhält man insgesamt die Zustandsrückführung

$$\begin{aligned} u &= -\tfrac{1}{\beta(\xi)}\left(\alpha(\xi) + k^T\xi\right) \\ &= -\tfrac{1}{L_g L_f^{n-1} h(x)}\left(L_f^n h(x) + k^T \Phi(x)\right) \\ &= -\tfrac{1}{L_g L_f^{n-1} h(x)}\left(L_f^n h(x) + \textstyle\sum_{i=0}^{n-1} k_{i+1} L_f^i h(x)\right). \end{aligned} \tag{5.121}$$

Hinsichtlich der Struktur stimmt die Zustandsrückführung (5.121) vollständig mit der des stabilisierenden Regelgesetzes aus ▶ Kap. 4 überein. Der beschriebene Ansatz wird beispielsweise in [PSS08] zur Regelung eines Magnetlagers verwendet, wobei die in Gl. (5.121) benötigten Lie-Ableitungen mit Hilfe des algorithmischen Differenzierens berechnet werden.

Beispiel 5.21

Das inverse Pendel mit Gleichstromantrieb aus Beispiel 4.44 wird durch das nichtlineare Zustandsraummodell

$$\begin{aligned} \dot{x}_1 &= x_2 \\ \dot{x}_2 &= \tfrac{mg\ell}{J}\sin x_1 - \tfrac{d}{J}x_2 + \tfrac{K}{J}x_3 \\ \dot{x}_3 &= -\tfrac{K}{L}x_2 - \tfrac{R}{L}x_3 + \tfrac{1}{L}u \\ y &= x_1 \end{aligned} \tag{5.122}$$

beschrieben. Für den angegebenen Ausgang besitzt das System den relativen Grad $r = n = 3$. Unter Zuhilfsnahme der Lie-Ableitungen

$$\begin{aligned} h(x) &= x_1 \\ L_f h(x) &= x_2 \\ L_f^2 h(x) &= \tfrac{-dx_2 + mg\ell \sin x_1 + Kx_3}{J} \\ L_f^3 h(x) &= -\frac{JK^2x_2 + \left(dKx_3 - mg\ell Jx_2 \cos x_1 + dmg\ell \sin x_1 - d^2x_2\right)L + JKRx_3}{J^2L} \\ L_g L_f^2 h(x) &= \tfrac{K}{JL} \end{aligned} \tag{5.123}$$

kann man das System (5.122) mittels Zustandstransformation und Rückführung in die Form (5.120) überführen. Das Paar (A, b) liegt dabei in der Brunovský-Normalform vor. Für das Gütefunktional (5.113) geben wir $Q = I_3$ und $R = 1$ vor. Der LQR-Entwurf ist beispielsweise mit dem Programm SCILAB [Sci] möglich:

```
A=[0 1 0;0 0 1;0 0 0];
b=[0 0 1]';
Q=eye(3,3);
R=1;
P=ricc(A,b*inv(R)*b',Q,'cont');
k=(b'*P/R);
```

Damit erhält man die positiv definite Matrix

$$P \approx \begin{pmatrix} 2,4142136 & 2,4142136 & 1 \\ 2,4142136 & 4.8284271 & 2,4142136 \\ 1 & 2,4142136 & 2,4142136 \end{pmatrix} \tag{5.124}$$

als Lösung der Riccati-Gleichung (5.116) und die Reglerverstärkung (5.117) mit

$$k^T = \begin{pmatrix} k_1 & k_2 & k_3 \end{pmatrix} \approx \begin{pmatrix} 1 & 2,4142136 & 2,4142136 \end{pmatrix},$$

so dass man mit (5.123) das Regelgesetz (5.121) implementieren kann.

Für die numerische Simulation kommen die in [Góm94] verwendeten (normierten) Paramterwerte $R = 1$, $L = 0.002$, $K = 10$, $J = 4$, $d = 1$, $l = 1$ und $mg = 20$ zum Einsatz.

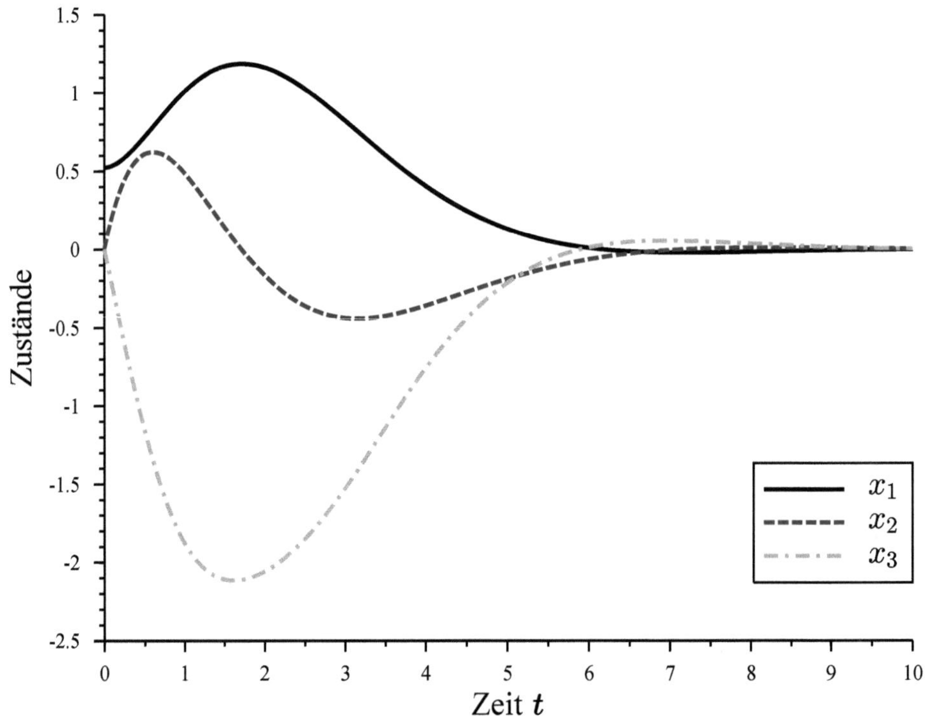

Abb. 5.14 Einschwingverhalten des durch LQR-Entwurf in den transformierten Koordinaten geregelten Pendels

Der Anfangswert $x(0) = (\pi/6, 0, 0)^T$ entspricht einer Anfangsauslenkung des Pendels um 30°. ◘ Abb. 5.14 zeigt das Einschwingverhalten des geregelten Systems.

5.6.2 Sontag-Formel

Die Optimalität des im vorangegangenen Abschnitt hergeleiteten Regelgesetzes (5.121) hinsichtlich eines quadratischen Gütekriteriums bezieht sich allerdings nicht auf das Originalsystem (5.103), sondern auf das transformierte und durch die Rückführung linearisierte System (5.120). In den Originalkoordinaten ist das Regelgesetz (5.121) in der Regel keine Lösung eines Optimierungsproblems[9] mit einem Kostenfunktional der Form (5.105). In diesem Abschnitt wird ein Regelgesetz angegeben, welches das System (5.103) stabilisiert und zugleich Lösung eines Optimierungsproblems ist. Dieser Zugang ist unter der Bezeichnung **invers-optimale** oder **modifizierte optimale Regelung** bekannt [FP96, FK96a, FK96b, SJK97, Sac05].

Zunächst verallgemeinern wir den Begriff der Ljapunov-Funktion auf Systeme mit Erregung. Sei $V{:}\mathbb{R}^n \to \mathbb{R}$ eine stetig differenzierbare, positiv definite Funktion (siehe Anhang A.1). Die Funktion V nennt man **Regelungs-Ljapunov-Funktion** (engl. **control Lyapunov function**, kurz **CLF**) von System (5.103), falls

$$\forall x \neq 0: \quad \inf_u \big(L_f V(x) + L_g V(x)u\big) < 0. \tag{5.125}$$

Mit der Existenz einer Regelungs-Ljapunov-Funktion gibt es auch eine stabilisierende Zustandsrückführung [Art83]:

Satz 5.22 (Theorem von Artstein) *Man betrachte das System (5.103) mit $f(0) = 0$. Ferner sei V eine Regelungs-Ljapunov-Funktion. Dann gibt es eine Zustandsrückführung (5.104) derart, dass $x = 0$ eine asymptotisch stabile Ruhelage des geschlossenen Regelkreises ist.*

Beweisskizze Sie V eine Regelungs-Ljapunov-Funktion von System (5.103). Die Zeitableitung von V entlang der Systemdynamik von (5.103) hat die Form

$$\begin{aligned}\dot V(x) &= V'(x)\cdot \dot x\\ &= V'(x)\cdot f(x) + g(x)u\\ &= L_f V(x) + L_g V(x)u.\end{aligned} \tag{5.126}$$

Bedingung (5.125) bedeutet, dass man den Eingang u in Abhängigkeit vom Zustand x immer so wählen kann, dass $\dot V$ negativ definit ist. Damit ist V eine Ljapunov-Funktion des in dieser Weise rückgeführten Systems und die Ruhelage $x = 0$ ist asymptotisch stabil. □

9 Die Aussage, dass das Regelgesetz (5.121) in der Regel nicht optimal im Sinne eines Kostenfunktionals (5.105) ist, lässt dadurch veranschaulichen, dass die Rückführung (5.121) alle im System auftretenden Nichtlinearitäten kompensiert, auch jene, die die Stabilität begünstigen.

Die Bedingung (5.125) ist gleichwertig mit

$$L_g V(x) = 0 \quad \Longrightarrow \quad L_f V(x) < 0. \tag{5.127}$$

In den Punkten x, wo die Ableitung $\dot{V}$ wegen $L_g V(x) = 0$ nicht über den Eingang u beeinflusst werden kann, muss das Vektorfeld f einen Beitrag zur Stabilität liefern.

Kennt man zu einem gegebenen System (5.103) eine Regelungs-Lyapunov-Funktion V, dann stellt die **Sontag-Formel** [Son89, Son98]

$$u = -\kappa(x) = \begin{cases} -\frac{L_f V(x) + \sqrt{\left[L_f V(x)\right]^2 + \left[L_g V(x)\right]^4}}{L_g V(x)} & \text{falls } L_g V(x) \neq 0 \\ 0 & \text{falls } L_g V(x) = 0 \end{cases} \tag{5.128}$$

eine stabilisierende Zustandsrückführung (5.104) bereit. Setzt man (5.128) in das System ein, dann ergibt sich aus (5.126) die Zeitableitung

$$\dot{V}(x) = \begin{cases} -\sqrt{\left[L_f V(x)\right]^2 + \left[L_g V(x)\right]^4} & \text{falls } L_g V(x) \neq 0, \\ L_f V(x) & \text{falls } L_g V(x) = 0. \end{cases}$$

Dadurch ist $\dot{V}$ negativ definit und die Ruhelage $x = 0$ des geschlossenen Regelkreis asymptotisch stabil.

Mit der Rückführung (5.128) stabilisiert man nicht nur das System (5.103), sondern minimiert auch ein Kostenfunktional (5.105). Stellt man die Rückführung (5.110) nach der Wichtungsfunktion p um, so erhält man

$$p(x) = \frac{1}{2\kappa(x)} L_g V(x). \tag{5.129}$$

Durch Einsetzen dieser Funktion in die Hamilton-Jacobi-Bellman-Gleichung (5.109) bekommt man die zweite Wichtungsfunktion:

$$q(x) = \frac{1}{4p(x)} \left(L_g V(x)\right)^2 - L_f V(x). \tag{5.130}$$

Damit ist (5.128) die Lösung des durch das Kostenfunktional (5.105) mit (5.129) und (5.130) beschriebenen Optimierungsproblems. Die zur Stabiliserung herangezogene Regelungs-Ljapunov-Funktion V ist dann auch die zugehörige Bellman-Funktion. Die unterschiedlichen Herangehensweisen bei der optimalen bzw. der invers-optimalen Regelung werden im nachfolgenden Diagramm veranschaulicht:

Kostenfunktional	Kostenfunktional
Gl. (**5.109**) ↓	↑ Gl. (**5.129**), (**5.130**)
Bellman-Funktion V ═══	Regelungs-Ljapunov-Funktion V
Gl. (**5.110**) ↓	↓ Gl. (**5.128**)
Regelgesetz	Regelgesetz

Eine wichtige Konsequenz aus der Optimalität der Zustandsrückführung (5.128) ist die Robustheit des so geregelten System [FP96, FK96a, SJK97]. Von der Sontag-Formel (5.128) wurden auch zahlreiche Abwandlungen entwickelt bzw. erprobt [LS91, MS00, YJPH01].

In der Regel ist es sehr schwierig, für ein gegebenes System eine Regelungs-Ljapunov-Funktion zu finden. Ist das System (5.103) eingangs-zustands-linearisierbar, dann kann es durch die Rückführung (5.119) in das lineare System (5.120) überführt werden. Zu diesem System berechnet man für eine gegebene Matrix $Q \succeq 0$ und eine Zahl $R > 0$ eine positiv definite Lösung $P \succ 0$ der algebraischen Riccati-Gleichung (5.116). Damit erhält man in den transformierten Koordinaten die Bellman-Funktion $\widetilde{V}(\xi) = \xi^T P \xi$. Diese ist zugleich eine Regelungs-Ljapunov-Funktion des linearisierten Systems (5.120), denn über die Rückführung $v = -k^T\xi$ mit (5.117) erhält man eine asymptotisch stabile Ruhelage $\xi = 0$. Daraus ergibt sich in Originalkoordinaten die Regelungs-Ljapunov-Funktion

$$V(x) = \widetilde{V}(\Phi(x)) = \Phi^T(x)\, P\, \Phi(x). \tag{5.131}$$

Mit der durch die Sontag-Formel (5.128) gegebenen Rückführung erhält man ein robustes Regelgesetz.

Bei einem gegebenen System (5.103) lässt sich das Vorgehen zum Entwurf der beschriebenen invers-optimalen Regelung folgendermaßen zusammenfassen:

1. Bestimmung einer Ausgangsabbildung h, für die das System (5.103) den relativen Grad n besitzt (siehe ▶ Abschn. 4.2).
2. Berechnung der Lie-Ableitungen $L_f h(x), \ldots L_f^{n-1} h(x)$.
3. Berechnung einer positiv definiten Lösung P der algebraischen Riccati-Gl. (5.116) für das linearisierte System (5.120), z. B. mit $Q = I$ und $R = 1$.
4. Berechnung der Regelungs-Ljapunov-Funktion (5.131) mit $\xi_1 = h(x), \ldots, \xi_n = L_f^{n-1} h(x)$.
5. Berechnung der Lie-Ableitungen $L_f V(x)$ und $L_g V(x)$.
6. Berechnung der Zustandsrückführung (5.128).

Die Vorgehensweise zur Nutzung der Sontag-Formel (5.128) für eingangs-zustands-linearisierbare Systeme wird an einem Beispiel vorgestellt:

Beispiel 5.23

Wir betrachten das bereits in Beispiel 5.21 behandelte inverse Pendel mit Gleichstrommotor. Aus (5.123) liest man die Koordinatentransformation

$$\Phi(x) = \begin{pmatrix} h(x) \\ L_f h(x) \\ L_f^2 h(x) \end{pmatrix} = \begin{pmatrix} x_1 \\ x_2 \\ \frac{-dx_2 + mg\ell \sin x_1 + Kx_3}{J} \end{pmatrix}$$

ab. Zusammen mit der Matrix P aus Gl. (5.124) erhält man die Regelungs-Ljapunov-Funktion (5.131), mit deren Hilfe man die Zustandsrückführung (5.128) angeben kann. Zu Beginn der Simulation wird die Zustandskomponente x_3 sehr stark beeinflusst, so dass sie fast unmittelbar von $x_3(0) = 0$ auf den Wert von ca. $1,09$ übergeht. Die simulierten Zeitverläufe

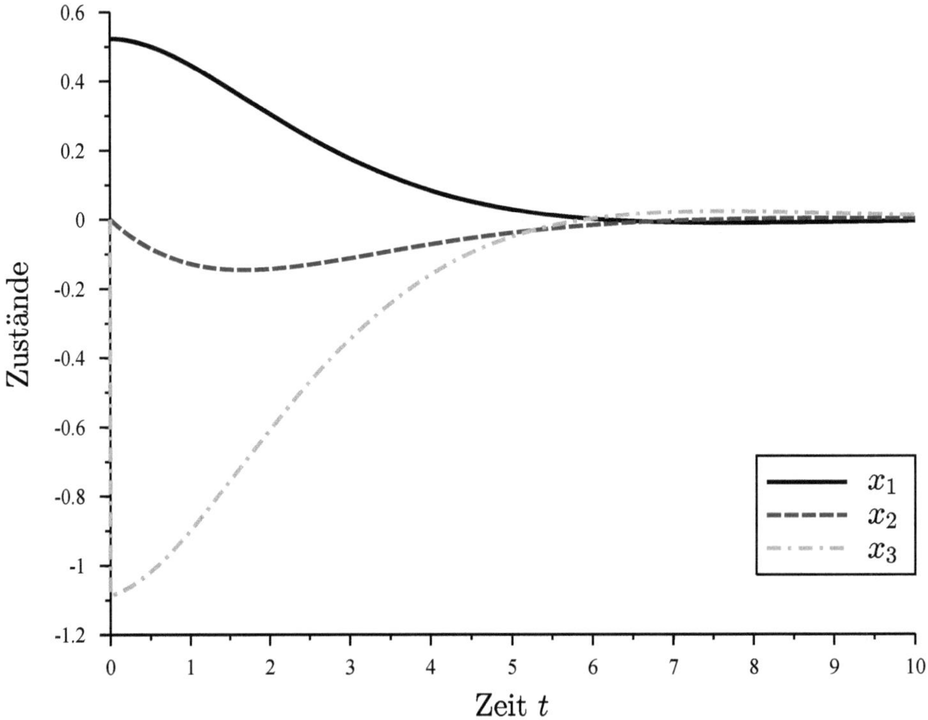

■ **Abb. 5.15** Einschwingverhalten des mit Hilfe der Sontag-Formel geregelten Pendels

sind in ■ Abb. 5.15 dargestellt. Bezogen auf die eigentliche Regelgröße x_1 ist im Unterschied zu Beispiel 5.21 kein Überschwingen zu erkennen.

Literatur

[AAGH89] An, C. H., C. G. Atkeson, J. D. Griffiths und J. M. Hollerbach: **Experimental Evaluation of Feedforward and Computed Torque Control**. IEEE Trans. on Robotics and Automation, 5(3):368–373, Juni 1989.

[Ack77a] Ackermann, J.: **Entwurf durch Polvorgabe, Teil 2**. Regelungstechnik, 25:209–215, 1977.

[Ack77b] Ackermann, J. E.: **On the synthesis of linear control systems with specified characteristics**. Automatica, 13(1):89–94, Januar 1977.

[Agu02] Aguilar, C.: **Approximate feedback linearization and sliding mode control for the single inverted pendulum**. Technischer Bericht, Queen's University, Mathematics and Engineering, August 2002.

[And89] Anderson, B. D. O: **Optimal Control – Linear Quadratic Methods**. Prentice-Hall, Englewood Cliffs, New Jersey, 1989.

[Art83] Artstein, Z.: **Stabilization with relaxed controls**. Nonlinear Analysis, 7:1163–1173, 1983.

[AZ12] Allgöwer, F. und A. Zheng (Herausgeber): **Nonlinear Model Predictive Control**. Birkhäuser, Basel, 2012.

[BPvdS04] Ball, J. A., M. A. Petersen und A. van der Schaft: **Inner-outer factorization for nonlinear noninvertible systems**. IEEE Trans. on Automatic Control, 49(4):483–492, April 2004.

[BR86] Baumann, W. T. und W. J. Rugh: **Feedback Control of Nonlinear Systems by Extended Linearization**. IEEE Trans. on Automatic Control, 31(1):40–46, Januar 1986.

[CCN06] Campbell, S. L., J. P. Chancelier und R. Nikoukhah: **Modeling and Simulation in Scilab/Scicos**. Springer, New York, 2006.

[DAM96] Doyle III, F. J., F. Allgöwer und M. Morari: **A Normal Form Approach to Approximate Input-Output Linearization for Maximum Phase Nonlinear SISO Systems**. IEEE Trans. on Automatic Control, 41(2):305–309, Februar 1996.

[Dev01] Devanathan, R.: **Linearization condition through state feedback**. IEEE Trans. on Automatic Control, 46(8):1257–1260, August 2001.

[Dev04] Devanathan, R.: **Necessary and sufficient conditions for quadratic linearization of a linearly controllable system**. Int. J. Control, 77(7):613–621, 2004.

[DHB00] Datta, A., M. T. Ho und S. P. Bhattacharyya: **Structure and synthesis of PID controllers**. Springer-Verlag, London, 2000.

[EM86] Economou, C. G. und M. Morari: **Internal Model Contrl. 5. Extension to Nonlinear Systems**. Ind. Eng. Chem. Process Des. Dev., 25:403–411, 1986.

[FJ09] Fliess, M. und C. Join: **Model-free Control And Intelligent PID Controllers: Towards A Possible Trivialization Of Nonlinear Control?** IFAC Proceedings Volumes, 42(10):1531–1550, 2009.

[FK96a] Freeman, R. A. und P. V. Kokotovic: **Inverse optimality in robust stabilization**. SIAM J. Control and Optimization, 34(4):1365–1391, Juli 1996.

[FK96b] Freeman, R. A. und P. V. Kokotović: **Robust Nonlinear Control Design – State-Space and Lyapunov Techniques**. Birkhäuser, Boston, 1996.

[Föl78] Föllinger, O.: **Entwurf zeitvarianter Systeme durch Polvorgabe**. Regelungstechnik, 26(6):189–196, 1978.

[FP96] Freeman, R. A. und J. A. Primbs: **Control Lyapunov functions: New ideas from an old source**. In: **Proc. IEEE Conf. on Decision and Control (CDC)**, Seiten 3926–3931, Kobe, Japan, Dezember 1996.

[Fra15] Franke, M.: **Lösung regelungstechnischer Aufgabenstellungen mit Hilfe des algorithmischen Differenzierens**. CreateSpace, 2015.

[Fre71] Freund, E.: **Zeitvariable Mehrgrößensysteme**, Band 57 der Reihe **Lecture Notes in Operations Research and Mathematical Systems**. Springer-Verlag, Berlin, 1971.

[GEK10] Graichen, K., M. Egretzberger und A. Kugi: **Ein suboptimaler Ansatz zur schnellen modellprädiktiven Regelung nichtlinearer Systeme**. Automatisierungstechnik, 58(8):447–456, August 2010.

[GHZ05] Graichen, K., V. Hagenmeyer und M. Zeitz: **A new approach to inversion-based feedforward control design for nonlinear systems**. Automatica, 41(12):2033–2041, Dezember 2005.

[GM82] Garcia, C. E. und M. Morari: **Internal model control. 1. A unifying review and some new results**. Ind. Eng. Chem. Process Des. Dev., 21(2):308–323, 1982.

[Góm94] Gómez, J. C.: **Using Symbolic Computation for the Computer Aided Design of Nonlinear (Adaptive) Control Systems**. In: **IMACS World Congress on Computational and Applied Mathemathics**, Atlanta, Juli 1994.

[GS01] Guardabassi, G. O. und S. M. Savaresi: **Approximate linearization via feedback — an overview**. Automatica, 37(1):1 – 15, 2001.

[GTZ05] Graichen, K., M. Treuer und M. Zeitz: **Fast Side-Stepping of the Triple Inverted Pendulum via Constrained Nonlinear Feedforward Control Design**. In: **Proc. IEEE Conf. on Decision and Control, European Control Conference (CDC-ECC)**, Seiten 1096–1101, Dezember 2005.

[GWRG06] Gensior, A., O. Woywode, J. Rudolph und H. Güldner: **On Differential Flatness, Trajectory Planning, Observers, and Stabilization for DC-DC Converts**. IEEE Trans. on Circuits and Systems I, 53(9):2000–2010, September 2006.

[GZ06] Graichen, K. und M. Zeitz: **Inversionsbasierter Vorsteuerungsentwurf mit Ein- und Ausgangsbeschränkungen**. Automatisierungstechnik, 54(4):187–199, April 2006.

[HD03a] Hagenmeyer, V. und E. Delaleau: **Exact feedforward linearization based on differential flatness: The SISO case**. In: Zinober, A. und D. Owens [ZO03], Seiten 161–170.

[HD03b] Hagenmeyer, V. und E. Delaleau: **Robustness analysis of exact feedforward linearization based on differential flatness**. Automatica, 39(11):1941–1946, 2003.

[Hor63] Horowitz, I. M: **Synthesis of feedback systems**. Academic Press, New York, London, 1963.

[HS91a] Henson, M. A. und D. E. Seborg: **Critique of exact linearization strategies for process control**. Journal of Process Control, 1(3):122–139, 1991.

[HS91b] Henson, M. A. und D. E. Seborg: **An internal model control strategy for nonlinear systems**. AIChE Journal, 37(7):1065–1081, 1991.

[HS97] Henson, M. A. und D. E. Seborg: **Nonlinear Process Control**, Kapitel 4, Seiten 149–232. Prentice-Hall, Englewood Cliffs, New Jersey, 1997.

[HSK92] Hauser, J., S. Sastry und P. Kokotovic: **Nonlinear Control Via Approximate Input-Output-Linearization: The Ball and Beam Example**. IEEE Trans. on Automatic Control, 37(3):392–398, 1992.

[Ise92] Isermann, R.: **Identifikation dynamischer Systeme 2**. Springer, Berlin, Heidelberg, 2. Auflage, 1992.

[Isi95] Isidori, A.: **Nonlinear Control Systems: An Introduction**. Springer-Verlag, London, 3. Auflage, 1995.

[KC87] Kravaris, C. und C. B. Chung: **Nonlinear state feedback synthesis by global input/output linearization**. AIChE Journal, 33(4):592–603, 1987.

[KHK+91] Krener, A., M. Hubbard, S. Karaham, A. Phelps und B. Maag: **Poincaré's linearization method applied to the design of nonlinear compensators**. In: **Algebraic computing in control**, Band 165 der Reihe **Lecture Notes in Control and Information Science**, Seiten 76–114. Springer, 1991.

[KKS17] Kunze, A., C. Knoll und O. Schnabel: **PyTrajectory — Python library for trajectory generation for nonlinear control systems**, Februar 2017. **https://doi.org/10.5281/zenodo.276212**

[Kre84] Krener, A. J.: **Approximate linearization by state feedback and coordinate change**. Systems & Control Letters, 5:181–185, 1984.

[Kre90] Krener, A. J.: **Nonlinear controll design via approximate normal forms**. In: Grünbaum, F. A., J. W. Helton und P. Khargonekar (Herausgeber): **Signal Processing, Part 2: Control theory and its applications**, Seiten 139–154. Springer-Verlag, New York, 1990.

[Kre99] Kreisselmeier, G.: **Struktur mit zwei Freiheitsgraden**. Automatisierungstechnik, 47(6):266–269, 1999.

[KS98] Koo, T. J. und S. Sastry: **Output tracking control design of a helicopter model based on approximate linearization**. In: **Proc. IEEE Conf. on Decision and Control (CDC)**, Band 4, Seiten 3635–3640, Dezember 1998.

[LL01] Leith, D. J. und W. E. Leithead: **Input-output linearisation of nonlinear systems with ill-defined relative degree: the ball and beam revisited**. In: **Proc. American Control Conference (ACC)**, Band 4, Seiten 2811–2816, 2001.

[LS91] Lin, Y. und E. D. Sontag: **A universal formula for stabilization with bounded controls**. Systems & Control Letters, 16(6):393 - 397, 1991.

[Lud95] Ludyk, G.: **Theoretische Regelungstechnik 2: Zustandsrekonstruktion, optimale und nichtlineare Regelungssysteme**. Springer-Verlag, Berlin, Heidelberg, 1995.

[Lun97] Lunze, J.: **Regelungstechnik 2, Mehrgrößensysteme, Digitale Regelung**. Springer-Verlag, Berlin, Heidelberg, 4. Auflage, 1997.

[Lun07] Lunze, J.: **Regelungstechnik 1, Systemtheoretische Grundlagen, Analyse und Entwurf einschleifiger Regelungen**. Springer-Verlag, Berlin, Heidelberg, 6. Auflage, 2007.

[Mar00] Marlin, Th. E.: **Process Control, Designing Processes and Control Systems for Dynamics Performance**. McGraw-Hill, 2. Auflage, 2000.

[ML03] Mahout, V. und Y. Labit: **On the robustness of a nonlinear flat control**. In: **Proc. Int. Conf. Control and Automation (ICCA)**, Seiten 620–624, Montreal, Kanada, Juni 2003.

[MS00] Malisoff, M. und E. D. Sontag: **Universal formulas for feedback stabilization with respect to Minkowski balls**. Systems & Control Letters, 40:247–260, 2000.

[O'D09] O'Dwyer, A.: **Handbook of PI and PID controller tuning rules**. Imperial College Press, London, 2009.

[Pas11] Paschke, F.: **Untersuchung zum Reglerentwurf mittels exakter und approximativer Linearisierung durch Rückführung**. Diplomarbeit, TU Dresden, Fakultät Elektrotechnik und Informationstechnik, Institut für Regelungs- und Steuerungstheorie, 2011.

[PSS08] Palis, S., M. Stamann und T. Schallschmidt: **Nonlinear control design for magnetic bearings via automatic differentiation**. In: **Proc. Power Electronics and Motion Control Conference (PEMC)**, Seiten 1660–1664, Poznan, Polen, September 2008.

[PV01a] Piazzi, A. und A. Visioli: **Optimal inversion-based control for the set-point regulation of nonminimum-phase uncertain scalar systems**. IEEE Trans. on Automatic Control, 46(10):1654–1659, Oktober 2001.

[PV01b] Piazzi, A. und A. Visioli: **Optimal noncausal set-point regulation of scalar systems**. Automatica, 37(1):121–127, 2001.

[RC84] Reboulet, C. und C. Champetier: **A new Method for linearizing Nonlinear Systems: the Pseudolinearization**. Int. J. Control, 40:631–638, 1984.

[Röb05] Röbenack, K.: **Regler- und Beobachterentwurf für nichtlineare Systeme mit Hilfe des Automatischen Differenzierens**. Shaker Verlag, Aachen, 2005.

[RP12] Röbenack, K. und F. Paschke: **Approximately linear tracking control of nonlinear systems**. Proc. in Applied Mathematics and Mechanics, 12(1):713–714, 2012.

[RPK13] Röbenack, K., F. Paschke und C. Knoll: **Nonlinear Control with Approximately Linear Tracking Error**. In: **Proc. European Control Conference (ECC)**, Seiten 149–154, Zürich, Juli 2013.

[RV00] Röbenack, K. und O. Vogel: **Numerische Systeminversion**. Automatisierungstechnik, 48(10):487–495, Oktober 2000.

[RV04] Röbenack, K. und O. Vogel: **Computation of state and input trajectories for flat systems using automatic differentiation**. Automatica, 40(3):459–464, März 2004.

[Sac05] Sackmann, M.: **Modifizierte Optimale Regelung – Stabilitätsorientierter nichtlinearer Reglerentwurf**. Automatisierungstechnik, 53(8):367–377, August 2005.

[Sas99] Sastry, S.: **Nonlinear systems: Analysis, Stability, and Control**. Springer-Verlag, New York, 1999.

[Sch07] Schwarzmann, D.: **Nonlinear Internal Model Control with Automotive Applications**. Dissertation, Ruhr-Universität Bochum, Fakultät für Elektrotechnik und Informationstechnik, 2007.

[Sci] **Home - Scilab**. **http://www.scilab.org/.**

[Sir02] Sira-Ramírez, H.: **On the generalized PI control of some nonlinear mechanical systems**. In: **Proc. American Control Conference (ACC)**, Seiten 839–844, Anchorage, Alaska, 2002.

[SJK97] Sepulchre, R., M. Jankovic und P. Kokotović: **Constructive Nonlinear Control**. Springer, London, 1997.

[SLN06] Schwarzmann, D., J. Lunze und R. Nitsche: **A Flattness-Based Approach to Internal Model Control**. In: **Proc. American Control Conference (ACC)**, Seiten 5666–5671, Minneaplois, Minnesota, USA, Juni 2006.

[Son89] Sontag, E. D.: **A 'universal' construction of Artstein's theorem on nonlinear stabilization**. Systems & Control Letters, 13:117–123, 1989.

[Son98] Sontag, E. D.: **Mathematical Control Theory**, Band 6 der Reihe **Texts in Applied Mathematics**. Springer-Verlag, 2. Auflage, 1998.

[YJPH01] Yu, J., A. Jadbabaie, J. Primbs und Y. Huang: **Comparison of nonlinear control design techniques on a model of the Caltech ducted fan**. Automatica, 37(12):1971–1978, Dezember 2001.

[ZFR06] Zhang, F. und B. Fernandez-Rodriguez: **Feedback linearization control of systems with singularities: a ball-beam revisit**. In: **Proc. Int. Conf. on Complex Systems**, 2006.

[Zim95] Zimmer, G.: **Ein nichtlinearer Regler für ein Hubschrauber-Rack auf der Basis differentialgeometrischer Methoden**. Automatisierungstechnik, 43(7):347–356, 1995.

[ZO03] Zinober, A. und D. Owens (Herausgeber): **Nonlinear and Adaptive Control**, Band 281 der Reihe **Lecture Notes in Control and Information Science**. Springer, 2003.

Beobachterentwurf

Beobachter mit großer Verstärkung und starke Beobachter

K. Röbenack, *Nichtlineare Regelungssysteme*,
https://doi.org/10.1007/978-3-662-44091-9_6

Die in den ► Kap. 4 und 5 entworfenen Rückführungen setzen in der Regel die Kenntnis des vollständigen Systemzustands voraus. In der regelungstechnischen Praxis wird dagegen meist nur ein Teil der Zustände messtechnisch erfasst. Dieses Kapitel behandelt einige Ansätze für Zustandsbeobachter, mit denen aus aktuellen Messdaten von Eingang und Ausgang der jeweilige Systemzustand asymptotisch rekonstruiert wird. Der Hauptteil des Kapitels befasst sich mit Beobachtern, bei denen die im System auftretenden Nichtlinearitäten durch eine lineare Aufschaltung dominiert werden. Zusätzlich wird auf starke Beobachter eingegangen, welche den Zustand ohne Kenntnis des Systemeingangs schätzen.

6.1 Beobachterentwurf in Originalkoordinaten

Gegeben sei ein nichtlineares System

$$\dot{x} = F(x,u), \quad y = h(x) \tag{6.1}$$

mit einem eingangsabhängigen Vektorfeld $F{:}\mathcal{M} \times \mathcal{U} \to \mathbb{R}^n$, der offenen Menge $\mathcal{M} \subseteq \mathbb{R}^n$ und dem zulässigen Wertebereich $\mathcal{U} \subseteq \mathbb{R}^m$ der Eingangssignale. Die auf der Menge $\mathcal{M}$ definierte Abbildung h überführt den Zustand x in die Ausgangsgröße y. Wir gehen davon aus, dass die Zeitverläufe des Eingangs u und des Ausgangs y gemessen werden. Die Regelung von System (6.1) mittels Zustandsrückführung erfordert die Kenntnis des Zustands x. Da der Ausgang in der Regel eine niedrigere Dimension besitzt als der Zustand, d. h. $\dim y < \dim x$, lässt sich der Zustand x nicht eindeutig durch eine Umkehrung der Abbildung h ermitteln. Stattdessen entwirft man in Ergänzung zu der gegebenen Regelstrecke (6.1) ein weiteres dynamisches System, den sogenannten **Beobachter** bzw. **Zustandsbeobachter** (engl. **state observer**), mit der allgemeinen Struktur

$$\dot{\hat{z}} = \hat{F}(\hat{z},u,y), \quad \hat{x} = \hat{H}(\hat{z},u,y). \tag{6.2}$$

◘ Abb. 6.1 skizziert die Verknüpfung von System und Beobachter. Der Beobachter (6.2) ist so zu entwerfen, dass (ggf. unter zusätzlichen Voraussetzungen an die Anfangswerte) der geschätzte Zustand $\hat{x}(t)$ gegen den Systemzustand $x(t)$ für $t \to \infty$ konvergiert. In Abhängigkeit von der Dimension des Zustandsraums des Beobachters (6.2) unterscheidet man zwischen einem **Identitätsbeobachter** ($\dim \hat{z} = \dim x$, insbesondere $\hat{z} = \hat{x}$), einem **reduzierten Beobachter** ($\dim \hat{z} < \dim x$) sowie einem **Einbettungsbeobachter** ($\dim \hat{z} > \dim x$).

Dieser Abschnitt widmet sich dem Entwurf von Beobachtern in den Originalkoordinaten des Systems. Das dabei entwickelte Entwurfskonzept von Beobachtern mit großer Verstärkung wird in den ► Abschn. 6.2 und 6.3 auf den Beobachterentwurf in den Koordinaten verschiedener Normalformen übertragen.

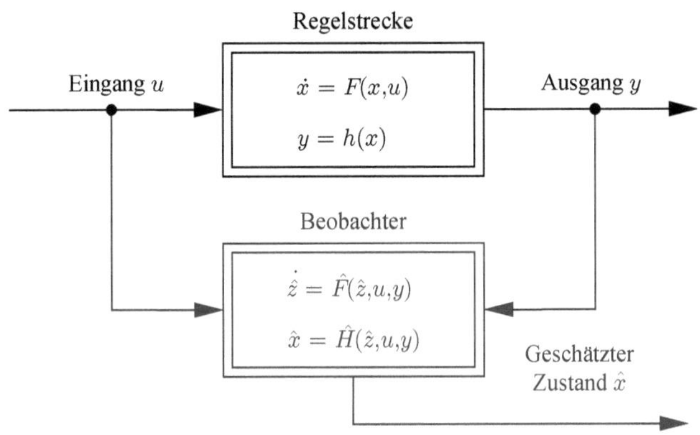

Abb. 6.1 Beobachterbasierte Zustandsschätzung

6.1.1 High-Gain-Entwurf für unstrukturierte nichtlineare Systeme

Dieser Abschnitt basiert auf den in [Tha73, RH94, Żak90, Raj98] vorgestellten Verfahren zum Beobachterentwurf. Es wird vorausgesetzt, dass der Leser mit den Konzepten der Beobachtbarkeit und der Ermittelbarkeit für lineare System vertraut ist [Lud95, Lun97].

Angenommen, das nichtlineare System (6.1) lässt sich in der Form

$$\dot{x} = Ax + \widetilde{F}(x,u), \quad y = Cx \tag{6.3}$$

mit $\mathcal{M} = \mathbb{R}^n$ darstellen. Dieses System besteht aus einem linearen Teil, der durch die Matrizen A und C beschrieben wird, und aus einem nichtlinearen Teil mit der Abbildung $\widetilde{F}$. Eine derartige Aufspaltung des Differentialgleichungssystems in einen linearen und einen nichtlinearen Teil ist praktisch immer möglich. Eine lineare Ausgangsabbildung ist in vielen Fällen anzutreffen, insbesondere dann, wenn einige Komponenten des Zustands als Ausgangsgrößen fungieren.

Der Beobachter besitzt die Struktur eines **Luenberger-Beobachters** (engl. **Luenberger observer**), vgl. [Lue64, Lue66]. Er besteht aus einer Kopie des Systems (dem sog. *Simulationsterm*) und einer Aufschaltung des Ausgangsfehlers, der über eine konstante Matrix L (der *Beobachterverstärkung*) auf die Systemgleichungen wirkt (*Korrekturterm*):

$$\dot{\hat{x}} = A\hat{x} + \widetilde{F}(\hat{x},u) + L(y - C\hat{x}). \tag{6.4}$$

Zur Beschreibung der Abweichung zwischen den Trajektorien von System (6.3) und dem Beobachter (6.4) führt man den Beobachtungsfehler $\tilde{x} = x - \hat{x}$ ein, dessen Dynamik der Fehlerdifferentialgleichung

$$\begin{aligned}\dot{\tilde{x}} &= \dot{x} - \dot{\hat{x}} \\ &= Ax + \widetilde{F}(x,u) - A\hat{x} - \widetilde{F}(\hat{x},u) - L(y - C\hat{x}) \\ &= (A - LC)\,\tilde{x} + \widetilde{F}(x,u) - \widetilde{F}(\hat{x},u)\end{aligned} \tag{6.5}$$

unterliegt. Wird die Matrix A in (6.3) aus der Linearisierung in einer Ruhelage (x^0, u^0) bestimmt, d. h. $A := \frac{\partial}{\partial x} F(x,u)|_{(x^0,u^0)}$, und die Beobachterverstärkung L über eine Eigenwertplazierung bezüglich der Matrix $A - LC$ berechnet, dann liegt ein **Arbeitspunktbeobachter** vor, der nur lokale Konvergenz garantieren kann [RSZ93, BZ90, Ada14].

Bei einer global asymptotisch stabilen Ruhelage $\tilde{x} = 0$ der Fehlerdifferentialgleichung konvergiert der Beobachter global, d h. es gilt

$$\lim_{t \to \infty} \left\| \hat{x}(t) - x(t) \right\| = 0 \tag{6.6}$$

für alle Anfangswerte $x(0), \hat{x}(0) \in \mathbb{R}^n$. Die Idee des auf Thau [Tha73] zurückgehenden Entwurfs besteht darin, den linearen Teil in (6.5) durch passende Wahl der Beobachterverstärkung L so auszulegen, dass die in (6.5) auftretenden Nichtlinearitäten von dem linearen Teil $A-LC$ dominiert werden. Diese Dominanz des linearen Teils führt meist auf große Beobachterverstärkungen. Daher spricht man von einem **Beobachter mit großer Verstärkung** (engl. **high gain observer**). Dazu wird angenommen, dass die Nichtlinearität $\widetilde{F}$ höchstens einen linearen Zuwachs aufweist. Formal bedeutet das, dass die Abbildung $\widetilde{F}$ einer Lipschitz-Bedingung

$$\forall x, \hat{x} \in \mathbb{R}^n,\ \forall u \in \mathcal{U}: \quad \left\| \widetilde{F}(x,u) - \widetilde{F}(\hat{x},u) \right\| \leq \rho \left\| x - \hat{x} \right\| \tag{6.7}$$

mit der Lipschitz-Konstanten $\rho > 0$ genügt. Verschiedene hinreichende Konvergenzbedingungen und Ansätze zur Berechnung der Beobachterverstärkung L sind in [Tha73, RH94, Żak90] angegeben. Eine umfassende Charakterisierung ist in [Raj98] zu finden:

Satz 6.1 *Man betrachte das System (6.3) mit dem Beobachter (6.4). Das lineare Teilsystem von (6.3), welches durch das Paar (A, C) beschrieben wird, sei beobachtbar, d. h. es gelte*

$$\forall s \in \mathbb{C}: \quad \operatorname{rang} \begin{pmatrix} sI - A \\ C \end{pmatrix} = n.$$

Die Nichtlinearität $\widetilde{F}$ genüge der globalen Lipschitz-Bedingung (6.7) mit der Lipschitz-Konstanten $\rho > 0$. Lässt sich die Beobachterverstärkung L so wählen, dass die Matrix $A-LC$ stabil ist und zusätzlich

$$\left\| (sI - (A - LC))^{-1} \right\|_\infty < \frac{1}{\rho} \tag{6.8}$$

gilt, dann ist die Ruhelage $\tilde{x} = 0$ der Fehlerdifferentialgleichung (6.5) global asymptotisch stabil.

In der Bedingung (6.8) bezeichnet $\|G\|_\infty$ die Norm einer Übertragungsfunktion G im Hardy-Raum $\mathcal{H}_\infty$ der stabilen Übertragungsfunktionen (siehe [ZD98] und Anhang A.3). Satz 6.1 wird an dieser Stelle nicht bewiesen; er ergibt sich später als Folgerung aus Satz 6.3.

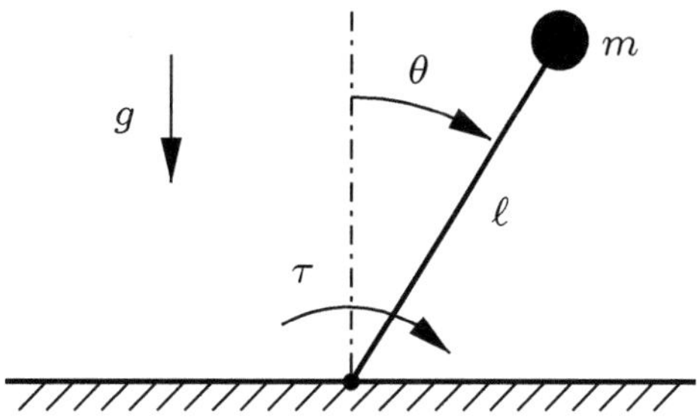

Abb. 6.2 Inverses mathematisches Pendel

Beispiel 6.2

In Anlehnung an Beispiel 4.44 betrachten wir das in Abb. 6.2 dargestellte ungedämpfte mathematische Pendel mit der Länge ℓ und der Masse m der Last. Der Winkel θ gibt die Auslenkung an. Im Aufhängepunkt wird ein zusätzliches Drehmoment τ eingeprägt, so dass sich das System durch die Bewegungsgleichung

$$m\ell^2\ddot{\theta} - mg\ell\sin\theta = \tau$$

beschreiben lässt. Mit $x = (x_1, x_2)^T = (\theta, \dot{\theta})^T$, $u = \tau$, $\kappa_1 := g/\ell$ und $\kappa_2 := 1/(m\ell^2)$ erhält man das Zustandsraummodell

$$\begin{aligned} \dot{x}_1 &= x_2 \\ \dot{x}_2 &= \kappa_1 \sin x_1 + \kappa_2 u \\ y &= x_1, \end{aligned} \tag{6.9}$$

bei welchem der Winkel θ als Ausgangs- bzw. Messgröße verwendet wird. Das Pendelmodell (6.9) lässt sich in der Form (6.3) mit

$$A = \begin{pmatrix} 0 & 1 \\ 0 & 0 \end{pmatrix}, \quad C = \begin{pmatrix} 1 & 0 \end{pmatrix}, \quad \widetilde{F}(x,u) = \begin{pmatrix} 0 \\ \kappa_1 \sin x_1 + \kappa_2 u \end{pmatrix}$$

darstellen. Die Nichtlinearität $\widetilde{F}$ besitzt die Lipschitz-Konstante $\rho = \kappa_1$. Mit der Beobachterverstärkung $L = (a_1, a_0)^T$ erhält man das charakteristische Polynom

$$\det(sI - (A - LC)) = s^2 + a_1 s + a_0,$$

so dass die Matrix $A - LC$ für $a_0, a_1 > 0$ stabil ist. In der gebrochenrationalen Matrix

$$(sI - (A - LC))^{-1} = \begin{pmatrix} s + a_1 & -1 \\ a_0 & s \end{pmatrix}^{-1} = \frac{1}{s^2 + a_1 s + a_0} \begin{pmatrix} s & 1 \\ -a_0 & s + a_1 \end{pmatrix}$$

geht der linke untere Eintrag für $s \to 0$ gegeben der Wert $\frac{a_0}{a_0} = 1$. Für die Verstärkung (6.8) gilt somit $\|\cdot\|_\infty \geq 1$, so dass die strikte Ungleichung (6.8) für $\kappa_1 \geq 1$ nicht erfüllt ist. Satz 6.1 ist dann nicht anwendbar.

6.1.2 High-Gain-Entwurf für strukturierte nichtlineare Systeme

Die in System (6.3) auftretende Nichtlinearität $\widetilde{F}$ kann von allen Zuständen abhängen und alle Komponenten der Differentialgleichung beeinflussen. In der Praxis werden die Nichtlinearitäten nur von bestimmen Variablen abhängen und nur in einigen Komponenten des Differentialgleichungssytems (6.3) auftreten. Beschreibt man diese Abhängigkeiten durch geeignet gewählte Matrizen B und D, dann kann man die nichtlineare Abbildung $\widetilde{F}$ folgendermaßen darstellen:

$$\widetilde{F} = B\bar{F}(Dx, u). \tag{6.10}$$

Setzt man (6.10) in Gl. (6.5) ein, so erhält man die zugehörige Fehlerdifferentialgleichung

$$\dot{\tilde{x}} = (A - LC)\,\tilde{x} + B\left[\bar{F}(Dx, u) - \bar{F}(D\hat{x}, u)\right]. \tag{6.11}$$

Unter der Annahme (6.7) genügt auch die Abbildung $\bar{F}$ einer Lipschitz-Bedingung

$$\forall z, \hat{z} \in \operatorname{im} D,\ \forall u \in \mathcal{U}: \quad \left\|\bar{F}(z, u) - \bar{F}(\hat{z}, u)\right\| \le \bar{\rho}\,\left\|z - \hat{z}\right\| \tag{6.12}$$

mit der Lipschitz-Konstanten $\bar{\rho} > 0$. Durch passende Wahl der Matrizen B und D lassen sich auch unterschiedlich stark ausgeprägte Nichtlinearitäten hinsichtlich der Lipschitz-Konstanten aufeinander abgleichen. In Analogie zu Satz 6.3 ist im Fall einer durch Gl. (6.10) strukturierten Nichtlinearität folgende Konvergenzaussage möglich [Röb12, Röb14, Röb16]:

Satz 6.3 *Man betrachte das System (6.3) mit dem Beobachter (6.4) und einer Nichtlinearität in der Form (6.10). Das lineare Teilsystem von (6.3), welches durch das Paar (A, C) beschrieben wird, sei* ***ermittelbar***[1] *(engl.* ***detectable****), d. h. es gelte*

$$\forall s \in \mathbb{C},\ \Re(s) \ge 0: \quad \operatorname{rang}\begin{pmatrix} sI - A \\ C \end{pmatrix} = n.$$

Die Nichtlinearität $\bar{F}$ genüge der globalen Lipschitz-Bedingung (6.12) mit der Lipschitz-Konstanten $\bar{\rho} > 0$. Lässt sich die Beobachterverstärkung L so wählen, dass die Matrix $A-LC$ stabil ist und zusätzlich

$$\left\|D\,(sI - (A - LC))^{-1}\,B\right\|_{\infty} < \frac{1}{\bar{\rho}} \tag{6.13}$$

gilt, dann ist die Ruhelage $\tilde{x} = 0$ der Fehlerdifferentialgleichung (6.11) global asymptotisch stabil.

---

1 Ein lineares System ist ermittelbar, wenn es bezüglich der instabilen Eigenmodi beobachtbar ist. Hinsichtlich einer Kalman-Zerlegung nach Beobachtbarkeit bedeutet das, dass das nicht beobachtbare Teilsystem asymptotisch stabil ist [Lud95, Lun97].

Beweisskizze Die Annahmen von Satz 6.3 seien erfüllt. Mit der Ungleichung (6.13) besitzt die **algebraische Riccati-Ungleichung** (engl. **algebraic Riccati inequality**)

$$(A - LC)^T P + P(A - LC) + \bar{\rho}^2 PBB^T P + D^T D \prec 0 \tag{6.14}$$

eine positiv definite Lösung $P = P^T \succ 0$ (siehe Anhang A.3). Für die Stabilitätsuntersuchung setzen wir als mögliche Ljapunov-Funktion die quadratische Form

$$V(\tilde{x}) = \tilde{x}^T P \tilde{x}$$

mit der Matrix P an. Damit ist die Funktion V global positiv definit. Unter Beachtung der Lipschitz-Bedingung (6.12) und der Ungleichung (6.14) erhält man für die Zeitableitung entlang (6.11) die Abschätzung

$$\dot{V}(\tilde{x}) \leq \tilde{x}^T \left[(A - LC)^T P + P(A - LC) + \bar{\rho}^2 PBB^T P + D^T D\right] \tilde{x} < 0$$

für alle $\tilde{x} \neq 0$. Damit ist die Ruhelage $\tilde{x} = 0$ der Fehlerdifferentialgleichung (6.11) global asymptotisch stabil. □

Das Fehlersystem (6.11) kann man auch als Kombination eines linearen Systems mit der Übertragungsfunktion

$$G(s) = D\,(sI - (A - LC))^{-1}\, B \tag{6.15}$$

und einer zeitvarianten Nichtlinearität

$$\Delta\widetilde{F}(\tilde{z}, t) := \bar{F}(z, t) - \bar{F}(\hat{z}, t) \tag{6.16}$$

auffassen (■ Abb. 6.3). Bedingt durch (6.12) genügt auch die Nichtlinearität (6.16) einer Lipschitz-Bedingung mit der Lipschitz-Konstanten $\bar{\rho}$. Mit (6.13) ist die Verstärkung des linearen Teils (6.15) im Sinne der $\mathcal{H}_\infty$-Norm nicht größer als $1/\bar{\rho}$, so dass die Gesamtverstärkung des offenen Kreises kleiner als Eins ist. Der Satz von der kleinen Kreisverstärkung garantiert dann die Stabilität des geschlossenen Kreises (siehe Anhang A.3).

Ein beobachtbares lineares System ist auch ermittelbar. Mit $D = B = I$ ergibt sich Satz 6.1 als Folgerung aus Satz 6.3. Das nachfolgende Beispiel zeigt, dass man

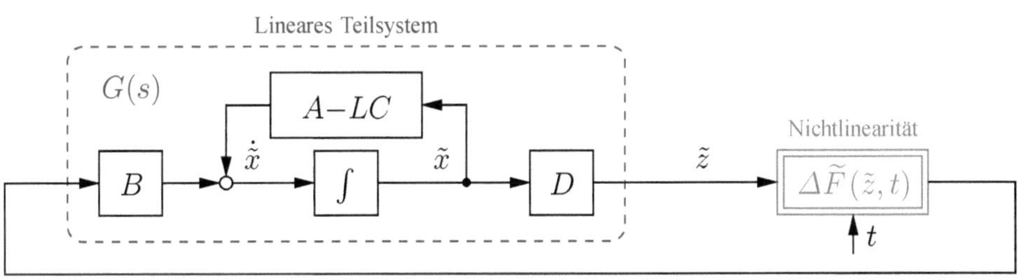

■ **Abb. 6.3** Struktur der Fehlerdynamik (6.11)

durch eine Berücksichtigung der Struktur entsprechend Gl. (6.10) in etlichen Fällen die Existenzbedingungen abschwächen kann:

Beispiel 6.4

Beim inversen Pendel aus Beispiel 6.2 hängt die Nichtlinearität $\widetilde{F}(x,u)$ neben u nur von x_1 ab und beeinflusst nur die zweite Komponente der Differentialgleichung (6.9). Daraus ergibt sich die Struktur (6.10) mit

$$B = \begin{pmatrix} 0 \\ 1 \end{pmatrix}, \quad D = \begin{pmatrix} 1 & 0 \end{pmatrix}, \quad \bar{F}(z,u) = \kappa_1 \sin z + \kappa_2 u$$

und der Lipschitz-Konstanten $\bar{\rho} = \kappa_1$. Für den linearen Teil erhält man die Übertragungsfunktion

$$G(s) = \frac{1}{s^2 + a_1 s + a_0}$$

eines PT_2-Gliedes, welches für $a_0, a_1 > 0$ stabil ist. Vermeidet man durch passende Eigenwertvorgabe eine Resonanzerhöhung, so gilt $\|G\|_\infty = \frac{1}{a_0}$. Für $a_0 > \bar{\rho}$ ist die Bedingung (6.13) erfüllt. Dieses Ziel lässt sich beispielsweise mit einem reellen Doppelpol $s_{1,2} < -\sqrt{\kappa_1}$ erreichen. Satz 6.3 garantiert dann die globale Konvergenz des High-Gain-Beobachters.

Anmerkung 6.5 Beim Beobachterentwurf ist die Riccati-Ungleichung (6.14) simultan bezüglich der Variablen $P \succ 0$ und L zu lösen. In der gegebenen Form (6.14) ist die Ungleichung nichtlinear. Die bilinearen Terme PL und $L^T P^T$ lassen sich mit der Substitution $Y = PL$ beseitigen. Damit erhält man die Ungleichung

$$A^T P + PA - C^T Y^T - YC + \bar{\rho}^2 PBB^T P + D^T D \prec 0.$$

Den quadratischen Term $PBB^T P$ kann man mit Hilfe des Schur-Komplements eliminieren [BGFB94], so dass man auf die **lineare Matrixungleichung** (engl. **linear matrix inequality**, kurz **LMI**)

$$\begin{pmatrix} -A^T P - PA + C^T Y^T + YC - D^T D & \bar{\rho} PB \\ \bar{\rho} B^T P & I \end{pmatrix} \succ 0, \quad P \succ 0 \tag{6.17}$$

geführt wird, die bezüglich P und Y zu lösen ist. Die gesuchte Beobachterverstärkung ergibt sich aus $L = P^{-1} Y$. Zum numerischen Lösen der Ungleichung (6.17) existieren Routinen für MATLAB [GNLC95] und SCILAB [NDEG95].

Anmerkung 6.6 Anstelle einer konstanten und damit statischen Beobachterverstärkung kann man auch eine dynamische Beobachterverstärkung einsetzen [PMZ05, PMZ06]. Damit erhält man einen Beobachter, dessen Zustandsraum eine höhere Dimension als das zu beobachtende System aufweist. Eine gegenüber (6.10) noch detailliertere Berücksichtigung der Struktur der im System auftretenden Nichtlinearitäten ist mit dem in [FR16] beschriebenen Zugang möglich, der konzeptionell auf dem in der robusten Regelung verwendeten strukturierten Singulärwert aufbaut [ZD98, Kap. 10].

6.2 Beobachterentwurf auf Basis der Beobachtbarkeitsnormalform

6.2.1 Nichtunterscheidbarkeit und Beobachtbarkeit für autonome Systeme

Um das Konzept der Beobachtbarkeit für nichtlineare Systeme einzuführen betrachten wir zunächst das autonome System

$$\dot{x} = f(x), \quad y = h(x) \tag{6.18}$$

mit einem Vektorfeld $f{:}\mathcal{M} \to \mathbb{R}^n$ und einem Skalarfeld $h{:}\mathcal{M} \to \mathbb{R}$. Beide Felder seien hinreichend glatt und auf einer offenen Menge $\mathcal{M} \subseteq \mathbb{R}^n$ definiert. Zusätzlich bezeichne φ_t den Fluss des Vektorfeldes f.

Die nachfolgenden Betrachtungen orientieren sich an [HK77]. Sei $T > 0$. Zwei Zustände $p, \bar{p} \in \mathcal{M}$ heißen **nicht unterscheidbar** (engl. **indistinguishable**) auf dem Intervall $[0, T]$, wenn die zugehörigen Verläufe der Ausgänge übereinstimmen, d. h.

$$\forall t \in [0, T]: \quad h(\varphi_t(p)) = h(\varphi_t(\bar{p})). \tag{6.19}$$

Andernfalls heißen die Zustände **unterscheidbar** (siehe ▪ Abb. 6.4).

Bedingung (6.19) definiert auf der Menge $\mathcal{M}$ eine Äquivalenzrelation[2] $p \sim \bar{p}$. Die Menge der Punkte, die von p nicht unterscheidbar (und damit zu p äquivalent) sind, sei mit $\mathcal{I}(p) := \{\bar{p} \in \mathcal{M}; p \sim \bar{p}\}$ bezeichnet. Ein System (6.18) heißt **global beobachtbar** (engl. **globally observable**), wenn

$$\forall p \in \mathcal{M}: \quad \mathcal{I}(p) = \{p\}.$$

Das bedeutet, dass der einzige Zustand, der von p nicht unterscheidbar ist, der Punkt p selber ist. Anders formuliert: Alle (verschiedenen) Zustände sind (voneinander) unterscheidbar. Wir nennen das System (6.18) **lokal beobachtbar im Punkt** $p \in \mathcal{M}$, wenn es eine Umgebung $\mathcal{U} \subseteq \mathcal{M}$ von p mit

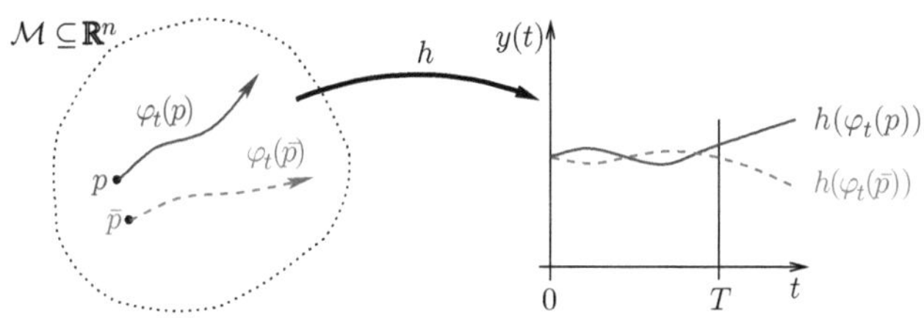

▪ **Abb. 6.4** Auf dem Zeitintervall $[0, T]$ unterscheidbare Zustände $p, \bar{p} \in \mathcal{M}$

2 Eine **Äquivalenzrelation** auf einer Menge $\mathcal{M}$ ist eine Teilmenge $\mathcal{R} \subseteq \mathcal{M} \times \mathcal{M}$ mit $(p,p) \in \mathcal{R}$ (Reflexivität), $(p,\bar{p}) \in \mathcal{R} \Rightarrow (\bar{p},p) \in \mathcal{R}$ (Symmetrie) und $(p,\bar{p}) \in \mathcal{R} \wedge (\bar{p},v) \in \mathcal{R} \Rightarrow (p,v) \in \mathcal{R}$ (Transitivität) für alle $p, \bar{p}, v \in \mathcal{M}$. Zwei Elemente $p, \bar{p} \in \mathcal{M}$ nennt man **äquivalent**, wenn $(p,\bar{p}) \in \mathcal{R}$. Notation: $p \sim \bar{p}$.

$$\mathcal{U} \cap \mathcal{I}(p) = \{p\}$$

gibt. Das System heißt **lokal beobachtbar** (engl. **locally observable**), wenn es in allen Punkten $p \in \mathcal{M}$ lokal beobachtbar ist.

Alle Zustände aus einer Umgebung eines Punktes $p \in \mathcal{M}$ sind genau dann unterscheidbar, wenn die Zuordnung

$$\Upsilon : p \mapsto h(\varphi_t(p))|_{[0,T]} \tag{6.20}$$

injektiv ist. Sind die Felder f und h des Systems (6.18) analytisch, dann ist die Ausgangskurve analytisch und kann in eine konvergente Taylorreihe entwickelt werden

$$y(t) = h(\varphi_t(p)) = \sum_{i=0}^{\infty} L_f^i h(p) \frac{t^i}{i!},$$

die man auch als Lie-Reihe bezeichnet (vgl. ▶ Abschn. 3.1.1). Bei der Untersuchung der Injektivität geht man dabei von der Abbildung in einen Funktionenraum nach Gl. (6.20) zu einer Abbildung

$$p \mapsto \left(L_f^i h(p) \right)_{i=0}^{\infty} \tag{6.21}$$

in den Folgenraum $\mathbb{R}^\infty$ über. Da der Definitionsbereich $\mathcal{M}$ eine Teilmenge des Vektorraums $\mathbb{R}^n$ ist, kann der von den Abbildungen 6.20 bzw. 6.21 aufgespannte Bildbereich topologisch höchstens die Dimension n besitzen. Damit lässt sich der Bildbereich von (6.21) durch (maximal) n Komponenten $L_f^i h$ parametrieren. Sind die Gradienten $\mathrm{d}L_f^i h$ von n derartigen Komponenten linear unabhängig, dann ist die Abbildung (6.21) in einer Umgebung von p injektiv (Anwendung des Satzes über die implizite Abbildung bzw. des Satzes über die Umkehrabbildung, vgl. Satz 2.25). Damit sind in einer geeigneten Umgebung von p verschiedene Zustände unterscheidbar und das System ist im Punkt p lokal beobachtbar. Da im Vorfeld nicht bekannt ist, welche Gradienten linear unabhängig sind, erfassen wir in der Kodistribution

$$\Omega(p) := \operatorname{span}\left\{ \mathrm{d}L_j^i h(p);\ i = 0, 1, 2, \ldots \right\} \tag{6.22}$$

die lineare Hülle aller Gradienten. Gilt

$$\dim \Omega(p) = n, \tag{6.23}$$

dann ist das System (6.18) im Punkt p lokal beobachtbar. Ist die sog. **Beobachtbarkeitsrangbedingung** (6.23) (engl. **observability rank condition**) für alle $p \in \mathcal{M}$ erfüllt, dann ist das System (überall) lokal beobachtbar.

Beispiel 6.7

Das lineare System

$$\dot{x} = Ax, \quad y = c^T x$$

stellt wegen $f(x) = Ax$, $h(x) = c^T x$ mit $A \in \mathbb{R}^{n \times n}$ und $c \in \mathbb{R}^n$ einen Spezialfall von System (6.18) dar. Mit $\mathrm{d}L_f^i h(x) = c^T A^i$ für $i \in \mathbb{N}_0$ (vgl. Beispiel 3.20) besitzt die Kodistribution (6.22) die Form

$$\Omega = \operatorname{span}\left\{c^T,\, c^T A,\, c^T A^2,\, \ldots,\, c^T A^i,\, \ldots\right\}. \tag{6.24}$$

Nach dem Satz von Cayley-Hamilton erfüllt jede quadratische Matrix (formal) ihre eigene charakteristische Gleichung [Gan86, Beu01]. Daraus folgt unmittelbar, dass die Matrixpotenzen $A^n, A^{n+1}, \ldots$ von den Matrizen $I, A, \ldots, A^{n-1}$ linear abhängig sind, d. h. $A^i \in \operatorname{span}\{I, A, \ldots, A^{n-1}\}$ für $i \geq n$. Als Konsequenz wird die Distribution (6.24) bereits von den ersten n Kovektoren aufgespannt:

$$\Omega = \operatorname{span}\left\{c^T,\, c^T A,\, c^T A^2,\, \ldots,\, c^T A^{n-1}\right\}. \tag{6.25}$$

Die Beobachtbarkeitsrangbedingung (6.23) lässt sich in diesem Fall durch

$$\operatorname{rang} Q_B \stackrel{!}{=} n \quad \text{mit} \quad Q_B := \begin{pmatrix} c^T \\ c^T A \\ \vdots \\ c^T A^{n-1} \end{pmatrix}$$

prüfen. Die dabei auftretende Matrix Q_B ist die Beobachtbarkeitsmatrix nach Kalman [Lun97].

Der Satz von Cayley-Hamilton kann nicht unmittelbar auf nichtlineare Systeme übertragen werden. Damit ist nicht klar, bis zu welcher Ordnung N die Lie-Ableitungen $L_f^i h(x)$ für $0 \leq i \leq N-1$ in die Beobachtbarkeitsanalyse einbezogen werden müssen. Betrachtet man Systeme (6.18) mit analytischen Feldern f, h, dann ist die an (6.21) angelehnte Abbildung

$$x \mapsto \begin{pmatrix} h(x) \\ L_f h(x) \\ \cdots \\ L_f^{N-1} h(x) \end{pmatrix} \tag{6.26}$$

mit $N = 2n + 1$ für *fast alle*[3] analytischen Systeme injektiv [GHK91]. In Anlehnung an den in Beispiel 6.7 beschriebenen Fall linearer zeitinvarianter Systeme berücksichtigen viele Verfahren zum Beobachterentwurf die Abbildung (6.26) nur für $N = n$. Die Abbildung (6.26) geht dann in die **Beobachtbarkeitsabbildung** (engl. **observability map**)

---

3 Gilt eine Eigenschaft für alle Elemente einer offenen und dichten Teilmenge $\mathcal{A} \subseteq \mathbb{M}$ eines metrischen Raumes $\mathbb{M}$, so sagt man, die Eigenschaft gilt für **fast alle** Elemente von $\mathbb{M}$. Die Teilmenge $\mathcal{A}$ ist dann von **zweiter Kategorie** im Sinne von Baire [GRT09].

$$q(x) := \begin{pmatrix} h(x) \\ L_f h(x) \\ \dots \\ L_f^{n-1} h(x) \end{pmatrix} \tag{6.27}$$

mit $q: \mathcal{M} \to \mathbb{R}^n$ über. Die zugehörige Jacobimatrix

$$Q_B(x) := \mathrm{d}q(x) = \begin{pmatrix} \mathrm{d}h(x) \\ \mathrm{d}L_f h(x) \\ \dots \\ \mathrm{d}L_f^{n-1} h(x) \end{pmatrix} \tag{6.28}$$

nennt man **Beobachtbarkeitsmatrix** (engl. **observability matrix**). Alg. 6.8 zeigt eine einfache MAXIMA-Implementierung zur Berechnung der Beobachtbarkeitsabbildung zusammen mit der Beobachtbarkeitsmatrix. Dabei wird auf die in Alg. 3.1 angegebene Routine `LieScalar` zurückgegriffen.

Mit Hilfe der Beobachtbarkeitsmatrix (6.28) lässt sich eine leicht anzuwendende hinreichende Bedingung für lokale Beobachtbarkeit[4] angeben:

Lemma 6.8 *Man betrachte System (6.18).*

1. *Gilt* $\operatorname{rang} Q_B(p) = n$ *in einem Punkt* $p \in \mathcal{M}$*, dann ist das System (6.18) lokal beobachtbar im Punkt* p*.*
2. *Gilt* $\operatorname{rang} Q_B(p) = n$ *für alle Punkte* $p \in \mathcal{M}$*, dann ist das System (6.18) lokal beobachtbar.*

Beweis Im Punkt $p \in \mathcal{M}$ gelte $\operatorname{rang} Q_B(p) = n$, d. h. die Jacobimatrix der Beobachtbarkeitsabbildung ist im Punkt p regulär. Nach dem Satz über die Umkehrfunktion ist die Abbildung q ein lokaler Diffeomorphismus. In einer geeigneten Umgebung von p ist q folglich bijektiv und somit insbesondere injektiv. Damit ist das System (6.18) im Punkt p lokal beobachtbar. Gilt $\operatorname{rang} Q_B(p) = n$ für alle $p \in \mathcal{M}$, dann ist das System (6.18) lokal beobachtbar. □

▪▪ Algorithmus 6.8 Berechnung von Beobachtbarkeitsabbildung und -matrix mit MAXIMA

```
ObservabilityMap(f,h,x):=block([i,n],
    n:length(x),
    makelist(LieScalar(f,h,x,i),i,0,n-1)
    )$
ObservabilityMatrix(f,h,x):=jacobian(ObservabilityMap
  (f,h,x),x)$
```

4 Globale Beobachtbarkeit ist wesentlich schwerer zu prüfen [Tib04, Bar95].

6.2.2 Beobachterentwurf für autonome Systeme

Dieser Abschnitt widmet sich dem Entwurf von High-Gain-Beobachtern für autonome Systeme der Form (6.18). Der vorgestellte Entwurfsansatz basiert auf [GHO92, CMG93, DMGM97].

Satz 6.9 *Man betrachte das System (6.18) in einem Punkt $p \in \mathcal{M}$. Gilt* $\operatorname{rang} Q_B(p) = n$*, dann ist die Beobachtbarkeitsabbildung ein lokaler Diffeomorphismus, der das System (6.18) in die* ***Beobachtbarkeitsnormalform*** *(engl.* ***observability canonical form****)*

$$\left.\begin{aligned} \dot{\xi}_1 &= \xi_2 \\ &\vdots \\ \dot{\xi}_{n-1} &= \xi_n \\ \dot{\xi}_n &= \alpha(\xi) \\ y &= \xi_1 \end{aligned}\right\} \quad \begin{aligned} \dot{\xi} &= A\xi + b\alpha(\xi) \\ y &= c^T\xi \end{aligned} \tag{6.29}$$

überführt.

Der Beweis erfolgt ähnlich wie bei der Eingangs-Ausgangs-, der Byrnes-Isidori- bzw. der Regelungsnormalform (vgl. ▶ Kap. 4).

Beweis Es gelte $\operatorname{rang} Q_B(p) = n$. Nach Lemma 6.8 ist die Beobachtbarkeitsabbildung $\xi = q(x)$ in einer Umgebung des Punktes p ein lokaler Diffeomorphismus. Die transformierten Koordinaten sind durch $\xi_i = q_i(x) = L_f^{i-1}h(x)$ für $i = 1, \ldots, n$ definiert. Dadurch gilt

$$\begin{aligned} \dot{\xi}_i &= \tfrac{\mathrm{d}}{\mathrm{d}t}\xi_i \\ &= \tfrac{\mathrm{d}}{\mathrm{d}t}q_i(x) \\ &= \tfrac{\mathrm{d}}{\mathrm{d}t}L_f^{i-1}h(x) \\ &= \mathrm{d}L_f^{i-1}h(x)\cdot\dot{x} \\ &= \mathrm{d}L_f^{i-1}h(x)\cdot f(x) \\ &= L_f^i h(x) \\ &= \begin{cases} \xi_{i+1} & \text{für } i = 1, \ldots n-1 \\ \alpha(\xi) & \text{für } i = n \end{cases} \end{aligned}$$

mit $\alpha(\xi) := L_f^n h(q^{-1}(\xi))$. □

In den transformierten Koordinaten beinhaltet der Beobachter eine Kopie des Systems. Zusätzlich wird über die konstante Beobachterverstärkung $l \in \mathbb{R}^n$ der Ausgangsfehler aufgeschaltet:

$$\dot{\hat{\xi}} = A\hat{\xi} + b\alpha(\hat{\xi}) + l\cdot(y - \hat{\xi}_1). \tag{6.30}$$

Der Beobachtungsfehler $\tilde{\xi} := \xi - \hat{\xi}$ zwischen dem System (6.29) und dem Beobachter (6.30) führt auf die Fehlerdifferentialgleichung

$$\begin{aligned}\dot{\tilde{\xi}} &= \dot{\xi} - \dot{\hat{\xi}} \\ &= A\xi + b\alpha(\xi) - A\hat{\xi} - b\alpha(\hat{\xi}) - l \cdot (\xi_1 - \hat{\xi}_1) \\ &= \left(A - lc^T\right)\tilde{\xi} + b\left(\alpha(\xi) - \alpha(\hat{\xi})\right).\end{aligned} \tag{6.31}$$

Mit der Beobachterverstärkung $l = (a_{n-1}, \ldots, a_0)^T$ erhält man für den linearen Teil das charakteristische Polynom

$$\begin{aligned}\mathrm{cp}(s) &:= \det(sI - (A - lc^T)) \\ &= a_0 + a_1 s + \cdots + a_{n-1}s^{n-1} + s^n \\ &= (s - s_1)\cdots(s - s_n),\end{aligned} \tag{6.32}$$

welches man aus vorgegebenen Eigenwerten $s_1, \ldots, s_n$ mit jeweils negativem Realteil ermittelt.

Zur Darstellung des Beobachters (6.30) in Originalkoordinaten wenden wir die durch die Beobachtbarkeitsabbildung q gegebene Transformation

$$\dot{\hat{\xi}} = \frac{\mathrm{d}}{\mathrm{d}t}\hat{\xi} = \frac{\mathrm{d}}{\mathrm{d}t}q(\hat{x}) = \mathrm{d}q(\hat{x}) \cdot \dot{\hat{x}} = Q_B(\hat{x}) \cdot \dot{\hat{x}}$$

auf den Beobachter an

$$\begin{aligned}\dot{\hat{x}} &= Q_B^{-1}(\hat{x}) \cdot \dot{\hat{\xi}} \\ &= Q_B^{-1}(\hat{x}) \cdot \left(A\hat{\xi} + b\alpha(\hat{\xi}) + l \cdot (y - \hat{\xi}_1)\right) \\ &= f(\hat{x}) + Q_B^{-1}(\hat{x}) \cdot l \cdot (y - h(\hat{x})) \\ &=: f(\hat{x}) + k(\hat{x}) \cdot (y - h(\hat{x}))\end{aligned} \tag{6.33}$$

und erhalten dabei eine zustandsabhängige Beobachterverstärkung $k{:}\mathcal{M} \to \mathbb{R}^n$. Die Berechnung der Beobachterverstärkung nach Gl. (6.33) wird an einigen Beispielen illustriert:

Beispiel 6.10

Wir betrachten das inverse Pendel aus Beispiel 6.2, allerdings zunächst ohne Erregung,[5] d. h. für $u \equiv 0$. Nutzt man (abweichend von Beispiel 6.2) als Ausgangs- bzw. Messgröße die Winkelgeschwindigkeit, die z. B. mit einem Tacho erfasst werden kann. Damit erhält man das Zustandsraummodell

$$\begin{aligned}\dot{x}_1 &= x_2 \\ \dot{x}_2 &= \kappa_1 \sin x_1 \\ y &= x_2.\end{aligned} \tag{6.34}$$

5 Der Beobachterentwurf für das inverse Pendel wird in ► Abschn. 6.2.3 erneut aufgegriffen und dort in Beispiel 6.20 für den Fall mit Eingang betrachtet.

Aus der Beobachtbarkeitsabbildung

$$q(x) = \begin{pmatrix} h(x) \\ L_f h(x) \end{pmatrix} = \begin{pmatrix} x_2 \\ \kappa_1 \sin x_1 \end{pmatrix} \tag{6.35}$$

ergibt sich die Beobachtbarkeitsmatrix

$$Q_B(x) = \begin{pmatrix} \mathrm{d}h(x) \\ \mathrm{d}L_f h(x) \end{pmatrix} = \begin{pmatrix} 0 & 1 \\ \kappa_1 \cos x_1 & 0 \end{pmatrix},$$

die wegen $\det Q_B(x) = -\kappa_1 \cos x_1$ für $|x_1| < \pi/2$ regulär ist. Für Auslenkungen, die betragsmäßig kleiner als $90°$ sind, ist das System somit lokal beobachtbar. Die Beobachterverstärkung hat die Form

$$k(\hat{x}) = Q_B^{-1}(\hat{x}) \begin{pmatrix} a_1 \\ a_0 \end{pmatrix} = \begin{pmatrix} \frac{a_0}{\kappa_1 \cos \hat{x}_1} \\ a_1 \end{pmatrix} \tag{6.36}$$

mit Koeffizienten $a_0, a_1 > 0$. Entsprechend Gl. (6.33) erhält man für System (6.34) den Beobachter

$$\begin{pmatrix} \dot{\hat{x}}_1 \\ \dot{\hat{x}}_2 \end{pmatrix} = \begin{pmatrix} \hat{x}_2 \\ \kappa_1 \sin \hat{x}_1 \end{pmatrix} + \begin{pmatrix} \frac{a_0}{\kappa_1 \cos \hat{x}_1} \\ a_1 \end{pmatrix} (y - \hat{x}_2).$$

Beispiel 6.11

Man betrachte die Rotation eines starren Körpers im körperfesten Hauptachsensystem ohne Einwirkung äußerer Kräfte. Die Drehbewegung lässt sich durch die **eulerschen Kreiselgleichungen**

$$\begin{aligned} I_1 \dot{\omega}_1 &= (I_2 - I_3)\omega_2\omega_3 \\ I_2 \dot{\omega}_2 &= (I_3 - I_1)\omega_1\omega_3 \\ I_3 \dot{\omega}_3 &= (I_1 - I_2)\omega_2\omega_3 \end{aligned}$$

mit den Winkelgeschwindigkeiten $\omega_1, \omega_2, \omega_3$ um die Hauptachsen und den Hauptträgheitsmomenten $I_1, I_2, I_3 > 0$ beschreiben [Mag71, Arn89, MR01]. Mit dem Zustandsvektor $x = (x_1, x_2, x_3)^T = (\omega_1, \omega_2, \omega_3)^T$ und

$$\lambda_1 := \frac{I_2 - I_3}{I_1}, \quad \lambda_2 := \frac{I_3 - I_1}{I_2}, \quad \lambda_3 := \frac{I_1 - I_2}{I_3}$$

erhält man das Zustandsraummodell

$$\begin{aligned} \dot{x}_1 &= \lambda_1 x_2 x_3 \\ \dot{x}_2 &= \lambda_2 x_1 x_3 \\ \dot{x}_3 &= \lambda_3 x_1 x_2 \\ y &= x_1. \end{aligned} \tag{6.37}$$

Als Ausgang ist dabei die Winkelgeschwindigkeit ω_1 der ersten Hauptachse vorgesehen, d. h. aus der Messung einer Winkelgeschwindigkeit sollen die anderen zwei Winkelgeschwindigkeiten durch den Beobachter geschätzt werden. Die Beobachtbarkeitsmatrix

$$Q_B(x) = \begin{pmatrix} 1 & 0 & 0 \\ 0 & \lambda_1 x_3 & \lambda_1 x_2 \\ \lambda_1 \left(\lambda_3 x_2^2 + \lambda_2 x_3^2\right) & 2\lambda_1\lambda_3 x_1 x_2 & 2\lambda_1\lambda_2 x_1 x_3 \end{pmatrix}$$

ist wegen $\det Q_B(x) = 2\lambda_1^2 x_1(\lambda_2 x_3^2 - \lambda_2 x_2^2)$ für $x_1 \neq 0 \wedge \lambda_2 x_3^2 \neq \lambda_2 x_2^2$ mit $\lambda_1 \neq 0$ (d. h. $I_2 \neq I_3$) regulär. Mit Alg. 6.8 lässt sich die Verstärkung k für den Beobachter (6.33) berechnen:

```
(%i3) f:[λ1*x2*x3,λ2*x1*x3,λ3*x1*x2]$
      x:[x1,x2,x3]$
(%i5) Q:factor(ObservabilityMatrix(f,x1,x));
      d:factor(determinant(Q));
```

$$(\%o4)\quad \begin{pmatrix} 1 & 0 & 0 \\ 0 & x3\cdot\lambda1 & x2\cdot\lambda1 \\ \lambda1\cdot\left(x2^2\cdot\lambda3 + x3^2\cdot\lambda2\right) & 2\cdot x1\cdot x2\cdot\lambda1\cdot\lambda3 & 2\cdot x1\cdot x3\cdot\lambda1\cdot\lambda2 \end{pmatrix}$$

$$(\%o5)\quad -2\cdot x1\cdot\lambda1^2\cdot\left(x2^2\cdot\lambda3 - x3^2\cdot\lambda2\right)$$

```
(%i7) invert(Q).[a2,a1,a0]$
      k:ratsimp(%);
```

$$(\%o7)\quad \begin{pmatrix} a2 \\ -\dfrac{-a0\cdot x2+\left(a2\cdot x2\cdot x3^2\cdot\lambda1+2\cdot a1\cdot x1\cdot x3\right)\cdot\lambda2+a2\cdot x2^3\cdot\lambda1\cdot\lambda3}{2\cdot x1\cdot x2^2\cdot\lambda1\cdot\lambda3-2\cdot x1\cdot x3^2\cdot\lambda1\cdot\lambda2} \\ \dfrac{-a0\cdot x3+a2\cdot x3^3\cdot\lambda1\cdot\lambda2+\left(a2\cdot x2^2\cdot x3\cdot\lambda1+2\cdot a1\cdot x1\cdot x2\right)\cdot\lambda3}{2\cdot x1\cdot x2^2\cdot\lambda1\cdot\lambda3-2\cdot x1\cdot x3^2\cdot\lambda1\cdot\lambda2} \end{pmatrix}$$

Für die Simulation verwenden wir die (normierten) Hauptträgheitsmomente $I_1 = 5, I_2 = 4$, $I_3 = 3$ und erhalten dadurch die Parameter $\lambda_1 = \frac{1}{5}, \lambda_2 = -\frac{1}{2}$ und $\lambda_3 = \frac{1}{3}$. Für die Fehlerdynamik des linearen Teils wurde ein dreifache Eigenwert $s = -0,2$ vorgegeben, womit man die Koeffizienten $a_0 = 0,008$, $a_1 = 0,12$ und $a_2 = 0,6$ des charakteristischen Polynoms (6.32) erhält. Die Anfangswerte des Systems (6.37) und des zugehörigen Beobachters (6.33) lauten

$$x(0) = \begin{pmatrix} 0,5 \\ 0,4 \\ 0,3 \end{pmatrix} \quad \text{und} \quad \hat{x}(0) = \begin{pmatrix} 0,5 \\ 0,1 \\ 0,1 \end{pmatrix}.$$

◘ Abb. 6.5 zeigt die numerisch berechneten Trajektorien. Es ist zu erkennen, dass der Beobachterzustand $\hat{x}$ gegen den Systemzustand x konvergiert.

Beispiel 6.12

Man betrachte das Wagen-Pendel-System aus ► Abschn. 1.2, allerdings ohne Eingang ($u = 0$) und reibungsfrei ($d_1 = 0, d_2 = 0$). Aus Gl. (1.4) liest man das Vektorfeld

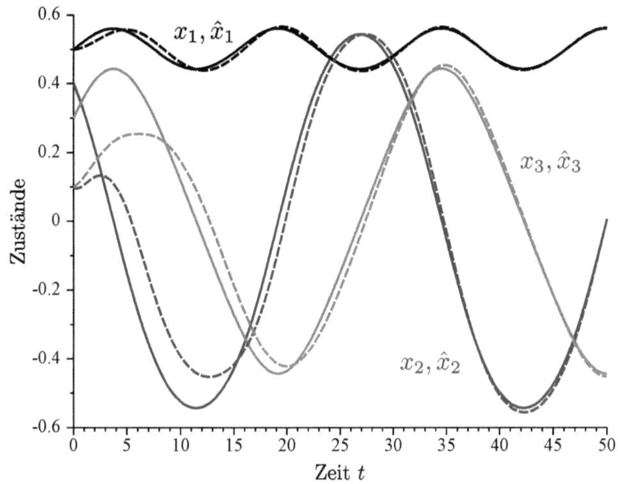

Abb. 6.5 Simulation der Kreiselgleichungen und des zugehörigen High-Gain-Beobachters

$$f(x) = \begin{pmatrix} x_2 \\ \frac{m_2 \sin x_3 \left(g \cos x_3 + \ell x_4^2\right)}{m_1 + m_2 \sin^2 x_3} \\ x_4 \\ -\frac{\sin x_3 \left(g(m_1+m_2) + \ell m_2 x_4^2 \cos x_3\right)}{\ell\left(m_1 + m_2 \sin^2 x_3\right)} \end{pmatrix} \tag{6.38}$$

ab. Als Ausgang verwenden wir zunächst die Position des Wagens, d. h. $y_1 = h_1(x) = x_1$ (siehe Abb. 6.6). Die Beobachtbarkeitsmatrix

$$Q_B(x) = \begin{pmatrix} 1 & 0 & 0 & 0 \\ 0 & 1 & 0 & 0 \\ 0 & 0 & * & \frac{2\ell m_2 x_4 \sin x_3}{m_1 + m_2 \sin^2 x_3} \\ 0 & 0 & * & * \end{pmatrix} \tag{6.39}$$

Abb. 6.6 Wagen mit Pendel

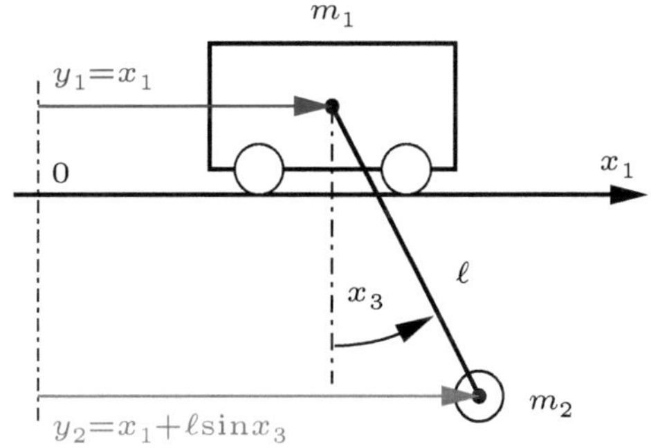

enthält in den letzten zwei Zeilen bzw. Spalten vergleichsweise komplizierte Ausdrücke. Zur Überprüfung der Regularität der Beobachtbarkeitsmatrix berechnen wir deren Determinante, für die man auch einen umfangreichen Ausdruck erhält. Mit $\det Q_B(x) = (gm_2/m_1)^2$ für $x_3 = 0$, $x_4 = 0$ ist die Beobachtbarkeitsmatrix zumindest für kleine Auslenkungen des Pendels und kleine Winkelgeschwindigkeiten regulär. Die Beobachterverstärkung

$$k(\hat{x}) = Q_B^{-1}(x) \cdot \begin{pmatrix} a_3 \\ a_2 \\ a_1 \\ a_0 \end{pmatrix} = \begin{pmatrix} a_3 \\ a_2 \\ * \\ * \end{pmatrix}$$

nach Gl. (6.33) enthält in den letzten zwei Komponenten ebenfalls sehr umfangreiche Ausdrücke, so dass auf die vollständige Angabe verzichtet wird.

Beispiel 6.13
Wir betrachten erneut das Wagen-Pendel-System aus Beispiel 6.12, verwenden jetzt aber die horizontale Position der Last als Ausgang, d. h. $y_2 = h_2(x) = x_1 + \ell \sin x_3$ (vgl. ▫ Abb. 6.6). Die zugehörige Beobachtbarkeitsmatrix hat die Form

$$Q_B(x) = \begin{pmatrix} 1 & 0 & \ell \cos x_3 & 0 \\ 0 & 1 & -\ell x_4 \sin x_3 & \ell \cos x_3 \\ 0 & 0 & * & -\frac{2\ell m_1 x_4 \sin x_3}{m_1 + m_2 \sin^2 x_3} \\ 0 & 0 & * & * \end{pmatrix}.$$

Mit $\det Q_B(x) = g^2$ für $x_3 = 0, x_4 = 0$ ist die Beobachtbarkeitsmatrix auch mit diesem Ausgang für kleine Auslenkungen und kleine Winkelgeschwindigkeiten regulär. Damit kann man den Beobachter (6.33) berechnen, erhält aber wiederum umfangreiche Ausdrücke.

Für die Konvergenzanalyse betrachten wir das System (6.18) und den Beobachter (6.30) in den transformierten Koordinaten. Genügt die in der Fehlerdifferentialgleichung (6.31) auftretende Nichtlinearität α einer Lipschitz-Bedingung

$$\forall \xi, \hat{\xi}: \quad \left\|\alpha(\xi) - \alpha(\hat{\xi})\right\| \leq \rho \left\|\xi - \hat{\xi}\right\| \tag{6.40}$$

mit der Lipschitz-Konstanten $\rho > 0$, dann kann über die Wahl der Beobachterverstärkung l durch den linearen Teil $A - lc^T$ die Konvergenz des Beobachters gesichert werden. Der folgende Satz trifft eine globale Konvergenzaussage:

Satz 6.14 *Gegeben sei System (6.18) zusammen mit dem Beobachter (6.33). Das Vektorfeld f sei auf $\mathcal{M} = \mathbb{R}^n$ definiert und vollständig. Die Beobachtbarkeitsabbildung q sei ein globaler Diffeomorphismus. Außerdem genüge die Nichtlinearität α der globalen Lipschitz-Bedingung (6.40). Dann existiert ein Vektor $l \in \mathbb{R}^n$ derart, dass*

$$\lim_{t\to\infty} \left\|\hat{x}(t) - x(t)\right\| = 0 \tag{6.41}$$

für alle Anfangswerte $x(0), \hat{x}(0) \in \mathcal{M}$ *gilt.*

Die Beweise in [GHO92, CMG93, DMGM97] basieren auf sehr speziellen Eigenwertvorgaben. In späteren Arbeiten entfällt diese Einschränkung. Der folgende Beweis beruht auf [Röb12, Röb16]:

Beweis Laut Annahme ist die Beobachtbarkeitsabbildung ein globaler Diffeomorphismus. Wir führen daher die Konvergenzanalyse in den transformierten Koordinaten durch und zeigen, dass die Ruhelage $\tilde{\xi} = 0$ der Fehlerdifferentialgleichung (6.31) global asymptotisch stabil ist. Definiert man

$$\Delta\alpha(\tilde{\xi}, t) := \alpha(\xi) - \alpha(\hat{\xi}), \tag{6.42}$$

dann lässt sich die Fehlerdifferentialgleichung (6.31) als Verknüpfung eines linearen zeitinvarianten Systems mit der Übertragungsfunktion

$$G(s) = \left(sI - \left(A - lc^T\right)\right)^{-1} b = \frac{1}{\mathrm{cp}(s)} \begin{pmatrix} 1 \\ s + a_{n-1} \\ s^2 + a_{n-1}s + a_{n-2} \\ \vdots \end{pmatrix}$$

und der zeitvarianten Nichtlinearität (6.42) darstellen (vgl. ▪ Abb. 6.7). Wir gehen davon aus, dass (6.32) als Hurwitz-Polynom vorgegeben wurde. Damit besitzt das lineare Teilsystem eine endliche Verstärkung, d. h. $\|G\|_\infty < \infty$.

Führt man bei der Beobachterverstärkung $l^\epsilon = (a_{n-1}/\epsilon, \ldots, a_0/\epsilon^n)^T$ einen Skalierungsfaktor $\epsilon \in (0, 1]$ ein, so erhält man das in ϵ parametrierte charakteristische Polynom

$$\begin{aligned} \mathrm{cp}^\epsilon(s) &:= \det\left(sI - A + l^\epsilon c^T\right) \\ &= \tfrac{a_0}{\epsilon^n} + \tfrac{a_1}{\epsilon^{n-1}} s + \cdots + \tfrac{a_{n-1}}{\epsilon} s^{n-1} + s^n \\ &= \left(s - \tfrac{s_1}{\epsilon}\right) \cdots \left(s - \tfrac{s_n}{\epsilon}\right). \end{aligned} \tag{6.43}$$

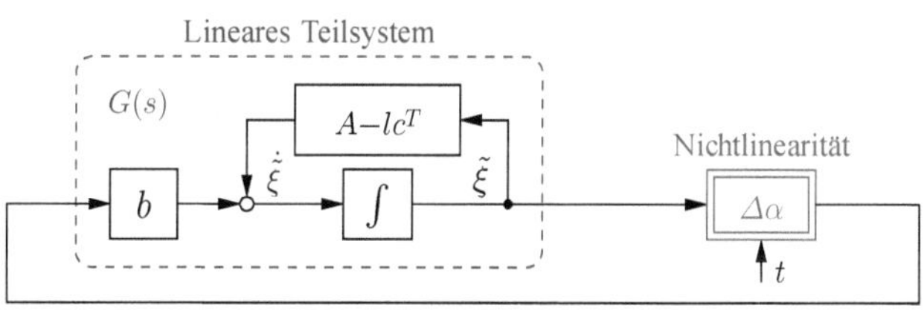

▪ **Abb. 6.7** Struktur der Fehlerdynamik (6.31) des High-Gain-Beobachters (6.30)

Für $\epsilon \to 0$ entspricht diese Skalierung einer Streckung der Eigenwerte nach links. Die zugehörige Übertragungsfunktion hat dann die Form

$$G^{\epsilon}(s) = \left(sI - \left(A - l^{\epsilon}c^{T}\right)\right)^{-1} b = \frac{1}{\mathrm{cp}^{\epsilon}(s)} \begin{pmatrix} 1 \\ s + a_{n-1}\epsilon^{-1} \\ s^2 + a_{n-1}\epsilon^{-1}s + a_{n-2}\epsilon^{-2} \\ \vdots \end{pmatrix}.$$

Für den Frequenzgang der i-ten Komponente gilt

$$\begin{aligned} G_i^{\epsilon}(j\omega) &= \frac{(j\omega)^{i-1} + \frac{a_{n-1}}{\epsilon}(j\omega)^{i-2} + \ldots + \frac{a_{n-i+1}}{\epsilon^{i-1}}}{\left(j\omega - \frac{s_1}{\epsilon}\right)\cdots\left(j\omega - \frac{s_n}{\epsilon}\right)} \\ &= \frac{(j\omega\epsilon)^{i-1} + a_{n-1}(j\omega\epsilon)^{i-2} + \ldots + a_{n-i+1}}{(j\omega\epsilon - s_1)\cdots(j\omega\epsilon - s_n)}\epsilon^{n-i+1} \\ &= \frac{(j\tilde{\omega})^{i-1} + a_{n-1}(j\tilde{\omega})^{i-2} + \ldots + a_{n-i+1}}{(j\tilde{\omega} - s_1)\cdots(j\tilde{\omega} - s_n)}\epsilon^{n-i+1} \\ &= G_i(j\tilde{\omega})\epsilon^{n-i+1} \end{aligned}$$

mit $\tilde{\omega} = \omega\epsilon$. Daraus folgt unmittelbar $\|G_i^{\epsilon}\|_{\infty} = \|G_i\|_{\infty}\epsilon^{n-i+1} \to 0$ für $\epsilon \to 0$. Somit lassen sich der Parameter ϵ und damit die zugehörige Beobachterverstärkung l^{ϵ} immer so wählen, dass $\|G^{\epsilon}\|_{\infty} < 1/\rho$. Mit einer derartigen Wahl der Beobachterverstärkung im linearen Teilsystem ist die Gesamtverstärkung des offenen Kreises kleiner als Eins. Nach dem Satz über die kleine Kreisverstärkung ist die Ruhelage $\tilde{\xi} = 0$ global asymptotisch stabil, so dass die Konvergenz (6.41) gesichert ist (siehe Anhang A.3). □

Anmerkung 6.15 Für die korrekte Festlegung der Beobachterverstärkung l ist die Kenntnis der Lipschitz-Konstanten ρ aus Ungl. (6.40) erforderlich. Die exakte Bestimmung der Lipschitz-Konstanten ist in der Regel aufwendig. Alternativ könnte man versuchen, über Intervallarithmetik eine Abschätzung der Lipschitz-Konstanten zu erhalten. Praktisch gibt man zunächst Eigenwerte $s_1, \ldots, s_n$ für ein stabiles charakteristisches Polynom (6.32) vor. Dann geht man zum charakteristischen Polynom (6.43) mit $\epsilon = 1$ über und verkleinert $\epsilon > 0$ solange, bis der Boebachter konvergiert.

6.2.3 Beobachtbarkeit und Beobachterentwurf für eingangsabhängige Systeme

Im Folgenden wird das in ► Abschn. 6.2.1 zunächst für autonome Systeme eingeführte Konzept der Beobachtbarkeit auf eingangsabhängige Systeme übertragen, um anschließend auch für diese Systeme den Beobachter aus ► Abschn. 6.2.2 verwenden zu können.

Für die Beobachtbarkeitsanalyse betrachten wir das System (6.1) auf dem Zeitintervall $[0, T]$ mit $T > 0$. Das Eingangssignal $u(\,\cdot\,)$ sei auf diesem Zeitintervall (mindestens) stückweise stetig. Dann besitzt das System für hinreichend kleine $T > 0$ ein allgemeine Lösung, die wir in leichter Modifikation der bisherigen Notation mit φ_t^u bezeichnen (vgl.

▶ Abschn. 2.3). Zwei Zustände $p, \bar{p} \in \mathcal{M}$ heißen **nicht unterscheidbar bezüglich eines (gegebenen) Eingangssignals** $u(\cdot)$, wenn die zugehörigen Verläufe der Ausgänge übereinstimmen, d. h.

$$\forall t \in [0, T]: \quad h(\varphi_t^u(p)) = h(\varphi_t^u(\bar{p})).$$

Mit dem Begriff der Unterscheidbarkeit lassen sich in Analogie zu ▶ Abschn. 6.2.1 auch lokale und globale Beobachtbarkeit für eingangsabhängige Systeme definieren. Das folgende Beispiel zeigt, dass bei einem nichtlinearen System die Möglichkeit, den Zustand aus dem Verlauf des Ausgangs und seinen Zeitableitungen zu rekonstruieren, vom konkreten Eingangssignal abhängen kann:

Beispiel 6.16

Gegeben sei das System

$$\begin{aligned} \dot{x}_1 &= -x_1 + x_2(1+u) \\ \dot{x}_2 &= x_2 \\ y &= x_1 . \end{aligned} \tag{6.44}$$

Für $u \neq -1$ erhält man den Zustand x aus dem Ausgang y und seiner ersten Zeitableitung:

$$\left.\begin{aligned} y &= x_1 \\ \dot{y} &= -x_1 + x_2(1+u) \end{aligned}\right\} \quad \Longrightarrow \quad \begin{aligned} x_1 &= y, \\ x_2 &= \tfrac{y+\dot{y}}{1+u} . \end{aligned}$$

Für $u \equiv -1$ wirkt sich dagegen der Zustand x_2 nicht auf den Ausgang aus. In diesem Fall sind alle Anfangszustände, die in der ersten Komponente übereinstimmen, nicht unterscheidbar.

Das Beispiel verdeutlicht, dass es sinnvoll sein kann, die Beobachtbarkeit eines eingangsabhängigen Systems derart zu definieren, dass diese Eigenschaft unabhängig vom gewählten Eingangssignal ist. Wir nennen ein System (6.45) **gleichmäßig lokal** bzw. **global beobachtbar**, wenn es für alle zulässigen Eingangssignale $u(\cdot)$ lokal bzw. global beobachtbar ist.

Gegeben sei ein eingangsaffines System

$$\dot{x} = f(x) + g(x)u, \quad y = h(x) \tag{6.45}$$

mit den Vektorfeldern $f, g: \mathcal{M} \to \mathbb{R}^n$ und dem Skalarfeld $h: \mathcal{M} \to \mathbb{R}$. Die Felder seien hinreichend glatt. Erfüllt der autonome Teil (6.18) von System (6.45) die Bedingungen von Lemma 6.8, so ist eine Beurteilung der gleichmäßigen lokalen Beobachtbarkeit anhand der Beobachtbarkeitsnormalform möglich [GB81, GHO92]:

Satz 6.17 *Man betrachte das System (6.45) im Punkt $p \in \mathcal{M}$. Es gelte* $\operatorname{rang} Q_B(p) = n$. *Das System ist genau dann gleichmäßig lokal beobachtbar im Punkt p, wenn es zustandsäquivalent zur Form*

$$\begin{aligned} \dot{\xi}_1 &= \xi_2 + \beta_1(\xi_1)u \\ \dot{\xi}_2 &= \xi_3 + \beta_2(\xi_1, \xi_2)u \\ &\vdots \\ \dot{\xi}_{n-1} &= \xi_n + \beta_{n-1}(\xi_1, \xi_2, \dots, \xi_{n-1})u \\ \dot{\xi}_n &= \alpha(\xi) + \beta_n(\xi_1, \xi_2, \dots, \xi_{n-1}, \xi_n)u \\ y &= \xi_1 \end{aligned} \tag{6.46}$$

ist.

Beweis Es gelte $\operatorname{rang} Q_B(p) = n$. Dann ist die in Gl. (6.27) definierte Beobachtbarkeitsabbildung $\xi = q(x)$ ein lokaler Diffeomorphismus, der das System (6.45) in die Beobachtbarkeitsnormalform

$$\begin{aligned} \dot{\xi}_1 &= \xi_2 + \beta_1(\xi)u \\ \dot{\xi}_2 &= \xi_3 + \beta_2(\xi)u \\ &\vdots \\ \dot{\xi}_{n-1} &= \xi_n + \beta_{n-1}(\xi)u \\ \dot{\xi}_n &= \alpha(\xi) + \beta_n(\xi)u \\ y &= \xi_1 \end{aligned} \tag{6.47}$$

mit $\alpha(\xi) := L_f^n h(q^{-1}(\xi))$ und

$$\beta_i(\xi) := L_g L_f^{i-1} h(q^{-1}(\xi)) \quad \text{für} \quad i = 1, \dots, n \tag{6.48}$$

überführt (vgl. Beweis von Satz 6.9). Für die nachfolgenden Untersuchungen betrachten wir zwei Instanzen des Systems (6.47), nämlich eine mit dem Zustand ξ und dem Anfangswert $\xi(0)$ und eine weitere Instanz mit dem Zustand $\bar{\xi}$ und dem Anfangswert $\bar{\xi}(0)$. Beide Instanzen werden mit dem gleichen Eingangssignal u beaufschlagt.

„$\Leftarrow$" Wir zeigen die Notwendigkeit der Form (6.46) indirekt. Wir nehmen also an, dass das System (6.47) nicht der speziellen Struktur (6.46) genügt. Sei $i_0 < n$ die kleinste Zahl, so dass eine Zahl $j_0 > i_0$ mit $\partial\beta_{i_0}/\partial\xi_{j_0} \not\equiv 0$ existiert. (Das bedeutet, dass $\beta_{i_0}(\xi)$ nicht nur von $\xi_1, \dots, \xi_{i_0}$, sondern auch von ξ_{j_0} abhängt.) Die Anfangswerte $\xi(0) \neq \bar{\xi}(0)$ beider Systeminstanzen seien so gewählt, dass sie in den ersten i_0 Komponenten übereinstimmen, d. h. $\xi_i(0) = \bar{\xi}_i(0)$ für $i = 1, \dots, i_0$. Wegen $\partial\beta_{i_0}/\partial\xi_{j_0} \not\equiv 0$ lassen sich zusätzlich die j_0-ten Komponenten $\xi_{j_0}(0) \neq \bar{\xi}_{j_0}(0)$ beider Anfangswerte so wählen, dass $\beta_{i_0}(\xi(0)) - \beta_{i_0}(\bar{\xi}(0)) \neq 0$ gilt. Die Rückführung

$$u = -\frac{\xi_{i_0+1} - \bar{\xi}_{i_0+1}}{\beta_{i_0}(\xi) - \beta_{i_0}(\bar{\xi})} \tag{6.49}$$

ist damit zumindest für ein gewisses Zeitintervall $[0, T]$ bei hinreichend kleiner Endzeit $T > 0$ definiert. Die Abweichung in der i_0-ten Differentialgleichung beider Instanzen verschwindet unter Wirkung des Eingangssignals (6.49) identisch:

$$\dot{\xi}_{i_0} - \dot{\bar{\xi}}_{i_0} = \xi_{i_0+1} + \bar{\xi}_{i_0+1} + \left(\beta_{i_0}(\xi) - \beta_{i_0}(\bar{\xi})\right) u \equiv 0.$$

Dann stimmen die Zeitverläufe in den ersten i_0 Komponenten von $\xi, \bar{\xi}$ auf dem Intervall $[0, T]$ überein und führen somit unabhängig von den Anfangswerten der letzten $n - i_0$ Komponenten zu dem gleichen Ausgangsverlauf. Damit sind alle Anfangswerte $\xi(0), \bar{\xi}(0)$, die in den ersten i_0 Komponenten übereinstimmen, für den Eingangsverlauf (6.49) nicht unterscheidbar. Das System ist also nicht gleichmäßig lokal beobachtbar.

„$\Rightarrow$“ Das transformierte System (6.47) besitze die Struktur (6.46). Für beide Instanzen des Systems (6.46) betrachten wir beliebige Verläufe von dem Ausgang $y(t) = \xi_1(t) = \bar{\xi}_1(t)$ und dem Eingang $u(t)$ für alle $t \in [0, T]$ mit $T > 0$. Durch Einsetzen in die erste Differentialgleichung von (6.46) erhält man übereinstimmende Verläufe $\xi_2(t) = \bar{\xi}_2(t)$, aus der zweiten Differentialgleichung folgt $\xi_3(t) = \bar{\xi}_3(t)$. Dieses Verfahren setzt man bis zur vorletzen Differentialgleichung fort, aus der man $\xi_n(t) = \bar{\xi}_n(t)$ für alle $t \in [0, T]$ erhält. Damit gilt $\xi(t) = \bar{\xi}(t)$ für alle $t \in [0, T]$, so dass auch die Anfangswerte beider Systeminstanzen übereinstimmen: $\xi(0) = \bar{\xi}(0)$. Für einen vorgegebenen Ausgangsverlauf ist unabhängig vom konkreten Eingangsverlauf der Anfangswert eindeutig festgelegt. Das System (6.46) ist daher gleichmäßig beobachtbar. □

Die Argumentation im hinreichenden Teil des Beweises lässt unmittelbar eine Verallgemeinerung auf nicht eingangsaffine Systeme mit ggf. vektorwertigem Eingang zu:

Korollar 6.18 *Gegeben sei ein System*

$$\dot{x} = f(x) + \tilde{g}(x, u), \qquad y = h(x)$$

mit hinreichend glatten Feldern $f: \mathcal{M} \to \mathbb{R}^n$, $\tilde{g}: \mathcal{M} \times \mathcal{U} \to \mathbb{R}^n$, $h: \mathcal{M} \to \mathbb{R}$ *und* $\mathcal{U} \subseteq \mathbb{R}^m$. *Für das zugeordnete autonome System (6.18) gelte* rang $Q_B(p) = n$ *in einem Punkt* $p \in \mathcal{M}$. *Ist das System in einer Umgebung von* p *zustandsäquivalent zur Form*

$$\begin{aligned}
\dot{\xi}_1 &= \xi_2 + \tilde{\beta}_1(\xi_1, u) \\
\dot{\xi}_2 &= \xi_3 + \tilde{\beta}_2(\xi_1, \xi_2, u) \\
&\vdots \\
\dot{\xi}_{n-1} &= \xi_n + \tilde{\beta}_{n-1}(\xi_1, \xi_2, \ldots, \xi_{n-1}, u) \\
\dot{\xi}_n &= \alpha(\xi) + \tilde{\beta}_n(\xi_1, \xi_2, \ldots, \xi_{n-1}, \xi_n, u) \\
y &= \xi_1,
\end{aligned} \tag{6.50}$$

dann ist es im Punkt p *gleichmäßig lokal beobachtbar.*

Für einige eingangsaffine Beispielssysteme wird die Existenz der speziellen Form (6.46) untersucht:

Beispiel 6.19

Das System (6.44) aus Beispiel 6.16 besitzt eine lineare Beobachtbarkeitsabbildung (6.27) und folglich eine konstante Beobachtbarkeitsmatrix (6.28):

$$\xi = q(x) = \begin{pmatrix} x_1 \\ -x_1 + x_2 \end{pmatrix}, \quad Q_B(x) = q'(x) = \begin{pmatrix} 1 & 0 \\ -1 & 1 \end{pmatrix}.$$

Damit ist die Umkehrtransformation $x = q^{-1}(\xi)$ auch linear: $x_1 = \xi_1$, $x_2 = \xi_1 + \xi_2$. Das transformierte System lautet

$$\begin{aligned}
\dot{\xi} &= \tfrac{\mathrm{d}}{\mathrm{d}t} q(x) \\
&= q'(x) \cdot \dot{x} \\
&= Q_B(x)\,(f(x) + g(x)u) \\
&= \begin{pmatrix} 1 & 0 \\ -1 & 1 \end{pmatrix} \begin{pmatrix} -x_1 + x_2(1+u) \\ x_2 \end{pmatrix} \Bigg|_{x=q^{-1}(\xi)} \\
&= \begin{pmatrix} \xi_2 + (\xi_1 + \xi_2)u \\ \xi_1 - (\xi_1 + \xi_2)u \end{pmatrix}.
\end{aligned}$$

Das System liegt damit in der Form (6.47) mit $\beta_1(\xi) = \xi_1 + \xi_2$ und $\beta_2(\xi) = -(\xi_1 + \xi_2)$ vor. Da $\beta_1(\xi)$ auch von ξ_2 abhängt, ist die Struktur (6.46) nicht gegeben. Das System ist also in Übereinstimmung mit den Betrachtungen aus Beispiel 6.16 nicht gleichmäßig lokal beobachtbar.

Beispiel 6.20

Das inverse mathematische Pendel aus Beispiel 6.2 mit der Ausgangsgröße aus Beispiel 6.10 lässt sich durch das Zustandsraummodell

$$\begin{aligned}
\dot{x}_1 &= x_2 \\
\dot{x}_2 &= \kappa_1 \sin x_1 + \kappa_2 u \\
y &= x_2
\end{aligned} \tag{6.51}$$

beschreiben. Aus der Beobachtbarkeitsabbildung (6.35) erhält man Hin- und Rücktransformation

$$\begin{aligned}
\xi_1 &= x_2 \\
\xi_2 &= \kappa_1 \sin x_1
\end{aligned} \quad \text{und} \quad \begin{aligned}
x_1 &= \arcsin \tfrac{\xi_2}{\kappa_1} \\
x_2 &= \xi_1
\end{aligned}$$

in die Beobachtbarkeitsnormalform (6.47). Daraus ergibt sich das transformierte System

$$\begin{aligned}
\dot{\xi}_1 &= \xi_2 + \kappa_2 u \\
\dot{\xi}_2 &= \kappa_1 \xi_1 \sqrt{1 - \tfrac{\xi_2^2}{\kappa_1^2}}
\end{aligned} \tag{6.52}$$

mit $\beta_1(\xi) = \kappa_2$ und $\beta_2(\xi) = 0$. Dabei hängt $\beta_1(\xi)$ nicht von ξ_2 ab, so dass das System (6.52) in de Form (6.46) vorliegt und für $|x_1| < \pi/2$ nach Satz 6.17 gleichmäßig lokal beobachtbar ist. Mit der Beobachterverstärkung (6.36) erhält man für das erregte System (6.51) den Beobachter

$$\begin{pmatrix} \dot{\hat{x}}_1 \\ \dot{\hat{x}}_2 \end{pmatrix} = \begin{pmatrix} \hat{x}_2 \\ \kappa_1 \sin\hat{x}_1 + \kappa_2 u \end{pmatrix} + \begin{pmatrix} \frac{a_0}{\kappa_1 \cos\hat{x}_1} \\ a_1 \end{pmatrix} (y - \hat{x}_2)$$

mit den Koeffizienten $a_0, a_1 > 0$.

Beispiel 6.21
In [MM72] wird eine Synchronmaschine modelliert und durch die Zustandsgleichungen

$$\begin{aligned} \dot{x}_1 &= x_2 \\ \dot{x}_2 &= B_1 - A_1 x_2 - A_2 x_3 \sin x_1 - \tfrac{1}{2} B_2 \sin(2x_1) \\ \dot{x}_3 &= u - D_1 x_3 + D_2 \cos x_1 \\ y &= x_1 \end{aligned} \tag{6.53}$$

beschrieben. Dabei bezeichnet x_1 den Polradwinkel, also den Winkel zwischen dem Polrad und dem Drehfeld. Der Polradwinkel fungiert zugleich als Ausgangsgröße, welche aus dem mit einen Winkelencoder erfassten Drehwinkel berechnet wird. Fernen seien x_2 die zugehörige Winkelgeschwindigkeit (relativ zum rotierenden Bezugssystem), x_3 die Flussverkettung der Erregerwicklung und u der Eingang.

Das Modell (6.53) wird häufig zu Vergleichszwecken beim nichtlinearen Beobachterentwurf verwendet [Kel86a, BZ88, AMR94, Röb03, Röb05b, Ada14, FR16]. Die Beobachtbarkeitsmatrix

$$Q_B(x) = \begin{pmatrix} 1 & 0 & 0 \\ 0 & 1 & 0 \\ -A_2 x_2 \cos x_1 - B_2 \cos(2x_1) & -A_1 & -A_2 \sin x_1 \end{pmatrix} \tag{6.54}$$

ist für $x_1 \neq \pi i$ mit $i \in \mathbb{Z}$ regulär, so dass der zugehörige autonome Systemteil, den man für $u = 0$ erhält, in diesem Bereich lokal beobachtbar ist. Zur Untersuchung der gleichmäßigen Beobachtbarkeit betrachten wir die Struktur des aus (6.53) resultierenden Eingangsvektorfeldes $g(x) = \frac{\partial}{\partial x_3}$ in den transformierten Koordinaten:

$$Q_B(x) \cdot g(x) = \begin{pmatrix} 0 \\ 0 \\ -A_2 \sin x_1 \end{pmatrix}.$$

Mit $\beta_1(\cdot) = 0$ und $\beta_2(\cdot) = 0$ ist die Strukturbedingung (6.46) erfüllt, so dass das System (6.53) im o. g. Bereich gleichmäßig lokal beobachtbar ist. Die Beobachterverstärkung hat die Form

$$k(\hat{x}) = Q_B^{-1}(\hat{x}) \begin{pmatrix} a_2 \\ a_1 \\ a_0 \end{pmatrix} = \begin{pmatrix} a_2 \\ a_1 \\ -\frac{a_0 + a_1 A_1 + a_2 A_2 \hat{x}_3 \cos\hat{x}_1 + a_2 B_2 \cos(2\hat{x}_1)}{A_2 \sin\hat{x}_1} \end{pmatrix}$$

mit den Koeffizienten $a_0, a_1, a_2 > 0$. Simulationsuntersuchungen des Beobachters sind in [Röb03] beschrieben.

Bei komplizierteren Systemen lässt sich die Beobachtbarkeitsnormalform (6.47) in der Regel nicht explizit angeben. In diesen Fällen ist Satz 6.17 zur Überprüfung der gleichmäßigen Beobachtbarkeit nicht geeignet. Mit folgendem Satz ist die Überprüfung der Struktur (6.46) auch in Originalkoordinaten möglich [JS02, Lemma 2]:

Satz 6.22 *Man betrachte das System (6.45) im Punkt $p \in \mathcal{M}$. Es gelte* $\operatorname{rang} Q_B(p) = n$. *Das System ist genau dann gleichmäßig lokal beobachtbar im Punkt p, wenn*

$$\mathrm{d}L_g L_f^i h \in \operatorname{span}\{\mathrm{d}h, \mathrm{d}L_f h, \ldots, \mathrm{d}L_f^i h\} \quad \textit{für} \quad i = 0, \ldots, n-2 \tag{6.55}$$

in einer Umgebung von p gilt.

Beweis Es gelte $\operatorname{rang} Q_B(p) = n$. Dann ist die in Gl. (6.27) definierte Beobachtbarkeitsabbildung $\xi = q(x)$ ein lokaler Diffeomorphismus, der das System (6.45) in die Beobachtbarkeitsnormalform (6.47) überführt. Die in Gl. (6.46) angegebenen funkionalen Abhängigkeiten in den Komponenten β_i des (transformierten) Eingangsvektorfeldes lassen sich über lineare Abhängigkeiten ausdrücken:

$$\begin{aligned}
&\beta_1(\xi_1) && \Longleftrightarrow \mathrm{d}\beta_1 \in \operatorname{span}\{\mathrm{d}\xi_1\} \\
&\beta_2(\xi_1,\xi_2) && \Longleftrightarrow \mathrm{d}\beta_2 \in \operatorname{span}\{\mathrm{d}\xi_1, \mathrm{d}\xi_2\} \\
& && \quad\vdots \\
&\beta_{n-1}(\xi_1,\xi_2,\ldots,\xi_{n-1}) && \Longleftrightarrow \mathrm{d}\beta_{n-1} \in \operatorname{span}\{\mathrm{d}\xi_1, \mathrm{d}\xi_2, \ldots, \mathrm{d}\xi_{n-1}\}.
\end{aligned} \tag{6.56}$$

Aus $\xi_i = L_f^{i-1}h(x)$ ergibt sich $\mathrm{d}\xi_i = \mathrm{d}L_f^{i-1}h(x)$ für $i = 1, \ldots, n$. Mit (6.48) wertet Gl. (6.55) die in Gl. (6.56) beschriebenen Abhängigkeiten in den Originalkoordinaten aus. Die Anwendung von Satz 6.17 liefert den Bezug zur gleichmäßigen lokalen Beobachtbarkeit. □

Beispiel 6.23

Wir ergänzen das in Beispiel 6.12 betrachtete Wagen-Pendel-System um das Eingangsvektorfeld

$$g(x) = \begin{pmatrix} 0 \\ \frac{1}{m_1+m_2\sin^2 x_3} \\ 0 \\ -\frac{\cos x_3}{l(m_1+m_2\sin^2 x_3)} \end{pmatrix}$$

aus ▶ Abschn. 1.2. Mit dem Vektorfeld f aus Gl. (6.38) und dem Ausgang $y = h(x) = x_1$ berechnet man die Lie-Ableitungen

$$\begin{aligned}
L_g h(x) &= 0 \\
L_g L_f h(x) &= \frac{1}{m_1+m_2\sin^2 x_3} \\
L_g L_f^2 h(x) &= -2\frac{m_2 x_4 \sin x_3 \cos x_3}{(m_1+m_2\sin^2 x_3)^2},
\end{aligned}$$

deren Gradienten die folgende Struktur aufweisen:

$$\begin{aligned} \mathrm{d}L_g h &= (0, 0, 0, 0) \\ \mathrm{d}L_g L_f h &= (0, 0, *, 0) \\ \mathrm{d}L_g L_f^2 h &= (0, 0, *, *). \end{aligned}$$

Aus den ersten zwei Zeilen der Beobachtbarkeitsmatrix (6.39) liest man $\mathrm{d}\xi_1 = \mathrm{d}h = \mathrm{d}x_1$ und $\mathrm{d}\xi_2 = \mathrm{d}L_f h = \mathrm{d}x_2$ ab. Damit ist Bedingung (6.55) für $i = 1$ nicht erfüllt, d. h. aus $\mathrm{d}L_g L_f h \in \mathrm{span}\{\mathrm{d}x_3\}$ folgt $\mathrm{d}L_g L_f h \notin \mathrm{span}\{\mathrm{d}h, \mathrm{d}L_f h\} = \mathrm{span}\{\mathrm{d}x_1, \mathrm{d}x_2\}$. Das System ist also nicht gleichmäßig beobachtbar.

Anmerkung 6.24 Der beschriebene Zugang zum Entwurf von High-Gain-Beobachtern lässt sich für Mehrgrößensysteme verallgemeinern [DMGM00]. Gleichzeitig zur Schätzung des Zustands ist grundsätzlich auch eine Parameterschätzung mittels Adaption möglich [BA97, BZH04]. Erhält man für die Beobachtbarkeitsmatrix umfangreiche Ausdrücke, so bietet sich die Berechnung mit algorithmischem Differenzieren an [RR00, Röb05a, Röb05b]. Ist die Beobachtbarkeitsrangbedingung (6.23) erfüllt, aber die Beobachtbarkeitsmatrix (6.28) singulär, dann empfiehlt sich der Entwurf eines Einbettungsbeobachters [GHK91].

6.3 Beobachterentwurf auf Basis der Eingangs-Ausgangs-Normalform

6.3.1 Struktur des Beobachters

Die gleichmäßig lokale Beobachtbarkeit eines eingangsaffinen Systems (6.45) setzt die Zustandsäquivalenz zur Form (6.46) voraus. Dabei unterliegen mit Ausnahme der letzten Komponente alle anderen Komponenten des transformierten Eingangsvektorfeldes hinsichtlich der zulässigen Abhängigkeiten bestimmten Strukturbedingungen. Bei einem System mit wohldefiniertem relativen Grad würde der Eingang nur in der letzten Differentialgleichungen des ersten Teilsystems der Eingangs-Ausgangs-Normalform in Erscheinung treten. Die vorangegangenen Komponenten des transformierten Eingangsvektorfeldes sind dabei identisch Null, so dass das erste Teilsystem (unter Beachtung der zusätzlichen Abhängigkeiten vom zweiten Teilsystem) der Strukturbedingung (6.46) genügt. Dieser Abschnitt behandelt die in [JS00, Röb04, Röb07b] vorgestellten Entwurfsverfahren, bei denen der in ▶ Abschn. 6.2 beschriebene Beobachterentwurf von der Beobachtbarkeitsnormalform auf die Eingangs-Ausgang- bzw. Byrnes-Isidori-Normalform übertragen wird.

Das eingangsaffine System (6.45) habe einen wohldefinierten relativen Grad $r < n$. Dann kann das System mit einer Zustandstransformation

$$\begin{pmatrix} \xi \\ \eta \end{pmatrix} = \Phi(x) \tag{6.57}$$

in die Eingangs-Ausgangs-Normalform

$$\left.\begin{aligned} \dot{\xi}_1 &= \xi_2 \\ &\vdots \\ \dot{\xi}_{r-1} &= \xi_r \\ \dot{\xi}_r &= \alpha(\xi,\eta) + \beta(\xi,\eta)u \\ \dot{\eta}_1 &= q_1(\xi,\eta) + d_1(\xi,\eta) \\ &\vdots \\ \dot{\eta}_{n-r} &= q_{n-r}(\xi,\eta) + d_{n-r}(\xi,\eta) \\ y &= \xi_1 \end{aligned}\right\} \quad \begin{aligned} \dot{\xi} &= A\xi + b(\alpha(\xi,\eta) + \beta(\xi,\eta)u) \\ \dot{\eta} &= q(\xi,\eta) + d(\xi,\eta)u \\ y &= c^T\xi \end{aligned} \tag{6.58}$$

transformiert werden (siehe ► Abschn. 4.1.2). Das erste Teilsystem besitzt weitgehend die Struktur der Beobachtbarkeitsnormalform (6.29), d. h., dass die Nichtlinearitäten, die hier zusätzlich über den Eingang beeinflusst werden, nur in der letzten Zeile auftreten. Daher wird der Beobachter für das erste Teilsystem auch in der Form analog zu Gl. (6.30) angesetzt. Der Korrekturterm wirkt nicht direkt auf das zweite Teilsystem. Insgesamt erhält man dabei den Ansatz

$$\begin{aligned} \dot{\hat{\xi}} &= A\hat{\xi} + b(\alpha(\hat{\xi},\hat{\eta}) + \beta(\hat{\xi},\hat{\eta})u) + l\cdot(y-\hat{\xi}_1) \\ \dot{\hat{\eta}} &= q(\hat{\xi},\hat{\eta}) + d(\hat{\xi},\hat{\eta})u \end{aligned} \tag{6.59}$$

mit der konstanten Beobachterverstärkung $l \in \mathbb{R}^r$. Der Beobachtungsfehler $\tilde{\xi} = \xi - \hat{\xi}$ und $\tilde{\eta} = \eta - \hat{\eta}$ genügt dem Differentialgleichungssystem

$$\begin{aligned} \dot{\tilde{\xi}} &= \left(A - lc^T\right)\tilde{\xi} + b\left[\alpha(\xi,\eta) + \beta(\xi,\eta)u - \alpha(\hat{\xi},\hat{\eta}) - \beta(\hat{\xi},\hat{\eta})u\right] \\ \dot{\tilde{\eta}} &= q(\xi,\eta) + d(\xi,\eta)u - q(\hat{\xi},\hat{\eta}) - d(\hat{\xi},\hat{\eta})u. \end{aligned} \tag{6.60}$$

In Anlehnung an Gl. (6.32) erhält man mit $l = (a_{r-1},\ldots,a_0)^T$ das charakteristische Polynom

$$\begin{aligned} \operatorname{cp}(s) :&= \det\left(sI - (A - lc^T)\right) \\ &= a_0 + a_1 s + \cdots + a_{r-1}s^{r-1} + s^r \\ &= (s-s_1)\cdots(s-s_r). \end{aligned} \tag{6.61}$$

Man würde Eigenwerte $s_1,\ldots,s_r$, die hinreichend weit links in der komplexen Ebene liegen, vorgeben und daraus die Koeffizienten $p_0,\ldots,p_{r-1}$ des charakteristischen Polynoms (6.61) berechnen. Mit

$$\begin{pmatrix} \dot{\hat{\xi}} \\ \dot{\hat{\eta}} \end{pmatrix} = \frac{\mathrm{d}}{\mathrm{d}t}\Phi(\hat{x}) = \Phi'(\hat{x})\cdot\dot{\hat{x}}$$

lässt sich der Beobachter (6.59) in den Originalkoordinaten angeben:

$$\begin{aligned}\dot{\hat{x}} &= \left(\Phi'(\hat{x})\right)^{-1}\cdot\begin{pmatrix}\dot{\hat{\xi}}\\ \dot{\hat{\eta}}\end{pmatrix}\\ &= \left(\Phi'(\hat{x})\right)^{-1}\cdot\begin{pmatrix}A\hat{\xi}+b(\alpha(\hat{\xi},\hat{\eta})+\beta(\hat{\xi},\hat{\eta})u)+l\cdot(y-\hat{\xi}_1)\\ q(\hat{\xi},\hat{\eta})+d(\hat{\xi},\hat{\eta})u\end{pmatrix}\\ &= f(\hat{x})+g(\hat{x})u+\left(\Phi'(\hat{x})\right)^{-1}\cdot\begin{pmatrix}l\\0\end{pmatrix}\cdot(y-h(\hat{x}))\\ &=: f(\hat{x})+g(\hat{x})u+k(\hat{x})\cdot(y-h(\hat{x})).\end{aligned} \tag{6.62}$$

Damit erhält man eine vom Beobachterzustand abhängige Beobachterverstärkung $k\colon\mathcal{M}\to\mathbb{R}^n$. Anwendungen dieses Beobachteransatzes sind beispielsweise in [GYNW10, MHP11, IORAR13, KF15] zu finden.

6.3.2 Berechnung der Beobachterverstärkung auf Basis der Byrnes-Isidori-Normalform

Eine besondere Situation liegt vor, wenn die Koordinatentransformation (6.57) in die Eingangs-Ausgangs-Normalform (6.58) so gewählt wird, dass $d\equiv 0$ gilt. In diesem Fall geht (6.58) in die Byrnes-Isidori-Normalform

$$\begin{aligned}\dot{\xi} &= A\xi+b(\alpha(\xi,\eta)+\beta(\xi,\eta)u)\\ \dot{\eta} &= q(\xi,\eta)\\ y &= c^T\xi\end{aligned} \tag{6.63}$$

über. Dabei vereinfacht sich die Fehlerdynamik (6.60) zu

$$\begin{aligned}\dot{\tilde{\xi}} &= \left(A-lc^T\right)\tilde{\xi}+b\left[\alpha(\xi,\eta)+\beta(\xi,\eta)u-\alpha(\hat{\xi},\hat{\eta})-\beta(\hat{\xi},\hat{\eta})u\right]\\ \dot{\tilde{\eta}} &= q(\xi,\eta)-q(\hat{\xi},\hat{\eta}).\end{aligned} \tag{6.64}$$

Der nachfolgende Satz gibt globale Konvergenzbedingungen an. Schwächere Existenzbedingungen, die allerdings einen umfangreicheren Beweis mit sich bringen, sind in [JS00] zu finden.

Satz 6.25 *System (6.45) habe einen gleichmäßigen relativen Grad r auf $\mathcal{M}=\mathbb{R}^n$. Zusätzlich sei die Transformation (6.57) in die Byrnes-Isidori-Normalform (6.74) ein globaler Diffeomorphismus. Die Nichtlinearitäten des ersten Teilsystems genügen einer globalen Lipschitz-Bedingung*

$$\forall \xi,\hat{\xi},\eta,\hat{\eta},u\colon\quad \left\|\alpha(\xi,\eta)+\beta(\xi,\eta)u-\alpha(\hat{\xi},\hat{\eta})-\beta(\hat{\xi},\hat{\eta})u\right\|\le\rho\left\|\xi-\hat{\xi}\right\| \tag{6.65}$$

gleichmäßig in $\eta, \hat{\eta}, u$. Existieren eine global positiv definite Funktion V_2 und Funktionen γ_1, γ_2 der Klasse $\mathcal{K}_\infty$ derart, dass die Zeitableitung von $V_2(\tilde{\eta})$ entlang der Fehlerdynamik (6.64) der Bedingung

$$\forall \tilde{\xi}, \tilde{\eta}: \quad \dot{V}_2 \leq -\gamma_1(\|\tilde{\eta}\|) + \gamma_2(\|\tilde{\xi}\|) \tag{6.66}$$

genügt, dann existiert eine Beobachterverstärkung $l \in \mathbb{R}^r$ derart, dass der Beobachter (6.62) global konvergiert.

Beweisskizze Mit der Bedingung (6.65) lässt sich die globale asympotitsche Stabilität der Ruhelage $\tilde{\xi} = 0$ des ersten Teilsystems der Fehlerdynamik (6.64) analog zu Satz 6.14 zeigen. Nach Gl. (6.66) ist das zweite Teilsystem der Fehlerdynamik (6.64) eingangs-zustands-stabil bezüglich $\tilde{\xi}$. Aufgrund der Kaskadenstruktur ist die Ruhelage $(\tilde{\xi}, \tilde{\eta}) = (0, 0)$ der Fehlerdynamik (6.64) global asymptotisch stabil. □

Die Bedingung (6.66), welche die Eingangs-Zustands-Stabilität des zweiten Teilsystems der Fehlerdynamik sichert, gewährleistet die Ermittelbarkeit des Gesamtsystems [AM98, SW97]. Hinsichtlich des zweiten Teilsystems der Regelstrecke (6.63) entspricht die Bedingung (6.66) einer inkrementellen Eingangs-Zustands-Stabilität [Ang02].

Beispiel 6.26
Das folgende Beispielsystem entstammt aus [Isi95, S. 167]:

$$\begin{aligned}
\dot{x}_1 &= x_3 - x_2^3 \\
\dot{x}_2 &= -x_2 - x_3^2 u \\
\dot{x}_3 &= -x_3 + x_1^2 + u \\
y &= x_1 .
\end{aligned} \tag{6.67}$$

Mit $L_g h(x) = 0$ und $L_g L_f h(x) = 1 + 3x_2^2 x_3^2 > 0$ ist der relative Grad $r = 2$ im gesamten Zustandsraum $\mathcal{M} = \mathbb{R}^3$ wohldefiniert. Zur Transformation in die Byrnes-Isidori-Normalform ist eine Funktion ϕ_3 gesucht, welche die partielle Differentialgleichung

$$L_g \phi_3(x) = -x_3^2 \frac{\partial \phi_3(x)}{\partial x_2} + \frac{\partial \phi_3(x)}{\partial x_3} = 0$$

erfüllt. Eine mögliche Wahl ist $\phi_3(x) = x_2 + x_3^3/3$. Die zugehörige Transformation (6.57) lautet

$$\Phi(x) = \begin{pmatrix} h(x) \\ L_f h(x) \\ \phi_3(x) \end{pmatrix} = \begin{pmatrix} x_1 \\ x_3 - x_2^3 \\ x_2 + \frac{1}{3} x_3^3 \end{pmatrix} .$$

Aus der Jacobimatrix

$$\Phi'(x) = \begin{pmatrix} 1 & 0 & 0 \\ 0 & -3x_2^2 & 1 \\ 0 & 1 & x_3^2 \end{pmatrix} \tag{6.68}$$

ergibt sich die auf ganz $\mathcal{M}$ definierte Beobachterverstärkung

$$k(\hat{x}) = \left(\Phi'(\hat{x})\right)^{-1} \begin{pmatrix} a_1 \\ a_0 \\ 0 \end{pmatrix} = \begin{pmatrix} a_1 \\ -\frac{a_0 \hat{x}_3^2}{1+3\hat{x}_2^2\hat{x}_3^2} \\ \frac{a_0}{1+3\hat{x}_2^2\hat{x}_3^2} \end{pmatrix} \tag{6.69}$$

mit den Koeffizienten $a_0, a_1 > 0$.

Beispiel 6.27
Wir betrachten das gedämpfte Wagen-Pendel-System aus ► Abschn. 1.2. Für den Ausgang $y = x_1$ (Position der Last) besitzt das System den relativen Grad $r = 2$ (siehe Beispiel 4.8). In Beispiel 4.20 wurde für das partiell linearisierte Systeme die Transformation

$$\Phi(x) = \begin{pmatrix} x_1 \\ x_2 \\ x_3 \\ x_4 + \frac{1}{l} x_2 \cos x_3 \end{pmatrix} \quad \text{mit} \quad \Phi'(x) = \begin{pmatrix} 1 & 0 & 0 & 0 \\ 0 & 1 & 0 & 0 \\ 0 & 0 & 1 & 0 \\ 0 & -\frac{1}{l}\cos x_3 & \frac{x_2}{l}\cos x_3 & 1 \end{pmatrix}$$

in die Byrnes-Isidori-Normalform berechnet. Diese Transformation überführt auch das nicht partiell linearisierte Originalsystem in die Byrnes-Isidori-Normalform. Das ist daran zu erkennen, dass die letzten $n - r = 2$ Komponenten des transformierten Eingangsvektorfelds verschwinden:

$$\Phi_* g(x) = \Phi'(x) g(x) = \begin{pmatrix} 0 \\ \frac{1}{m_1 + m_2 \sin^2 x_3} \\ 0 \\ 0 \end{pmatrix}.$$

Aus Gl. (6.62) ergibt sich die Beobachterverstärkung

$$k(\hat{x}) = \left(\Phi'(\hat{x})\right)^{-1} \cdot \begin{pmatrix} a_1 \\ a_0 \\ 0 \\ 0 \end{pmatrix} = \begin{pmatrix} a_1 \\ a_0 \\ 0 \\ -\frac{a_0}{l} \cos \hat{x}_3 \end{pmatrix}$$

mit $a_0, a_1 > 0$. Es ist zu erwarten, dass der Beobachter hinsichtlich des zweites Teilsystems, welches maßgeblich vom rotatorischen Teil bestimmt wird, aufgrund der Dämpfung (Reibung) konvergiert.

6.3.3 Berechnung der Beobachterverstärkung mit der Moore-Penrose-Inversen

Die bei der Transformation in die Eingangs-Ausgangs-Normalform (6.58) bestehenden Freiheitsgrade für die Koordinaten des zweiten Teilsystems lassen sich auch nutzen, um eine möglichst einfache Berechnungsvorschrift für die in Gl. (6.62) definierte Beobachterverstärkung k zu erhalten [Röb04, Röb07b]. In diesen Zusammenhang fällt auf, dass die Jacobimatrix Φ' der Transformation (6.57) in den ersten r Zeilen mit der Beobachtbarkeitsmatrix Q_B übereinstimmt. Diese r Zeilen definieren die **reduzierte Beobachtbarkeitsmatrix**

$$Q(x) = \begin{pmatrix} \mathrm{d}h(x) \\ \mathrm{d}L_f h(x) \\ \vdots \\ \mathrm{d}L_f^{r-1} h(x) \end{pmatrix}.$$

Bei einem im Punkt $p \in \mathcal{M}$ wohldefinierten relativen Grad sind die Zeilen dieser Matrix linear unabhängig (Lemma 4.10). Die verbleibenden $n-r$ Zeilen von Φ' fassen wir in einer $(n-r) \times n$-Matrix

$$R(x) = \begin{pmatrix} \mathrm{d}\phi_{r+1}(x) \\ \vdots \\ \mathrm{d}\phi_n(x) \end{pmatrix}$$

zusammen. Die Zeilen der Matrix Q bestehen nach Konstruktion aus exakten Kovektorfeldern. Nach Korollar 3.43 lassen sich die Zeilen der Matrix R so wählen, dass die $n \times n$-Gesamtmatrix

$$\Phi'(x) = \begin{pmatrix} Q(x) \\ R(x) \end{pmatrix} \tag{6.70}$$

regulär ist und zusätzlich die Zeilen von Q und R senkrecht aufeinander stehen, z. B. es gilt

$$R(x) \cdot Q^T(x) = 0 \tag{6.71}$$

für alle x aus einer Umgebung von p. Wegen dieser Orthogonalität kann man die Inverse der Jacobimatrix (6.70) blockweise über die **Moore-Penrose-Inversen** Q^+ und R^+ der Matrizen Q und R beschreiben [BO71, RM71, BIG74]:

$$\begin{pmatrix} Q(x) \\ R(x) \end{pmatrix}^{-1} = \left(Q^+(x) \,|\, R^+(x) \right).$$

Dann vereinfacht sich die Beobachterverstärkung zu

$$k(x) = \left(\Phi'(x)\right)^{-1} \cdot \begin{pmatrix} l \\ 0 \end{pmatrix} = \left(Q^+(x) \,|\, R^+(x)\right) \cdot \begin{pmatrix} l \\ 0 \end{pmatrix} = Q^+(x) \cdot l, \tag{6.72}$$

so dass für deren Berechnung die Matrix R nicht explizit benötigt wird. Da die reduzierte Beobachtbarkeitsmatrix Q vollen Zeilenrang besitzt, lässt sich deren Moore-Penrose-Inverse folgendermaßen berechnen:

$$Q^+ = Q^T \left(QQ^T\right)^{-1}.$$

Beispiel 6.28

Das System (6.67) aus Beispiel 6.26 hat den relativen Grad $r = 2$. Daraus ergibt sich die reduzierte Beobachtbarkeitsmatrix

$$Q(x) = \begin{pmatrix} \mathrm{d}h(x) \\ \mathrm{d}L_f h(x) \end{pmatrix} = \begin{pmatrix} 1 & 0 & 0 \\ 0 & -3x_2^2 & 1 \end{pmatrix},$$

vgl. Gl. (6.68). Nach Gl. (6.72) erhält man die Beobachterverstärkung

$$k(\hat{x}) = Q^+(x) \cdot \begin{pmatrix} a_1 \\ a_0 \end{pmatrix} = \begin{pmatrix} a_1 \\ -\frac{3a_0\hat{x}_2^2}{1+9\hat{x}_2^4} \\ \frac{a_0}{1+9\hat{x}_2^4} \end{pmatrix}, \tag{6.73}$$

Dieses Ergebnis wird von der mit Maxima durchgeführten Kontrollrechnung bestätigt:

```
(%i5) f:[x3-x2^3,-x2,-x3+x1^2]$
      g:[0,-x3^2,1]$
      h:x1$
      x:[x1,x2,x3]$
(%i8) r:RelativeDegree(f,g,h,x)$
      qred:makelist(LieScalar(f,h,x,i),i,0,r-1)$
      Q:jacobian(qred,x);
```

(%o8) $\begin{pmatrix} 1 & 0 & 0 \\ 0 & -3\cdot x2^2 & 1 \end{pmatrix}$

```
(%i10) l:makelist(a[i],i,r-1,0,-1)$
       k:moore_penrose_pseudoinverse(Q).l;
```

(%o10) $\begin{pmatrix} a_1 \\ -\frac{3\cdot a_0\cdot x2^2}{9\cdot x2^4+1} \\ \frac{a_0}{9\cdot x2^4+1} \end{pmatrix}$

Kombiniert man den Beobachter (6.62) mit einem Regelgesetz entsprechend ► Abschn. 4.1, dann ist sowohl mit der Beobachterverstärkung (6.69) aus Beispiel 6.26 als auch mit der Beobachterverstärkung (6.73) eine Stabilisierung der Ruhelage $x = 0$ möglich [Röb04].

Beispiel 6.29
Für das gedämpfte Wagen-Pendel-System aus Beispiel 6.27 erhält man aus der reduzierten Beobachtbarkeitsmatrix

$$Q(x) = \begin{pmatrix} 1 & 0 & 0 & 0 \\ 0 & 1 & 0 & 0 \end{pmatrix}$$

die sehr einfache (nämlich konstante) Beobachterverstärkung

$$k(\hat{x}) = \begin{pmatrix} a_1 \\ a_0 \\ 0 \\ 0 \end{pmatrix}$$

mit $a_0, a_1 > 0$. Die dem translatorischen Teilsystem zugeordneten Beobachterzustände $\hat{x}_1, \hat{x}_2$ werden über diese Beobachterverstärkung direkt beeinflusst. Die das rotatorische Teilsystem beschreibenden Beobachterzustände $\hat{x}_3, \hat{x}_4$ werden als Simulationsterm, der vom ersten Teilsystem über $\hat{x}_2$ angeregt wird, mitgeführt. Unter Annahme einer geeigneten Dämpfung konvergiert der Beobachter.

6.4 Beobachterentwurf bei unbekanntem Eingang

Bei den bisher behandelten Beobachtern wurde davon ausgegangen, dass man bei einem System mit Eingang diesen auch messen kann. Schätzt ein Beobachter den Systemzustand bei Messung des Ausgangs y, aber ohne Kenntnis des (vorhandenen) Systemeingangs u (vgl. ◘ Abb. 6.8), so spricht man von einem **Beobachter mit unbekanntem Eingang** (engl. **unkown input observer**, kurz **UIO**) oder einem **starken Beobachter** (engl. **strong observer**). Diese Art des Beobachters setzt man ein, wenn die messtechnische Erfassung der Eingangsgröße sehr aufwendig bzw. nicht möglich ist. Die Existenzbedingungen und der Beobachterentwurf werden für lineare Systeme in einem kürzlich erschienenen Übersichtsbeitrag beschrieben [Lun17]. Dieser Abschnitt befasst sich mit der Berechnung eines starken Beobachters für eine spezielle Klasse nichtlinearer Systeme [Mor00].

Man betrachtet das eingangsaffine Eingrößensystem (6.45). Bei wohldefiniertem relativen Grad r existiert immer eine Transformation (6.57), die das System in die Byrnes-Isidori-Normalform (6.63) überführt. Im Fall $r = 1$ gilt $\xi = \xi_1 = y$, d. h. der eindimensionale Zustand des ersten Teilsystems ist der Ausgang. Damit lässt sich die Byrnes-Isidori-Normalform (6.63) auch folgendermaßen angeben:

$$\begin{aligned} \dot{y} &= \alpha(y, \eta) + \beta(y, \eta)u \\ \dot{\eta} &= q(y, \eta) \end{aligned} \tag{6.74}$$

Der starke Beobachter

$$\begin{aligned} \dot{\hat{\eta}} &= q(y, \hat{\eta}) \\ \hat{x} &= \Phi^{-1}(y, \hat{\eta}) \end{aligned} \tag{6.75}$$

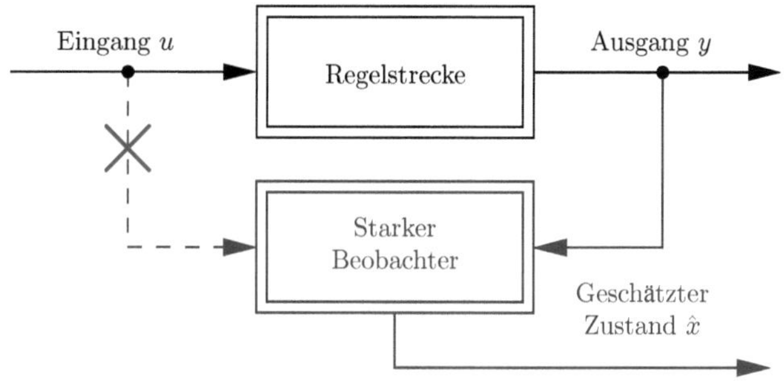

Abb. 6.8 Zustandsbeobachtung bei unbekanntem Eingang

besteht aus einer Kopie des zweiten Teilsystems von (6.74), welches direkt vom gemessenen Ausgang y erregt wird. Da das zweite Teilsystem bei $r = 1$ die Dimension $n - 1$ besitzt, handelt es sich um einen reduzierten Beobachter. Bemerkenswert ist, dass beim Beobachter kein Einstellparameter (z. B. in Form einer Beobachterverstärkung) auftritt. Mit der Rücktransformation Φ^{-1} erhält man den Schätzwert des Zustands in den Originalkoordinaten.

Für die Untersuchung der Konvergenz des Beobachters ist lediglich das zweite Teilsystem zu betrachten. Mit $\tilde{\eta} = \eta - \hat{\eta}$ erhält man die Fehlerdifferentialgleichung

$$\dot{\tilde{\eta}} = q(y, \eta) - q(y, \hat{\eta}), \tag{6.76}$$

deren Konvergenz der Gegenstand des folgenden Satzes ist:

Satz 6.30 *System (6.45) habe einen gleichmäßigen relativen Grad $r = 1$ auf $\mathcal{M} = \mathbb{R}^n$. Zusätzlich sei die Transformation (6.57) in die Byrnes-Isidori-Normalform (6.74) ein globaler Diffeomorphismus. Existieren eine global positiv definite Funktion V und eine Funktion γ der Klasse $\mathcal{K}_\infty$ derart, dass die Zeitableitung von $V(\tilde{\eta})$ entlang der Fehlerdynamik (6.76) der Bedingung*

$$\forall \eta, \hat{\eta}: \quad \dot{V}(\eta, \hat{\eta}) \leq -\gamma(\|\eta - \hat{\eta}\|) \tag{6.77}$$

genügt, dann konvergiert der Beobachter (6.75) global.

Beweis Bei gleichmäßigem relativen Grad und einer globalen Transformation kann die Konvergenzuntersuchung in den Koordinaten der Bynres-Isidori-Normalform erfolgen. Die Funktion V ist eine strenge Ljapunov-Funktion für das Fehlersystem (6.76). Mit (6.77) ist die Ruhelage $\tilde{\eta} = 0$ von (6.76) global asymptotisch stabil (vgl. Anhang A.1). Damit konvergiert der Beobachter (6.75) global. □

Die Funktion eines starken Beobachters wird an folgendem Beispiel illustriert:

Beispiel 6.31

Das Hodgkin-Huxley-Modell beschreibt das Aktionspotential eines Neurons [HH52]. Das Aktionspotential ist eine Spannung U, die zwischen dem Inneren und dem Äußeren der Zelle abfällt. Die Zellmembran wirkt als Kondensator mit dem Kapazitätsbelag $C = 1\,\mu\text{F/cm}^2$. Die Dynamik des Aktionspotentials lässt sich durch die Differentialgleichung

$$C\dot{U} = I - I_{\text{Na}} - I_{\text{K}} - I_{\text{L}} \tag{6.78}$$

beschreiben. Dabei wird die Stromdichte in die Zelle (z. B. durch äußere Erregung) mit I bezeichnet. Die Bewegung von Natrium- bzw. Kaliumionen verursacht die Stromdichten I_{Na} bzw. I_{K}. Zusätzlich enthält das Modell eine Leckstromdichte I_{L}. Die letztgenannten Stromdichten werden durch die Gleichungen

$$\begin{aligned} I_{\text{Na}} &= g_{\text{Na}} m^3 h\,(U - U_{\text{Na}}) \\ I_{\text{K}} &= g_{\text{K}} n^4\,(U - U_{\text{K}}) \\ I_{\text{L}} &= g_{\text{L}}\,(U - U_{\text{L}}) \end{aligned} \tag{6.79}$$

mit den flächenbezogenen Leitwerten $g_{\text{Na}} = 120\,\text{mS/cm}^2$, $g_{\text{K}} = 36\,\text{mS/cm}^2$, $g_{\text{L}} = 0{,}3\,\text{mS/cm}^2$ und den Spannungen $U_{\text{Na}} = 50\,\text{mV}$, $U_{\text{K}} = -77\,\text{mV}$, $U_{\text{L}} = -54{,}4\,\text{mV}$ beschrieben. Die Durchlässigkeit der Ionenkanäle wird durch die Zustände m, h, n und das Markovmodell

$$\begin{aligned} \dot{m} &= \alpha_m(U)\,(1 - m) - \beta_m(U)\,m \\ \dot{h} &= \alpha_h(U)\,(1 - h) - \beta_h(U)\,h \\ \dot{n} &= \alpha_n(U)\,(1 - n) - \beta_n(U)\,n \end{aligned} \tag{6.80}$$

mit den Übergangsraten

$$\begin{aligned} \alpha_m(U) &= 0{,}1(U + 40)/(1 - \exp(-(U + 40)/10)), \\ \beta_m(U) &= 4\exp(-(U + 65)/18), \\ \alpha_h(U) &= 0{,}07\exp(-(U + 65)/20), \\ \beta_h(U) &= 1/(1 + \exp(-(U + 35)/10)), \\ \alpha_n(U) &= 0{,}01(U + 55)/(1 - \exp(-(U + 55)/10)), \\ \beta_n(U) &= 0{,}125\exp(-(U + 65)/80) \end{aligned} \tag{6.81}$$

modelliert. Die Spannung U ist dabei auf mV normiert. Das zu den Modellgleichungen (6.78) und (6.79) gehörende elektrische Ersatzschaltbild ist in ◘ Abb. 6.9 dargestellt.

Mit dem Ausgang $y = U$ liegt das durch Gl. (6.78) bis (6.81) beschriebene Modell bereits in der Byrnes-Isidori-Normalform vor. Für die Simulation des Systems verwenden wir die Anfangswerte $U(0) = -61{,}733\,\text{mV}$, $m(0) = 0{,}0722$, $h(0) = 0{,}4794$, $n(0) = 0{,}3687$ und das Eingangssignal

$$I(t) = \begin{cases} 5 \text{ für } 0 \le t \le 100 \\ 10 \text{ für } t > 100 \end{cases}$$

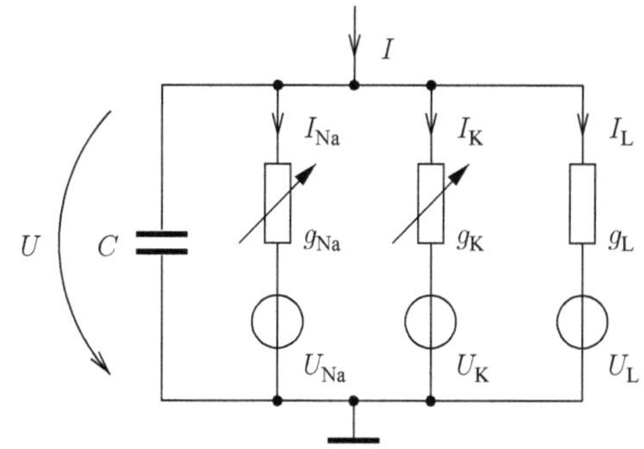

Abb. 6.9 Ersatznetzwerk des Hodgkin-Huxley-Modells

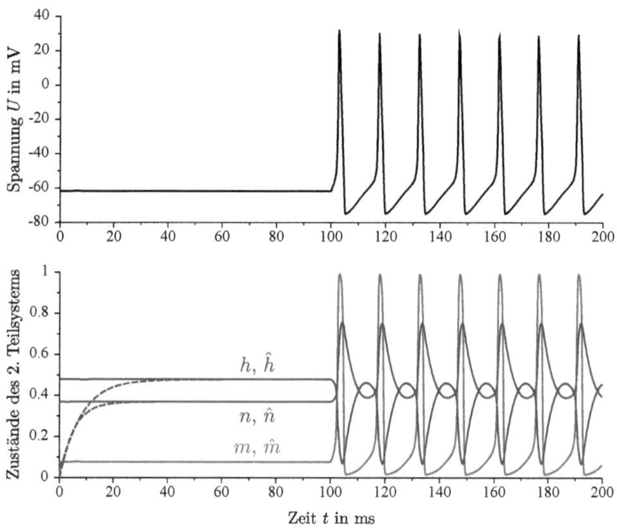

Abb. 6.10 Simulierter Spannungsverlauf des Hodgkin-Huxley-Modells (oben), Trajektorien der internen Dynamik von System und Beobachter (unten)

mit der Zeit t in ms und der Stromdichte I in μA/cm^2. Zum Zeitpunkt $t = 100$ wird die Zelle stimuliert. Der zugehörige Spannungsverlauf ist in Abb. 6.10 (oben) dargestellt.

Den Beobachter setzt man einfach als Kopie des Systems (6.80) an, wobei man die Zustände m, h, n in $\hat{m}, \hat{h}, \hat{n}$ umbenennt. Zur Überprüfung der Konvergenzbedingung (6.77) setzen wir V als quadratische Form $V(\tilde{\eta}) = \frac{1}{2}\sum_{i=1}^{3}\tilde{\eta}_i^2$ mit $\tilde{\eta} = (\tilde{m}, \tilde{h}, \tilde{n})^T$ an. Damit ist V global positiv definit. Für die Zeitableitung von V entlang der sich aus (6.80) ergebenden Fehlerdynamik gilt

$$\dot{V} = \sum_{i=1}^{3}\tilde{\eta}_i\dot{\tilde{\eta}}_i = -\sum_{i=1}^{3}(\alpha_i(U) + \beta_i U))\,\tilde{\eta}_i^2 \leq -\mu\|\tilde{\eta}\|^2 \tag{6.82}$$

mit $\mu := \inf_{i,U}(\alpha_i(U)+\beta_i U)) > 0$, wobei die Funktionen (6.81) entsprechend der Gleichungsnummer in (6.80) notiert wurden, d. h. $\alpha_1 = \alpha_m, \ldots, \beta_3 = \beta_n$. Mit (6.82) ist Bedingung (6.77) erfüllt, so dass der Beobachter global konvergiert. Für die Simulation des Beobachter wird der Anfangsvektor $\hat{\eta} = 0 \in \mathbb{R}^3$ gewählt. In ◘ Abb. 6.10 (unten) ist zu sehen, dass die Beobachtertrajektorien schnell gegen die Systemtrajektorien konvergieren.

Anmerkung 6.32 Der starke Beobachter (6.75) lässt sich dahingehend erweitern, dass man simultan auch eine (nicht asymptotische) Schätzung des Eingangs erhält. Dabei nutzt man Beobachter-Filter-Kombinationen, die in [GR05, RG07, RG09, Röb09] an verschiedenen Zellmodellen erprobt werden.

Literatur

[Ada14] Adamy, J.: **Nichtlineare Systeme und Regelungen**. Springer Vieweg, Berlin, Heidelberg, 2. Auflage, 2014.

[AM98] Amicucci, G. L. und S. Monaco: **On Nonlinear Detectability**. J. Franklin Inst., 335B(6):1105–1123, 1998.

[AMR94] Adjallah, K., D. Maquin und J. Ragot: **Non-linear observer-based fault detection**. In: **IEEE Conf. on Control Applications**, Glasgow, UK, August 1994.

[Ang02] Angeli, D.: **A Lyapunov approach to incremental stability properties.** IEEE Trans. on Automatic Control, 47(3):410–421, 2002.

[Arn89] Arnold, V. I.: **Mathemaical Methods of Classical Mechanics**. Springer, New York, 2. Auflage, 1989.

[BA97] Bullinger, E. und F. Allgöwer: **An Adaptive High-Gain Observer for Nonlinear Systems**. In: **Proc. IEEE Conf. Decision and Control (CDC)**, Seiten 4348–4353, San Diego, Califormien, Dezember 1997.

[Bar95] Bartosiewicz, Z.: **Local observability of nonlinear systems**. Systems & Control Letters, 25(4):295–298, 1995.

[Beu01] Beutelspacher, A.: **Lineare Algebra**. Vieweg, Braunschweig, Wiesbaden, 5. Auflage, 2001.

[BGFB94] Boyd, S., L. E. Ghaoui, E. Feron und V. Balakrishnan: **Linear Matrix Inequalities in System and Control Theory**. SIAM, Philadelphia, 1994.

[BIG74] Ben-Israel, A. und T. N. E. Greville: **Generalized Inverses: Theory and Applications**. Wiley-Interscience, New York, 1974.

[BO71] Boullion, T. L. und P. L. Odell: **Generalized Inverse Matrices**. Wiley-Interscience, New York, 1971.

[BZ88] Birk, J. und M. Zeitz: **Extended Luenberger observer for non-linear multivariable systems**. Int. J. Control, 47(6):1823–1836, 1988.

[BZ90] Birk, J. und M. Zeitz: **Anwendung eines symbolverarbeitenden Programmsystems zur Analyse und Synthese von Beobachtern für nichtlineare Systeme**. Messen, Steuern, Regeln, 33(12):536–543, 1990.

[BZH04] Besançon, G., Q. Zhang und H. Hammouri: **High-gain observer based state and parameter estimation in nonlinear systems**. In: **Preprint IFAC-Symposium on Nonlinear Control Systems (NOLCOS)**, Seiten 471–476, Stuttgart, September 2004.

[CMG93] Ciccarella, G., M. Dalla Mora und A. Germani: **A Luenberger-like Observer for Nonlinear Systems**. Int. J. Control, 57(3):537–556, 1993.

[Der16] Derbel, N. (Herausgeber): **Systems, Automation & Control**. Walter de Gruyter, Berlin, Boston, 2016.

[DMGM97] Dalla Mora, M., A. Germani und C. Manes: **A state observer for nonlinear dynamical systems**. Nonlinear Analysis, Theory, Methods & Applications, 30(7):4485–4496, 1997.

[DMGM00] Dalla Mora, M., A. Germani und C. Manes: **Design of State Observers from a Drift-Observability Property**. IEEE Trans. on Automatic Control, 45(8):1536–1540, 2000.

[FR16] Franke, M. und K. Röbenack: **Further Improvements in High Gain Observer Design for Systems with Structured Nonlinearities**. Proc. in Applied Mathematics and Mechanics, 16(1):805–806, 2016.

[Gan86] Gantmacher, F. R.: **Matrizentheorie**. Springer-Verlag, Berlin, 1986.

[GB81] Gauthier, J. P. und G. Bornard: **Observability for any $u(t)$ of a Class of Nonlinear Systems**. IEEE Trans. on Automatic Control, 26(4):922–926, 1981.

[GHK91] Gauthier, J. P., H. Hammouri und I. Kupka: **Observers for Nonlinear Systems**. In: **Proc. IEEE Conf. on Decision and Control (CDC)**, Seiten 1483–1489, Brighton, England, Dezember 1991.

[GHO92] Gauthier, J. P., H. Hammouri und S. Othman: **A Simple Observer for Nonlinear Systems — Application to Bioreactors**. IEEE Trans. on Automatic Control, 37(6):875–880, 1992.

[GNLC95] Gahinet, P., A. Nemirovski, A. J. Laub und M. Chilali: **LMI Control Toolbox User's Guide**. MathWorks, Inc., 1995.

[GR05] Goel, P. und K. Röbenack: **Observing the current input in neurons.** Technischer Bericht 38, Mathematical Biosciences Institute, The Ohio State University, August 2005.

[GRT09] Göpfert, A., T. Riedrich und C. Tammer: **Angewandte Funktionalanalysis**. Vieweg+Teubner, Wiesbaden, 2009.

[GYNW10] Gao, X., Z. Yu, J. Neubeck und J. Wiedemann: **Sideslip angle estimation based on input–output linearisation with tire–road friction adaptation**. Vehicle System Dynamics, 48(2):217–234, 2010.

[HH52] Hodgkin, A. L. und A. F. Huxley: **A quantitative description of membrane current and its application to conduction and excitation in nerve**. Journal of Physiology, 117:500–544, 1952.

[HK77] Hermann, R. und A. J. Krener: **Nonlinear Controllability and Observability**. IEEE Trans. on Automatic Control, AC-22(5):728–740, 1977.

[IORAR13] Ide, C. K., S. Olaru, P. Rodriguez-Ayerbe und A. Rachid: **A nonlinear state feedback control approach for a Pantograph-Catenary system**. In: **International Conference on System Theory, Control and Computing (ICSTCC)**, Seiten 268–273, Oktober 2013.

[Isi95] Isidori, A.: **Nonlinear Control Systems: An Introduction**. Springer-Verlag, London, 3. Auflage, 1995.

[JS00] Jo, N. H. und J. H. Seo: **Input Output Linearization Approach to State Observer Design for Nonlinear System**. IEEE Trans. on Automatic Control, 45(12):2388–2393, 2000.

[JS02] Jo, N. H. und J. H. Seo: **Observer design for non-linear systems that are not uniformly observable**. Int. J. Control, 75(5):369–380, 2002.

[Kel86a] Keller, H.: **Entwurf nichtlinearer Beobachter mittels Normalformen.** VDI-Verlag, 1986.

[KF15] Köster, M. und A. Fidlin: **Nonlinear Volume Flow Control of a Variable Displacement Vane Pump**. Proc. in Applied Mathematics and Mechanics, 15(1):635–636, 2015.

[Lud95] Ludyk, G.: **Theoretische Regelungstechnik 2: Zustandsrekonstruktion, optimale und nichtlineare Regelungssysteme**. Springer-Verlag, Berlin, Heidelberg, 1995.

[Lue64] Luenberger, D. G.: **Observing the State of a Linear System**. IEEE Trans. Mil. Electronics, ME-8(2):74–80, 1964.

[Lue66] Luenberger, D. G.: **Observers for Multivariable Systems**. IEEE Trans. on Automatic Control, AC-11(2):190–197, 1966.

[Lun97] Lunze, J.: **Regelungstechnik 2, Mehrgrößensysteme, Digitale Regelung**. Springer-Verlag, Berlin, Heidelberg, 4. Auflage, 1997.

[Lun17] Lunze, J.: **Zustandsbeobachtung linearer Systeme mit unbekannten Eingängen**. Automatisierungstechnik, 65(2):99–114, Februar 2017.

[Mag71] Magnus, K.: **Kreisel — Theorie und Anwendungen**. Springer-Verlag, Berlin, Heidelberg, 1971.

[MHP11] Mahmud, M. A., M. J. Hossain und H. R. Pota: **Nonlinear observer design for interconnected power systems**. In: **Australian Control Conference (AUCC)**, Seiten 161–166, Melbourne, November 2011.

[MM72] Mukhopadhyay, B. K. und O. P. Malik: **Optimal control of synchronous-machine excitation by quasilinearisation techniques**. Proc. IEE, 119(1):91–98, Januar 1972.

[Mor00] Moreno, J.: **Unknown Input Observers for SISO nonlinear systems.** In: **Proc. IEEE Conf. Decision and Control (CDC)**, Band 1, Seiten 790–801, Sydney, Dezember 2000.

[MR01] Marsden, J. E. und T. S. Ratiu: **Einführung in die Mechanik und Symmetrie: Eine grundlegende Darstellung klassischer mechanischer Systeme**. Springer-Verlag, Berlin, Heidelberg, 2001.

[NDEG95] Nikoukhah, R., F. Delebecque und L. El Ghaoui: **LMITOOL: a Package for LMI Optimization in Scilab User's Guide**. Rapport technique 170, INRIA, 1995.

[PMZ05] Pertew, A. M., H. J. Marquez und Q. Zhao: **Dynamic observers for nonlinear Lipschitz systems**. In: **Preprints IFAC World Congress**, Prag, Juli 2005.

[PMZ06] Pertew, A. M., H. J. Marquez und Q. Zhao: H_∞ **Observer Design for Lipschitz Nonlinear Systems**. IEEE Trans. on Automatic Control, 51(7):1211–1216, Juli 2006.

[Raj98] Rajamani, R.: **Observers for Lipschitz Nonlinear Systems**. IEEE Trans. on Automatic Control, 43(3):397–401, 1998.

[RG07] Röbenack, K. und P. Goel: **Observer Based Measurement of the Input Current into A Neuron**. Mediterranean Journal of Measurement and Control, 3(1):22–29, 2007.

[RG09] Röbenack, K. und P. Goel: **A combined observer and filter based approach for the determination of unknown parameters**. Int. J. Systems Science, 40(3):213–221, März 2009.

[RH94] Raghavan, S. und J. K. Hedrick: **Observer design for a class of nonlinear systems**. Int. J. Control, 59(2):515–528, 1994.

[RM71] Rao, C. R. und S. K. Mitra: **Generalized Inverse of Matrices and its Applications**. John Wiley & Sons, New York, 1971.

[Röb03] Röbenack, K.: **Beobachterentwurf für nichtlineare Zustandssysteme mit Hilfe des Automatischen Differenzierens**. Shaker-Verlag, Aachen, 2003.

[Röb04] Röbenack, K.: **Zum High-Gain-Beobachterentwurf für eingangsausgangslinearisierbare SISO-Systeme**. Automatisierungstechnik, 52(10):481–488, Oktober 2004.

[Röb05a] Röbenack, K.: **Computation of High Gain Observers for Nonlinear Systems using Automatic Differentiation**. Journal of Dynamic Systems, Measurement, and Control, 127(1):160–162, 2005.

[Röb05b] Röbenack, K.: **Regler- und Beobachterentwurf für nichtlineare Systeme mit Hilfe des Automatischen Differenzierens**. Shaker Verlag, Aachen, 2005.

[Röb07b] Röbenack, K.: **Observer Design for a Class of Nonlinear Systems with Non-Full Relative Degree**. Nonlinear Dynamics and Systems Theory, 7(4):399–408, 2007.

[Röb09] Röbenack, K.: **Residual Generator based Measurement of the Current Input into a Cell**. Nonlinear Dynamics and Systems Theory, 9(4):425–434, 2009.

[Röb12] Röbenack, K.: **Structure Matters – Some Notes on High Gain Observer Design for Nonlinear Systems**. In: **Proc. International Multi-Conference on Systems, Signals and Devices (SSD)**, Chemnitz, März 2012.

[Röb14] Röbenack, K.: **Some Remarks on High Gain Observer Design**. Proc. in Applied Mathematics and Mechanics, 14(1):931–932, 2014.

[Röb16] Röbenack, K.: **Improving High Gain Observer Design for Nonlinear Systems Using the Structure of the Linear Part**. In: Derbel, N. [Der16], Seiten 57–74.

[RR00] Röbenack, K. und K. J. Reinschke: **A efficient method to compute Lie derivatives and the observability matrix for nonlinear systems**. In: **Proc. Int. Symposium on Nonlinear Theory and its Applications (NOLTA)**, Band 2, Seiten 625–628, Dresden, September 2000.

[RSZ93] Rothfuß, R., J. Schaffner und M. Zeitz: **Rechnergestützte Analyse und Synthese nichtlinearer Systeme**. In: Engell, S. (Herausgeber): **Nichtlineare Regelungen: Methoden, Werkzeuge, Anwendungen**, Band 1026 der Reihe **VDI-Berichte**, Seiten 267–291. VDI-Verlag, Düsseldorf, 1993.

[SW97] Sontag, E. D. und Y. Wang: **Output-to-state stability and detectability of nonlinear system**. Systems & Control Letters, 29(5):279–290, 1997.

[Tha73] Thau, F. E.: **Observing the state of nonlinear dynamical systems**. Int. J. Control, 17(3):471–479, 1973.

[Tib04] Tibken, B.: **Observability of nonlinear systems – an algebraic approach**. In: **Proc. IEEE Conf. on Decision and Control (CDC)**, Band 5, Seiten 4824–4825, Nassau, Bahamas, Dezember 2004.

[Żak90] Żak, S. H.: **On the stabilization and observation of nonlinear/uncertain dynamic systems**. IEEE Trans. on Automatic Control, 35(5):604–607, Mai 1990.

[ZD98] Zhou, K. und J. C. Doyle: **Essentials of Robust Control**. Prentice Hall, Upper Saddle River, New Jersey, 1998.

Beobachterentwurf mittels exakter bzw. näherungsweiser Linearisierung der Fehlerdynamik

K. Röbenack, *Nichtlineare Regelungssysteme*,
https://doi.org/10.1007/978-3-662-44091-9_7

Normalformen spielen beim Entwurf nichtlinearer Beobachter eine große Rolle. Kann man ein System in eine Form überführen, bei der die Nichtlinearitäten ausschließlich von den Messgrößen abhängen, ist der Entwurf eines Beobachters mit exakt linearer Fehlerdynamik vergleichsweise einfach. Eine solche Form ist die Beobachternormalform. Die Transformation in diese Form und damit verbunden die Linearisierung des Beobachtungsfehlers ist aufgrund restriktiver Existenzbedingungen bzw. einer aufwendigen Berechnung in der regelungstechnischen Praxis kaum anzutreffen. Bei genauerer Betrachtung eröffnen sich jedoch etliche Möglichkeiten zur Berechnung bzw. zur Approximation eines Beobachters mit linearer Fehlerdynamik. In diesem Kapitel werden Existenzbedingungen und Berechnungsmethoden vorgestellt.[1]

7.1 Linearisierung des Beobachtungsfehlers durch Aufschaltung

In diesem Abschnitt soll zunächst die grundsätzliche Idee der exakten Linearisierung des Beobachtungsfehlers durch Aufschaltung illustriert werden. Angenommen, das zu beobachtende System kann in der Form

$$\dot{x} = Ax + \alpha(y, u), \quad y = c^T x \tag{7.1}$$

mit dem Zustand x, dem Eingang u, und dem gemessenen Ausgang y dargestellt werden. Dabei sei der durch das Paar (A, c^T) beschriebene lineare Teil beobachtbar. Zusätzlich seien alle auftretenden Nichtlinearitäten in Abhängigkeit vom Ausgang darstellbar. Diese Nichtlinearitäten werden in der Eingangs-Ausgangs-Aufschaltung α zusammengefasst. Setzt man den Beobachter in der Form

$$\dot{\hat{x}} = A\hat{x} + \alpha(y, u) + l \cdot \left(y - c^T\hat{x}\right) \tag{7.2}$$

mit einer Beobachterverstärkung $l \in \mathbb{R}^n$ an. so genügt der Beobachtungsfehler $\tilde{x} = x - \hat{x}$ der linearen zeitinvarianten Differentialgleichung

$$\begin{aligned} \dot{\tilde{x}} &= \dot{x} - \dot{\hat{x}} \\ &= Ax + \alpha(y, u) - A\hat{x} - \alpha(y, u) - l \cdot \left(y - c^T\hat{x}\right) \\ &= \left(A - lc^T\right)\tilde{x}. \end{aligned} \tag{7.3}$$

Über die Verstärkung l kann man für die Systemmatrix $A - lc^T$ der Fehlerdynamik (7.3) ein beliebiges charakteristisches Polynom

$$\det\left(sI - A + lc^T\right) = a_0 + a_1 s + \cdots + a_{n-1}s^{n-1} + s^n \tag{7.4}$$

vorgeben. Diese Herangehensweise soll an zwei Beispielen vorgestellt werden:

1 Das Kapitel basiert sich an dem Übersichtsbeitrag Röbenack, K.: Entwurf nichtlinear Beobachter mit linearer und näherungsweise linearer Fehlerdynamik, Automatisierungstechnik, De Gruyter-Verlag, Berlin, Boston, Jahrgang 58, Heft 9, S. 489–497, für den der De Gruyter-Verlag freundlicherweise eine Nutzungsgenehmigung erteilt hat.

Beispiel 7.1
Wir betrachten das Modell des inversen Pendels mit Gleichstromantrieb aus Beispiel 4.44:

$$\begin{aligned} \dot{x}_1 &= x_2 \\ \dot{x}_2 &= \tfrac{mg\ell}{J}\sin x_1 - \tfrac{d}{J}x_2 + \tfrac{K}{J}x_3 \\ \dot{x}_3 &= -\tfrac{K}{L}x_2 - \tfrac{R}{L}x_3 + \tfrac{1}{L}u \\ y &= x_1 . \end{aligned} \tag{7.5}$$

Als Messgröße steht der Winkel x_1, der beispielsweise mit einem Inkrementgeber erfasst werden kann, zur Verfügung. Die einzige im System auftretende Nichtlinearität hängt ausschließlich vom Ausgang x_1 ab. Der Beobachter setzt sich dann aus einer Kopie des Systems, wobei die Nichtlinearität vom gemessenen Ausgang gespeist wird, und einem linearen Korrekturterm zusammen:

$$\begin{pmatrix} \dot{\hat{x}}_1 \\ \dot{\hat{x}}_2 \\ \dot{\hat{x}}_3 \end{pmatrix} = \begin{pmatrix} \hat{x}_2 \\ \tfrac{mg\ell}{J}\sin y - \tfrac{d}{J}\hat{x}_2 + \tfrac{K}{J}\hat{x}_3 \\ -\tfrac{K}{L}\hat{x}_2 - \tfrac{R}{L}\hat{x}_3 + \tfrac{1}{L}u \end{pmatrix} + \begin{pmatrix} l_1 \\ l_2 \\ l_3 \end{pmatrix} \cdot (y - \hat{x}_1) \tag{7.6}$$

Der Vergleich von (7.5) und (7.6) führt auf eine lineare Fehlerdynamik (7.3). Für ein vorgegebenes charakteristisches Polynom (7.4) mit den Koeffizienten $a_0, a_1, a_2 > 0$ berechnet man durch Koeffizientenvergleich oder mit Hilfe der Ackermann-Formel [Ack77a, Ack77b] die Beobachterverstärkung

$$\begin{aligned} l_1 &= -\tfrac{R}{L} - \tfrac{d}{J} + a_2, \\ l_2 &= \frac{-JK^2L + \left(a_1J^2 - a_2dJ + d^2\right)L^2 - J(a_2J - d)LR + J^2R^2}{J^2L^2}, \\ l_3 &= -\frac{(a_2J-d)K^2L^2 - a_0J^2L^3 + JL\left(a_1JL - 2K^2\right)R - a_2J^2LR^2 + J^2R^3}{JKL^3}. \end{aligned} \tag{7.7}$$

Beispiel 7.2
Wir betrachten wiederum einen Manipulator in der Form eines inversen Pendels (siehe ◘ Abb. 7.1). Der Antrieb erfolgt über ein eingeprägtes Drehmoment u, welches den Winkel q_1 beeinflusst. Der Antrieb ist über eine elastische Welle, die als Torsionsfeder mit der Federkonstanten k modelliert wird, mit dem Manipulatorarm verbunden. Die Position des Manipulatorarms wird durch den Relativwinkel q_2 beschrieben. Der Manipulator habe beim Antrieb das Trägheitsmoment J_1 und hinsichtlich des Manipulatorarms das Trägheitsmoment J_2. Am Ende des Manipulatorarms der Länge ℓ befinde sich eine Last mit der Masse m.

Das System hat die kinetische Energie

$$T = \frac{J_1}{2}\dot{q}_1^2 + \frac{J_2}{2}(\dot{q}_1 + \dot{q}_2)^2$$

und die potentielle Energie

$$V = m\ell(\cos(q_1 + q_2) - 1) + \frac{k}{2}q_2^2.$$

Abb. 7.1 Inverses Pendel, welches elatisch mit dem Antrieb gekoppelt ist

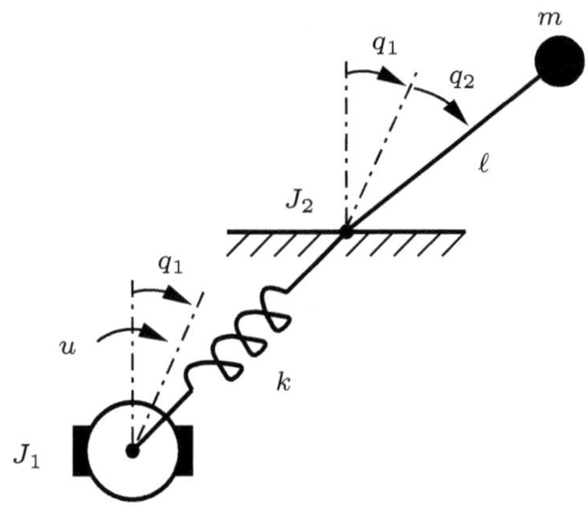

Aus der zugehörigen Bewegungsgleichung erhält man mit $x = (q_1, \dot{q}_1, q_2, \dot{q}_2)^T$ das Zustandsraummodell

$$\begin{pmatrix} \dot{x}_1 \\ \dot{x}_2 \\ \dot{x}_3 \\ \dot{x}_4 \end{pmatrix} = \begin{pmatrix} x_2 \\ \frac{k}{J_1} x_3 + \frac{1}{J_1} u \\ x_4 \\ \frac{mg\ell}{J_2} \sin(x_1 + x_3) - \left(\frac{1}{J_1} + \frac{1}{J_2}\right) k x_3 - \frac{u}{J_1} \end{pmatrix}. \tag{7.8}$$

Werden die Winkel x_1 und x_3 oder deren Summe $x_1 + x_3$ gemessen, dann kann die in (7.8) auftretende Nichtlinearität $\sin(x_1 + x_3)$ beim Beobachterentwurf vollständig kompensiert werden [NTT88].

7.2 Normalform-Beobachter

7.2.1 Beobachter-Struktur

Die in ► Abschn. 7.1 beschriebene Herangehensweise wird nachfolgend systematisiert. In der Regel wird das zu untersuchende System nicht unmittelbar in der Form (7.1) vorliegen. In etlichen Fällen ist aber eine derartige Darstellung in anderen Koordinaten möglich. Dazu wird in diesem Abschnitt die Beobachternormalform eingeführt.

Man betrachte ein nichtlineares System

$$\dot{x} = F(x, u), \quad y = h(x). \tag{7.9}$$

Die Menge $\mathcal{M} \subseteq \mathbb{R}^n$ sei offen und die Menge $\mathcal{U} \subseteq \mathbb{R}^m$ beliebig. Die Abbildungen $F: \mathcal{M} \times \mathcal{U} \to \mathbb{R}^n$ und $h: \mathcal{M} \to \mathbb{R}$ seien ausreichend glatt. Damit ist F ein vom Eingang abhängiges

Vektorfeld und h ein Skalarfeld. Angenommen, in der Umgebung eines Punktes $p \in \mathcal{M}$ gibt es einen Diffeomorphismus

$$z = T(x) \quad \text{mit} \quad x = S(z), \tag{7.10}$$

der das System (7.9) in die Form

$$\dot{z} = Az + \alpha(c^T z, u), \quad y = \gamma(c^T z) \tag{7.11}$$

überführt, wobei das Paar (A, c^T) in der **dualen Brunovský-Normalform** [Bru70] vorliege:

$$A = \begin{pmatrix} 0 & 0 & \cdots & 0 \\ 1 & 0 & \ddots & \vdots \\ & \ddots & \ddots & 0 \\ 0 & & 1 & 0 \end{pmatrix}, \quad c^T = \begin{pmatrix} 0 & \cdots & 0 & 1 \end{pmatrix}. \tag{7.12}$$

Die Form (7.11) entspricht der **Beobachternormalform** (engl. **observer canonical form**) [Zei85, Zei89] mit der zusätzlichen Ausgangstransformation γ (siehe ◘ Abb. 7.2). Die Abbildung γ muss dabei invertierbar sein. Die vektorwertige Abbildung α berücksichtigt die im System auftretenden Nichtlinearitäten. Dabei fungiert $\alpha(\gamma^{-1}(y), u)$ als Eingangs-Ausgangs-Aufschaltung.

Für ein System der Form (7.11) ist der Beobachterentwurf sehr einfach. Ein Beobachter der Form

$$\begin{aligned} \dot{\hat{z}} &= A\hat{z} + \alpha(\gamma^{-1}(y), u) + l(\gamma^{-1}(y) - c^T\hat{z}) \\ \hat{x} &= S(\hat{z}) \end{aligned} \tag{7.13}$$

mit dem Vektor $l \in \mathbb{R}^n$ (siehe ◘ Abb. 7.3) führt auf einen Beobachtungsfehler $\tilde{z} = z - \hat{z}$, welcher dem linearen zeitinvarianten Differentialgleichungssystem

$$\dot{\tilde{z}} = (A - lc^T)\tilde{z} \tag{7.14}$$

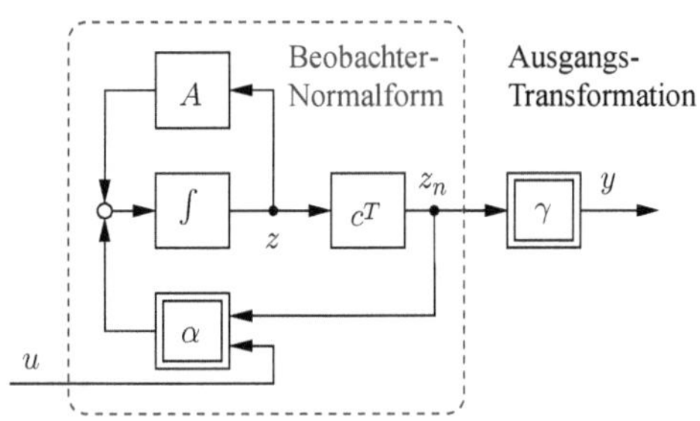

◘ **Abb. 7.2** Beobachternormalform (7.11), Quelle: [Röb10]

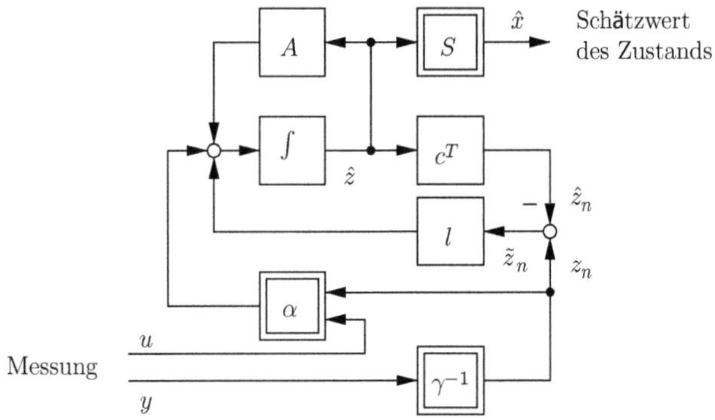

Abb. 7.3 Normalform-Beobachter (7.13)

genügt. Da das Paar (A, c^T) beobachtbar ist, lassen sich die Eigenwerte von $A - lc^T$ beliebig zuweisen. Für ein gewünschtes charakteristisches Polynom (7.4) der Fehlerdynamik (7.14) ist der Vektor l entsprechend $l = (a_0, \ldots, a_{n-1})^T$ zu wählen. Legt man l derart fest, dass alle Wurzeln von (7.4) in der offenen linken Halbebene liegen, dann ist die Ruhelage $\tilde{z} = 0$ von (7.14) exponentiell (und damit auch asymptotisch) stabil.
Der Beobachter (7.13) basiert unmittelbar auf der Normalform (7.11). Daher nennt man ihn **Normalform-Beobachter**. Mitunter ist es wünschenswert, den Beobachter (7.13) direkt in den Originalkoordinaten zu implementieren:

$$\dot{\hat{x}} = F(\hat{x}, u) + k_\infty(\hat{x}, y, u). \tag{7.15}$$

Der Korrekturterm hat dann die Form

$$\begin{aligned} k_\infty(\hat{x}, y, u) = \left(T'(\hat{x})\right)^{-1} \big[&\alpha(\gamma^{-1}(y), u) - \alpha(\gamma^{-1}(h(\hat{x})), u) \\ &+ l(\gamma^{-1}(y) - \gamma^{-1}(h(\hat{x})))\big]. \end{aligned} \tag{7.16}$$

Anmerkung 7.3 Mit dem beschriebenen Zugang ergibt sich eine Fehlerdynamik, die in den transformierten Koordinaten einer linearen zeitinvarianten Differentialgleichung (7.14) genügt. Daher spricht man auch von einer **exakten Linearisierung des Beobachtungsfehlers**. Dieses Konzept ist auch bei Systemen mit mehreren Ausgängen anwendbar [KR85, XG88, XG89] und kann mit einer Parameteradaption kombiniert werden [Mar90, MT92, MT95a, MT95b]. Die Linearisierung des Beobachtungsfehlers entspricht in gewisser Weise der vollständigen Linearisierung (Eingangs-Zustands-Linearisierung) beim Reglerentwurf. Ähnlich wie bei der Regelung ist auch beim Beobachterentwurf mitunter nur eine **partielle Linearisierung des Beobachterungsfehlers** möglich. Entsprechende Entwurfsverfahren werden beispielsweise in [JS00, JS02, Röb06, RL06, RL07, Röb07b] beschrieben.

Anmerkung 7.4 Mitunter wird für das System (7.11) mit dem Beobachter (7.13) eine andere Darstellungsform favorisiert. Seien

$$\breve{A} := A - lc^T \quad \text{und} \quad \breve{\alpha}(z_n, u) := \alpha(z_n, u) + lz_n,$$

wobei der Vektor $l \in \mathbb{R}^n$ so zu wählen ist, dass die Matrix $\check{A}$ nur Eigenwerte in der linken offenen Halbebene besitzt. Das System (7.11) lässt sich dann in der Form

$$\begin{aligned}\dot{z} &= Az + \alpha(z_n, u)\\ &= Az - lc^T z + lc^T z + \alpha(z_n, u)\\ &= \check{A}z + \check{\alpha}(\gamma^{-1}(y), u)\end{aligned}$$

angeben. Der Beobachter (7.13) vereinfacht sich zu

$$\begin{aligned}\dot{\hat{z}} &= A\hat{z} + \alpha(z_n, u) + l(z_n - c^T\hat{z})\\ &= (A - lc^T)\hat{z} + \alpha(z_n, u) + lz_n\\ &= \check{A}\hat{z} + \check{\alpha}(\gamma^{-1}(y), u)\end{aligned}$$

mit $\hat{x} = S(\hat{z})$. Als Fehlerdifferentialgleichung erhält man wiederum Gl. (7.14), d. h. $\dot{\tilde{z}} = \check{A}\tilde{z}$. Diese Form von Strecke und Beobachter ist bei verschiedenen neueren Zugängen zur exakten bzw. approximativen Linearisierung des Beobachtungsfehlers zu finden (siehe [KK98, KX02, Xia06, DB06, Deu07] sowie Anmerkung 7.11).

Anmerkung 7.5 Bei der Fehlerdifferentialgleichung (7.14) des Normalformbeobachters (7.13) kann man durch geeignete Wahl des Vektors $l \in \mathbb{R}^n$ die Eigenwerte der Systemmatrix $A - lc^T$ in der komplexen Ebene beliebig weit links anordnen und damit die Konvergenzgeschwindigkeit vorgeben. Bei einem Anfangswert $\tilde{z}(0) \neq 0$ wird die Ruhelage $\tilde{z} = 0$ von (7.14) jedoch erst in unendlicher Zeit erreicht. Für lineare Systeme kann man durch geeignete Nutzung eines Totzeitgliedes eine endliche Einstellzeit vorgeben [EK02]. Dieser Zugang lässt sich auch für nichtlineare Systeme, die in die Beobachternormalform (7.11) transformierbar sind, erweitern [MFA03].

7.2.2 Reduzierter Normalform-Beobachter

Bei der Normalform (7.11) lässt sich die letzte Komponente des Zustands mit $z_n = \gamma^{-1}(y)$ direkt aus dem Ausgang rekonstruieren und muss daher nicht geschätzt werden. Folglich ist es naheliegend, zur Rekonstruktion der verbleibenden n–1 Zustandsgrößen $z_1, \ldots, z_{n-1}$ einen **reduzierten** Beobachter einzusetzen.

Die Herleitung eines reduzierten Zustandsbeobachters ist in Analogie zum linearen Fall möglich [Lud95, Abschnitt 7.4.2]. Durch Streichen der letzten Differentialgleichung in der Normalform (7.11) erhält man das System

$$\dot{\bar{z}} = \bar{A}\bar{z} + \bar{\alpha}(\bar{c}^T\bar{z}, u) \tag{7.17}$$

mit

$$\bar{z} = \begin{pmatrix} z_1 \\ \vdots \\ z_{n-1} \end{pmatrix} \quad \text{und} \quad \bar{\alpha}(z_n, u) = \begin{pmatrix} \alpha_1(z_n, u) \\ \vdots \\ \alpha_{n-1}(z_n, u) \end{pmatrix}.$$

Das Paar $(\bar{A}, \bar{c}^T)$ mit $\bar{A} \in \mathbb{R}^{(n-1)\times(n-1)}$ und $\bar{c} \in \mathbb{R}^{n-1}$ liegt in der dualen Brunovský-Normalform der Ordnung $n-1$ vor (siehe Gl. (7.12)). Der Beobachtungsfehler $\tilde{\bar{z}} = \bar{z} - \hat{\bar{z}}$ soll einer linearen zeitinvarianten Differentialgleichung

$$\dot{\tilde{\bar{z}}} = \left(\bar{A} - \bar{l}\,\bar{c}^T\right)\tilde{\bar{z}} \tag{7.18}$$

genügen, wobei der Vektor $\bar{l} = (p_0, \ldots, p_{n-2})^T \in \mathbb{R}^{n-1}$ die Koeffizienten eines vorgegebenen charakteristischen Polynoms vom Grad $n-1$ enthält. Der Vergleich von (7.17) und (7.18) liefert für den Zustand $\hat{\bar{z}} = \bar{z} - \tilde{\bar{z}}$ die Differentialgleichung

$$\dot{\hat{\bar{z}}} = \bar{A}\hat{\bar{z}} + \bar{\alpha}(z_n, u) + \bar{l}\tilde{\bar{z}}_{n-1} \tag{7.19}$$

mit $\tilde{\bar{z}}_{n-1} = \bar{z}_{n-1} - \hat{\bar{z}}_{n-1}$. In dieser Gleichung wird $\bar{z}_{n-1} = z_{n-1}$ benötigt. Diese Größe lässt sich aus der letzten Differentialgleichung

$$\dot{z}_n = z_{n-1} + \alpha_n(z_n, u), \quad z_n = \gamma^{-1}(y)$$

der Normalform (7.11) rekonstruieren:

$$\bar{z}_{n-1} = z_{n-1} = \frac{\mathrm{d}}{\mathrm{d}t}\left(\gamma^{-1}(y)\right) - \alpha_n(\gamma^{-1}(y), u).$$

Durch Einsetzen in (7.19) erhält man

$$\begin{aligned}
\dot{\hat{\bar{z}}} &= \bar{A}\hat{\bar{z}} + \bar{\alpha}(\gamma^{-1}(y), u) + \bar{l}\left(\tfrac{\mathrm{d}}{\mathrm{d}t}\left(\gamma^{-1}(y)\right) - \alpha_n(\gamma^{-1}(y), u) - \bar{c}^T\hat{\bar{z}}\right)\\
&= \left(\bar{A} - \bar{l}\,\bar{c}^T\right)\hat{\bar{z}} + \bar{\alpha}(\gamma^{-1}(y), u) + \bar{l}\left(\tfrac{1}{\gamma'(y)}\dot{y} - \alpha_n(\gamma^{-1}(y), u)\right).
\end{aligned}$$

Diese Gleichung kann wegen der auf der rechten Seite auftretenden Zeitableitung $\dot{y}$ noch nicht für die Zustandsbeobachtung eingesetzt werden. Zur Elimination von $\dot{y}$ wird für den Beobachter die Koordinatentransformation

$$\begin{aligned}
w &= \hat{\bar{z}} - \bar{l}\gamma^{-1}(y)\\
\hat{\bar{z}} &= w + \bar{l}\gamma^{-1}(y)
\end{aligned}$$

eingeführt. Dann gilt

$$\begin{aligned}
\dot{w} &= \tfrac{\mathrm{d}}{\mathrm{d}t}\left(\hat{\bar{z}} - \bar{l}\gamma^{-1}(y)\right)\\
&= \dot{\hat{\bar{z}}} - \bar{l}\tfrac{\mathrm{d}}{\mathrm{d}t}\left(\gamma^{-1}(y)\right)\\
&= \left(\bar{A} - \bar{l}\,\bar{c}^T\right)\hat{\bar{z}} + \bar{\alpha}(\gamma^{-1}(y), u) + \bar{l}\left(\tfrac{\mathrm{d}}{\mathrm{d}t}\left(\gamma^{-1}(y)\right) - \alpha_n(\gamma^{-1}(y), u)\right) - \bar{l}\tfrac{\mathrm{d}}{\mathrm{d}t}\left(\gamma^{-1}(y)\right)\\
&= \left(\bar{A} - \bar{l}\,\bar{c}^T\right)\hat{\bar{z}} + \bar{\alpha}(\gamma^{-1}(y), u) - \bar{l}\alpha_n(\gamma^{-1}(y), u)\\
&= \left(\bar{A} - \bar{l}\,\bar{c}^T\right)\left(w + \bar{l}\gamma^{-1}(y)\right) + \bar{\alpha}(\gamma^{-1}(y), u) - \bar{l}\alpha_n(\gamma^{-1}(y), u)\\
&= \left(\bar{A} - \bar{l}\,\bar{c}^T\right)w + \left(\bar{A} - \bar{l}\,\bar{c}^T\right)\bar{l}\gamma^{-1}(y) + \bar{\alpha}(\gamma^{-1}(y), u) - \bar{l}\alpha_n(\gamma^{-1}(y), u).
\end{aligned}$$

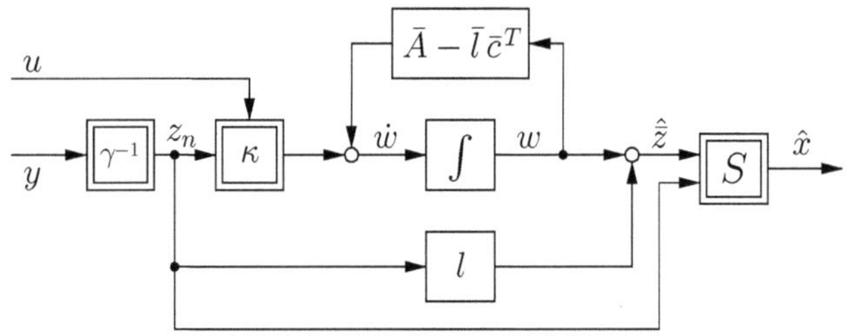

Abb. 7.4 Reduzierter Normalformbeobachter (7.20) mit Rücktransformation (7.21)

Die letzte Gleichung liefert den **reduzierten Normalform-Beobachter**

$$\dot{w} = \left(\bar{A} - \bar{l}\,\bar{c}^T\right) w + \underbrace{\left(\bar{A} - \bar{l}\,\bar{c}^T\right) \bar{l}\gamma^{-1}(y) + \bar{\alpha}(\gamma^{-1}(y), u) - \bar{l}\alpha_n(\gamma^{-1}(y), u)}_{\kappa(\gamma^{-1}(y),\, u)} \tag{7.20}$$

mit dem Korrekturterm κ, wobei der Originalzustand mittels

$$\hat{z} = \begin{pmatrix} w + \bar{l}\gamma^{-1}(y) \\ \gamma^{-1}(y) \end{pmatrix}, \quad \hat{x} = S(\hat{z}) \tag{7.21}$$

rekonstruiert wird. Das zugehörige Strukturbild ist in Abb. 7.4 dargestellt.

7.3 Existenz und Berechnung der Beobachternormalform

7.3.1 Existenz und Berechnung der Normalform nach Byrnes und Isidori

Die Schwierigkeit beim Entwurf eines Normalform-Beobachters besteht in der Existenz der Normalform (7.11) sowie in der konkreten Berechnung der Transformation (7.10). Für die folgenden Betrachtungen ist es zweckmäßig, das zu beobachtende System (7.9) in der Form

$$\dot{x} = f(x) + g(x, u), \quad y = h(x), \tag{7.22}$$

mit den Abbildungen $f{:}\mathcal{M} \to \mathbb{R}^n$ und $g{:}\mathcal{M} \times \mathcal{U} \to \mathbb{R}^n$ anzugeben. Diese Abbildungen seien durch

$$f(x) = F(x, 0) \quad \text{und} \quad g(x, u) = F(x, u) - F(x, 0)$$

festgelegt. Die Beobachtbarkeitsmatrix Q_B ist die Jacobimatrix der Beobachtbarkeitsabbildung $q{:}\mathcal{M} \to \mathbb{R}^n$, d. h.

$$q(x) = \begin{pmatrix} h(x) \\ L_f h(x) \\ \vdots \\ L_f^{n-1} h(x) \end{pmatrix}, \quad Q_B(x) = q'(x) = \begin{pmatrix} dh(x) \\ L_f dh(x) \\ \vdots \\ L_f^{n-1} dh(x) \end{pmatrix}, \tag{7.23}$$

vgl. ▶ Abschn. 6.2.1. Der sogenannte **Startvektor** bzw. das sog. **Startvektorfeld**[2] ist die Lösung des Gleichungssystems

$$Q_B(x)\, v(x) = \beta(h(x))\, \frac{\partial}{\partial x_n} \tag{7.24}$$

mit einer skalarwertigen Funktion β. Der folgende Satz gibt die Existenzbedingungen für die Normalform (7.11) an [KI83, Mar90]:

Satz 7.6 *In einer Umgebung von $p \in \mathcal{M}$ existiert genau dann ein lokaler Diffeomorphismus (7.10), der das System (7.22) in die Normalform (7.11) mit einem lokalen Diffeomorphismus γ überführt, wenn für eine geeignete Funktion β mit $\beta(h(p)) \neq 0$ die Bedingungen*

1. $\operatorname{rang} Q_B(p) = n$
2. $[\operatorname{ad}^i_{-f} v, \operatorname{ad}^j_{-f} v](x) = 0$ *für* $0 \leq i,j \leq n-1$
3. $[g, \operatorname{ad}^i_{-f} v](x,u) = 0$ *für* $0 \leq i \leq n-2$

für alle x in einer Umgebung von p und für alle $u \in \mathcal{U}$ erfüllt sind. Es gibt einen globalen Diffeomrophismus (7.10), wenn die Bedingungen 1–3 in $\mathcal{M} = \mathbb{R}^n$ gelten und zusätzlich

4. $\operatorname{ad}^i_{-f} v$ *für* $0 \leq i < n$ *vollständige Vektorfelder sind.*

Der folgende Beweis widmet sich der Existenz einer lokalen Koordinatentransformation.

Beweis „⇒" Die Bedingungen 1–3 seien in einer Umgebung von $p \in \mathcal{M}$ erfüllt. Wegen Bedingung 1 ist das lineare Gls. (7.24) (eindeutig) lösbar bezüglich v. Zeilenweise kann man Gls. (7.24) auch in der Form

$$L_v L_f^i h(x) = \left\langle \mathrm{d}L_f^i h(x), v(x) \right\rangle = \begin{cases} 0 & \text{für } i = 0, \ldots, n-2 \\ \beta(h(x)) & \text{für } i = n-1 \end{cases} \tag{7.25}$$

2 Mit dem Vektorfeld v wird zyklisch der gesamte Raum für das transformierte System aufgespannt.

schreiben. Wegen

$$\begin{pmatrix} dh(p) \\ \vdots \\ dL_f^{n-1}h(p) \end{pmatrix} \left(v(p),\, \mathrm{ad}_{-f}v(p),\, \cdots,\, \mathrm{ad}_{-f}^{n-1}v(p)\right) = \\ = \begin{pmatrix} 0 & \cdots & 0 & \beta(h(p)) \\ \vdots & \cdot^{\cdot^{\cdot}} & \cdot^{\cdot^{\cdot}} & * \\ 0 & \cdot^{\cdot^{\cdot}} & \cdot^{\cdot^{\cdot}} & \vdots \\ \beta(h(p)) & * & \cdots & * \end{pmatrix} \tag{7.26}$$

sind die Vektorfelder $v, \mathrm{ad}_{-f}v, \ldots, \mathrm{ad}_{-f}^{n-1}v$ in einer Umgebung von p linear unabhängig (vgl. Lemma 4.10). In Verbindung mit Bedingung 2 garantiert der Begradigungssatz (Satz 3.36) die Existenz eines lokalen Diffeomorphismus (7.10) mit

$$T_*\mathrm{ad}_{-f}^i v = \frac{\partial}{\partial z_{i+1}} \quad \text{für} \quad i = 0, \ldots, n-1. \tag{7.27}$$

Der Diffeomorphismus (7.10) transformiert die im System (7.22) auftretenden Abbildungen in die Form

$$\begin{aligned} \bar{f}(z) &= T_*f(S(z)), \\ \bar{g}(z,u) &= T_*g(S(z),u), \\ \bar{h}(z) &= h(S(z)). \end{aligned} \tag{7.28}$$

Wegen Gls. (7.26) gilt

$$\frac{\partial}{\partial z_{i+1}}\bar{h} = \left\langle dh, \mathrm{ad}_{-f}^i v\right\rangle = \begin{cases} 0 & \text{für } i = 0, \ldots, n-2, \\ \beta(h(x)) & \text{für } i = n-1, \end{cases} \tag{7.29}$$

d. h. der Gradient von $\bar{h}$ hat die Form

$$\bar{h}'(z) = \left(0 \cdots 0 \; *\right).$$

Folglich hat die Ausgangsabbildung $\bar{h}$ die in Gl. (7.11) angegebene Form d. h. es besteht nur eine Abhängigkeit von der letzten Zustandskomponente z_n.

Als nächstes wird das Vektorfeld

$$\bar{f} = \bar{f}_1 \frac{\partial}{\partial z_1} + \cdots + \bar{f}_n \frac{\partial}{\partial z_n}$$

betrachtet. Mit (7.27) gilt

$$\begin{aligned} \tfrac{\partial}{\partial z_{i+1}} &= T_* \mathrm{ad}^i_{-f} v \\ &= T_*[-f, \mathrm{ad}^{i-1}_{-f} v] \\ &= [-T_* f, T_* \mathrm{ad}^{i-1}_{-f} v] \\ &= [-\bar{f}, \tfrac{\partial}{\partial z_i}] \\ &= \textstyle\sum_{j=1}^n \left(\left(\tfrac{\partial}{\partial z_i} \bar{f}_j \right) \tfrac{\partial}{\partial z_j} \right) \end{aligned}$$

für $i = 1, \ldots, n-1$. Ein Vergleich beider Seiten der Gleichung liefert

$$\frac{\partial \bar{f}_j}{\partial z_i} = \begin{cases} 0 \text{ für } j \neq i+1 \\ 1 \text{ für } j = i+1 \end{cases}$$

mit $1 \leq i \leq n-1$ und $1 \leq j \leq n$. Die $n \times n$-Jacobimatrix von $\bar{f}$ hat folglich die Form

$$\bar{f}'(z) = \begin{pmatrix} 0 & 0 & \cdots & 0 & 0 & * \\ 1 & 0 & & \vdots & 0 & * \\ 0 & 1 & \ddots & \vdots & \vdots & \vdots \\ \vdots & 0 & \ddots & 0 & \vdots & \vdots \\ 0 & \vdots & \ddots & 1 & 0 & * \\ 0 & 0 & \cdots & 0 & 1 & * \end{pmatrix}. \tag{7.30}$$

Bei dem vom Eingang abhängigen Vektorfeld $\bar{g}$ geht man ähnlich vor. Wegen Bedingung 3 und Gl. (7.27) gilt

$$\begin{aligned} 0 &= T_*[g, \mathrm{ad}^i_{-f} v] \\ &= [T_* g, T_* \mathrm{ad}^i_{-f} v] \\ &= [\bar{g}, \tfrac{\partial}{\partial z_{i+1}}] \\ &= -\textstyle\sum_{j=1}^n \left(\left(\tfrac{\partial}{\partial z_{i+1}} \bar{g}_j \right) \tfrac{\partial}{\partial z_j} \right) \end{aligned}$$

für $i = 0, \ldots, n-2$, d. h.

$$\frac{\partial}{\partial z_{i+1}} \bar{g}_j = 0 \quad \text{für} \quad 1 \leq j \leq n \quad \text{und} \quad 0 \leq i \leq n-2.$$

Die Jacobimatrix von $\bar{g}$ hat somit die Form

$$\frac{\partial \bar{g}}{\partial z}(z, u) = \begin{pmatrix} 0 & \cdots & 0 & * \\ \vdots & \ddots & \vdots & \vdots \\ 0 & \cdots & 0 & * \end{pmatrix}. \tag{7.31}$$

Aus Gl. (7.30) und (7.31) folgt, dass das kombinierte Vektorfeld $(\bar{f} + \bar{g})$ die in Gl. (7.11) angegebene Gestalt besitzt.

„$\Leftarrow$" Angenommen, es gäbe lokale Diffeomorphismen (7.10) und γ, die das System (7.9) in einer Umgebung des Punktes p in die Normalform (7.11) überführen. Simultan wird für das transformierte System (7.11) auch die Form (7.28) verwendet. Ohne Einschränkung sei $T(p) = 0$ (andernfalls Verschiebung des Koordinatensystems). Die Beobachtbarkeitsmatrix der Normalform lässt sich leicht berechnen. Zu der Beobachtbarkeitsmatrix (7.23) in den Originalkoordinaten besteht folgender Zusammenhang:

$$\begin{aligned} Q_B(x) &= \frac{\partial}{\partial x}\begin{pmatrix} h(x) \\ \vdots \\ L_f^{n-1}h(x) \end{pmatrix} \\ &= \frac{\partial}{\partial z}\begin{pmatrix} h(S(z)) \\ \vdots \\ L_f^{n-1}h(S(z)) \end{pmatrix}\frac{\partial z}{\partial x} \\ &= \frac{\partial}{\partial z}\begin{pmatrix} \bar{h}(z) \\ \vdots \\ L_{\bar{f}}^{n-1}\bar{h}(z) \end{pmatrix}\frac{\partial z}{\partial x} \\ &= \left.\begin{pmatrix} 0 & \cdots & 0 & \gamma'(z_n) \\ \vdots & \cdot^{\cdot^{\cdot}} & \cdot^{\cdot^{\cdot}} & * \\ 0 & \cdot^{\cdot^{\cdot}} & \cdot^{\cdot^{\cdot}} & \vdots \\ \gamma'(z_n) & * & \cdots & * \end{pmatrix}\right|_{z=T(x)} \cdot T'(x). \end{aligned} \tag{7.32}$$

Die Matrizen auf der rechten Seite sind im Punkt p regulär, weil γ und T Diffeomorphismen sind. Damit muss auch die Matrix $Q_B(p)$ regulär sein, d. h. Bedingung 1 ist erfüllt.

Als nächstes transformieren wir das Vektorfeld v mittels Pushforward in die Normalform-Koordinaten:

$$\bar{v}(z) = T_* v(S(z)).$$

In den Originalkoordinaten kann das in Gl. (7.24) definierte Startvektorfeld auch als Lösung von Gl. (7.25) beschrieben werden. Mit Gl. (7.32) erhält man analog in den transformierten Koordinaten die Darstellung

$$L_{\bar{v}}L_{\bar{f}}^i\bar{h}(z) = \left\langle dL_{\bar{f}}^i\bar{h}(z), \bar{v}(z)\right\rangle = \begin{cases} 0 & \text{für } i = 0, \ldots, n-2, \\ \gamma'(z_n) & \text{für } i = n-1. \end{cases}$$

Daraus folgt $\beta(h(p)) = \gamma'(0) \neq 0$, so dass die Ausgangstransformation γ ein lokaler Diffeomorphismus ist. Für die Normalform (7.11) lässt sich unmittelbar nachrechnen, dass die Bedingungen

$$\begin{aligned}[] [\mathrm{ad}^i_{-\bar{f}}\bar{v}, \mathrm{ad}^j_{-\bar{f}}\bar{v}](z) &= 0 \text{ für } 0 \leq i,j \leq n-1 \\ [\bar{g}, \mathrm{ad}^i_{-\bar{f}}\bar{v}](z,u) &= 0 \text{ für } 0 \leq i \leq n-2 \end{aligned}$$

in einer Umgebung von $z = 0$ und für alle $u \in \mathcal{U}$ erfüllt sind. Aus Proposition 3.16 folgt, dass die zugehörigen Bedingungen 2 und 3 auch in den Originalkoordinaten erfüllt sind. □

Bedingung 1 aus Satz 7.6 ist die lokale Beobachtbarkeitsbedingung (siehe ► Abschn. 6.2.1 und Anmerkung 7.12). Die Integrabilitätsbedingung 2 ist bei vielen Systemen nicht erfüllt. Allerdings kann man die Klasse der in die Normalform (7.11) transformierbaren Systeme vergrößern, indem man z. B. Zeitskalierungen berücksichtigt [Gua02, RPN04]. Bei autonomen Systemen entfällt die Bedingung 3.

Selbst wenn die Bedingungen von Satz 7.6 erfüllt sind, ist die konkrete Berechnung der Normalform (7.11) bzw. des Beobachters (7.15) in der Regel sehr schwierig. Prinzipiell lässt sich dabei wie folgt vorgehen: Ausgehend von der Beobachtbarkeitsmatrix (7.23) bestimmt man den Startvektor v entsprechend Gl. (7.24) und die Lie-Klammern $\mathrm{ad}_{-f}v, \ldots, \mathrm{ad}^{n-1}_{-f}v$ für eine geeignete Abbildung β. Die Abbildung β ist dabei so zu wählen, dass Bedingung 2 des Satzes erfüllt ist. Anschließend fasst man die vektorwertigen Gl. (7.27) spaltenweise zu der matrixwertigen Gleichung

$$I = T'(x) \cdot \Pi(x) \tag{7.33}$$

mit

$$\Pi(x) = \Big(v(x) \; \mathrm{ad}_{-f}v(x) \; \cdots \; \mathrm{ad}^{n-1}_{-f}v(x) \Big) \tag{7.34}$$

zusammen [SZ99b]. Die Matrix Π ist dabei die von den Vektorfeldern f und v erzeugte Steuerbarkeitsmatrix (siehe Anmerkung 4.39). Bei Gl. (7.33) handelt es sich um eine partielle Differentialgleichung, die bezüglich T zu lösen ist. In MAPLE steht dazu die Routine `pdesolve` aus der Bibliothek `PDEtools` zur Verfügung [CTvB95].

Alternativ kann man die gesuchte Koordinatentransformation (7.10) auch unmittelbar auf Basis des im Beweis von Satz 7.6 verwendeten Begradigungssatzes berechnen. Dazu bestimmt man die Flüsse der in Gl. (7.34) auftretenden Vektorfelder und bildet die nachfolgende Flussverknüpfung (siehe Beweis von Satz 3.36):

$$x = S(z) = \varphi^{v}_{z_1} \circ \varphi^{\mathrm{ad}_{-f}v}_{z_2} \circ \cdots \circ \varphi^{\mathrm{ad}^{n-1}_{-f}v}_{z_n}(p). \tag{7.35}$$

Mit zunehmender Ordnung der Lie-Klammern werden die Vektorfelder $v, ad_{-f}v, \ldots, ad^{n-1}_{-f}v$ in der Regel komplizierter. Bei dem potentiell kompliziertesten Vektorfeld $ad^{n-1}_{-f}v$ benötigt man jedoch nicht den allgemeinen Fluss, sondern nur die Lösung einer Anfangswertaufgabe, die sich durch geeignete Wahl des Anfangswertes p oft vereinfachen lässt. Die Umkehrung von S liefert die Hintransformation T.

Aus der Kenntnis der Transformation (7.10) erhält man die Normalform (7.11) bzw. die Abbildungen α und γ mit Hilfe von Gl. (7.28), d. h.

$$Az + \alpha(z_n, u) = T_* F(S(z)) = \big(S'(z)\big)^{-1} F(S(z)) \quad \text{und} \quad \gamma(z_n) = h(S(z)).$$

Zwischen den Funktionen β und γ besteht wegen Gl. (7.29) der Zusammenhang

$$\gamma'(z_n) = \beta(h(x)) = \beta(h(S(z))). \tag{7.36}$$

Die Ausgangstransformation γ lässt sich daher bis auf eine Integrationskonstante durch

$$\gamma(z_n) = \int \beta(h(S(z)))\,\mathrm{d}z_n$$

bestimmen.

Beispiel 7.7
Man betrachte den van der Pol-Oszillator

$$\begin{aligned} \dot{x}_1 &= x_2 \\ \dot{x}_2 &= -x_1 + x_2(1 - x_1^2) + x_1 u \\ y &= x_1 \end{aligned} \tag{7.37}$$

mit dem zusätzlichen Eingang u und dem Ausgang y. Das van der Pol-System (7.37) wird in der Schaltungstechnik häufig zur Beschreibung von Relaxationsschwingungen in Oszillatoren verwendet [vdP26, GH83, PM04]. Für $u = 0$ enthält die Phasenebene eine instabile Ruhelage im Ursprung und einen stabilen Grenzzyklus (siehe ◘ Abb. 7.5).

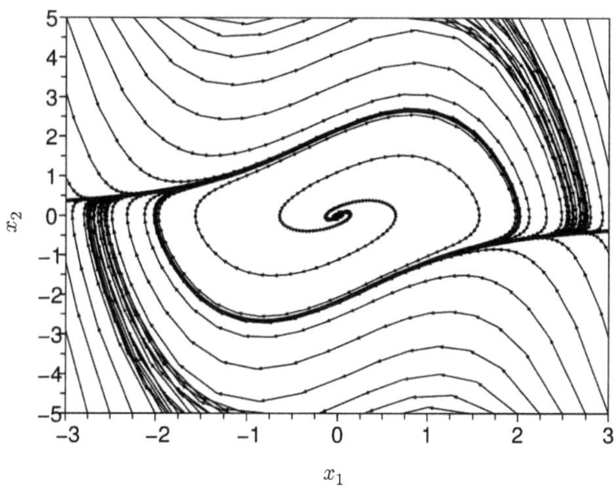

◘ **Abb. 7.5** Phasenebene des van der Pol-Oszillators (7.37) für $u = 0$

Die zum System gehörende Beobachtbarkeitsmatrix ist die Einheitsmatrix. Dadurch ergibt sich der Startvektor nach Gl. (7.24) und die daraus berechnete Lie-Klammer:

$$v(x) = \begin{pmatrix} 0 \\ \beta(x_1) \end{pmatrix}, \quad \mathrm{ad}_{-f} v(x) = \begin{pmatrix} \beta(x_1) \\ (1 - x_1^2)\, \beta(x_1) + x_2 \beta'(x_1) \end{pmatrix}. \tag{7.38}$$

Zur Überprüfung der Bedingung 2 aus Satz 7.6 betrachten wir die weitere Lie-Klammer

$$[v, \mathrm{ad}_{-f} v](x) = \begin{pmatrix} 0 \\ -2\beta(x_1)\beta'(x_1) \end{pmatrix}.$$

Diese Lie-Klammer ist genau dann die Nullfunktion, wenn β konstant ist. Mit $\beta(x_1) \equiv 1$ ist auch die Bedingung 3 erfüllt, d. h. $[g, v] = 0$. Die Lie-Klammern (7.38) vereinfachen sich zu

$$v(x) = \begin{pmatrix} 0 \\ 1 \end{pmatrix} \quad \text{und} \quad \mathrm{ad}_{-f} v(x) = \begin{pmatrix} 1 \\ 1 - x_1^2 \end{pmatrix}. \tag{7.39}$$

Zu diesen Vektorfeldern berechnet man die Flüsse

$$\varphi_{z_1}^{v}(x) = \begin{pmatrix} x_1 \\ x_2 + z_1 \end{pmatrix} \quad \text{und} \quad \varphi_{z_2}^{\mathrm{ad}_{-f} v}(x) = \begin{pmatrix} x_1 + z_2 \\ x_2 + (1 - x_1^2) z_2 - x_1 z_2^2 - \frac{1}{3} z_2^3 \end{pmatrix}.$$

Aus der Flussverkettung (7.35) erhält man für $p = (0, 0)^T$ die Rücktransformation

$$\begin{pmatrix} x_1 \\ x_2 \end{pmatrix} = S(z) = \varphi_{z_1}^{v} \circ \varphi_{z_2}^{\mathrm{ad}_{-f} v}(p) = \begin{pmatrix} z_2 \\ z_1 + z_2 - \frac{1}{3} z_2^3 \end{pmatrix}.$$

Die zugehörige Hintransformation lautet

$$\begin{pmatrix} z_1 \\ z_2 \end{pmatrix} = T(x) = \begin{pmatrix} x_2 - x_1 + \frac{1}{3} x_1^3 \\ x_1 \end{pmatrix}. \tag{7.40}$$

Durch Anwendung dieser Transformation auf System (7.37) erhält man die Beobachternormalform

$$\begin{pmatrix} \dot{z}_1 \\ \dot{z}_2 \end{pmatrix} = \underbrace{\begin{pmatrix} 0 & 0 \\ 1 & 0 \end{pmatrix}}_{A} \begin{pmatrix} z_1 \\ z_2 \end{pmatrix} + \underbrace{\begin{pmatrix} u z_2 - z_2 \\ z_2 - \frac{1}{3} z_2^3 \end{pmatrix}}_{\alpha(z_n, u)}, \quad y = z_2. \tag{7.41}$$

Daraus ergibt sich unmittelbar der Normalform-Beobachter

$$\begin{pmatrix} \dot{\hat{z}}_1 \\ \dot{\hat{z}}_2 \end{pmatrix} = \begin{pmatrix} 0 & 0 \\ 1 & 0 \end{pmatrix} \begin{pmatrix} \hat{z}_1 \\ \hat{z}_2 \end{pmatrix} + \begin{pmatrix} u y - y \\ y - \frac{1}{3} y \end{pmatrix} + \begin{pmatrix} a_0 \\ a_1 \end{pmatrix} (y - \hat{z}_2)$$
$$\hat{x} = S(\hat{z})$$

nach Gl. (7.13), wobei das charakteristische Polynom (7.4) der Fehlerdynamik (7.14) über die Koeffizienten $a_0, a_1 > 0$ vorgegeben wird. Mit Kenntnis der Koordinatentransformation und der Eingangs-Ausgangs-Aufschaltung kann man den Beobachter auch in den Originalkoordianten implementieren. Der zum Beobachter (7.15) gehörende Korrekturterm (7.16) lautet:

$$k_\infty(\hat{x}, y, u) = \begin{pmatrix} 0 & 1 \\ 1 & 1-\hat{x}_1^2 \end{pmatrix} \left(\begin{pmatrix} uy - y \\ y - \frac{1}{3}y^3 \end{pmatrix} - \begin{pmatrix} u\hat{x}_1 - \hat{x}_1 \\ \hat{x}_1 - \frac{1}{3}\hat{x}_1^3 \end{pmatrix} + \begin{pmatrix} a_0 \\ a_1 \end{pmatrix} (y - \hat{x}_1) \right). \tag{7.42}$$

Beispiel 7.8

Man betrachte das Rössler-System [Rös76, Rös79]

$$\begin{aligned} \dot{x}_1 &= -x_2 - x_3 \\ \dot{x}_2 &= x_1 + ax_2 \\ \dot{x}_3 &= c + x_3(x_1 - b) \end{aligned} \tag{7.43}$$

mit den Parametern $a, b, c > 0$ und der Ausgangsgleichung

$$y = x_3. \tag{7.44}$$

System (7.43) besitzt für bestimmte Anfangs- und Parameterwerte einen chaotischen Attraktor [Jet89, AP90].

Für den Ausgang (7.44) erhält man die Beobachtbarkeitsmatrix

$$Q_B(x) = \begin{pmatrix} 0 & 0 & 1 \\ x_3 & 0 & x_1 - b \\ c + 2x_3(x_1 - b) & -x_3 & -x_2 - 2x_3 + (x_1 - b)^2 \end{pmatrix}.$$

Mit Gl. (7.24) berechnet man das Startvektorfeld v mit einem noch nicht festgelegten Skalarfeld β, welches wegen Gl. (7.44) von x_3 abhängt:

$$v(x) = \begin{pmatrix} 0 \\ -\frac{\beta(x_3)}{x_3} \\ 0 \end{pmatrix}.$$

Dieser Teil der Berechnungen lässt sich ohne Schwierigkeiten mit MAXIMA nachvollziehen, wobei auf die in Alg. 6.8 definierte Routine zur Berechnung der Beobachtbarkeitsmatrix zurückgegriffen wird:

```
(%i7) f:[-x2-x3,x1+a*x2,c+x3*(x1-b)];
      h:x3$
      x:[x1,x2,x3]$
      n:length(x)$
(%o4)   [-x3-x2, a·x2+x1, (x1-b)·x3+c]
```

```
(%i8) Qb:ObservabilityMatrix(f,h,x);
```

(%o8) $$\begin{pmatrix} 0 & 0 & 1 \\ x3 & 0 & x1-b \\ 2\cdot(x1-b)\cdot x3+c & -x3 & -2\cdot x3-x2+(x1-b)^2 \end{pmatrix}$$

```
(%i11) depends(β,x3)$
       v:col(invert(Qb)*β,n)$
       v:list_matrix_entries(v);
```

(%o11) $[0,-\frac{\beta}{x3},0]$

Aus dem Startvektor bestimmt man die durch Lie-Klammern definierten Vektorfelder $\mathrm{ad}_{-f}v, \mathrm{ad}_{-f}^2 v$, bei denen schon vergleichsweise große symbolische Ausdrücke auftreten. Zu überprüfen ist die Bedingung 2 aus Satz 7.6. Es gilt $[v, \mathrm{ad}_{-f}v] = 0$, $[v, \mathrm{ad}_{-f}^2 v] = 0$ und

$$[\mathrm{ad}_{-f}v, \mathrm{ad}_{-f}^2 v](x) = \begin{pmatrix} \frac{3}{x_3^2}\,\beta(x_3)\,(\beta(x_3)-x_3\beta'(x_3)) \\ * \\ 0 \end{pmatrix}.$$

Der erste Term verschwindet, wenn die Differentialgleichung $\beta(x_3) - x_3\beta'(x_3) = 0$ erfüllt ist. Die allgemeine Lösung lautet $\beta(x_3) = C_1 x_3$ mit der Konstanten C_1. Für $\beta(x_3) = x_3$ erhält man die Vektorfelder

$$v(x) = \begin{pmatrix} 0 \\ -1 \\ 0 \end{pmatrix}, \quad \mathrm{ad}_{-f}v(x) = \begin{pmatrix} 1 \\ -a \\ 0 \end{pmatrix}, \quad \mathrm{ad}_{-f}^2 v(x) = \begin{pmatrix} a \\ 1-a^2 \\ x_3 \end{pmatrix}. \tag{7.45}$$

Nach Anpassung von β im MAXIMA-Skript erhält man diese Vektorfelder aus den Spalten der Steuerbarkeitsmatrix (vgl. Alg. 4.7):

```
(%i11) β:x3$
       v:col(invert(Qb)*β,n)$
       v:list_matrix_entries(v);
```

(%o11) $[0,-1,0]$

```
(%i13) ControllabilityMatrix(f,v,x);
```

(%o13) $$\begin{pmatrix} 0 & 1 & a \\ -1 & -a & 1-a^2 \\ 0 & 0 & x3 \end{pmatrix}$$

Die Bedingung 2 aus Satz 7.6 ist jetzt erfüllt, d. h. es gilt zusätzlich $[\mathrm{ad}_{-f}v, \mathrm{ad}_{-f}^2 v] = 0$. Aus der Verknüpfung der Flüsse

$$\varphi_{z_1}^{v}(x) = \begin{pmatrix} x_1 \\ x_2 - z_1 \\ x_3 \end{pmatrix}, \quad \varphi_{z_2}^{\mathrm{ad}_{-f}v}(x) = \begin{pmatrix} x_1 + z_2 \\ x_2 - a z_2 \\ x_3 \end{pmatrix}$$

und

$$\varphi_{z_3}^{\mathrm{ad}^2_{-f}v}(x) = \begin{pmatrix} x_1 + az_3 \\ x_2 + (1-a^2)z_3 \\ x_3 \exp(z_3) \end{pmatrix}$$

erhält man entsprechend Gl. (7.35) für den Bezugspunkt $p = (0,0,1)^T$ die Koordinatentransformation

$$\begin{aligned} x_1 &= z_2 + az_3 \\ x_2 &= -z_1 - az_2 + (1-a^2)z_3 \\ x_3 &= \exp(z_3) \end{aligned} \tag{7.46}$$

mit der Umkehrung

$$\begin{aligned} z_1 &= -ax_1 - x_2 + \ln x3 \\ z_2 &= x_1 - a\ln x_3 \\ z_3 &= \ln x_3 \end{aligned} \tag{7.47}$$

für $x_3 > 0$, vgl. [NM97]. Mit Gl. (7.46) bekommt man die in der Normalform (7.11) auftretenden Abbildungen

$$\alpha(z_3) = \begin{pmatrix} -b + ae^{z_3} + ce^{-z_3} \\ -z_3 + ab - e^{z_3} - ace^{-z_3} \\ -b + az_3 + ce^{-z_3} \end{pmatrix} \quad \text{und} \quad \gamma(z_3) = \exp z_3. \tag{7.48}$$

Bei Kenntnis von (7.46) und (7.48) kann man mit der Umkehrabbildung $z_3 = \gamma^{-1}(y) = \ln y$ den Normalform-Beobachter (7.13) angeben.

Beispiel 7.9

Für das inverse Pendel mit Gleichstrommotor aus Beispiel 7.1 berechnet man die Beobachtbarkeitsmatrix

$$Q_B(x) = \begin{pmatrix} 1 & 0 & 0 \\ 0 & 1 & 0 \\ \frac{Mg\ell}{J}\cos x_1 & -\frac{d}{J} & \frac{K}{J} \end{pmatrix}.$$

Mit der Wahl $\beta = 1$ (und damit $\gamma(z_3) = z_3$, vgl. Gl. (7.36)) erhält man den Startvektor $v = \frac{J}{K}\frac{\partial}{\partial x_3}$ und die konstante Matrix

$$\Pi = \begin{pmatrix} 0 & 0 & 1 \\ 0 & 1 & -\frac{R}{L} - \frac{d}{J} \\ \frac{J}{K} & -\frac{JR}{KL} & \frac{JR^2}{KL^2} - \frac{K}{L} \end{pmatrix}.$$

Daraus erhält man die *lineare* Transformation

$$\begin{pmatrix} z_1 \\ z_2 \\ z_3 \end{pmatrix} = \begin{pmatrix} 0 & 0 & 1 \\ 0 & 1 & -\frac{R}{L} - \frac{d}{J} \\ \frac{J}{K} & -\frac{JR}{KL} & \frac{JR^2}{KL^2} - \frac{K}{L} \end{pmatrix} \begin{pmatrix} x_1 \\ x_2 \\ x_3 \end{pmatrix}.$$

Die Anwendung der Transformation auf das System (7.5) führt auf die Eingangs-Ausgangs-Aufschaltung

$$\alpha(y,u) = \frac{1}{JL} \begin{pmatrix} Mg\ell \sin y + Ku \\ Mg\ell \sin y - (dR + K^2)y \\ -(dL + JR)y \end{pmatrix},$$

mit der man den Korrekturterm (7.16) des Beobachters (7.15) berechnen kann. Zwischen dem Simulationsterm $F(\hat{x}, u)$ und dem Korrekturterm $k_\infty(\hat{x}, y, u)$ entfällt der Term $\sin \hat{x}_1$, so dass man den schon berechneten Beobachter (7.6) mit den Verstärkungsfaktoren (7.7) erhält.

Anmerkung 7.10 Die in Satz 7.6 formulierten Existenzbedingungen sind sehr restriktiv. Für Systeme mit mehreren Ausgängen kann man ähnliche Bedingungen angeben [KR85, XG88, XG89]. Diese Restriktionen lassen sich beispielsweise dadurch abschwächen, dass man Zeitskalierungen [Gua02, RPN04, WL10] zulässt. Anstelle einer reinen Zustandstransformation kann man die Auswahl der Normalform-Koordinaten auch vom Eingang und seinen Zeitableitungen abhängig machen [Zei87b, Zei87a, PM93, GMP96, PG97, Mis05]. Statt einer statischen Aufschaltung des Ausgangs ist auch eine dynamische Aufschaltung denkbar, bei der bestimmte Zeitableitungen des Ausgangs berücksichtigt werden. Man spricht dann von einer dynamischen Linearisierung des Beobachtungsfehlers [NJS01, NJS04]. Bei Mehrgrößensystemen ist oft ein dezentraler Beobachterentwurf auf der Basis einer Block-Dreicks-Form vorteilhaft [RZ94, Sch97, SZ97, Sch98, SZ99a, SZ99b, WL06]. Mitunter ist die exakte Linearisierung des Beobachtungsfehlers erst durch Einbettung eines gegebenen nichtlinearen Systems in einen höherdimensionalen Raum möglich [BS02, BSS05]. Falls die exakte Linearisierung des Beobachtungsfehlers nicht möglich ist, existieren zahlreiche Ansätze, um eine näherungseise Linearisierung zu erzielen (siehe [Kar89, NTT89, KHK+91, BL95, BS97, Mor06] und ► Abschn. 7.4).

Anmerkung 7.11 Ein anderer, vielversprechender Ansatz zur exakten Linearisierung des Beobachtungsfehlers wurde in [KK98, KX02, Xia06] vorgestellt. Dieser Entwurfsansatz basiert auf einem Hilfssatz von Ljapunov und lässt in der Normalform eine nichtlineare Ausgangsabbildung zu. Jedoch ist die Implementierung des Beobachters in der Regel nur auf Basis numerischer Näherungsverfahren möglich [DB06, Deu07].

Anmerkung 7.12 Die Regularitätsbedingungen aus Satz 7.6 (d. h. $\beta(h(p)) \neq 0$ und die Beobachtbarkeitsbedingung 1) garantieren, dass die Umkehrabbildungen von γ und T existieren und eine entsprechende Glattheit aufweisen (Satz über die Umkehrabbildung), d. h. dass sie Diffeomorphismen sind. Bei manchen Systemen ist die Beobachtbarkeitsmatrix zwar in einer punktierten Umgebung von $p \in \mathcal{M}$ regulär, nicht aber im

Punkt p selber. Dann kann das System (7.9) nicht mit Diffeomorphismen in die Normalform (7.11) überführt werden, möglicherweise aber mit Semidiffeomorphismen. Unter einem **Semidiffeomorphismus** versteht man eine bijektive glatte Abbildung, deren Umkehrabbildung stetig (aber nicht notwendigerweise stetig differenzierbar) ist. Ist eine solche semidiffeomorphe Transformation in die Normalform (7.11) möglich, dann ist der Einsatz des Beobachters (7.13) denkbar, den man in diesem Fall **stetigen Beobachter** nennt [XZ97, Zei98, SZ99b].

7.3.2 Existenz und Berechnung der Normalform nach Nam

Für die Existenz der Beobachter-Normalform (7.11) und die konkrete Konstruktion der Koordinatentransformation (7.10) ist Bedingung 2 aus Satz 7.6 entscheidend. Dabei fasst man die Spalten der in Gl. (7.34) definierten Matrix Π als Vektorfelder auf. Eine äquivalente Existenzaussage ist auch über die Zeilen der inversen Matrix

$$\begin{pmatrix} \omega^1(x) \\ \vdots \\ \omega^n(x) \end{pmatrix} := \Pi^{-1}(x) \tag{7.49}$$

möglich, wobei man $\omega^1, \ldots, \omega^n : \mathcal{M} \to (\mathbb{R}^n)^*$ als Kovektorfelder bzw. Differentialformen ersten Grades betrachtet [Nam97, Proposition 1]:

Satz 7.13 *In einer Umgebung von $p \in \mathcal{M}$ existiert genau dann ein lokaler Diffeomorphismus (7.10), der das System (7.22) in die Normalform (7.11) mit einem lokalen Diffeomorphismus γ überführt, wenn für eine geeignete Funktion β mit $\beta(h(p)) \neq 0$ die Bedingungen*

1. $\operatorname{rang} Q_B(p) = n$
2. $\mathrm{d}\omega^k(x) = 0$ *für* $1 \leq i,j \leq n$
3. $(L_g\omega^k \wedge \mathrm{d}h)(x,u) = 0$ *für* $1 \leq i \leq n$

für alle x in einer Umgebung von p und für alle $u \in \mathcal{U}$ erfüllt sind.

Wir zeigen nur eine Richtung. In der umgekehrten Beweisrichtung lassen sich die Bedingungen unmittelbar an der Normalform überprüfen.

Beweis Die Bedingungen 1–3 seien erfüllt. Aufgrund von Bedingung 1 folgen wir zunächst dem Beweis von Satz 7.6 bis zu Gl. (7.27). Diese Gleichung lässt sich in der Matrixform (7.33) schreiben. Daraus ist ersichtlich, dass (7.49) mit der Jacobimatrix der Hintransformation T übereinstimmen muss. Nach dem Lemma von Poincaré (Lemma 3.53) existieren Skalarfelder $t_1, \ldots, t_n$ mit $\mathrm{d}t_k = \omega^k$ für $k = 1, \ldots, n$. Die Funktionen $t_1, \ldots, t_n$ sind wegen (7.33) die Komponenten des Diffeomorphismus T aus Gl. (7.10) und können durch elementare Integration

$$t_k(x) = \int_0^1 \left(\sum_{i=1}^{n} \omega_i^k(\tau x + (1-\tau)p)(x_i - p_i) \right) \mathrm{d}\tau$$

aus den Komponenten $\omega_1^k, \ldots, \omega_n^k$ der Differentialformen ω^k bestimmt werden (vgl. Beweis von Lemma 2.10).

Zum Verständnis von Bedingung 3 betrachten wir eine beliebige Zeile $i \in \{1, \ldots, n\}$ des transformierten Systems:

$$\begin{aligned}\dot{z}_i &= \tfrac{\mathrm{d}}{\mathrm{d}t} t_i(x) \\ &= \mathrm{d}t_i(x) \cdot \dot{x} \\ &= \mathrm{d}t_i(x) \cdot (f(x) + g(x,u)) \\ &= L_f t_i(x) + L_g t_i(x,u).\end{aligned}$$

Die Komponente $L_g t_i(x,u)$ des Eingangsvektorfeldes darf neben dem Eingang nur vom Ausgang, also von $h(x)$ abhängen. Diese gewünschte funktionale Abhängigkeit wird über die lineare Abhängigkeit der Gradienten geprüft. Wegen

$$\mathrm{d}L_g t_i(x,u) = L_g \mathrm{d}t_i(x,u) = L_g \omega^i(x,u)$$

liegt die gewünschte Struktur genau dann vor, wenn die Kovektoren $L_g\omega^i(x,u)$ und $\mathrm{d}h(x)$ linear abhängig sind. Das wird in Bedingung 3 entsprechend Prop. 3.49 verifiziert. □

Die Überprüfung der linearen Abhängigkeit entsprechend Bedingung 3 von Satz 7.13 kann auch ohne Verwendung des Keilprodukts, also im Sinne klassischen Matrizenrechnung, erfolgen [Nam97, Corollary 1]:

Korollar 7.14 *Bedingung 3 von Satz 7.13 ist gleichbedeutend mit*

$$\operatorname{rang} \begin{pmatrix} \mathrm{d}h(x,u) \\ L_g\omega^1(x,u) \\ \vdots \\ L_g\omega^n(x,u) \end{pmatrix} = 1$$

für alle x in einer Umgebung von p und für alle $u \in \mathcal{U}$.

Beispiel 7.15

Die Regularität der Beobachtbarkeitsmatrix des van der Pol-Systems (7.37) aus Beispiel 7.7 wurde bereits überprüft. Aus den Lie-Klammern (7.39) ergibt sich

$$\Pi(x) = \begin{pmatrix} 0 & 1 \\ 1 & 1 - x_1^2 \end{pmatrix} \quad \text{und} \quad \Pi^{-1}(x) = \begin{pmatrix} x_1^2 - 1 & 1 \\ 1 & 0 \end{pmatrix} =: \begin{pmatrix} \omega^1(x) \\ \omega^2(x) \end{pmatrix}. \tag{7.50}$$

Die Zeilen von Π^{-1} bilden nach Gl. (7.49) die Kovektorfelder ω^1 und ω^2, welche die Bedingung 2 des Satzes erfüllen und die Potentiale t_1 und t_2 besitzen:

$$\begin{aligned} \omega^1(x) &= (x_1^2 - 1, 1) \quad &\Rightarrow t_1(x) = \tfrac{1}{3}x_1^3 - x_1 + x_2, \\ \omega^2(x) &= (1, 0) \quad &\Rightarrow t_2(x) = x_1. \end{aligned}$$

Damit erhält man die bereits in Gl. (7.40) angegebene Hintransformation. Die Integration der Differentialformen lässt sich mit der Funktion `potential` des MAXIMA-Pakets `vect` durchführen (vgl. Beispiel 2.11):

```
(%i1) load(vect)$
(%i4) w1:[x1^2-1,1];
      w2:[1,0];
      x:[x1,x2]$
(%o2) [x1^2 - 1, 1]
(%o3) [1,0]
(%i6) t1:potential(w1,x);
      t2:potential(w2,x);
      -3 · x1 + x1^3 + 3 · x2
(%o5) -----------------------
                 3
(%o6) x1
```

Aus den Kovektorfeldern (7.50) berechnet man die Lie-Ableitungen

$$L_g\omega^1(x,u) = (u, 0) \quad \text{und} \quad L_g\omega^2(x,u) = (0,0)$$

in Richtung des eingangsabhängigen Vektorfeldes $g(x,u) = x_1 u \frac{\partial}{\partial x_2}$. Die Kovektorfelder $L_g\omega^1, L_g\omega^2$ sind linear abhängig von $dh = dx_1$, so dass auch die Bedingung 3 erfüllt ist.

Beispiel 7.16

Aus den in Gl. (7.45) angegebenen Lie-Klammern erhält man nach Gl. (7.34) die Matrix

$$\Pi(x) = \begin{pmatrix} 0 & 1 & a \\ -1 & -a & 1-a^2 \\ 0 & 0 & x_3 \end{pmatrix}.$$

Aus ihrer Inversen Π^{-1}

$$\Pi^{-1}(x) = \begin{pmatrix} -a & -1 & \frac{1}{x_3} \\ 1 & 0 & -\frac{a}{x_3} \\ 0 & 0 & \frac{1}{x_3} \end{pmatrix} =: \begin{pmatrix} \omega^1(x) \\ \omega^2(x) \\ \omega^3(x) \end{pmatrix}$$

liest man die Kovektorfelder bzw. Differentialformen $\omega^1, \omega^2, \omega^3$ ab. Diese Differentialformen sind geschlossen und daher (lokal) exakt. Die zugehörigen Potentiale liefern die Transformation (7.47).

7.3.3 Berechnung nach Keller und Phelps

Ein völlig anderer Ansatz zur Berechnung der Beobachter-Normalform (7.11) wurde in [Kel86b, Kel86a, Kel87, PK88, Phe91] vorgestellt. Analog zur Aufspaltung des Vektorfeldes F in die Vektorfelder f und g in Gl. (7.22) zerlegen wir auch die Aufschaltung α des transformierten Systems (7.11) mit

$$Az + \bar{\alpha}(y) = T'(x)f(x) \tag{7.51}$$

$$\tilde{\alpha}(y, u) = T'(x)g(x, u) \tag{7.52}$$

in einen autonomen Teil $\bar{\alpha}$ sowie einen eingangsabhängigen Teil $\tilde{\alpha}$ (vgl. Gl. (7.28)). Zusätzlich werden diese Größen in Abhängigkeit von y statt von z_n dargestellt. Das ist möglich, da die Ausgangstransformation γ als Diffeomorphismus angesetzt wurde.

Zur Bestimmung der Komponentenfuntionen $t_1, \ldots, t_n : \mathcal{M} \to \mathbb{R}$ der Koordinatentransformation

$$z = T(x) = \begin{pmatrix} t_1(x) \\ \vdots \\ t_n(x) \end{pmatrix} \tag{7.53}$$

vergleicht man zeilenweise beide Seiten von Gl. (7.51):

$$\begin{aligned} \bar{\alpha}_1(y) &= t_1'(x)f(x) = L_f t_1(x) \\ t_1(x) + \bar{\alpha}_2(y) &= t_2'(x)f(x) = L_f t_2(x) \\ &\vdots \\ t_{n-2}(x) + \bar{\alpha}_{n-1}(y) &= t_{n-1}'(x)f(x) = L_f t_{n-1}(x) \\ t_{n-1}(x) + \bar{\alpha}_n(y) &= t_n'(x)f(x) = L_f t_n(x). \end{aligned} \tag{7.54}$$

Sukzessives Einsetzen von der letzten bis zur zweiten Gleichung liefert eine Darstellung der ersten $n-1$ Komponentenfunktionen:

$$\begin{aligned} t_{n-1}(x) &= L_f t_n(x) - \bar{\alpha}_n(y) \\ t_{n-2}(x) &= L_f t_{n-1}(x) - \bar{\alpha}_{n-1}(y) \\ &= L_f^2 t_n(x) - L_f \bar{\alpha}_n(y) - \bar{\alpha}_{n-1}(y) \\ &\vdots \\ t_1(x) &= L_f t_2(x) - \bar{\alpha}_2(y) \\ &= L_f^{n-1} t_n(x) - L_f^{n-2} \bar{\alpha}_n(y) - \cdots - L_f \bar{\alpha}_3(y) - \bar{\alpha}_2(y). \end{aligned} \tag{7.55}$$

Die letzte Komponentenfunktion t_n hat die Form

$$z_n = t_n(x) = \lambda(y), \tag{7.56}$$

wobei $\lambda = \gamma^{-1}$ die Umkehrfunktion der in der Normalform (7.11) auftretenden Ausgangstransformation γ ist. Die erste Zeile von Gl. (7.54) führt dann auf die partielle Differentialgleichung

$$L_f^n \lambda(y) = L_f^{n-1} \bar{\alpha}_n(y) + L_f^{n-2} \bar{\alpha}_{n-1}(y) + \cdots + L_f \bar{\alpha}_2(y) + \bar{\alpha}_1(y), \tag{7.57}$$

die in [Kel86b] als **nichtlineare charakteristische Gleichung** bezeichnet wird. Diese Gleichung ist bezüglich der Funktionen $\lambda, \bar{\alpha}_1, \ldots, \bar{\alpha}_n$ zu lösen. Dann kann man die Koordinatentransformation (7.53) explizit angeben:

$$z = T(x) = \begin{pmatrix} L_f^{n-1} \lambda(y) - L_f^{n-2} \bar{\alpha}_n(y) - \cdots - L_f \bar{\alpha}_3(y) - \bar{\alpha}_2(y) \\ L_f^{n-2} \lambda(y) - L_f^{n-3} \bar{\alpha}_n(y) - \cdots - \bar{\alpha}_3(y) \\ \vdots \\ L_f \lambda(y) - \bar{\alpha}_n(y) \\ \lambda(y) \end{pmatrix}.$$

In den Originalkoordinaten ist es kaum möglich, Gl. (7.57) bezüglich der Funktionen $\lambda, \bar{\alpha}_1, \ldots \bar{\alpha}_n$ zu lösen. Die entscheidende Idee von [Kel86b, Kel86a, Kel87, PK88, Phe91] besteht darin, in einem Zwischenschritt das System (7.22) mit der Beobachtbarkeitsabbildung q nach Gl. (7.23) in die Beobachtbarkeitsnormalform

$$\begin{pmatrix} \dot{\xi}_1 \\ \vdots \\ \dot{\xi}_{n-1} \\ \dot{\xi}_n \end{pmatrix} = \overbrace{\begin{pmatrix} \xi_2 \\ \vdots \\ \xi_n \\ f_n^*(\xi) \end{pmatrix}}^{f^*(\xi)} + \overbrace{\begin{pmatrix} g_1^*(\xi_1, u) \\ \vdots \\ g_{n-1}^*(\xi_1, \ldots, \xi_{n-1}, u) \\ g_n^*(\xi_1, \ldots, \xi_n, u) \end{pmatrix}}^{g^*(\xi, u)}, \quad y = \xi_1 \tag{7.58}$$

mit

$$\begin{aligned} f_n^*(\xi) \qquad &= L_f^n h(q^{-1}(\xi)) \\ g_i^*(\xi_1, \ldots, \xi_i, u) &= L_g L_f^{i-1} h(q^{-1}(\xi)), \quad i = 1, \ldots, n \end{aligned}$$

zu überführen (siehe ► Abschn. 6.2.3). Die spezielle Form der Eingangsvektorfelder ist hinreichend, um die gleichmäßige lokale Beobachtbarkeit zu sichern (Korollar 6.18).

In den ξ-Koordinaten der Beobachtbarkeitsnormalform (7.58) berechnet man jetzt die in (7.57) auftretenden Lie-Ableitungen in Richtung des transformierten Vektorfeldes f^*. Diese kann man als Zeitableitungen des autonomes Teil der Beobachtbarkeitsnormalform (7.58) betrachten, d. h. von

$$\dot{\xi} = f^*(\xi), \quad y = \xi_1. \tag{7.59}$$

Die Berechnung der Normalform wird zunächst für Systeme der Ordnung 2 und 3 illustriert. Anschließend wird der allgemeine Fall behandelt.

Spezialfall: Ordnung 2

Für ein nur von ξ_1 (also vom Ausgang) abhängiges Skalarfeld ν haben die Lie-Ableitungen als Zeitableitungen von (7.59) die Form

$$\begin{aligned} L_{f^*}\nu(\xi_1) &= \tfrac{\mathrm{d}}{\mathrm{d}t}\nu(\xi_1) \\ &= \nu'(\xi_1)\dot{\xi}_1 \\ &= \nu'(\xi_1)\xi_2 \end{aligned} \tag{7.60}$$

und

$$\begin{aligned} L_{f^*}^2\nu(\xi_1) &= \tfrac{\mathrm{d}}{\mathrm{d}t}L_{f^*}\nu(\xi_1) \\ &= \nu''(\xi_1)\dot{\xi}_1\xi_2 + \nu'(\xi_1)\dot{\xi}_2 \\ &= \nu''(\xi_1)\xi_2^2 + \nu'(\xi_1)f_2^*(\xi). \end{aligned}$$

Wertet man damit die Gl. (7.57) mit den Lie-Ableitungen für $\nu \in \{\lambda, \bar{\alpha}_1, \bar{\alpha}_2\}$ aus, so erhält man

$$\lambda''(\xi_1)\xi_2^2 + \lambda'(\xi_1)f_2^*(\xi) = \bar{\alpha}_2'(\xi_1)\xi_2 + \bar{\alpha}_1(\xi_1).$$

Diesen Ausdruck kann man nach $f_2^*(\xi)$ auflösen:

$$f_2^*(\xi) = \underbrace{\frac{\bar{\alpha}_1(\xi_1)}{\lambda'(\xi_1)}}_{k_0(\xi_1)} + \underbrace{\frac{\bar{\alpha}_2'(\xi_1)}{\lambda'(\xi_1)}}_{k_1(\xi_1)}\xi_2 - \underbrace{\frac{\lambda''(\xi_1)}{\lambda'(\xi_1)}}_{k_2(\xi_1)}\xi_2^2. \tag{7.61}$$

Man würde zunächst die Beobachtbarkeitsnormalform (7.58) und damit $f_2^*(\xi)$ berechnen. Die Faktoren k_0, k_1, k_2 erhält man mit einem Koeffizientenvergleich bzw. durch Ableitungsbildung

$$k_0(\xi) = f_2^*(\xi), \quad k_1(\xi) = \frac{\partial f_2^*(\xi)}{\partial \xi_2}, \quad k_2(\xi) = \frac{1}{2}\frac{\partial^2 f_2^*(\xi)}{\partial \xi_2^2}$$

an der Stelle $\xi_2 = 0$. Daraus ergeben sich Gleichungen für die gesuchten Funktionen

$$\begin{aligned} \lambda''(\xi_1) &= -\lambda'(\xi_1)\tfrac{1}{2}\tfrac{\partial^2 f_2^*(\xi)}{\partial \xi_2^2}, \\ \bar{\alpha}_1(\xi_1) &= \lambda'(\xi_1)f_2^*(\xi), \\ \bar{\alpha}_2'(\xi_1) &= \lambda'(\xi_1)\tfrac{\partial f_2^*(\xi)}{\partial \xi_2}. \end{aligned} \tag{7.62}$$

Spezialfall: Ordnung 3

Für $n = 3$ haben die Lie-Ableitungen einer nur von ξ_1 abhängigen Funktion die Form (7.60) sowie

$$\begin{aligned} L_{f^*}^2 \nu(\xi_1) &= \tfrac{\mathrm{d}}{\mathrm{d}t} L_{f^*} \nu(\xi_1) \\ &= \nu''(\xi_1)\dot{\xi}_1\xi_2 + \nu'(\xi_1)\dot{\xi}_2 \\ &= \nu''(\xi_1)\xi_2^2 + \nu'(\xi_1)\xi_3. \end{aligned}$$

und

$$\begin{aligned} L_{f^*}^3 \nu(\xi_1) &= \tfrac{\mathrm{d}}{\mathrm{d}t} L_{f^*}^2 \nu(\xi_1) \\ &= \nu'''(\xi_1)\dot{\xi}_1\xi_2^2 + 2\nu''(\xi_1)\xi_2\dot{\xi}_2 + \nu''(\xi_1)\dot{\xi}_1\xi_3 + \nu'(\xi_1)\dot{\xi}_3 \\ &= \nu'''(\xi_1)\xi_2^3 + 3\nu''(\xi_1)\xi_2\xi_3 + \nu'(\xi_1)f_3^*(\xi). \end{aligned}$$

Man wertet wiederum Gl. (7.57) mit den Lie-Ableitungen für $\nu \in \{\lambda, \bar{\alpha}_1, \bar{\alpha}_2, \bar{\alpha}_3\}$ aus. Umstellen nach $f_3^*(\xi)$ liefert

$$f_3^*(\xi) = \frac{\bar{\alpha}_1(\xi_1)}{\lambda'(\xi_1)} + \frac{\bar{\alpha}_2'(\xi_1)}{\lambda'(\xi_1)}\xi_2 + \frac{\bar{\alpha}_3''(\xi_1)}{\lambda'(\xi_1)}\xi_2^2 + \frac{\lambda'''(\xi_1)}{\lambda'(\xi_1)}\xi_2^3 + \frac{\bar{\alpha}_3'(\xi_1)}{\lambda'(\xi_1)}\xi_3 - 3\frac{\lambda''(\xi_1)}{\lambda'(\xi_1)}\xi_2\xi_3.$$

Aus den Koeffizientenfunktionen zu den Monomen $1, \xi_2, \xi_3$ und $\xi_2\xi_3$ berechnet man die Funktionen $\bar{\alpha}_1, \bar{\alpha}_2, \bar{\alpha}_3$ und λ [Jel95].

Allgemeines Vorgehen

Bei beliebiger Dimension $n \geq 2$ bestimmt man zunächst die inverse Ausgangstransformation λ durch Lösen der gewöhnlichen Differentialgleichung

$$\lambda''(\xi_1) = \lambda'(\xi_1)\,\frac{1}{n}\,\frac{\partial^2 f_n^*(\xi)}{\partial \xi_2 \partial \xi_n}. \tag{7.63}$$

In ähnlicher Weise ergeben sich die Komponenten der Ausgangsaufschaltung

$$\begin{aligned} \bar{\alpha}_1(\xi_1) &= \lambda'(\xi_1) \cdot f_n^*(\xi) \\ \bar{\alpha}_2'(\xi_1) &= \lambda'(\xi_1) \cdot \tfrac{\partial f_n^*(\xi)}{\partial \xi_2} \\ &\vdots \\ \bar{\alpha}_n'(\xi_1) &= \lambda'(\xi_1) \cdot \tfrac{\partial f_n^*(\xi)}{\partial \xi_n}. \end{aligned} \tag{7.64}$$

Die Funktion f_n^* und ihre partiellen Ableitungen sind für $\xi_2 = \cdots = \xi_n = 0$ auszuwerten. Aus Gl. (7.55) und (7.56) bestimmt man die Transformation T und kann damit die eingangsabhängige Aufschaltung $\tilde{\alpha}$ nach Gl. (7.52) berechnen.

Beispiel 7.17

Das van der Pol-System (7.37) aus Beispiel 7.7 liegt bereits in der Beobachtbarkeitsnormalform (7.58) vor, so dass man mit $\xi = x$ die Funktion $f_2^*(\xi) = -\xi_1 + \xi_2(1 - \xi_1^2)$ abliest. Mit

$\partial^2 f_2^*(\xi)/\partial\xi_2^2 \equiv 0$ gilt $\lambda''(\xi_1) \equiv 0$. Zweifache Integration liefert $\lambda'(\xi_1) = C_1$ und $\lambda(\xi_1) = C_1\xi_1 + C_0$ mit den Konstanten $C_0, C_1 \in \mathbb{R}$. Die Wahl $C_0 = 0$ und $C_1 = 1$ liefert $\lambda(\xi_1) = \xi_1$ bzw. $z_n = \lambda(y)$ mit der als Ausgangstransformation fungierenden Umkehrabbildung $y = \gamma(z_n)$. Mit Gl. (7.36) erhält man damit die in Beispiel 7.7 gewählte Funktion $\beta \equiv 1$. Nach Gl. (7.62) ergeben sich die Komponenten

$$\bar{\alpha}_1(\xi_1) = 1 \cdot f_2^*(\xi)\big|_{\xi_2=0} = -\xi_1$$

und

$$\bar{\alpha}_2'(\xi_1) = 1 \cdot \frac{\partial f_2^*(\xi)}{\partial \xi_2} = 1 - \xi_1^2 \quad \text{bzw.} \quad \bar{\alpha}_2(\xi_1) = \xi_1 - \frac{1}{3}\xi_1^3$$

der Ausgangsaufschaltung

$$\bar{\alpha}(y) = \begin{pmatrix} -y \\ y - \frac{1}{3}y^3 \end{pmatrix},$$

die mit dem autonomen Teil der in Gl. (7.41) berechneten Aufschaltung übereinstimmt. Aus Gl. (7.55) und (7.56) erhält man übereinstimmend mit Gl. (7.40) die Koordinatentransformation

$$\begin{aligned} t_2(x) &= \lambda(x_1) \\ &= x_1 \\ t_1(x) &= L_f t_2(x) - \bar{\alpha}_2(x_1) \\ &= x_2 - x_1 + \tfrac{1}{3}x_1^3. \end{aligned}$$

Beispiel 7.18

Das Rössler-System (7.43) aus Beispiel 7.8 lässt sich mit der Boebachtbarkeitsabbildung

$$q(x) = \begin{pmatrix} x_3 \\ (x_1 - b)x_3 + c \\ (x_1 - b)\,(c + (x_1 - b)x_3) - (x_2 + x_3)x_3 \end{pmatrix}$$

in die Beobachtbarkeitsnormalform (7.58) bzw. (7.59) mit

$$\begin{aligned} f_3^*(\xi) = {} & ac\tfrac{\xi_2}{\xi_1} - c\tfrac{\xi_3}{\xi_1} + 2c\tfrac{\xi_2^2}{\xi_1^2} + c - b\xi_1 + a\xi_3 - a\tfrac{\xi_2^2}{\xi_1} \\ & + a\xi_1^2 + 3\tfrac{\xi_2\xi_3}{\xi_1} - 2\tfrac{\xi_2^3}{\xi_1^2} - \xi_1\xi_2 - \xi_2 \end{aligned}$$

überführen. Die Differentialgleichung

$$\lambda''(\xi_1) = \lambda'(\xi_1)\,\frac{1}{n}\,\frac{\partial^2 f_n^*(\xi)}{\partial\xi_2\partial\xi_n}\bigg|_{\xi_2=\xi_3=0} = \frac{\lambda'(\xi_1)}{\xi_1}$$

hat die allgemeine Lösung $\lambda(\xi_1) = C_0 + C_1 \ln \xi_1$. Mit der Wahl $C_0 = 0, C_1 = 1$ erhält man $\lambda(\xi_1) = \ln \xi_1$. Entsprechend Gl. (7.64) berechnet man die Komponenten

$$\bar{\alpha}_1(\xi_1) = \frac{1}{\xi_1} f_3^*(\xi)\big|_{\xi_2=\xi_3=0} = -b + a\xi_1 + \frac{c}{\xi_1}$$

sowie

$$\begin{aligned} \bar{\alpha}_2'(\xi_1) &= -\tfrac{1}{\xi_1} + \tfrac{ac}{\xi_1^2} - 1 \quad &&\Rightarrow \bar{\alpha}_2(\xi_1) = -\ln \xi_1 - \tfrac{ac}{\xi_1} - \xi_1 \\ \bar{\alpha}_3'(\xi_1) &= \tfrac{a}{\xi_1} - \tfrac{c}{\xi_1^2} &&\Rightarrow \bar{\alpha}_3(\xi_1) = a \ln \xi_1 + \tfrac{c}{\xi_1} \end{aligned}$$

der Aufschaltung. Mit $z_3 = \lambda(\xi_1) = \ln \xi_1$ bzw. $\xi_1 = \gamma(z_3) = \exp z_3$ erhält man (bis auf konstante Anteile) die in Gl. (7.48) angegebene Ausgangsaufschaltung.

Anmerkung 7.19 Das beschriebene Berechnungsverfahren kann auch auf Systeme mit mehreren Ausgängen übertragen werden [Kel86a, PK88, Phe91]. Ist man nicht in der Lage, Gl. (7.57) exakt zu lösen, dann sind verschiedene Approximationen denkbar, z. B. mit Taylorreihen [JS95] oder Spline-Funktionen [BL95, LB97].

7.3.4 Berechnung nach Li und Tao

Die Berechnung der Ausgangstransformation ist mit Gl. (7.63) möglich. Dadurch kann man ohne wesentliche Einschränkung auf die Transformation γ verzichten, d. h. man setzt $\beta(\,\cdot\,) = 1$ und bekommt nach Gl. (7.36) für γ die identische Abbildung.[3] Das Startvektorfeld v aus Gl. (7.24) stimmt in diesem Fall mit der letzten Spalte der inversen Beobachtbarkeitsmatrix überein. Die Form (7.11) vereinfacht sich dann zur (eigentlichen) Beobachternormalform

$$\dot{z} = Az + \alpha(y, u), \quad y = c^T z. \tag{7.65}$$

Die Bedingungen aus Satz 7.6 seien für $\beta = 1$ erfüllt. Für das nichtaffine System (7.9) mit der Zerlegung (7.22) gilt wegen Bedingung 3 der Zusammenhang

$$\begin{aligned} \mathrm{ad}_{-F} v(x, u) &= -[F, v](x, u) \\ &= -[f, v](x) - [g, v](x, u) \\ &= -[f, v](x) \\ &= \mathrm{ad}_{-f} v(x). \end{aligned}$$

3 Die **identische Abbildung** id ist eine Funktion, die genau ihr Argument zurückgibt, d. h. $\mathrm{id}(x) = x$.

Die gleiche Überlegung kann man bis zur Lie-Klammer

$$\begin{aligned} \mathrm{ad}_{-F}^{n-1} v(x,u) &= -[F, \mathrm{ad}_{-F}^{n-2} v](x,u) \\ &= -[F, \mathrm{ad}_{-f}^{n-2} v](x,u) \\ &= -[f, \mathrm{ad}_{-f}^{n-2} v](x) - [g, \mathrm{ad}_{-f}^{n-2} v](x,u) \\ &= -[f, \mathrm{ad}_{-f}^{n-2} v](x) \\ &= \mathrm{ad}_{-f}^{n-1} v(x) \end{aligned} \tag{7.66}$$

fortführen. Mit Gl. (7.33) und (7.34) erhält man

$$\begin{aligned} T_* \mathrm{ad}_{-F}^{n} v(x,u) &= T'(x) \cdot [-F, \mathrm{ad}_{-F}^{n-1} v](x,u) \\ &= -[T'(x)F(x,u), T'(x)\mathrm{ad}_{-f}^{n-1} v(x)] \\ &= -[Az + \alpha(z_n,u), \tfrac{\partial}{\partial z_n}] \\ &= \tfrac{\partial}{\partial z_n} \alpha(z_n,u). \end{aligned}$$

Dadurch bekommt man die Ableitung der Aufschaltung α, welche selber eine vektorwertige Funktion ist:

$$\begin{aligned} \tfrac{\partial}{\partial z_n} \alpha(z_n,u) &= T'(x) \cdot \mathrm{ad}_{-F}^{n} v(x,u) \\ &= \Pi^{-1}(x) \cdot \mathrm{ad}_{-F}^{n} v(x,u) \\ &=: b(y,u)|_{y=h(x)} \,. \end{aligned} \tag{7.67}$$

Die komponentenweise Integration

$$\alpha(y,u) = \int b(y,u)\,\mathrm{d}y \tag{7.68}$$

liefert (bis auf die Integrationskonstanten) die gesuchte Eingangs-Ausgangs-Aufschaltung [LT86]. Ist das Parameterintegral nicht geschlossen zu ermitteln, so kann man die numerische Lösung für jede Komponente $\alpha_i(y,u)$ in einem zweidimensionalen Kennfeld erfassen. Damit lässt sich der Beobachter in der Form (7.15) implementieren, wobei in dem Korrekturterm (7.16) die inverse Jacobimatrix des Diffeomorphismus T wegen Gl. (7.33) durch die Matrix Π ersetzt werden kann.

Beispiel 7.20

Beim van der Pol-System (7.7) aus Beispiel 7.7 wurde bereits $\beta = 1$ verwendet. Die in Gl. (7.67) benötigte Lie-Ableitung lautet

$$\mathrm{ad}_{-F}^{2} v(x,u) = \begin{pmatrix} 1 - x_1^2 \\ x_1^4 - 2x_1^2 + u \end{pmatrix}. \tag{7.69}$$

In Verbindung mit der Matrix Π^{-1} aus Gl. (7.50) erhält man

$$\frac{\partial}{\partial y}\alpha(y,u) = \Pi^{-1}(x)\cdot \mathrm{ad}^2_{-F}v(x,u)\Big|_{y=x_1} = \begin{pmatrix} u-1 \\ 1-x_1^2 \end{pmatrix}\Bigg|_{y=x_1} = \begin{pmatrix} u-1 \\ 1-y^2 \end{pmatrix}$$

und durch Integration nach y die Eingangs-Ausgangs-Aufschaltung

$$\alpha(y,u) = \begin{pmatrix} uy-y \\ y-\frac{1}{3}y^3 \end{pmatrix},$$

die bereits in Beispiel 7.7 angegeben wurde.

Beispiel 7.21

Für das Rössler-System (7.43) aus Beispiel 7.8 verwenden wir jetzt unter Bezug auf die im Beispiel 7.21 berechnete Transformation λ den neuen Ausgang

$$y = h(x) = \ln x_3. \tag{7.70}$$

Mit dem neuen Ausgang erhält man zwar eine andere Beobachtbarkeitsmatrix als mit dem Ausgang (7.44), durch die gleichzeitige Normierung der Funktion β jedoch den bereits bekannten Startvektor v und damit die gleichen Lie-Klammern (7.45) sowie die gleiche Matrix Π wie in Beispiel 7.8. Mit der Matrix Π^{-1} und der Lie-Klammer

$$\mathrm{ad}^3_{-f}v(x) = \begin{pmatrix} a^2-1-x_3 \\ a(2-a^2) \\ ax_3-c \end{pmatrix} \tag{7.71}$$

erhält man die Ableitung der Ausgangsaufschaltung:

$$\frac{\partial}{\partial z_3}\alpha(z_3) = \Pi^{-1}(x)\cdot \mathrm{ad}^3_{-f}v(x) = \begin{pmatrix} \frac{ax_3^2-c}{x_3} \\ \frac{ac-x_3-x_3^2}{x_3} \\ \frac{ax_3-c}{x_3} \end{pmatrix}.$$

Ersetzt man x_3 gemäß Gl. (7.70) durch den Ausgang (also $x_3 = \exp y$), dann liefert die Integration nach y die Aufschaltung

$$\alpha(y) = \begin{pmatrix} ae^y+ce^{-y} \\ -e^y-ace^{-y}-y \\ ce^{-y}+ay \end{pmatrix}. \tag{7.72}$$

Dieses Ergebnis stimmt bis auf die Integrationskonstanten mit der Aufschaltung (7.48) aus Beispiel 7.8 überein. Die Berechnung kann leicht mit MAXIMA nachvollzogen werden:

```
(%i5)  f:[-x2-x3,x1+a*x2,c+x3*(x1-b)]$
       h:log(x3)$
       x:[x1,x2,x3]$
       n:length(x)$
(%i9)  Q:ObservabilityMatrix(f,h,x)$
       v:list_matrix_entries(col(invert(Q),n))$
       P:ControllabilityMatrix(f,v,x)$
       dα:ratsimp(invert(P).LieBracket(-f,v,x,3));
```

$$(\%o9) \quad \begin{pmatrix} \frac{a \cdot x3^2 - c}{x3} \\ -\frac{-a \cdot c + x3 + x3^2}{x3} \\ \frac{a \cdot x3 - c}{x3} \end{pmatrix}$$

```
(%i11) subst(x3=exp(y),dα)$
       integrate(%,y);
```

$$(\%o11) \quad \begin{pmatrix} a \cdot e^y + c \cdot e^{-y} \\ -e^y - a \cdot c \cdot e^{-y} - y \\ c \cdot e^{-y} + a \cdot y \end{pmatrix}$$

Mit der Aufschaltung (7.72) kann man den Korrekturterm (7.16) berechnen. Der Beobachter (7.15) hat dann die Form

$$\begin{pmatrix} \dot{\hat{x}}_1 \\ \dot{\hat{x}}_2 \\ \dot{\hat{x}}_3 \end{pmatrix} = \begin{pmatrix} -\hat{x}_2 - \hat{x}_3 \\ \hat{x}_1 + a\hat{x}_2 \\ c + \hat{x}_3(\hat{x}_1 - b) \end{pmatrix} + \begin{pmatrix} \hat{x}_3 - e^y + (y - \ln \hat{x}_3)(a_1 + aa_2 + a^2 - 1) \\ (y - \ln \hat{x}_3)(2a - a_0 + a_2 - aa_1 - a^3 - a^2 a_2) \\ c\hat{x}_3(e^{-y} - 1) + (y - \ln \hat{x}_3)\hat{x}_3(a + a_2) \end{pmatrix}.$$

7.4 Taylorapproximation

In diesem Abschnitt wird eine Klasse von Beobachtern vorgestellt, für deren Auslegung weder die direkte Berechnung der Koordinatentransformation (7.10) noch der Normalform (7.11) erforderlich ist. Diese Beobachter basieren auf verschiedenen Approximationen der Fehlerdynamik (7.14). Zur Vereinfachung der Darstellung wird auf eine zusätzliche Ausgangstransformation verzichtet, d. h. man setzt $\beta(\,\cdot\,) = 1$ und bekommt damit für γ die identische Abbildung (vgl. ▶ Abschn. 7.3.4). Man erhält dadurch die eigentliche Beobachter-Normalform (7.65).

7.4.1 Approximation nullter Ordnung mit einem High-Gain-Beobachter

Der Beobachter

$$\dot{\hat{x}} = F(\hat{x}, u) + k_0(\hat{x})(y - h(\hat{x})) \tag{7.73}$$

mit der Beobachterverstärkung $k_0{:}\mathcal{M} \rightarrow \mathbb{R}^n$ stellt eine Erweiterung der klassischen Luenberger-Struktur dar. Die Existenzbedingungen von Satz 7.6 seien erfüllt. Dann existiert ein Diffeomorphismus (7.10), der das System (7.9) in die Beobachter-Normalform (7.65) überführt. Wendet man diese Transformation auf den Beobachter (7.73) an, so erhält man

$$\dot{\hat{z}} = A\hat{z} + \alpha(\hat{z}_n, u) + \left(S'(\hat{z})\right)^{-1} k_0(S(\hat{z}))\,(z_n - \hat{z}_n).$$

Der Beobachtungsfehler $\tilde{z} = z - \hat{z}$ genügt der Differentialgleichung

$$\dot{\tilde{z}} = A\tilde{z} + \alpha(z_n, u) - \alpha(\hat{z}_n, u) - \left(S'(\hat{z})\right)^{-1} k_0(S(\hat{z}))\,\tilde{z}_n. \tag{7.74}$$

Mit dem Vektorfeld

$$k_0(\hat{x}) = k_0(S(\hat{z})) = S'(\hat{z})\,l, \tag{7.75}$$

bekommt die Fehlerdynamik (7.74) die Form

$$\dot{\tilde{z}} = (A - lc^T)\tilde{z} + \alpha(z_n, u) - \alpha(\hat{z}_n, u). \tag{7.76}$$

Durch geeignete Wahl des Vektors $l \in \mathbb{R}^n$ kann man dem linearen Teil $A - lc^T$ von (7.76) ein vorgegebenes charakteristisches Polynom (7.4) zuweisen. Die Fehlerdynamik (7.76) besitzt die für High-Gain-Beobachter typische Form, vgl. [Tha73, RH94, Raj98] und ► Kap. 6. Die in (7.76) auftretenden Nichtlinearitäten lassen sich als Taylorentwicklung nullter Ordnung der Ausgangsaufschaltung $\alpha(z_n, u)$ bezüglich $\tilde{z}_n$ auffassen, d. h.

$$\tilde{z} = (A - lc^T)\tilde{z} + \mathcal{O}(\|\tilde{z}\|).$$

Die unterschiedlichen Signalflüsse bei dem Normalform-Beobachter und dem High-Gain-Beobachter (7.73) werden aus dem in ◘ Abb. 7.6 dargestellten Wirkungsschema deutlich.

Mit der Umkehrabbildung T von S kann man die partielle Differentialgleichung (7.33) auch gleichwertig in der Form

$$S'(z) = \Pi(x)|_{x=S(z)} \tag{7.77}$$

angeben. Auf der Basis von (7.77) lässt sich die Beobachterverstärkung (7.75) in den Originalkoordinaten angeben:

$$k_0(\hat{x}) = \Pi(\hat{x})\,l = a_0 v(\hat{x}) + a_1 \mathrm{ad}_{-f} v(\hat{x}) + \cdots + a_{n-1} \mathrm{ad}_{-f}^{n-1} v(\hat{x}). \tag{7.78}$$

Beispiel 7.22

Beim van der Pol-System (7.37) aus Beispiel 7.7 erhält man aus den Lie-Klammern (7.39) für den High-Gain-Beobachter (7.73) die Beobachterverstärkung

$$k_0(\hat{x}) = a_0 v(\hat{x}) + a_1 \mathrm{ad}_{-f} v(\hat{x}) = \begin{pmatrix} a_1 \\ a_0 + a_1(1 - \hat{x}_1^2) \end{pmatrix} \tag{7.79}$$

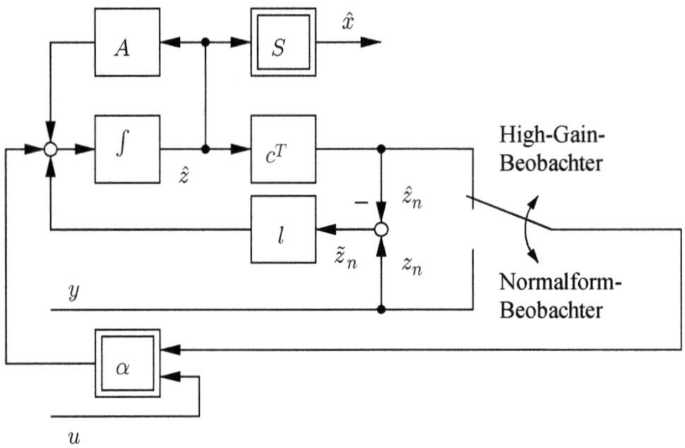

Abb. 7.6 Wirkungsschema für Normalform- und High-Gain-Beobachter

mit den Koeffizienten $a_0, a_1 > 0$ des charakteristischen Polynoms (7.4).

Beispiel 7.23
Im Fall des Rössler-Systems (7.43) aus Beispiel 7.8 mit dem Ausgang (7.70) aus Beispiel 7.21 berechnet man entsprechend Gl. (7.78) die Beobachterverstärkung

$$k_0(\hat{x}) = \begin{pmatrix} aa_2 + a_1 \\ (1-a^2)a_2 - aa_1 - a_0 \\ a_2\hat{x}_3 \end{pmatrix}. \tag{7.80}$$

Zur Berechnung dieser Verstärkung muss das in Beispiel 7.21 verwendete MAXIMA-Skript nur leicht modifiziert werden:

```
(%i5) f:[-x2-x3,x1+a*x2,c+x3*(x1-b)]$
      h:log(x3)$
      x:[x1,x2,x3]$
      n:length(x)$
(%i9) Q:ObservabilityMatrix(f,h,x)$
      v:list_matrix_entries(col(invert(Q),n))$
      P:ControllabilityMatrix(f,v,x)$
      k0:P.[a0,a1,a2];
```

$$\text{(\%o9)} \quad \begin{pmatrix} a \cdot a2 + a1 \\ (1-a^2) \cdot a2 - a \cdot a1 - a0 \\ a2 \cdot x3 \end{pmatrix}$$

im Folgenden wird gezeigt, dass der Beobachter (7.65) global konvergiert, sofern die Eingangs-Ausgangs-Aufschaltung einer globalen Lipschitz-Bedingung bezüglich y gleichmäßig in u genügt, d. h. wenn es eine Konstante $\rho > 0$ mit

$$\forall y, \hat{y} \in \mathcal{Y}\, \forall u \in \mathcal{U}: \quad \left\|\alpha(y,u) - \alpha(\hat{y},u)\right\| \leq \rho \left\|y - \hat{y}\right\| \tag{7.81}$$

gibt, wobei $\mathcal{Y} = \{h(x); x \in \mathcal{M}\}$.

Satz 7.24 *Gegeben sei ein System (7.9) auf $\mathcal{M} = \mathbb{R}^n$ zusammen mit dem Beobachter (7.73) und der Beobachterverstärkung (7.78). Die Bedingungen 1–4 aus Satz 7.6 seien für $\beta(\cdot) = 1$ erfüllt. Außerdem genüge die Eingangs-Ausgangs-Aufschaltung α der globalen Lipschitz-Bedingung (7.81). Dann existiert ein Vektor $l \in \mathbb{R}^n$ derart, dass*

$$\lim_{t \to \infty} \|\hat{x}(t) - x(t)\| = 0 \tag{7.82}$$

für alle Anfangswerte $x(0), \hat{x}(0) \in \mathcal{M}$ gilt.

Der Satz wird in [Röb04a, RL07] für eine spezielle Eigenwertlage (n-facher Pol in der linken Halbebene) bewiesen. Der hier vorgestellte Beweis beruht auf einer allgemeineren Variante der Eigenwertvorgabe [Röb12, Abschn. IV.A]:

Beweis Sind die Bedingungen 1–4 aus Satz 7.6 erfüllt, so existiert eine globale Transformation in die Beobachternormalform (7.65). Die Konvergenzanalyse kann daher in der Beobachternormalform durchgeführt werden. Wir zeigen, dass die Ruhelage $\tilde{z} = 0$ der Fehlerdifferentialgleichung (7.76) global asymptotisch stabil ist. Die in (7.76) auftretende Nichtlinearität

$$\Delta\alpha(\tilde{z}, t) := \alpha(z_n, u) - \alpha(\hat{z}_n, u) \tag{7.83}$$

genügt laut Voraussetzung einer globalen Lipschitz-Bedingung (7.81) mit der Lipschitz-Konstanten $\rho > 0$. Die Fehlerdynamik lässt sich dann als Verknüpfung zwischen der zeitvarianten Nichtlinearität (7.83) und einem linearen zeitinvarianten System mit der Übertragungsfunktion

$$G(s) = c^T \left(sI - \left(A - lc^T\right)\right)^{-1} \tag{7.84}$$

darstellen (siehe ◘ Abb. 7.7).

Für den linearen Teil gibt man zunächst (reelle oder paarweise konjugiert komplexe) Eigenwerte $s_1, \ldots, s_n$ mit negativem Realteil vor. Daraus erhält man durch Ausmultiplizieren

$$\mathrm{cp}(s) = (s - s_1) \cdots (s - s_n) = a_0 + a_1 s + \cdots + a_{n-1} s^{n-1} + s^n \tag{7.85}$$

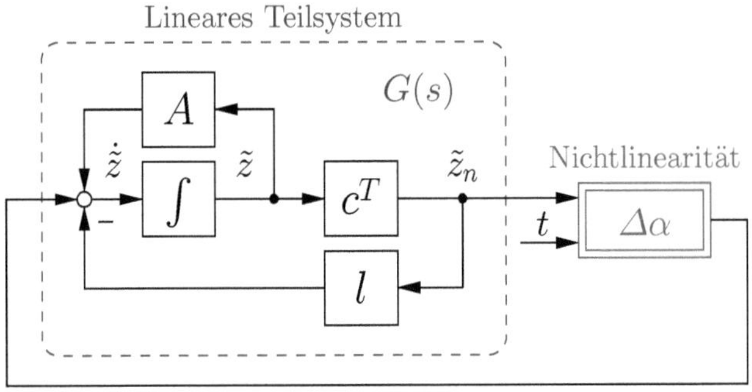

Abb. 7.7 Struktur der Fehlerdynamik (7.76) des High-Gain-Beobachters (7.73)

der zugehörigen Linearfaktoren die Koeffizienten $a_0, \ldots, a_{n-1}$ des charakteristischen Polynoms (7.4). Darauf aufbauend führen wir die Beobachterverstärkung

$$l^\epsilon = \begin{pmatrix} a_0/\epsilon^n \\ a_1/\epsilon^{n-1} \\ \vdots \\ a_{n-1}/\epsilon \end{pmatrix} \tag{7.86}$$

mit dem Parameter $\epsilon \in (0,1]$ ein. Für $\epsilon = 1$ erhält man das charakteristische Polynom (7.85), für $\epsilon < 1$ dagegen

$$\begin{aligned} \mathrm{cp}^\epsilon(s) :&= \det(sI - A + l^\epsilon c^T) \\ &= \tfrac{a_0}{\epsilon^n} + \tfrac{a_1}{\epsilon^{n-1}} s + \cdots + \tfrac{a_{n-1}}{\epsilon} s^{n-1} + s^n \\ &= \left(s - \tfrac{s_1}{\epsilon}\right) \cdots \left(s - \tfrac{s_n}{\epsilon}\right), \end{aligned}$$

so dass der Parameter ϵ für $\epsilon \to 0$ eine Streckung der Eigenwerte in Richtung $-\infty$ (also nach links in der komplexen Halbebene) bewirkt. Ersetzt man in der Übertragungsfunktion (7.84) die Verstärkung l durch l^ϵ aus Gl. (7.86), so erhält man die in ϵ parametrierte Übertragungsfunktion $G^\epsilon(s)$ mit $G^1(s) = G(s)$. Mit der Form (7.12) ergibt sich die Übertragungsfunktion

$$G^\epsilon(s) = \frac{1}{\mathrm{cp}^\epsilon(s)} \begin{pmatrix} 1 \; s \; \cdots \; s^{n-1} \end{pmatrix}. \tag{7.87}$$

Für die k-te Komponente des Frequenzgangs $G^\epsilon(j\omega)$ dieser Übertragungsfunktion gilt

$$\begin{aligned} G_k^\epsilon(j\omega) &= \frac{(j\omega)^{k-1}}{\left(j\omega - \frac{s_1}{\epsilon}\right) \cdots \left(j\omega - \frac{s_n}{\epsilon}\right)} \\ &= \frac{(j\omega)^{k-1} \epsilon^n}{(j\omega\epsilon - s_1) \cdots (j\omega\epsilon - s_n)} \\ &= \frac{(j\omega\epsilon)^{k-1} \epsilon^{n-k+1}}{(j\omega\epsilon - s_1) \cdots (j\omega\epsilon - s_n)} \\ &= \frac{(j\tilde{\omega})^{k-1} \epsilon^{n-k+1}}{(j\tilde{\omega} - s_1) \cdots (j\tilde{\omega} - s_n)} \\ &= G(j\tilde{\omega}) \epsilon^{n-k+1} \end{aligned}$$

mit $\tilde{\omega} = \omega\epsilon$. Bei Vorgabe eines stabilen charakteristischen Polynoms (7.85) gilt $\|G\|_\infty = \|G^1\|_\infty < \infty$. Aus

$$\|G_k^\epsilon\|_\infty = \sup_{\tilde{\omega}} |G_k^\epsilon(j\tilde{\omega})| = \sup_{\omega} |G_k(j\omega)|\epsilon^{n-k+1} = \|G_k\|_\infty \epsilon^{n-k+1} \to 0$$

für $\epsilon \to 0$ folgt unmittelbar $\|G^\epsilon\|_\infty \to 0$ für $\epsilon \to 0$. Bei einer Lipschitz-Konstanten $\rho > 0$ lässt sich der Parameter ϵ immer derart wählen, dass $\|G^\epsilon\|_\infty < 1/\rho$, so dass die Verstärkung des offenen Kreises kleiner als Eins ist. Nach dem Satz von der kleinen Kreisverstärkung ist daher die Ruhelage $\tilde{z} = 0$ des Gesamtsystems global asymptotisch stabil (siehe Anhang A.3). □

Anmerkung 7.25 Der Beobachter (7.73) mit der Verstärkung (7.78) ist in gewisser Weise das Gegenstück zu dem in [GHO92, CMG93, DMGM97] vorgeschlagenen High-Gain-Beobachter (vgl. ► Abschn. 6.2), wobei hier die Beobachternormalform anstelle der Beobachtbarkeitsnormalform verwendet wird. Beide Beobachter erfordern eine reguläre Beobachtbarkeitsmatrix, was der Bedingung 1 aus Satz 7.6 entspricht. Außerdem weisen beide Beobachter strukturelle Einschränkungen hinsichtlich des Eingangs auf. Der Bedingung 3 stehen die in [GB81] und [GHO92, Sect. III] angegebenen Bedingungen gegenüber. Hinsichtlich der Existenz der jeweiligen Normalform weist der Beobachter in [GHO92] schwächere Existenzbedingungen auf, da dort auf die Bedingung 2 verzichtet wird. Der Beobachter (7.73) mit (7.78) ist dann besonders sinnvoll, wenn das System in der Beobachternormalform einer Lipschitz-Bedingung genügt, nicht aber in der Beobachtbarkeitsnormalform. Das wird in ► Abschn. 7.3.3 deutlich, wo in der Beobachtbarkeitsnormalform (7.58) u. a. Terme $\xi_2^2, \xi_2\xi_3, \xi_2^3$ usw. auftreten, die keiner globalen Lipschitz-Bedingung genügen (siehe Gl. (7.61)).

7.4.2 Approximation erster Ordnung mit einem erweiterten Luenberger-Beobachter

Die folgende Herleitung basiert unmittelbar auf [BZ83, Zei87b]. Wir betrachten einen Beobachter

$$\dot{\hat{x}} = F(\hat{x}, u) + k_1(\hat{x}, u)(y - h(\hat{x})) \tag{7.88}$$

mit Luenberger-Struktur und der Beobachterverstärkung $k_1 : \mathcal{M} \times \mathcal{U} \to \mathbb{R}^n$, welche jetzt auch vom Eingang u abhängen kann. Unter den Bedingungen von Satz 7.6 für $\beta(\,\cdot\,) = 1$ existiert die Transformation (7.10) in die Beobachternormalform (7.65). Diese Transformation wird auf den Beobachter (7.88) angewendet:

$$\dot{\hat{z}} = A\hat{z} + \alpha(\hat{z}_n, u) + \left(S'(\hat{z})\right)^{-1} k_1(S(\hat{z}), u)\,(z_n - \hat{z}_n).$$

In den transformierten Koordinaten erhält man die Fehlerdifferentialgleichung

$$\dot{\tilde{z}} = A\tilde{z} + \alpha(z_n, u) - \alpha(\hat{z}_n, u) - \left(S'(\hat{z})\right)^{-1} k_1(S(\hat{z}), u)\,\tilde{z}_n. \tag{7.89}$$

Ohne explizite Kenntnis der Transformation (7.10) muss man die Abbildung $\alpha(z_n, u)$ als unbekannt ansehen, obwohl $z_n = y$ und u gemessen werden. Daher wird $\alpha(z_n, u)$ entlang der Schätztrajektorie $\hat{z}$ des Beobachters (7.88) linearisiert:

$$\alpha(z_n, u) = \alpha(\hat{z}_n, u) + \frac{\partial}{\partial \hat{z}_n}\alpha(\hat{z}_n, u)\tilde{z}_n + \mathcal{O}(|\tilde{z}_n|^2).$$

Die sich daraus ergebende Linearisierung der Fehlerdifferentialgleichung (7.89) hat die Form

$$\dot{\tilde{z}} = A\tilde{z} - \left(\left(S'(\hat{z})\right)^{-1} k_1(S(\hat{z}), u) - \frac{\partial}{\partial \hat{z}_n}\alpha(\hat{z}_n, u) \right) c^T \tilde{z} + \mathcal{O}(\|\tilde{z}\|^2). \tag{7.90}$$

Die Beobachterverstärkung k_1 wird so gewählt, dass die Jacobimatrix der linearisierten Fehlerdifferentialgleichung (7.90) das charakteristische Polynom (7.4) besitzt, und zwar unabhängig vom jeweiligen Arbeitspunkt. Setzt man

$$k_1(\hat{x}, u) = k_1(S(\hat{z}), u) = S'(\hat{z})\, l + S'(\hat{z})\, \frac{\partial}{\partial \hat{z}_n}\alpha(\hat{z}_n, u), \tag{7.91}$$

so erzielt man mit der Fehlerdifferentialgleichung

$$\dot{\tilde{z}} = (A - lc^T)\,\tilde{z} + \mathcal{O}(\|\tilde{z}\|^2) \tag{7.92}$$

eine approximative Linearisierung des Beobachtungsfehlers. Dieses Vorgehen ähnelt der in [BR86] beschriebenen **erweiterten Taylor-Lineariserung**.

im Folgenden soll die Beobachterverstärkung (7.91) in den Originalkoordinaten ausgedrückt werden. Dazu betrachte von dem System partieller Differentialgleichungen (7.33) die einzelnen Spalten

$$T_* \mathrm{ad}^i_{-f} v = \frac{\partial}{\partial z_{i+1}} \quad \text{für} \quad i = 0, \ldots, n-1.$$

Mit Gl. (7.66) erhält man

$$\begin{aligned} T_* \mathrm{ad}^n_{-F} v(\hat{x}) &= T_* \mathrm{ad}^n_{-f} v(\hat{x}) + T_* \mathrm{ad}_{-g} \mathrm{ad}^{n-1}_{-f} v(\hat{x}) \\ &= T_*[-(f+g), \mathrm{ad}^{n-1}_{-f} v](\hat{x}, u) \\ &= [-A\hat{z} + \alpha(\hat{z}_n, u), \tfrac{\partial}{\partial \hat{z}_n}](\hat{z}, u) \\ &= \tfrac{\partial}{\partial \hat{z}_n}\alpha(\hat{z}_n, u) \end{aligned}$$

und

$$\mathrm{ad}^n_{-F} v(\hat{x}, u) = \mathrm{ad}^n_{-f} v(\hat{x}) + \mathrm{ad}_{-g} \mathrm{ad}^{n-1}_{-f} v(\hat{x}, u) = S'(\hat{z})\, \frac{\partial}{\partial \hat{z}_n}\alpha(\hat{z}_n, u). \tag{7.93}$$

Zusammen mit (7.75) und (7.78) ergibt sich die Beobachterverstärkung

$$\begin{aligned} k_1(\hat{x},u) &= p_0 v(\hat{x}) + p_1 \mathrm{ad}_{-f} v(\hat{x}) + \cdots + p_{n-1} \mathrm{ad}_{-f}^{n-1} v(\hat{x}) \\ &\quad + \mathrm{ad}_{-f}^{n} v(\hat{x}) + \mathrm{ad}_{-g} \mathrm{ad}_{-f}^{n-1} v(\hat{x},u). \end{aligned} \tag{7.94}$$

Die Abhängigkeit der Beobachterverstärkung (7.94) vom Eingang u resultiert aus dem eingangsabhängigen Vektorfeld g. Gl. (7.94) lässt sich als eine Verallgemeinerung der Ackermann-Formel [Ack77b] für nichtlineare Systeme auffassen [BZ83, Zei87b]. Der Beobachter (7.88) mit der Verstärkung (7.94) heißt **erweiterter Luenberger-Beobachter** (engl. **extended Luenberger observer**).

Der hier vorgestellte Ansatz unterscheidet sich geringfügig von [Zei87b]: Obwohl das System (7.9) ggf. über den Eingang u beeinflusst werden kann, hängt die Transformation (7.10) nur vom Zustand x ab. Dieser Zugang ist aufgrund von Bedingung 3 aus Satz 7.6 möglich. Dadurch hängt die Beobachterverstärkung (7.94) auch nicht von Zeitableitungen des Eingangs u ab.

Beispiel 7.26

Man betrachte das van der Pol-System (7.37) aus Beispiel 7.7. Die Verstärkung (7.94) des erweiterten Luenberger-Beobachters (7.88) erhält man aus der Verstärkung (7.79) des High-Gain-Beobachters und der Lie-Klammer (7.69):

$$k_1(\hat{x},u) = \begin{pmatrix} a_1 - \hat{x}_1 + 1 \\ a_0 + a_1(1-\hat{x}_1^2) + \hat{x}_1^4 - 2\hat{x}_1^2 + u \end{pmatrix}. \tag{7.95}$$

Beispiel 7.27

Beim Rössler-System (7.43) aus Beispiel 7.8 mit dem Ausgang (7.70) aus Beispiel 7.21 erhält man für den erweiterten Luenberger-Beobachter (7.88) die Beobachterverstärkung

$$k_1(\hat{x}) = \begin{pmatrix} a\,a_2 + a_1 \\ (1-a^2)a_2 - a\,a_1 - a_0 \\ a_2\hat{x}_3 \end{pmatrix} + \begin{pmatrix} a^2 - 1 - \hat{x}_3 \\ a(2-a^2) \\ a\hat{x}_3 - c \end{pmatrix},$$

die sich aus Gl. (7.71) und (7.80) ergibt. Die Berechnung dieser Verstärkung mit MAXIMA erfolgt ähnlich wie in Beispiel 7.23:

```
(%i5) f:[-x2-x3,x1+a*x2,c+x3*(x1-b)]$
      h:log(x3)$
      x:[x1,x2,x3]$
      n:length(x)$
(%i10) Q:ObservabilityMatrix(f,h,x)$
      v:list_matrix_entries(col(invert(Q),n))$
      cp:a0+a1*s+a2*s^2+s^3$
      k1:sum(coeff(cp,s,i)*LieBracket(-f,v,x,i),i,0,n)$
      transpose(ratsimp(k1));
```

(%o10) $\begin{pmatrix} -x3 + a \cdot a2 + a1 + a^2 - 1 \\ (1-a^2) \cdot a2 - a \cdot a1 - a0 - a^3 + 2 \cdot a \\ (a + a2) \cdot x3 - c \end{pmatrix}$

Aufgrund seiner Herleitung mittels Linearisierung wird der erweiterte Luenberger-Beobachter oft als ein rein lokal konvergierender Beobachter verstanden. Ähnlich wie bei Satz 7.24 kann man zeigen, dass der erweiterte Luenberger-Beobachter (7.88) auch ein globaler Beobachter ist, sofern die Eingangs-Ausgangs-Aufschaltung α einer globalen Lipschitz-Bedingung (7.81) genügt [RL07]:

Satz 7.28 *Gegeben sei ein System (7.9) auf $\mathcal{M} = \mathbb{R}^n$ zusammen mit dem erweiterten Luenberger-Beobachter (7.88) und der Beobachterverstärkung (7.94). Die Bedingungen 1–4 aus Satz 7.6 seien für $\beta(\,\cdot\,) = 1$ erfüllt. Außerdem genüge die Eingangs-Ausgangs-Aufschaltung α der globalen Lipschitzbedingung (7.81). Dann existiert ein Vektor $l \in \mathbb{R}^n$ derart, dass*

$$\lim_{t\to\infty} \|\hat{x}(t) - x(t)\| = 0$$

für alle Anfangswerte $x(0), \hat{x}(0) \in \mathcal{M}$ gilt.

Angenommen, die Voraussetzungen aus Satz 7.6 sind für eine geeignete Funktion $\beta \not\equiv 1$ erfüllt. Dann überführt die Transformation (7.10) den Beobachter (7.88) in die Form

$$\dot{\hat{z}} = A\hat{z} + \alpha(\hat{z}_n, u) + \left(S'(\hat{z})\right)^{-1} k_1(S(\hat{z}))\,(\gamma(z_n) - \gamma(\hat{z}_n))$$

mit der Ausgangstransformation γ. Die Linearisierung der zugehörigen Fehlerdifferentialgleichung

$$\dot{\tilde{z}} = A\tilde{z} + \alpha(z_n, u) - \alpha(\hat{z}_n, u) - \left(S'(\hat{z})\right)^{-1} k_1(S(\hat{z}))\,(\gamma(z_n) - \gamma(\hat{z}_n))$$

entlang der Beobachtertrajektorie $\hat{z}$ liefert

$$\dot{\tilde{z}} = A\tilde{z} - \left(\left(S'(\hat{z})\right)^{-1} k_1(S(\hat{z}), u)\frac{\partial}{\partial \hat{z}_n}\gamma(\hat{z}_n) - \frac{\partial}{\partial \hat{z}_n}\alpha(\hat{z}_n, u)\right) c^T\tilde{z} + \mathcal{O}\left(\|\tilde{z}\|^2\right).$$

Mit der Wahl

$$k_1(\hat{x}, u) = k_1(S(\hat{z}), u) = \frac{1}{\gamma'(\hat{z}_n)}\left(S'(\hat{z})\, l + S'(\hat{z})\,\frac{\partial}{\partial \hat{z}_n}\alpha(\hat{z}_n, u)\right)$$

erhält man die näherungsweise lineare Fehlerdifferentialgleichung (7.92). Die Terme in der großen Klammer lassen sich mittels Gl. (7.78) und (7.93) in den Orinigalkoordinaten ausdrücken. Zusammen mit Gl. (7.36) erhält man die Beobachterverstärkung

$$\begin{aligned} k_1(\hat{x}, u) = \tfrac{1}{\beta(h(\hat{x}))}\Big(&p_0 v(\hat{x}) + \cdots + p_{n-1}\mathrm{ad}_{-f}^{n-1} v(\hat{x}) \\ &+ \mathrm{ad}_{-f}^{n} v(\hat{x}) + \mathrm{ad}_{-g}\mathrm{ad}_{-f}^{n-1} v(\hat{x}, u)\Big) \end{aligned} \tag{7.96}$$

ähnlich wie in [SZ99b].

Beispiel 7.29
Wir betrachten das Zustandsraummodell

$$\begin{aligned} \dot{x}_1 &= x_2 \\ \dot{x}_2 &= B_1 - A_1 x_2 - A_2 x_3 \sin x_1 - \tfrac{1}{2} B_2 \sin(2x_1) \\ \dot{x}_3 &= u - D_1 x_3 + D_2 \cos x_1 \\ y &= x_1 \end{aligned} \tag{7.97}$$

der Synchronmaschine aus Beispiel 6.21. Aus (7.97) berechnet man die Beobachtbarkeitsmatrix und deren Inverse:

$$Q_B^{-1}(x) = \begin{pmatrix} 1 & 0 & 0 \\ 0 & 1 & 0 \\ -\frac{A_2 x_3 \cos x_1 + B_2 \cos(2x_1)}{A_2 \sin x_1} & -\frac{A_1}{A_2 \sin x_1} & -\frac{1}{A_2 \sin x_1} \end{pmatrix}. \tag{7.98}$$

Die einfachste Wahl für die Funktion β ist die einer konstanten Funktion: $\beta(x_1) \equiv 1$. Das daraus resultierende Startvektorfeld

$$v(x) = \begin{pmatrix} 0 \\ 0 \\ -\frac{1}{A_1 \sin x_1} \end{pmatrix} \tag{7.99}$$

ist die letzte Spalte von (7.98). Es gilt $[v, \mathrm{ad}_{-f} v] = 0$ und $[v, \mathrm{ad}_{-f}^2 v] = 0$, aber

$$[\mathrm{ad}_{-f} v, \mathrm{ad}_{-f}^2 v](x) = \begin{pmatrix} 0 \\ \cot x_1 \\ * \end{pmatrix}.$$

Die letzte Lie-Klammer ist nur in der ersten Komponente identisch Null. Die dritte Komponente ist ein komplizierter Ausdruck.

Die Bedingung 2 aus Satz 7.6 ist für $\beta(x_1) \equiv 1$ offensichtlich nicht erfüllt. Allerdings kann man die Vektorfelder v, $\mathrm{ad}_{-f} v$ und $\mathrm{ad}_{-f}^2 v$ symbolisch bestimmen, ohne sich hinsichtlich der Wahl der Funktion β festlegen zu müssen. Für eine beliebige glatte Funktion β gilt $[v, \mathrm{ad}_{-f} v] = [v, \mathrm{ad}_{-f}^2 v] = 0$ und

$$[\mathrm{ad}_{-f} v, \mathrm{ad}_{-f}^2 v](x) = \begin{pmatrix} 0 \\ \frac{\beta(x_1)}{\sin(x_1)} \left(\cos(x_1)\beta(x_1) - 3\sin(x_1)\beta'(x_1)\right) \\ * \end{pmatrix} \tag{7.100}$$

mit einem komplizierten Ausdruck in der dritten Komponente. Die zweite Komponente verschwindet identisch, wenn β die gewöhnliche Differentialgleichung

$$\cos(x_1)\beta(x_1) - 3\sin(x_1)\beta'(x_1) = 0$$

erfüllt. Die allgemeine Lösung dieser Differentialgleichung lautet $\beta(x_1) = C_1(\sin(x_1))^{1/3}$ mit der Konstanten C_1. Mit $\beta(x_1) = (\sin(x_1))^{1/3}$ vereinfacht sich die Lie-Klammer (7.100) zu

$$[\mathrm{ad}_{-f}v, \mathrm{ad}_{-f}^2 v](x) = \begin{pmatrix} 0 \\ 0 \\ * \end{pmatrix}, \tag{7.101}$$

wobei die dritte Komponente weiterhin von Null verschieden ist. Damit ist offensichtlich, dass die Integrabilitätsbedingung (Bedingung 2 aus Satz 7.6) mit dem Ausgang $y = x_1$ nicht zu erfüllen ist.[4] (Mit zwei Nulleinträgen in Gl. (7.101) erzielt in gewissem Sinne eine bestmögliche Approximation des Integrabilitätsbedingung.) Daher lässt sich kein Normalform-Beobachter (7.15) entwerfen. Allerdings kann man trotzdem einen erweiterten Luenberger-Beobachter (7.88) mit der Beobachterverstärkung (7.96) angeben.

Anmerkung 7.30 Ist das zu überwachende System (7.9) (differentiell) flach (siehe ▶ Abschn. 4.4, dann kann man den Verlauf des Ausgangs durch eine hinreichend glatte Kurve vorgeben (beispielsweise für einen Arbeitspunktwechsel) und daraus die zugehörigen Referenzverläufe $x_{\mathrm{ref}}: [0, T] \to \mathcal{M}$ und $u_{\mathrm{ref}}: [0, T] \to \mathcal{U}$ von Zustand und Eingang auf dem Zeitintervall $[0, T]$ berechnen [FLMR95, RRZ97, Rud03]. Statt wie in Gl. (7.88) bzw. (7.94) die Beobachterverstärkung $k_1(\hat{x}, u)$ entlang der Schätztrajektorie $\hat{x}$ zu bestimmen, kann man bei einem flachen System auch die (vorab berechneten) Referenzverläufe einsetzen, wodurch sich eine zeitvariante Beobachterverstärkung $t \mapsto k_1(x_{\mathrm{ref}}(t), u_{\mathrm{ref}}(t))$ ergibt. Daraus resultiert ein **flachheitsbasierter Folgebeobachter**, der mittlerweile bei zahlreichen Anwendungen zum Einsatz kommt [FR96, BNRZ00].

Anmerkung 7.31 Die beschriebene Entwurfsidee, nämlich die Approximation einer linearen Fehlerdynamik entlang der Schätztrajektorie, lässt sich auch auf Systeme mit $p > 1$ Ausgängen übertragen. Die Linearisierung der Fehlerdynamik entlang der Beobachtertrajektorie führt auf einen erweiterten Luenberger-Beobachter [BZ88, Bir92], dessen (zustands- und eingangsabhängige) Beobachterverstärkung $K_1: \mathcal{M} \times \mathcal{U} \to \mathbb{R}^{n \times p}$ matrixwertig ist.

Anmerkung 7.32 Die Beobachterverstärkungen (7.78), (7.94) und (7.96) mit dem Startvektorfeld (7.24) werden durch verschiedene Lie-Ableitungen bzw. Lie-Klammern beschrieben. Implementierungen mit Hilfe von Computer-Algebra-Software werden beispielsweise in [BZ89, BZ90, Bir92, RZ95] vorgestellt. Die symbolische Berechnung dieser Beobachterverstärkungen kann jedoch auf außerordentlich große Ausdrücke führen. In diesen Fällen sollte man die benötigten Ableitungen nicht durch symbolisches Differenzieren berechnen, sondern mit algorithmischem bzw. automatischem Differenzieren [CFG⁺02, GW08]. Die Berechnung der in den Beobachterverstärkungen (7.78),

4 Die exakte Linearisierung des Beobachtungsfehlers ist möglich, wenn man statt des skalaren Ausgangs $y = x_1$ den vektoriellen Ausgang $y = (x_1, x_2)^T$ verwendet [Kel86a]. Für diesen vektoriellen Ausgang wird in [BZ88] ein erweiterten Luenberger-Beobachter entworfen. Für den skalaren Ausgang wird in [Röb13] eine approximative Linearisierung des Beobachtungsfehlers vorgeschlagen.

(7.94) und (7.96) auftretenden Lie-Klammern mit Hilfe des algorithmuischen Differenzierens wird in [Röb03, Röb04b, Röb04a, Röb05b] beschrieben. Ein Anwendungsbeispiel aus der Kristallzüchtung ist in [WLRR04, WR12] zu finden.

7.4.3 Approximation höherer Ordnung

Der erweiterte Luenberger-Beobachter liefert die Approximation erster Ordnung von einer exakt linearen Fehlerdynamik. Nachfolgend wird ein Ansatz zum Erreichen einer höheren Approximationsordnung vorgestellt [RL04, Röb04c, Röb07a]. Dazu betrachten wir einen Beobachter der Form

$$\dot{\hat{x}} = F(\hat{x}, u) + \sum_{i=1}^{N} k_i(\hat{x}, u)(y - h(\hat{x}))^i \tag{7.102}$$

mit glatten Vektorfeldern $k_1, \ldots, k_N{:}\mathcal{M} \times \mathcal{U} \to \mathbb{R}^n$. Sind die Voraussetzungen von Satz 7.6 für $\beta(\,\cdot\,) = 1$ erfüllt, dann kann man die Transformation (7.10) auf (7.102) anwenden und erhält damit die Fehlerdifferentialgleichung

$$\dot{\tilde{z}} = A\tilde{z} + \alpha(z_n, u) - \alpha(\hat{z}_n, u) - \left(S'(\hat{z})\right)^{-1} \sum_{i=1}^{N} k_i(S(\hat{z}), u)\tilde{z}_n^i. \tag{7.103}$$

Ähnlich wie im ▶ Abschn. 7.4.2 wird jetzt eine Reihenentwicklung von $\alpha(z_n, u)$ entlang der Trajektorie $\hat{z}$ des Beobachters betrachtet:

$$\alpha(z_n, u) = \alpha(\hat{z}_n, u) + \sum_{i=1}^{N} \frac{\partial^i}{i!\, \partial \hat{z}_n^i} \alpha(\hat{z}_n, u)\, \tilde{z}_n^i + \mathcal{O}\left(|\tilde{z}_n|^{N+1}\right). \tag{7.104}$$

Wählt man die Beobachterverstärkung k_1 entsprechend Gl. (7.91), so erhält man

$$\begin{aligned}\dot{\tilde{z}} = {} & \left(A - lc^T\right)\tilde{z} \\ & + \textstyle\sum_{i=2}^{N} \left[\left(\frac{\partial^i}{i!\,\partial \hat{z}_n^i}\alpha(\hat{z}_n, u) - \left(S'(\hat{z})\right)^{-1} k_i(S(\hat{z}), u)\right) \tilde{z}_n^i\right] + \mathcal{O}\left(\|\tilde{z}\|^{N+1}\right).\end{aligned}$$

Die Nichtlinearitäten sollen bis zur Ordnung N kompensiert werden. Mit

$$k_i(\hat{x}, u) = \frac{1}{i!}\, S'(\hat{z}) \frac{\partial^i}{\partial \hat{z}_n^i} \alpha(\hat{z}_n, u)\bigg|_{\hat{z}=T(\hat{x})} \qquad \text{für} \quad i = 2, \ldots, N \tag{7.105}$$

erhält man die gewünschte Fehlerdynamik

$$\dot{\tilde{z}} = \left(A - lc^T\right)\tilde{z} + \mathcal{O}\left(\|\tilde{z}\|^{N+1}\right). \tag{7.106}$$

Die Beobachterverstärkung (7.105) soll in den Originalkoordinaten ausgedrückt werden. Zur Vereinfachung wird die Notation

$$\alpha^{(j)}(z_n, u) = \frac{\partial^j}{\partial z_n^j} \alpha(z_n, u)$$

verwendet und zusätzlich das Vektorfeld w durch

$$w(x) := \mathrm{ad}_{-f}^{n-1} v(x)$$

definiert. Die Behauptung

$$S'(z)\alpha^{(j)}(z_n, u) = \mathrm{ad}_w^{j-1} \mathrm{ad}_{-F}^n v(x, u) \quad \text{für} \quad j \geq 1 \tag{7.107}$$

wird mit vollständiger Induktion bewiesen. Wegen (7.93) gilt Gl. (7.107) für $j = 1$:

$$S'(z)\alpha^{(1)}(z_n, u) = \mathrm{ad}_{-F}^n v(x, u) = \mathrm{ad}_w^0 \mathrm{ad}_{-F}^n v(x, u).$$

Gl. (7.107) gelte nun für $j = 1, \ldots, i$. Die Differentiation liefert

$$\frac{\partial}{\partial z_n}\left(S'(z)\alpha^{(i)}(z_n, u)\right) = S'(z)\alpha^{(i+1)}(z_n, u) + \left(\frac{\partial}{\partial z_n} S'(z)\right)\alpha^{(i)}(z_n, u). \tag{7.108}$$

Da Gl. (7.107) nach Induktionsvoraussetzung für $j = i$ gilt, kann man die linke Seite von Gl. (7.108) folgendermaßen umformen:

$$\begin{aligned}
\tfrac{\partial}{\partial z_n}\left(S'(z)\alpha^{(i)}(z_n, u)\right) &= \tfrac{\partial}{\partial z_n} \mathrm{ad}_w^{i-1} \mathrm{ad}_{-F}^n v(x, u)\big|_{x=S(z)} \\
&= \left(\tfrac{\partial}{\partial x} \mathrm{ad}_w^{i-1} \mathrm{ad}_{-F}^n v(x, u)\right) \tfrac{\partial}{\partial z_n} S(z) \\
&= \left(\tfrac{\partial}{\partial x} \mathrm{ad}_w^{i-1} \mathrm{ad}_{-F}^n v(x, u)\right) w(x).
\end{aligned} \tag{7.109}$$

Außerdem gilt

$$\begin{aligned}
\tfrac{\partial}{\partial z_n} S'(z) &= \tfrac{\partial}{\partial z_n} \tfrac{\partial}{\partial z} S(z) \\
&= \tfrac{\partial}{\partial z} \tfrac{\partial}{\partial z_n} S(z) \\
&= \tfrac{\partial}{\partial z}\, w(x)\big|_{x=S(z)} \\
&= w'(x) S'(z).
\end{aligned} \tag{7.110}$$

Nutzt man die Induktionsvoraussetzung (7.107) ein weiteres Mal für $j = i$ sowie Gl. (7.110), dann bekommt man für den zweiten Summanden auf der rechten Seite von Gl. (7.108) den Ausdruck

$$\begin{aligned}
\left(\tfrac{\partial}{\partial z_n} S'(z)\right)\alpha^{(i)}(z_n, u) &= w'(x) S'(z)\alpha^{(i)}(z_n, u) \\
&= w'(x) S'(z) \left(S'(z)\right)^{-1} \mathrm{ad}_w^{i-1}\, ad_{-F}^n v(x, u) \\
&= w'(x)\, \mathrm{ad}_w^{i-1} \mathrm{ad}_{-F}^n v(x, u).
\end{aligned} \tag{7.111}$$

Die Gln. (7.108), (7.109) und (7.111) liefern

$$\begin{aligned}
S'(z)\alpha^{(i+1)}(z_n, u) &= \tfrac{\partial}{\partial z_n}\left(S'(z)\alpha^{(i)}(z_n, u)\right) - \left(\tfrac{\partial}{\partial z_n} S'(z)\right)\alpha^{(i)}(z_n, u) \\
&= \left(\tfrac{\partial}{\partial x} \mathrm{ad}_w^{i-1} \mathrm{ad}_{-F}^n v(x, u)\right) w(x) - w'(x)\, \mathrm{ad}_w^{i-1} \mathrm{ad}_{-F}^n v(x, u) \\
&= \mathrm{ad}_w^i \mathrm{ad}_{-F}^n v(x, u),
\end{aligned}$$

womit Gl. (7.107) bewiesen wäre. Folglich hat die Beobachterverstärkung (7.105) in den Originalkoordinaten die Form

$$\begin{aligned} k_i(\hat{x},u) &= \tfrac{1}{i!}\mathrm{ad}_w^{i-1}\mathrm{ad}_{-F}^n v(\hat{x},u) \\ &= \tfrac{1}{i!}\left(\mathrm{ad}_w^{i-1}\mathrm{ad}_{-f}^n v(\hat{x}) + \mathrm{ad}_w^{i-1}\mathrm{ad}_{-g}\mathrm{ad}_{-f}^{n-1} v(\hat{x},u)\right). \end{aligned} \tag{7.112}$$

für $i \geq 2$. Für die Beobachterverstärkung k_2, die einer Approximation zweiter Ordnung entspricht, erhält man

$$\begin{aligned} k_2(\hat{x},u) &= \tfrac{1}{2}\mathrm{ad}_w\mathrm{ad}_{-F}^n v(\hat{x},u) \\ &= \tfrac{1}{2}[w, \mathrm{ad}_{-F}^n v](\hat{x},u) \\ &= \tfrac{1}{2}[\mathrm{ad}_{-f}^{n-1} v, \mathrm{ad}_{-f}^n v + \mathrm{ad}_{-g}\mathrm{ad}_{-f}^{n-1} v](\hat{x},u). \end{aligned}$$

Bei einem System ohne Stelleingriff vereinfacht sich diese Beobachterverstärkung zu

$$k_2(\hat{x}) = \frac{1}{2}[\mathrm{ad}_{-f}^{n-1} v, \mathrm{ad}_{-f}^n v](\hat{x}), \tag{7.113}$$

siehe [Röb04c]. Ist (7.113) identisch mit dem Nullvektor, dann ist die Ausgangsaufschaltung des betrachteten Systems linear [KI83, Prop. 2].

Beispiel 7.33

Beim van der Pol-System (7.37) aus Beispiel 7.7 erhält man mit $w(\hat{x}) = \mathrm{ad}_{-f} v(\hat{x})$ aus Gl. (7.39) die Beobachterverstärkungen

$$k_2(\hat{x}) = \begin{pmatrix} -\hat{x}_1 \\ \hat{x}_1(\hat{x}_1^2 - 1) \end{pmatrix}, \quad k_3(\hat{x}) = \frac{1}{3}\begin{pmatrix} -1 \\ \hat{x}_1^2 - 1 \end{pmatrix} \tag{7.114}$$

und $k_j(\hat{x}) = (0,0)^T$ für $j \geq 4$. Da $\alpha(y,u)$ ein Polynom in y ist, bricht die Taylorentwicklung von (7.104) nach endlich vielen Termen ab. Außerdem hängen die Vektorfelder von (7.114) nicht vom Eingang ab, da u nur als Faktor zur ersten Potenz von y auftritt (siehe Gl. (7.41)). Man kann unmittelbar nachrechnen, dass der Korrektorterm (7.42) des Normalformbeobachters aus Beispiel 7.7 übereinstimmt mit dem Korrekturterm des Beobachters (7.102) bei Verwendung der Beobachterverstärkungen (7.95) und (7.114). In diesem Beispiel führt der beschriebene Reihenansatz mit endlich vielen Termen auf eine exakt lineare Fehlerdynamik.

Beispiel 7.34

Im Fall des Rössler-Systems (7.43) aus Beispiel 7.8 mit dem Ausgang (7.70) aus Beispiel 7.21 erhält man für den Beobachter (7.102) die Beobachterverstärkungen

$$k_i(\hat{x}) = \frac{1}{i!}\begin{pmatrix} -\hat{x}_3 \\ 0 \\ (-1)^i c \end{pmatrix} \quad \text{für} \quad i \geq 2.$$

Mit Gl. (7.112) lassen sich die Beobachterverstärkungen $k_2, \ldots, k_N$ direkt bestimmen. Zur Berechnung dieser Beobachterverstärkungen ist weder eine explizite Berechnung der Koordinatentransformation (7.10) noch die konkrete Kenntnis der Normalform (7.11) bzw. (7.65) erforderlich. Die Integrabilitätsbedingung 2 aus Satz 7.6 wird benötigt, um die Jacobimatrix $S'(\hat{z})$ entsprechend Gl. (7.77) durch $\Pi(\hat{x})$ ersetzen zu können. Die Beobachterverstärkungen $k_1, \ldots, k_N$ lassen sich auch dann mit den Gl. (7.94) und (7.112) berechnen, wenn die Bedingung 2 verletzt ist.

Anmerkung 7.35 Aus theoretischer Sicht ist es problemlos möglich, die vorgestellte Approximation höherer Ordnung auch bei Systemen mit mehreren Ausgängen durchzuführen [Röb05a]. Bei der Taylorentwicklung der Eingangs-Ausgangs-Aufschaltung müssen dann allerdings auch die partiellen Ableitungen nach den verschiedenen Ausgängen berücksichtigt werden. Dadurch erhält man tensorwertige Beobachterverstärkungen

$$K_2 : \mathcal{M} \times \mathcal{U} \to \mathbb{R}^{n \times p \times p}, \; K_3 : \mathcal{M} \times \mathcal{U} \to \mathbb{R}^{n \times p \times p \times p}, \; \ldots,$$

deren Speicherbedarf nur in wenigen Anwendungesfällen zu rechtfertigen ist.

Literatur

[Ack77a] Ackermann, J.: **Entwurf durch Polvorgabe, Teil 2.** Regelungstechnik, 25:209–215, 1977.

[Ack77b] Ackermann, J. E.: **On the synthesis of linear control systems with specified characteristics.** Automatica, 13(1):89–94, Januar 1977.

[AP90] Arrowsmith, D. K. und C. M. Place: **An Introduction to Dynamical Systems.** Cambridge University Press, Cambridge, 1990.

[Bir92] Birk, J.: **Rechnergestützte Analyse und Synthese nichtlinearer Beobachtungsaufgaben**, Band 294 der Reihe **VDI-Fortschrittsberichte, Reihe 8: Meß-, Steuerungs- und Regelungstechnik.** VDI-Verlag, Düsseldorf, 1992.

[BL95] Bortoff, S. und A. Lynch: **Synthesis of optimal nonlinear observers.** In: **Proc. Conf. on Decision and Control (CDC)**, Seiten 95–100, New Orleans, Louisiana, 1995.

[BNRZ00] Bindel, R., R. Nitsche, R. Rothfuß und M. Zeitz: **Flachheitsbasierte Regelung eines hydraulischen Antriebs mit zwei Ventilen für einen Großmanipulator.** Automatisierungstechnik, 48(3):124–131, 2000.

[BR86] Baumann, W. T. und W. J. Rugh: **Feedback Control of Nonlinear Systems by Extended Linearization.** IEEE Trans. on Automatic Control, 31(1):40–46, Januar 1986.

[Bru70] Brunovský, P.: **A classification of linear controllable systems.** Kybernetica, 6(3):173–188, 1970.

[BS97] Banaszuk, A. und W. Sluis: **On nonlinear observers with approximately linear error dynamics.** In: **Proc. American Control Conf. (ACC)**, Seiten 3460–3464, Albuquerque, Juni 1997.

[BS02] Back, J. und J. H. Seo: **Immersion Technique for Nonlinear Observer Design.** In: **Proc. American Control Conf. (ACC)**, Seiten 2645–2646, Mai 2002.

[BSS05] Back, J., H. Shim und J. H. Seo: **An algorithm for system immersion into nonlinear observer form: forced systems.** In: **Preprints IFAC World Congress**, Prague, Czech Republic, Juli 2005.

[BZ83] Bestle, D. und M. Zeitz: **Canonical form observer design for non-linear time-variable systems.** Int. J. Control, 38(2):419–431, 1983.

[BZ88] Birk, J. und M. Zeitz: **Extended Luenberger observer for non-linear multivariable systems.** Int. J. Control, 47(6):1823–1836, 1988.

[BZ89] Birk, J. und M. Zeitz: **Computer-aided design of nonlinear observers.** In: **Proc. IFAC-Symbposium Nonlinear Control System Design**, Capri, Italy, 1989.

[BZ90] Birk, J. und M. Zeitz: **Anwendung eines symbolverarbeitenden Programmsystems zur Analyse und Synthese von Beobachtern für nichtlineare Systeme**. Messen, Steuern, Regeln, 33(12):536–543, 1990.

[CFG+02] Corliss, G., Ch. Faure, A. Griewank, L. Hascoet und U. Naumann (Herausgeber): **Automatic Differentiation: From Simulation to Optimization**. Springer-Verlag, New York, 2002.

[CMG93] Ciccarella, G., M. Dalla Mora und A. Germani: **A Luenberger-like Observer for Nonlinear Systems**. Int. J. Control, 57(3):537–556, 1993.

[CTvB95] Cheb-Terrab, E. S. und K. von Bülow: **A Computational Approach for the Analytical Solving of Partial Differential Equations**. Computer Physics Communications, 90:102–116, 1995.

[DB06] Deutscher, J. und M. Bäuml: **Design of nonlinear observers with approximately linear error dynamics using multivariable Legendre polynomials**. Int. J. of Robust and Nonlinear Control, 2006.

[Deu07] Deutscher, J.: **Entwurf nichtlinearer Beobachter für autonome Systeme basierend auf dem Hilfssatz von Lyapunov**. Automatisierungstechnik, 55(9):468–476, 2007.

[DMGM97] Dalla Mora, M., A. Germani und C. Manes: **A state observer for nonlinear dynamical systems**. Nonlinear Analysis, Theory, Methods & Applications, 30(7):4485–4496, 1997.

[EK02] Engel, R. und G. Kreisselmeier: **A Continuous-Time Observer Which Converges in Finite Time**. IEEE Trans. on Automatic Control, 47(7):1202–1204, Juli 2002.

[FLMR95] Fliess, M., J. Lévine, P. Martin und P. Rouchon: **Flatness and defect of non-linear systems: Introductory Theory and Examples**. Int. J. Control, 61:1327–1361, 1995.

[FR96] Fliess, M. und J. Rudolph: **Local "tracking observers" for flat systems**. In: **Proc. Symposium on Control, Optimization and Supervision, IMACS Multiconference Computational Engineering in Systems Applications**, Seiten 213–217, Lille, France, Juli 1996.

[GB81] Gauthier, J. P. und G. Bornard: **Observability for any $u(t)$ of a Class of Nonlinear Systems**. IEEE Trans. on Automatic Control, 26(4):922–926, 1981.

[GH83] Guckenheimer, J. und P. Holmes: **Nonlinear Oscillations, Dynamical Systems, and Bifurcations of Vector Fields**. Springer-Verlag, New York, 1983.

[GHO92] Gauthier, J. P., H. Hammouri und S. Othman: **A Simple Observer for Nonlinear Systems — Application to Bioreactors**. IEEE Trans. on Automatic Control, 37(6):875–880, 1992.

[GMP96] Glumineau, A., C. H. Moog und F. Plestan: **New Algebro-Geometric Conditions for the Linearization by Input-Output Injection**. IEEE Trans. on Automatic Control, 41(4):598–603, April 1996.

[Gua02] Guay, M.: **Observer linearization by output-dependent time-scale transformations**. IEEE Trans. on Automatic Control, 47(10):1730–1735, Oktober 2002.

[GW08] Griewank, A. und A. Walther: **Evaluating Derivatives: Principles and Techniques of Algorithmic Differentiation**. SIAM, Philadelphia, 2, 2008.

[Jel95] Jelali, M.: **Systematischer Beobachterentwurf für nichtlineare Systeme**. Forschungsbericht 1/95, Gerhard-Mercator-Universität-GH Duisburg, Meß-, Steuer- und Regelungstechnik, 1995.

[Jet89] Jetschke, Gottfried: **Mathematik der Selbstorganisation**. VEB Deutscher Verlag der Wissenschaften, Berlin, 1989.

[JRT85] Jakubczyk, B., W. Respondek und K. Tchon (Herausgeber): **Geometric Theory of Nonlinear Control Systems**. Technical University of Wroclaw, 1985.

[JS95] Jelali, M. und H. Schwarz: **Nonlinear Identification of Hydraulic Servo-Drive Systems**. IEEE Control Systems Magazine, 15(5):17–22, Oktober 1995.

[JS00] Jo, N. H. und J. H. Seo: **Input Output Linearization Approach to State Observer Design for Nonlinear System**. IEEE Trans. on Automatic Control, 45(12):2388–2393, 2000.

[JS02] Jo, N. H. und J. H. Seo: **Observer design for non-linear systems that are not uniformly observable**. Int. J. Control, 75(5):369–380, 2002.

[Kar89] Karahan, S.: **Higher degree linear approximations of nonlinear systems**. Dissertation, University of California, Davis, 1989.

[Kel86a] Keller, H.: **Entwurf nichtlinearer Beobachter mittels Normalformen**. VDI-Verlag, 1986.

[Kel86b] Keller, H.: **Entwurfnichtlinearer, zeitvarianter Beobachter durch Polvorgabe mit Hilfe einer Zwei-Schritt-Transformation**. Automatisierungstechnik, 34(7, 8):271–274, 326–331, 1986.

[Kel87] Keller, H.: **Non-linear observer design by transformation into a generalized observer canonical form**. Int. J. Control, 46(6):1915–1930, 1987.

[KHK+91] Krener, A., M. Hubbard, S. Karaham, A. Phelps und B. Maag: **Poincaré's linearization method applied to the design of nonlinear compensators**. In: **Algebraic computing in control**, Band 165 der Reihe **Lecture Notes in Control and Information Science**, Seiten 76–114. Springer, 1991.

[KI83] Krener, A. J. und A. Isidori: **Linearization by output injection and nonlinear observers**. Systems & Control Letters, 3:47–52, 1983.

[KK98] Kazantzis, N. und C. Kravaris: **Nonlinear Observer Design Using Lyapunov's Auxiliary Theorem**. Systems & Control Letters, 34:241–247, 1998.

[KR85] Krener, A. J. und W. Respondek: **Nonlinear observers with linearizable error dynamics**. SIAM J. Control and Optimization, 23(2):197–216, 1985.

[KX02] Krener, A. und M. Xiao: **Nonlinear observer design in the Siegel domain**. SIAM J. Control and Optimization, 41(3):932–953, 2002.

[LB97] Lynch, A. F. und S. A. Bortoff: **Nonlinear observer design by approximate error linearization**. Systems & Control Letters, 32(3):161–172, 1997.

[LT86] Li, C. W. und L. W. Tao: **Observing non-linear time-variable systems through a canonical form observer**. Int. J. Control, 44(6):1703–1713, 1986.

[Lud95] Ludyk, G.: **Theoretische Regelungstechnik 2: Zustandsrekonstruktion, optimale und nichtlineare Regelungssysteme**. Springer-Verlag, Berlin, Heidelberg, 1995.

[Mar90] Marino, R.: **Adaptive Observers for Single Output Nonlinear Systems**. IEEE Trans. on Automatic Control, 35(9):1054–1058, September 1990.

[MFA03] Menold, P. H., R. Findeisen und F. Allgöwer: **Finite time convergent observers for nonlinear systems**. In: **Proc. IEEE CConf. on Decision and Control (CDC)**, Seiten 5673–5678. Maui, Hawaii, USA, Dezember 2003.

[MGG05] Meurer, Th., K. Graichen und E. D. Gilles (Herausgeber): **Control and Observer Design for Nonlinear Finite and Infinite Dimensional Systems**, Band 322 der Reihe **Lecture Notes in Control and Information Science**, Berlin, Heidelberg, 2005. Springer-Verlag.

[Mis05] Mishkov, R. L.: **Nonlinear observer design by reduced generalized observer canonical form**. Int. J. Control, 78(3):172–185, 2005.

[Mor06] Moreno, J. A.: **Approximate Observer Error Linearization by Dissipativity**. In: Meurer, Th. **et al.** [MGG05], Seiten 35–51.

[MT92] Marino, R. und P. Tomei: **Global Adaptive Observers for Nonlinear Systems via Filtered Transformations**. IEEE Trans. on Automatic Control, 37(8):1239–1245, August 1992.

[MT95a] Marino, R. und P. Tomei: **Adaptive Observers with Arbitrary Exponential Rate of Convergence for Nonlinear Systems**. IEEE Trans. on Automatic Control, 40(7):1300–1304, Juli 1995.

[MT95b] Marino, R. und P. Tomei: **Nonlinear Control Design: Geometric, Adaptive and Robust**. Prentice Hall, London, 1995.

[Nam97] Nam, K.: **An approximate nonlinear observer with polynomial coordinate transformation maps**. IEEE Trans. on Automatic Control, 42(4):522–527, 1997.

[NF99] Nijmeijer, H. und T. I. Fossen (Herausgeber): **New Directions in Nonlinear Observer Design**, Band 244 der Reihe **Lecture Notes in Control and Information Science**. Springer-Verlag, London, 1999.

[NJS01] Noh, D., N. H. Jo und J. H. Seo: **Nonlinear Observer Design by Dynamic Error Linearization**. In: **Proc. European Control Conference (ECC)**, Seminario de Vilar, Porto, Portugal, September 2001.

[NJS04] Noh, D., N. H. Jo und J. H. Seo: **Nonlinear observer design by dynamic observer error linearization**. IEEE Trans. on Automatic Control, 49(10):1746–1750, Oktober 2004.

[NM97] Nijmeijer, H. und I. M. Y. Mareels: **An Observer Looks at Synchronization**. IEEE Trans. on Circuits and Systems I, 44(10):882–890, 1997.

[NTT88] Nicosia, S., P. Tomei und A. Tornambe: **A Nonlinear Observer for Elastic Robots**. IEEE J. of Robotics and Automation, 4(1):45—52, Februar 1988.

[NTT89] Nicosia, S., P. Tomei und A. Tornambé: **An Approximate Observer for a Class of nonlinear Systems**. Systems & Control Letters, 12:43–51, 1989.

[PG97] Plestan, F. und A. Glumineau: **Linearization by generalized input-output injection**. Systems & Control Letters, 31:115–128, 1997.

[Phe91] Phelps, A. R.: **On constructing nonlinear observers**. SIAM J. Control and Optimization, 29(3):516–534, 1991.

[PK88] Phelps, A. R. und A. J. Krener: **Computation of observer normal form using MACSYMA**. In: Byrnes, C., C. Martin und R. Seaks (Herausgeber): **Analysis and Control of Nonlinear Systems**, Seiten 475–482. North Holland, New York, 1988.

[PM93] Proychev, T. Ph. und R. L. Mishkov: **Transformation of Nonlinear Systems in Observer Canonical Form With Reduced Dependency on Derivatives of the Input**. Automatica, 29(2):495–498, 1993.

[PM04] Prochaska, M. und W. Mathis: **On limit cycles in singularly perturbed electrical circuits**. In: **Proc. of the 16th Symp. on Math. Theory of Networks and Systems (MTNS)**, Leuven, 2004.

[Raj98] Rajamani, R.: **Observers for Lipschitz Nonlinear Systems**. IEEE Trans. on Automatic Control, 43(3):397–401, 1998.

[RH94] Raghavan, S. und J. K. Hedrick: **Observer design for a class of nonlinear systems**. Int. J. Control, 59(2):515–528, 1994.

[RL04] Röbenack, K. und A. F. Lynch: **An efficient method for observer design with approximately linear error dynamics**. Int. J. Control, 77(7):607–612, Mai 2004.

[RL06] Röbenack, K. und A. F. Lynch: **Observer Design Using a Partial Nonlinear Observer Canonical Form**. Applied Mathematics and Computer Science, 16(3):333–343, 2006.

[RL07] Röbenack, K. und A. F. Lynch: **High-Gain nonlinear observer design using the observer canonical form**. IET Control Theory & Applications, 1(6):1574–1579, 2007.

[Röb03] Röbenack, K.: **Beobachterentwurf für nichtlineare Zustandssysteme mit Hilfe des Automatischen Differenzier ens**. Shaker-Verlag, Aachen, 2003.

[Röb04a] Röbenack, K.: **An Approximation of Normal Form Observer Design: Convergence and Computation**. In: **Preprint IFAC-Symposium on Nonlinear Control Systems (NOLCOS)**, Seiten 965–970, Stuttgart, September 2004.

[Röb04b] Röbenack, K.: **Computation of the Observer Gain for Extended Luenberger Observers Using Automatic Differentiation**. IMA Journal of Mathematical Control and Information, 21(1):33–47, 2004.

[Röb04c] Röbenack, K.: **Entwurfsmethodik für einen approximativen Normalform-Beobachter**. Proc. in Applied Mathematics and Mechanics, 4:137–138, 2004.

[Röb05a] Röbenack, K.: **Approximate Observer Error Linearization for Multi-Output Systems**. In: **Preprints IFAC World Congress**, Prague, Czech Republic, Juli 2005.

[Röb05b] Röbenack, K.: **Regler- und Beobachterentwurf für nichtlineare Systeme mit Hilfe des Automatischen Differenzierens**. Shaker Verlag, Aachen, 2005.

[Röb06] Röbenack, K.: **Extended Luenberger Observer for Nonuniformly Observable Nonlinear Systems**. In: Meurer, Th. **et al.** [MGG05], Seiten 19–34.

[Röb07a] Röbenack, K.: **Direct Approximation of Observer Error Linearization for Nonlinear Forced Systems**. IMA Journal of Mathematical Control and Information, 24(4):551–566, 2007.

[Röb07b] Röbenack, K.: **Observer Design for a Class of Nonlinear Systems with Non-Full Relative Degree**. Nonlinear Dynamics and Systems Theory, 7(4):399–408, 2007.

[Röb10] Röbenack, K.: **Entwurf nichtlinear Beobachter mit linearer und näherungsweise linearer Fehlerdynamik**. Automatisierungstechnik, 58(9):489–497, 2010.

[Röb12] Röbenack, K.: **Structure Matters – Some Notes on High Gain Observer Design for Nonlinear Systems**. In: **Proc. International Multi-Conference on Systems, Signals and Devices (SSD)**, Chemnitz, März 2012.

[Röb13] Röbenack, K.: **A Flow-Based Approximation of Observer Error Linearization for Non-Linear Systems**. WSEAS Transactions on Systems and Control, 8(1):11–20, 2013.

[Rös76] Rössler, O. E.: **An Equation for Continuous Chaos**. Phys. Lett., 57A:397, 1976.

[Rös79] Rössler, O. E.: **Continuous chaos – four prototyp equations**. In: Gruel, O. und O. E. Rössler (Herausgeber): **Bifurcation Theory and Applications in Scientific Disciplines**, Band 316 der Reihe **Ann. N.Y. Acad. Sci.**, Seiten 376–392, 1979.

[RPN04] Respondek, W., A. Pogromsky und H. Nijmeijer: **Time scaling for observer design with linearizable error dynamics**. Automatica, 40(2):277–285, Februar 2004.

[RRZ97] Rothfuß, R., J. Rudolph und M. Zeitz: **Flachheit: Ein neuer Zugang zur Steuerung und Regelung nichtlinearer Systeme**. Automatisierungstechnik, 45:517–525, 1997.

[Rud03] Rudolph, J.: **Beiträge zur flachheitsbasierten Folgeregelung linearer und nichtlinearer Systeme endlicher und unendlicher Dimension**. Berichte aus der Steuerungs- und Regelungstechnik. Shaker Verlag, Aachen, 2003.

[RZ94] Rudolph, J. und M. Zeitz: **A block triangluar nonlinear observer normal form**. Systems & Control Letters, 23:1–8, 1994.

[RZ95] Rothfuss, R. und M. Zeitz: **Einführung in die Analyse nichtlinearer Systeme**. In: Engell, S. (Herausgeber): **Entwurf nichtlinearer Regelungen**, Seiten 3–22. Oldenbourg-Verlag, München, 1995.

[Sch97] Schaffner, J.: **Zum Beobachterentwurf für nichtlineare Systeme mit mehreren Meßgrößen**, Band 620 der Reihe **VDI-Forschrittsberichte, Reihe 8: Meß-, Steuerungs- und Regelungstechnik**. VDI-Verlag, Düsseldorf, 1997.

[Sch98] Schaffner, J.: **Dezentraler Entwurf nichtlinearer Beobachter**. Automatisierungstechnik, 1:32–39, 1998.

[SZ97] Schaffner, J. und M. Zeitz: **Decentralized block triangular observer design for nonlinear systems**. In: **Proc. European Control Conference (ECC)**, Brussels, Juli 1997.

[SZ99a] Schaffner, J. und M. Zeitz: **Decentral nonlinear observer design using a block-triangular form**. Int. J. Systems Science, 30(10):1131–1142, Oktober 1999.

[SZ99b] Schaffner, J. und M. Zeitz: **Variants of Nonlinear Normal Form Observer Design**. In: Hijmeijer, H. und T. I. Fossen [NF99], Seiten 161–180.

[Tha73] Thau, F. E.: **Observing the state of nonlinear dynamical systems**. Int. J. Control, 17(3):471–479, 1973.

[vdP26] Pol, B. van der: **On "relaxation-oscillation"**. Philosophical Magazine Series 7, 2(2):978–992, 1926.

[WL06] Wang, Y. und A. F. Lynch: **A Block Triagonal Form for Nonlinear Observer Design**. IEEE Trans. on Automatic Control, 51(11):1803–1808, November 2006.

[WL10] Wang, Y. und A.F. Lynch: **Time scaling of multi-output observer form**. IEEE Trans. on Automatic Control, 55(4):966–971, 2010.

[WLRR04] Winkler, J., S. O. Lindert, K. Röbenack und J. Rudolph: **Design of a nonlinear observer using automatic differentiation**. Proc. in Applied Mathematics and Mechanics, 4:147–148, 2004.

[WR12] Winkler, J. und K. Röbenack: **Observer based determination of the crystal diameter in Czochralski crystal growth utilizing algorithmic differentiation**. In: **Proc. International Multi-Conference on Systems, Signals and Devices (SSD)**, Chemnitz, März 2012.

[XG88] Xia, X. H. und W. B. Gao: **Non-linear observer design by observer canonical form**. Int. J. Control, 47(4):1081–1100, 1988.

[XG89] Xia, X. H. und W. B. Gao: **Nonlinear observer design by observer error linearization**. SIAM J. Control and Optimization, 27(1):199–216, Januar 1989.

[Xia06] Xiao, M.: **The global existence of nonlinear observers with linear error dynamics: A topological point of view**. Systems & Control Letters, 55:849–858, 2006.

[XZ97] Xia, X. H. und M. Zeitz: **On nonlinear continuous observers**. Int. J. Control, 66:943–954, 1997.

[Zei85] Zeitz, M.: **Canonical forms for nonlinear systems**. In: Jakubczyk, B. **et al.** [JRT85], Seiten 255–278.

[Zei87a] Zeitz, M.: **Comments on 'Comparative study of non-linear state-observation techniques'**. Int. J. Control, 46(5):1861–1863, 1987.

[Zei87b] Zeitz, M.: **The extended Luenberger observer for nonlinear systems**. Systems & Control Letters, 9:149–156, 1987.

[Zei89] Zeitz, M.: **Canonical forms for nonlinear systems**. In: **Proc. IFAC-Symposium Nonlinear Control System Design**, Capri, Italy, 1989.

[Zei98] Zeitz, M.: **Nichtlineare stetige Beobachter**. Z. Angew. Math. Mech., 78:1137–1140, 1998.

Serviceteil

K. Röbenack, *Nichtlineare Regelungssysteme*,
https://doi.org/10.1007/978-3-662-44091-9

Anhang A Stabilität

A.1 Stabilität autonomer Systeme

In diesem Abschnitt sind wesentliche Aussagen der klassischen Stabilitätstheorie zusammengefasst [Hah67, SL91, Sas99, Kha02]. Gegeben sei ein autonomes System

$$\dot{x} = f(x) \tag{A.1}$$

mit einem hinreichend glatten Vektorfeld $f{:}\mathcal{M} \to \mathbb{R}^n$ und der offenen Menge $\mathcal{M} \subseteq \mathbb{R}^n$. Bei globalen Betrachtungen gehen wir von $\mathcal{M} = \mathbb{R}^n$ aus. Der Fluss des Differentialgleichungssystems (A.1) sei mit $\varphi_t(\,\cdot\,)$ bezeichnet.

Das System hat eine Ruhelage im Punkt $x^0 \in \mathcal{M}$, falls $f(x^0) = 0$ (siehe ▶ Abschn. 2.3). Ohne Einschränkung liege die Ruhelage im Ursprung, d. h. $f(0) = 0$. (Liegt die Ruhelage x^0 nicht im Ursprung, so kann man sie mit der Koordinatentransformation $\bar{x} = x - x^0$ in den Ursprung $\bar{x}^0 = 0$ verschieben.)

Eine Ruhelage $x^0 = 0$ von System (A.1) heißt **stabil** (im Sinne von Ljapunov, engl. **stable**), wenn für alle $\varepsilon > 0$ ein $\delta > 0$ existiert, so dass

$$\|p\| < \delta \implies \forall t \geq 0{:}\ \|\varphi_t(p)\| < \varepsilon. \tag{A.2}$$

Das bedeutet, dass bei einer hinreichend kleinen Abweichung des Anfangswerts von der Ruhelage die Systemtrajektorie für alle fortlaufenden Zeiten $t \geq 0$ in den Nähe der Ruhelage bleibt. Andernfalls heißt die Ruhelage **instabil** (engl. **unstable**). Die Bedingung (A.2) wird in ◘ Abb. A.1 veranschaulicht.

Eine stabile Ruhelage $x^0 = 0$ heißt (**lokal**) **asymptotisch stabil**, wenn zusätzlich

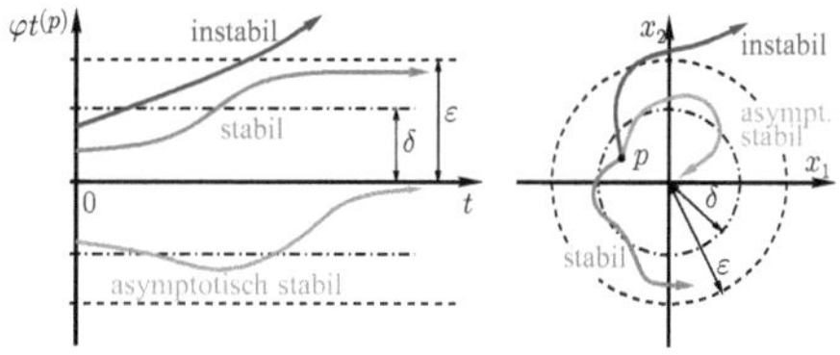

◘ **Abb. A.1** Illustration der Stabilitätsbedingung (A.2) in Anlehnung an [SL91]

zu (A.2) auch

$$\|p\| < \delta \implies \lim_{t\to\infty} \varphi_t(p) = 0 \tag{A.3}$$

erfüllt ist. Gilt bei einer stabilen Ruhelage die Bedingung (A.3) für alle Anfangswerte $p \in \mathcal{M}$, dann heißt die Ruhelage **global asymptotisch stabil**. Eine Ruhelage mit der Eigenschaft (A.3) nennt man **attraktiv**. Aus der Attraktivität einer Ruhelage folgt nicht zwangsläufig deren Stabilität [Vin57, Hah67].

Zur übersichtlichen Formulierung von Stabilitätsaussagen ist es hilfreich, bestimmte Klassen von Vergleichsfunktionen einzuführen. Eine Funktion $\gamma : [0, a) \to [0, \infty)$ mit $a > 0$ gehört zur Klasse $\mathcal{K}$ (Notation: $\gamma \in \mathcal{K}$), wenn sie streng monoton wachsend ist und $\gamma(0) = 0$ gilt. Eine Funktion γ mit $a = \infty$ gehört zur Klasse $\mathcal{K}_\infty$, wenn zusätzlich $\gamma(r) \to \infty$ für $r \to \infty$ gilt.

Sei $V{:}\mathcal{M} \to \mathbb{R}$ eine stetig differenzierbare Funktion mit $V(0) = 0$. Die Funktion V heißt (**lokal**) **positiv definit**, falls es Funktionen $\gamma_1, \gamma_2 \in \mathcal{K}$ gibt, so dass

$$\gamma_1(\|x\|) \leq V(x) \leq \gamma_2(\|x\|) \tag{A.4}$$

für alle x aus einer Umgebung von Null gilt (siehe ◘ Abb. A.2). Die Funktion V heißt

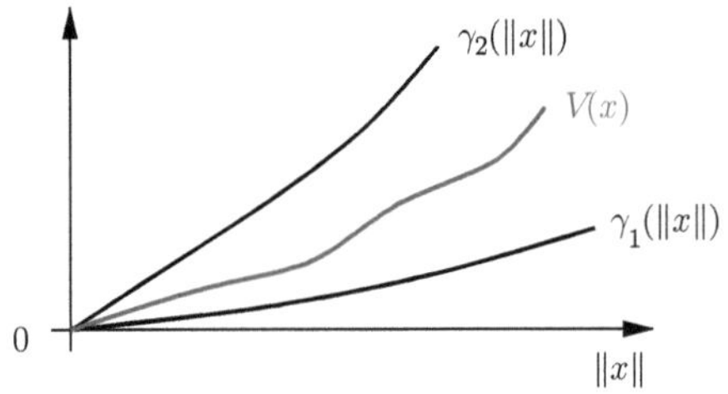

Abb. A.2 Bedingung (A.4) der positiven Definitheit in Anlehnung an [SL91, Fig. 4.1]

global positiv definit, wenn die Ungleichung (A.4) für Funktionen $\gamma_1, \gamma_2 \in \mathcal{K}_\infty$ und alle $x \in \mathbb{R}^n$ gilt. Eine Funktion $V{:}\mathbb{R}^n \to \mathbb{R}$ mit $V(x) > 0$ für alle $x \neq 0$ ist genau dann global positiv definit, wenn sie radial unbeschränkt ist, d. h. $V(x) \to \infty$ für alle $\|x\| \to \infty$ gilt.

Auf Basis der Zeitableitung

$$\begin{aligned}\dot{V}(x) &= \frac{\partial V(x)}{\partial x}\dot{x} \\ &= \frac{\partial V(x)}{\partial x} f(x) = L_f V(x)\end{aligned}$$

von V entlang (A.1) lassen sich folgende Stabilitätsaussagen treffen [Hah67]:

Satz A.1 *Sei V positiv definit und $x^0 = 0$ eine isolierte Ruhelage von System (A.1). Die Ruhelage $x^0 = 0$ ist*

1. *(lokal) stabil, falls*

$$\dot{V}(x) \leq 0 \tag{A.5}$$

für alle x aus einer Umgebung von $x^0 = 0$ gilt.

2. *(lokal) asymptotisch stabil, falls es eine Funktion $\gamma_3 \in \mathcal{K}$ gibt, so dass*

$$\dot{V}(x) \leq -\gamma_3(\|x\|) \tag{A.6}$$

für alle x aus einer Umgebung von $x^0 = 0$ gilt.

3. *global asymptotisch stabil, falls V global positiv definit ist und die Ungleichung (A.6) für ein $\gamma_3 \in \mathcal{K}_\infty$ und alle $x \in \mathbb{R}^n$ gilt.*

Eine Funktion $\dot{V}$, die Gl. (A.5) bzw. (A.6) erfüllt, nennt man **negativ semidefinit** bzw. **negativ definit**. Ist die Bedingung (A.6) für eine Funktion $\gamma_3 \in \mathcal{K}_\infty$ erfüllt, dann nennt man $\dot{V}$ **global negativ definit**. Eine positiv definite Funktion V, die Gl. (A.5) erfüllt, heißt **Ljapunov-Funktion** (engl. **Lyapunov function**). Eine Ljapunov-Funktion, die zusätzlich die Bedingung (A.6) für ein $\gamma_3 \in \mathcal{K}$ erfüllt, nennt man **strenge Ljapunov-Funktion** (engl. **strict Lyapunov function**).

Als Spezialfall von System (A.1) betrachten wir das lineare zeitinvariante Differentialgleichungssystem

$$\dot{x} = Ax \tag{A.7}$$

mit $A \in \mathbb{R}^{n \times n}$. Das System hat im Punkt $x^0 = 0$ eine Ruhelage. Gilt $\operatorname{rang} A = n$, so liegt eine isolierte Ruhelage vor. Die Ruhelage $x^0 = 0$ ist genau dann global asymptotisch stabil im Sinne von Ljapunov, wenn alle Eigenwerte der Matrix A negativen Realteil besitzen. Eine solche Matrix nennt man **stabil.**[1] Für die Stabilitätsuntersuchung nichtlinearer Systeme, die ein lineares Teilsystem enthalten, ist es für die Konstruktion einer Ljapunov-Funktion für das Gesamtsystem oft hilfreich, wenn man für das lineare Teilsystem eine Ljapunov-Funktion angeben kann. Deren Existenz und Berechnung werden nachfolgend betrachtet.

Für lineare Systeme gibt man die Vergleichsfunktionen typischerweise in Matrixnotation an. In diesem Sinne werden

1 Eine stabile Matrix wird von manchen Autoren auch als **Hurwitz-Matrix** bezeichnet. Das kann allerdings zur Verwechslung mit der beim Stabilitätskriterium von Hurwitz auftretenden Koeffizientenmatrix führen [Gan86, Rei14].

nachfolgend Definitheitsbegriffe für quadratische Matrizen formuliert. Wir beschränken uns dabei auf symmetrische Matrizen $P = P^T$. Eine Matrix $P \in \mathbb{R}^{n\times n}$ heißt **positiv semidefinit** ($P \succeq 0$) bzw. **negativ semidefinit** ($P \preceq 0$), wenn $x^T Px \geq 0$ bzw. $x^T Px \leq 0$ für alle $x \in \mathbb{R}^n$ gilt. Die Matrix P heißt **positiv definit** ($P \succ 0$) bzw. **negativ definit** ($P \prec 0$), wenn $x^T Px > 0$ bzw. $x^T Px < 0$ für alle $x \neq 0$ gilt [ZD98]. Die Verbindung zur positiven Definitheit einer Funktion entsprechend Gl. (A.4) stellt der Satz von Courant-Fischer (Minimum-Maximum-Prinzip) her:

$$\begin{aligned}\lambda_{\min}(P)\cdot\|x\|^2 &\leq x^T Px\\ &\leq \lambda_{\max}(P)\cdot\|x\|^2\,.\end{aligned}$$

Dabei bezeichnen $\lambda_{\min}(P)$ bzw. $\lambda_{\max}(P)$ den kleinsten bzw. größten Eigenwert der symmetrischen Matrix P. Bei einer positiv definiten Matrix sind alle Eigenwerte positiv [Zei03].

Die potentielle[2] (strenge) Ljapunov-Funktion für System (A.7) setzt man als quadratische Form $V(x) = x^T Px$ mit einer noch zu bestimmenden positiv definiten Matrix $P \in \mathbb{R}^{n\times n}$ an. Für eine positiv definite Matrix $P \succ 0$ ist die Funktion V global positiv definit. Die Zeitableitung von V entlang (A.7) besitzt die Form

$$\begin{aligned}\dot V(x) &= \tfrac{\mathrm{d}}{\mathrm{d}t}\left(x^T Px\right)\\ &= \dot x^T Px + x^T P\dot x\\ &= x^T\left(A^T P + PA\right)x\\ &= -x^T Qx.\end{aligned}\tag{A.8}$$

Die letzte Zeile definiert eine Matrix $Q \in \mathbb{R}^{n\times n}$. Im Fall einer positiv definiten Matrix Q ist die Bedingung (A.6) für alle $x \in \mathbb{R}^n$ erfüllt, so dass die Ruhelage $x = 0$ (global) asymptotisch stabil[3] ist. Die Matrix P erhält man nach (A.8) aus der (matrixwertigen) **Ljapunov-Gleichung**

$$A^T P + PA + Q = 0. \tag{A.9}$$

Damit ist folgende Stabilitätsaussage möglich [Gan86, Abschnitt 16.5]:

Satz A.2 *Die Ruhelage $x^0 = 0$ des linearen Systems (A.7) ist genau dann asymptotisch stabil, wenn für eine beliebige Matrix $Q \succ 0$ die Ljapunov-Gleichung (A.9) eine eindeutig bestimmte positiv definite Lösung $P \succ 0$ besitzt.*

Beweis „⇒“ Die Ruhelage $x^0 = 0$ sei asymptotisch stabil. Dann ist die Matrix A stabil. Dadurch existiert das Integral

$$P{:}= \int_0^\infty \mathrm{e}^{A^T t} Q \mathrm{e}^{At}\,\mathrm{d}t. \tag{A.10}$$

Ferner gelte $Q \succ 0$. Daraus folgt $P \succ 0$ für (A.10). Mit $\mathrm{e}^0 = I$ und $\mathrm{e}^{At} \to 0$ für $t \to \infty$ gilt außerdem

$$\begin{aligned}-Q &= \int_0^\infty \frac{\mathrm{d}\left[\mathrm{e}^{A^T t} Q \mathrm{e}^{At}\right]}{\mathrm{d}t}\,\mathrm{d}t\\ &= \int_0^\infty \left[A^T \mathrm{e}^{A^T t} Q \mathrm{e}^{At} + \mathrm{e}^{A^T t} Q \mathrm{e}^{At} A\right]\mathrm{d}t\\ &= A^T \int_0^\infty \mathrm{e}^{A^T t} Q \mathrm{e}^{At}\,\mathrm{d}t + \int_0^\infty \mathrm{e}^{A^T t} Q \mathrm{e}^{At}\,\mathrm{d}t\,A\\ &= A^T P + PA,\end{aligned}$$

so dass die Ljapunov-Gleichung (A.9) eine positiv definite Lösung besitzt. Die Eindeutigkeit zeigt man durch einen Vergleich zweier Lösungen.

2 Setzt man eine Funktion $V{:}\mathcal{M} \to \mathbb{R}$ an, bei der noch nicht klar ist, ob bzw. unter welchen Bedingungen es sich um eine Ljapunov-Funktion handelt, so spricht man auch von einem **Kandidaten** für eine Ljapunov-Funktion (engl. **candidate Lyapunov function**).

3 Bei einem linearen System (A.7) sind lokale und globale asymptotische Stabilität gleichwertig.

Algorithmus A.1 Einfache MAXIMA-Implementierung zur Lösung der Ljapunov-Gleichung (A.9) auf Basis von Gl. (A.11)

```
Lyap(A,Q):=block([n,I,At,M,
    Qvec,Pvec,P],
    n:length(A),
    I:identfor(A),
    At:transpose(A),
    M:kronecker_product(I,At)
    +kronecker_product(At,I),
    Qvec:list_matrix_entries
    (transpose(Q)),
    Pvec:list_matrix_entries
    (-invert(M).Qvec),
    P:genmatrix(lambda([i,j],
    Pvec[i+(j-1)*n]),n,n)
    )$
```

„$\Leftarrow$" Für eine beliebige Matrix $Q \succ 0$ habe die Ljapunov-Gleichung (A.9) eine positiv definite Lösung $P \succ 0$. Dann ist die Funktion $V(x) = x^T P x$ global positiv definit. Die Zeitableitung $\dot{V}(x) = -x^T Q x$ nach Gl. (A.8) ist wegen $Q \succ 0$ global negativ definit. Nach Satz A.1 ist die Ruhelage $x^0 = 0$ global asymptotisch stabil. □

Für den Stabilitätsnachweis mittels Ljapunov-Gleichung (A.9) kann man ohne Einschränkung $Q = I_n$ wählen.

Anmerkung A.3 Die Ljapunov-Gleichung (A.9) stellt ein lineares Gleichungssystem dar, welches man in die Form

$$\left(I \otimes A^T + A^T \otimes I\right) \operatorname{vec}(P) = -\operatorname{vec}(Q) \tag{A.11}$$

überführen kann [MM92]. Dabei bezeichnet $\otimes$ das Kronecker-Tensor-Produkt. Mit $\operatorname{vec}(\,\cdot\,)$ ordnet man die Spalten einer $n \times n$-Matrix übereinander zu einem Vektor mit n^2 Einträgen an. Nach dem Lösen von Gl. (A.11) arrangiert man den Vektor $\operatorname{vec}(P)$ wieder zu der $n \times n$-Matrix P um. Alg. A.1 zeigt eine einfache MAXIMA-Implementierung dieser Vorgehensweise.

Existiert für ein System (A.1) eine Ljapunov-Funktion, so folgt daraus nur die Stabilität der Ruhelage. Unter bestimmten Umständen kann man allerdings auch mit einer (nicht strengen) Ljapunov-Funktion die asymptotische Stabilität nachweisen. Dazu wird der Begriff der Invarianz benötigt. Eine Teilmenge $\mathcal{N} \subseteq \mathcal{M}$ heißt **positiv** bzw. **negativ invariant** bezüglich (A.1), falls $\varphi_t(p) \in \mathcal{N}$ für alle $p \in \mathcal{N}$ und alle $t \geq 0$ bzw. $t \leq 0$. Das bedeutet, dass jede Lösung von (A.1), die mit einem Anfangswert aus der Menge $\mathcal{N}$ startet, für alle zukünftigen bzw. zurückliegenden Zeiten in dieser Menge verbleibt. Eine **invariante Menge** ist sowohl positiv als auch negativ invariant. Auf Basis dieser Vorbetrachtungen kann folgende Stabilitätsaussage getroffen werden [SL91, Kha02]:

Satz A.4 **(Invarianzprinzip von LaSalle)** *Die Teilmenge $\mathcal{K} \subset \mathcal{M}$ sei kompakt und positiv invariant bezüglich (A.1). Sei $V{:}\mathcal{M} \to \mathbb{R}$ positiv definit mit $L_f V(x) \leq 0$ für alle $x \in \mathcal{K}$. Außerdem sei $\mathcal{N} \subseteq \mathcal{Z}$ die größte invariante Teilmenge von*

$$\mathcal{Z}{:} = \left\{x \in \mathcal{K};\, L_f V(x) = 0\right\}.$$

Dann strebt jede Lösung von (A.1) mit einem Anfangswert aus der Menge $\mathcal{K}$ für $t \to \infty$ zur Menge $\mathcal{N}$.

Die Teilmenge $\mathcal{K}$ wird oft über eine Subniveaumenge der Funktion V konstruiert, d. h. für eine Zahl $V_0 > 0$ definiert man

$$\mathcal{K}{:} = \{x \in \mathcal{M};\, V(x) \leq V_0\}.$$

Die Menge $\mathcal{K}$ ist als Urbild[4] des abgeschlossenen Intervalls $[0, V_0]$ auch abgeschlossen.

4 Sei $\psi{:}\boldsymbol{\mathcal{A}} \to \boldsymbol{\mathcal{B}}$ eine Abbildung und $\boldsymbol{\mathcal{C}} \subseteq \boldsymbol{\mathcal{B}}$ eine Teilmenge des Bildbereichs. Das **Urbild**

Ist $\mathcal{K}$ zusätzlich beschränkt, so ist $\mathcal{K}$ kompakt (Satz von Heine-Borel). Mit $L_f V(x) \leq 0$ für alle $x \in \mathcal{K}$ ist diese Menge positiv invariant. Schränkt man das System A.1 auf die Menge $\mathcal{K}$ ein, so ist V eine Ljapunov-Funktion. Im Spezialfall $\mathcal{N} = \{0\}$ streben alle Lösungen aus $\mathcal{K}$ gegen den Ursprung, so dass die Ruhelage $x^0 = 0$ asymptotisch stabil ist [SJK97, Cor. 2.22]. Generell lässt sich das Invarianzprinzip von LaSalle allerdings auch in Verbindung mit anderen Attraktoren (z. B. Grenzzyklen) nutzen.

Existiert für System (A.1) eine Ljapunov-Funktion V, dann ist die Ruhelage $x^0 = 0$ stabil bzw. im Fall einer strengen Ljapunov-Funktion asymptotisch stabil. Allerdings gilt auch die Umkehrung (siehe z. B. [Mas56], [SL91, Abschnitt 4.4]):

Satz A.5 *Man betrachte die Ruhelage $x^0 = 0$ des Systems (A.1).*

1. *Ist die Ruhelage stabil. Dann exisitert eine Ljapunov-Funktion V.*
2. *Ist die Ruhelage asymptotisch stabil, dann existiert eine strenge Ljapunov-Funktion V.*

A.2 Stabilität erregter Systeme

In diesem Abschnitt wird das Stabilitätskonzept auf Systeme mit Eingang übertragen [Son95, Isi99, Son00, Son08, MM09]. Man betrachte ein System

$$\dot{x} = F(x, u) \tag{A.12}$$

mit hinreichend glattem Vektorfeld $F: \mathbb{R}^n \times \mathbb{R}^m \to \mathbb{R}^n$. Der Punkt $x^0 = 0$ sei für $u = 0$ eine Ruhelage, d. h. $F(0, 0) = 0$. Außerdem sei das Eingangssignal $u : [0, \infty) \to \mathbb{R}^m$ bezüglich der Supremumsnorm beschränkt:

$$\|u\|_\infty := \sup_{t \geq 0} \|u(t)\| < \infty.$$

Für ein Eingangssignal $u(\,\cdot\,)$ bezeichne φ_t^u die allgemeine Lösung von System (A.12).

Für die Stabilitätsanalyse von Systemen mit Eingang ist es sinnvoll, eine weitere Klasse von Vergleichsfunktionen einzuführen. Eine Funktion $\beta : [0, \infty) \times [0, \infty)$ gehört zur Klasse $\mathcal{KL}$ (kurz $\beta \in \mathcal{KL}$), falls $\beta(\cdot, t) \in \mathcal{K}$ für jedes t gilt und $\beta(r, \cdot)$ für jedes r monoton fallend mit $\beta(r, t) \to 0$ für $t \to \infty$ ist. Das System (A.12) heißt **eingangs-zustands-stabil** (engl. **input-to-state stable**, kurz **ISS**), falls es Funktionen $\beta \in \mathcal{KL}$ und $\gamma \in \mathcal{K}$ gibt, so dass für jeden Anfangswert $p \in \mathbb{R}^n$ und jedes beschränkte Eingangssignal $u(\,\cdot\,)$ gilt

$$\forall t \geq 0: \quad \|\varphi_t^u(p)\| \leq \beta\left(\|p\|, t\right) + \gamma\left(\|u\|_\infty\right). \tag{A.13}$$

Ist ein System eingangs-zustands-stabil, dann bleibt eine Trajektorie bei kleiner Abweichung des Anfangswertes von der Ruhelage und bei kleinem Eingangssignal für alle Zeiten $t \geq 0$ in der Nähe der Ruhelage $x^0 = 0$.

Die Bedingung (A.13) lässt sich mittels einer Verallgemeinerung der direkten Methode von Ljapunov überprüfen. Eine global positiv definite Funktion V heißt **ISS-Ljapunov-Funktion**, falls Funktionen $\gamma_3, \gamma_4 \in \mathcal{K}_\infty$ existieren, so dass gilt

$$\forall x \in \mathbb{R}^n,\ \forall u \in \mathbb{R}^m: \quad \frac{\partial V(x)}{\partial x} F(x, u) \leq -\gamma_3\left(\|x\|\right) + \gamma_4\left(\|u\|\right). \tag{A.14}$$

Es besteht folgender Zusammenhang [SW95]:

der Menge $\mathcal{C}$ unter der Abbildung ψ besteht aus den Elementen des Definitionsbereichs $\mathcal{A}$, die durch ψ in die Menge $\mathcal{C}$ abgebildet werden: $\psi^{-1}(\mathcal{C}) := \{x \in \mathcal{A}; \psi(x) \in \mathcal{C}\}$.

Satz A.6 *Das System (A.2) ist genau dann eingangs-zustands-stabil, wenn eine ISS-Ljapunov-Funktion existiert.*

Für $u = 0$ geht die Bedingung (A.14) mit $f(x) := F(x,0)$ in die Bedingung (A.6) über, so dass die Ruhelage $x^0 = 0$ global asymptotisch stabil ist. Die ISS-Ljapunov-Funktion ist dann auch Ljapunov-Funktion des autonomen Systems (A.1).

Als Spezialfall von System (A.12) betrachte man das lineare zeitinvariante System

$$\dot{x} = Ax + Bu \tag{A.15}$$

mit den Matrizen $A \in \mathbb{R}^{n\times n}$ und $B \in \mathbb{R}^{n\times m}$. Die Eingangs-Zustands-Stabilität des Systems (A.15) ist äquivalent zur globalen asymptotischen Stabilität der Ruhelage $x^0 = 0$ des zugehörigen autonomen Systems (A.7):

Satz A.7 *Das System (A.15) ist genau dann eingangs-zustands-stabil, wenn die Systemmatrix A stabil ist.*

Beweis „$\Rightarrow$" System (A.15) sei eingangs-zustands-stabil. Aus Gl. (A.13) folgt für $u \equiv 0$ die asymptotische Stabilität der Ruhelage $x^0 = 0$ des resultierenden autonomen Systems (A.7). Damit muss die Matrix A stabil sein.

„$\Leftarrow$" Sei A eine Hurwitz-Matrix und $u(\cdot)$ beschränkt. Aus der allgemeinen Lösung

$$\varphi_t^u(p) = \mathrm{e}^{At}p + \int_0^t \mathrm{e}^{A(t-\tau)}Bu(\tau)\,\mathrm{d}\tau .$$

des Systems (A.15) erhält man unmittelbar die Abschätzung

$$\begin{aligned}\left\|\varphi_t^u(p)\right\| &\le \left\|\mathrm{e}^{At}\right\| \|p\| \\ &+ \left(\|B\| \int_0^\infty \left\|\mathrm{e}^{A\tau}\right\| \mathrm{d}\tau\right) \|u\|_\infty .\end{aligned}$$

Mit $\left\|\mathrm{e}^{At}\right\| \to 0$ für $t \to \infty$ ist das eine Abschätzung der Form (A.13), so dass das System eingangs-zustands-stabil ist. □

Zerfällt ein gegebenes Gesamtsystem in zwei Teilsysteme, so kann die Stabilitätsanalyse mitunter auf die Teilsysteme reduziert werden. Dazu betrachte man das in Kaskadenstruktur vorliegende System

$$\begin{aligned}\dot{x} &= F(x,u)\\ \dot{z} &= G(z,x)\end{aligned} \tag{A.16}$$

mit $F(0,0) = 0$ und $G(0,0) = 0$ (■ Abb. A.3). In [ST95] wird folgende Stabilitätsaussage getroffen:

Satz A.8 *Beide Teilsysteme in (A.16) seien eingangs-zustands-stabil bezüglich des jeweils zweiten Arguments. Dann ist das Gesamtsystem (A.16) eingangs-zustands-stabil bezüglich des Eingangs u.*

Beweisskizze Für das erste Teilsystem von (A.16) existiert eine ISS-Ljapunov-Funktion $V =: V_1$, so dass Bedingung (A.14) erfüllt ist. Die $\mathcal{K}_\infty$-Funktionen der ISS-Ljapunov-Funktion des zweiten Teilsystems von (A.16) können entsprechend

$$\begin{aligned}\forall z \in \mathbb{R}^q,\ \forall x \in \mathbb{R}^n\colon\ &\frac{\partial V_2(z)}{\partial z} G(z,x)\\ &\le -\gamma_5(\|z\|) + \frac{1}{2}\gamma_3(\|x\|)\end{aligned}$$

gewählt werden [ST95]. Dann ist $W(x,z) := V_1(x) + V_2(z)$ ISS-Ljapunov-Funktion des Gesamtsystems (A.16) bezüglich des Eingangs u. □

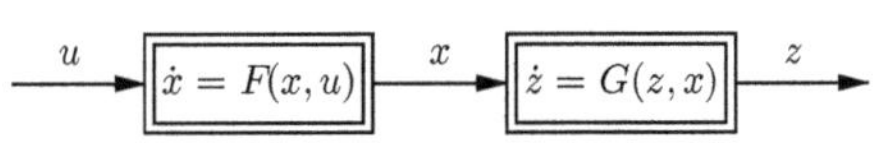

■ **Abb. A.3** Systeme in Kaskadenstruktur

Für $u \equiv 0$ geht System (A.16) mit $f(x){:} = F(x,u)$ in Form

$$\begin{aligned} \dot{x} &= f(x) \\ \dot{z} &= G(z,x) \end{aligned} \tag{A.17}$$

über. Ist die Ruhelage $x^0 = 0$ des ersten Teilsystems global asymptotisch stabil und das zweite Teilsystem eingangs-zustands-stabil bezüglich x, dann ist die Ruhelage $(x^0, z^0) = (0,0)$ des Gesamtsystems (A.17) global asymptotisch stabil.

A.3 Stabilität im geschlossenen Regelkreis

Zur Stabilitätsanalyse des geschlossenen Regelkreises wird zunächst für lineare Systeme ein geeignetes Maß zur Beschreibung der Verstärkung eingeführt [DFT90, ZD98]. Wir betrachten ein lineares zeitinvariantes System

$$\dot{x} = Ax + Bu, \quad y = Cx \tag{A.18}$$

mit den Matrizen $A \in \mathbb{R}^{n\times n}$, $B \in \mathbb{R}^{n\times m}$, $C \in \mathbb{R}^{q\times n}$. Das Eingangs-Ausgangs-Verhalten des Systems (A.18) lässt sich durch die Übertragungsfunktion

$$G(s){:} = C\,(sI - A)^{-1}\,B \tag{A.19}$$

beschreiben [Lun07]. Die Systemmatrix A sei stabil. Dann besitzen alle Polstellen der Übertragungsfunktion (A.19) einen negativen Realteil, so dass die Übertragungsfunktion **eingangs-ausgangs-stabil** (engl. **bounded-input bounded output stable**, kurz **BIBO stable**) ist [Lun07, Rei14]. Die Menge der stabilen Übertragungsfunktionen bildet den **Hardy-Raum** $\mathcal{H}_\infty$ mit der Norm

$$\begin{aligned} \|G\|_\infty {:} &= \sup_{\omega\in\mathbb{R}} \|G(j\omega)\|_2 \\ &= \sup_{\omega\in\mathbb{R}} \sigma_{\max}\left(G(j\omega)\right). \end{aligned} \tag{A.20}$$

Dabei wird punktweise (für alle $\omega \in \mathbb{R}$) die von der euklidischen Norm induzierte Operatornorm $\|G(j\omega)\|_2$ der komplexen Matrix $G(j\omega)$ betrachtet, die durch den größten Singulärwert $\sigma_{\max}(G(j\omega))$ berechnet wird. Im Falle eines Eingrößensystems, also einer skalarwertigen Übertragungsfunktion $G(s)$, ist die $\mathcal{H}_\infty$-Norm die kleinste obere Schranke des Amplitudenfrequenzgangs $|G(j\omega)|$ (siehe ▪ Abb. A.4).

Für eine näherungsweise Bestimmung der $\mathcal{H}_\infty$-Norm kann man den Frequenzgang $G(j\omega)$ an verschiedenen diskreten Frequenzen $\omega_1, \ldots, \omega_N$ ermitteln und damit folgende Abschätzung erhalten:

$$\|G\|_\infty \geq \max_{i=1,\ldots,N} \|G(j\omega_i)\|_2 \tag{A.21}$$

Diesen Ansatz nutzt beispielsweise die SCILAB-Funktion `h_norm` zur numerischen Berechnung von (A.20). Mit (A.21) erhält man allerdings nur eine untere Schranke der Norm. Für Stabilitätsaussagen ist dagegen die nachfolgend angegebene obere Schranke hilfreich [HP90, HPT90]:

Lemma A.9 (Real Bounded Lemma) *Gegeben sei System (A.18) mit der Übertragungsfunktion (A.19). Die Systemmatrix A sei stabil. Für beliebige Zahlen $\rho > 0$ sind folgende*

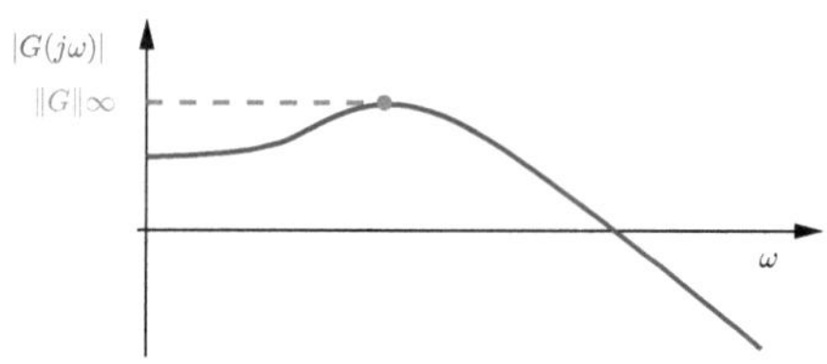

▪ **Abb. A.4** Amplitudenfrequenzgang und $\mathcal{H}_\infty$-Norm für eine skalare Übertragungsfunktion G

Aussagen äquivalent:

1. $\|G\|_\infty < 1/\rho$,
2. *Die algebraische Riccati-Gleichung*

$$A^T P + PA + \rho^2 PBB^T P + C^T C = 0 \tag{A.22}$$

besitzt eine positiv definite Lösung $P \succ 0$.

Damit ist man in der Lage, die $\mathcal{H}_\infty$-Norm über ein Bisektionsverfahren zu berechnen.

Nach diesen Vorbetrachtungen gehen wir zu dem in ■ Abb. A.5 dargestellten Regelkreis, der aus einem linearen System mit der Übertragungsfunktion (A.19) und einer (möglicherweise zeitvarianten) Nichtlinearität $g:\mathbb{R}^q \times \mathbb{R} \to \mathbb{R}^m$ mit $g(0,\cdot) = 0$ besteht. Die Abbildung N genüge der Bedingung

$$\forall y \in \mathbb{R}^q \; \forall t \in \mathbb{R}: \quad \|N(y,t)\|_2 \leq \rho \, \|y\|_2 \tag{A.23}$$

für eine Zahl $\rho > 0$. Die Bedingung (A.23) ist beispielsweise dann erfüllt, wenn N einer Lipschitz-Bedingung mit der Lipschitz-Konstanten ρ erfüllt. Für den geschlossenen Regelkreis ist folgende Stabilitätsaussage möglich [HP86, HP89]:

Satz A.10 (Satz von der kleinen Kreisverstärkung) *Man betrachte den in ■ Abb. A.5 dargestellten Regelkreis. Die Abbildung N erfülle die Bedingung (A.23) für eine Zahl* $\rho > 0$. *Die Matrix A des linearen Teilsystems (A.18) sei stabil. Für die Übertragungsfunktion (A.19) gelte* $\|G\|_\infty < 1/\rho$.

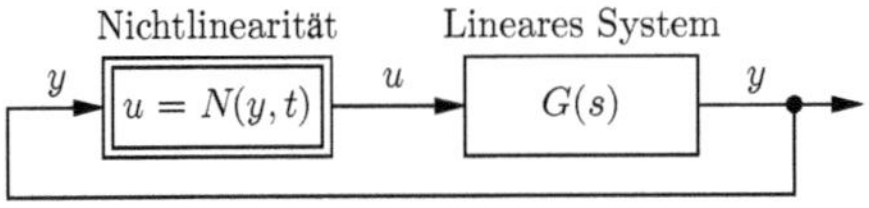

■ **Abb. A.5** Geschlossener Regelkreis

Dann ist die Ruhelage $x = 0$ *des resultierenden Systems*

$$\dot{x} = A\,x + B\,N(C\,x, t) \tag{A.24}$$

global asymptotisch stabil.

Beweis Die Voraussetzungen des Satzes seien erfüllt. Mit $\|G\|_\infty < 1/\rho$ besitzt die algebraische Riccati-Gleichung (A.22) eine positiv definite Lösung (Lemma A.9). Aus Stetigkeitsgründen hat auch die (gegenüber Gl. (A.22) leicht modifizierte) Riccati-Gleichung

$$A^T P + PA + \rho^2 PBB^T P + C^T C + \epsilon I = 0 \tag{A.25}$$

für eine hinreichend kleine Zahl $\epsilon > 0$ eine positiv definite Lösung $P \succ 0$ (siehe [Raj98]). Mit dieser Matrix P setzen wir $V(x) = x^T P x$ als Kandidaten für eine Ljapunov-Funktion an. Damit ist die Funktion V global positiv definit. Mit Gl. (A.23) und (A.25) ist die Zeitableitung global negativ definit:

$$\begin{aligned}
\dot{V} &= \tfrac{\mathrm{d}}{\mathrm{d}t}\left(x^T P x\right) \\
&= \dot{x}^T P x + x^T P \dot{x} \\
&= x^T\left(A^T P + PA\right)x + 2x^T PBN(Cx,t) \\
&\leq x^T\left(A^T P + PA\right)x + \left\|2x^T PBN(Cx,t)\right\| \\
&\leq x^T\left(A^T P + PA\right)x + 2\rho\left\|x^T PB\right\| \cdot \|Cx\| \\
&\leq x^T\left(A^T P + PA\right)x + \rho\, x^T PBB^T P \\
&\quad + x^T C^T C x \\
&\leq x^T\left(A^T P + PA + \rho^2 PBB^T P + C^T C\right)x \\
&\leq -\epsilon\, x^T x \\
&\leq -\epsilon\, \|x\|^2 .
\end{aligned}$$

Folglich ist die Ruhelage $x^0 = 0$ global asymptotisch stabil. □

Anstelle der Riccati-Gleichung (A.25) kann man auch die Riccati-Ungleichung

$$A^T P + PA + \rho^2 PBB^T P + C^T C \prec 0 \tag{A.26}$$

lösen. Für die numerische Lösung überführt man diese quadratische Ungleichung (A.26) in die lineare Matrixungleichung (LMI)

$$\begin{pmatrix} -A^T P + PA - C^T C & \rho PB \\ \rho B^T P & I \end{pmatrix} \succ 0, \quad P \succ 0,$$

siehe Anmerkung 6.5.

Für den Stabilitätsnachweis eines Regelkreises mit der Struktur nach ◘ Abb. A.5 kann man anstelle des Satzes von der kleinen Kreisverstärkung (engl. **Small Gain Theorem**) auch das Stabilitätskriterium von Popov bzw. das Kreiskriterium (engl. **Circle Criterion**) heranziehen [SL91, SJK97, Kha02, Ada14].

Literatur

[Ada14] Adamy, J.: **Nichtlineare Systeme und Regelungen**. Springer Vieweg, Berlin, Heidelberg, 2. Auflage, 2014.

[DFT90] Doyle, J., B. Francis und A. Tannenbaum: **Feedback Control Theory**. Macmillan Publishing Co., 1990.

[Gan86] Gantmacher, F. R.: **Matrizentheorie**. Springer-Verlag, Berlin, 1986.

[Hah67] Hahn, W.: **Stability of Motion**. Springer-Verlag, 1967.

[HP86] Hinrichsen, D. und A. J. Pritchard: **Stability radius for structured perturbations and the algebraic Riccati equations**. Systems & Control Letters, 8:105–133, 1986.

[HP89] Hinrichsen, D. und A. J. Pritchard: **Robustness of stability of linear state space systems with respect to time-varying, nonlinear and dynamic perturbations**. In: **Prof. IEEE Conf. on Decision and Control (CDC)**, Tampa, Florida, Dezember 1989.

[HP90] Hinrichsen, D. und A. J. Pritchard: **Real and Complex Stability Radii: A Survey**. In: Hinrichsen, D. und B. Märtensson (Herausgeber): **Control of Uncertain Systems: Proceedings of an International Workshop Bremen, West Germany, June 1989**, Seiten 119–162. Birkhäuser, Boston, Massachusetts, 1990.

[HPT90] Hinrichsen, D., A. J. Pritchard und S. B. Townley: **Riccati equation approach to maximizing the complex stability radius by state feedback**. Int. J. Control, 52(4):769–794, 1990.

[Isi99] Isidori, A.: **Nonlinear Control Systems II**. Springer, London, 1999.

[Kha02] Khalil, H. K.: **Nonlinear Systems**. Prentice Hall, Upper Saddle River, New Jersey, 3. Auflage, 2002.

[Lun07] Lunze, J.: **Regelungstechnik 1, Systemtheoretische Grundlagen, Analyse und Entwurf einschleifiger Regelungen**. Springer-Verlag, Berlin, Heidelberg, 6. Auflage, 2007.

[Mas56] Massera, J. L.: **Contributions to stability theory**. Annals of Mathematics, 64:182–206, 1956.

[MM92] Marcus, M. und H. Minc: **A Survey of Matrix Theory and Matrix Inequalities**. Dover, 1992.

[MM09] Malisoff, M. und F. Mazenc: **Construction of Strict Lyapunov Functions.** Springer-Verlag, London, 2009.

[Raj98] Rajamani, R.: **Observers for Lipschitz Nonlinear Systems**. IEEE Trans. on Automatic Control, 43(3):397–401, 1998.

[Rei14] Reinschke, K.: **Lineare Regelungs- und Steuerungstheorie**. Springer-Verlag, Berlin, Heidelberg, 2. Auflage, 2014.

[Sas99] Sastry, S.: **Nonlinear systems: Analysis, Stability, and Control**. Springer-Verlag, New York, 1999.

[SJK97] Sepulchre, R., M. Janković und P. Kokotović: **Constructive Nonlinear Control**. Springer, London, 1997.

[SL91] Slotine, J. J. E. und W. Li: **Applied Nonlinear Control**. Prentice-Hall, Englewood Cliffs, New Jersey, 1991.

[Son95] Sontag, E. D.: **On the Input-to-State Stability Property**. European Journal of Control, 1(1):24–36, 1995.

[Son00] Sontag, E. D.: **The ISS philosophy as a unifying framework for stabilitylike behavior**. In: Isidori, A., F. Lamnabhi-Lagarrigue und W. Respondek (Herausgeber): **Nonlinear Control in the Year 2000 (Volume 2)**, Band 259 der Reihe **Lecture Notes in Control and Information Science**, Seiten 443–468. Springer, Berlin, 2000.

[Son08] Sontag, E. D.: **Input to State Stability: Basic Concepts and Results.** In: Nistri, P. und G. Stefani (Herausgeber): **Nonlinear and Optimal Control Theory: Lectures given at the C.I.M.E. Summer School held in Cetraro, Italy June 19–29, 2004**, Band 1932 der Reihe **Lecture Notes in Mathematics**, Seiten 163–220. Springer, Berlin, Heidelberg, 2008.

[ST95] Sontag, E. und A. Teel: **Changing supply functions in input/state stable systems.** IEEE Trans. on Automatic Control, 40(8):1476–1478, August 1995.

[SW95] Sontag, E. D. und Y. Wang: **On characterizations of the input-to-state stability.** Systems & Control Letters, 24:351–359, 1995.

[Vin57] Vinograd, R. E.: **Inapplicability of the method of characteristic exponents to the study of non-linear differential equations (in Russisch).** Matematicheskii Sbornik, 41(83)(4):431–438, 1957.

[ZD98] Zhou, K. und J. C. Doyle: **Essentials of Robust Control.** Prentice Hall, Upper Saddle River, New Jersey, 1998.

[Zei03] Zeidler, E. (Herausgeber): **Teubner-Taschenbuch der Mathematik.** B. G. Teubner, Wiesbaden, 2. Auflage, 2003.

Symbolverzeichnis

Die meisten der verwendeten Symbole werden im laufenden Text eingeführt. Die nachfolgende Übersicht ist auf die gebräuchlichsten Symbole beschränkt:

$\mathbb{N}_0, \mathbb{N}$	Menge der natürlichen Zahlen ab 0 bzw. 1
$\mathbb{Z}$	Ring der ganzen Zahlen
$\mathbb{R}, \mathbb{C}$	Körper der reellen bzw. komplexen Zahlen
$\mathbb{R}^n$	n-dimensionaler reeller Vektorraum
$(\mathbb{R}^n)^*$	Dualraum des Vektorraums $\mathbb{R}^n$
$\mathbb{R}^{n\times m}$	Vektorraum der reellen $n \times m$-Matrizen
span $\{v_1, \ldots, v_r\}$	lineare Hülle der Vektoren $v_1, \ldots, v_r$
$\in, \notin$	ist Element, ist nicht Element
$\forall, \exists$	Generalisator („für alle"), Partikularistor („es exisiert")
$\times$	kartesisches Produkt oder Kreuzprodukt
$\subseteq, \subset$	Teilmenge, echte Teilmenge
$\cup, \cap$	Vereinigung, Schnitt
e_i, e_i^*	i-ter Einheitsvektor des $\mathbb{R}^n$ bzw. des Dualraums $(\mathbb{R}^n)^*$
I, I_n	Einheitsmatrix passender Dimension, $n \times n$-Einheitsmatrix
M^T, M^{-1}	transponierte bzw. inverse Matrix
$\operatorname{im} M$, $\ker M$	Bild bzw. Kern einer Matrix M
$\operatorname{rang} M$	Rang der Matrix M
$\dim \mathbb{U}$	Dimension eines Unterraums $\mathbb{U}$
$\mathbb{U}^\perp$	othogonales Komplement eines Unterraums $\mathbb{U}$
$\Delta^\perp, \Omega^\perp$	Annihilator einer Distribution Δ bzw. einer Kodistribution Ω
$\dot{x}, \ddot{x}, x^{(k)}$	erste, zweite, k-te Zeitableitung von x
$\frac{\partial}{\partial x_i}, \mathrm{d}x_i$	i-tes Einheitsvektorfeld bzw. -kovektorfeld
$\mathrm{d}\Psi, \Psi'$	Gradient bzw. Jacobimatrix einer Abbildung Ψ
Ψ_*, Ψ^*	Pushforward bzw. Pullback zu einer Abbildung Ψ
$\mathcal{O}(\cdot)$	Landau-Symbol: Asymptotische obere Schranke

Stichwortverzeichnis

I

J

K

L

M

N

O

P

R

MIX
Papier aus verantwortungsvollen Quellen
Paper from responsible sources
FSC® C105338

If you have any concerns about our products,
you can contact us on
ProductSafety@springernature.com

In case Publisher is established outside the EU,
the EU authorized representative is:
Springer Nature Customer Service Center GmbH
Europaplatz 3, 69115 Heidelberg, Germany

Printed by Libri Plureos GmbH
in Hamburg, Germany